工程制图及计算机绘图精品课程系列教材

# Solid Edge ST 三维同步设计教程

主　编　李世芸
副主编　程莲萍　俞智昆

科学出版社
北　京

## 内 容 简 介

本书是 Solid Edge ST 的培训教材,以 Solid Edge ST4 为版本,全面介绍了 Solid Edge ST 的各个设计模块的功能和操作方法,包括基础知识、草图设计、零件设计、钣金设计、装配设计、管道设计和机构运动仿真、工程图的生成等,每章设有小结及作业。全书系统地介绍了各个设计模块的基本设计方法及主要命令的操作方法,充分体现了 Solid Edge 同步设计的方法和技巧。本书以教材的方式编写,命令的解释和操作方法、步骤简单明了,条理清晰,所选用的图例多为典型的工程实例,且与机械制图的相关内容紧密结合,尽可能体现机械制图的标准和规定,以避免手册式的枯燥介绍。

本书通俗易懂、由浅入深、循序渐进,系统性强,重点、难点突出,切合教学实际,可作为高等院校教材和培训教材,也可作为工程技术人员的参考书。

**图书在版编目(CIP)数据**

Solid Edge ST 三维同步设计教程/李世芸主编.—北京:科学出版社,2013.1

工程制图及计算机绘图精品课程系列教材

ISBN 978-7-03-036213-1

Ⅰ.①S… Ⅱ.①李… Ⅲ.①三维-机械设计-计算机辅助设计-应用软件-高等学校-教材 Ⅳ.①TP391.72 ②TH122

中国版本图书馆 CIP 数据核字(2012)第 304881 号

责任编辑:邓 静 张丽花/责任校对:赵桂芬

责任印制:张 伟/封面设计:迷底书装

科学出版社出版

北京东黄城根北街 16 号

邮政编码:100717

http://www.sciencep.com

北京中科印刷有限公司 印刷

科学出版社发行 各地新华书店经销

*

2013 年 1 月第 一 版 开本:787×1092 1/16

2023 年 8 月第十次印刷 印张:20 1/2

字数:522 000

**定价:69.00 元**

(如有印装质量问题,我社负责调换)

# 前　言

德国西门子公司的Solid Edge是三维CAD软件中的佼佼者，在国际CAD领域中占有重要的地位。Solid Edge是专门为机械行业开发的普及型主流三维CAD软件系统，Solid Edge ST是目前唯一合并设计管理功能和CAD工具的主流机械设计系统。

Solid Edge ST同步建模技术是交互式三维建模技术的一个突破性飞跃，突破了基于历史记录的设计系统固有的局限性，在参数化、基于历史记录建模的基础上前进了一大步，同时与先前的技术共存。同步建模技术可以实时检查当前模型的几何条件，并将它们与设计人员添加的尺寸约束和几何约束合并在一起，对当前模型进行新建、编辑和修改，无需回到创建特征和实体的历史记录中。设计人员不必再研究和分析复杂的特征创建历史过程，也不必再担心对某历史特征编辑后，与模型其他特征的关联性，由此可极大地提高建模的速度和效率。

Solid Edge ST融合了同步建模与顺序建模的技术优势，是为机械设计量身定制的三维CAD系统，从通用的零件设计、装配设计到专业化的钣金设计、管道设计、焊接设计和机构运动仿真，各种功能无所不在；工程制图快捷简单，各类标注齐全方便。它具有功能强、易学、易用的特点，在零件设计、钣金设计、装配设计、塑料成形设计、管道设计等方面有独到之处，能明显提高设计效率和设计质量，是大型机械设计、造型设计、网络设计的优秀工具。Solid Edge ST能够进行和谐的产品设计，可以满足设计师个性化的需求，使得工程应用得心应手，能够更有效地进行同步建模，支持各种装配件的同步装配设计，可以智能化地将二维图纸尺寸迁移到三维模型，帮助设计人员更好地进行二维到三维的模型创建和编辑。Solid Edge ST是从事机械产品设计、制造的工程技术人员首选的三维CAD软件之一。设计技术人员和制造厂商借助它可缩短产品研制周期、提高产品质量、降低成本、赢得市场。

本书作者长期从事机械制图和CAD教学工作，长期应用并研究Solid Edge，熟悉Solid Edge的发展历史。本书是在适应Solid Edge ST同步建模技术的发展和教学改革要求的背景下应运而生的。

本书以Solid Edge ST4软件为平台，以教材方式编写，对命令的解释尽量做到直观、明了、条理清晰，所用实例多为典型的工程零件，且与机械制图的有关内容紧密相关，尽可能体现机械制图的要求，避免了手册式的枯燥介绍。

本书由李世芸任主编，程莲萍、俞智昆任副主编。全书共7章，第1章由陈磊编写，第2章由程莲萍编写，第3章由李世芸编写，第4章由熊湘晖编写，第5章由俞智昆、李世芸编写，第 6 章由李雪枫编写，第 7 章由李世芸、李锡蓉编写。

在本书的编写过程中，得到了西门子工业软件（上海）有限公司资深技术专家黄胜先生的大力支持，并为本书提供了第一手宝贵资料；得到了昆明理工大学教务处、昆明理工大学机电工程学院领导、工程图学教研室全体教师的大力支持和协助；得到了云南省精品课程“工程制图及计算机绘图”建设项目的资助；李莎对本书进行了仔细的校对，在此一并表示衷心的感谢。

由于作者水平有限，时间仓促，书中难免存在不足和缺陷，恳请广大读者、各位专家和老师不吝赐教，谢谢！

作　者

2012 年 10 月于昆明

# 目　　录

# 第 1 章　Solid Edge ST4 基础知识

Solid Edge ST4 是一个功能强大的三维 CAD 软件，易学易用。本章主要对计算机辅助设计的发展及现状，Solid Edge ST4 的功能、特点及基本操作等知识进行介绍。

## 1.1　计算机辅助设计概述

在设计过程中，使用计算机作为工具，帮助工程师进行设计的一切实用技术的总和称为计算机辅助设计技术，即 CAD（Computer Aided Design）技术。

计算机辅助设计作为一门学科始于 20 世纪 60 年代初，进入 80 年代后，计算机技术突飞猛进，特别是微机和工作站的发展和普及，再加上功能强大的外围设备，极大地推动了 CAD 技术的发展，目前 CAD 技术已进入实用化阶段，广泛服务于机械、电子、宇航、建筑、纺织等产品的总体设计、造型设计、结构设计、工艺过程设计等环节。

计算机辅助设计（CAD）包括的内容很多，如计算机辅助绘图、概念设计、优化设计、有限元分析、计算机仿真、计算机辅助设计过程管理等。在工程设计中，一般包括两种内容：创造性的设计（方案的构思、工作原理的拟定等）和非创造性的工作（如绘图、设计计算等）。创造性的设计需要发挥人的创造性思维能力，创造出以前不存在的设计方案，这项工作一般由人来完成。非创造性的工作是一些繁琐、重复的绘图、计算等工作，可以借助计算机来辅助完成。一个好的计算机辅助设计系统，既能充分发挥人的创造性作用，又能充分利用计算机的高效绘图、分析计算能力，找到人和计算机的最佳结合点。

早期的 CAD 技术只能进行一些分析、计算和文件编写工作，后来发展到计算机辅助绘图和设计结果模拟等，目前的 CAD 技术正朝着人工智能方向发展，即所谓的 ICAD（Intelligent CAD）。另外，设计和制造一体化技术即 CAD/CAM 技术，以及 CAD 作为一个主要单元技术的 CIMS 技术，都是 CAD 技术发展的重要方向。

CAD 的核心技术之一是造型技术，也称建模技术。从 20 世纪 60 年代至今，三维建模技术的发展经历了线框建模、曲面建模、实体建模、历史特征建模、参数化建模、变量化建模等过程，各个历史阶段的代表软件和主要技术特点如图 1-1 所示。在图 1-1 中，SE 即为 Solid Edge 的缩写。

Solid Edge 是来自 Siemens PLM Software 公司的主流中端 CAD 解决方案，是一款功能强大的三维计算机设计软件，提供全面的工业设计和完整的工程解决方案，使设计者能完成多种多样的复杂产品外形设计，在机械设计、航空、航天等领域广泛应用，是当今主流的优秀三维设计和绘图软件之一。

传统的 CAD 造型技术是基于特征的参数化造型技术和变量化造型技术。参数化造型技术（Parameter Technology）将具有代表性的几何体定义为特征，并将其所有尺寸存为参

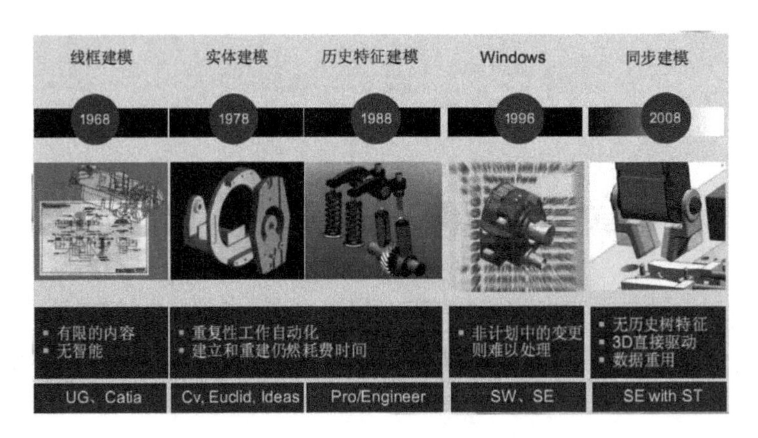


图 1-1 CAD 技术的发展历程

数，以此为基础来进行更为复杂的几何形体的构造。在建模过程中将零件的形状和尺寸联合起来考虑，通过尺寸约束来实现对零件形状的控制。尺寸参数的修改会自动驱动零件相应形状改变。几何特征的尺寸均以参数的形式存在，如果需要修改零件的某一部分，只需要修改与该部分相关的尺寸参数，尺寸驱动功能会自动驱动零件做相应的修改。变量化造型技术(Variation Technology)是在参数化造型技术基础上又做了进一步改进后提出的设计思想。其特点是：保留了参数化造型技术基于特征、全数据相关、尺寸驱动的优点，但在约束定义方面做了根本性改变，将参数化技术中所需定义的尺寸“参数”进一步区分为几何约束和尺寸约束，而不是只用尺寸来约束全部几何特征。变量化造型技术在概念设计和新产品设计时特别得心应手，比较适用于新产品的开发、老产品的改形设计等创新式设计。

自 2008 年开始，Siemens PLM Software 推出了 Solid Edge 同步建模技术 Synchronous Technology，英文缩写为 ST，即 Solid Edge ST，它是三维设计历史中的一个革命性的里程碑。

Solid Edge ST 同步建模技术突破了基于历史记录的设计系统固有的局限性。基于历史记录的设计系统不能完全确定实体间相互的依赖关系，对模型的修改，事实上是对特征的修改，必须回到特征的草图和生成过程中，对于大型、复杂的模型，建模步骤和特征记录非常多，当对其中某特征进行修改时，可能对后续特征的生成造成影响，出现失败、被抑制等现象，反复地回到特征历史记录中，对特征进行修改，既难以实时地发现问题，又难以提高编辑和修改的效率。

Solid Edge ST 同步建模技术是交互式三维建模技术的一个突破性飞跃，在参数化、基于历史记录建模的基础上前进了一大步，同时与先前的技术共存。同步建模技术可以实时检查当前模型的几何条件，并将它们与设计人员添加的尺寸约束和几何约束合并在一起，对当前模型进行新建、编辑和修改，无须回到创建特征和实体的历史记录中。设计人员不必再研究和分析复杂的特征创建历史过程，也不必再担心对某历史特征编辑后，与模型其他特征的关联性，由此可极大地提高建模的速度和效率。

正如之前的 CAD 用户在 20 世纪 80 年代开始，逐步了解、接受尺寸驱动的三维建模设计方法一样，同步建模技术 Synchronous Technology 将在整个机械设计领域中被广泛应用，因为同步建模技术 Synchronous Technology 强大的设计性能将为企业的新产品研发、设计提供强大的技术支撑。事实上，CAD 技术基础理论的每一次重大进步，都将带动整个

CAD/CAE/CAM技术的提高以及制造手段的更新。同时，众多的CAD厂商的成败无一不与其技术的持续发展密切相关。

作为先进制造技术的重要组成部分，CAD技术的发展和应用使传统的产品设计方法与生产模式发生了变化，产生了巨大的社会效益和经济效益。

随着互联网技术的发展和普及，各种CAD技术相继融入了Web技术，基于B/S技术的CAD软件初见端倪，在网络环境下支持协同设计、异地设计、信息共享、集成化、智能化等新技术，成为CAD发展的主流技术。

## 1.2 Solid Edge ST4功能及特点

德国西门子公司的Solid Edge是三维CAD软件中的佼佼者，在国际CAD领域中占有重要的地位。Solid Edge是专门为机械行业设计的普及型主流三维CAD软件系统，Solid Edge ST是目前唯一合并设计管理功能和CAD工具的主流机械设计系统。

Solid Edge ST融合了同步建模与顺序建模的技术优势，是为机械设计量身订制的三维CAD系统，从通用的零件设计、装配设计到专业化的钣金设计、管道设计、焊接设计和机构运动仿真，各种功能无所不在；工程制图快捷简单，各类标注齐全方便。它具有功能强、易学、易用的特点，在零件设计、钣金设计、装配设计、塑料成型设计、管道设计等方面有独到之处，能明显提高设计效率和设计质量，是大型机械设计、造型设计、网络设计的优秀工具。Solid Edge ST能够进行和谐的产品设计，可以满足设计师个性化的需求，使得工程应用得心应手，能够更有效地进行同步建模，支持各种装配件的同步装配设计，可以智能化地将二维图纸尺寸迁移到三维模型，帮助设计人员更好地进行二维到三维的模型创建和编辑。Solid Edge ST是从事机械产品设计、制造的工程技术人员首选的三维CAD软件之一。设计技术人员和制造厂商借助它可缩短产品研制周期、提高产品质量、降低成本、赢得市场。

Solid Edge ST的主要特点如下。

**1. 同步建模技术**

Solid Edge ST同步建模技术在参数化、基于历史记录建模的基础上前进了一大步，同时与先前技术共存。同步建模技术实时检查产品模型当前的几何条件，并且将它们与设计人员添加的参数和几何约束合并在一起，以便评估、构建新的几何模型及编辑模型，而无需重复全部历史记录，它采用了一种可将参数化设计与显示建模融为一体的新建模模式。Solid Edge ST同步技术可显著加快产品设计速度并简化校正过程，并使导入和重复使用第三方CAD数据变得更加容易。Solid Edge ST还包含多项增强功能，包括仿真、设计数据管理和应客户需求所进行的千余项改进。

Solid Edge ST将同步建模技术扩展到装配体设计，集成了顺序特征和同步建模，将工程图纸尺寸迁移到相关三维模型。设计师能够编辑用于完整数字化样机制作的所有装配体文件，能够在装配体环境中创建零件模型，能够方便的开发管道、钢结构和线缆等结构。通过对同步特征的编辑和修改，可以对多个零件实体进行同步修改。可以通过快速拖动同步特征重新定义孔的位置和调整线缆的位置。Solid Edge ST支持零件间关联性的同步装配体设计、同步装配体建模，保持完整的零件间关联性。设计师在建模流程之前、之中或之后，均可设置零件间驱动；即使是导入零件，也可以驱动其他部件或被其他部件驱动，并且无需预先规划设计或重新建模。

**2. 友好的用户界面**

Solid Edge ST 是基于 Microsoft Windows 操作平台开发的新型实体造型软件，拥有 Windows 风格，兼容了所有 Windows 功能，拥有方便友好的用户界面、智能化的操作方法，可以使用户轻松掌握 Solid Edge 的基本使用方法，显著提高工程设计效率。

**3. 灵活的建模功能**

Siemens PLM Software 拥有世界上最好的三维建模技术，其自主开发并拥有版权的 Parasolid 建模内核已经成为三维机械计算机辅助设计软件的标准。Solid Edge 借助于 Parasolid 的广泛使用，开发和提供了更为直观、易用的设计工具，具有强大、灵活的建模功能。Solid Edge ST 提供了直接编辑功能，使用其创新的同步建模技术，以及新增的方向轮、实时规则等工具，可以快速绘制出基本轮廓，方便添加各种机械特征、编辑复杂的参数化模型、简化设计过程。

**4. 强大的装配设计管理**

Solid Edge ST 能够提供多种独特功能，帮助用户进行复杂的装配设计，同时支持“自顶而下（Top-to-Down）”和“自下而顶（Bottom-to-Up）”的设计技术，可以使用传统的技术完成装配，也可以在装配环境中设计新的零件。不管设计者采用何种技术，Solid Edge ST 都能保证零件间的相互关联，实现关联设计。

Solid Edge ST 率先引入了“简化装配”这一概念，其先进的装配轻量化技术支持超大型装配件的设计。

Solid Edge ST 实现了装配草图直接控制零件装配定位的功能。优化的版本管理和显示配置工具、区域管理工具，简化了用非激活零件和装配选择工具进行大装配的过程。系统库功能则有助于帮助设计者实现设计理念的再利用，避免设计过程的丢失，提高了产品的延续性。

**5. 最佳的制图和标注功能**

Solid Edge ST 提供了高效的工程制图和标注模块，能快速生成各种工程视图，配备了完善的标注功能，符合多种设计标准，使工程图模块成为性能优秀、独立工作而成本低廉的制图工具。

**6. 全方位的运动仿真**

Solid Edge ST 提供了运动仿真工具，用于评估产品的运动性能，通过自动识别 Solid Edge ST 的装配关系，能够快速地定义不同运动部件之间的关系；系统自动产生机构运动的各种运动副，再叠加给定的运动参数，生成机构运动仿真。

Solid Edge ST 装配环境的高级功能可显示部件的装配、拆装顺序，并提供一个高级的渲染环境，对产品使用环境进行仿真，创建逼真的情景。

**7. 内嵌有限元分析**

Solid Edge ST 内置有限元仿真分析模块 Simulation，设计师可以快速地分析和计算零件和部件的变形、应力、应变等力学性能，校验产品的性能和可靠性，在确保产品质量的同时降低成本，提高产品的竞争能力。

**8. CAD/PDM 集成的新标准**

Solid Edge ST 首创了 CAD/PDM 集成的新标准，自身包括的 PDM 模块，也可以很方便地对其他产品数据管理 PDM 系统进行数据转换和管理。在中端 CAD 软件中，Solid Edge ST 突破性的 Insight 技术，成为唯一能将三维 CAD 技术与 PDM 技术融为一体的主流设计软件。

## 1.3　Solid Edge ST4 中文版的安装

**1. 系统要求**

(1) 最低配置。

CPU：Intel Pentium、Intel Xeon、AMD Athlon、AMD Opteron 系列

内存：512MB RAM

所需硬盘安装空间：2.4GB

显示器：分辨率 1024×768，65536 色

操作系统：Windows XP SP3 或以上

(2) 推荐配置。

CPU：Intel Xeon、AMD Opteron 系列

内存：1GB 以上

所需硬盘安装空间：2.4GB 以上

显示器：分辨率 1280×1024，16M 色以上

操作系统：Windows XP SP3 或以上

**2. Solid Edge ST4 的安装**

安装 Solid Edge ST4 的具体操作步骤如下。

(1) 打开 Solid Edge ST4 安装文件夹或安装光盘，双击 Autostart.exe 文件。

(2) 在图 1-2 所示安装界面中，单击 Solid Edge 按钮，出现图 1-3 所示安装向导对话框。

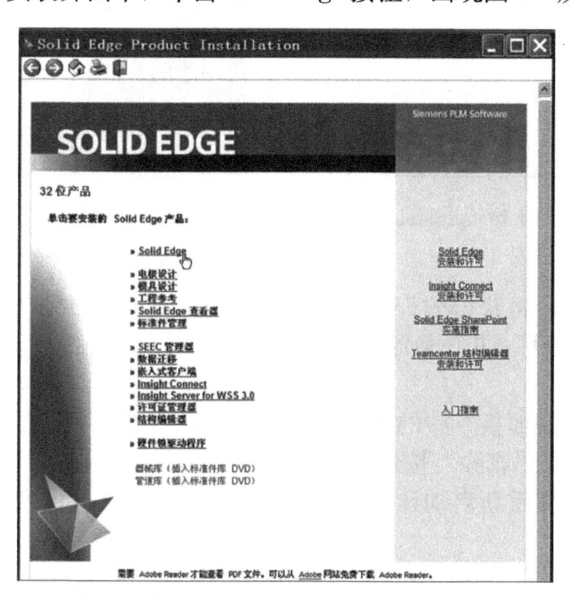


图 1-2　Solid Edge Product Installation 对话框

(3) 在“选择默认模版”下拉列表中，选取 GB；单击“安装到”后的“浏览”按钮，指定安装路径，如 D:\ Program Files\Solid Edge ST4，然后单击“安装”按钮。

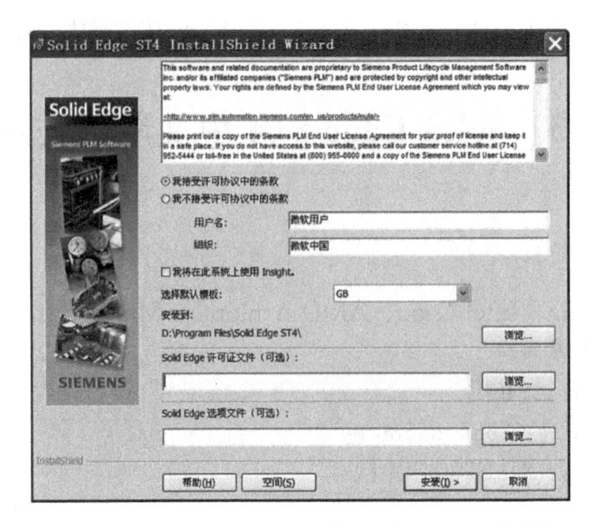


图 1-3　Solid Edge ST4 InstallShield Wizard 对话框 1

（4）出现图 1-4 所示安装向导对话框，安装完成后，出现图 1-5 所示对话框，单击“完成”按钮。

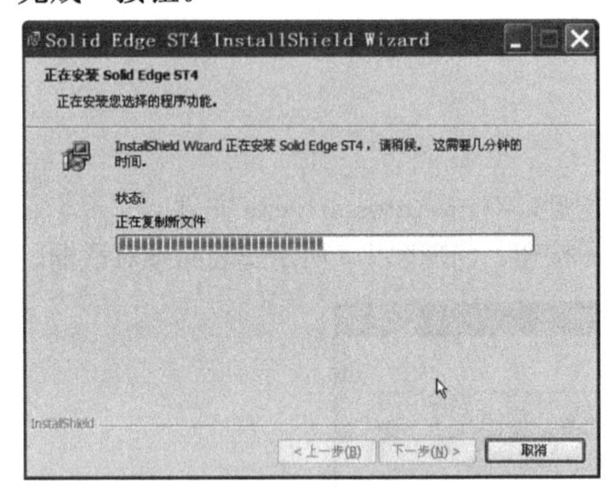


图 1-4　Solid Edge ST4 InstallShield Wizard 对话框 2

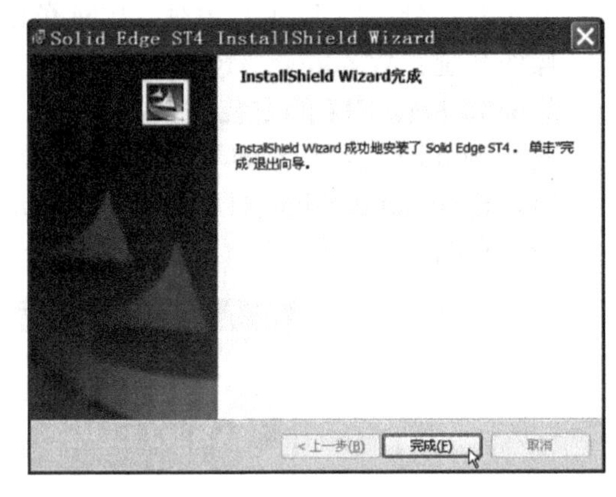


图 1-5　Solid Edge ST4 InstallShield Wizard 对话框 3

（5）替换许可文件：将获得的许可文件 SELicense.dat 复制到“安装路径 \ Solid Edge ST4 \ Program \ ”目录下，并替换原有文件。

**3. 卸载软件**

单击操作系统“控制面板”中的“添加/删除程序”按钮，从已安装产品的列表中选择 Solid Edge ST4，再单击“删除”按钮即可。

在卸载程序后一定要重新启动计算机，才能开始另一个软件的安装。

# 1.4　Solid Edge ST4 用户界面

## 1.4.1　进入 Solid Edge ST4 启动主界面

Solid Edge ST4 安装完成后，有两种方式可以进入 Solid Edge ST4 环境。

方法一：双击桌面上的 Solid Edge ST4 图标。

方法二：开始→所有程序→Solid Edge ST4 →Solid Edge ST4。

采用上述两种方法之一，启动的 Solid Edge ST4 主界面如图 1-6 所示。

在图 1-6 所示启动主界面的“创建”区域中，列出了 Solid Edge ST4 包括的模块和设计环境，分别如下。

①选取“GB 零件”：进入零件设计环境，生成文件的扩展名为“. par”。

②选取“GB 钣金”：进入钣金设计环境，生成文件的扩展名为“. psm”。

③选取“GB 装配”：进入装配设计环境，生成文件的扩展名为“. asm”。

④选取“GB 焊接”：进入焊接设计环境，生成文件的扩展名为“. pwd”。

⑤选取“GB 工程图”：进入工程图环境，生成文件的扩展名为“. dft”。

选取不同的模块，可进入不同的设计环境。

单击图 1-6 主界面中的“打开现有文档”按钮，可打开已生成并保存的 Solid Edge 文档。

图 1-6 主界面中的“编辑创建选项”可以用来编辑“创建”列表中的文件。

图 1-6 主界面中的“最近的文档”列表中，列出了最近操作和编辑过的各种 Solid Edge 文档。

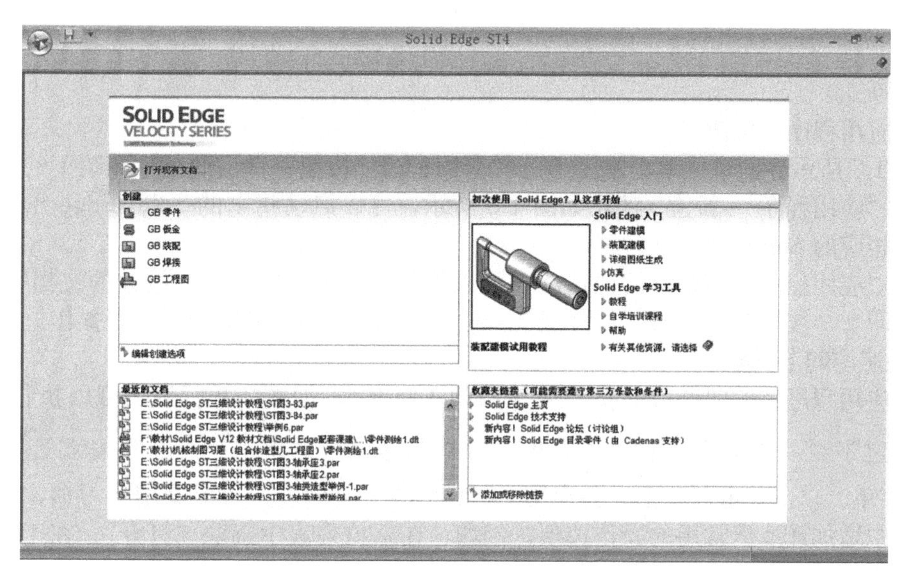


图 1-6　Solid Edge ST4 启动主界面

“初次使用 Solid Edge? 从这里开始”区域中列出了 Solid Edge ST4 的自学教学工具，可选取感兴趣的模块和内容，按所示步骤进行学习。

“收藏夹链接”区域中列出了与 Solid Edge ST4 学习相关的网站，单击其中选项可直接链接到指定的网站。

### 1.4.2　Solid Edge ST4 用户界面

在图 1-6 所示主界面的“创建”列表中，选取“GB 零件”，或者打开一个 Solid Edge ST4 的 . par 文件，可进入 Solid Edge ST4 的零件设计环境，如图 1-7 所示，界面风格类似于 Office 2007。

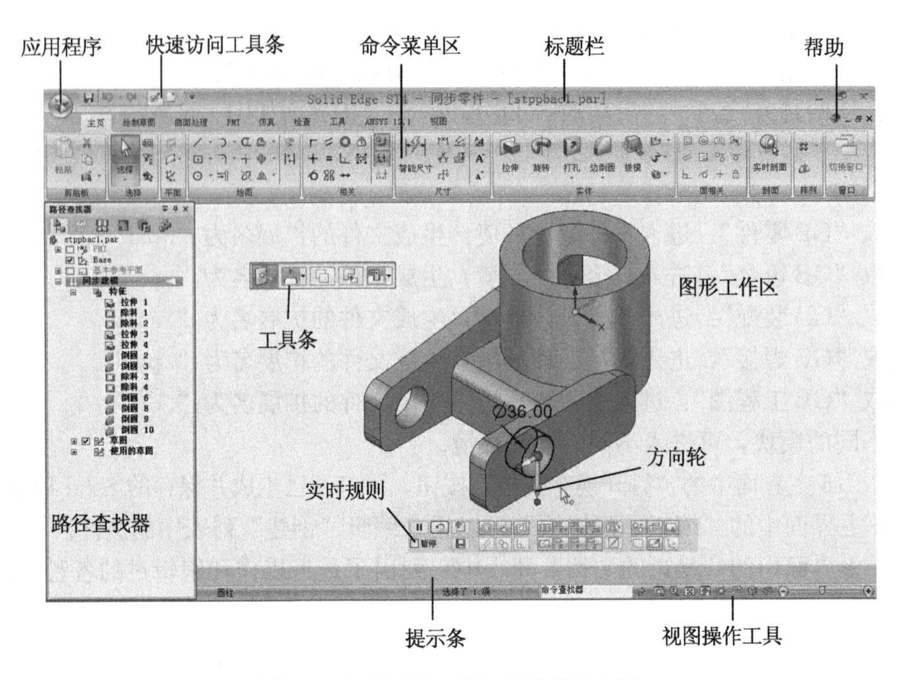


图 1-7　Solid Edge ST4 零件设计环境

**1. “应用程序”按钮**

在图 1-7 所示界面中，单击左上角的“应用程序”按钮，弹出的菜单如图 1-8 所示。

选取“应用程序 →新建 →”，如图 1-8 所示，可以启动指定的 Solid Edge ST4 设计环境，新建相应的 Solid Edge 文件。

选取“应用程序”菜单的其他选项，可以执行“打开”文件、“最近的文档”、“另存为”、“打印”、“属性”、“关闭”、“管理”、“插件”和“Solid Edge 选项”等操作。

**2. 快速访问工具条**

在“应用程序”按钮旁边的是“快速访问工具条”，如图 1-9 所示，可以执行“保存”、“新建”、“撤销”、“重做”的快速操作。单击“绘图”按钮，可弹出“绘图”菜单。单击“定制”，弹出图 1-9 所示的下拉列表，可根据用户习惯，在快速访问工具条中增加或取消常用的操作选项，例如，在下拉列表中选取“打开”，在工具条中可增加打开文件的按钮。

图 1-8　Solid Edge ST4 应用程序菜单

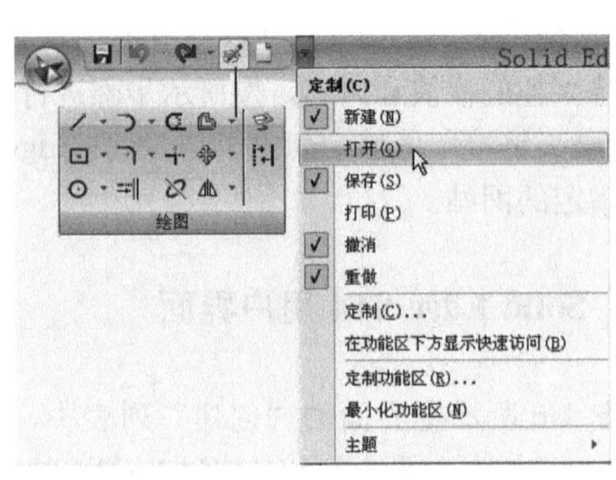


图 1-9　快速访问工具条

### 3. 命令菜单区

Solid Edge ST4 的大部分命令，集中在命令菜单区中。在不同的设计环境中，命令菜单区的内容不同，但相同的是，按“命令选项卡”和“命令区”来查找命令。例如在图 1-7 所示的零件设计环境中，有“主页”、“绘制草图”等命令选项卡，“主页”命令选项卡又包括了“剪贴板”、“选择”、“平面”、“绘图”、“相关”、“尺寸”、“实体”、“面相关”、“剖面”、“阵列”、“窗口”等命令区，如图 1-10 所示。每一个命令有一个图标，当光标指向该图标时，会出现浮动框，提示该命令的名称。带有“▾”标记的命令，表示该命令为抽屉命令，即在该命令下可弹出其他的命令，如图 1-10 所示。

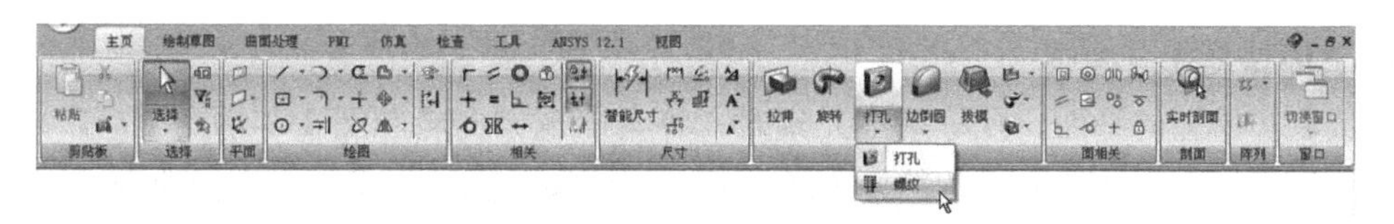


图 1-10　“主页”命令选项卡

图 1-11 为零件设计环境中的“绘制草图”命令选项卡，图 1-12 为 PMI 命令选项卡，图 1-13 为“视图”命令选项卡。

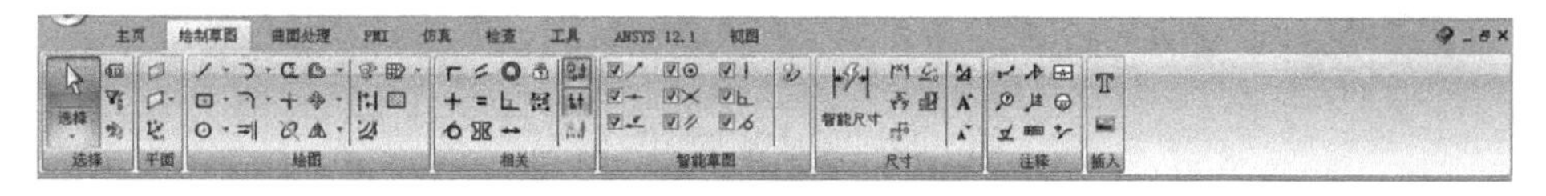


图 1-11　“绘制草图”命令选项卡

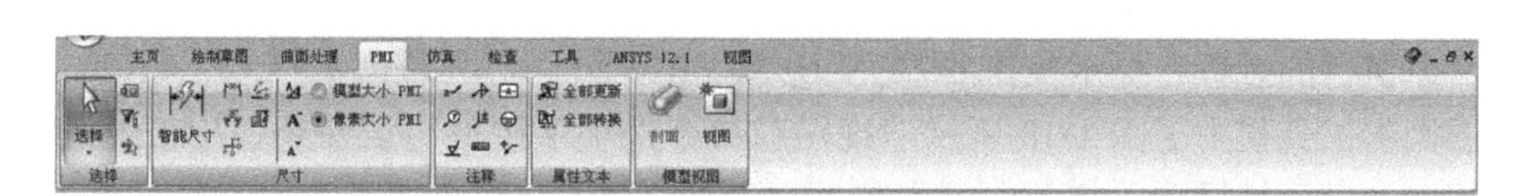


图 1-12　PMI 命令选项卡

图 1-13　“视图”命令选项卡

对照图 1-10 所示“主页”命令选项卡和图 1-11 所示“绘制草图”命令选项卡可看出，两个命令选项卡都包括了“选择”、“平面”、“绘图”、“相关”、“尺寸”几个命令区。即“绘制草图”命令选项卡中最常用的命令，集中在“主页”命令选项卡的“绘图”、“相关”和“尺寸”命令区中。

对照图 1-10 和图 1-12，同样可看出，PMI 命令选项卡中最常用的命令，集中在“主页”命令选项卡的“尺寸”命令区中。对照图 1-13 和图 1-7 可看出，常用的视图操作命令，被集中在用户界面右下方的视图操作工具条中。

其他命令选项卡和选项卡中的命令区，就不一一进行对比。总之，在零件设计环境中，最常用的命令基本集中在“主页”命令选项卡中。

**4. 图形工作区**

命令菜单区的下方是图形工作区，它是用来显示与三维模型或二维图纸关联的图形窗口。在零件设计、装配设计、钣金设计和焊接设计环境中，显示的是三维实体，在工程图环境中，显示的是二维工程图。

**5. 路径查找器**

用户界面的左边是“路径查找器”，如图 1-7 所示，显示了当前模型的特征创建记录、PMI 尺寸、草图、添加的几何关系等图形信息，可以展开、折叠各选项，并通过勾选或取消勾选单选框，来控制显示或取消显示对应的选项。还可对生成的特征进行编辑和修改。

**6. 方向轮和实时规则**

当选取实体上的平面、孔等基本元素时，将会出现方向轮和图 1-14 所示的实时规则操作工具，当中显示了所选元素的约束关系，并可利用实时规则操作工具方便地进行编辑和修改，具体功能和操作方法将在 3.5.2 节和 3.8 节中详细介绍。

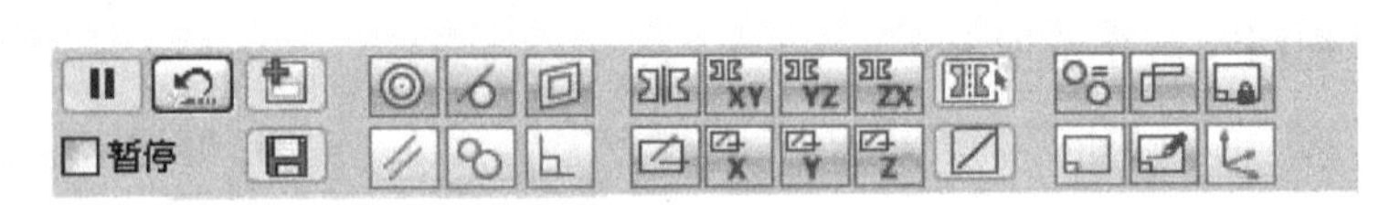


图 1-14  实时规则操作工具

**7. 提示条和视图操作工具**

在界面的最下方是提示条和视图操作工具，如图 1-15 所示。在执行命令过程中，系统会根据命令执行的过程，提示操作的方法和步骤。

视图操作工具集中了图 1-13 所示“视图”命令选项卡中的主要命令，用于控制模型的缩放、旋转、显示等操作，相关内容将在 1.5.7 节中详细介绍。

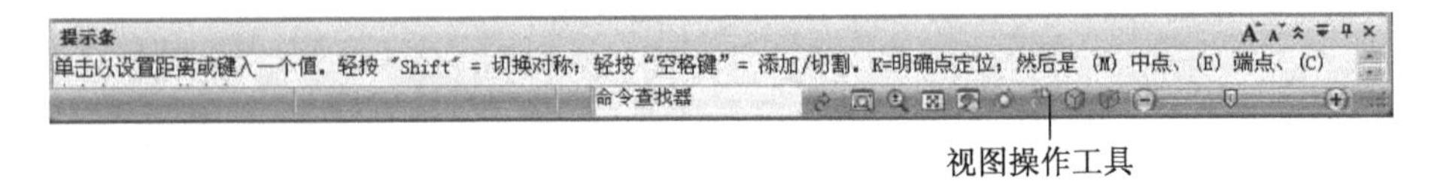


图 1-15  提示条和视图操作工具

**8. 工具条**

工具条是在命令执行过程中出现的条形菜单，是用户完成操作的智能助手，执行不同的命令，出现的工具条也不同。图 1-16(a)是执行“直线”命令时，出现的工具条，系统提示输入直线的长度和角度等；图 1-16(b)是执行“拉伸”命令时出现的工具条。

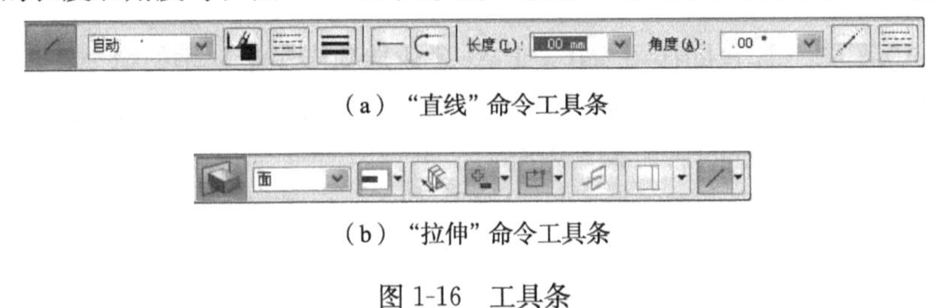


(a) “直线”命令工具条

(b) “拉伸”命令工具条

图 1-16  工具条

**9. 标题栏**

标题栏在用户界面的最上方，如图 1-7 所示，提示 Solid Edge 版本、设计环境、建模方式和文件名等信息。

### 1.4.3　退出 Solid Edge ST4

执行以下操作可退出 Solid Edge ST4。

方法一：应用程序→退出 Solid Edge。

方法二：单击用户界面右上角的“关闭”按钮。

## 1.5　Solid Edge ST4 基本操作

### 1.5.1　新建 Solid Edge 文档

用以下方法之一可创建一个新的 Solid Edge 文档。

方法一：在 Solid Edge ST4 主界面的“创建”列表中，如图 1-6 所示，选取需新建的设计环境。

方法二：选取“应用程序→新建→GB 零件（或 GB 装配、GB 工程图等）”，如图 1-8 所示。

方法三：在图 1-9 所示快速访问工具条中选取“新建”按钮，在弹出的图 1-17 所示对话框中，指定新建文件的文件类型，即可进入相应的设计环境。

例如，选取“gb assembly. asm”，单击“确定”按钮，即新建一个 Solid Edge 装配文件，并进入新的装配环境；如果选取“gb part. par”，则可新建一个 Solid Edge 零件文件。

方法四：选取“应用程序→新建”，弹出图 1-17 所示对话框，从中可指定新建文件的类型。

方法五：按 Ctrl+N 键，可弹出图 1-17 所示对话框，从中可指定新建文件的类型。

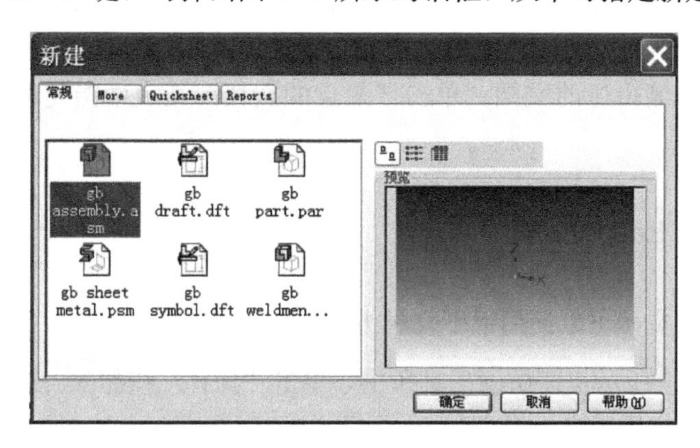


图 1-17　“新建”对话框

### 1.5.2 打开 Solid Edge 文档

打开 Solid Edge 文档可以使用以下几种方法。

方法一：在图 1-6 所示 Solid Edge ST4 启动主界面中，单击“打开现有文档”按钮，可弹出图 1-18 所示“打开文件”对话框。

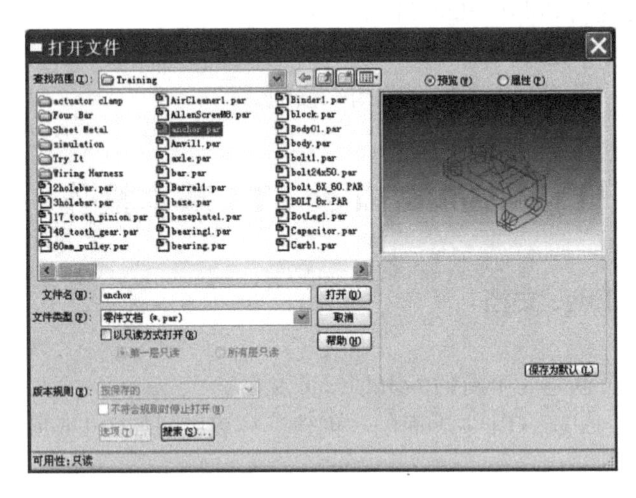


图 1-18 “打开文件”对话框

方法二：选取“应用程序→打开”，可弹出“打开文件”对话框。

方法三：按 Ctrl+O 键，可弹出“打开文件”对话框。

按以上方法之一，可弹出“打开文件”对话框，如图 1-18 所示，从中指定文件路径、文件类型及文件名，单击“打开”按钮。

方法四：通过双击 Windows 资源管理器中的 Solid Edge 文档名，来打开指定的文件。

方法五：在图 1-16 所示 Solid Edge ST4 启动主界面的“最近的文档”列表中，选取要打开的文件。

Solid Edge 会记住上次使用的文档，以便用户快速打开。在图 1-6 所示主界面的“最近的文档”区域中会列出最近使用和编辑过的文档。选取“应用程序→最近的文档”，也可显示和列出最近使用和编辑过的文档。单击“最近的文档”列表中指定的文件，该文件即被打开。

### 1.5.3 保存 Solid Edge 文档

保存 Solid Edge 文档可以使用以下几种方法。

方法一：在图 1-9 所示快速访问工具条中，单击“保存”按钮。

方法二：选取“应用程序→保存”。

方法三：按 Ctrl+S 键。

对于新建的文档，第一次保存时，将出现“另存为”对话框，需指定文档保存的路径、文件类型和文件名。

对于打开、使用后的文档，执行以上保存方式之一，将以原有的文件名和保存路径进行保存。

选取“应用程序→另存为”，可将当前文件以指定的新的保存路径、文件类型和新的文件名进行保存。

### 1.5.4　鼠标操作

Solid Edge 软件的推荐配置是三键带滚轮鼠标，以使 Solid Edge 设计时能够使用多项特定的功能。鼠标的三个键，在操作过程中，完成特定的功能。

**1. 鼠标左键（LB）**

鼠标左键主要完成以下功能。

(1) 单击左键：选择菜单、工具条命令，选取单个的图元，指定特征方向或距离。

(2) 拖动左键：拖动左键生成选取框，可一次选取多个元素；拖动元素，确定特征方向或距离；拖动特征，调整特征顺序等。

(3) 双击左键：双击特征、零件、装配或工程图视图，可激活相应的设计环境进行编辑，或激活相应的工具条。

**2. 鼠标中键（MB）**

(1) 拖动中键：可以旋转模型。

(2) 滚动中键：可以缩放模型。

**3. 鼠标右键（RB）**

(1) 单击鼠标右键，可以完成以下操作。

①确认操作，等同于按 Enter 键或者单击按钮。

②结束当前的操作或命令。

③弹出快捷菜单，可方便的选取命令或选项，如图 1-19(a)所示。快捷菜单根据选取对象的不同，弹出的内容也不一样。

④激活“快速拾取”对话框，以方便准确选取。

如图 1-19(b)所示，将光标置于需要选择的元素附近，停留片刻，当光标变为“快速拾取”提示符时，单击右键，弹出“快速拾取”对话框，从中可逐个查看候选的元素，并准确地选取需要的元素。

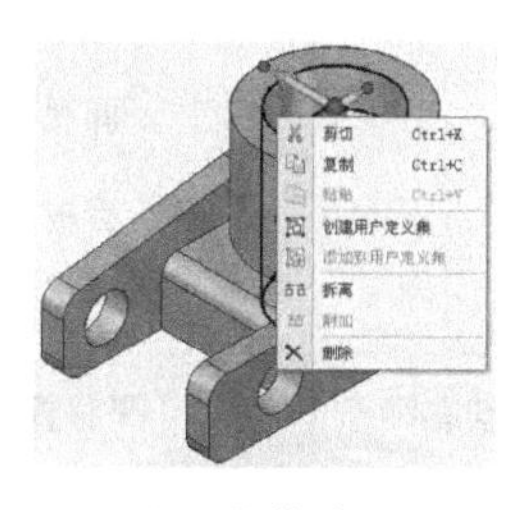

(a) 快捷菜单

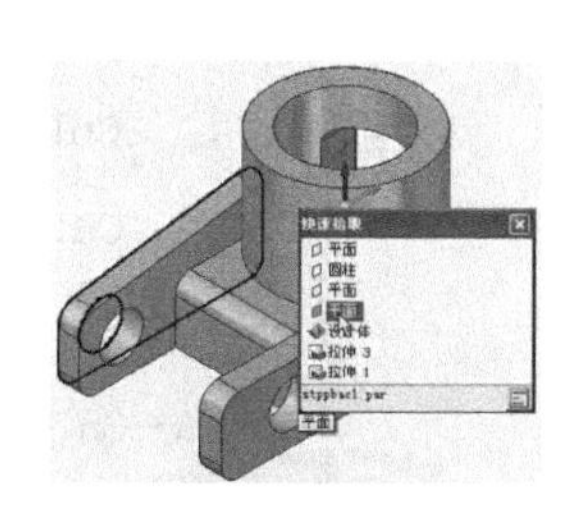

(b) 快速拾取

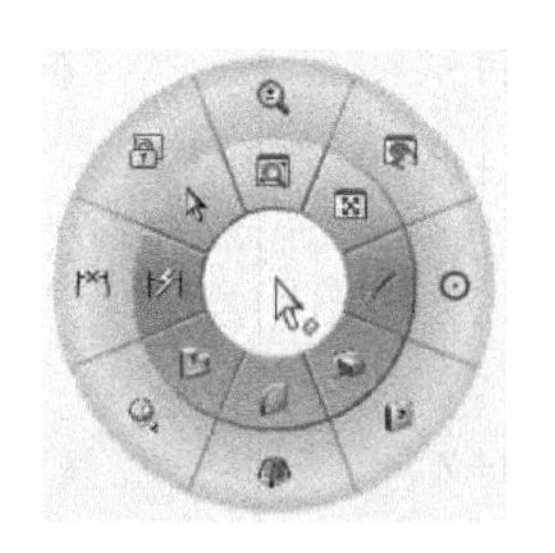

(c) 圆盘菜单

图 1-19　快捷菜单、快速拾取和圆盘菜单

(2) 拖动鼠标右键，可以完成以下操作。

①拖动鼠标右键，弹出图 1-19(c)所示的圆盘菜单。

圆盘菜单包括了最常用的绘图命令、特征命令、视图操作命令和尺寸命令，用来简化用户的操作界面，尽可能快的选取圆盘菜单上的命令，可大量减少鼠标移动操作，提供最大的图形工作区空间。可以根据个人的习惯定制圆盘菜单中的命令，单击“快速访问工具条”中的下拉箭头，选取“定制”，在出现的对话框中选取“圆盘菜单”选项卡，可增加或移除圆盘菜单中的命令。

②Shift＋Ctrl＋拖动鼠标右键，可移动模型。

③Ctrl＋拖动鼠标右键，可缩放模型。

### 1.5.5 命令的终止

按 Esc 键可结束或者终止本次命令的操作。

有些特征命令，如“打孔”等，在命令执行完成，生成特征后，出现方向轮，可继续执行移动、旋转等操作，如果不需要执行后续的操作，按 Esc 键，结束命令。在命令的操作过程中，如果出现误操作，按 Esc 键，可终止命令的执行。

### 1.5.6 快捷键

在 Solid Edge 操作中，可以使用键盘快捷键来提高操作速度，加快设计进程。表 1-1 列出了 Solid Edge 常用的快捷键和相应的操作功能。

**表 1-1 常用快捷键**

| 快捷键 | 操作 | 快捷键 | 操作 |
|---|---|---|---|
| F1 | 帮助 | Ctrl＋I | 正等测视图 |
| F3 | 锁定草图平面 | Ctrl＋J | 斜二测视图 |
| F5 | 刷新 | Ctrl＋M | 正二测视图 |
| Ctrl＋O | 打开文档 | Ctrl＋T | 俯视图 |
| Ctrl＋N | 新建文档 | Ctrl＋F | 主视图 |
| Ctrl＋S | 保存文档 | Ctrl＋R | 右视图 |
| Ctrl＋C | 复制 | Ctrl＋B | 仰视图 |
| Ctrl＋V | 粘贴 | Ctrl＋K | 后视图 |
| Ctrl＋X | 剪切 | Ctrl＋L | 左视图 |
| Ctrl＋Z | 取消 | Shift＋Ctrl＋拖动右键 | 平移模型 |
| Ctrl＋H | 草图视图 | Ctrl＋拖动右键 | 缩放模型 |
| Tab | 在多个尺寸框中进行切换 | | |

## 1.5.7　视图操作

视图操作是指对模型的放大、缩小、旋转显示，改变模型的显示视角、显示方式等操作。视图操作工具如图 1-20 所示，位于用户界面右下角，集中了图 1-13 所示“视图”命令选项卡中的主要视图操作命令。

图 1-20　视图操作工具

为方便学习视图操作工具中命令的操作方法，打开一个 Solid Edge 零件文件作为示例。执行“应用程序→打开”，打开文件“安装路径 \ Program Files \ Solid Edge ST4 \ Training \ stppbac. par”；执行“应用程序→另存为”，另存文件为 stppbac1. par，单击“保存”按钮。

以打开并另存的文档作为操作对象，可进行以下操作。

**1. 缩放区域**

单击“缩放区域”命令，出现十字线光标，拖动鼠标框选要放大的模型区域，选定的模型区域被放大充满整个屏幕，可继续重复执行；单击右键结束操作。

**2. 缩放**

单击“缩放”命令，出现放大镜光标，拖动鼠标左键可放大或缩小模型的显示；光标拖动的起点决定缩放中心，单击右键结束操作。

**3. 适合**

单击“适合”命令，将工作区内的所有模型最大限度地全部显示在屏幕上。该命令一般在执行了“缩放区域”命令或者“缩放”命令后，重新显示全部模型。

**4. 平移**

单击“平移”命令，出现手掌形光标，拖动鼠标左键，可平移当前模型或视图，光标拖动的起点决定了平移定位点，单击鼠标右键结束操作。

说明：Ctrl＋Shift＋拖动鼠标右键，也可平移视图。

**5. 旋转模型**

（1）拖动鼠标中键旋转模型。

拖动鼠标中键旋转模型时，将出现图 1-21(a)所示的旋转标记和旋转中心，鼠标中键拖动的起点决定了旋转的中心，松开鼠标中键，即可结束旋转。

（2）用“旋转”命令旋转模型。

选取“旋转”命令，出现 X、Y、Z 三个旋转轴，选取旋转轴，指定旋转角度，按 Enter 键，单击工具条上的“关闭”按钮，结束旋转操作。

如图 1-21(b)所示，单击 Z 轴，在工具条中输入 90，按 Enter 键；模型绕 Z 轴旋转 90°后如图 1-21(c)所示。可以继续选取 X 轴或 Y 轴，输入旋转角度，按 Enter 键，执行旋转操作，直到单击“关闭”按钮，结束命令。

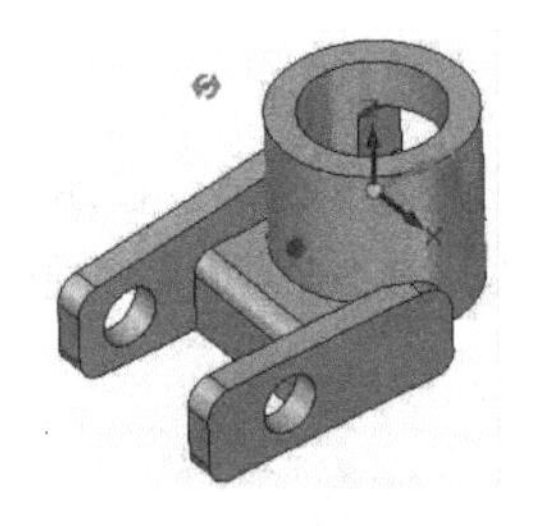

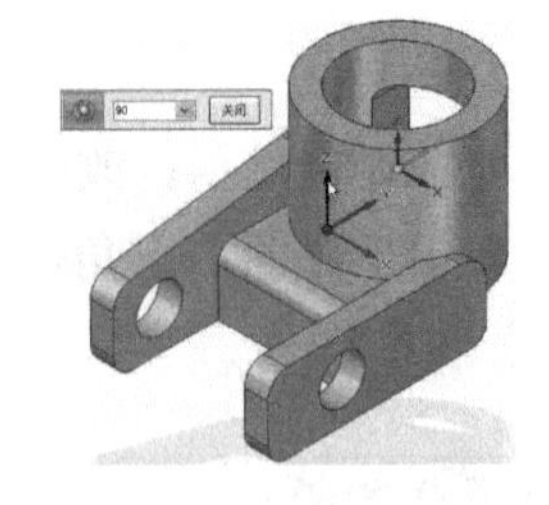

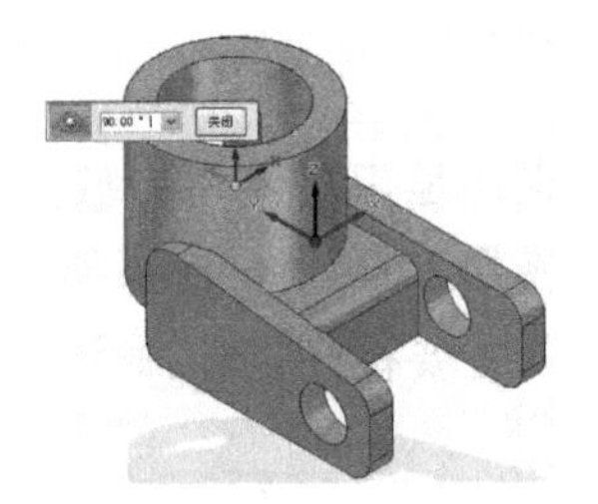

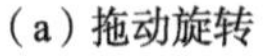

（a）拖动旋转　　（b）指定旋转轴和旋转角度　　（c）旋转结果

图 1-21　旋转视图操作

**6. 草图视图**

该命令只有当选取了草图平面后，才成为高亮可执行的命令。选取“草图视图”命令，视图自动改变为草图平面的视图，以方便二维草图的绘制。

快捷键 Ctrl＋H，等同于执行“草图视图”命令。

**7. 视图方向**

单击“视图方向”命令，弹出图 1-22(a)所示的“视图方向”命令选项，当鼠标指向不同的选项时，视图改变为指定的视图方向。

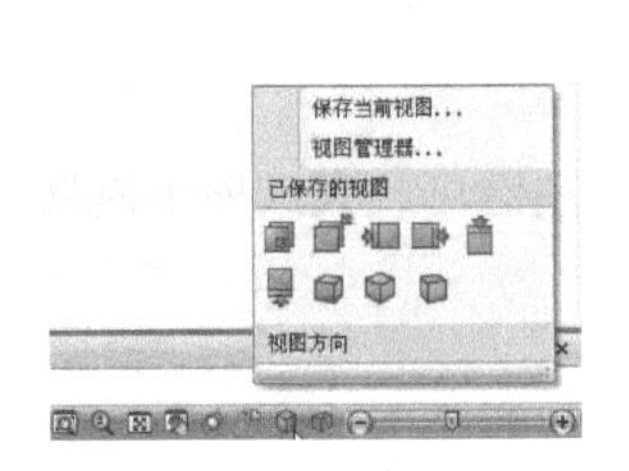


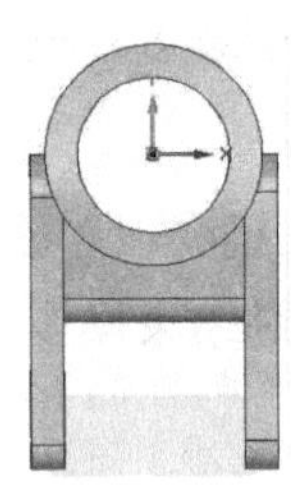

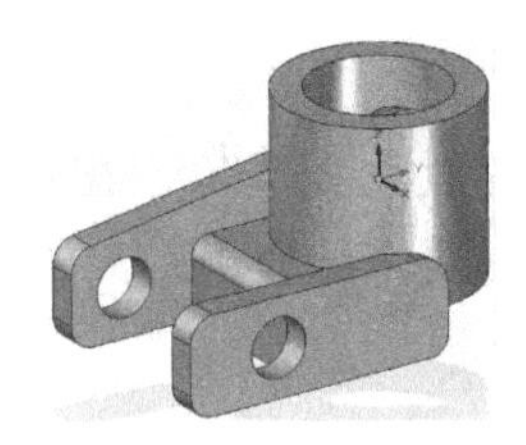

（a）视图方向选项　　（b）俯视图　　（c）正三轴测图

图 1-22　视图方向操作

例如，当鼠标指向“俯视图”时，视图显示如图 1-22(b)所示；当鼠标指向“正三轴测图”时，视图显示如图 1-22(c)所示。

在图 1-22(a)中，如果选取“视图管理器”，将弹出“命名视图”对话框，可选取已定义的视图，单击“应用”按钮，视图方向改变为选取的方向，单击“关闭”按钮，结束命令。如果选取“保存当前视图”，将弹出“新建命名视图”对话框，可将当前视图方向命名并保存。

**8. 视图样式**

单击“视图样式”命令，弹出图 1-23(a)所示的视图样式选项。

鼠标指向“线框”时，以线框方式显示模型，如图 1-23(b)所示；鼠标指向“可见边和隐藏边”时，显示模型的可见轮廓和不可见轮廓，如图 1-23(c)所示；鼠标指向“可见边”时，仅显示模型的可见轮廓，如图 1-23(d)所示；鼠标指向“着色”时，以着色样式显示模型，如图 1-23(e)所示；鼠标指向“带可见边的着色”时，以带边线着色样式显示模型，如图 1-23(f)所示。单击图 1-23(a)所示视图样式之一，即可以指定的样式显示模型。

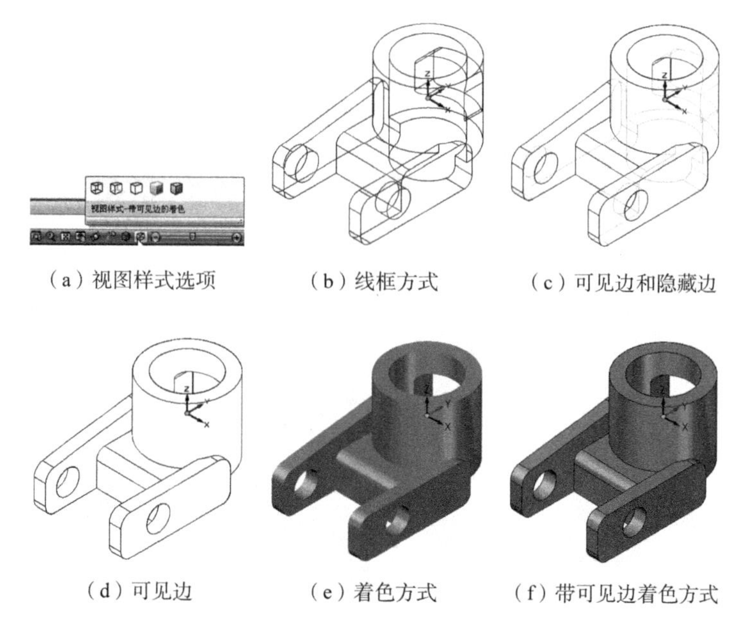

（a）视图样式选项　（b）线框方式　（c）可见边和隐藏边

（d）可见边　（e）着色方式　（f）带可见边着色方式

图 1-23　视图样式操作

在 Solid Edge ST4 零件环境中，生成的实体默认的视图样式为“带可见边的着色”。

**9. 缩放滑块**

拖动缩放滑条上的滑块，即可以基本坐标系原点为缩放中心，放大或缩小显示模型。当拖动滑块向一侧滑动时，放大模型；向一侧滑动时，缩小模型。

**10. 定制视图操作工具**

在视图操作工具上，单击鼠标右键，弹出图 1-24 所示快捷菜单，用户可增加或移除视图操作命令选项，以方便自己操作。

图 1-24　定制视图操作工具

**11. “视图”命令选项卡中常用命令简介**

除了图 1-20 所示视图操作工具上的命令外，在“视图”命令选项卡中还有其他视图操作的命令，这里简要介绍几个常用的命令。

(1) 绕面旋转：选取该命令，单击一个平面，如图 1-25(a)所示，在单击点处出现两个旋转轴和在平面上的圆环。拖动旋转轴，可绕轴线旋转模型；拖动圆环，则绕圆心旋转模型；旋转的角度显示在工具条中，可以输入准确的角度，按 Enter 键，单击“关闭”按钮，结束命令。

(2) 常规视图：选取该命令，将出现图 1-25(b)所示的“常规视图”工具条，以六个基本视图和八个正等轴测图中的一种来显示模型。单击工具条上的方向点或方向面，可得到不同的显示方式。

(3) 正视面：选取该命令，单击模型上的一个平面，系统将以垂直于所选平面的视角显示模型。当选取图 1-25(c)所示平面时，视图显示为图 1-25(d)所示；当选取图 1-25(e)所示平面时，视图显示为图 1-25(f)所示。

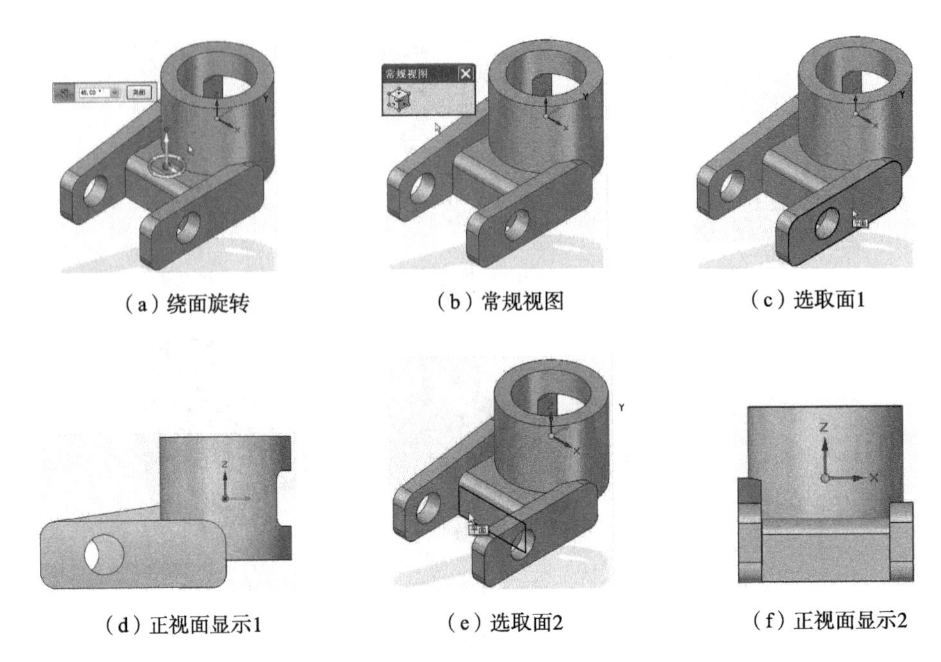


(a) 绕面旋转　(b) 常规视图　(c) 选取面1

(d) 正视面显示1　(e) 选取面2　(f) 正视面显示2

图 1-25　其他视图操作命令

## 1.5.8　方向轮的变换

在 Solid Edge ST 同步建模环境下，方向轮是用于建模和对模型进行编辑、修改的主要工具。可使用方向轮移动或旋转以下类型的元素：参考平面（除基本参考平面之外）、坐标系（除基本坐标系之外）、草图、草图元素、曲线、面、特征、设计体等。方向轮有 2D 二维方向轮和 3D 三维方向轮两种，组成要素及名称定义如图 1-26 所示。

熟练掌握方向轮的操作，是掌握同步建模技术的关键，在后续的章节中，将结合建模、编辑操作介绍方向轮的操作和应用。这里仅介绍方向轮的变换方法。

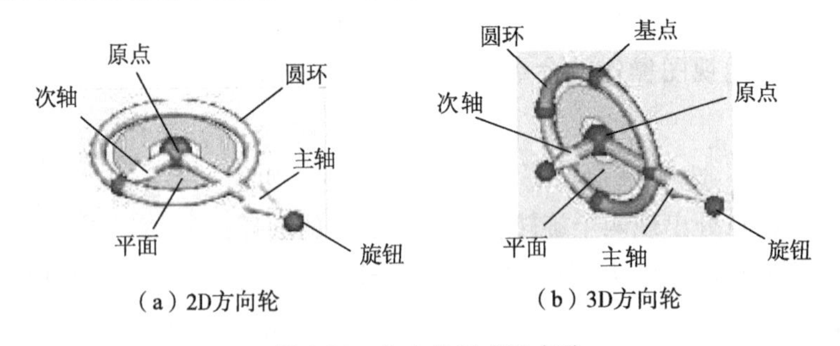


(a) 2D方向轮　(b) 3D方向轮

图 1-26　方向轮组成及名称

单击图 1-27(a)所示平面，出现箭头，单击箭头原点，形成一个 3D 方向轮，如图 1-27(b)所示；移动鼠标，可将方向轮移动至图 1-27(c)所示位置，单击左键确定。

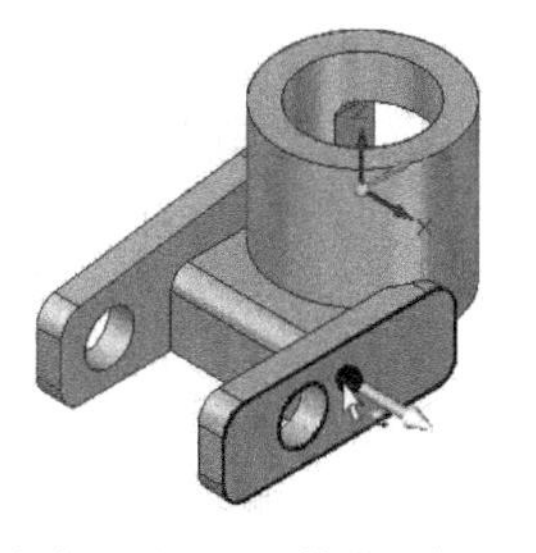
（a）选取平面和箭头原点

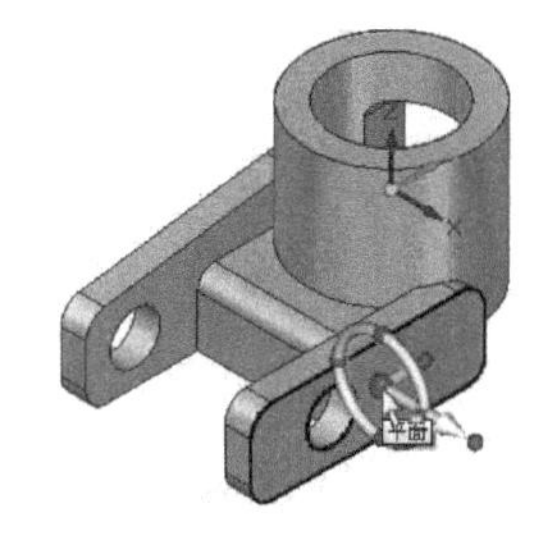
（b）形成3D方向轮

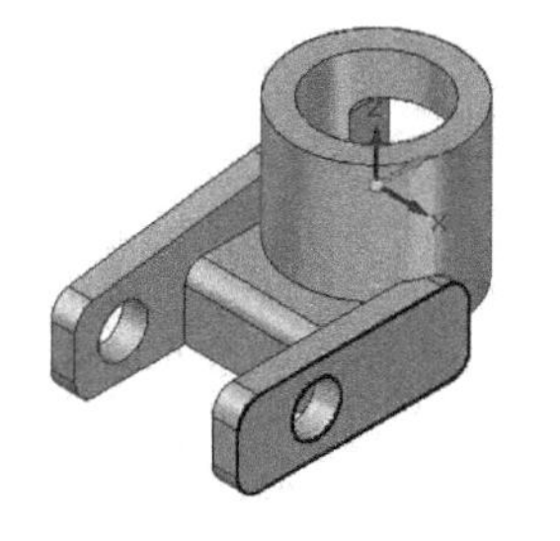

（c）移动方向轮

图 1-27　移动方向轮

（1）以 90°为增量旋转主轴

单击图 1-28(a)所示方向轮基点，将主轴旋转 90°指向所选基点，如图 1-28(b)所示。

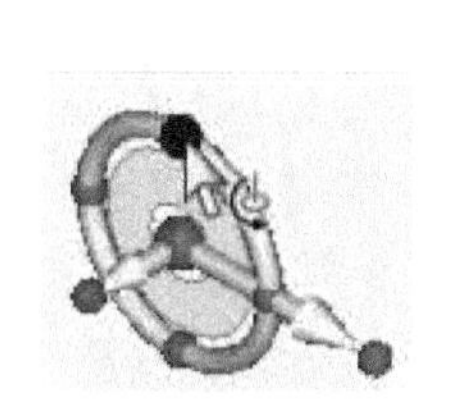
（a）选取基点

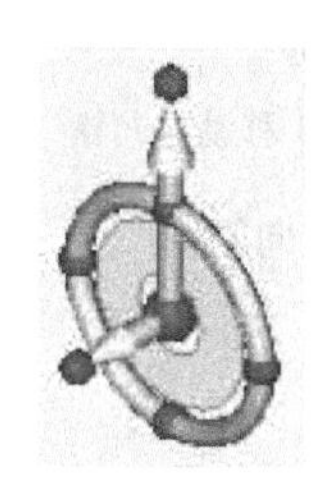
（b）主轴指向所选基点

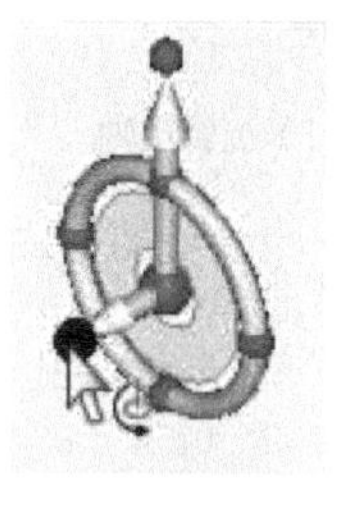
（c）选取次轴旋钮

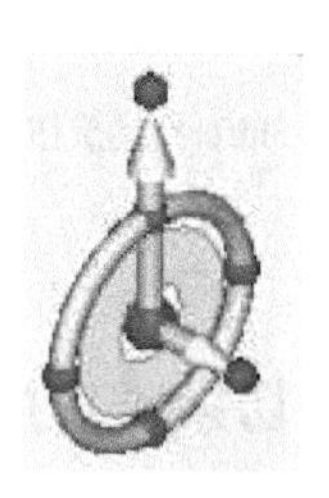
（d）旋转90°

图 1-28　以 90°为增量旋转主轴和次轴

（2）以 90°为增量旋转次轴

单击图 1-28(c)所示次轴旋钮，移动鼠标可使次轴绕主轴以 90°为增量旋转，如图 1-28(d)所示。

（3）以 90°为增量旋转方向轮平面

按住 Shift 键，单击方向轮平面，如图 1-29(a)所示，可使方向轮平面旋转 90°，如图 1-29(b)所示。同时主轴和次轴的方向也随之改变。

（4）任意角度旋转主轴

按住 Shift 键，拖动主轴旋钮，如图 1-29(c)所示，可使主轴旋转任意角度，如图 1-29(d)所示，在尺寸框中可输入准确的角度，按 Enter 键。单击空白处结束命令。

（5）任意角度旋转次轴

按住 Shift 键，拖动次轴旋钮，如图 1-29(e)所示，可使次轴旋转任意角度，如图 1-29(f)所示，在尺寸框中可输入准确的角度，按 Enter 键。单击空白处结束命令。

（6）移动方向轮

单击方向轮原点，如图 1-29(g)所示，移动鼠标至新的位置，如图 1-29(h)所示，单击左键确定。

（7）通过捕捉指定主轴方向

单击主轴上的旋钮，然后捕捉模型上的圆心、端点、中点等关键点，可使方向轮主轴指向捕捉的关键点。如图 1-29(h)所示，主轴指向捕捉到的圆心。

当变换方向轮至方便操作的位置时，选取主轴、次轴或圆环，即可对模型进行编辑和修改，具体内容将在 3.8 节中详细介绍。

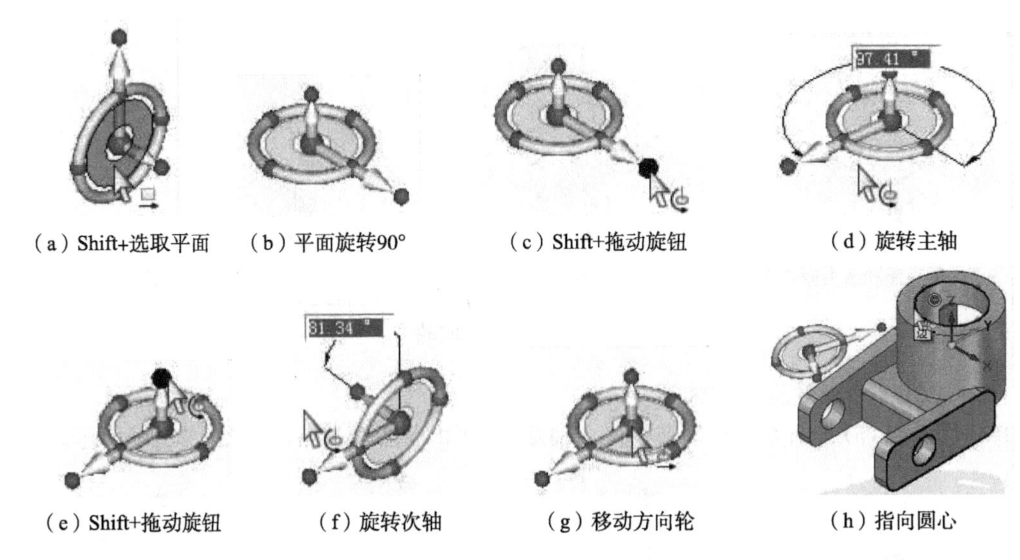

（a）Shift+选取平面　（b）平面旋转90°　（c）Shift+拖动旋钮　（d）旋转主轴

（e）Shift+拖动旋钮　（f）旋转次轴　（g）移动方向轮　（h）指向圆心

图 1-29　变换方向轮

### 1.5.9　切换窗口操作

当同时打开多个 Solid Edge 文档时，只有一个是当前可操作的文档。选取“主页”选项卡的“切换窗口”命令，弹出图 1-30 所示的文件列表，选取需要操作的文档，该文档即成为当前的文档，其他文档在后台运行。

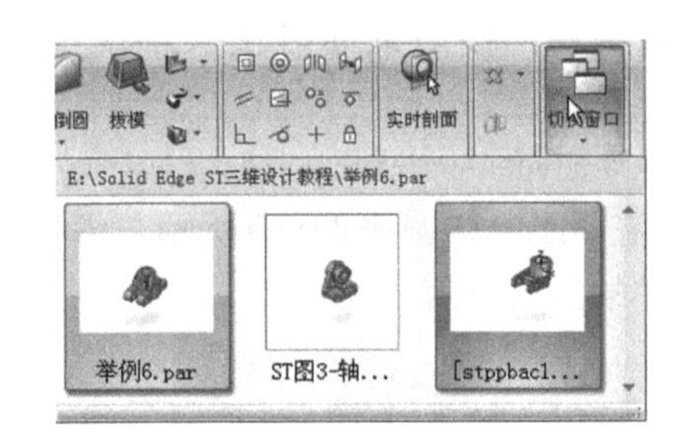


图 1-30　切换窗口

## 1.6　使用 Solid Edge ST4 的教学工具

Solid Edge ST4 本身附带了方便易用的教学工具，在图 1-31 所示启动主界面中列出了自学工具和向导，选取“教程”选项，将出现图 1-32 所示的“Solid Edge 教程”对话框，当手形鼠标指向某个教程时，该教程的名称和模型显示在预览区中，如图 1-32 所示，单击鼠标可打开学习窗口。教程包含了实体造型、钣金设计、装配、工程图等 33 个教学范例，每个教程都提供了一步一步地操作过程，初学者通过按照步骤操作，可以在较短的时间里掌握 Solid Edge ST4 各个模块的基本操作，并快速了解 Solid Edge ST4 的新特性。

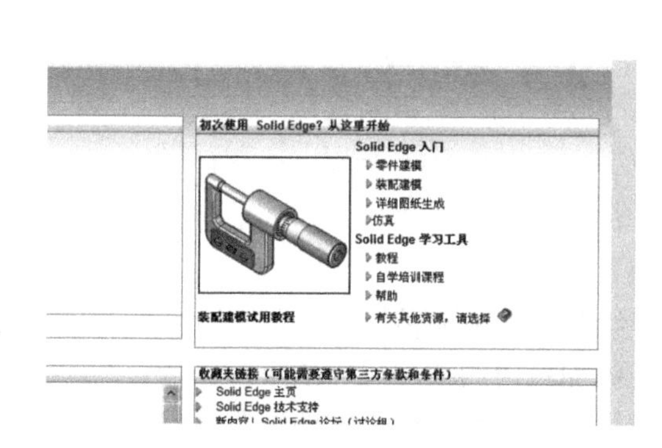


图 1-31　主界面中的教学工具

图 1-32　Solid Edge 教程对话框

另外，在学习中有问题时，可以按 F1 键，弹出“Solid Edge 帮助”对话框，可用来帮助查找问题的解决方法。

## 小结及作业

本章主要介绍了 Solid Edge ST4 的主要特点、功能、安装方法和界面，以实例方式介绍了 Solid Edge ST4 的基本操作，包括鼠标操作、快捷键、视图操作、方向轮变换等。

作业：

(1) 打开文件“安装路径 \ Program Files \ Solid Edge ST4 \ Training \ stppbac. par”，执行“应用程序→另存为”，另存文件为 stppbac1. par，单击“保存”按钮。

(2) 按书中 1. 5. 2～1. 5. 8 节，练习 Solid Edge ST4 的基本操作。

# 第2章 草图设计

草图设计就是绘制零件二维轮廓的过程，它是零件设计、钣金设计和装配设计的重要组成部分。在零件设计环境和钣金设计环境中，创建一个实体或特征的基本步骤为：

（1）选取草图命令，在指定的平面上绘制草图。

（2）选取特征命令，对草图进行特征生成操作，形成实体。

（3）编辑和修改实体特征，对生成的特征添加几何约束和尺寸约束。

草图用来定义特征的基本形状，草图的设计、绘制是三维设计的重要组成部分。在Solid Edge ST4零件设计环境中，通过对草图进行拉伸、旋转等操作，创建三维实体。在钣金设计环境中，通过对草图的操作，可生成不同形状和尺寸的钣金。

绘制草图的基本步骤为：

（1）选择绘制草图命令。

（2）选取草图平面，锁定草图平面，进入二维草图绘制环境。

（3）绘制草图。

（4）添加必要的几何约束关系；标注必要的尺寸驱动。

本章主要介绍草图的绘制、编辑，对草图添加几何约束和尺寸等操作。

## 2.1 草图命令、草图平面和草图区域

在零件设计环境、钣金设计环境和装配设计环境中，均有草图绘制命令，本章以零件设计环境中的草图设计为例，说明草图的绘制方法和步骤。

进入零件设计环境的步骤如下：双击桌面上的Solid Edge ST4图标，进入Solid Edge ST4启动界面，选取“GB零件”，即可进入零件设计环境。

**1. 草图命令**

在零件设计环境中，图2-1所示“主页”选项卡的“绘图”、“相关”、“尺寸”三个命令区中的命令，为常用的草图设计命令，一般使用这三个命令区中的命令，可以满足草图的绘制和编辑要求。在图2-2所示“绘制草图”选项卡中，包括了全部的草图绘制和编辑命令。当需要进行详细的设置、使用更多的草图命令时，可在该选项卡中，选取所需命令。

图2-1 “主页”选项卡

图 2-2　“绘制草图”选项卡

**2. 草图平面的选取、锁定和解锁**

当选取图 2-1 或图 2-2“绘图”命令区中的任意一个绘图命令时，首先需要指定草图平面。可以选取系统默认的 Base 坐标系的坐标面 XY、YZ、XZ 之一为草图平面，如图 2-3(a)所示，也可以选取已有实体上的平面或用户创建的平面为草图平面。

当选取的平面高亮且出现锁形标记时，如图 2-3(a)所示，按 F3 键可锁定草图平面，所绘制的图形在选取的草图平面上，如图 2-3(b)所示。单击“草图视图”命令，或者按 Ctrl＋H 键，可进入二维草图绘制环境，如图 2-3(c)所示。单击工作区右上角的按钮，或再次按 F3 键，可解除草图平面的锁定。

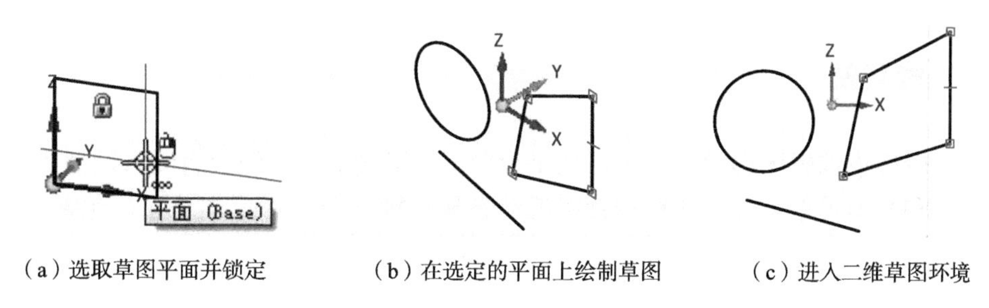


(a) 选取草图平面并锁定　　(b) 在选定的平面上绘制草图　　(c) 进入二维草图环境

图 2-3　草图平面的选取、锁定和解锁

**3. 草图区域**

采用绘图命令绘制的自封闭区域，或者由多个图素围成的封闭区域，称为草图区域，如图 2-3(b)和图 2-3(c)所示，草图区域默认显示为着色区域。

一般情况下，推荐绘制草图的方法和步骤是：

(1) 单击“绘图”命令，当选取的平面高亮且出现锁形标记时，按 F3 键锁定草图平面。

(2) 单击“草图视图”命令，或者按 Ctrl＋H 键，可进入二维草图环境，绘制草图轮廓。

(3) 草图绘制完成后，单击工作区右上角的解锁按钮，或再次按 F3 键，解除草图平面的锁定。

(4) 按 Ctrl＋I 或 Ctrl＋J 键返回三维设计环境。

本章介绍的“绘图”、“相关”、“尺寸”等命令区中的命令操作，均指在二维绘图环境中的操作。

# 2.2 选择、智能导航、对齐指示和动态编辑

## 2.2.1 选择

图 2-1 和图 2-2“选择”命令区中的“选择”命令，用于选择各种元素或者结束当前命令的操作。在草图环境中，单击“选择”命令，可选取已绘制的图素。

（1）选择单个图素：用鼠标左键单击已绘制的图素。

（2）选择多个图素：按住 Ctrl 键或 Shift 键，单击多个图素。

（3）框选多个图素：拖动鼠标，拉出一个矩形选取框，完全在框内的图素成为选取的对象。

（4）取消选取：按住 Ctrl 键或 Shift 键，单击已选中的图素，可取消选择该图素。

具体操作将在第 3 章中详细介绍。

如果要中断当前的操作命令，只需单击按钮或按 Esc 键即可。

## 2.2.2 智能导航

在绘制轮廓或编辑图形的过程中，如果设置了智能导航，系统会自动帮助捕捉图素上的一些关键点和几何关系，并在鼠标指针附近动态显示操作结果和反馈信息，包括光标状态、数字反馈信息等，为绘图提供方便，这些都是智能导航功能在提示用户。

“绘制草图”选项卡中的“智能草图”命令区如图 2-4 所示，命令区中每一个选项均为单选项，可勾选或取消勾选，建议勾选全部选项。单击“智能草图”命令区的“智能草图选项”按钮，弹出如图 2-5 所示“智能草图”对话框，从中可进行更多细节的设置。

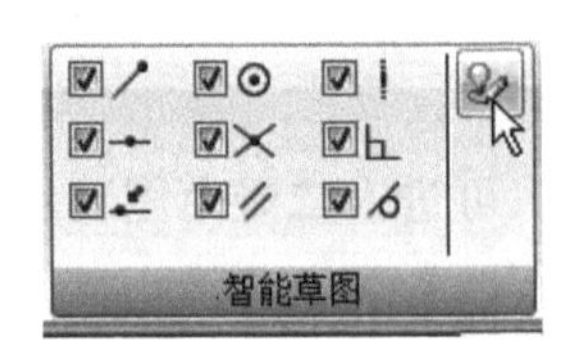


图 2-4 “智能草图”命令区

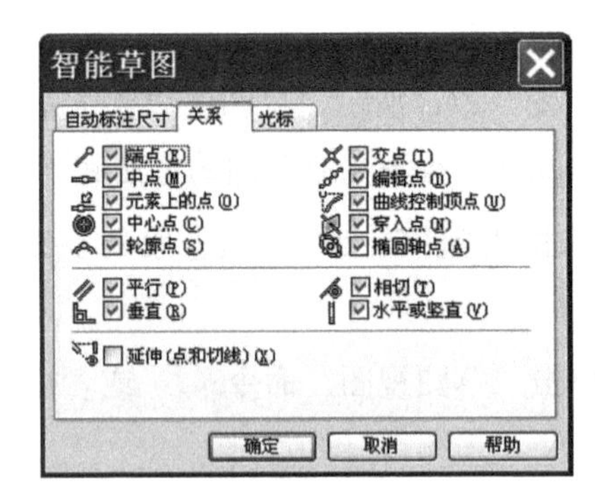


图 2-5 “智能草图”对话框

当全部勾选了图 2-4 中的智能选项后，在绘图或编辑过程中：

（1）当鼠标在线段上或接近线段时，将出现光标，表示捕捉到已知线段上的点。

（2）当鼠标在两线段的交点上时，将出现光标，表示捕捉到两线段的交点。

（3）当鼠标在线段的中点处时，将出现光标，表示捕捉到线段的中点。

（4）当鼠标在线段的端点处时，将出现光标，表示捕捉到了已知线段的端点。

(5) 当鼠标接近圆或者圆弧的圆心时，将出现光标，表示捕捉到了圆或者圆弧的圆心。

(6) 绘图过程中，当出现（或）光标时，表示所绘线段为水平的（或铅垂的）。

当出现了捕捉到关键点的提示光标时，单击左键即可完成捕捉。如果不需要智能导航的捕捉功能，按住 Alt 键，即可取消导航功能。

使用智能导航功能可以精确地捕捉圆心、线段上的点、控制点等关键点，如图 2-6 所示。智能导航还可用特定的光标符号，显示正在绘制的图素与已知图素之间的相对位置关系，如平行、垂直、相交或相切等，如图 2-7 所示。

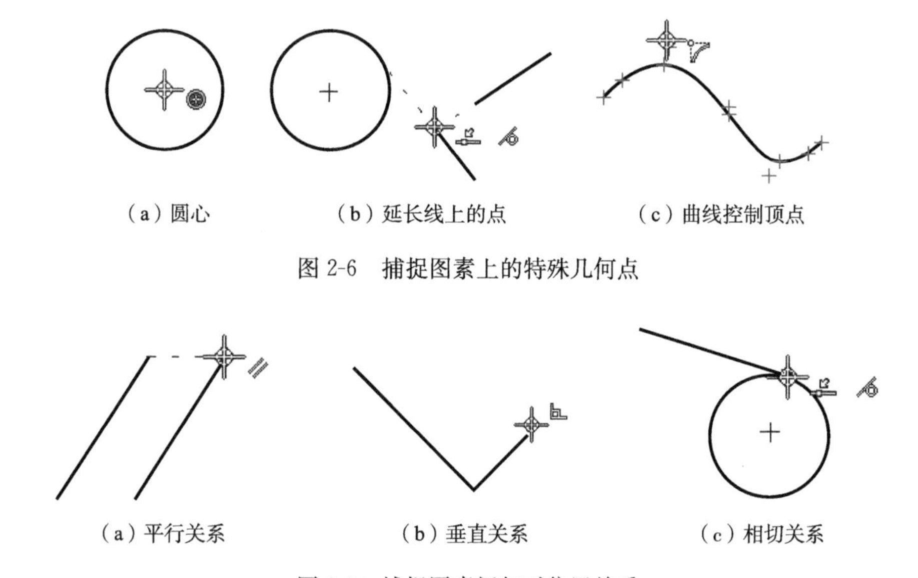

(a) 圆心　(b) 延长线上的点　(c) 曲线控制顶点

图 2-6　捕捉图素上的特殊几何点

(a) 平行关系　(b) 垂直关系　(c) 相切关系

图 2-7　捕捉图素间相对位置关系

## 2.2.3　对齐指示

在绘制轮廓或编辑图形过程中，在移动鼠标时，系统有时会自动出现水平的或铅垂的虚线光标，表示与附近图素上捕捉到的关键点沿水平或垂直方向对齐。例如，图 2-8(a)表示所绘直线段为铅垂线，且其终点与右边直线段的下端点沿水平方向对齐。图 2-8(b)表示所绘圆弧的终点与其下方的直线段的端点，沿铅垂方向对齐。虚线指示对齐的点和对齐方向，它是 Solid Edge 提供给用户的一个绘图向导指示工具，可使绘图更加快捷、方便和准确。

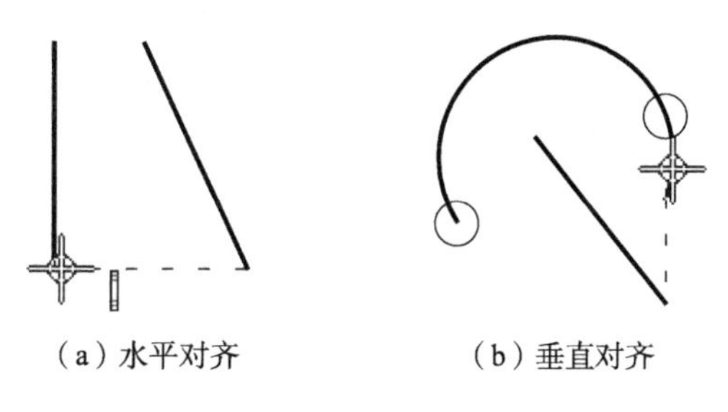

(a) 水平对齐　(b) 垂直对齐

图 2-8　对齐关系

Solid Edge 的对齐指示功能默认是打开的，在操作中如果不需要该功能，按住 Alt 键，可临时取消对齐指示。另外，选取“工具→助手→对齐指示符”命令，可打开或关闭对齐指示功能，高亮表示打开，再次单击表示取消。

### 2.2.4 动态编辑

Solid Edge 提供了强大的图形编辑工具，方便用户灵活快捷地编辑图形。可用鼠标动态修改或删除已绘出的图形图素。

**1. 动态修改图形图素**

用鼠标可动态修改图形图素的大小和形状，操作方法为：

(1) 单击按钮，选取需要修改的图素（直线、圆弧、曲线等），被选中的图素上会出现图素手柄（实心小方块表示），如图 2-9 所示。

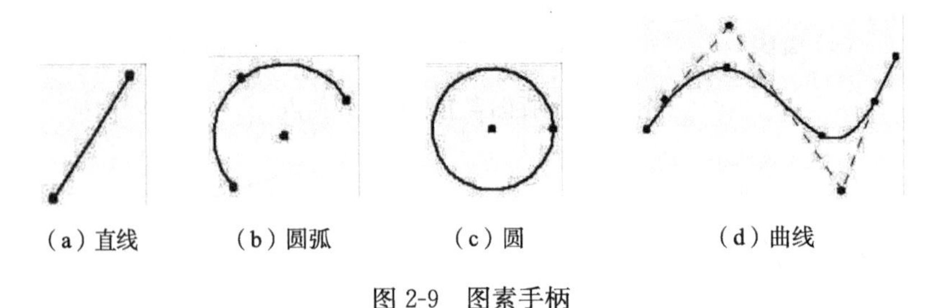

(a) 直线　(b) 圆弧　(c) 圆　(d) 曲线

图 2-9　图素手柄

(2) 移动鼠标到手柄上，当出现十字光标时，拖动鼠标，可改变手柄的位置，从而改变图素的大小或形状。

例如，单击图 2-9(a)所示直线，拖动直线端点手柄可修改线条的长度和角度。单击图 2-9(b)所示圆弧，拖动端点、中点或圆心手柄可修改圆弧的大小、弧度和位置。单击图 2-9(c)所示圆，拖动圆上或圆心手柄可修改圆的半径或圆心位置。单击图 2-9(d)所示曲线，拖动手柄可修改曲线的形状。

**2. 删除图素**

单击按钮，选取需要删除的图素，按 Delete 键，或使用快捷键 Ctrl+X，可将选定的图素删除。

## 2.3 绘图命令

Solid Edge ST4 的“绘图”命令区集中了常用的绘图命令和草图编辑命令。Solid Edge 的二维绘图命令可以绘制简单的线段和封闭的平面图形。

### 2.3.1 直线、曲线和点绘制命令

绘制直线、曲线和点的三个命令，放在一个抽屉式按钮中。

### 1. “直线”命令

“直线”命令（Line）可以绘制连续直线和圆弧。操作方法为：

(1) 单击“直线”命令，工具条如图 2-10 所示。

图 2-10　“直线”命令工具条

(2) 绘制线段：用鼠标左键指定线段的起点，在“长度”文本框中输入线段的长度，按 Enter 键，在“角度”文本框中输入线段的角度，按 Enter 键，可绘出指定长度和角度的精确线段。如果用鼠标指定线段的终点，工具条上会显示相应的长度和角度，可绘出任意位置的线段。图 2-11(a)为所绘折线。

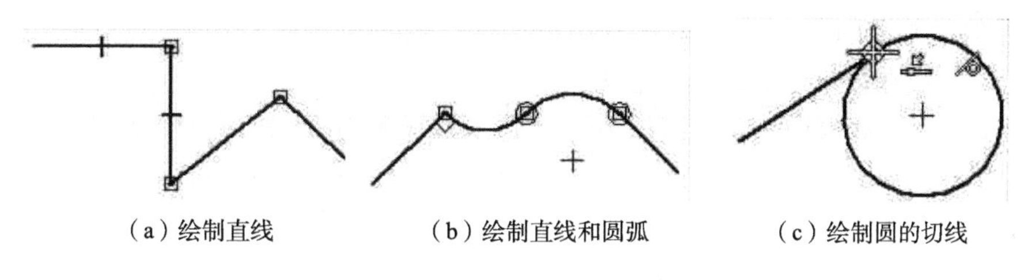

(a) 绘制直线　(b) 绘制直线和圆弧　(c) 绘制圆的切线

图 2-11　“直线”命令示例

(3) 结束步骤：单击右键，结束命令。

在以上操作中，在绘制了一段直线后，如果按住键盘上的 A 键，则切换为画圆弧的状态，可连续画出多段首尾相连的圆弧，松开 A 键后，按键盘上的 L 键，则切换为画直线状态，可继续绘制直线，如图 2-11(b)所示，直到单击右键结束命令。利用智能导航功能可准确绘出水平线、垂直线和连接到其他图素关键点的线，图 2-11(c)中光标表示所绘线段与圆相切。选取工具条上的按钮、和还可以设置所绘线条的颜色、线型和线宽。

### 2. “曲线”命令

“曲线”命令（Curve）用于绘制样条曲线，至少要输入三个点才能绘制一条光滑曲线。操作方法为：

(1) 单击“曲线”命令。曲线命令工具条如图 2-12 所示。

图 2-12　“曲线”命令工具条

(2) 指定样条曲线的插入点：用鼠标左键指定若干组成样条曲线的插入点，同时可看见样条曲线的形状随插入点的增加而变化，曲线上各定点处的弯曲状态可由切线矢量的长短和方向来调节。

(3) 结束步骤：插入点指定完成后，单击右键，结束命令。

说明：生成的样条曲线如图 2-13 所示。该曲线是 NURBS 样条曲线。在 Solid Edge 中所有的曲线都是 NURBS 样条曲线。

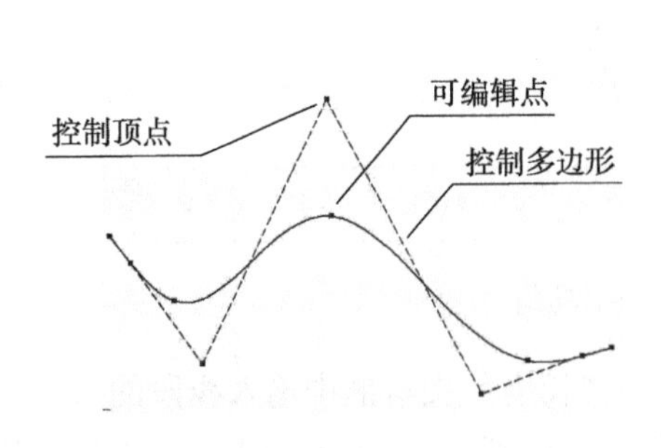


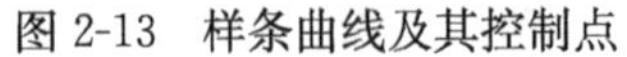
图 2-13 样条曲线及其控制点

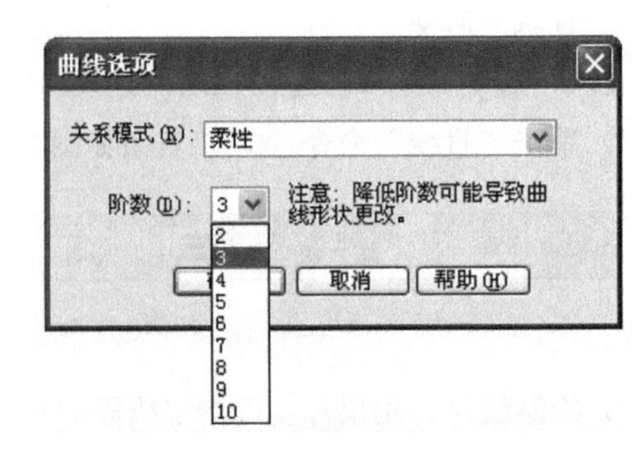


图 2-14 “曲线选项”对话框

Solid Edge 在默认状态下绘制的曲线都是三次 NURBS 样条曲线。如果导入的是 AutoCAD 或 MicroStation 中创建的曲线，则曲线的原始阶数不会改变，而且在曲线起点和终点处的节点始终是平滑的。

NURBS 曲线在数学上的表达方法为：

$$X(t) = X_0 + X_1(t_1) + X_2(t_2) + X_3(t_3) + \cdots + X_n(t_n)$$

$$Y(t) = Y_0 + Y_1(t_1) + Y_2(t_2) + Y_3(t_3) + \cdots + Y_n(t_n)$$

依据此理论，Solid Edge 根据工作区中的控制点，产生控制多边形，进而生成 NURBS 曲线。系统默认的曲线阶数为 3。单击曲线命令工具条中“曲线选项”按钮，可以利用“曲线选项”对话框，如图 2-14 所示，修改曲线的阶数（2≤阶数≤10）。且在修改过程中，曲线形状保持不变。

因此，直接拖动控制顶点、可编辑点就可以调整曲线形状，曲线随着被拖动顶点的位置移动而实时变化。单击“本地编辑”按钮和“形状编辑”按钮，可以应用本地编辑和形状编辑两种方法调整曲线。本地编辑只能影响当前点周围的局部曲线形状，形状编辑则影响整条曲线的形状。单击“添加/移除点”按钮，添加或移除可编辑点，以增加对曲线的控制程度。注意，要删除可编辑点时需要按下同时按住 Alt 键。可编辑点的增加不会影响当前曲线的形状，但会增加控制多边形的顶点数，因而增加对曲线编辑的难度，反之亦然。

已生成的曲线，可通过在曲线上单击右键，从弹出的快捷菜单中选择“属性”命令（图 2-15），打开“元素属性”对话框（图 2-16），从中可直接查看每个可编辑点的实际坐标位置。

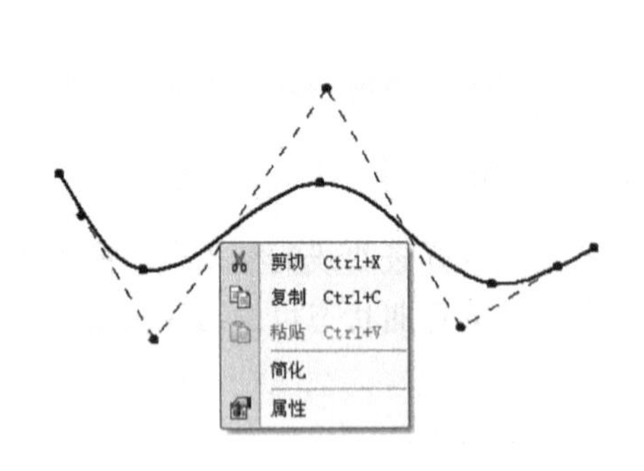


图 2-15 “曲线”快捷菜单

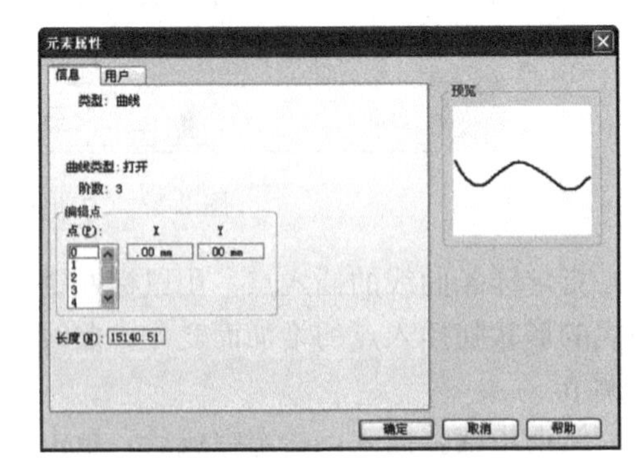


图 2-16 曲线“元素属性”对话框

选取按钮和，可显示曲线的控制多边形和曲率梳图；可控制曲线的曲率梳图的显示，仅当在“检查”菜单“分析”命令区中选中“显示”曲率梳图选项时，此选项才可用。选取按钮、和还可以设置所绘线条的颜色、线型和线宽。

在设计中，有时曲线的点要精确定位，或者要从文本文件读入。精确定位需要用到“绘制草图→绘图→栅格选项”，对栅格进行设置。如果要从文件中读取数据，就要进行简单的二次开发编程。

**3. “点”命令**

“点”命令（Point）用于绘制一系列控制点。操作方法为：

（1）单击“点”命令，工具条如图 2-17 所示。

图 2-17　“点”命令工具条

（2）指定点的位置：在图 2-17 所示工具条中输入点的 X、Y 坐标，在指定的坐标点上便生成了一个点；或用鼠标指定点的位置，即可捕捉所需关键点作为点的位置。

说明：绘出的点是作为一种建构图素存在，点在工作区中显示为一填黑的小点。如果要对已绘出的点进行修改，则需右击要修改的点，利用快捷菜单可对选定的点进行编辑。

## 2.3.2　绘制矩形命令

有四个命令用来绘制矩形，它们在一个抽屉式按钮中。

**1. “中心创建矩形”命令**

“中心创建矩形”命令（Rectangle by Center）根据指定的中心点和边长绘制矩形。操作方法为：

（1）单击“中心创建矩形”命令，工具条如图 2-18 所示。

图 2-18　“中心创建矩形”命令工具条

（2）绘制矩形：单击第一点（点 A）作为矩形的中心点，单击第二点（点 B）确定矩形的高度和宽度，如图 2-19 所示。如果在图 2-18 所示工具条中输入矩形的宽度、高度和角度，则可由中心点处的十字光标处创建数值精确的矩形。

**2. “两点创建矩形”命令**

“两点创建矩形”命令（Rectangle by 2 Points）指定矩形上的任意两个对角点绘制矩形。操作方法为：

（1）单击“两点创建矩形”命令。

（2）绘制矩形：如图 2-20 所示，单击第一点（点 A）作为矩形的一个角点，单击第二点（点 B）确定矩形的对角线。绘图过程中移动鼠标时，可动态显示矩形边长的变化。

**3. “三点创建矩形”命令**

“三点创建矩形”命令（Rectangle by 3 Points）指定矩形上的任意三点绘制矩形。操作方法为：

（1）单击“三点创建矩形”命令。

（2）绘制矩形：如图 2-21 所示，单击第一点（点 A）作为矩形的一个角点，单击第二点（点 B）定义矩形的旋转角度和宽度，单击第三点（点 C）定义矩形的高度。

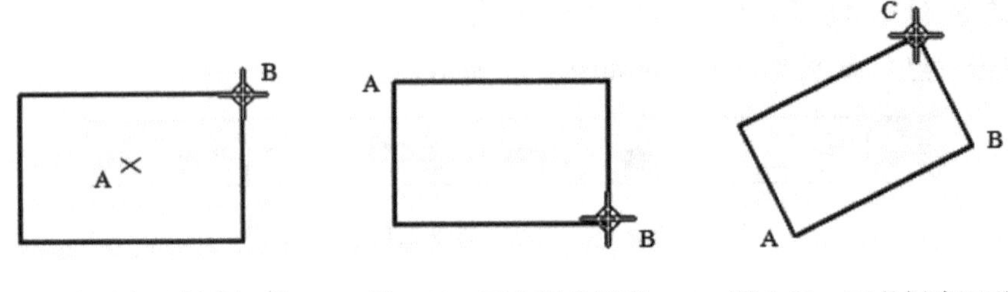


图 2-19　中心创建矩形　　图 2-20　两点创建矩形　　图 2-21　三点创建矩形

**4. “中心创建多边形”命令**

“中心创建多边形”命令（Polygon by Center）根据指定的中心点和边的中点或顶点绘制多边形。操作方法为：

（1）单击“中心创建多边形”命令。工具条如图 2-22 所示。

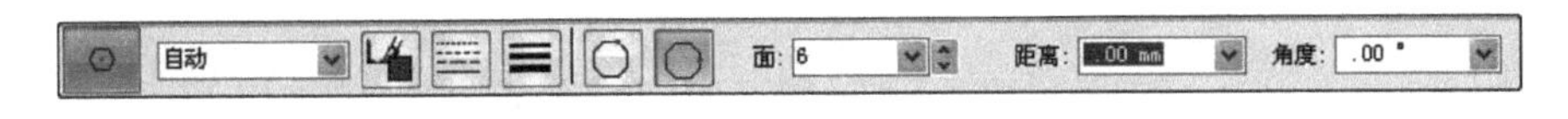


图 2-22　“中心创建多边形”命令工具条

（2）绘制多边形：如图 2-23 所示，单击第一点（点 A）作为正多边形的中点，单击第二点（点 B）放置正多边形，默认情况下工具条上的按钮高亮显示，表示按边的中点放置多边形，绘制的六边形如图 2-23(a)所示。如果单击按钮，表示按边的顶点放置多边形，绘制的六边形如图 2-23(b)所示。

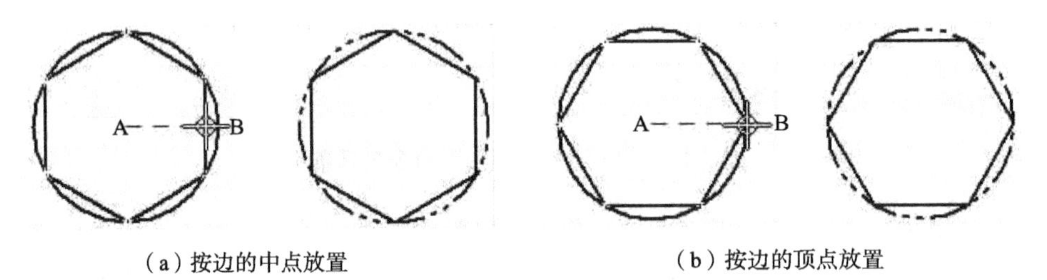


（a）按边的中点放置　　（b）按边的顶点放置

图 2-23　正六边形的绘制

## 2.3.3　圆和椭圆绘制命令

有五个命令用来绘制圆或椭圆，它们在一个抽屉式按钮 中心点画圆 / 3 点画圆 / 相切圆 / 中心点画椭圆 / 3 点画椭圆 中。

**1. “中心点画圆”命令**

“中心点画圆”命令（Circle by Center）根据指定的圆心和半径（或直径）画圆。操作方法为：

（1）单击“中心点画圆”命令。

（2）绘制圆：在绘图区域指定圆心位置，移动鼠标，单击左键确定半径，如图 2-24(a)所示；或者在工具条中输入“直径”或“半径”的值，按 Enter 键，即可绘制尺寸精确的圆。

**2. “三点画圆”命令**

“三点画圆”命令（Circle by 3 Points）指定圆上的任意三点画圆。操作方法为：

（1）单击“三点画圆”命令。

（2）绘制圆：依次指定第一点、第二点和第三点，如图 2-24(b)所示。也可以在工具条上输入圆的直径或半径来绘制。

**3. “相切圆”命令**

“相切圆”命令（Tangent Circle）绘制与已知直线、圆或圆弧相切的圆。操作方法为：

（1）单击“相切圆”命令。

（2）绘制圆：选取已知线段上的点，如图 2-25(a)所示，移动鼠标确定圆的直径或在工具条中输入直径。

说明：无论直径大小，绘制出的圆始终与指定线段相切，且切点为选取线段时左键选中的点，如图 2-25(a)所示。当移动鼠标确定圆的直径时，如果捕捉到与其他线段相切，则可绘出与指定的两个线段相切的圆，如图 2-25(b)所示。

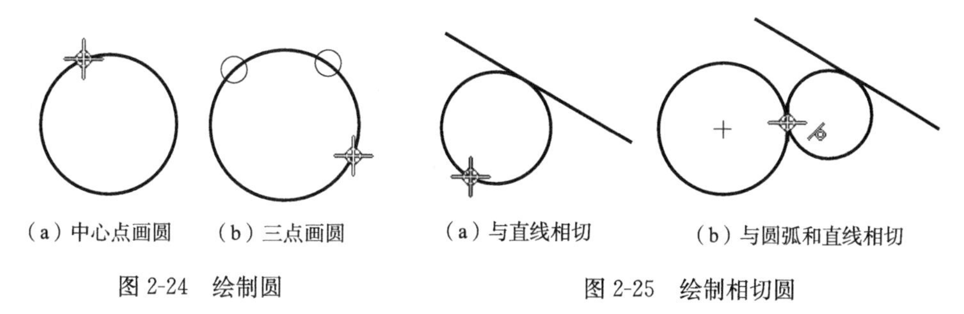

（a）中心点画圆　（b）三点画圆

图 2-24　绘制圆

（a）与直线相切　（b）与圆弧和直线相切

图 2-25　绘制相切圆

**4. “中心点画椭圆”命令**

“中心点画椭圆”命令（Ellipse by Center）根据给定的椭圆中心点和轴绘制椭圆。操作方法为：

（1）单击“中心点画椭圆”命令。

（2）绘制椭圆：单击第一点（点 A）作为椭圆中心点，单击第二点（点 B）作为椭圆的主轴上的一个端点，单击第三点（点 C）确定另一主轴的长短，如图 2-26 所示。或者在工具条上输入椭圆的长轴、短轴及倾角，即可绘制数值精确的椭圆。

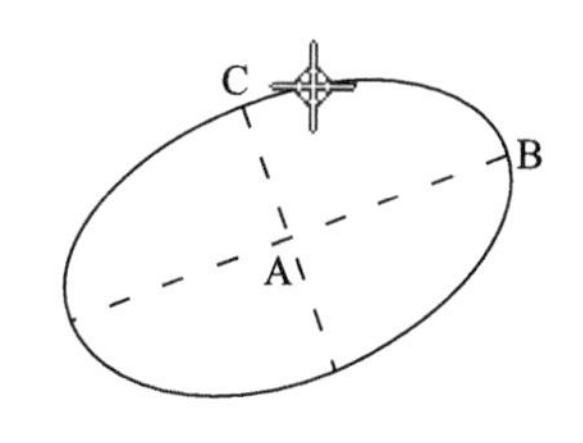


图 2-26　中心点画椭圆

**5. “三点画椭圆”命令**

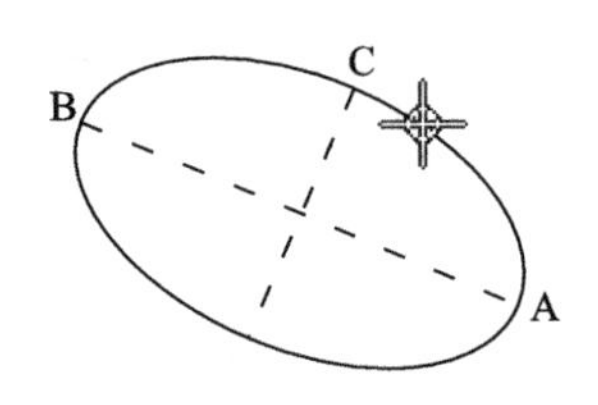

图 2-27　三点画椭圆

“三点画椭圆”命令（Ellipse by 3 Points）根据给定的椭圆上的三个点绘制椭圆。操作方法为：

(1) 单击“三点画椭圆”命令。

(2) 绘制椭圆：如图 2-27 所示，单击第一点（点 A）确定椭圆的起点，单击第二点（点 B）确定椭圆的一条主轴，单击第三点（点 C）确定另一条主轴的长短，即能画出一个椭圆。

说明：第一点和第二点的连线确定了椭圆一条主轴的方向和长度，椭圆的中心点在连线的中点，第三点确定椭圆另一主轴的长度。同样，也可以在工具条中输入所需数据，绘制数值精确的椭圆。

## 2.3.4　圆弧绘制命令

绘制圆弧有三个命令，位于同一个抽屉式按钮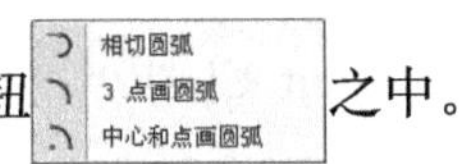

之中。

**1. “相切圆弧”命令**

“相切圆弧”命令（Tangent Arc）生成与已知直线或圆弧相切的圆弧。操作方法为：

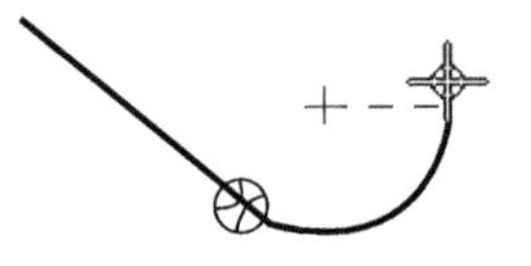
图 2-28　相切圆弧

(1) 单击“相切圆弧”命令。

(2) 绘制圆弧：选取已知直线的端点，如图 2-28 所示，移动鼠标，出现圆弧，圆弧的起点始终保持与指定直线的端点相切，单击鼠标左键确定圆弧的大小和角度。或者在工具条中输入圆弧的半径和圆心角，绘制尺寸精确的圆弧。

**2. “三点画圆弧”命令**

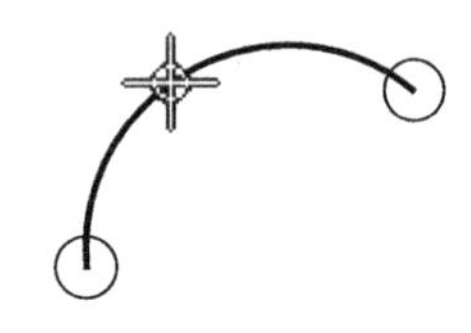
图 2-29　三点画圆弧

“三点画圆弧”命令（Arc by 3 Points）根据指定的三个点绘制圆弧。操作方法为：

(1) 单击“三点画圆弧”命令。

(2) 绘制圆弧：依次指定第一点、第二点和第三点，如图 2-29所示。

说明：当指定的第三点置于第一点和第二点之间时，绘制圆弧的顺序是起点、终点和中间点，中间点是用来控制圆弧的半径和方向的。也可以在工具条上输入圆弧半径，这时，中间点的作用只是确定圆弧的方向。

**3. “中心点画圆弧”命令**

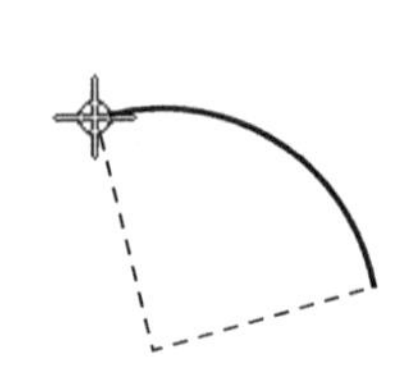
图 2-30　中心点画圆弧

“中心点画圆弧”命令（Arc by Center）用指定圆心、起点和终点的方式画圆弧。操作方法为：

(1) 单击“中心点画圆弧”命令。

(2) 绘制圆弧：依次指定圆心、圆弧起点和圆弧终点。或者在指定圆心位置后，在工具条中输入圆弧的半径和圆心角。

绘出的圆弧如图 2-30 所示。

## 2.3.5　圆角与倒斜角命令

倒角包括“圆角”命令和“倒斜角”命令，它们位于同一个抽屉式按钮中。

### 1. “圆角”命令

“圆角”命令（Fillet）用于在两个指定的图素间生成指定半径的连接圆弧。操作方法为：

（1）单击“圆角”命令。工具条如图 2-31 所示。

（2）指定圆角半径：在工具条中输入圆角半径，按 Enter 键。

（3）指定要倒圆角的两图素：分别选取图 2-32(a)所示两直线，倒圆角结果如图 2-32(b)所示。

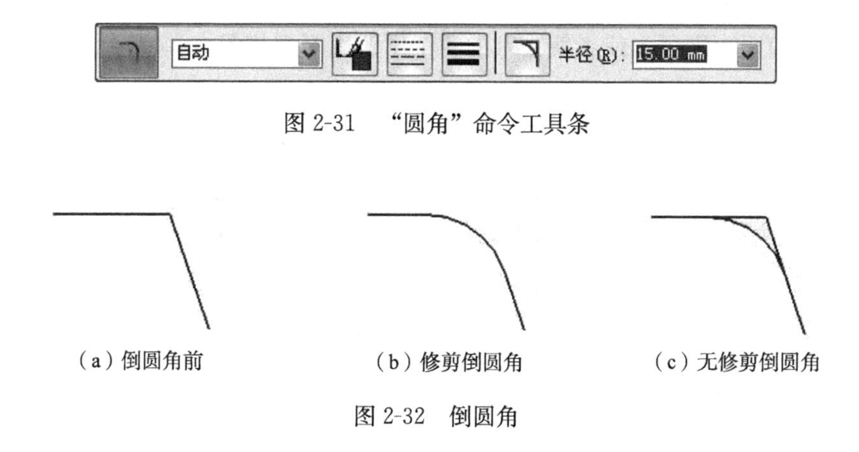


图 2-31　“圆角”命令工具条

（a）倒圆角前　（b）修剪倒圆角　（c）无修剪倒圆角

图 2-32　倒圆角

说明：如果选取工具条上的按钮，生成的倒圆角如图 2-32(c)所示，表示倒圆角后不修剪原线段，默认状态为修剪，如图 2-32(b)所示。

在指定了要倒圆角的两线段后，倒圆角情况可能有多种，需用鼠标指定生成倒圆角的位置，倒圆角在指定的一侧生成，如图 2-33 所示。

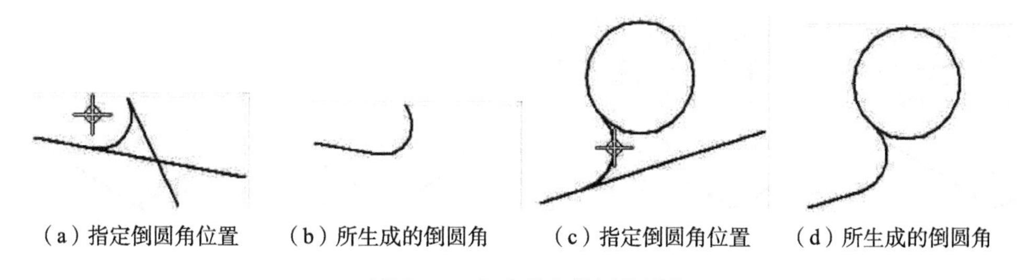

（a）指定倒圆角位置　（b）所生成的倒圆角　（c）指定倒圆角位置　（d）所生成的倒圆角

图 2-33　生成指定位置的圆角

### 2. “倒斜角”命令

“倒斜角”命令（Chamfer）在两条直线间生成一个直线倒角。操作方法为：

(1) 单击“倒斜角”命令。工具条如图 2-34 所示。

图 2-34 “倒斜角”命令工具条

(2) 指定倒角距离：在图 2-34 所示工具条中输入“回切 A”和“回切 B”的值，按 Enter 键。

(3) 指定要倒角的两直线：单击图 2-35(a)所示矩形的两直角边。

(4) 指定倒角生成的方位：出现一条虚线引导线和 A、B 两个字母，如图 2-35(a)所示，表示回切距离和方向；移动鼠标，可改变回切距离和方向，如图 2-35(b)所示。当选取图 2-35(a)所示回切方位时，单击左键确定，生成的倒斜角如图 2-35(c)所示。当选取图 2-35(b)所示回切方位时，单击左键确定，生成的倒斜角如图 2-35(d)所示。

说明：如果要生成倒角距离相等的倒角，可在图 2-34 所示工具条中，输入角度为 45°，只输入一个倒角边距离即可；或者使输入的两个倒角边距离相等。

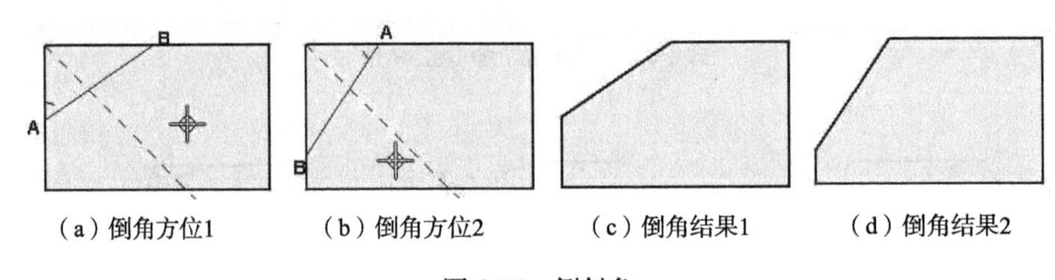


(a) 倒角方位1　(b) 倒角方位2　(c) 倒角结果1　(d) 倒角结果2

图 2-35 倒斜角

## 2.3.6 延长到下一个命令

“延长到下一个”命令（Extend to next）可将一个或多个图素延长，使这些图素与其他图素相交。操作方法为：

(1) 单击“延长到下一个”命令。

(2) 指定要延伸的图素：若延伸一个图素，单击该图素（靠近希望延伸的一端），即可将该图素延伸到最近一个与其相交的图素，如图 2-36(a)所示。如果要延伸到远处的边界，按住 Ctrl 键单击边界，松开 Ctrl 键后再单击要延伸的图素，结果如图 2-36(b)所示。

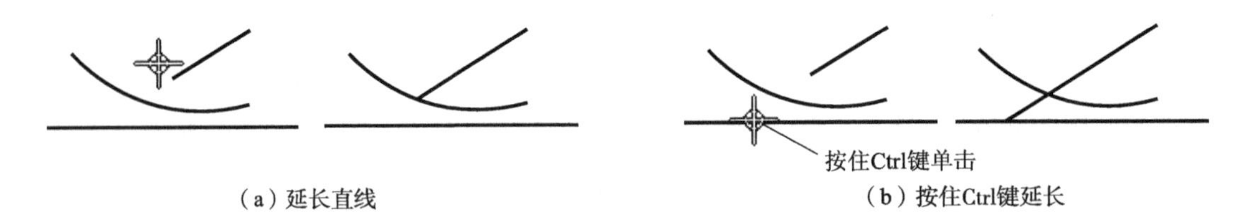


(a) 延长直线　(b) 按住Ctrl键延长

图 2-36 延伸一个图素

说明：指定要延伸的图素必须有与之相交的其他图素作为延伸终点，否则该命令不起作用。

## 2.3.7　修剪命令

“修剪”命令（Trim）可删除指定图素上不需要的部分。当图素为单一图素时，该命令删除全部图素；当图素与其他线段相交时，系统会以相交的图素为边界，删除指定部分。操作方法为：

（1）单击“修剪”命令。

（2）选取要修剪的图素：选取图 2-37(a)所示单个图素，修剪结果如图 2-37(b)所示。拖动鼠标选取图 2-38(a)所示多个图素，则鼠标拖过的图素被修剪，如图 2-38(b)所示。

在图 2-37 和图 2-38 中，系统自动判断修剪边界。如果要人为指定修剪边界，在单击“修剪”命令后，按住 Ctrl 键，先选取边界，松开 Ctrl 键后，再选取要修剪的图素。

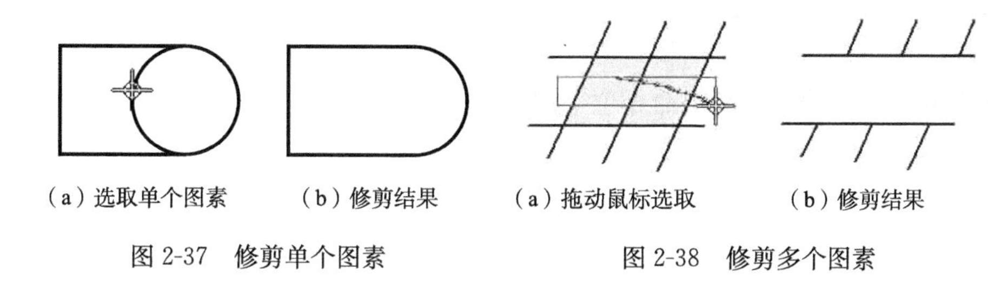

（a）选取单个图素　（b）修剪结果　（a）拖动鼠标选取　（b）修剪结果

图 2-37　修剪单个图素　　图 2-38　修剪多个图素

## 2.3.8　修剪拐角命令

“修剪拐角”命令（Trim Corner）用于将相交两线段以交点为界，将多余部分删除，或将不相交的两线段延长到交点为止。操作方法为：

（1）单击“修剪拐角”命令。

（2）指定要保留的部分：选择交点左侧的两线段，选择的一侧为要保留的部分，交点另外一侧线段被删除，如图 2-39(a)所示；若选择的两线段不相交，修剪结果为将它们延伸到交点并删除多余部分，如图 2-39(b)所示。

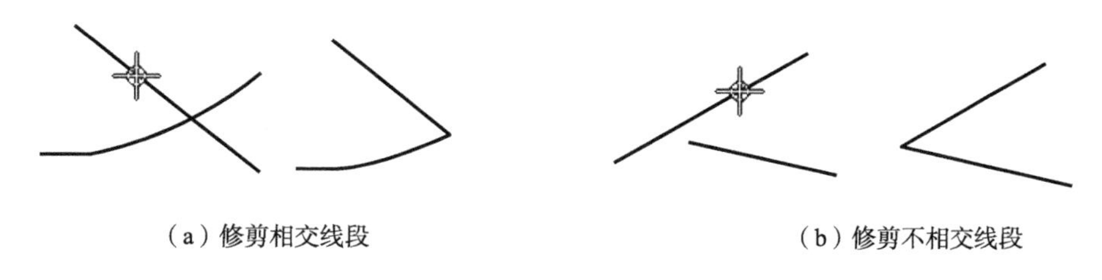

（a）修剪相交线段　（b）修剪不相交线段

图 2-39　“修剪拐角”命令

## 2.3.9　分割命令

“分割”命令（Break）可将一个图素分割成两部分。操作方法为：

（1）单击“分割”命令。

(2) 分割指定图素：选取图 2-40(a)所示圆弧；选取分割点，如图 2-40(b)所示；分割结果如图 2-40(c)所示。

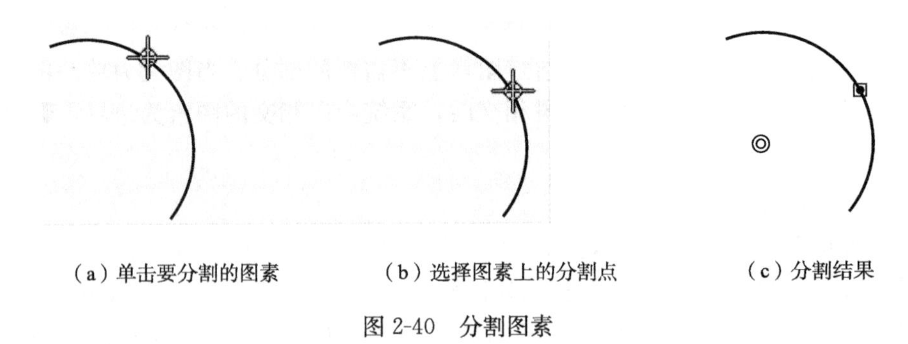

(a) 单击要分割的图素　　(b) 选择图素上的分割点　　(c) 分割结果

图 2-40　分割图素

## 2.3.10　偏置、对称偏置命令

“偏置”和“对称偏置”两个命令位于同一个抽屉按钮之中。

**1. “偏置”命令**

“偏置”命令（Offset）可以对单一图素或草图轮廓链向某一方向按指定距离复制，新图素与原来的图素保持同样的几何特征，如线段之间的角度、圆和圆弧的圆心位置保持不变。操作方法为：

(1) 单击“偏置”命令。工具条如图 2-41 所示。

图 2-41　“偏置”命令工具条

(2) 指定偏置距离：在工具条“距离”文本框中输入偏移距离。

(3) 指定要偏置的图素：选取图 2-42(a)中全部图素，单击“接受”按钮。注意，此时工具条中的选择对象是“链”。

(4) 指定偏置方向和复制次数：移动鼠标指定偏置方向，如图 2-42(b)所示，单击鼠标左键确定；偏置后的新图素又作为基准图素，可继续指定偏置方向，进行下一次偏置，如图 2-42(c)所示；在同一个方向多次单击鼠标左键，可生成距离相等的连续偏置，直到单击鼠标右键结束，操作结果如图 2-42(d)所示。

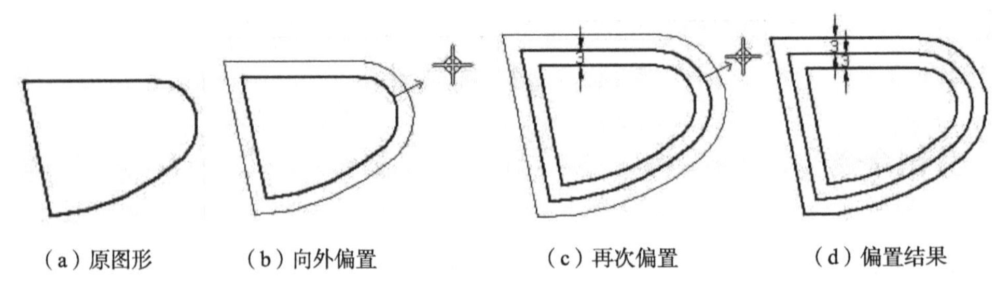

(a) 原图形　　(b) 向外偏置　　(c) 再次偏置　　(d) 偏置结果

图 2-42　偏置

如果在以上操作步骤（3）中，工具条中的选择对象是“单一”，则可对该图形的任意单一图素进行偏置。

**2. “对称偏置”命令**

“对称偏置”命令（Symmetric Offset）生成以指定图素为中心线的对称复制图素。操作方法为：

（1）单击“对称偏置”命令。出现图 2-43 所示的“对称偏置选项”对话框。

（2）设置对称偏置参数：在对话框中输入“宽度”和“半径”，选取“封盖类型”为“直线”，单击“确定”按钮。

（3）指定要偏置的图素：选取图 2-44(a)所示图素，单击“接受”按钮。生成的对称偏置结果如图 2-44(b)所示。

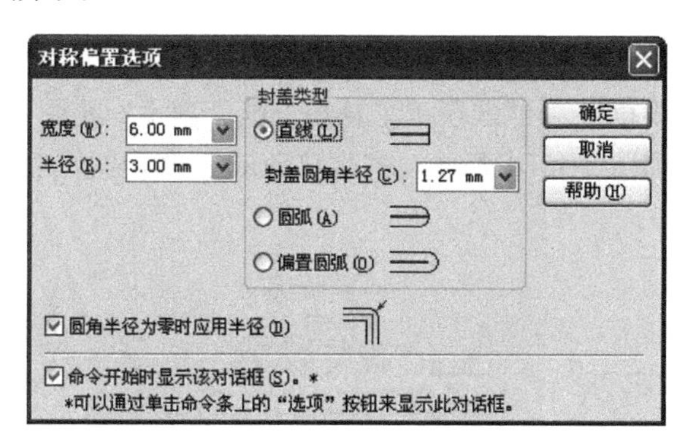


图 2-43　“对称偏置选项”对话框

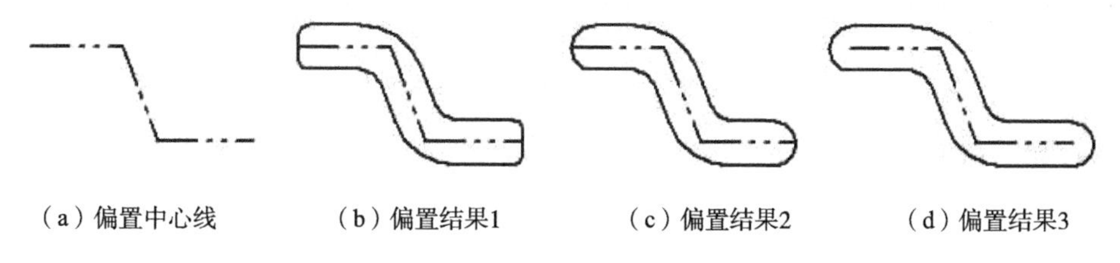


图 2-44　对称偏置

在以上操作中，如果选取“封盖类型”为“圆弧”，生成的偏置结果如图 2-43(c)所示；如果选取“封盖类型”为“偏置圆弧”，生成的偏置结果如图 2-43(d)所示。

说明：使用“对称偏置”命令时，中心线不能是封闭的轮廓。要偏置封闭的轮廓，只能用“偏置”命令。

## 2.3.11　移动、旋转命令

“移动”、“旋转”命令位于同一个抽屉按钮 移动 旋转 之中。

**1. “移动”命令**

“移动”命令（Move）可将指定的图素进行移动或平移复制。操作方法为：

(1) 单击“移动”命令。工具条如图 2-45 所示。

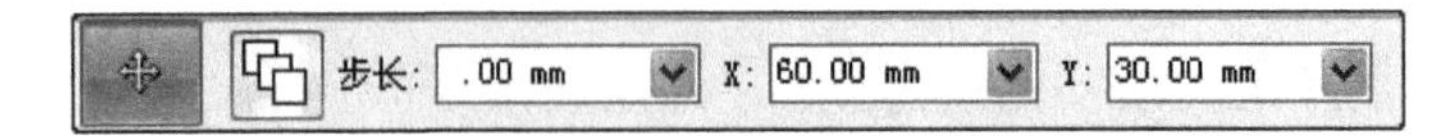


图 2-45 “移动”命令工具条

(2) 选取要移动的图素：拖动鼠标框选如图 2-46(a)所示图素。或者按 Shift（或 Ctrl）键逐个选取。

(3) 指定移动基点：捕捉图 2-46(b)所示圆心作为移动的基点。

(4) 指定移动距离：移动鼠标，选取的图形会一起随鼠标移动，如图 2-46(c)所示，单击左键可确定图形的新位置，或者在图 2-45 所示工具条中输入 X、Y 方向的坐标增量，以确定移动的距离和位置。

完成以上操作，指定图形被移动到新的位置。

在以上操作中，如果单击图 2-45 所示工具条上的“副本”按钮，操作的结果为移动并复制，原图形保留，如图 2-46(d)所示，多次移动鼠标并单击左键，可进行多次复制，直到单击右键结束命令。

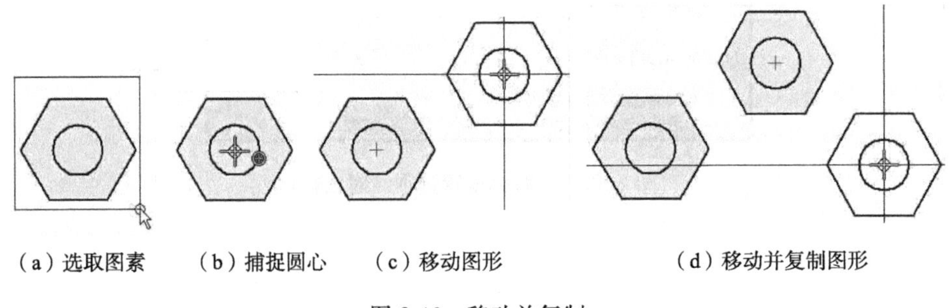

（a）选取图素　（b）捕捉圆心　（c）移动图形　（d）移动并复制图形

图 2-46 移动并复制

**2. “旋转”命令**

“旋转”命令（Rotate）可使指定图形绕指定中心旋转或旋转复制。以图 2-47(a)所示图形的旋转为例，操作方法为：

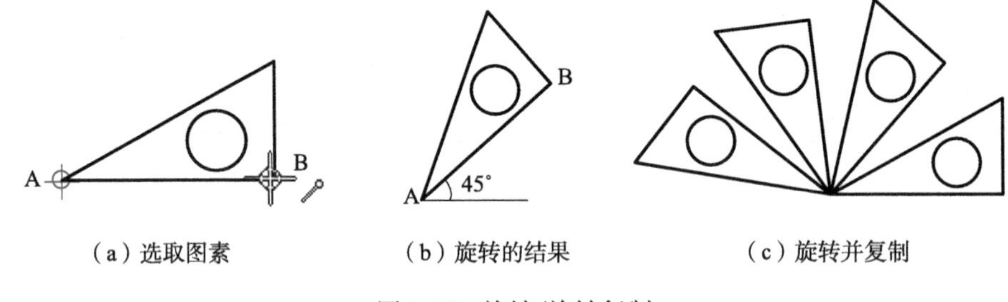


（a）选取图素　（b）旋转的结果　（c）旋转并复制

图 2-47 旋转/旋转复制

(1) 单击“旋转”命令。

(2) 选取要旋转的图素：拖动鼠标框选图 2-47(a)所有图素。或者按 Shift（或 Ctrl）键逐个选取。

(3) 指定旋转中心：捕捉图 2-47(a)三角形 A 点为旋转中心。

(4) 指定旋转边：捕捉图 2-47(a)三角形 B 点，AB 为旋转边。

(5) 指定旋转角度：在图 2-48 所示工具条中输入旋转角度，如 45°，按 Enter 键。或移动鼠标确定。

图 2-48 “旋转”命令工具条

(6) 指定旋转的方向：移动鼠标，指定旋转方向为逆时针，单击左键确定。旋转的结果如图 2-47(b)所示。

在以上操作中，如果选取工具条上的“副本”按钮，操作结果为旋转并复制，原图形保留。如果多次移动鼠标并单击左键，可进行多次旋转复制，直到单击右键结束命令，复制结果如图 2-47(c)所示。

## 2.3.12 镜像、比例缩放、伸展命令

“镜像”、“比例缩放”、“伸展”命令位于同一个抽屉按钮 镜像 比例缩放 伸展 之中。

### 1. “镜像”命令

“镜像复制/镜像”命令（Mirror Copy /Mirror）可将指定图素按指定对称轴镜像复制或镜像。以图 2-49(a)所示图形的镜像复制为例，操作方法为：

(1) 单击“镜像”命令。

(2) 选取要镜像复制的图形：拖动鼠标框选图 2-49(a)所示要镜像复制的图形。

(3) 指定镜像对称轴：单击一个点作为对称轴上的第一点，移动鼠标，会出现引导线，并可看见对称结果，如图 2-49(a)所示；单击第二个点，便生成了以指定两点的连线为镜像对称轴的镜像复制，如图 2-49(a)所示。

(4) 结束步骤：单击右键，结束命令。

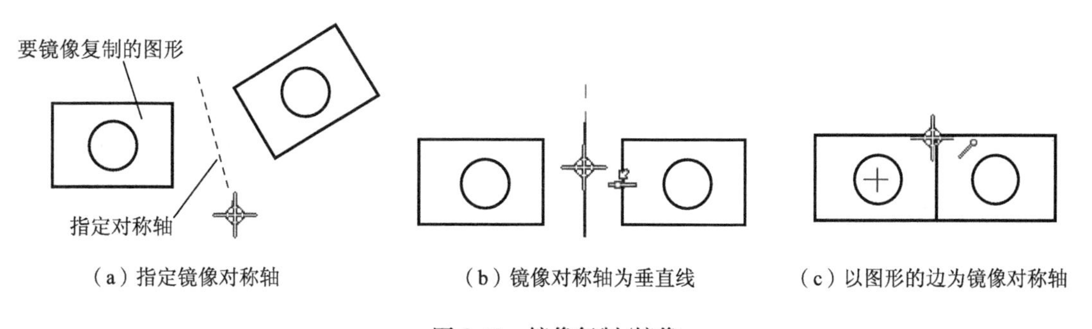


(a) 指定镜像对称轴　(b) 镜像对称轴为垂直线　(c) 以图形的边为镜像对称轴

图 2-49 镜像复制/镜像

说明：以上操作中，在指定镜像对称轴的第一点后，如果多次单击左键，可生成多次镜像复制，对称轴为第一点与后续指定点的连线。如果希望对称轴是水平的或垂直的，可利用智能导航功能辅助确定，图 2-49(b)所示为垂直线作为镜像对称轴的镜像结果。当指定图形自身的边为对称轴时，生成的镜像复制与原图形相接，如图 2-49(c)所示。

“镜像复制/镜像”命令默认状态是镜像复制。如果取消选中工具条上的“副本”按钮，则只镜像指定图形，原图形不保留。

**2. “比例缩放”命令**

“比例缩放”命令（Scale）用于放大或缩小图素的尺寸，并可进行比例复制。以图2-50为例，操作方法为：

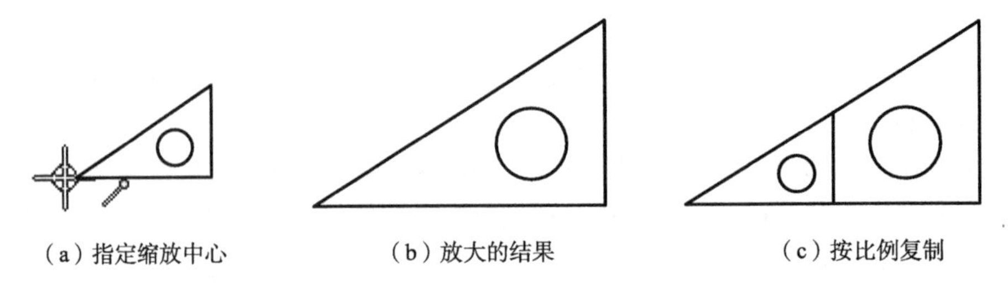

（a）指定缩放中心　　（b）放大的结果　　（c）按比例复制

图 2-50　比例缩放和比例复制

（1）单击“比例缩放”命令。

（2）选取要操作的图形：拖动鼠标框选图 2-50(a)所示全部图素。

（3）指定缩放中心：捕捉图 2-50(a)所示端点为缩放中心。

（4）指定缩放比例：在图 2-51 所示工具条中，输入“比例”为 2，按 Enter 键。

图 2-51　“比例缩放”命令工具条

选定的图形按指定的缩放比例放大 2 倍，如图 2-50(b)所示。

在以上操作中，如果选取工具条上的“副本”按钮，图形被放大复制，原图形保留，如图 2-50(c)所示。

工具条中的“参考”指定从缩放原点延伸到鼠标光标位置的动态直线必须要有多长才能使比例达到 1。

例如，如果将“参考”设置为 60mm，则当移动鼠标光标离开缩放中心距离为 60mm 时，比例是 1，且每增加 60mm 的距离，比例都会增加 1。

说明：在放大或缩小过程中，指定的缩放中心保持不动。在以上操作的步骤（4）中，如不在工具条中输入准确的比例因子，移动鼠标可查看缩放效果，单击左键可得到缩放结果。

**3. “伸展”命令**

“伸展”命令（Stretch）用于移动完全在选择框内的图素并拉伸与选择框重叠的图素。操作方法为：

（1）单击“伸展”命令。“伸展”命令工具条如图 2-52 所示。

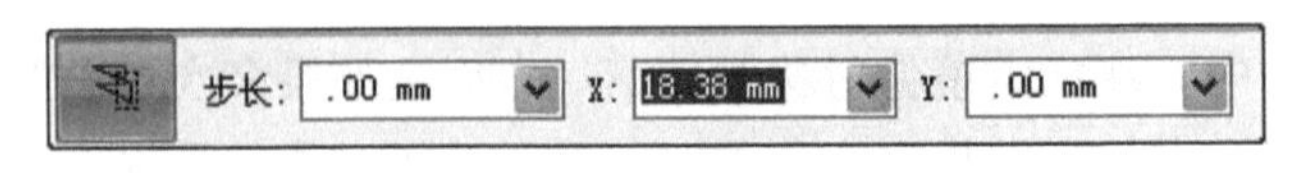


图 2-52　“伸展”命令工具条

（2）选取要伸展的图形：拖动鼠标拉出一矩形选取图素，如图 2-53(a)所示。

（3）指定拉伸的起始点：选取图 2-53(b)所示起始点。

（4）指定拉伸的结束点：选取图 2-53(b)所示结束点。

伸展结果如图 2-53(c)所示。

说明：在“伸展”命令工具条中，输入 X、Y 值可以进行精确的拉伸。X、Y 值表示拉伸距离。如果拉伸时选择框将图形全部包含在内，此时“伸展”命令就相当于“移动”命令。

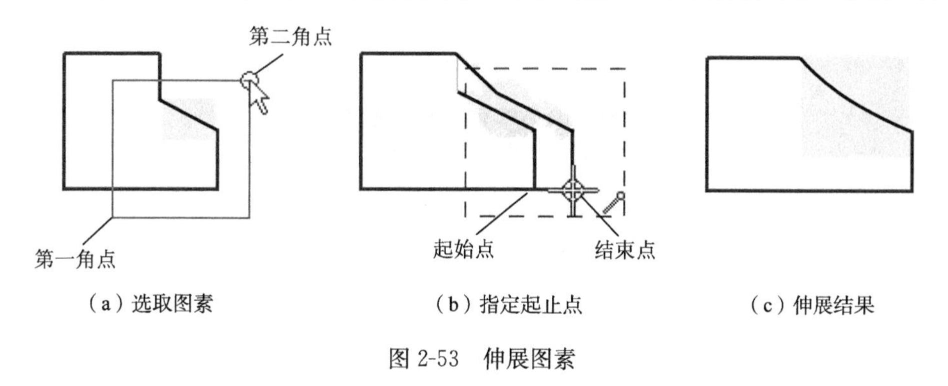


（a）选取图素　（b）指定起止点　（c）伸展结果

图 2-53　伸展图素

### 2.3.13　投影到草图命令

“投影到草图”命令，即“包含”命令（Include），用于将其他零件或草图的面、边、线等图素复制到当前草图中。但是，与简单的复制不同，“包含”过来的图素与原来的图素保持着关联，“父”图素修改了，“子”图素也相应修改。由于它的关联性，给建模带来很大方便，尤其适用于参数化建模和在装配环境中设计新零件。

例如，图 2-54(a)是其他零件在当前草图中投影的轮廓，可以将其外轮廓重合或偏置复制到当前草图中，复制出的轮廓作为当前草图的图素。操作方法为：

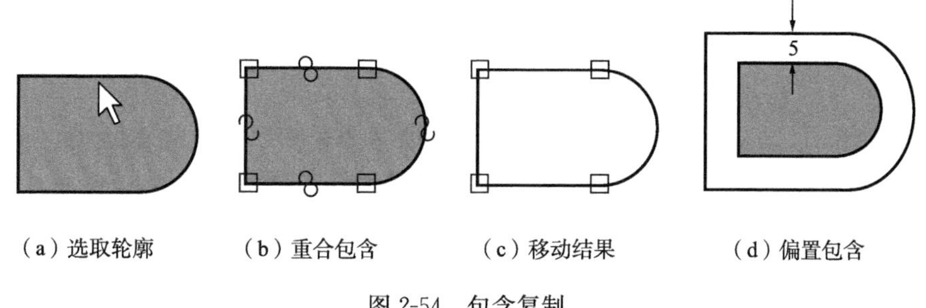


（a）选取轮廓　（b）重合包含　（c）移动结果　（d）偏置包含

图 2-54　包含复制

（1）单击“投影到草图”命令。工具条如图 2-55 所示。

（2）在工具条上单击“投影到草图”选项，出现图 2-56 所示“投影到草图选项”对话框，在对话框中选取“投影内部面环”，如图 2-56 所示，单击“确定”按钮。

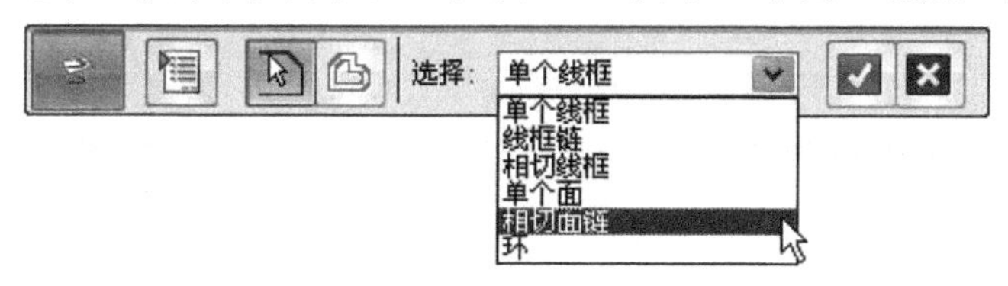


图 2-55　“投影到草图”命令工具条 1

(3) 选择要投影的轮廓：在图 2-55 所示的工具条的“选择”下拉列表中选取“相切面链”，选取图 2-54(a)的外轮廓链，单击“接受”按钮，结束命令。

图 2-55 所示工具条“选择”下拉列表中各选项的含义如下：“单个线框”表示选择单一图素；“线框链”表示选择串联图素；“相切线框”表示选择相切图素；“单个面”表示选择单一表面；“相切面链”表示选择相切的表面轮廓线；“环”表示选择表面轮廓线。

图 2-56 “投影到草图选项”对话框

图 2-54(a)所示零件上的轮廓被重合复制，成为当前草图的图素，如图 2-54(b)所示，可以用“移动”命令将其移动到其他位置，以便更清晰的观察，如图 2-54(c)所示。

在以上操作中，如果在图 2-56 所示对话框中选取“带偏置投影”，在完成了步骤 (3) 后，会出现图 2-57 所示工具条，需输入偏置距离，并指定偏置方向，则生成按指定距离和方向的偏置，结果如图 2-54(d)所示。

图 2-57 “投影到草图”命令工具条 2

## 2.3.14 构造命令

“构造”命令 (Construction) 可以将指定的草图轮廓线转换成辅助线，或者将辅助线转换为轮廓线。辅助线不属于草图轮廓线，用于辅助绘制草图。操作方法为：

(1) 单击“构造”命令。

(2) 选取要转换的图素：选取图 2-58(a)所示图素，可使轮廓线变为图 2-58(b)所示双点画线，如果再次选取双点画线，可使其恢复为轮廓线。

(a) 选取轮廓线　　(b) 构造线

图 2-58 “构造”命令

## 2.3.15　转化为曲线命令

“转换为曲线”命令（Convert to Curve）可用于将阶数低于 2 阶的曲线，如直线、圆、圆弧等，转化为 NURBS 样条曲线。样条曲线更容易创建表面模型，更容易进行编辑。此命令能够转化单一图素或多个相连的图素。Solid Edge 通过这个命令，可以快速地将简单规则模型转变为复杂的曲面模型。

## 2.3.16　栅格

栅格（Grid）是精确绘图的有力助手，通过栅格的设置可在绘图过程中显示一系列正交直线交点的坐标以精确绘制线框图素。“栅格选项”命令、“重定位原点”命令、“原点置零”命令位于同一个抽屉按钮（栅格选项 / 重定位原点 / 原点置零）之中。

下面说明使用栅格的操作方法：

（1）单击“栅格选项”命令，弹出图 2-59 所示“栅格选项”对话框，从中可对栅格进行所需的设置。

（2）“重定位原点”命令可重新定位原点，可将原点定位到指定位置。图 2-60 中指定 A 点为原点，在绘图过程中，移动光标时，屏幕上将动态显示光标位置与原点之间的水平和垂直距离，如图 2-60 中 B 点坐标所示。

（3）“原点置零”命令可设置栅格原点为图纸原点或参考平面原点。

图 2-59　“栅格选项”对话框

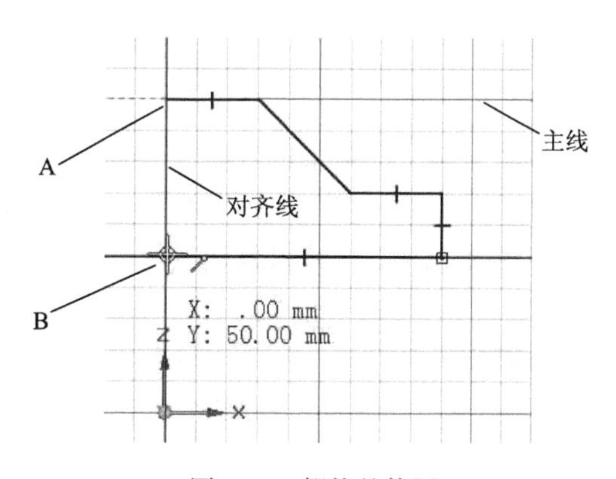


图 2-60　栅格的使用

## 2.3.17　填充工具

“填充”命令（Hatch）可以对 Solid Edge 图纸、草图或布局中的边界填充图案或单色。填充只能作用于封闭的区域内。

操作方法为：

(1) 单击“填充”命令。出现图 2-61 所示工具条。

图 2-61 “填充”命令工具条

(2) 设置填充图案和方式：在下拉列表中选取填充图案，并输入角度和间距。

(3) 选择填充区域：单击图 2-62(a)所示区域，填充结果如图 2-62(b)所示。

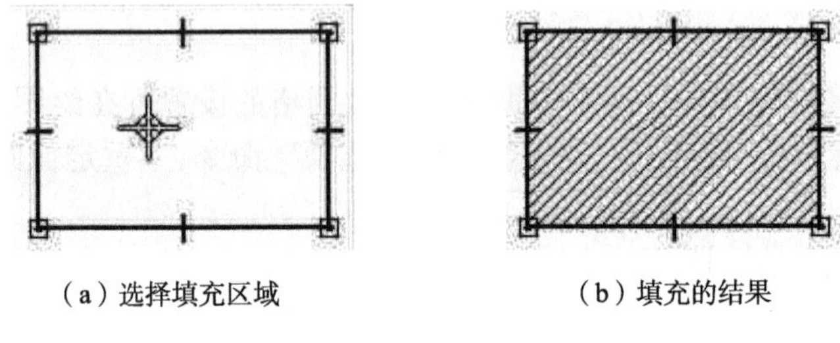

(a) 选择填充区域　　(b) 填充的结果

图 2-62 “填充”命令

填充具有关联性，无论以何种方式操作元素，填充都将保持它相对于该元素的原始方向。例如，如果移动边界，填充也会随之移动。如果更改边界，填充也会更改为与新的边界区域相符。也可以像删除元素那样删除填充。

在图 2-61 所示工具条中，选取“图案颜色”按钮，可设定填充线条的颜色，选取“纯色”按钮，则可设定填充背景的颜色。

## 2.4 相关命令

“主页”选项卡和“绘制草图”选项卡都有“相关”命令区，如图 2-63 所示。“相关”命令区中的命令，用于给已绘制的图素添加几何约束，来控制图素间的相对位置。

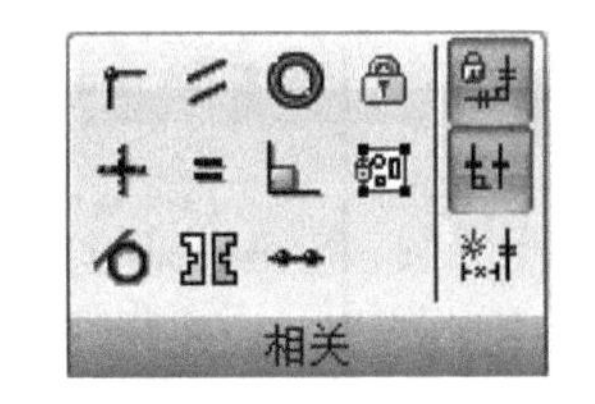


图 2-63 “相关”命令区

### 2.4.1 连接命令

“连接”命令（Connection）用于将一个图素上指定的点连接到另一个图素的指定位置上。“连接”命令常用于使图形关于指定的基准或坐标轴对称，或使图形连接到指定的位置。

下面以图 2-64 为例，说明操作方法：

(1) 单击“连接”命令。

(2) 指定连接点：捕捉图 2-64(a)所示矩形边的中点。

(3) 选取基准点：捕捉图 2-64(b)所示 Z 轴上的点。

连接的结果如图 2-64(c)所示，矩形关于 Z 轴对称。再次执行“连接”命令，捕捉图 2-64(c)所示矩形短边的中点，再捕捉 X 轴上的点，可使矩形关于 X 轴对称，如图 2-64(d)所示。矩形关于 Z 轴和 X 轴对称。

单击“连接”命令，捕捉图 2-64(e)所示小圆圆心，再捕捉大圆圆心；操作的结果如图 2-64(f)所示，小圆移动与大圆同心。

单击“连接”命令，捕捉图 2-64(g)所示小圆的圆心，再捕捉矩形长边的中点；操作的结果如图 2-64(h)所示，小圆移动到指定的位置。

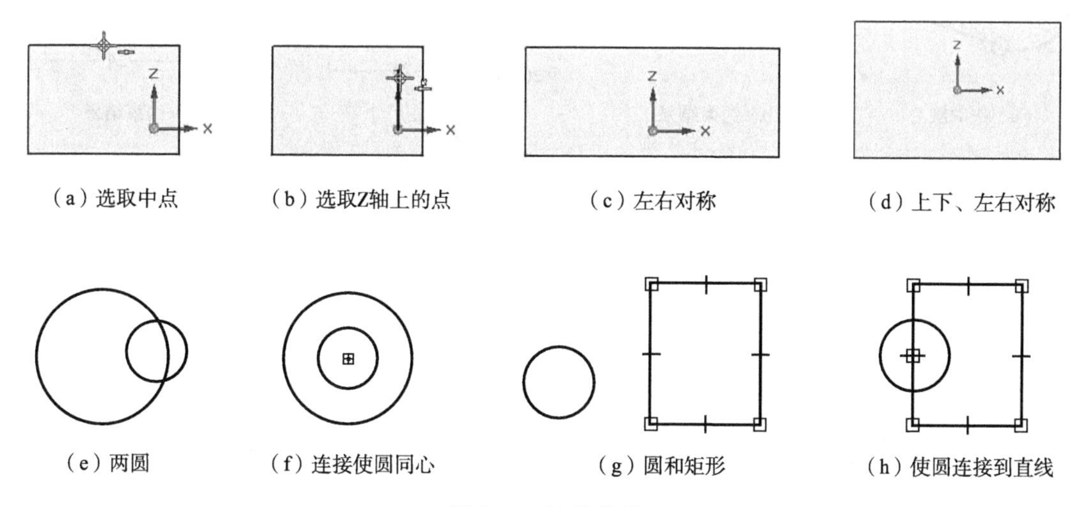

(a) 选取中点　(b) 选取Z轴上的点　(c) 左右对称　(d) 上下、左右对称

(e) 两圆　(f) 连接使圆同心　(g) 圆和矩形　(h) 使圆连接到直线

图 2-64　连接关系

## 2.4.2　水平/竖直命令

“水平/竖直”命令（Horizontal/Vertical）可以使倾斜的直线或两个点变为水平或竖直。操作方法为：

(1) 单击“水平/竖直”命令。

(2) 单击直线或单击两个点。

通过单击直线上除端点或中点外的某点，即可将这条直线的方向变为水平或竖直。如果单击的直线与水平方向夹角小于 45°，直线变成水平线，否则变成竖直线。例如，单击按钮，再单击图 2-65(a)中直线 AB，可使直线 AB 变为竖直方向，如图 2-65(b)所示；单击图 2-65(c)中直线 CD，可使直线 CD 变为水平方向，如图 2-65(d)所示。

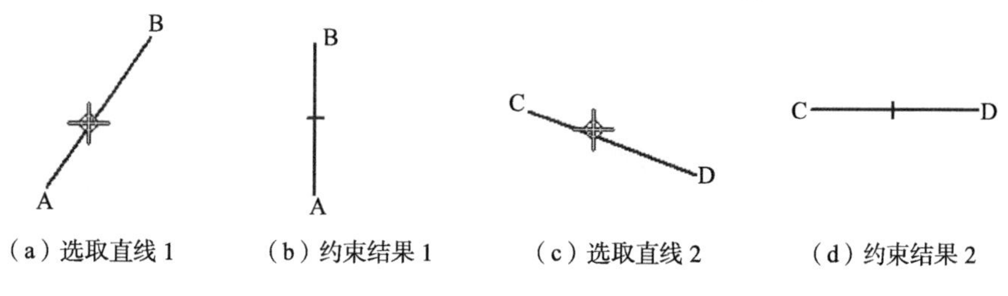

(a) 选取直线 1　(b) 约束结果 1　(c) 选取直线 2　(d) 约束结果 2

图 2-65　直线和点的水平/竖直关系

单击任意两个点，可以设置它们为对齐关系。例如，图 2-66(a)中，单击大圆的圆心，再单击小圆的圆心，结果两个圆的圆心水平对齐，如图 2-66(b)所示。注意，添加了水平/竖直几何约束后，大圆的尺寸发生了变化。为了避免这种变化，可以在添加约束关系前对图素标注尺寸，如图 2-66(c)所示，添加水平/竖直几何约束的结果如图 2-66(d)所示。

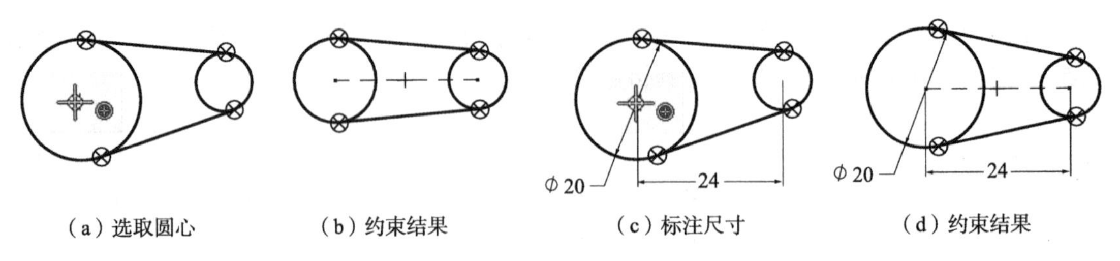


(a) 选取圆心　(b) 约束结果　(c) 标注尺寸　(d) 约束结果

图 2-66　点和点的水平/竖直关系

### 2.4.3　相切命令

“相切”命令（Tangent）可以使直线与圆或圆弧相切，或者使两个圆或圆弧相切。操作方法为：

(1) 单击“相切”命令。

(2) 单击第一条直线、圆或圆弧，再单击第二条直线、圆或圆弧。

指定的第一个图素将与第二个图素相切，如图 2-67 所示。

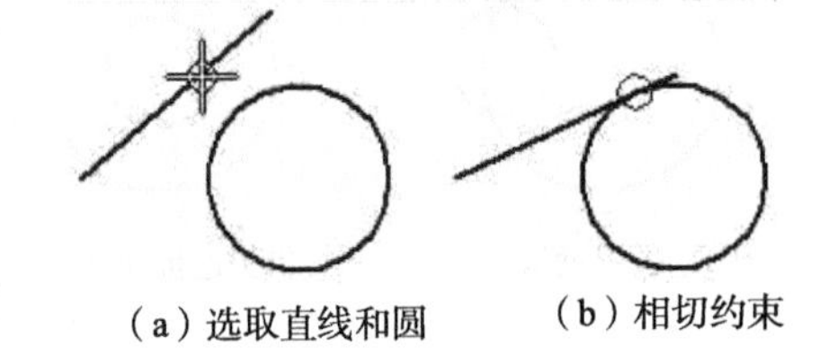

(a) 选取直线和圆　(b) 相切约束

图 2-67　相切关系

说明：当指定直线与圆或圆弧相切时，直线的起点保持不动，直线旋转到与圆或圆弧相切的位置，如图 2-67(b)所示；线段、圆或圆弧的长度不能保证有切点时，延长线保证相切。

### 2.4.4　平行命令

“平行”命令（Parallel Relationship）用于使两条直线保持平行。操作方法为：

(1) 单击“平行”命令。

(2) 单击第一条直线，再单击第二条直线。

第一条直线将与第二条直线平行，如图 2-68 所示。

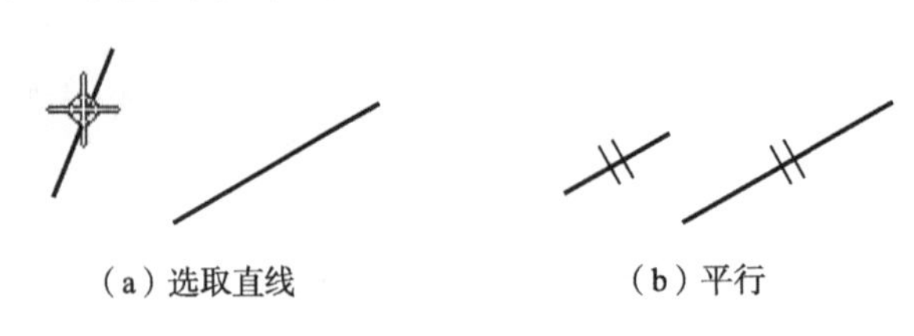

(a) 选取直线　(b) 平行

图 2-68　平行关系

### 2.4.5　相等命令

“相等”命令（Equal）可使指定两直线的长度相等，或指定的两个圆或圆弧的半径相等。操作方法为：

（1）单击“相等”命令。

（2）单击第一条直线，再单击第二条直线。或者单击第一个圆或圆弧，再单击第二个圆或圆弧。

第一条直线的长度将与第二条直线的长度相等，如图 2-69 所示；第一个圆或圆弧的半径将与第二个圆或圆弧的半径相等，如图 2-70 所示。

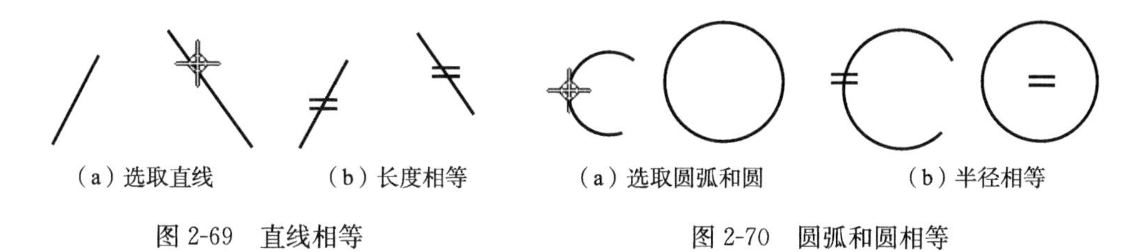

（a）选取直线　（b）长度相等

图 2-69　直线相等

（a）选取圆弧和圆　（b）半径相等

图 2-70　圆弧和圆相等

### 2.4.6　对称命令

“对称”命令（Symmetric Relationship）可使两个图素以指定的对称轴对称。操作方法为：

（1）单击“对称”命令。

（2）指定对称轴：单击一条直线为对称轴。

（3）指定对称的图素：单击第一条直线，如图 2-71(a)所示，再单击第二条直线，对称约束的结果如图 2-71(b)所示。

在图 2-72 中，单击“对称”命令，选取对称轴，单击第一个圆或圆弧，如图 2-72(a)所示，再单击第二个圆或圆弧，对称约束的结果如图 2-72(b)所示。

从以上操作可看出，在“对称”命令的操作中，指定对称轴后，第一个选取的图素将变化与第二个图素对称。

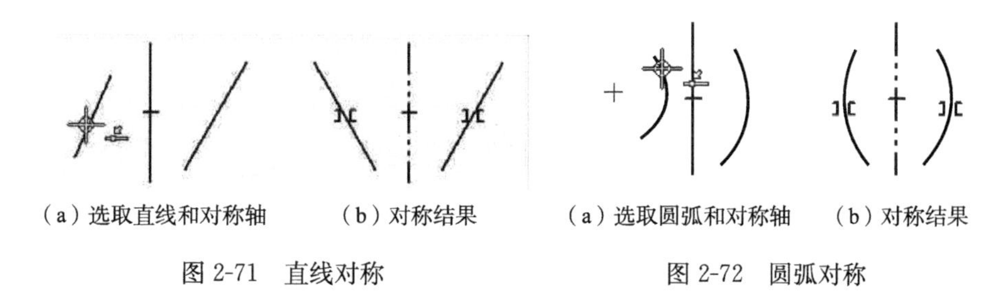

（a）选取直线和对称轴　（b）对称结果

图 2-71　直线对称

（a）选取圆弧和对称轴　（b）对称结果

图 2-72　圆弧对称

### 2.4.7　同心命令

“同心”命令（Concentric）可以使两个圆或圆弧同心。操作方法为：

(1) 单击“同心”命令。

(2) 指定同心的两圆。选择第一个圆或圆弧，再选取第二个圆或圆弧，如图 2-73(a)所示。

操作结果为：第一个圆或圆弧移动，与第二个圆或圆弧同心，如图 2-73(b)所示。

### 2.4.8 垂直命令

“垂直”命令（Perpendicular）用于将指定的两直线设置成垂直关系。操作方法为：

(1) 单击“垂直”命令。

(2) 单击第一条直线，再单击第二条直线。

第一条直线将与第二条直线垂直，如图 2-74 所示。

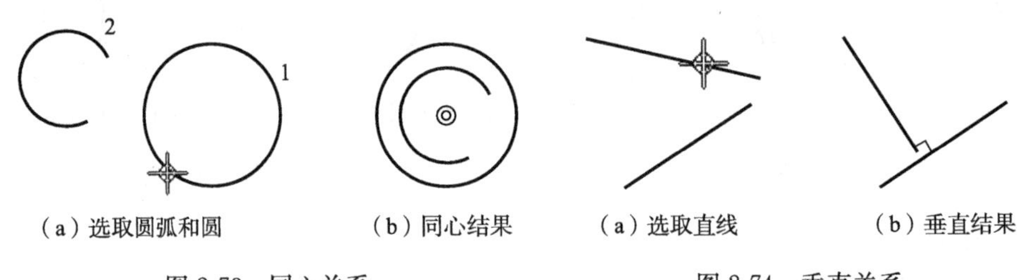


(a) 选取圆弧和圆　(b) 同心结果

图 2-73　同心关系

(a) 选取直线　(b) 垂直结果

图 2-74　垂直关系

### 2.4.9 共线命令

“共线”命令（Collinear）可将两条直线设为共线。操作方法为：

(1) 单击“共线”命令。

(2) 单击第一条直线，再单击第二条直线。

第一条直线将与第二条直线共线，如图2-75所示。以后如果其中一条直线的角度发生改变，第二条也会随之改变角度和位置，两条线始终保持共线。

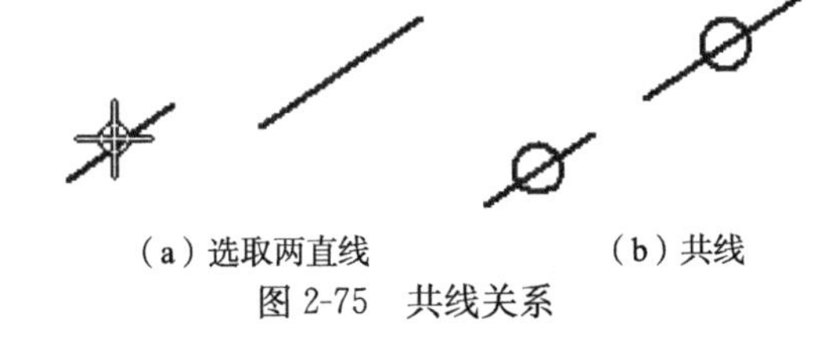

(a) 选取两直线　(b) 共线

图 2-75　共线关系

### 2.4.10 锁住命令

“锁住”命令（Lock）可锁定图素或图素上指定的关键点，以控制图素使之不能被修改。操作方法为：

(1) 单击“锁住”命令。

(2) 单击图素或图素上的关键点，锁定图素，图上出现锁定关系标记。

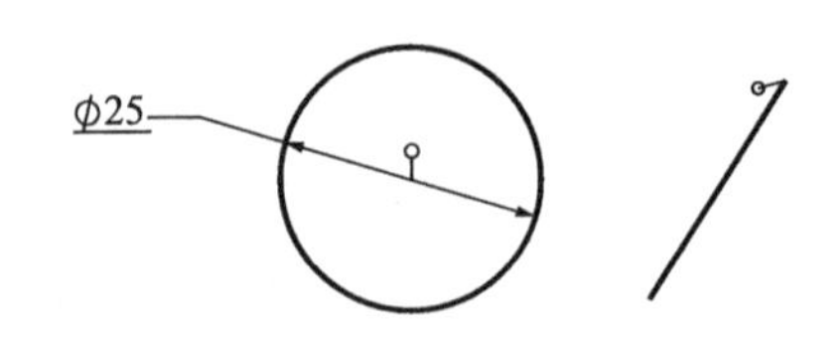


图 2-76　锁住指定图素

如图 2-76 所示，如果锁住圆，圆的直径和位置不允许改变，当用尺寸驱动时，尺寸数值下会有下划线，表示不允许驱动。当锁住直线端点时，锁住的端点不允许修改。

如果要对锁定的图素进行解锁，选取锁定关系标记，按 Delete 键。

### 2.4.11 固定组命令

“固定组”命令（Rigid Set）是将所选定的多个二元图素（包含直线、圆弧、圆、椭圆、椭圆弧、曲线、点）创建为一个组，构成组的元素将作为一个整体进行操作。

至此，介绍了“相关”命令区中几何约束命令的操作方法和应用。几何约束命令的操作特点是，第一个图素是变化的图素，第二个图素是基准图素，位置、形状保持不变。如果某些几何约束无法实现，可能因为这一约束与已有的约束相冲突。

### 2.4.12 关系手柄的显示控制

“相关”命令区中的“保持关系”按钮，是自动放置关系手柄切换按钮。默认情况下高亮显示，表示使用“智能草图”绘制新图素，以及使用关系命令时，将自动放置关系手柄。

“相关”命令区中的“关系手柄”按钮，是控制关系手柄显示与否的切换按钮。默认为显示状态，在绘图过程中自动生成的约束关系或人为添加的几何约束关系，会显示在相应的图素上。图素上常见的几何约束“关系手柄”有：连接关系，同心关系，平行关系，垂直关系，直线水平/竖直关系，相切关系，相等关系，共线关系，对称关系，锁定关系。

连接关系和同心关系都属于两个点之间的几何约束；直线水平/竖直、共线、平行、垂直关系都属于直线间的几何约束。

如果不需要显示几何约束关系手柄，单击“关系手柄”按钮即可，再次单击该按钮可恢复显示。

## 2.5 尺寸标注

Solid Edge 是基于参数化建模的软件。在 Solid Edge 中尺寸和图形是双向关联的，尺寸和图形构成一个有机整体。改变图形会使相应的尺寸随之改变；改变尺寸同样会使图形随之改变。这是参数化建模的核心技术，这种尺寸驱动机制把草图设计与最终产品融为一体，极大地提高了设计效率。Solid Edge 草图视图中标注的尺寸为驱动尺寸，绘制草图轮廓时可以先淡化尺寸的概念，用绘图命令勾画出图形的基本轮廓，再添加尺寸驱动，一个完整的图形就绘制出来了。

在 Solid Edge ST4 零件环境中，在“主页”选项卡、“绘制草图”选项卡、PMI 选项卡中，都有“尺寸”命令区，如图 2-77 所示。

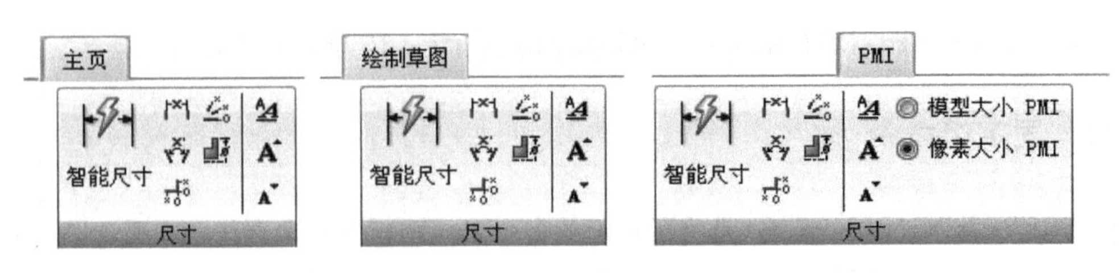


图 2-77 “尺寸”命令区

下面对草图环境中常用的尺寸标注命令的操作方法进行介绍。

## 2.5.1 智能尺寸标注

“智能尺寸标注”命令（Smart Dimension）用来标注单一图素的尺寸。该命令会根据所选取的图素类型，自动判断尺寸类型。例如，当选取的图素为直线时，标注的尺寸自动为线性尺寸；当选取的图素为圆弧时，标注的尺寸自动为半径尺寸，尺寸数值前自动添加“R”；当选取的图素为圆时，标注的尺寸自动为直径尺寸，尺寸数值前自动添加“$\phi$”。

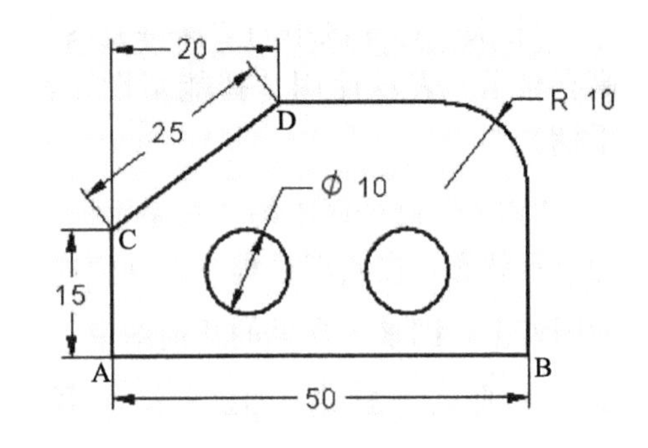


图 2-78 智能尺寸标注示例

以图 2-78 所示图形中直线 AB 的尺寸标注为例，操作方法如下。

(1) 单击“智能尺寸标注”命令，工具条如图 2-79(a)所示。

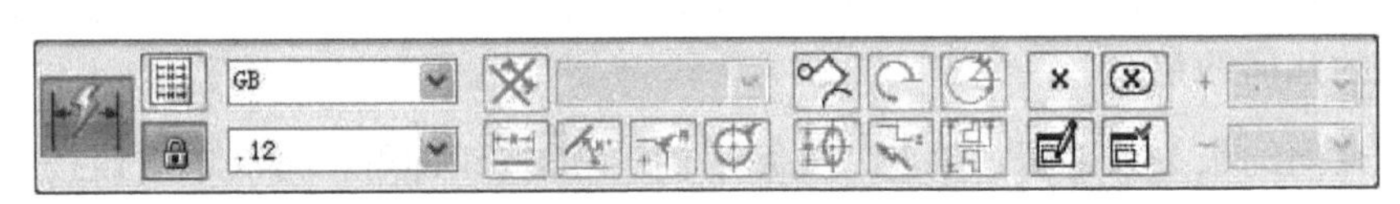


(a) “智能尺寸标注”命令工具条

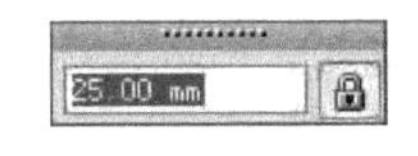


(b) 尺寸框

图 2-79 “智能尺寸标注”命令工具条

(2) 标注尺寸：选取直线 AB，移动鼠标，移动尺寸线到合适位置，单击左键确定。

(3) 校验尺寸数值：在图 2-79(b)所示尺寸框中显示出的数值是系统测量出的直线长度，如果尺寸正确，按 Enter 键；如果尺寸数值不是所希望的数值，输入正确的数值，按 Enter 键；直线的长度会自动按输入的数值变化。

继续同样的操作，在图 2-78 中，当选取直线 AC 时，可标注出数值为 15 的尺寸；当选取直线 CD 时，可标注出数值为 25 的尺寸；当选取圆弧时，可标注出 R10 的尺寸；当选取圆时，可标注出$\phi$10 的尺寸。

说明：线性尺寸的尺寸线默认与所标注的直线平行，如图 2-78 所示的直线 AB、AC 和 CD 的尺寸。对于倾斜的直线，如图 2-78 中的直线 CD，标注尺寸时，按住 Shift 键可标注出由该直线两端点引出的水平尺寸或垂直尺寸，如图 2-78 中数值为 20 的尺寸。

对于已标注出的尺寸，可随时进行修改，操作方法为：单击选取按钮，再单击尺寸数字，出现尺寸框，重新输入尺寸数值，按 Enter 键。修改后的尺寸会驱动图素作相应的变化。

在图 2-79(a)所示工具条中，按钮用于给尺寸添加前缀或后缀。按钮用于启用"前缀"对话框中定义的数据。按钮用于选择尺寸类型。按钮控制是否在尺寸数值上添加外框。在草图环境中进行尺寸标注，主要是以尺寸驱动图形为目的，其次可以检验图形的正确性，这些按钮的功能一般用不到，故在这里不作介绍，将在工程图的尺寸标注中详细介绍。

在图 2-79(b)所示尺寸框中，按钮控制所标注的尺寸是否锁定，只有锁定尺寸才可以用来驱动图素，默认为锁定状态，如果单击该按钮（即解锁），所标注的尺寸不驱动图素，当输入与系统测量值不符的尺寸时，该尺寸数值会带有下划线，表示该尺寸不是真实的尺寸，如图 2-80 所示。

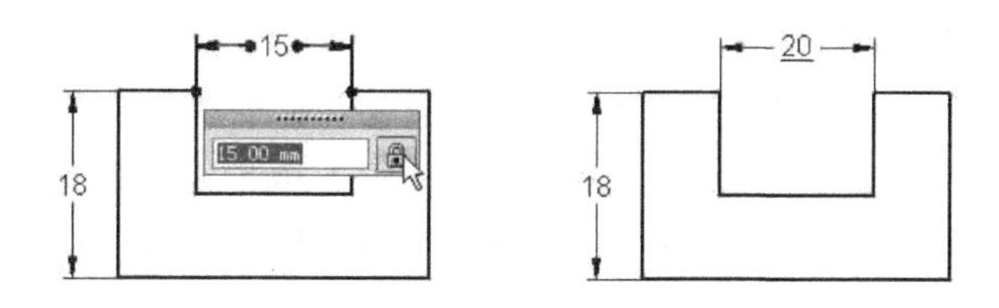


图 2-80　驱动尺寸解锁

驱动尺寸也称为锁定尺寸，默认设置颜色为红色，将一个驱动尺寸改为从动尺寸，方法是选择该尺寸，然后在"尺寸值编辑"工具条上单击锁按钮，尺寸变为蓝色，从动尺寸不能进行编辑，必须将它改为驱动尺寸才能更改其值。尺寸改动后有下划线表示测量值与输入值不匹配，如图 2-80 所示。

## 2.5.2　间距尺寸标注

"间距"命令（Distance Between）用于标注图素间或点之间的线性尺寸。

单击"间距"命令，工具条如图 2-81 所示，在下拉列表中有三种标注方式，分别是"水平/竖直"、"用 2 点"和"用尺寸轴"，可标注不同样式的尺寸。无论哪一种方式，操作步骤都一样：先选择尺寸基准图素，再选择测量图素，移动尺寸线到合适位置，单击左键确定，校验尺寸数值。下面分别予以介绍。

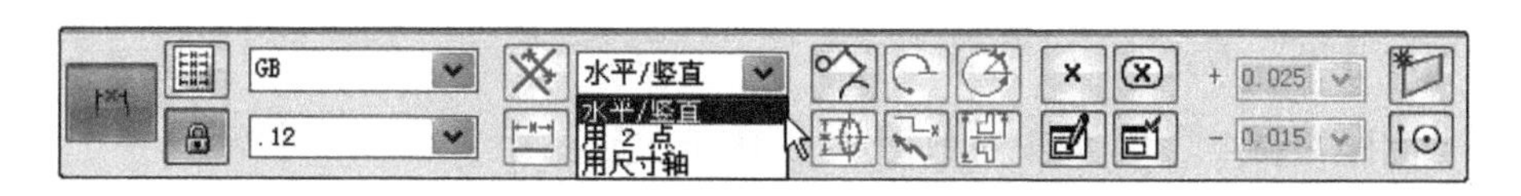


图 2-81　"间距"命令工具条

**1. "水平/竖直"方式**

"水平/竖直"是图 2-81 所示工具条中的默认标注方式，可以标注两个图素之间的水平或竖直尺寸，还可以进行连续尺寸和平行尺寸的标注。以图 2-82 所示的尺寸标注为例，说明具体操作方法如下：

（1）标注单个尺寸：单击"间距"命令，选取"水平/竖直"方式；捕捉 C 点，再捕

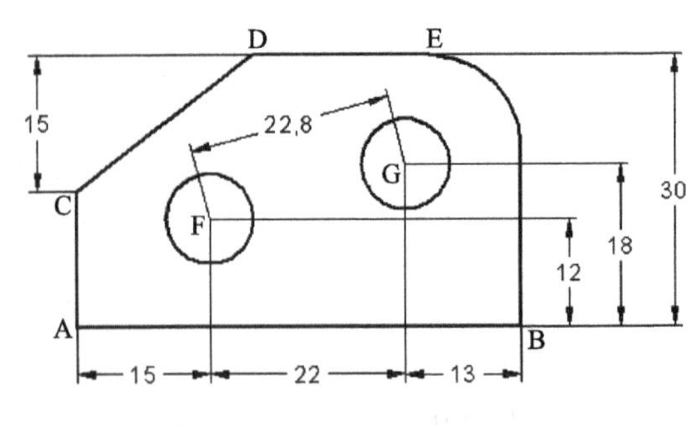


图 2-82　图素间尺寸标注

捉 D 点；移动尺寸线到合适垂直位置，单击左键确定；单击右键，结束当前标注。这样就标注出了 C、D 两点间的竖直尺寸 15。

(2) 标注连续尺寸：单击“间距”命令，选取“水平/竖直”方式；捕捉直线 AC 上的点，捕捉圆心 F 点，移动尺寸线到合适的水平位置，单击左键确定，这样就标注出了水平尺寸 15；捕捉圆心 G，由 F、G 两点引出的尺寸线自动与前一尺寸在同一条线上时，单击左键确定，标注出尺寸 22；捕捉点 B，由 G、B 两点引出的尺寸线自动与前一尺寸在同一条线上时，单击左键确定，标注出尺寸 13；单击右键结束标注。

以上操作结束，可标注出 AB 两点间的三个连续尺寸 15、22 和 13，如图 2-82 所示。

(3) 标注平行尺寸：单击“间距”命令，选取“水平/竖直”方式；捕捉直线 AB 作为尺寸基准，捕捉圆心 F 点，向右移动尺寸线到合适的竖直位置，如图 2-82 所示，单击左键确定，标注出尺寸 12；捕捉圆心 G，向右移动尺寸线，使尺寸线与前一尺寸平行，单击左键确定，标注出尺寸 18；捕捉点 E，向右移动尺寸线，使尺寸线与前一尺寸平行，单击左键确定，标注出尺寸 30；单击右键结束标注。

以上操作结束，可标注出有共同基准的平行尺寸 12、18 和 30，如图 2-82 所示。

说明：标注平行尺寸时，尺寸基准的选取非常重要，将第一个尺寸的第一条尺寸界线作为共同的尺寸基准。

**2. “用 2 点”方式**

单击“间距”命令，如果选取图 2-81 所示工具条中的“用 2 点”，可以标注指定两点间的距离，尺寸线与指定两点的连线平行。例如图 2-82 中两个圆心间数值为 22.8 的尺寸。

**3. “用尺寸轴”方式**

单击“间距”命令，如果选取图 2-81 所示工具条中的“用尺寸轴”，可以标注平行于指定直线的尺寸。选取该方式，工具条上的按钮起作用，用来选取要使之平行的直线。

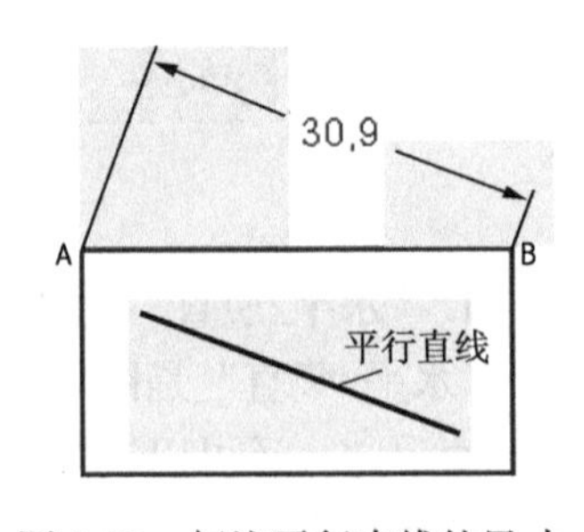


图 2-83　标注平行直线的尺寸

标注图 2-83 所示尺寸，操作方法为：单击“间距”命令，在工具条上选取“用尺寸轴”；单击按钮，选取图 2-83 所示要使之平行的直线；捕捉点 A、点 B；移动尺寸线到合适位置，单击左键确定；单击右键，结束标注。标注出的尺寸与指定的尺寸线平行。

说明："间距"命令还可标注草图与其他零件轮廓之间的尺寸，从而使草图定位，但该命令不能标注距离为0的尺寸，如果要使指定两图素的距离为0，可用前面介绍的几何约束关系中的"共线"命令来实现。

## 2.5.3 夹角尺寸

"夹角"命令（Angle Between）用来标注两个图素之间的夹角。"夹角"命令的工具条与图2-81一样，"水平/竖直"方式可标注两条直线之间的夹角；"用2点"方式可标注指定圆弧的圆心角。

**1. 标注直线间的夹角**

标注两直线间的夹角，操作方法为：

单击"夹角"命令，在工具条中选取"水平/竖直"；选取第一条直线，再选取第二条直线；移动尺寸线到合适位置，单击左键确定。尺寸线在两直线不同位置，标注出不同的角度，如图2-84所示。

**2. 标注圆心角**

对图2-85所示圆弧标注尺寸，操作方法为：

单击"夹角"命令，在工具条中选取"用2点"；捕捉点A、点B分别为尺寸基准和测量图素，再捕捉圆心点C；移动尺寸线到合适位置，单击左键确定。

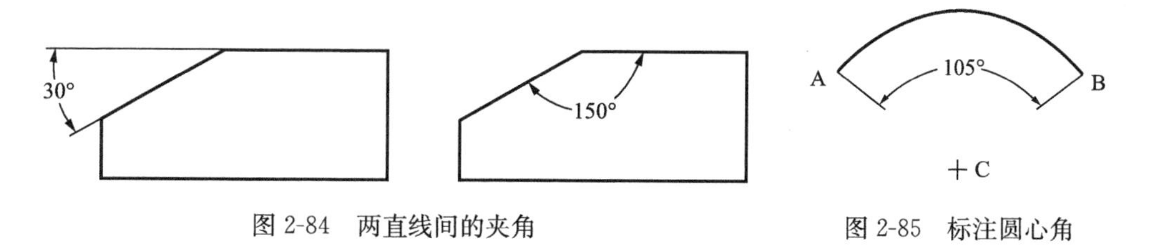


图2-84 两直线间的夹角

图2-85 标注圆心角

## 2.5.4 坐标尺寸标注

"坐标尺寸标注"命令（Coordinate Dimension）是指定一点或一条直线为基准，连续标注几何图素之间的距离，每个尺寸都是该图素到基准图素的距离。

标注图2-86所示尺寸，操作方法如下：

(1) 单击"坐标尺寸标注"命令。

(2) 指定基准：捕捉点A，向上移动鼠标至适当位置，单击左键，放置基准线，出现基准0。

(3) 标注坐标尺寸：捕捉点B，尺寸线自动从0点引出，移动尺寸数值至合适的位置，单击左键确定，可标注出点B到基准的距离10；重复同样的操作可标注出点C、点D和点E到基准的距离，如图2-86所示，单击右键结束标注。

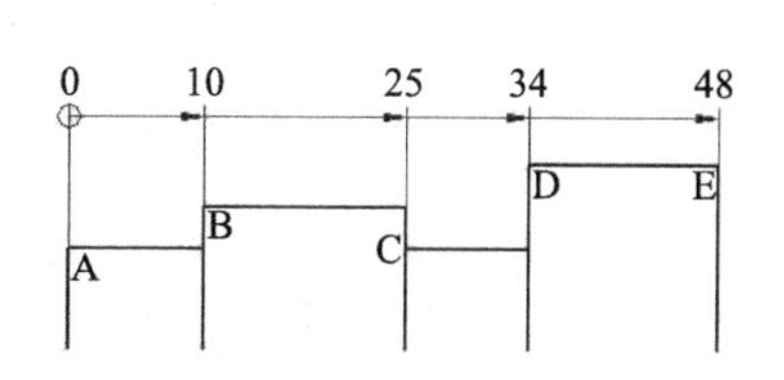


图2-86 坐标尺寸标注

### 2.5.5 角坐标尺寸标注

“角坐标尺寸标注”命令（Angle Coordinate Dimension）与“坐标尺寸标注”命令类似，只是角坐标尺寸标注适用于角度的标注。操作方法和步骤如图 2-87 所示。

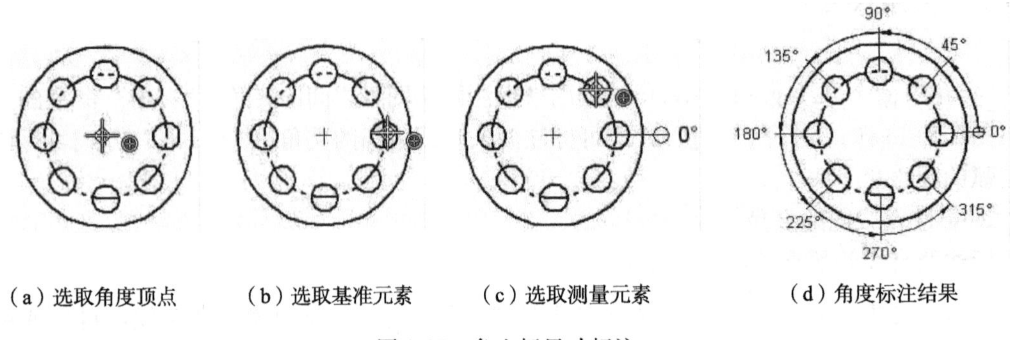


（a）选取角度顶点　（b）选取基准元素　（c）选取测量元素　（d）角度标注结果

图 2-87　角坐标尺寸标注

### 2.5.6 对称直径标注

“对称直径标注”命令（Symmetric Diameter）一般用于标注非圆视图上轴对称结构的对称尺寸或直径尺寸，标注出的尺寸数值是测量值的两倍。该命令在草图环境中不多用，一般用于工程图中视图的标注，将在后续工程图的尺寸标注中详细介绍。

## 2.6 实 例 分 析

绘制草图有各种不同的方法，可以利用绘图命令的工具条，绘制尺寸精确的线段、圆和圆弧等，可以直接利用智能导航功能和对齐功能，帮助在绘制过程中约束图素间的关系，还可以利用尺寸约束和几何约束对图形进行进一步规整。

下面以实例方式，说明草图绘制的方法。

**1. 草图绘制举例 1**

按以下步骤绘制图 2-88 所示平面图形。

(1) 绘制直线：单击“直线”命令，鼠标移动至图 2-89 所示 XY 平面，按 F3 键锁定，按 Ctrl＋H 键，进入草图视图，绘制两条直线，如图 2-90(a)所示。

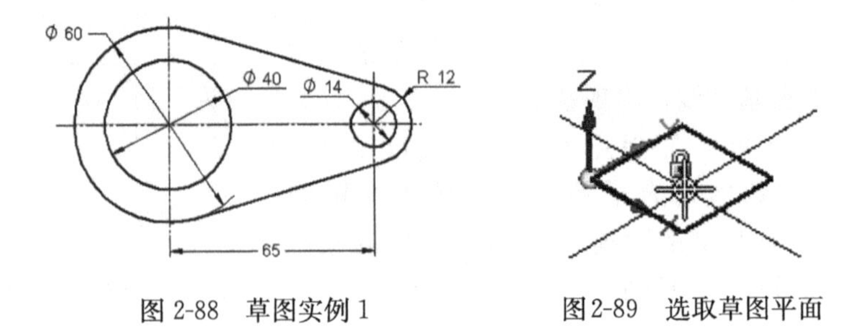


图 2-88　草图实例 1　　图2-89　选取草图平面

（2）绘制圆弧：选取“三点画圆弧”命令绘制两段圆弧，如图 2-90(b)所示。选取“中心点画圆”命令，在适当位置画出两个圆，如图 2-90(b)所示。

（3）添加几何约束关系：单击“相切”命令，使直线与两端的圆弧相切，如图 2-90(c)所示。单击“同心”命令，使圆与圆弧同心，如图 2-90(c)所示。单击“水平/竖直”命令，使大圆圆心与小圆圆心在水平线上对齐，如图 2-90(d)所示。

（4）标注尺寸：单击“智能尺寸标注”命令，标注图 2-88 所示的直径和半径尺寸。单击“间距”命令，标注图 2-88 所示定位尺寸 65。

（5）补绘作图基准线：单击“直线”命令，在工具条的“线型”列表中选取“中心线”，绘制图 2-88 所示的对称线和中心线。完成的草图如图 2-88 所示。

（6）解除草图绘制：单击工作区右上角的按钮。按 Ctrl＋I 键，可返回三维环境。

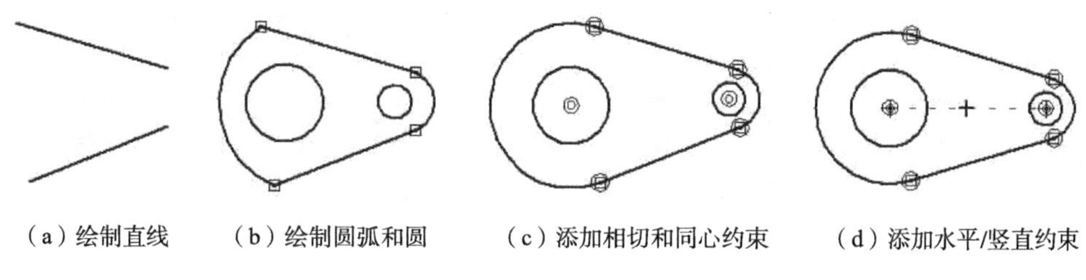

（a）绘制直线　（b）绘制圆弧和圆　（c）添加相切和同心约束　（d）添加水平/竖直约束

图 2-90　草图实例 1 绘制过程

说明：绘制图形时虽然是随手绘制，但尺寸上不要与原尺寸出入太大，以免图形变形太多，绘图时请注意命令工具条中长度的显示和图形的变化。

**2. 草图绘制举例 2**

下面以图 2-91 所示平面图形为例说明草图的绘制方法。该图形对称，应该首先利用主参考面作为对称面，坐标轴作为对称轴。

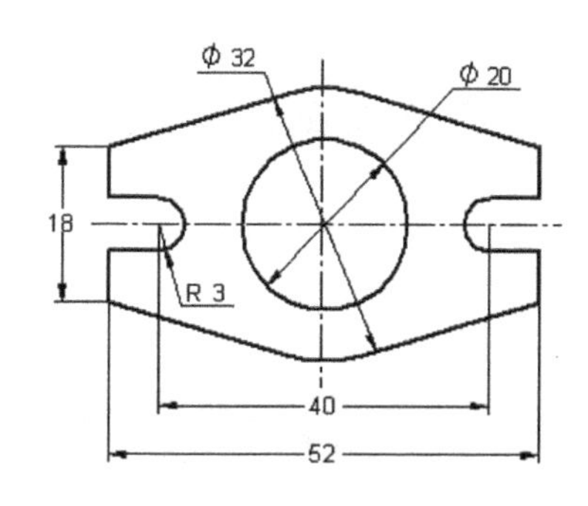


图 2-91　草图实例 2

（1）绘制圆：单击“中心点画圆”命令，选取 XZ 平面为草图平面，按 F3 键锁定，按 Ctrl＋H 键，进入草图视图。捕捉坐标轴原点为圆心，绘制直径为$\phi$32 和$\phi$20 的两个圆，如图 2-92 所示。利用指示对齐关系，指定$\phi$6 的圆心与坐标原点水平对齐，如图 2-92 所示，绘制直径为$\phi$6 的圆。单击“智能尺寸标注”命令，标注直径$\phi$32、$\phi$20 和$\phi$6。单击“间距”命令，标注圆心距尺寸 20，如图 2-92 所示。

（2）绘制直线：用“直线”命令，捕捉$\phi$6 的象限点为直线的起点，如图 2-93 所示，绘制图 2-93 所示水平、竖直和与$\phi$32 圆相切的三条直线。单击“间距”命令，标注定位尺寸 9 和 26，如图 2-93 所示。

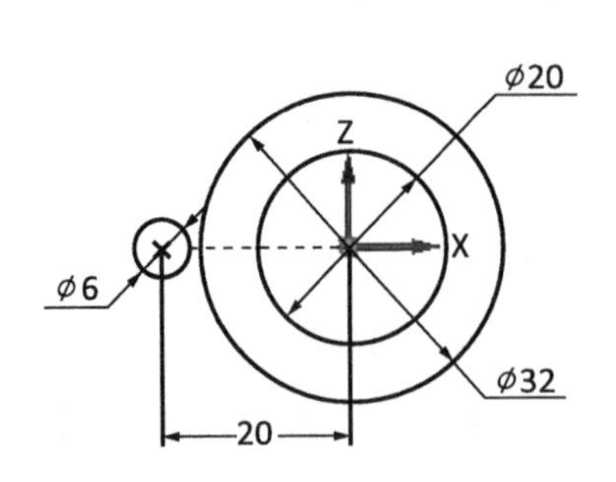


图 2-92 绘制圆并标注尺寸

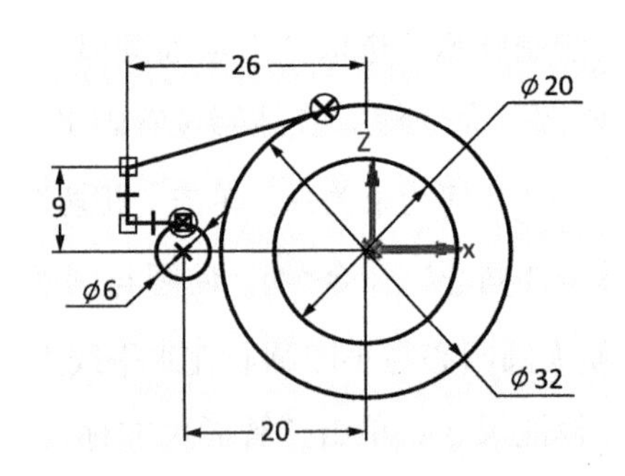


图 2-93 绘制直线并标注尺寸

(3) 镜像复制：单击“镜像”命令，拖动鼠标框选图 2-93 所示直线和$\phi$6 圆，指定镜像轴为图 2-93 所示 Z 轴，镜像结果如图 2-94 所示。

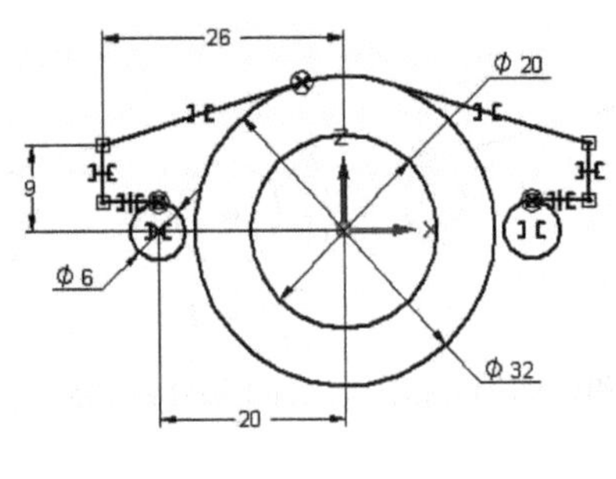


图 2-94 左右镜像

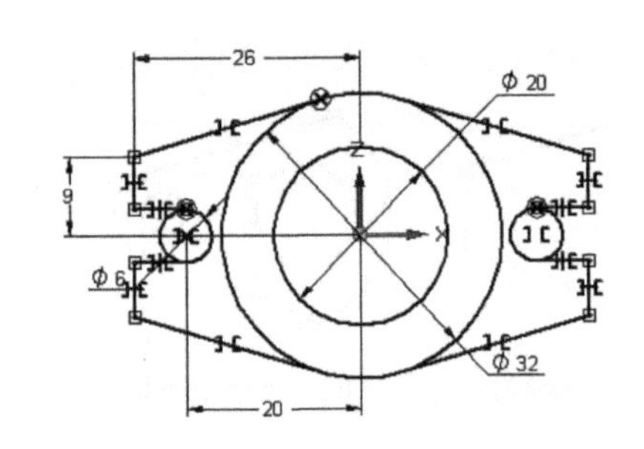


图 2-95 上下镜像直线

(4) 镜像复制：单击“镜像”命令，拖动鼠标框选图 2-94 所示全部直线，指定镜像轴为图 2-94 所示 X 轴，镜像结果如图 2-95 所示。

(5) 修剪图素：单击“修剪”命令，剪除多余的图素，如图 2-96 所示。

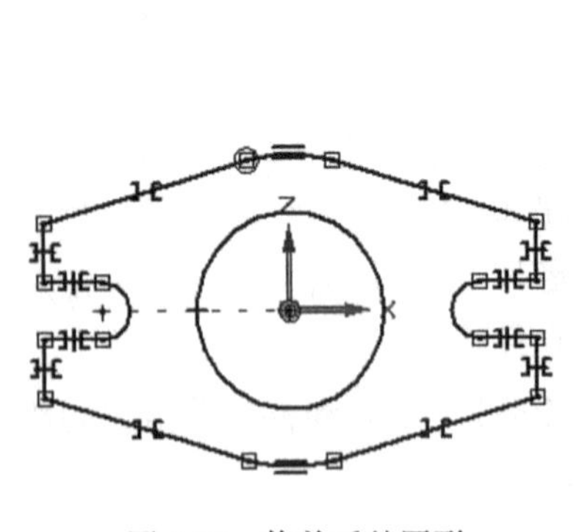

图 2-96 修剪后的图形

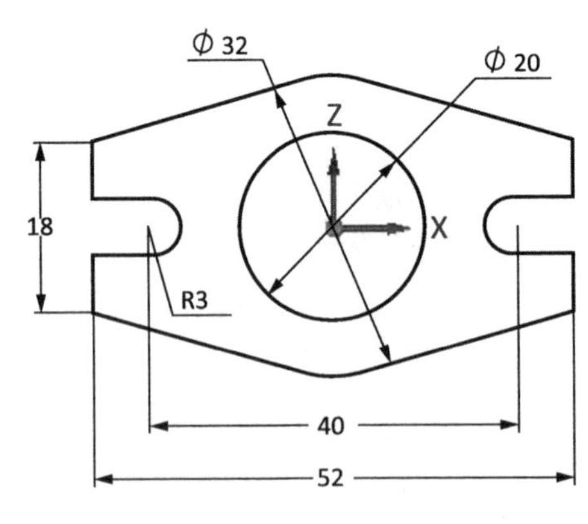


图 2-97 完成的图形

(6) 删除尺寸：单击“选择”命令，选取图 2-95 所示尺寸为 20 的尺寸线，按 Delete 键，删除该尺寸。用同样的方法，删除其他尺寸，如图 2-96 所示。

(7) 标注完整尺寸：选取“智能尺寸标注”命令和“间距”命令，按图 2-91 重新标注尺寸。

(8) 单击“相关”命令区中的“关系手柄”按钮，关闭几何约束关系显示。绘制完成的草图如图 2-97 所示。

说明：绘图过程中，如果智能导航功能或对齐功能自动添加的图素间的几何约束是多余的甚至是错误的，应及时删除，删除方法为：选取约束标记，按 Delete 键。

## 小结及作业

本章主要介绍了二维草图的绘制和编辑方法，智能导航和对齐功能，以及添加几何约束和尺寸标注的方法和步骤。草图视图上绘制的轮廓是尺寸驱动的，智能导航功能和对齐功能可以在绘图过程中自动添加几何约束，可提高作图的速度和准确性。对已有的图素添加几何约束和尺寸驱动，可以灵活方便的编辑、修改草图。

在草图环境中绘制平面图形，应遵循先绘制已知线段，然后绘制中间线段，最后绘制连接线段的原则，将尺寸驱动和几何约束结合起来，灵活应用。

作业：

(1) 创建草图的第一步是什么？如何锁定草图平面？如何解锁草图平面？

(2) 选取图素有几种方法？选取全部图素用什么方法最简单？

(3) 什么是智能导航？智能导航可以提供哪些帮助？

(4) 什么是对齐指示功能？有几种对齐方式？

(5) 智能尺寸标注和间距尺寸标注有何区别？

(6) 几何约束有多少种方式？几何约束只能手动添加吗？

(7) 什么是栅格？栅格有何用途？

(8) 请绘制以下平面图形（图 2-98～图 2-102）。

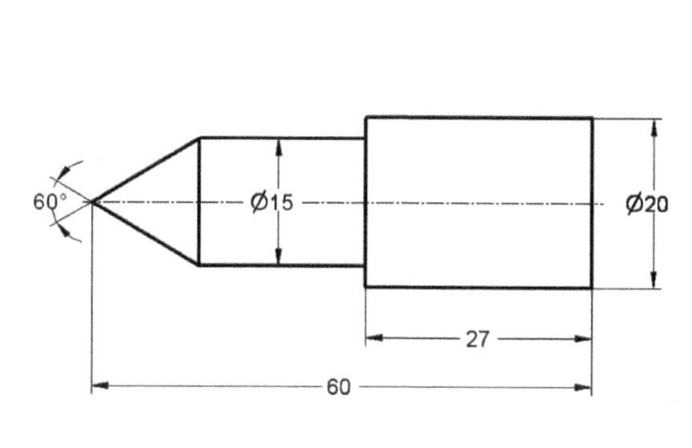


图 2-98　草图设计练习 1

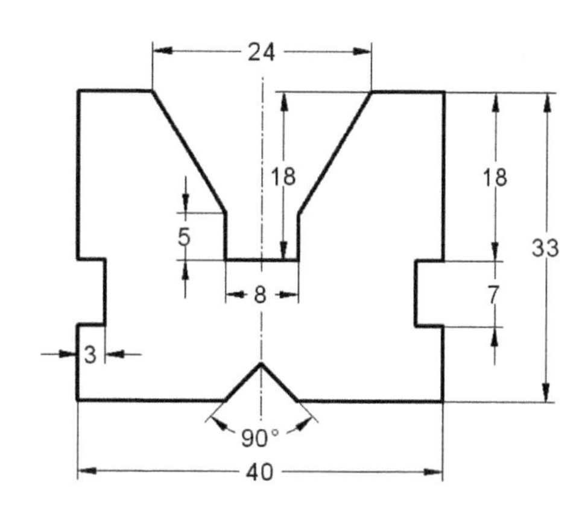


图 2-99　草图设计练习 2

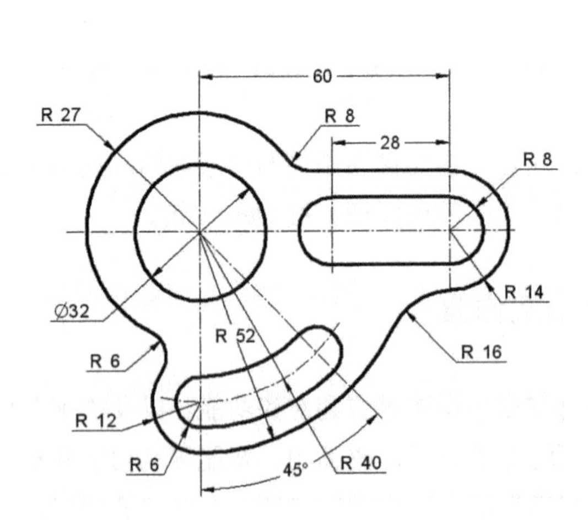


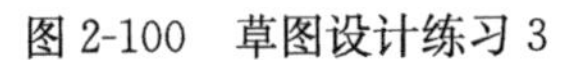
图 2-100 草图设计练习 3

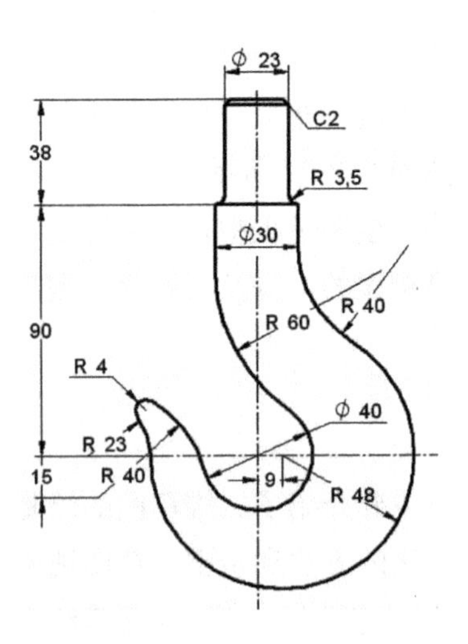


图 2-101 草图设计练习 4

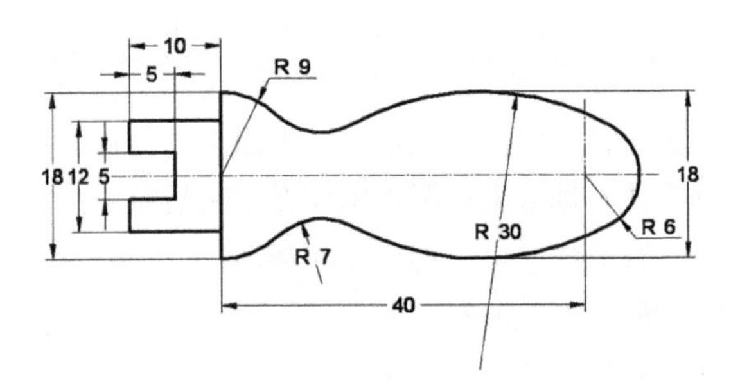


图 2-102 草图设计练习 5

# 第3章　零件设计

本章主要介绍在Solid Edge ST4同步建模环境中，进行零件设计的方法和过程。在Solid Edge ST4环境中，可以采用传统的建模方式或者同步建模方式进行零件的造型和设计，本章介绍采用同步建模技术生成零件实体的操作方法和步骤。

## 3.1　零件设计环境

启动Solid Edge ST4：单击"开始→程序→Solid Edge ST4→Solid Edge ST4"；或双击桌面上的Solid Edge ST4图标，进入Solid Edge ST4启动界面，选取"GB零件"；或选取"打开现有文档…"，指定要打开的零件图的".par"文档；均可进入零件设计环境，如图3-1所示。

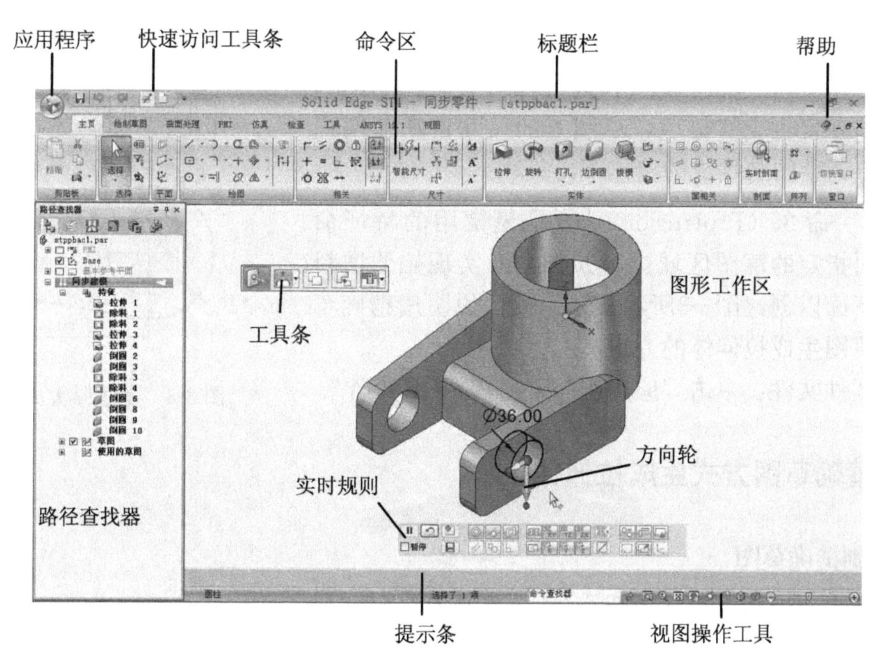


图3-1　Solid Edge ST4零件设计环境

零件设计环境的用户界面如图3-1所示，界面的主要区域有：应用程序按钮、标题栏、下拉菜单、命令菜单选项卡，路径查找器、动态工具条、提示条、视图操作工具、实时规则区域等，界面类似于Office 2007。

本章主要介绍"主页"选项卡中"实体"命令区中的特征命令的操作方法、建模的基本方法和步骤。“实体”命令区包括的全部特征命令如图 3-2 所示，在按钮的下方或右边带有小箭头“ ”的，表示该按钮为抽屉式按钮，还有其他的按钮重叠在此按钮下，各按钮和相应的命令的名称如图 3-2 所示。

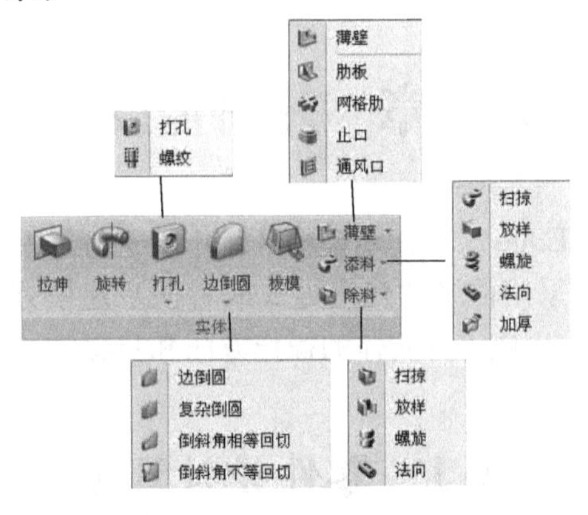


图 3-2 “实体”特征命令

## 3.2 同步建模环境中草图与实体的关系

在 Solid Edge ST 的同步建模环境中，可以绘制传统精确草图，通过对草图进行拉伸、旋转、扫掠、除料等操作生成实体。也可以绘出大致的草图轮廓，通过对草图进行操作生成实体，然后在实体上标注尺寸和进行几何约束。无论哪一种方式，一旦生成实体后，草图上的尺寸自动转换到三维实体上，草图与生成的实体不再关联。

“拉伸”命令（Protrusion） 是最常用的特征命令，通过对指定的草图区域进行拉伸，来实现拉伸增料或除料。下面以创建图3-3所示实体为例，说明用精确草图和大致草图生成拉伸体的方法。

新建零件文件：单击“应用程序→新建→GB 零件”。

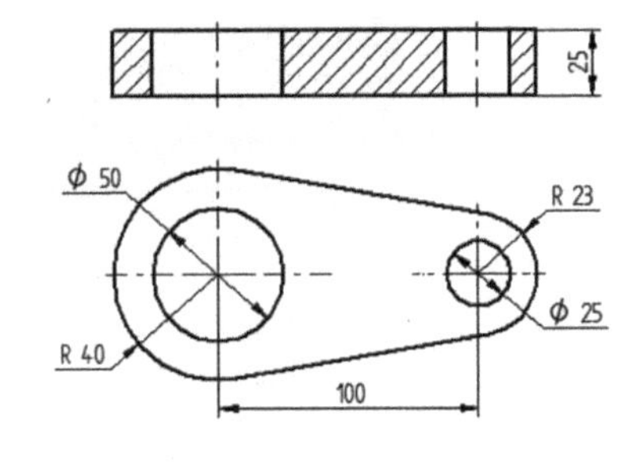


图 3-3 零件形状及尺寸

### 3.2.1 精确草图方式生成拉伸体

#### 1. 绘制精确草图

(1) 单击“中心点画圆”命令 ，选取图 3-4(a)所示 XY 平面为草图绘制平面，按 F3 键锁定，按 Ctrl+H 键（或单击“草图视图”命令 ），进入二维草图绘制环境。

(2) 绘制草图：绘制图 3-4(b)所示草图轮廓，标注尺寸，注意约束圆同心、直线与圆相切。

(3) 解除草图绘制：单击草图环境右上角的按钮 。

(4) 返回轴测视图：按 Ctrl +I 键，返回正等轴测视图，如图 3-4(c)所示（或按 Ctrl+J

键，或拖动鼠标中键返回轴测视图)。

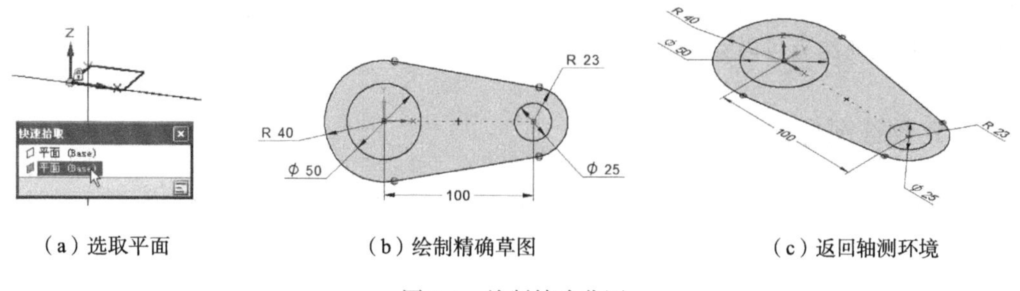


（a）选取平面　　（b）绘制精确草图　　（c）返回轴测环境

图 3-4　绘制精确草图

**2. 生成拉伸特征**

(1) 单击“选取”按钮，选取图 3-5(a)所示区域，出现快捷工具条和上下指向的箭头。

(2) 单击向上的箭头，移动鼠标，将出现拉伸的实体，以及动态显示拉伸的距离，如图 3-5(b)所示，在尺寸框中输入 25，按 Enter 键，生成的实体如图 3-5(c)所示。

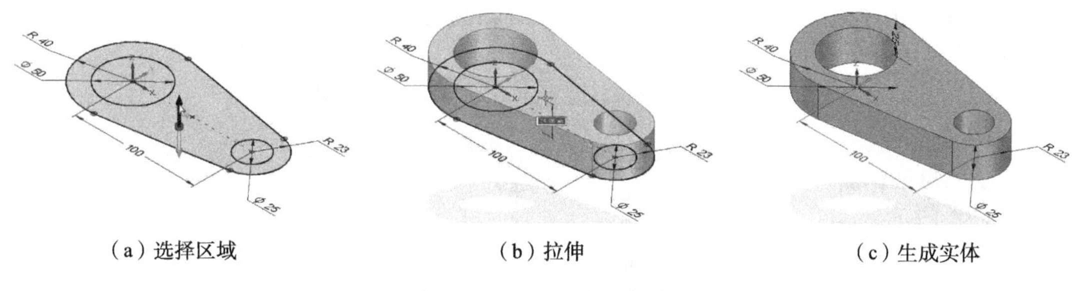


（a）选择区域　　（b）拉伸　　（c）生成实体

图 3-5　由草图生成实体

在以上操作过程中，草图轮廓的绘制中，标注了尺寸，并约束了两端圆与圆弧同心、直线与两圆弧相切，这样的草图为传统的精确草图，拉伸出的实体按草图的尺寸和几何约束生成，如图 3-5(c)所示。

这样的建模方法类似于传统的顺序建模方法，Solid Edge ST 同步建模方法与传统的建模方法有很大的区别：

(1) 当实体生成后，草图上的尺寸转换到了实体上，显示在路径查找器的 PMI 标注项中，展开后可看到生成的尺寸，如图 3-6 所示，单击各尺寸前的单选框，可显示尺寸☑或隐藏尺寸☐。

图 3-6　PMI 尺寸和草图

(2) 生成实体后，草图不再与实体相关联，显示在路径查找器的“使用的草图”列表中，如图 3-6 所示。右击“草图”，如果选取“删除”，可删除草图，但不影响实体，如果选取“恢复”，该草图恢复为独立的草图。若选取恢复后的草图，将出现“方向轮（Steering Wheel）”和“实时规则（Live Rules）”选项，可对选定的草图区域进行拉伸和旋转操作，生成其他形状的实体。此外，还可对恢复后的草图进行复制、剪切、粘贴等操作。

(3) 传统的建模和对零件的修改和编辑，主要是对特征草图的修改和编辑，尺寸和几何约束大部分是在草图环境中，通过标注尺寸和添加几何约束实现的，草图驱动始终与实体特征相关联，一旦删除草图，对应的特征即被删除或成为失败的特征。Solid Edge ST 的同步建模技术增加了全三维的尺寸驱动和三维几何约束，草图只是一个大致的轮廓和区域，草图不再驱动实体，与实体不再相关，实体后续的编辑和修改，将使用同步建模技术进行操作，所有的尺寸和几何约束可以完全在三维实体上进行。

### 3.2.2 大致草图方式生成拉伸体

下面采用大致草图方式生成图 3-3 所示同一实体。

**1. 绘制大致草图**

(1) 单击“中心点画圆”命令：选取图 3-7(a)所示 XY 平面作为草图绘制平面，按 F3 键锁定，按 Ctrl+H 键（或单击“草图视图”命令），进入二维草图绘制环境。

(2) 绘制草图：绘制图 3-7(b)所示草图轮廓，只标注中心距为 100 的尺寸，不标注其他尺寸，不添加几何相关约束，大致位置如图 3-7(b)所示。

(3) 解除草图绘制：单击草图环境右上角的按钮。

(4) 返回轴测视图：按 Ctrl+I 键，返回正等轴测视图，如图 3-7(c)所示。

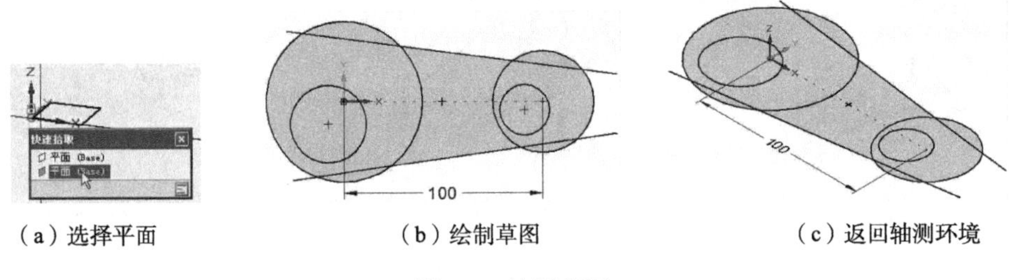


(a) 选择平面　　(b) 绘制草图　　(c) 返回轴测环境

图 3-7 绘制草图

**2. 生成拉伸体**

单击“拉伸”命令，逐个选取图 3-8(a)所示除两小圆以外的区域，单击右键；向上移动鼠标，如图 3-8(b)所示，在尺寸框中输入 25，按 Enter 键。

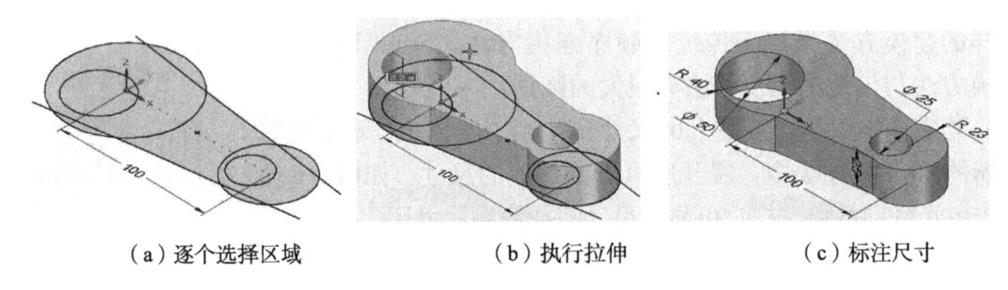


(a) 逐个选择区域　　(b) 执行拉伸　　(c) 标注尺寸

图 3-8 生成拉伸实体并标注尺寸

**3. 在实体上标注尺寸**

在“尺寸”命令区中，选取“智能尺寸标注”命令，标注 R40、R23、$\phi 50$ 和 $\phi 25$ 的尺寸，添加尺寸约束的实体如图 3-8(c)所示。

**4. 添加三维几何约束**

(1) 添加同心约束：单击选取按钮，选取实体大端的 $\phi 50$ 孔，如图 3-9(a)所示；在“面相关”命令区中选取“同心”命令，如图 3-9(b)所示；选取 R40 圆柱面，如图 3-9(c)

所示；单击工具条上“接受”按钮，$\phi$50 孔被约束与 R40 圆柱面同轴，如图 3-9(d)所示。

执行同样的操作，可使$\phi$25 孔与 R23 外柱面同轴，如图 3-9(d)所示。

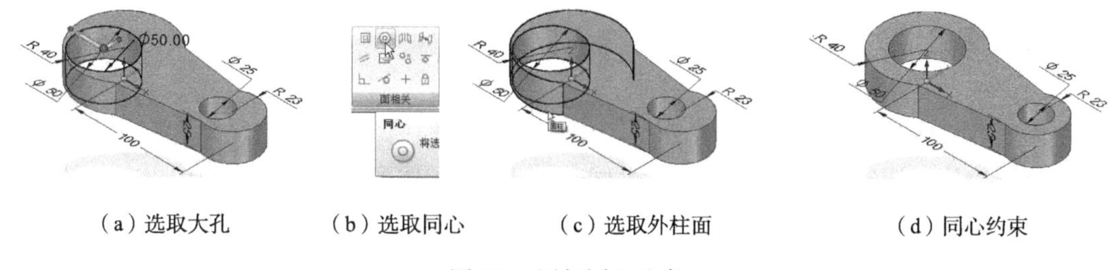


（a）选取大孔　（b）选取同心　（c）选取外柱面　（d）同心约束

图 3-9　添加同心约束

(2) 添加相切约束：选取图 3-10(a)所示平面，在“面相关”命令区中选取“相切”命令，选取 R23 圆柱面，如图 3-10(b)所示；单击工具条上“接受”按钮，选定的平面被约束与 R23 圆柱面相切，如图 3-10(c)所示。重复同样的操作，可使该平面与 R40 圆柱面相切，如图 3-11(d)所示。

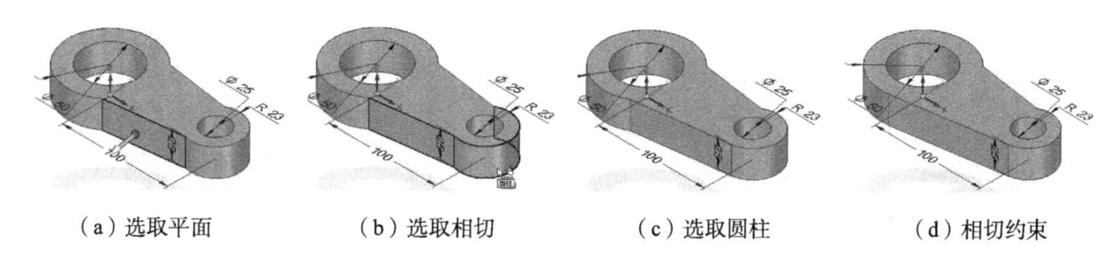


（a）选取平面　（b）选取相切　（c）选取圆柱　（d）相切约束

图 3-10　添加相切约束

重复执行同样的操作，可使另一平面与 R23、R40 圆柱面相切，如图 3-11(a)所示，该实体与图 3-5(c)是完全一样的。

在路径查找器中的“关系”列表中，记录、显示了添加的几何约束关系，如图 3-11(b)所示。

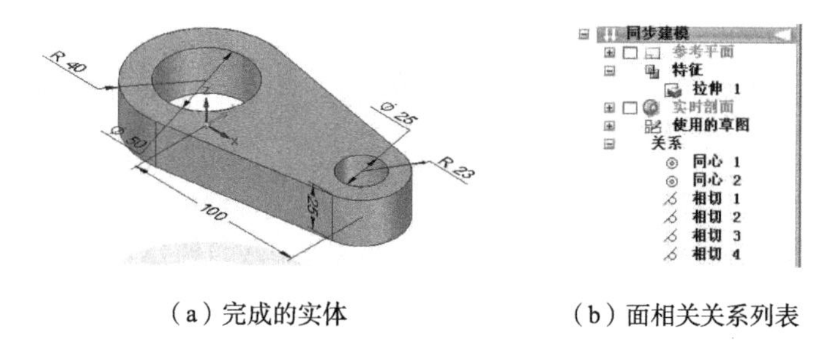


（a）完成的实体　（b）面相关关系列表

图 3-11　三维编辑后的实体

从以上两种不同的建模方式可看出，Solid Edge ST 同步建模可以在二维草图环境中标注尺寸和添加几何约束，来规定实体几何要素的大小、相对位置和关系，也可以在三维实体上标注尺寸和添加几何约束关系。二维草图中标注的尺寸，在实体生成时，自动转换到实体上，显示在 PMI 标注项中，且草图与实体不再相关、不再驱动实体。Solid Edge ST 同步建模使得建模非常的方便、灵活，编辑和修改不需要再回到草图环境中。

说明："面相关"命令区中的几何约束命令的含义和操作方法，与"相关"命令区中的二维几何约束命令基本一致，相关内容将在 3.5 节中详细介绍。

### 3.2.3 草图区域的选取方法

草图中的"区域"（Regions）是指草图中的封闭区域。

在执行拉伸、旋转等操作时，可以单击选取按钮，选取草图区域，利用出现的拉伸箭头和工具条进行操作，如图 3-5 所示。也可以先选取"拉伸"、"旋转"等命令，再选取草图区域，执行后面的操作，如图 3-8 所示。

**1. 单击"选取"按钮选取区域**

(1) 单击"选取"按钮，一次可以选取一个区域；按住 Ctrl 键，可选取多个区域。选取较小的封闭区域时，当出现如图 3-12(a)所示鼠标光标和三个点时，单击右键，在弹出的"快速拾取"菜单中，如图 3-12(b)所示，选取"区域"，可准确选取需要的区域。

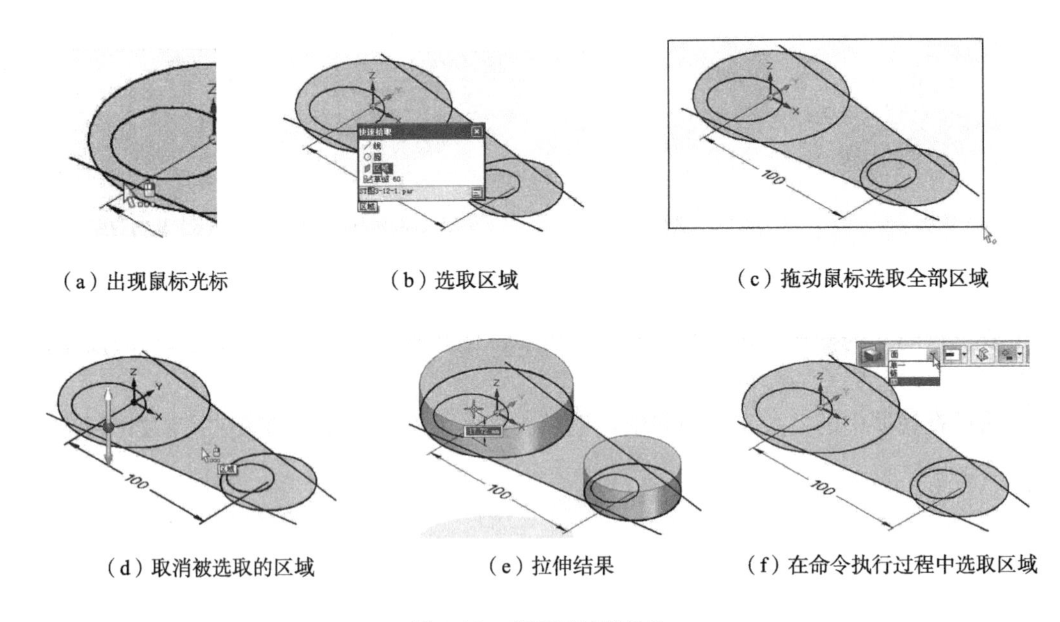


(a) 出现鼠标光标　(b) 选取区域　(c) 拖动鼠标选取全部区域

(d) 取消被选取的区域　(e) 拉伸结果　(f) 在命令执行过程中选取区域

图 3-12　草图区域的选取

(2) 单击"选取"按钮，拖动鼠标框选，如图 3-12(c)所示，选取框内的封闭区域被全部选中。在已选择的区域中，再次单击指定的区域，如图 3-13(d)所示，该区域被取消选取。如果在图 3-12(c)和图 3-12(d)选取操作结束后，执行拉伸操作，生成的实体如图 3-12(e)所示。

**2. 在拉伸、旋转等命令执行过程中选取区域**

选取"拉伸"、"旋转"等命令后，默认方式为选取"面"，如图 3-12(f)所示，选取区域时不需要按 Ctrl 键，可逐个选取多个区域，单击右键，再执行后面的操作。还可以按"链"和"单一"的方式选择区域，相关内容将在后续的章节中介绍。

当需要选取多个相邻的区域时，建议在执行"拉伸"、"旋转"等特征命令过程中选取草图区域，这样较为方便。

## 3.3　创建辅助参考面和坐标系

绘制草图时，需要指定绘制草图的参考面，可以选取三个 Base 坐标面或已有实体上的平面作为草图平面。有时需要创建辅助的参考面和坐标系，以方便建模。在图 3-13 所示的"平面"命令区中，集中了创建辅助参考面和坐标系的命令。

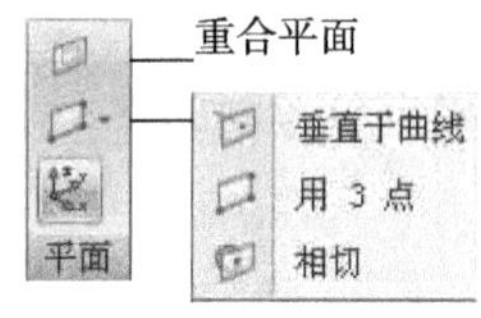

图 3-13　"平面"命令区

下面采用前面已生成的图 3-11 所示实体，说明辅助平面和坐标系的生成方法。在路径查找器中，单击 PMI 前面的单选框，隐藏尺寸的显示。

### 3.3.1　创建辅助参考面

**1. 生成重合平面**

"重合平面"命令可生成与指定参考面或实体平面重合、平行或成一定夹角的平面。

（1）单击"重合平面"命令。

（2）生成重合平面：选取图 3-14(a)所示实体上的平面，生成与指定平面重合的平面，并出现了"操作方向轮"，如图 3-14(b)所示；单击空白处，即可生成与指定平面重合的平面。

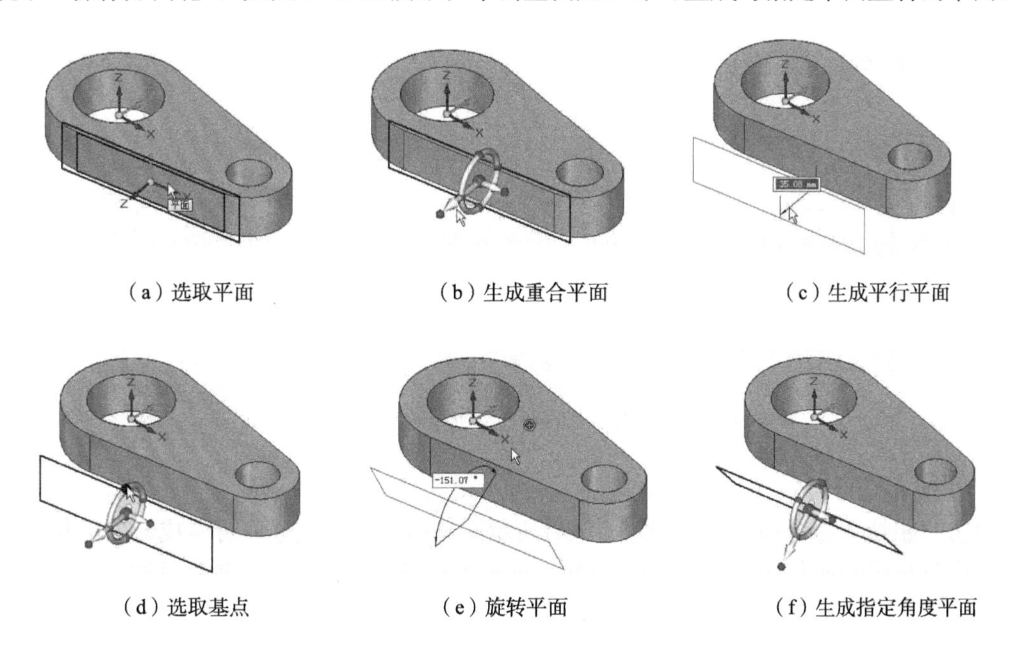


图 3-14　创建重合平面、平行平面和夹角平面

(3) 生成平行平面：如果单击图 3-14(b)所示箭头，移动鼠标，则可生成与指定平面平行的参考面，如图 3-14(c)所示，输入平行距离为 35。

(4) 生成夹角平面：拖动图 3-14(d)所示方向轮的上基点，可旋转平面，并显示旋转的角度，如图 3-14(e)所示；输入所需的角度，按 Enter 键，生成的平面如图 3-14(f)所示。

利用操作方向轮，还可进一步平移和旋转生成的参考面。

**2. 由 3 点生成平面**

下面通过在前面已生成的实体上，指定三个点生成参考面。

单击“用 3 点”命令，依次捕捉图 3-15(a)所示第一、第二和第三点；生成的参考面如图 3-15(b)所示。选取的第一点确定参考面的原点，第二点确定参考面的 X 轴方向，第三点确定参考面的 Y 轴方向。

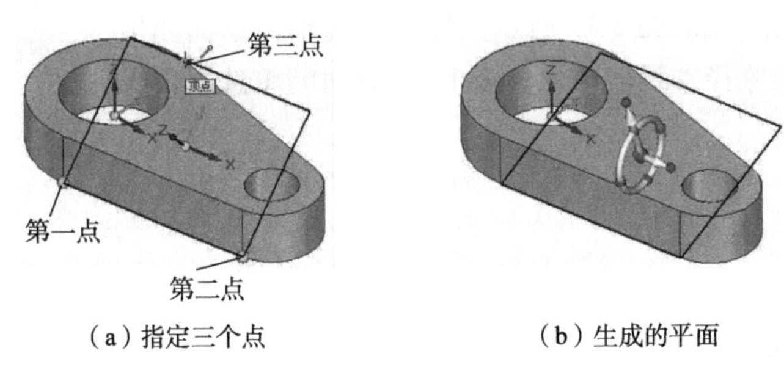

(a) 指定三个点　　(b) 生成的平面

图 3-15　由 3 点生成参考面

**3. 生成垂直于曲线的参考面**

单击“垂直于曲线”命令，选取图 3-16(a)所示圆弧曲线，选取点靠近圆弧左端；移动鼠标，可生成与曲线垂直的平面，并同时显示平面与曲线端点的相对位置，以及平面原点距曲线端点的距离，如图 3-16(b)所示；输入距离后按 Enter 键或单击鼠标，生成的平面如图 3-16(c)所示。

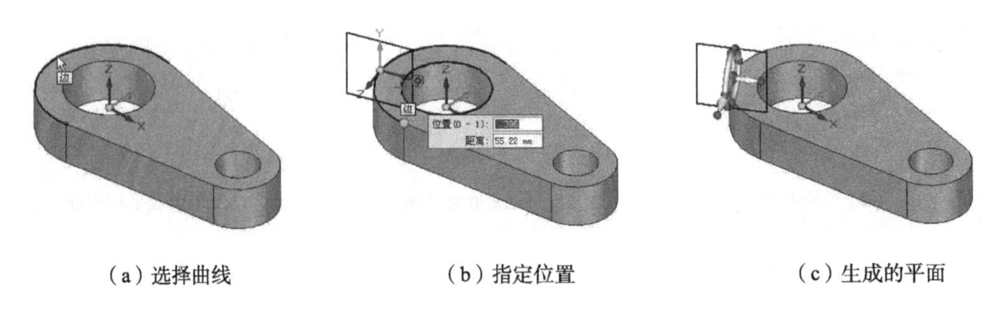
(a) 选择曲线　　(b) 指定位置　　(c) 生成的平面

图 3-16　生成垂直于曲线的参考面

**4. 生成相切平面**

单击“相切”命令，选取图 3-17(a)所示圆柱面，移动鼠标，可生成与曲面相切的平面，并同时显示平面与曲面起始点的夹角，如图 3-17(b)所示；输入夹角后按 Enter 键或单击鼠标，生成的平面如图 3-17(c)所示。

说明：以上各种方法生成的参考面如图 3-18(a)所示，在图 3-18(b)所示的路径查找器的“参考平面”列表中有显示，单击各平面名称前面的单选框，可显示或隐藏参考面。在生

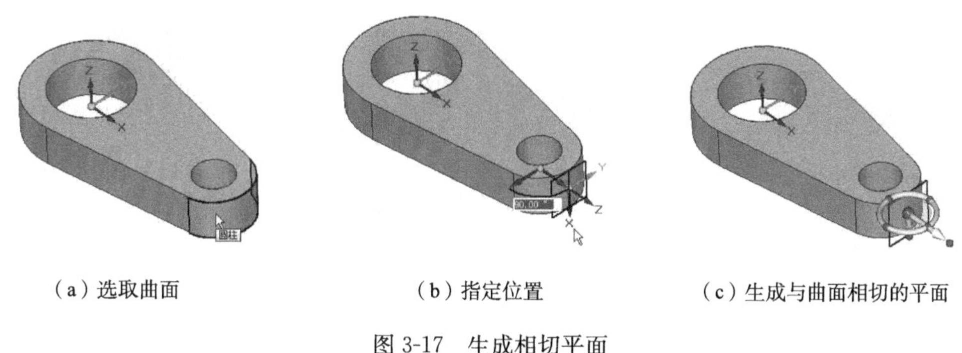

（a）选取曲面　　（b）指定位置　　（c）生成与曲面相切的平面

图 3-17　生成相切平面

成的参考面上绘制草图，并对草图进行拉伸等操作生成实体后，草图与参考面不关联，实体与草图和辅助平面也不再关联。当选取生成的参考面时，可利用出现的方向轮对该参考面进行平移、旋转等操作。

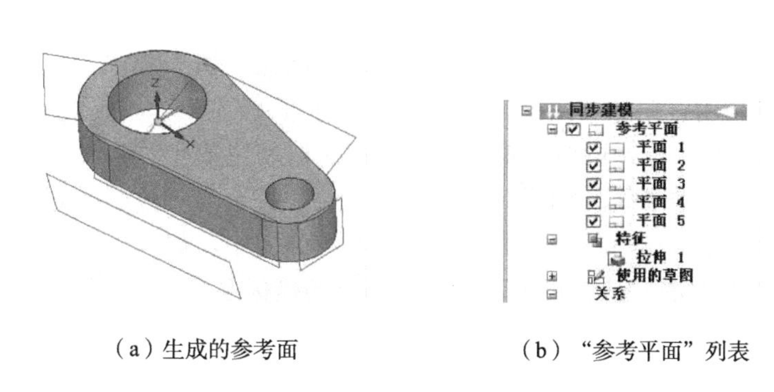


（a）生成的参考面　　（b）“参考平面”列表

图 3-18　生成的参考面和列表

## 3.3.2　创建坐标系

Solid Edge ST4 的零件环境中有一个默认的 Base 坐标系。使用“坐标系”命令可创建新的坐标系，坐标系是一组平面和轴，用于为特征、零件和装配指派坐标。新生成的坐标系可以作为新的基准，新的坐标面也可以被选取作为草图绘制平面。

下面以在图 3-18 所示实体上创建坐标系为例，说明“坐标系”命令的操作方法和步骤。

首先取消勾选图 3-18(b)所示参考平面，隐藏参考平面的显示。

(1) 单击“坐标系”命令。屏幕上的鼠标带有坐标系。

(2) 移动鼠标靠近小孔的圆心，当出现捕捉圆心的光标后，在提示区出现提示：“n=下一步，b=上一步，t=切换，f=翻转，p=基本平面，g=全局”。按键盘上的上述字母键，可调整坐标轴的方向，如图 3-19(b)所示，单击左键，生成的坐标系如图 3-19(c)所示。该坐标系原点为小孔的圆心，方向为指定的方向。

(3) 继续移动鼠标，选取图 3-19(d)所示平面，创建下一个坐标系；移动鼠标在实体外单击左键，可生成第三个坐标系，如图 3-19(e)所示。

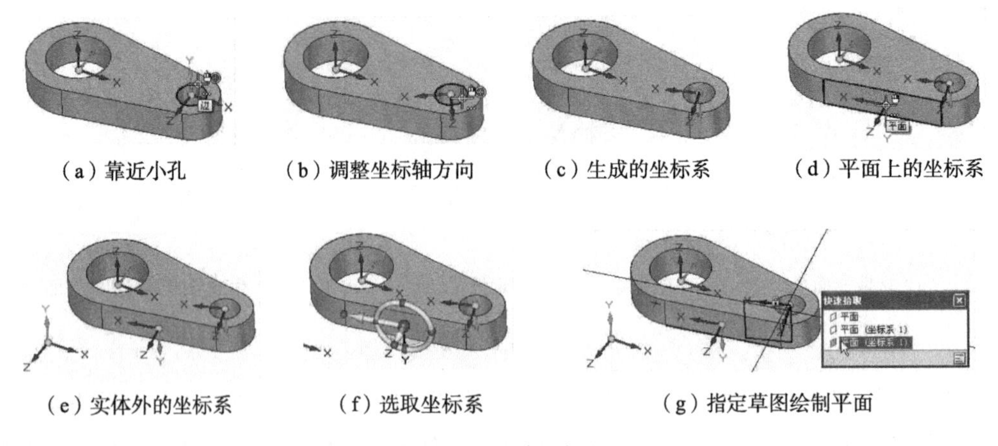

（a）靠近小孔　（b）调整坐标轴方向　（c）生成的坐标系　（d）平面上的坐标系

（e）实体外的坐标系　（f）选取坐标系　（g）指定草图绘制平面

图 3-19　创建坐标系

（4）结束命令：按 Esc 键结束坐标系创建命令。

对于已生成的坐标系，再次选取时，将会出现方向轮，如图 3-19(f)所示，可以利用方向轮移动坐标系、转动坐标轴。

在执行“绘图”命令区中的绘图命令时，可以选取新生成坐标系的坐标面为草图绘制平面，如图 3-19(g)所示。

新生成的坐标系显示在路径查找器的“坐标系”列表中，如图 3-20 所示；勾选或取消勾选，可显示或隐藏指定的坐标系。

总之，通过创建辅助参考面和坐标系，可以很方便地生成新的绘图基准、特征基准和装配基准。

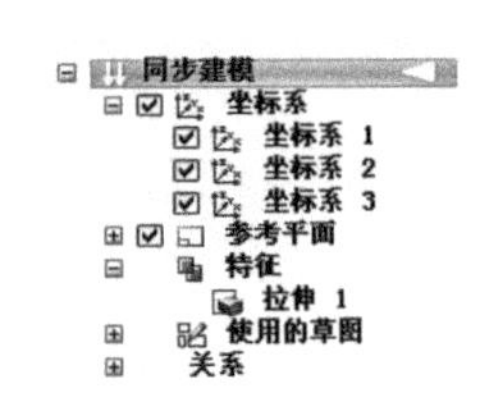


图 3-20　“坐标系”列表

# 3.4　实体特征命令

在 Solid Edge ST 零件环境中，是通过对已绘制的草图或者对已有实体指定的平面区域进行拉伸、旋转、扫掠、除料等操作生成实体的。建立实体模型的步骤可简单归纳为：

（1）绘制草图。

（2）用特征命令生成实体或对已有实体进行除料。

（3）添加尺寸约束和几何位置关系约束，进行必要的编辑。

（4）完成创建。

在创建一个新的零件时，第一个创建的特征称为基础特征，也称为毛坯特征，只能用增料方式来创建，其他特征是在基础特征的基础上添加所需特征而形成的，基础特征的正确选定和创建，对整个零件的建模过程起决定性作用。

本节以实例的方式，介绍由草图生成实体的特征命令操作方法。

## 3.4.1　拉伸命令

“拉伸”命令（Protrusion）通过将草图沿垂直草图平面的方向拉伸增料或拉伸除料

来生成实体。在一个新建文件中首次执行“拉伸”命令时，拉伸草图只能增料生成实体；在已有实体后再执行拉伸操作，系统会自动判断是拉伸增料还是拉伸除料，当拉伸方向指向实体内部时，拉伸为除料拉伸，反之为增料拉伸。

有以下两种方式执行“拉伸”命令。

方式一：单击“选取”按钮，选取草图区域，出现拉伸箭头和动态工具条时，进行拉伸等操作，如图 3-5 所示。

方式二：选取“拉伸”命令，选取要拉伸的草图区域，进行拉伸操作。如图 3-8 所示。

按以下过程学习“拉伸”命令的操作方法。

**1. 生成基础实体**

(1) 新建文件：单击“应用程序→新建→GB 零件”，进入 Solid Edge ST 同步零件环境。

(2) 绘制草图：单击“直线”命令，选取 XZ 平面为草图平面，按 F3 键锁定；按 Ctrl +H 键，或单击“草图视图”按钮，进入二维草图环境。

(3) 绘制图 3-21(a)所示的草图并标注尺寸。单击“解锁”按钮。按 Ctrl +I 键或 Ctrl +J 键返回轴测环境。

(4) 生成基础拉伸实体：单击“选取”按钮，再单击图 3-21(b)所示草图，然后单击拉伸箭头，如图 3-21(b)所示，出现工具条，如图 3-21(c)所示；向后移动鼠标，生成的实体在草图的后侧，如图 3-21(c)所示；向前移动鼠标，生成的实体在草图的前方，如图3-21(d)所示；选取工具条上的“对称”按钮，移动鼠标，生成的实体以草图为对称面，如图 3-21(e)所示；在“拉伸距离”文本框中输入 340，按 Enter 键，生成的实体如图 3-21(f)所示。

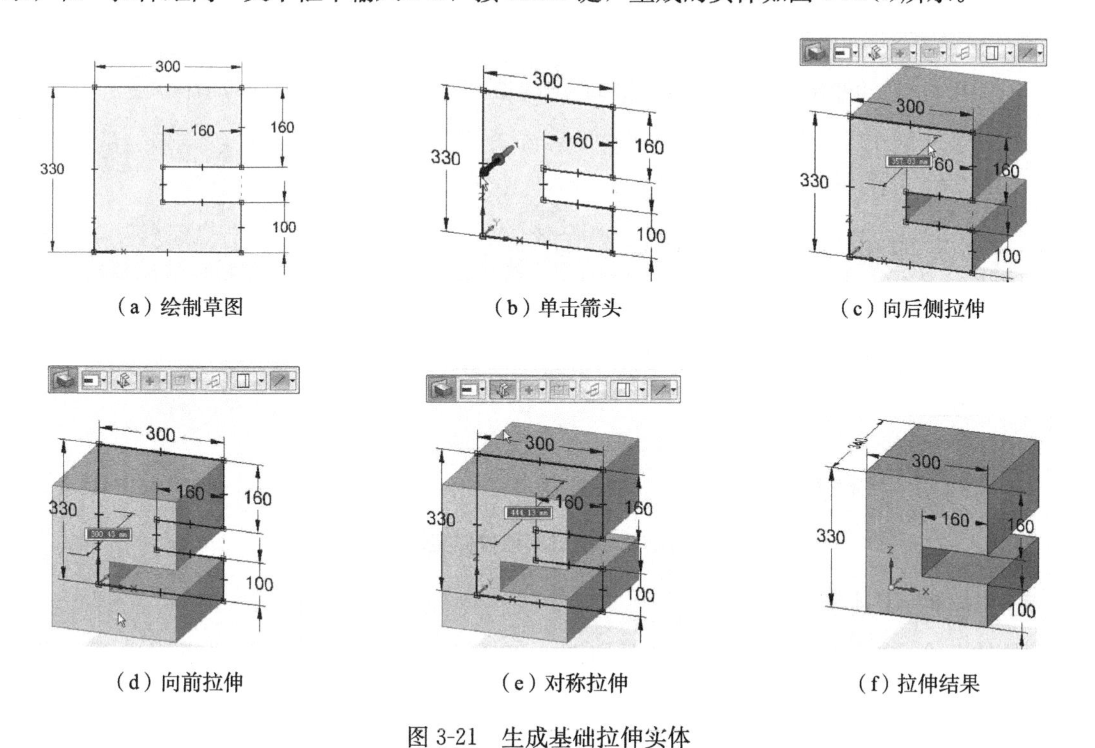


(a) 绘制草图　(b) 单击箭头　(c) 向后侧拉伸

(d) 向前拉伸　(e) 对称拉伸　(f) 拉伸结果

图 3-21　生成基础拉伸实体

说明：另外一种操作方法是，在生成草图图 3-21(b)后，单击“拉伸”命令，选取草图，按 Enter 键，将出现与图 3-21(c)中相同的工具条，同样可执行图 3-21(c)～图 3-21(f)步骤的操作，得到同样的结果。

**2. 生成其他实体**

(1) 绘制草图：单击“中心点画圆”命令，选取图 3-22(a)所示平面为草图平面，按 F3 键锁定；捕捉图 3-22(b)所示实体边的中点为圆心，画一个直径为 150 的圆，如图 3-22(b)所示。单击“解锁”按钮，解除草图绘制。

(2) 拉伸增料或除料：单击“选取”按钮，按 Ctrl 键选取图 3-22(c)所示两个半圆区域，并单击拉伸箭头；当向实体外拉伸草图时，生成的实体为增料，如图 3-22(d)所示；当向实体内拉伸草图时，默认的操作是对已有的实体进行除料，如图 3-22(e)所示；当在图 3-22(f)所示工具条中选取“添料”，向实体内拉伸草图时，生成增料的实体，如图 3-22(f)所示。

在图 3-22 所示的拉伸操作中，“拉伸距离”选项默认为“有限”，即拉伸指定的距离。

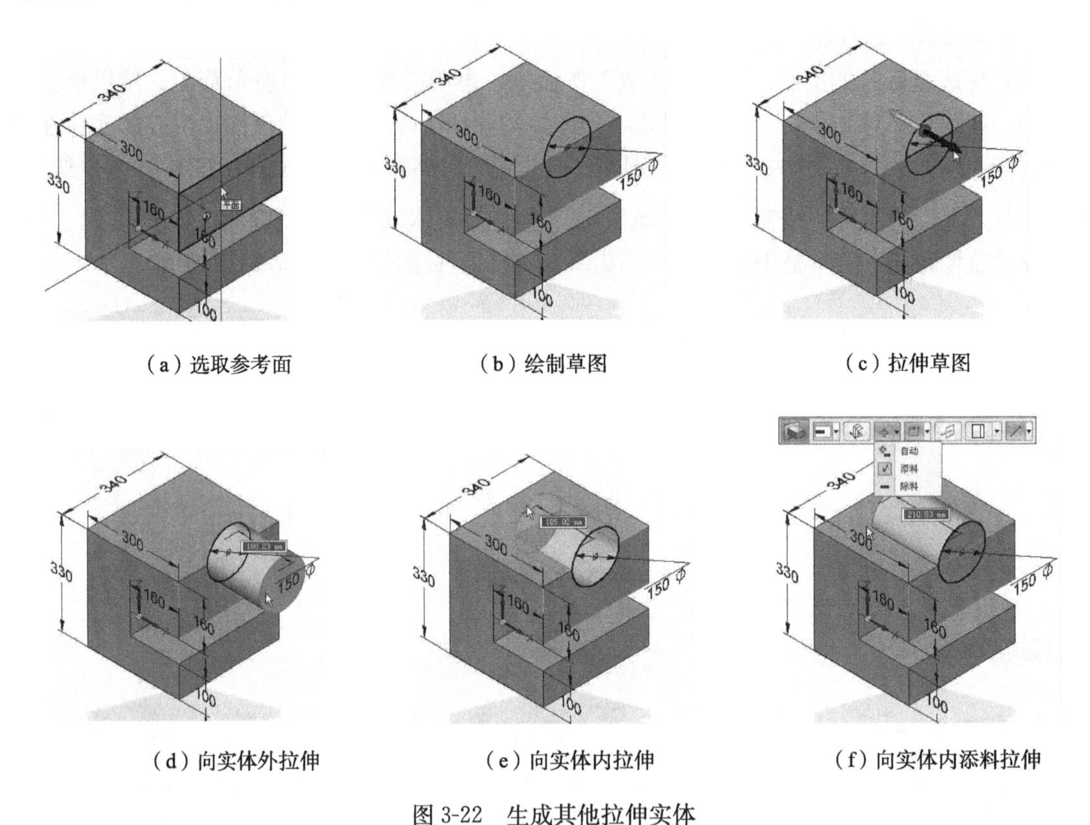


(a) 选取参考面　(b) 绘制草图　(c) 拉伸草图

(d) 向实体外拉伸　(e) 向实体内拉伸　(f) 向实体内添料拉伸

图 3-22　生成其他拉伸实体

**3. “拉伸”工具条**

“拉伸”命令工具条的全部选项如图 3-23 所示，下面通过实例，说明主要选项的功能。

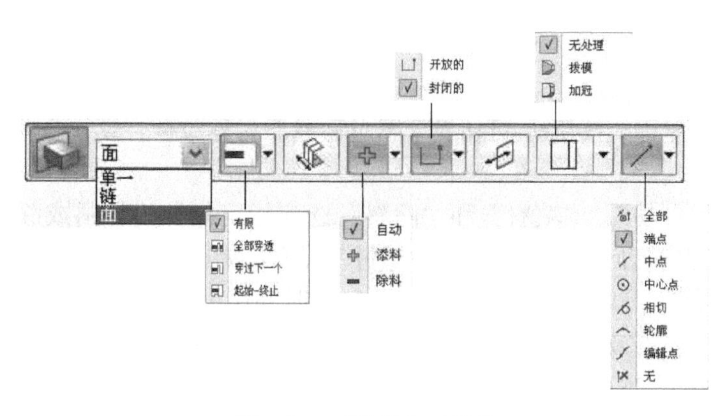


图 3-23　“拉伸”工具条

“选取方式”下拉列表中，有“单一”、“链”和“面”三种方式，默认的选取方式为“面”。

当选取图 3-24(a)所示草图并向下拉伸时，在“拉伸”列表中：

选取“全部穿透”，拉伸除料的结果如图 3-24(b)所示，草图完全贯穿实体除料。

选取“穿过下一个”，拉伸除料的结果如图 3-24(c)所示，草图除料到实体的下一个表面。

选取“起始-终止”，并指定终止表面，草图拉伸除料到指定的表面，如图 3-24(d)所示。

如果选取“有限”、“添料”，移动鼠标可指定拉伸距离拉伸生成实体，如图 3-24(e)所示。

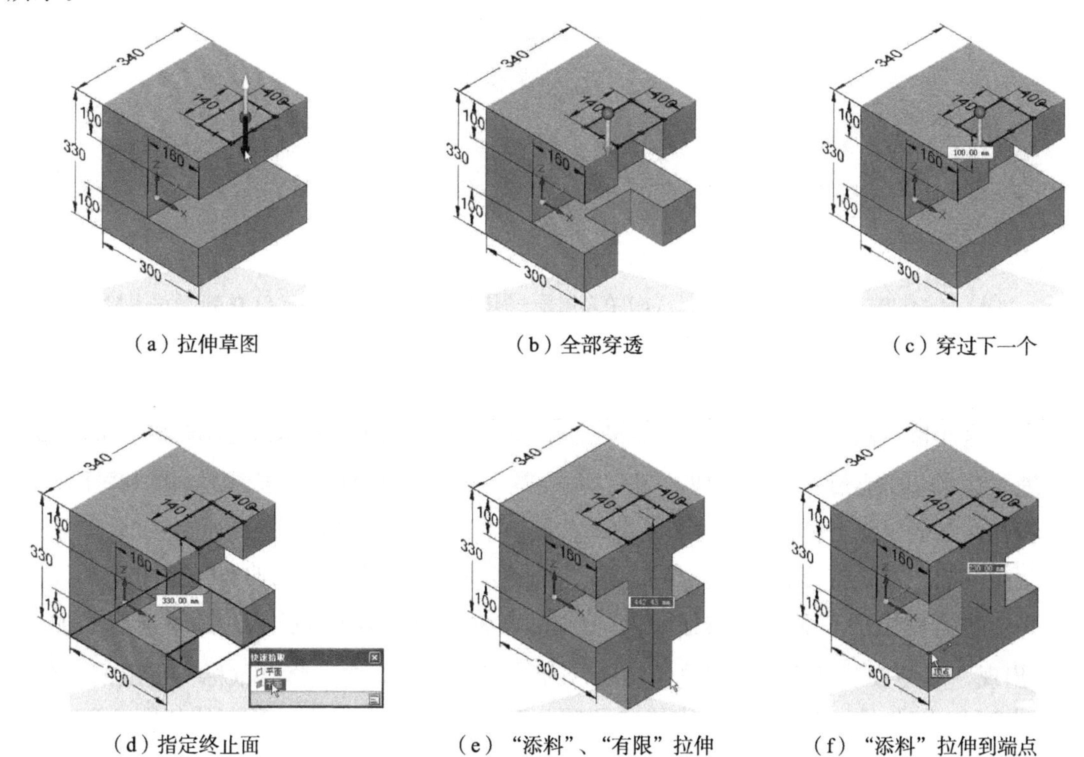


(a) 拉伸草图　(b) 全部穿透　(c) 穿过下一个

(d) 指定终止面　(e) “添料”、“有限”拉伸　(f) “添料”拉伸到端点

图 3-24　拉伸距离选项

如果在“关键点”列表中选取“端点”，并捕捉图 3-24(f)所示的端点，生成的实体如图 3-24(f)所示。

图 3-23 中的“对称”按钮可切换草图对称或非对称拉伸，默认为非对称拉伸，如图 3-21所示。

图 3-23 中的“自动”、“填料”和“除料”选项指定拉伸为填料或除料，默认为“自动”，系统根据拉伸的方向自动判断拉伸为填料或除料，如图 3-22 所示。

图 3-23 中的、两个选项，当草图不封闭时起作用，控制在草图的哪一侧拉伸。

在图 3-25(a)中，在立方体上表面上的草图不封闭，但与实体的边界相交构成封闭区域。单击“选取”按钮，选取图 3-25(b)所示的区域并选择拉伸方向：当向上拉伸时，生成的实体如图 3-25(c)所示；向下拉伸时，则对实体进行除料，如图 3-25(d)所示。单击按钮，则在草图的另一侧进行拉伸增料或除料，如图 3-25(e)和图 3-25(f)所示。

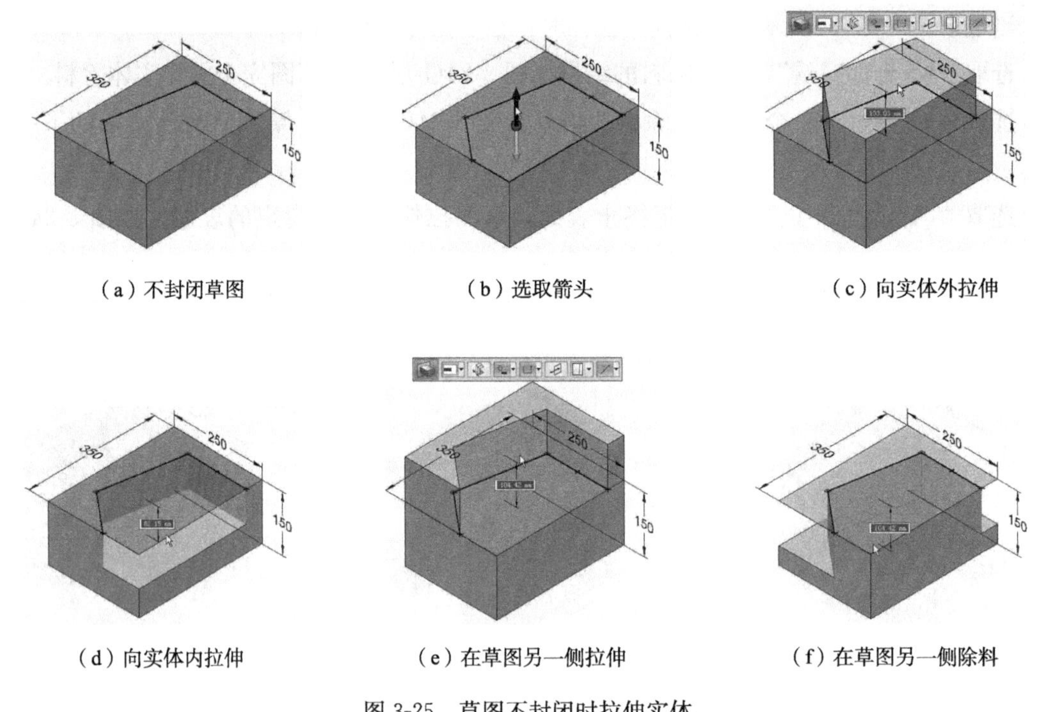


(a) 不封闭草图　(b) 选取箭头　(c) 向实体外拉伸

(d) 向实体内拉伸　(e) 在草图另一侧拉伸　(f) 在草图另一侧除料

图 3-25　草图不封闭时拉伸实体

图 3-23 中的“无处理”、“拔模”和“加冠”三个选项，默认为“无处理”，拉伸过程中不进行拔模和加冠处理。“拔模”和“加冠”可在拉伸过程中生成拔模斜度和冠面。

拉伸在 XY 平面上绘制的图 3-26(a)所示草图时，选取“拔模”，如图 3-26(b)所示，在“拔模参数”对话框中输入拔模角度 15，向上移动鼠标，生成的拉伸实体如图 3-26(b)所示；单击对话框中的“翻转”按钮，生成的实体如图 3-26(c)所示。如果选取“加冠”，出现“冠参数”对话框，按图 3-26(d)设置半径为 200，向上移动鼠标，生成的拉伸实体如图 3-26(d)所示；单击对话框中的“翻转曲率”按钮，生成的实体如图 3-26(e)所示；输入拉伸距离为 100，按 Enter 键，生成的实体如图 3-26(f)所示。如果选取“冠参数”对话框中的“翻转方向”按钮和“翻转曲率”按钮，可生成不同形状的曲面实体。

在后面介绍的旋转等命令中，如果工具条上出现同样的按钮，功能和操作方法与这里介绍的一样，将不再赘述。

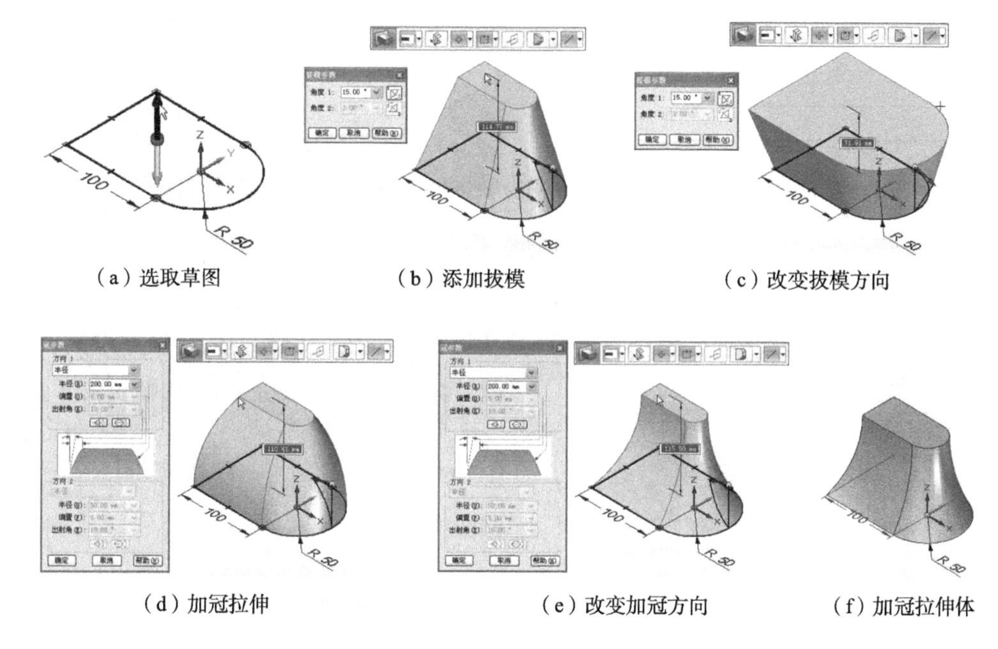


（a）选取草图　（b）添加拔模　（c）改变拔模方向

（d）加冠拉伸　（e）改变加冠方向　（f）加冠拉伸体

图 3-26　拔模和加冠拉伸实体

## 3.4.2　旋转拉伸命令

“旋转拉伸”命令（Revolved Protrusion）通过将指定草图轮廓绕指定旋转轴旋转而生成旋转拉伸体。可以通过执行“旋转拉伸”命令，或者对草图进行旋转拉伸两种方法生成旋转拉伸实体。

**1. 命令方式生成旋转特征**

（1）新建文件：单击“应用程序→新建→ GB 零件”，进入 Solid Edge ST 同步零件环境。

（2）绘制草图：单击“直线”命令，选取 XZ 平面为草图平面，按 F3 键锁定；按 Ctrl＋H 键，或单击“草图视图”命令，进入二维草图环境。

（3）绘制图 3-27(a)所示的草图。单击工作区右上角的“解锁”按钮，解除草图绘制。按 Ctrl＋I 键或 Ctrl＋J 键返回轴测环境，如图 3-27(b)所示。

（4）单击“旋转拉伸”命令，选取封闭草图，单击鼠标右键或按 Enter 键；选取旋转轴，如图 3-27(b)所示。出现工具条如图 3-28 所示，默认拉伸方式为“有限”、“非对称”。

（5）移动鼠标，以默认的拉伸方式，可生成图 3-27(c)所示旋转拉伸实体。如果选取“对称”选项，输入“角度”为 180 ，按 Enter 键，生成的旋转实体如图 3-27(d)所示。若单击 360 按钮，生成的旋转实体如图 3-27(e)所示。系统自动生成了实体的剖面。

在图 3-29 所示路径查找器中，取消勾选“实时剖面”，可隐藏剖面的显示，如图 3-27(f)所示。

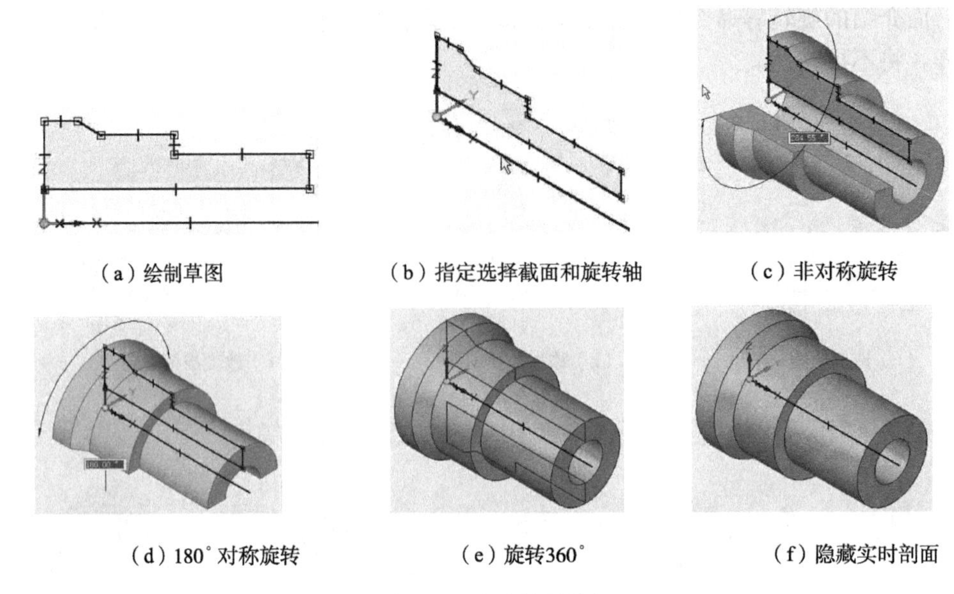

(a) 绘制草图　(b) 指定选择截面和旋转轴　(c) 非对称旋转

(d) 180° 对称旋转　(e) 旋转360°　(f) 隐藏实时剖面

图 3-27　生成旋转特征

图 3-28　“旋转拉伸”工具条　　图 3-29　显示剖面轮廓

**2. 对草图进行旋转拉伸操作形成旋转实体**

在生成图 3-27(b)所示草图以后，按以下方法操作：

(1) 单击“选取”按钮，选取图 3-30(a)所示草图，在出现的工具条中选取“旋转”，如图 3-30(a)所示。草图上出现图 3-30(b)所示方向轮和旋转拉伸工具条，选取箭头，如图 3-30(b)所示。

(2) 选取旋转轴，如图 3-30(c)所示。

(3) 移动鼠标，可生成图 3-30(d)所示旋转拉伸实体。图中的工具条与图 3-28 一样，选取不同的选项，可生成不同的拉伸实体。

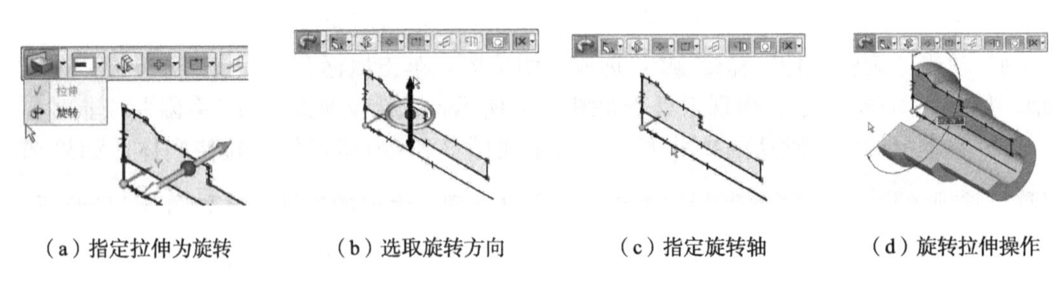


(a) 指定拉伸为旋转　(b) 选取旋转方向　(c) 指定旋转轴　(d) 旋转拉伸操作

图 3-30　旋转草图方式生成旋转特征

与“拉伸”命令类似，“旋转拉伸”命令在已有特征基础上，绘制草图进行旋转拉伸时，系统会自动判断是“添料”或“除料”。

图 3-31(a)为在 XZ 平面上绘制两个封闭的轮廓。单击“旋转拉伸”命令，选取两个封闭草图，单击鼠标右键或按 Enter 键；选取旋转轴，如图 3-31(b)所示。在工具条上选取“除料”、360，生成的旋转实体如图 3-31(c)所示，为旋转除料。

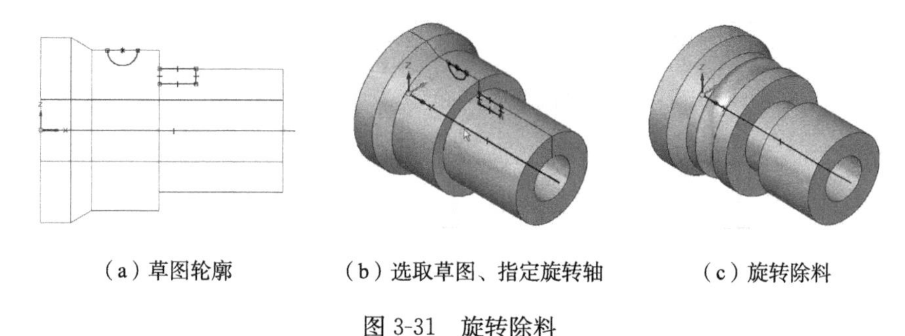

(a) 草图轮廓　(b) 选取草图、指定旋转轴　(c) 旋转除料

图 3-31　旋转除料

### 3.4.3　打孔命令

“打孔”命令（Hole）专门用来构造各种类型的孔。

“打孔”命令执行的基本过程为：选取“打孔”命令→设置孔的类型和参数→指定孔的位置。

下面以在图 3-32(a)所示 90×60×30 的立方体上，创建“M20×1.5 深 15 孔深 20”的螺纹孔为例，说明操作方法和步骤。

(1) 单击工具条上的“打孔”命令。

(2) 设置孔参数：在出现的工具条上选取“孔选项”按钮，出现图 3-33 所示“孔选项”对话框，在该对话框中可设置孔的类型和相应的尺寸。

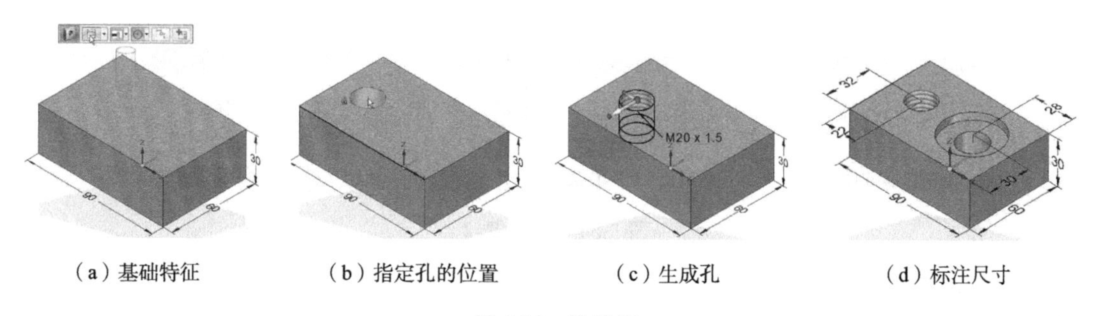


(a) 基础特征　(b) 指定孔的位置　(c) 生成孔　(d) 标注尺寸

图 3-32　孔特征

在“类型”下拉列表中可选择孔的类型，可以生成简单孔、螺纹孔、锥孔、沉头孔和埋头孔共五种类型的孔，在“参数区”中可对孔的尺寸参数进行设置，在“图示区”中可对生成的孔特征进行预览。

常用的孔可在“保存的设置”一栏中命名保存起来，以便下一次需要时直接调用。

按图 3-33 所示对话框设置孔的类型和尺寸参数后，单击“确定”按钮。

(3) 指定孔的位置：按图 3-32(b)单击鼠标左键指定孔的位置，单击右键确认，生成的孔如图 3-32(c)所示，单击空白处结束命令。

如果选取图 3-32(c)所示方向箭头，可按箭头方向移动孔的位置。

按同样的方法，可生成“$\phi$20 沉孔$\phi$40 深 5”的沉头孔，如图 3-32(d)所示。

对已生成的孔，可通过标注尺寸准确地定位孔，如图 3-32(d)所示。

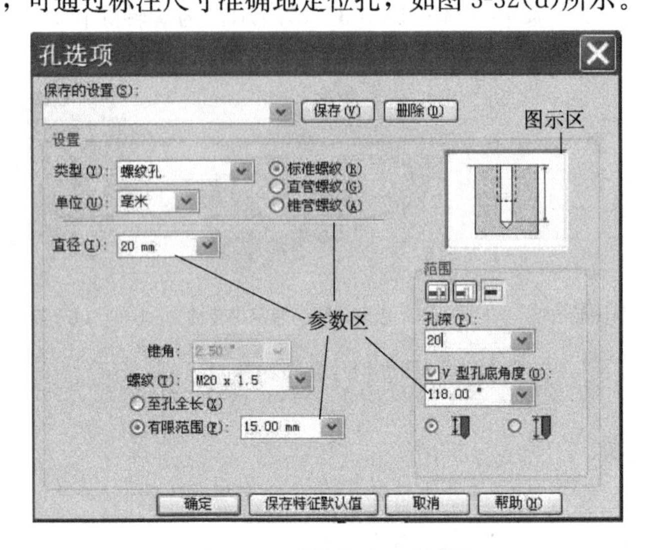


图 3-33 “孔选项”对话框

### 3.4.4 螺纹命令

“螺纹”命令（Thread Hole）用于在已生成的圆柱、圆锥表面上添加螺纹。

在图 3-34(a)所示$\phi$19.5 圆柱外柱面上添加螺纹，操作方法和步骤为：

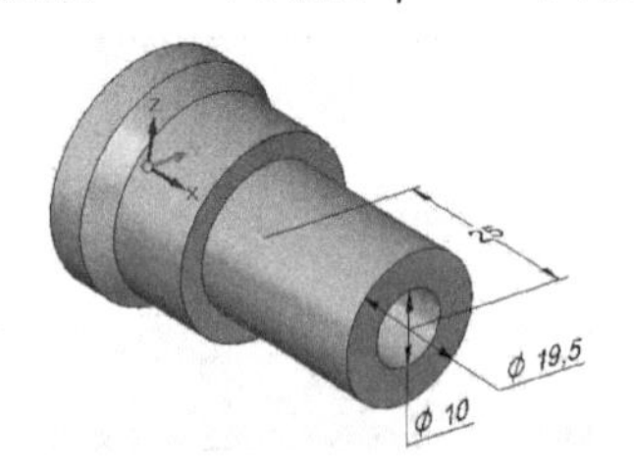


(a) 选取柱面

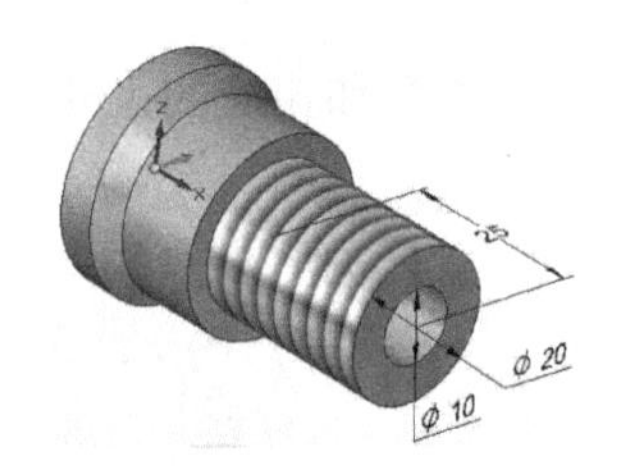


(b) 螺纹全长

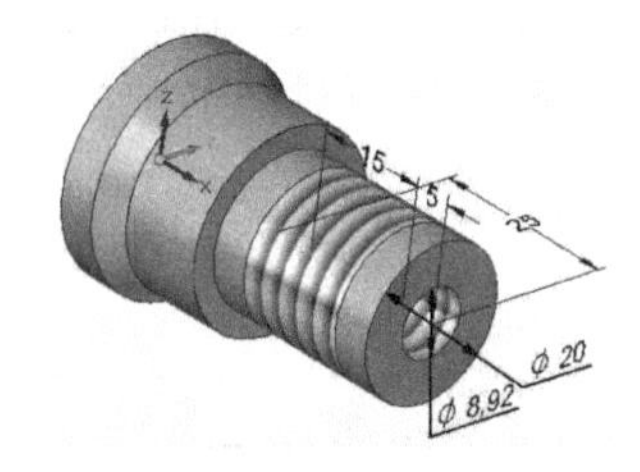


(c) 指定长度螺纹和内螺纹

图 3-34 添加螺纹

(1) 单击“螺纹”命令，在图 3-35(a)所示工具条的“螺纹公称直径”下拉列表中，选取 M20。

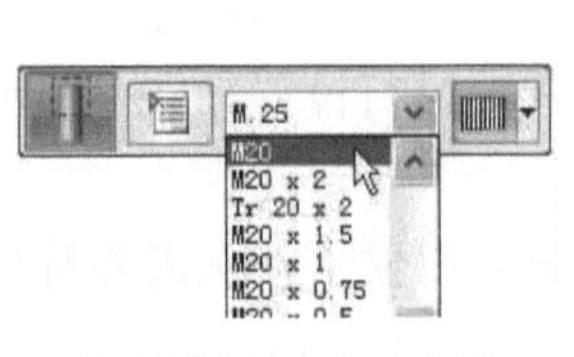


(a) 螺纹公称直径系列

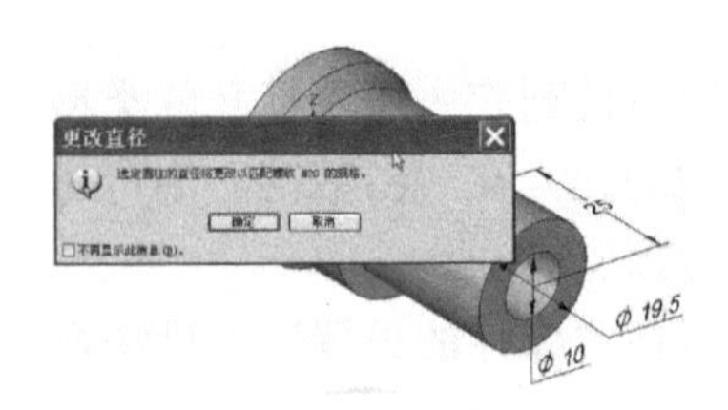


(b) “更改直径”提示框

图 3-35 选取螺纹系列

(2) 选取图3-34(a)所示$\phi$19.5外圆柱，出现图3-35(b)所示“更改直径”提示框，单击“确定”按钮。生成的螺纹如图3-34(b)所示，螺纹默认的长度为所选取圆柱的长度，系统自动将圆柱的尺寸更改为$\phi$20，如图3-34(b)所示。

以上操作为默认的操作方法，螺纹的长度默认为圆柱的长度。如果要添加螺纹的长度为有限的长度，则按以下方式操作：

(1) 单击“螺纹”命令。单击图3-35(a)所示工具条上的“孔选项”按钮，出现图3-36所示“螺纹选项”对话框，按图设置各选项和尺寸，单击“确定”按钮。

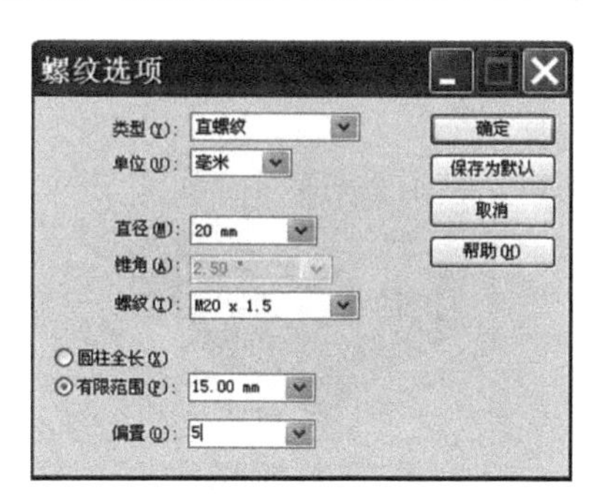


图3-36　“螺纹选项”对话框

(2) 选取$\phi$19.5外圆柱，出现“更改直径”提示框，单击“确定”按钮，生成的螺纹如图3-34(c)所示。螺纹偏置端面为5，螺纹长度为15。

用同样的方法，给图3-34(a)所示$\phi$10内孔添加M10的螺纹，如图3-34(c)所示，添加螺纹后的尺寸自动更改为$\phi$8.92（小径）。

说明：当圆柱的直径不符合螺纹的标准公称直径时，在工具条的“螺纹公称直径”下拉列表中，选一个最接近的公称直径，如图3-35(a)所示，选取要添加螺纹的圆柱，系统会自动调整圆柱或内孔的尺寸，以生成符合尺寸要求的螺纹。

### 3.4.5　边倒圆命令

“倒圆”命令（Round）用于在实体的一个或多个边上生成圆角。

下面以在图3-37(a)所示实体上生成倒圆为例，说明操作方法。

(1) 单击“倒圆”命令。

(2) 选取图3-37(b)所示实体的一条边。

(3) 在出现的半径尺寸框中，如图3-37(c)所示，输入半径10，单击鼠标右键或按Enter键，生成的倒圆如图3-37(d)所示。

如果选取两条边，生成的倒圆如图3-37(e)所示；如果选取三条边，生成的倒圆如图3-37(f)所示。

### 3.4.6　复杂倒圆命令

“复杂倒圆”命令（Round）可生成较为复杂的倒圆。

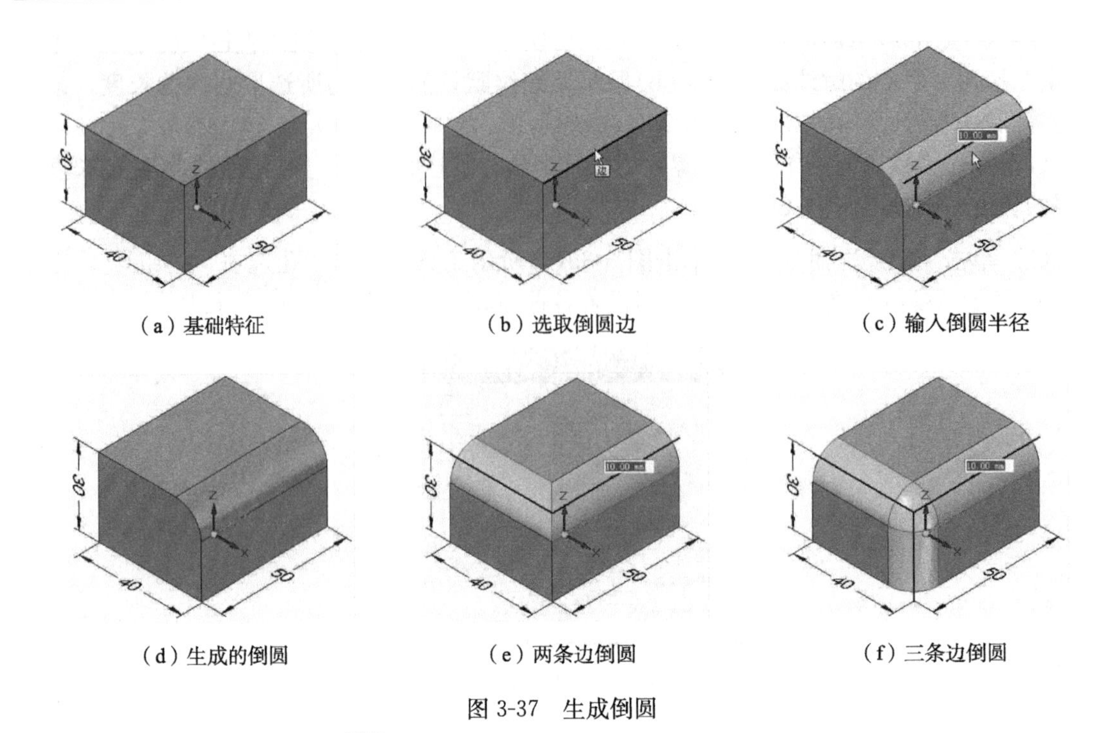


（a）基础特征　（b）选取倒圆边　（c）输入倒圆半径

（d）生成的倒圆　（e）两条边倒圆　（f）三条边倒圆

图 3-37　生成倒圆

选取“复杂倒圆”命令，弹出图 3-38 所示的“复杂倒圆”工具条，可以进行“可变半径”、“倒圆”和“曲面倒圆”三种操作。本书仅介绍“可变半径”的操作方法。

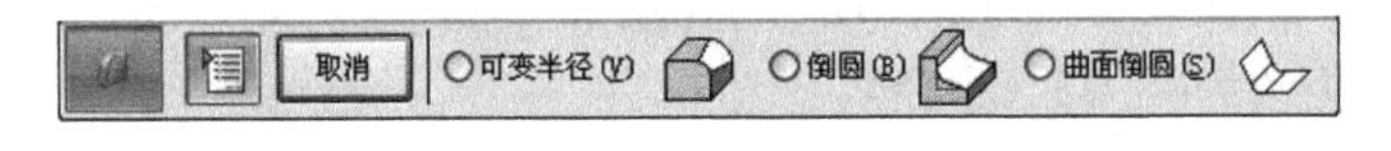


图 3-38　“复杂倒圆”工具条

下面以在图 3-39(a)所示实体上生成“可变半径”倒圆为例，说明操作方法。

(1) 单击“复杂倒圆”命令。出现图 3-38 所示工具条，选取“可变半径”。

(2) 选取要倒圆的边：选取图 3-39(b)所示倒圆边，单击“接受”按钮。

(3) 选择顶点并输入顶点倒圆半径：如图 3-39(c)所示，选取倒圆边的左端点，输入倒圆半径 3，单击；选取倒圆边中点，输入倒圆半径 15，单击；选取倒圆边的右端点，输入倒圆半径 3，单击。

(4) 结束步骤：单击“完成”按钮，生成的变半径倒圆如图 3-39(d)所示。

在选择顶点并输入顶点倒圆半径的步骤中，如果只定义倒圆边的两个端点（半径为 0、15），生成的倒圆如图 3-39(e)所示。如果选取三条边倒圆，三个端点的半径定义为 3，交点处的半径定义为 10，生成的倒圆如图 3-39(f)所示。

### 3.4.7　倒斜角相等回切命令

“倒斜角相等回切”命令（Chamfer）用于生成 45°的倒角。通常用该命令在轴端和孔口处生成倒角。

下面以对图 3-40(a)所示实体进行倒 45°斜角为例，说明操作方法和步骤。

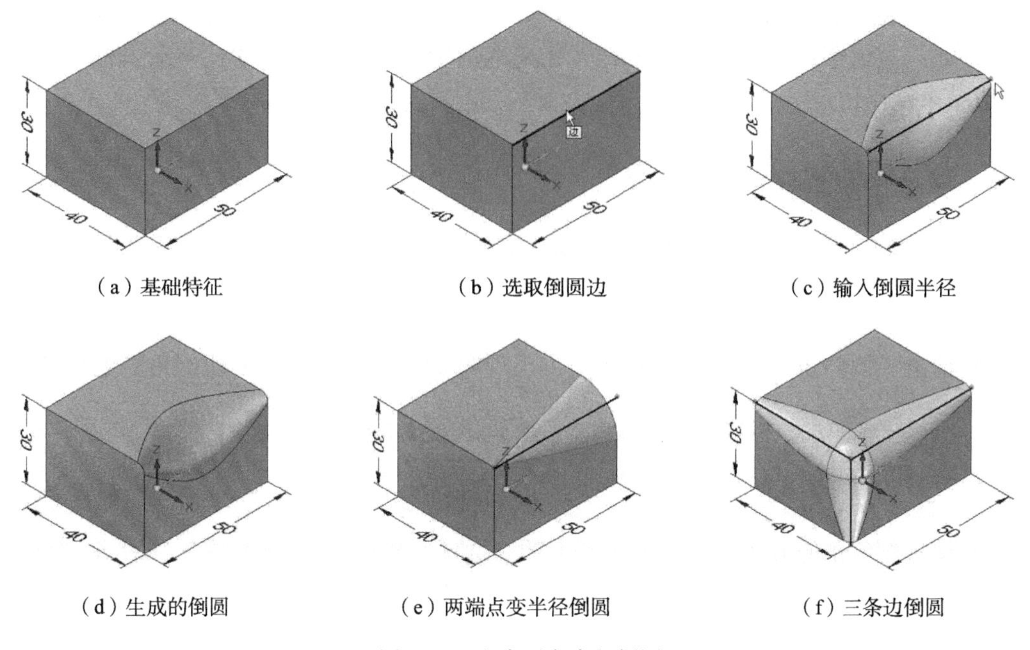


（a）基础特征　（b）选取倒圆边　（c）输入倒圆半径

（d）生成的倒圆　（e）两端点变半径倒圆　（f）三条边倒圆

图 3-39　生成可变半径倒圆

(1) 单击“倒斜角相等回切”命令。

(2) 选取要倒角的边，如图 3-40(b)所示，在文本框中输入倒角距离 1.6，单击右键，生成的倒角如图 3-40(c)所示，为 C1.6 或 1.6×45°的倒角。如果选取孔口的边，生成的倒角如图 3-40(d)所示。

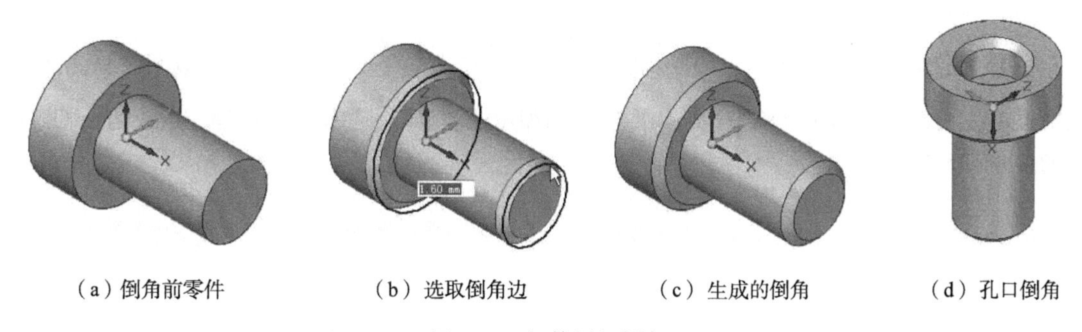


（a）倒角前零件　（b）选取倒角边　（c）生成的倒角　（d）孔口倒角

图 3-40　相等回切倒角

如果选取图 3-41(a)所示边，输入倒角尺寸 10，生成的倒角如图 3-41(b)所示；如果选取两个边，生成的倒角如图 3-41(c)所示。

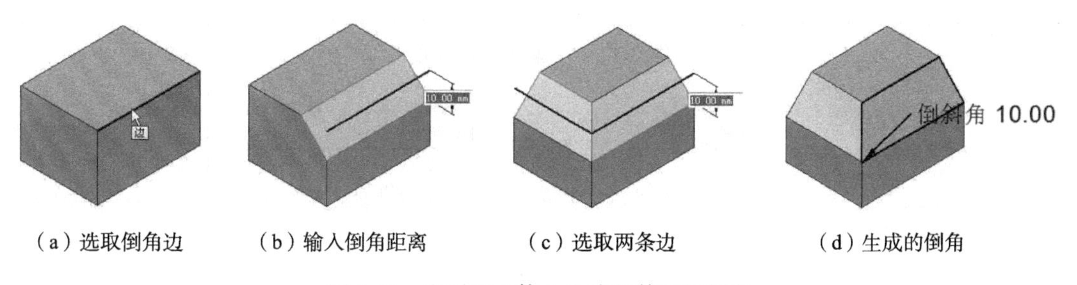


（a）选取倒角边　（b）输入倒角距离　（c）选取两条边　（d）生成的倒角

图 3-41　在平面立体上生成相等回切倒角

对于已经生成的倒角，如果需要修改尺寸，单击“选取”按钮，选取倒角，如图3-41(d)所示，单击倒角尺寸，在出现的尺寸文本框中，重新输入尺寸，单击鼠标右键或按Enter 键结束操作。

### 3.4.8 倒斜角不等回切命令

“倒斜角不等回切”命令（Chamfer）可生成回切距离不相等的倒角。下面以图 3-44 为例，说明操作方法和步骤。

（1）单击“倒斜角不等回切”命令。出现图 3-42 所示“不等回切倒角”工具条。

图 3-42　“不等回切倒角”工具条

（2）指定倒斜角的方式：单击工具条上的“选项”按钮，弹出图 3-43 所示“倒斜角选项”对话框，默认为“角度和回切”，单击“确定”按钮。

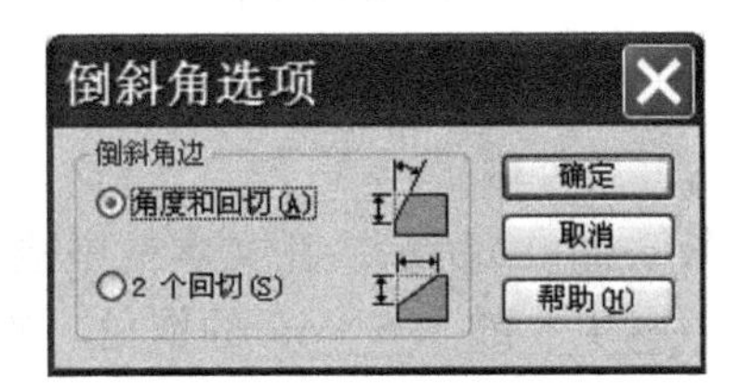


图 3-43　“倒斜角选项”对话框

（3）生成倒角：选取图 3-44(a)所示倒角基准面，单击或鼠标右键；选取图 3-44(b)所示倒角边，在图 3-45 所示工具条中，输入回切距离和角度，单击或鼠标右键；生成的不相等回切倒角如图 3-44(c)所示。

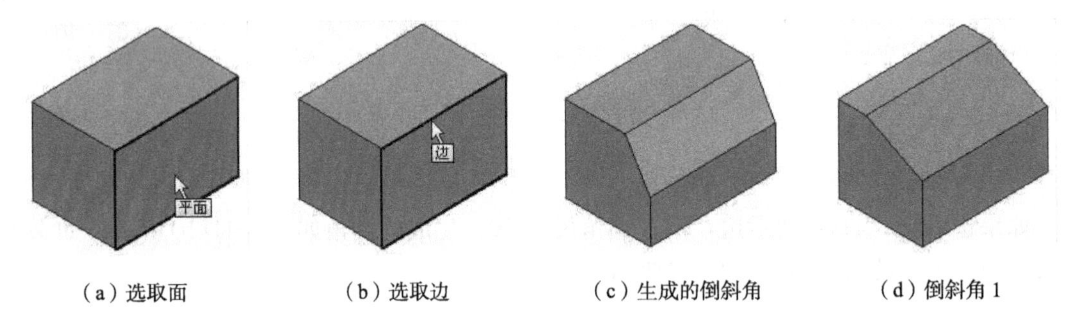


（a）选取面　（b）选取边　（c）生成的倒斜角　（d）倒斜角 1

图 3-44　不等回切倒斜角

图 3-45　“回切、角度”工具条

（4）结束步骤：单击“完成”按钮，结束命令。

说明：如果在步骤（2）图 3-43 中选取“2 个回切”，在步骤（3）中将出现图 3-46 所示工具条，输入回切 1 和回切 2 的距离值，生成的倒角如图 3-44(d)所示。在以上操作中，选取的基准面为回切 1 的面。

图 3-46　“回切 1、回切 2”工具条

### 3.4.9　拔模命令

“拔模”命令（Add Draft）可在一个或多个表面上生成拔模斜度。

下面以图 3-48 为例，说明操作方法和步骤。

（1）单击“拔模”命令。出现“拔模”命令工具条如图 3-47 所示。

图 3-47　“拔模”命令工具条

（2）定义基准平面：选取图 3-48(a)所示实体的上平面。

（3）指定要拔模的表面：选取图 3-48(b)所示的面，将出现箭头和尺寸文本框。

（4）指定拔模斜度和拔模方向：在图 3-48(c)所示尺寸框中输入拔模角度，箭头所指方向即为拔模方向；单击双向箭头，可使拔模方向相反，如图 3-48(d)所示。如果选取图 3-48(c)所示拔模方向，单击右键或按 Enter 键，生成的拔模如图 3-48(e)所示；如果选取图 3-48(d)所示拔模方向，单击右键或按 Enter 键，生成的拔模如图 3-48(f)所示。

在以上操作中，选择的基准平面，如图 3-48(a)所示上平面，拔模过程中保持大小不变，如图 3-48(e)和图 3-48(f)所示。如果选取实体的下平面为基准平面，如图 3-48(g)所示，在拔模过程中该平面保持大小不变，如图 3-48(h)所示。

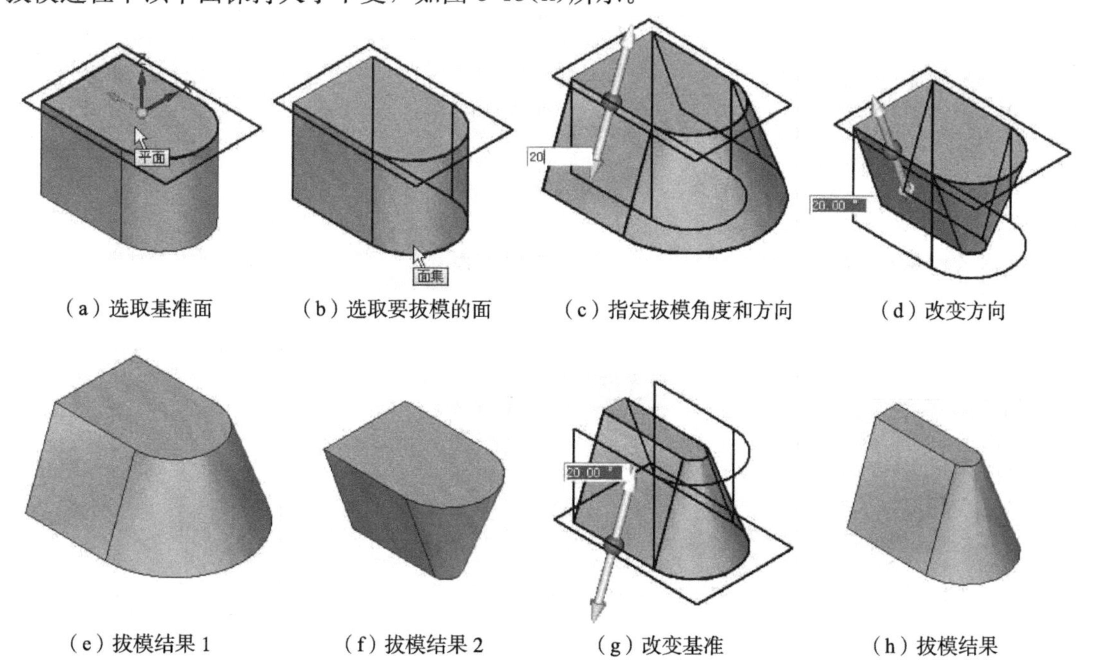


(a) 选取基准面　(b) 选取要拔模的面　(c) 指定拔模角度和方向　(d) 改变方向

(e) 拔模结果 1　(f) 拔模结果 2　(g) 改变基准　(h) 拔模结果

图 3-48　生成拔模斜度

说明：以上操作为默认的拔模操作。在出现图 3-47 所示工具条时，如果选取“选项”按钮，将出现图 3-49 所示的“拔模选项”对话框，还可以选取以其他方式生成拔模斜度，本书在此不一一赘述。

图 3-49 “拔模选项”对话框

## 3.4.10 薄壁命令

“薄壁”命令（Thin Wall）用于对已有实体进行抽壳，使之成为薄壁零件。

下面以图 3-50 为例，说明操作方法和步骤。

以图 3-50(a)所示零件上薄壁为例，基本操作方法和步骤为：

(1) 单击“薄壁”命令。出现图 3-50(a)所示工具条、尺寸框和抽壳方向箭头，默认为向实体内抽壳，在尺寸框中输入壁厚尺寸 6。

(2) 选择开放面：选择图 3-50(b)所示需要开口的面，可预览生成的薄壁如图 3-50(b)所示。

(3) 结束步骤：单击右键或按 Enter 键，生成的薄壁如图 3-50(c)所示。薄壁的外轮廓尺寸与实体的原始尺寸相同。

在以上操作中，如果单击图 3-50(b)所示箭头，抽壳方向指向实体外，如图 3-50(d)所示，生成的薄壁如图 3-50(e)所示。注意，薄壁的外轮廓尺寸自动比实体原有的尺寸增加了壁厚 6。如果不选择任何开口面，生成的实体如图 3-50(f)所示，为内部抽壳的封闭实体。

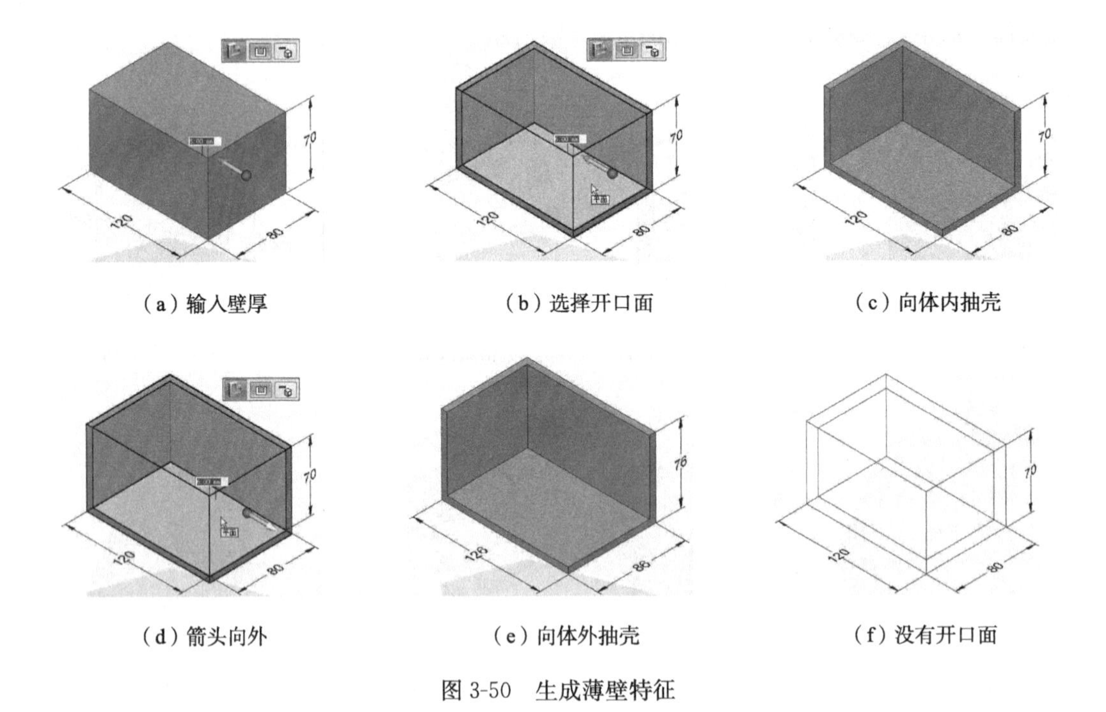


(a) 输入壁厚　(b) 选择开口面　(c) 向体内抽壳

(d) 箭头向外　(e) 向体外抽壳　(f) 没有开口面

图 3-50 生成薄壁特征

## 3.4.11　肋板命令

“肋板”命令（Rib）用于给已有零件添加加强肋，加强肋是工程零件中常见的结构。“肋板”命令的操作方法是：首先绘制肋板的中心线，然后执行“肋板”命令，生成肋板。

**1. 绘制肋板的中心线**

（1）生成参考面：在“平面”命令区中单击“重合平面”命令，选取图3-51(a)所示实体的右端面，单击箭头移动平面，输入移动距离45，如图3-51(b)所示，按Enter键。

（2）绘制肋板中心线：单击“直线”命令，选取新生成参考面为草图平面，按F3键锁定；绘制图3-51(c)所示的直线，单击右上角的按钮解除锁定。

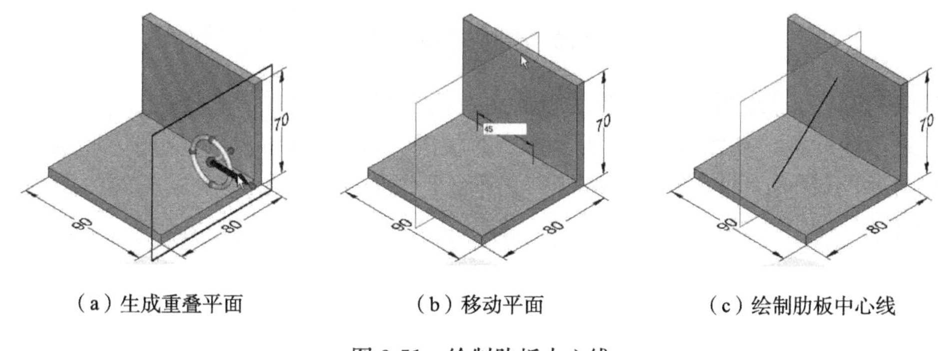


（a）生成重叠平面　　（b）移动平面　　（c）绘制肋板中心线

图3-51　绘制肋板中心线

**2. 生成肋板**

（1）单击“肋板”命令。

（2）生成肋板：单击肋板中心线，如图3-52(a)所示，单击或鼠标右键；出现图3-52(b)所示工具条，在尺寸框中输入肋板厚度10，单击或鼠标右键；按Enter键，生成的肋板如图3-52(c)所示。

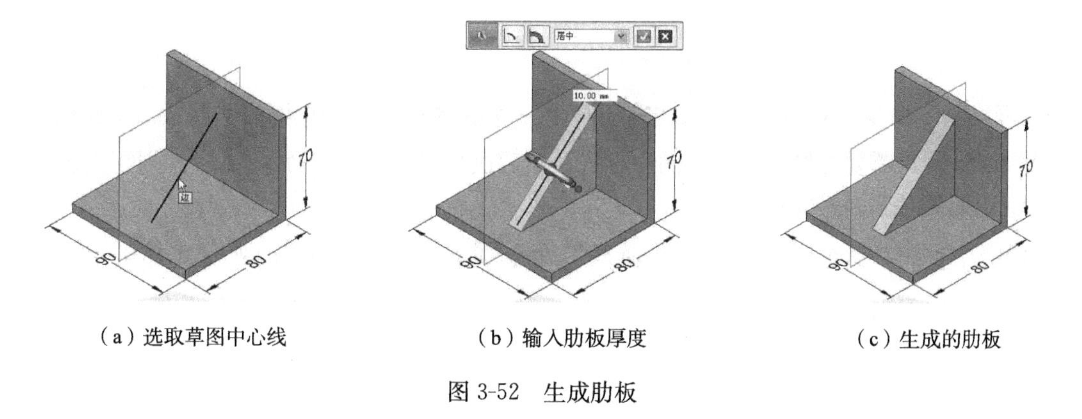


（a）选取草图中心线　　（b）输入肋板厚度　　（c）生成的肋板

图3-52　生成肋板

以上操作为默认的结果，肋板延伸到与实体表面相交为止。

在以上操作中，当选取了肋板中心线，且单击右键确认后，在出现的工具条中，如果单击“有限延伸”按钮，将出现肋板厚度、延伸距离尺寸框，如图3-53(a)所示，按Tab键可在两尺寸框间切换，输入肋板厚度 10 和延伸距离 15，单击☑或鼠标右键；生成的肋板如图 3-53(b)所示。

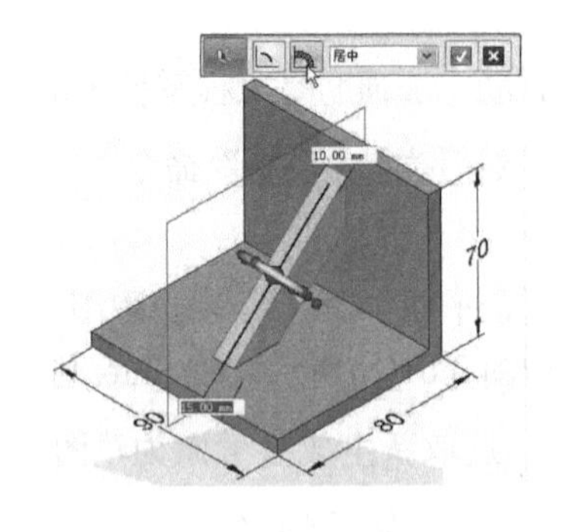


（a）输入肋板厚度和延伸距离

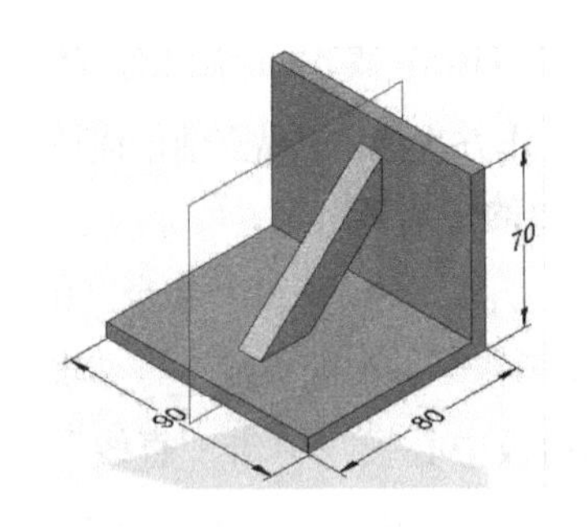


（b）生成的肋板

图 3-53　生成有限延伸肋板

在生成与圆柱相交的肋板时，当肋板的高度低于圆柱高度时，按照以上介绍的方法和步骤可顺利地创建肋板，如图 3-54(a)所示。当肋板的高度与圆柱高度相同时，肋板中心线必须绘制成图 3-54(b)所示的形状，即在圆柱顶面上添加一段，才能生成正确的肋板，如图 3-54(c)所示。

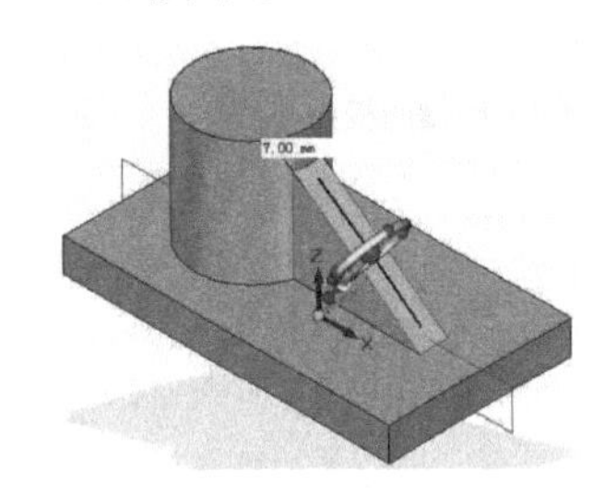

（a）肋板低于圆柱

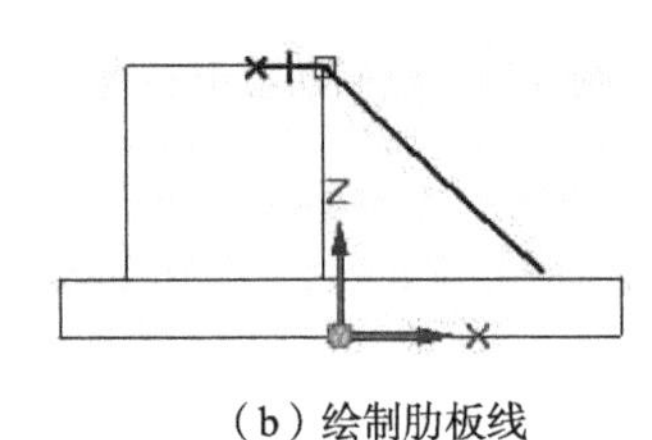


（b）绘制肋板线

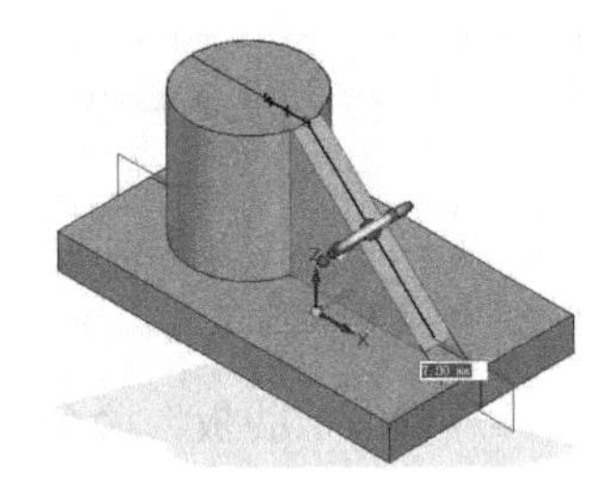

（c）生成肋板

图 3-54　生成与圆柱相交的肋板

## 3.4.12　网络肋命令

"网络肋"命令（Web Network）用于在一个区域内建立一个网络状肋板。要执行"网络肋"命令，需要先绘制网络肋的中心线，然后执行"网络肋"命令，生成网络肋。

**1. 绘制网络肋的中心线**

单击"直线"命令或"中心点画圆"命令，选取图 3-55(a)所示实体的上表面为草图平面，按 F3 键锁定；绘制图 3-55(a)所示的直线和圆，单击按钮解除锁定。

**2. 生成网络肋**

(1) 单击"网络肋"命令。

(2) 选取网络肋中心线：逐个选取图 3-55(a)所示中心线，单击☑或鼠标右键。出现图 3-55(b)所示的工具条、尺寸框和箭头。

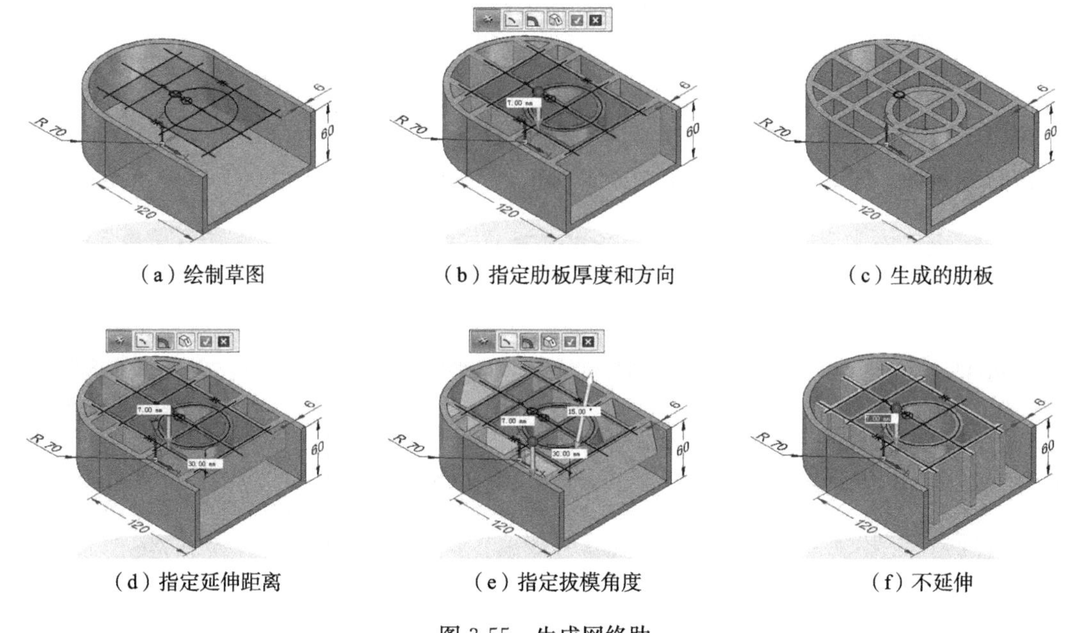


（a）绘制草图　（b）指定肋板厚度和方向　（c）生成的肋板

（d）指定延伸距离　（e）指定拔模角度　（f）不延伸

图 3-55　生成网络肋

（3）指定网络肋厚度和延伸方向：在图 3-55(b)所示的图中尺寸框里输入网络肋的厚度 7，单击或鼠标右键，生成的网络肋如图 3-55(c)所示。

以上操作为默认的结果，肋板延伸到与实体表面相交为止。

在以上操作中，当选取了肋板中心线，且单击右键确认后，如果单击工具条中的“有限延伸”按钮，将增加“延伸距离”尺寸框，如图 3-55(d)所示，按 Tab 键可在尺寸框之间切换，输入延伸距离 30，生成的肋板如图 3-55(d)所示。如果再单击“拔模”按钮，将再增加拔模角度尺寸框和拔模方向箭头，如图 3-55(e)所示，按 Tab 键切换到角度尺寸框，输入拔模角度 15，生成的网络肋如图 3-55(e)所示。如果取消“有限延伸”和“拔模”，选取“不延伸”，生成的网络肋如图 3-55(f)所示。

### 3.4.13　止口命令

“止口”命令（Lip）用于在零件边缘上创建矩形的凸缘或凹槽。在零件指定边缘上增加材料，形成凸缘，反之是除去材料，形成凹槽。止口特征广泛用于塑料零件的制造中，也用于两半零件的组合结构。

在图 3-56(a)所示零件的边上增加凸缘，操作方法和步骤为：

（1）单击“止口”命令。

（2）选择边缘：选取图 3-56(a)所示的边缘，单击或鼠标右键。工具条如图 3-57 所示。

（3）指定止口尺寸和方向：在工具条中输入止口宽度和高度，如图 3-57 所示。移动鼠标，在零件指定的边缘上会出现一个小矩形框，有四个位置，选择图 3-56(b)所示位置，单击左键确定，生成的止口如图 3-56(c)所示。单击工具条上的“止口方向”按钮，移动鼠标，可重新选择止口的方向，生成其他三种止口，如图 3-56(d)、图 3-56(e)和图 3-56(f)所示。

(4) 结束步骤：在生成了需要的止口后，单击“完成”按钮，结束命令。

说明：“止口”命令创建的止口，添料情况有两种，如图 3-56(c)和图 3-56(d)所示；除料情况也有两种，如图 3-56(e)和图 3-56(f)所示。

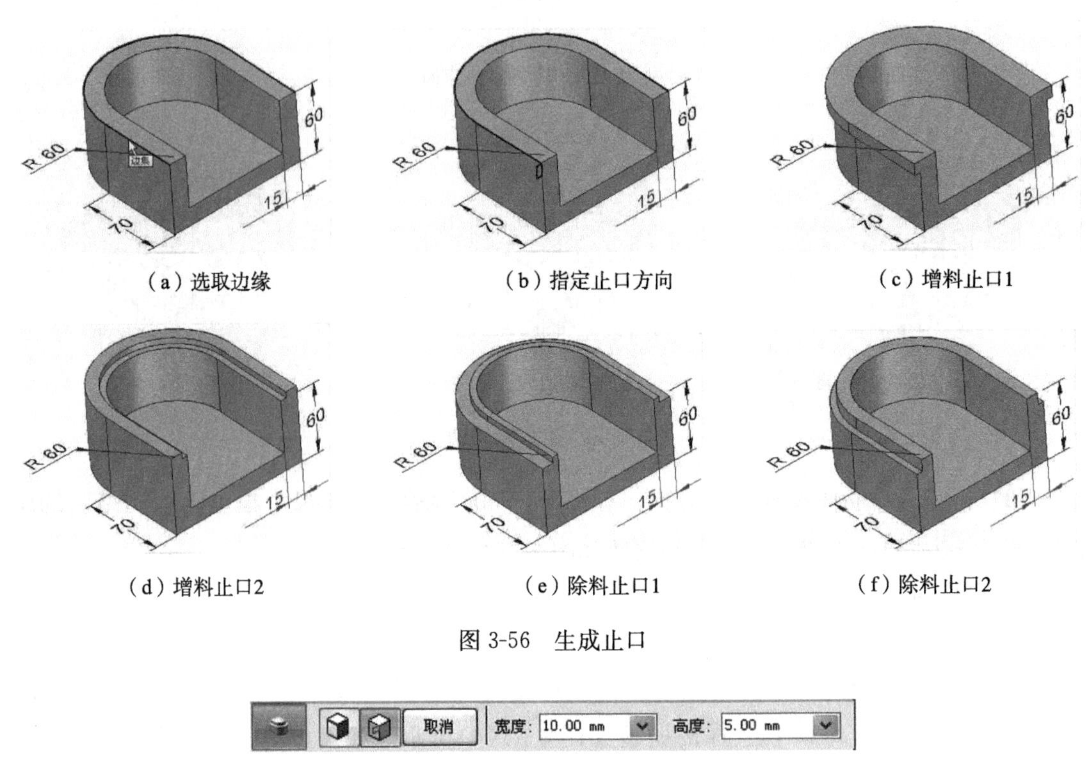


(a) 选取边缘　(b) 指定止口方向　(c) 增料止口1

(d) 增料止口2　(e) 除料止口1　(f) 除料止口2

图 3-56　生成止口

图 3-57　“止口”命令工具条

### 3.4.14　通风口命令

“通风口”命令用于在已有薄壁上添加通风口。该命令需有薄壁零件，且需事先绘制好通风口的轮廓，才可执行和操作。

下面以在图 3-58(a)所示薄壁件上添加通风口为例，说明“通风口”命令的操作方法和步骤。

**1. 绘制通风口轮廓**

(1) 生成薄壁件：绘制草图，选取“拉伸”命令和“薄壁”命令，生成图 3-58(a)所示壁厚为 3 的薄壁件。

(2) 选取草图平面：单击“直线”命令，选取图 3-58(a)所示平面为草图平面，按 F3 键锁定；按 Ctrl+H 键，或单击“草图视图”命令，进入二维草图环境。

(3) 绘制草图：绘制图 3-58(b)所示的草图。单击工作区右上角的“解锁”按钮，解除草图绘制。按 Ctrl+I 键或 Ctrl +J 键返回轴测环境，如图 3-58(c)所示。

在路径查找器中，单击 PMI 和“Base”单选框，取消尺寸和坐标轴的显示。

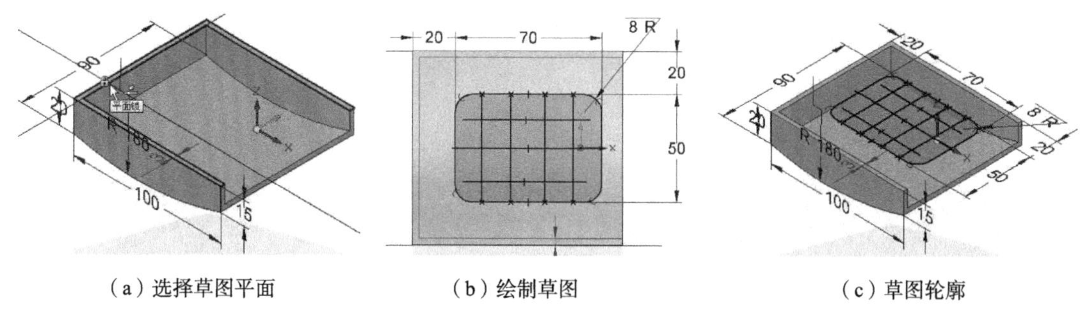


（a）选择草图平面　　（b）绘制草图　　（c）草图轮廓

图 3-58　绘制通风口轮廓

**2. 生成通风口**

（1）选取“通风口”命令。出现图 3-59 所示“通风口选项”对话框。

（2）设置通风口尺寸和参数：设置横梁和纵梁的厚度和深度，如图 3-59 所示，肋（横梁）厚度为 3、深度为 3，纵梁厚度为 5、深度为 5，单击“确定”按钮。

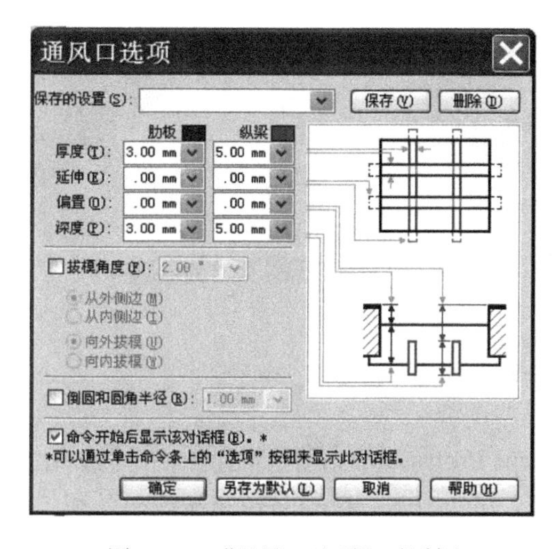


图 3-59　“通风口选项”对话框

（3）选取边界轮廓：选取图 3-60(a)所示边界轮廓，单击或鼠标右键。

（4）选取横梁轮廓：选取图 3-60(a)所示横梁轮廓（三条），单击或鼠标右键。

（5）选取纵梁轮廓：选取图 3-60(a)所示纵梁轮廓（四条），单击或鼠标右键。

（6）指定延伸方向：指定延伸方向如图 3-60(a)所示。

（7）结束步骤：单击“完成”按钮，结束命令。

生成的通风口特征如图 3-60(b)所示，通风口的外表面如图 3-60(c)所示。比较图 3-60(b)和图 3-60(c)可看出，通风口横梁和纵梁的材料厚度对称地分布在草图轮廓的两侧，横梁和纵梁与薄壁的内表面共面，向外延伸指定深度，当深度大于薄壁的厚度时，将沿薄壁法向凸出，如图 3-60(c)所示纵梁。

说明：绘制通风口草图时，边界轮廓必须是封闭的，一般使横梁和纵梁的中心线与边界轮廓相交。在执行“通风口”命令时，使延伸深度与薄壁的厚度相同，可得到符合常规设计的零件，如图 3-61 所示（厚度、深度均为 3）。

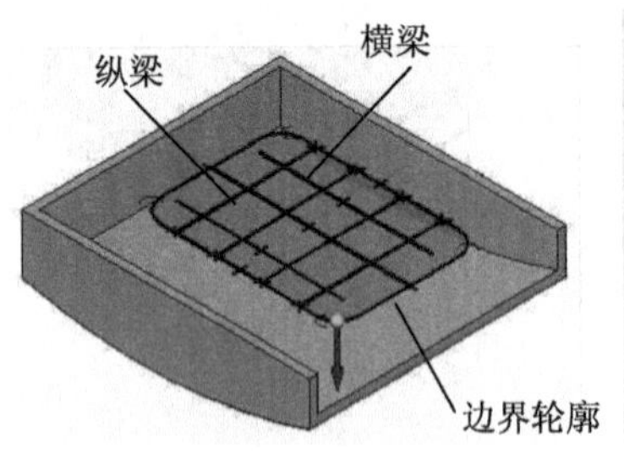


（a）选取轮廓和延伸方向

（b）生成的通风口

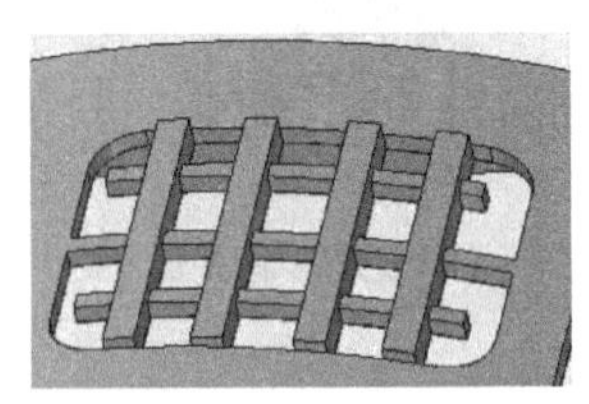

（c）通风口的背面

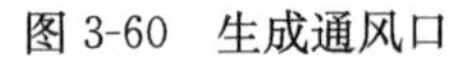

图 3-60　生成通风口

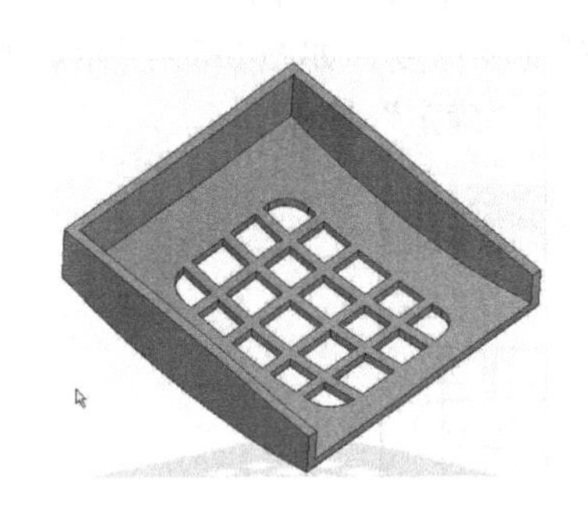

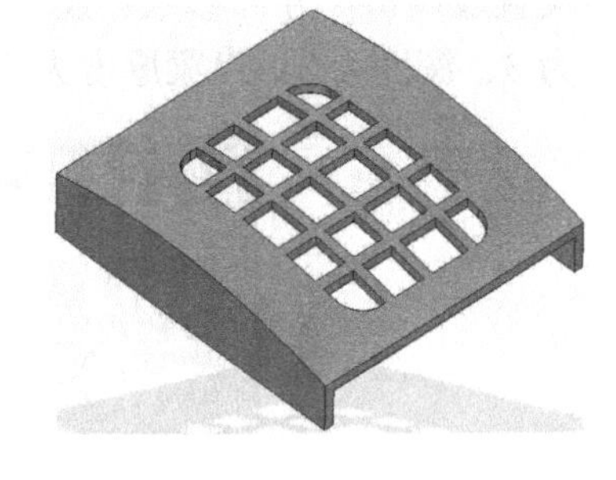

图 3-61　符合设计要求的通风口

### 3.4.15　扫掠拉伸命令

“扫掠拉伸”命令（Swept Protrusion）用于创建由一个或几个截面沿一条或几条（最多三条）路径扫掠而成的实体，可以分为“单一路径和横截面”和“多个路径和横截面”两种。路径可以用草图轮廓或其他实体的边表示，横截面必须是封闭的，且与所有路径相交。

在执行“扫掠拉伸”命令之前，需绘制扫掠的路径和横截面。

**1. 单一路径和横截面的扫掠拉伸体**

该特征由指定的一个横截面沿一条路径扫掠而成。操作方法和步骤为：

(1) 绘制路径：单击“曲线”命令，选取 YZ 平面为草图平面，按 F3 键锁定；按 Ctrl +H 键，或单击“草图视图”命令，进入二维草图环境；绘制图 3-62(a)所示的任意曲线；单击工作区右上角的“解锁”按钮；按 Ctrl +I 键或 Ctrl +J 键返回轴测环境。

(2) 生成垂直与曲线的平面：在“平面”命令区中，单击“垂直于曲线”命令，再单击曲线的右端点，如图 3-62(b)所示，单击左键，再单击空白处，生成位于曲线端点且与曲线垂直的平面，如图 3-62(c)所示。

(3) 绘制截面：单击“中心点画圆”命令，选取新生成的平面为草图平面，按 F3 键锁定；捕捉路径的端点为圆心，绘制如图 3-62(c)所示的圆；单击“解锁”按钮。

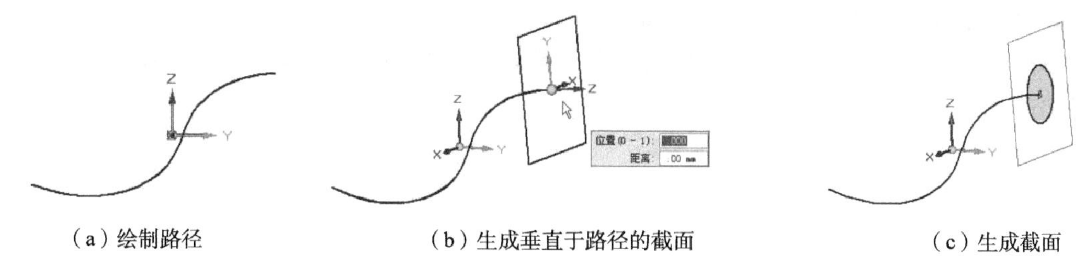

（a）绘制路径　　（b）生成垂直于路径的截面　　（c）生成截面

图 3-62　绘制路径轮廓和截面轮廓

说明：截面的轮廓可以是任意封闭的图形，但必须与路径相交。

（4）生成扫掠特征：单击“扫掠拉伸”命令，在弹出的图 3-63 所示的“扫掠选项”对话框中，接受默认的各项设置，单击“确定”按钮。首先选取路径轮廓（曲线），单击或鼠标右键；然后选取截面轮廓（圆），单击“完成”按钮。

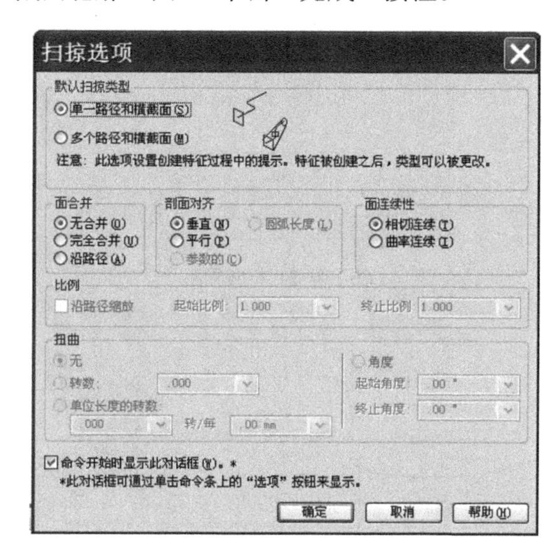


图 3-63　“扫掠选项”对话框

生成的扫掠拉伸体如图 3-64(a)所示，截面在扫掠过程中保持与路径曲线垂直。

在以上步骤（4）中，如果在图 3-63 所示“扫掠选项”对话框的“剖面对齐”区域中选取“平行”，生成的扫掠拉伸体如图 3-64(b)所示。截面在扫掠过程中始终保持其初始轮廓方向，从而导致一个简单的平行扫掠。

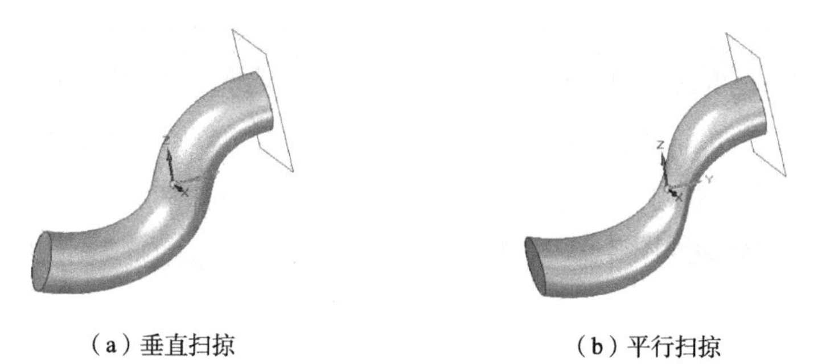

（a）垂直扫掠　　（b）平行扫掠

图 3-64　扫掠拉伸

**2. 多路径和多横截面的扫掠拉伸体**

多路径和多截面扫掠体的操作较为复杂，需要首先绘制多个截面和多个路径。操作方法和步骤如下。

(1) 绘制多个截面

生成图 3-65(a)所示的三个截面的操作方法和步骤为：

①生成两个平行平面：单击“平面”命令区中的“重合平面”命令，选取 YZ 平面，单击方向轮箭头，沿 X 轴正方向移动鼠标，在尺寸框中输入 40，按 Enter 键。执行同样的操作，在 X 轴负方向生成与 YZ 平面距离为 50 的平面。生成的两个平行平面如图 3-65(b)所示。

②绘制横截面 1：单击“直线”命令，选取 X 轴负方向一侧的平面为草图平面，按 F3 键锁定；单击“草图视图”命令，进入二维草图环境；按图 3-65(a)和图 3-65(c)绘制草图，单击“解锁”按钮。按 Ctrl+I 键返回轴测环境。

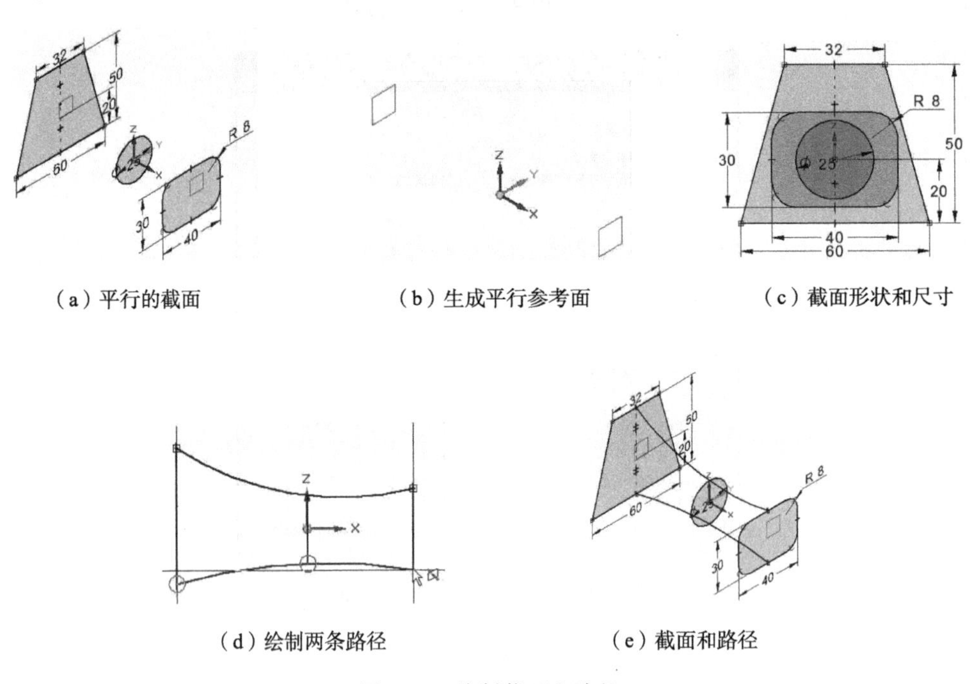


(a) 平行的截面　(b) 生成平行参考面　(c) 截面形状和尺寸

(d) 绘制两条路径　(e) 截面和路径

图 3-65　绘制截面和路径

③绘制横截面 2：单击“中心点画圆”命令，选取 YZ 平面为草图平面，按 F3 键锁定；捕捉坐标轴的原点为圆心，绘出一个直径为 25 的圆，单击“解锁”按钮。

④绘制横截面 3：单击“中心创建矩形”命令，选取 X 轴正方向一侧的平面为草图平面，按 F3 键锁定；单击“草图视图”命令，进入二维草图环境；按图 3-65(a)和图 3-65(c)绘制草图，单击“解锁”按钮。按 Ctrl+I 键返回轴测环境。

生成的三个平面截面如图 3-65(a)所示。

(2) 绘制路径

选取“三点画圆弧”命令，选取 XZ 平面为草图平面，按 F3 键锁定；单击“草图视图”命令，进入二维草图环境；从左到右依次捕捉三个截面上的“穿入点”，绘制出两条圆弧，如图3-65(d)所示，单击“解锁”按钮。按Ctrl+I键返回轴测环境。

生成的三个截面和两条路径如图3-65(e)所示。

说明：所有横截面必须是封闭的，且与所有路径保证相交。

(3) 创建扫掠拉伸体

①单击“扫掠拉伸”命令，在弹出的图3-63所示的“扫掠选项”对话框中，选择“多个路径和横截面”，单击“确定”按钮。

②指定路径：选取第一条扫掠路径，单击或鼠标右键；选取第二条路径，单击或鼠标右键。单击“下一步”按钮。

③指定横截面：依次逐个选取横截面1、横截面2和横截面3，并指定横截面1、2、3的起始点如图3-66(a)所示，单击“预览”按钮，生成的扫掠拉伸体如图3-66(b)所示。

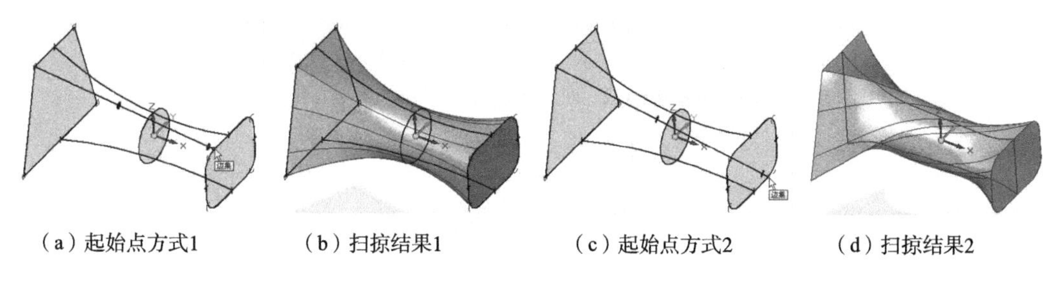

(a) 起始点方式1　(b) 扫掠结果1　(c) 起始点方式2　(d) 扫掠结果2

图3-66 多路径多截面扫掠

④结束步骤：单击“完成”按钮，结束命令。

在以上操作步骤中，如果选取截面的起始点如图3-66(c)所示，生成的扫掠体为扭转体，如图3-66(d)所示。

说明：当截面和路径的形状和尺寸不符合扫掠体的拓扑要求时，有可能无法生成扫掠体。

### 3.4.16 放样拉伸命令

“放样拉伸”命令（Lofted Protrusion）通过拟合多个截面轮廓来构造放样拉伸体。

“放样拉伸”命令与“扫掠”命令的区别是：“扫掠”命令必须定义有扫掠路径，才能生成扫掠体；而“放样”命令可以没有路径。

“放样拉伸”命令也必须先绘制好截面，然后再执行“放样拉伸”命令。这里以在图3-65(a)所示三个截面上生成放样实体为例，说明该命令的操作方法和步骤。

**1. 绘制截面和路径**

按照图3-65中截面的生成方法，生成与图3-65(a)所示相同的三个截面，作为放样实体的截面。在路径查找器中，单击PMI，关闭尺寸显示，放样截面如图3-67(a)所示。

**2. 执行“放样拉伸”命令**

(1) 单击“放样拉伸”命令。

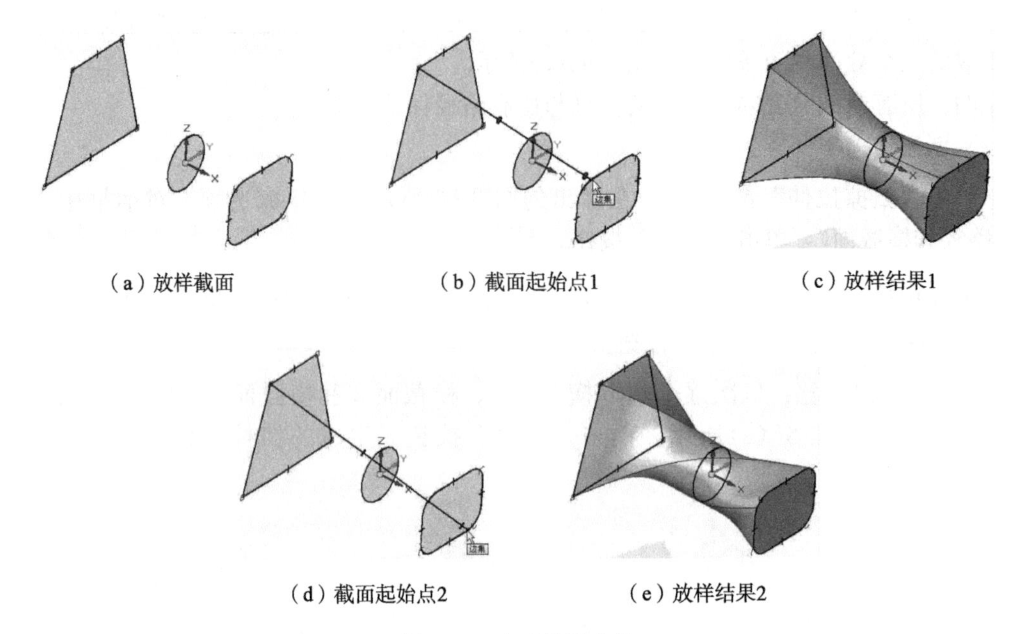

（a）放样截面　　（b）截面起始点1　　（c）放样结果1

（d）截面起始点2　　（e）放样结果2

图 3-67　生成放样实体

（2）指定横截面步骤：从后向前依次逐个选取横截面，并指定起始点如图 3-67(b)所示，单击“预览”按钮，生成的放样实体如图 3-67(c)所示。

如果指定起始点如图 3-67(d)所示，单击“预览”按钮，便可生成图 3-67(e)所示的放样特征。

（3）结束步骤：单击“完成”按钮，结束命令。

在普通零件的造型设计中，“放样拉伸”命令常用于创建顶面、底面形状类似的台体（如图 3-68 所示）及棱锥台（如图 3-69 所示）等。需先绘制放样的两个截面，然后执行“放样拉伸”命令，生成放样拉伸体，如图 3-68 和图 3-69 所示。

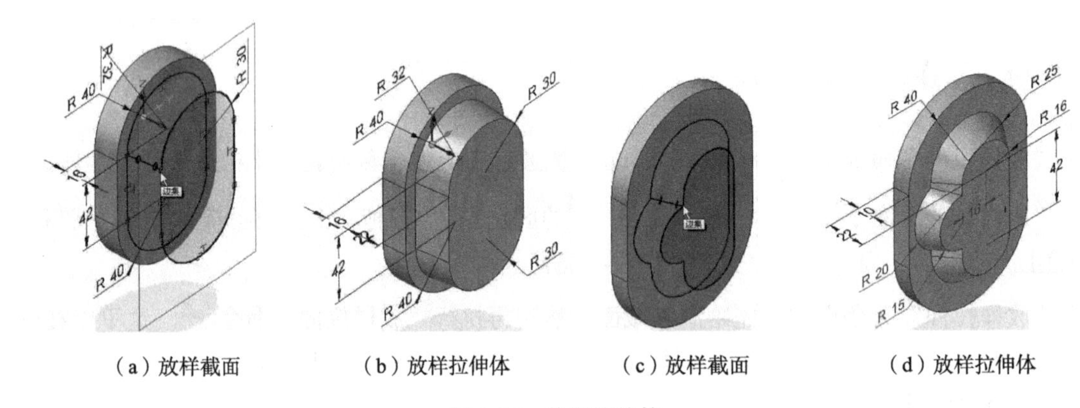


（a）放样截面　　（b）放样拉伸体　　（c）放样截面　　（d）放样拉伸体

图 3-68　放样拉伸体

说明：放样截面可以不平行，如图 3-70 所示。当截面起始点不同时，放样生成的结果也不一样，如图 3-70 所示。

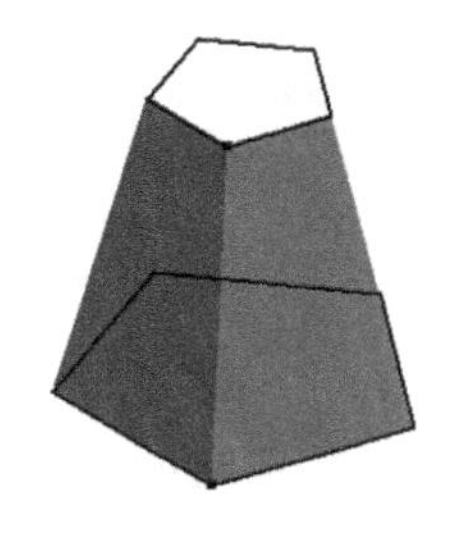

图3-69 放样生成棱锥台

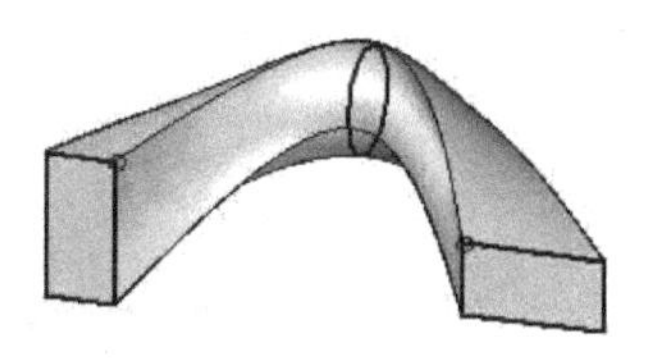

（a）起始点为内侧对应点

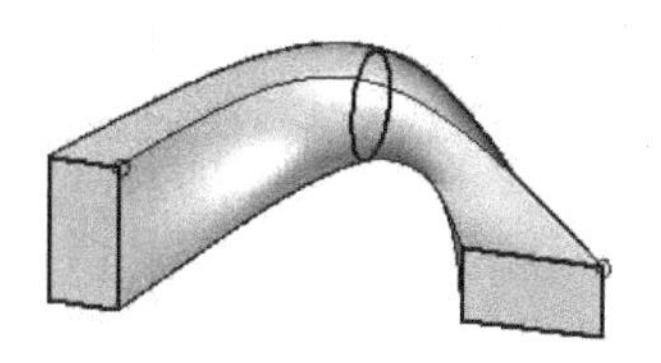

（b）起始点为内、外侧对应点

图 3-70 截面轮廓和放样结果

## 3.4.17 螺旋拉伸命令

“螺旋拉伸”命令（Helical Protrusion）用于创建螺旋拉伸体，可以视为专业化了的“扫掠拉伸”命令，可方便地生成各种弹簧、螺纹和蜗杆等实体。

“螺旋拉伸”命令需要先绘制螺旋的轴线和螺旋截面，再执行“螺旋拉伸”命令生成螺旋拉伸体。下面以创建弹簧为例，说明“螺旋拉伸”命令的操作方法和步骤：

新建文件：单击“应用程序→新建→GB零件”，进入零件设计环境。

**1. 绘制螺旋轴线和截面**

（1）绘制螺旋轴线和截面：单击“直线”命令，选取XZ平面为草图平面，按F3键锁定；绘制长度为100的轴线；单击“中心点画圆”命令，绘制直径为8的圆；标注尺寸如图3-71(a)所示。单击“解锁”按钮。

说明：螺旋截面的形状可以是任意的，但必须封闭。

（2）生成平行平面：单击“平面”命令区中的“重合平面”命令，选取XY平面，单击方向轮箭头，沿Z轴正方向移动鼠标，在尺寸框中输入90，按Enter键。生成的平面如图3-71(a)所示。

**2. 生成简单螺旋体**

（1）单击“螺旋拉伸”命令。

（2）选取圆和直线，单击或鼠标右键；出现图3-71(b)所示方向箭头和尺寸框和图3-72所示的“螺旋拉伸”命令工具条。工具条上螺旋的生成方式有三种：轴和转数、轴和螺距、螺距和圈数。默认的生成方式为“轴和转数”。

在图3-71(b)中，输入圈数4，单击或鼠标右键，生成的螺纹如图3-71(c)所示。在路径查找器中，取消“实时剖面”的显示，螺纹显示如图3-71(d)所示。螺旋的高度为轴长100，转数为4，螺距=轴长/圈数=25。

在以上操作中，如果选取“轴和螺距”，尺寸框如图3-71(e)所示，输入螺距15，生成的螺旋如图3-71(f)所示。螺旋的高度为轴长100，螺距为15，圈数=轴长/螺距=6.7。

如果选取“螺距和圈数”，如图3-71(g)所示，按Tab键切换尺寸框，输入圈数4，螺距20，生成的螺旋如图3-71(h)所示。螺旋的高度=圈数×螺距=80。

以上方式生成的螺旋为简单螺旋，默认为螺距相等的右旋螺旋。

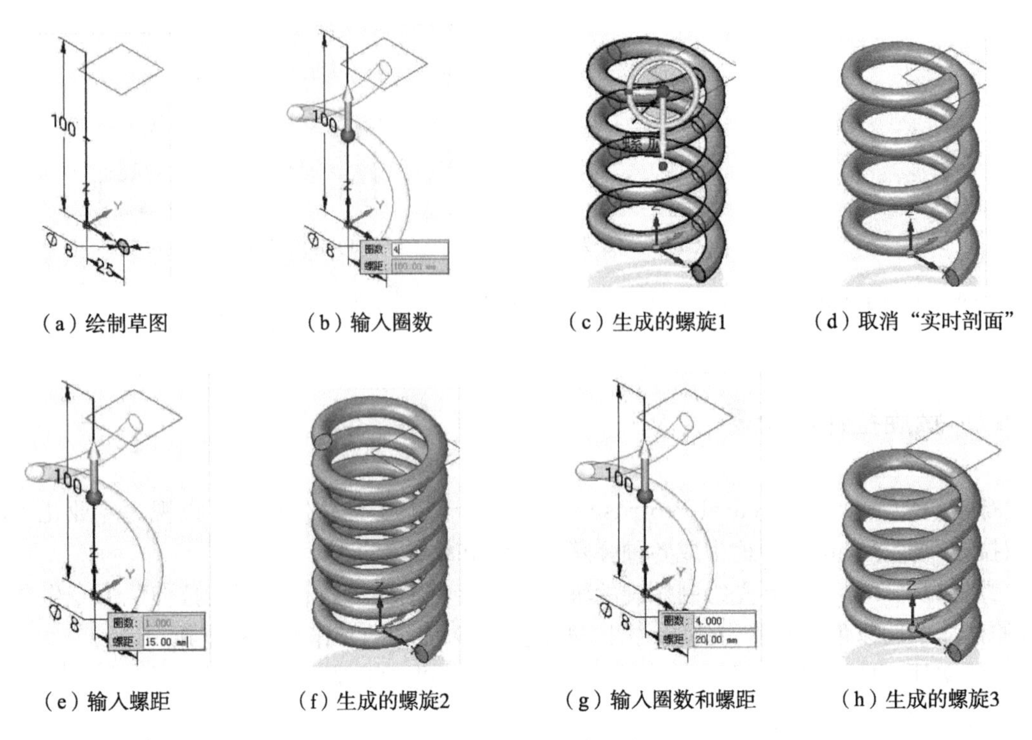


(a) 绘制草图　(b) 输入圈数　(c) 生成的螺旋1　(d) 取消“实时剖面”

(e) 输入螺距　(f) 生成的螺旋2　(g) 输入圈数和螺距　(h) 生成的螺旋3

图 3-71　生成简单螺旋

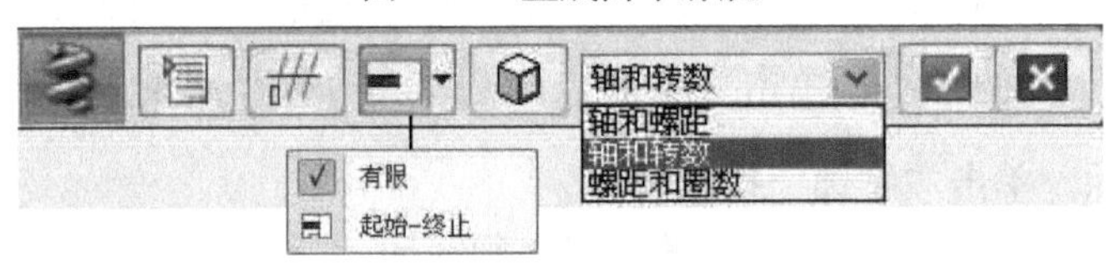


图 3-72　“螺旋拉伸”命令工具条

**3. 生成其他形式的螺旋拉伸体**

在生成图 3-71(a)所示的螺旋轴线和截面后，执行“螺旋拉伸”命令，还可以生成其他形式的螺旋体。

(1) 生成指定起始平面的螺旋。

单击“螺旋拉伸”命令，选取圆和直线，单击或鼠标右键。在图 3-72 所示工具条的列表中选取“起始—终止”，并选取图 3-73(a)所示终止平面；输入圈数 5，单击或鼠标右键，生成的螺旋如图 3-73(b)所示。

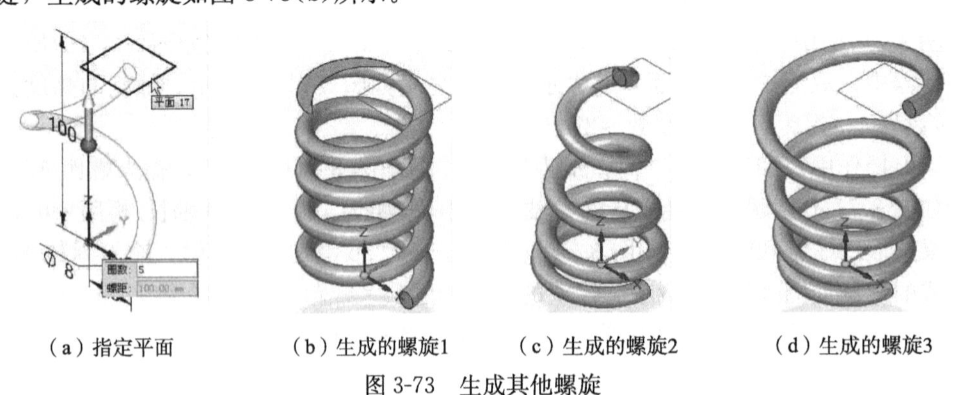


(a) 指定平面　(b) 生成的螺旋1　(c) 生成的螺旋2　(d) 生成的螺旋3

图 3-73　生成其他螺旋

(2) 生成带锥角、变螺距的特殊螺旋。

单击“螺旋拉伸”命令，选取圆和直线，单击或鼠标右键。在图3-72所示“螺旋拉伸”命令工具条的列表中选取“螺旋选项”按钮，出现图3-74所示对话框，按图3-74设置各选项，单击“确定”按钮；单击或鼠标右键，生成的螺旋如图3-73(c)所示，为有向内有锥度、变螺距、左旋的螺旋。

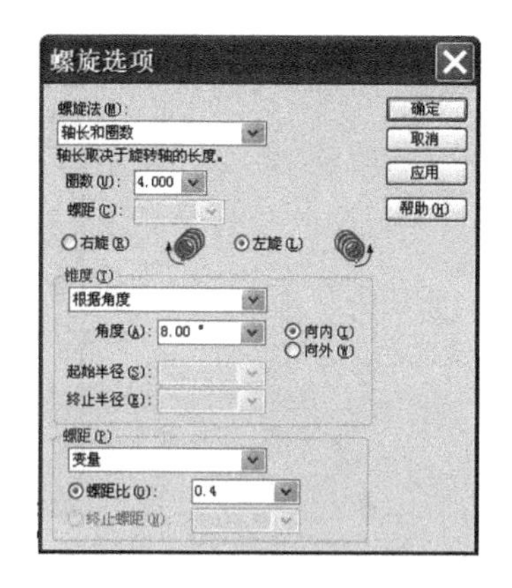


图3-74　“螺旋选项”对话框

如果在图3-74中选取“向外”，生成的螺旋如图3-73(d)所示，为有向外有锥度、变螺距、左旋的螺旋。

说明：对于已经生成的螺旋，再次选取，将出现图3-71(c)所示方向轮和“螺旋”标识，单击“螺旋”标识，可以对已有螺旋进行编辑和修改。

## 3.4.18　法向拉伸命令

“法向拉伸”命令(Normal Protrusion) 通过平面上草图、文本或投影于曲面上的闭合曲线来构造与零件表面垂直的拉伸体。该命令不常用，使用较多的情况是在曲面上法向拉伸轮廓，主要用于浮出文本，雕刻字符，产生凸出或凹进的效果。在模具设计中，常用来生成带有凸凹效果的商标、注释和标志等。

下面以在图3-75(a)所示实体上表面创建浮出文本为例，简单介绍该命令的操作方法。

**1. 创建文本**

在“绘制草图”命令选项卡的“插入”命令区中，选取“文本轮廓”命令，弹出图3-76所示“文本”对话框，在文本区中键入“C A D”，字体大小为7，单击“确定”按钮。移动鼠标，放置文本在图3-75(a)所示位置，单击左键确定。

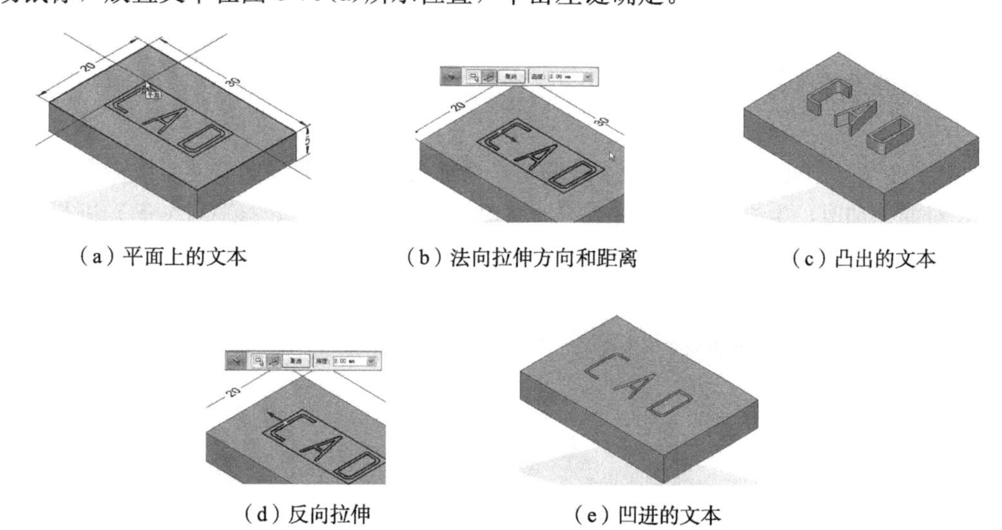

(a) 平面上的文本　(b) 法向拉伸方向和距离　(c) 凸出的文本

(d) 反向拉伸　(e) 凹进的文本

图3-75　平面上法向拉伸文本

**2. 生成法向拉伸特征**

(1) 单击“法向拉伸”命令。

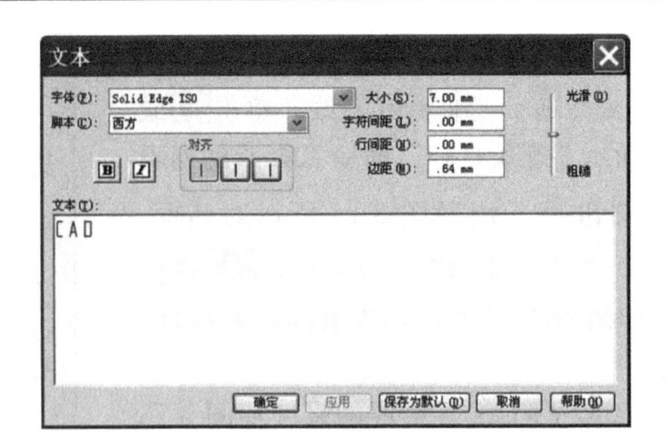


图 3-76 “文本”对话框

（2）选取平面上的文本和曲线：逐个选取各字母的所有轮廓，单击“接受”按钮。

（3）指定拉伸的方向：指定拉伸高度为 2，拉伸方向如图 3-75(b)所示。

（4）结束步骤：单击“完成”按钮，结束命令。

在路径查找器中，取消草图和 PMI 尺寸的显示，浮凸文本轮廓如图 3-75(c)所示。

在以上操作中，如果选取拉伸方向如图 3-75(d)所示，可生成图 3-75(e)所示的凹进效果的文本。

说明：在平面上拉伸文本和草图轮廓时，“法向拉伸”命令与“拉伸”命令能够完成相同的工作，如图 3-75(a)所示的文本和轮廓，用“拉伸”命令也可以生成图 3-75(c)和图 3-75(e)相同的结果。但“法向拉伸”命令要求轮廓是封闭的，且不能拉伸交叉的封闭轮廓。“法向拉伸”命令使用较多的情况是在曲面上拉伸轮廓或文本，这是“拉伸”命令所不能及的。

## 3.4.19 加厚命令

“加厚”命令（Thick Region）通过偏置一个或者多个面来厚化零件。该命令主要有两个用途：对曲面加厚，生成实体；对外部导入模型（如 UG、Pro_e、CATIA 等）进行编辑。

这里仅以加厚曲面为例，说明操作方法和步骤。

**1. 生成曲面**

（1）生成曲线：单击“曲线”命令，选取 YZ 平面为草图平面，绘制图 3-77(a)所示曲线。

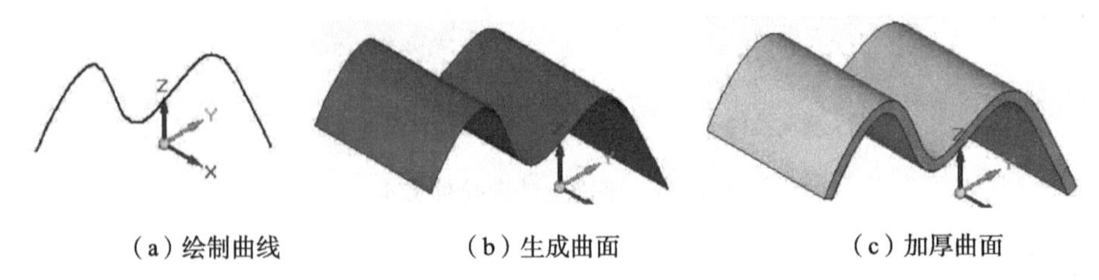


(a) 绘制曲线　(b) 生成曲面　(c) 加厚曲面

图 3-77 “加厚”命令操作方法

（2）生成曲面：在“曲面处理”命令选项卡中，选取“拉伸”命令，选取图 3-77(a)所示曲线，单击或鼠标右键，拉伸适当距离，单击“完成”按钮，生成图 3-77(b)所示曲面。

**2. 对曲面进行加厚**

（1）单击“加厚”命令。

（2）选取曲面，单击或鼠标右键。

（3）指定厚度值和加厚方向：在工具条中输入“距离”1，用鼠标指定加厚方向向上。

（4）结束步骤：单击“完成”按钮，结束命令。

生成的曲面加厚如图 3-77(c)所示。

说明：如果要同时加厚两个或者多个面，这些面必须是相交的，且加厚的厚度相同。

## 3.4.20　扫掠除料命令

“扫掠除料”命令（Swept Cutout）是“扫掠拉伸”命令的逆向操作，扫掠的结果是除去零件材料。“扫掠除料”命令的操作方法和步骤与“扫掠增料”命令一样，在此不再重复介绍，以图 3-78 表示该命令基本的操作方法和步骤。

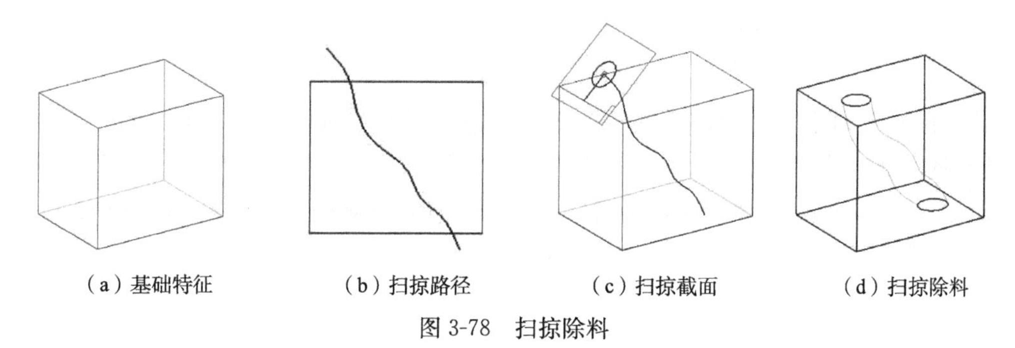


图 3-78　扫掠除料

## 3.4.21　放样除料命令

“放样除料”命令（Lofted Cutout）是“放样拉伸”命令的逆向操作，放样形成的特征是除去零件材料。“放样除料”命令的操作方法和步骤与“放样增料”命令一样，这里不再重复描述，以图 3-79 表示该命令基本的操作方法和步骤。

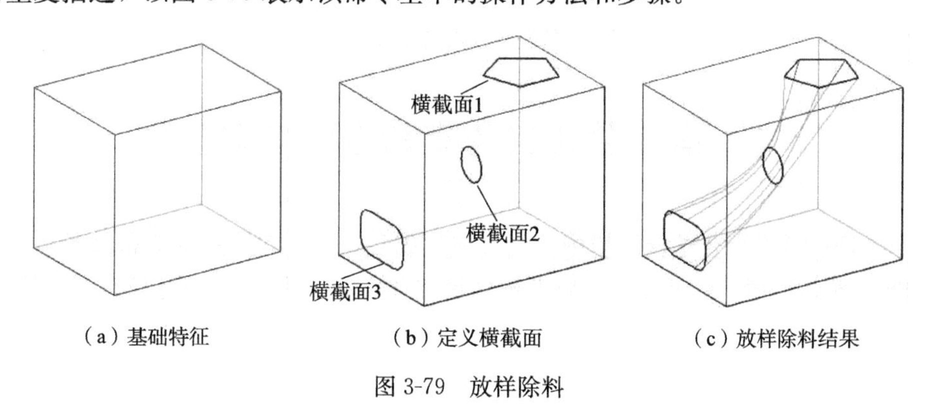


图 3-79　放样除料

### 3.4.22 螺旋除料命令

“螺旋除料”命令（Helical Cutout）是“螺旋拉伸”命令的逆向操作，螺旋形成的特征是除去零件材料。“螺旋除料”命令的操作方法和步骤与“螺旋增料”命令一样，这里不再重复描述，以图 3-80 表示该命令基本的操作方法和步骤。

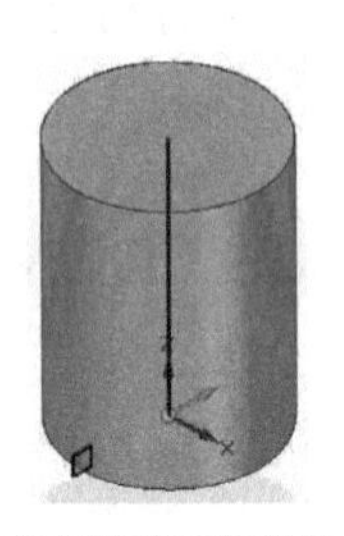

(a) 定义螺旋截面和旋转轴

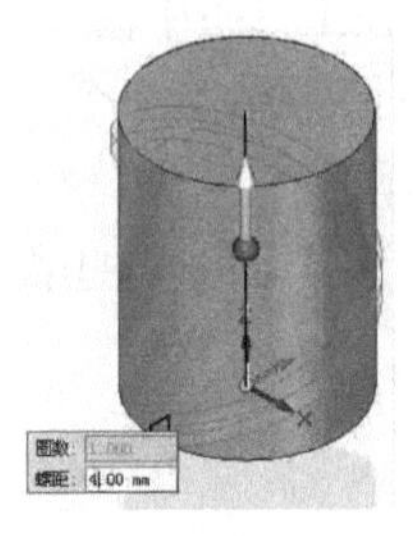

(b) 定义螺旋参数

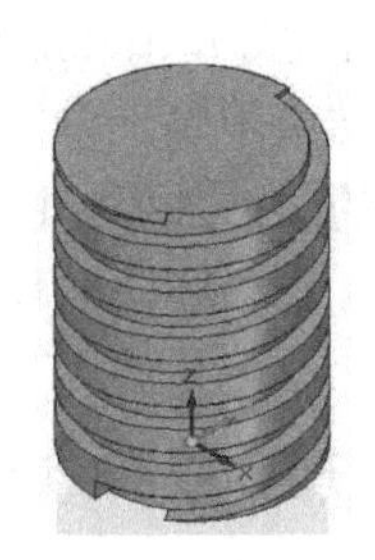

(c) 螺旋除料结果

图 3-80 螺旋除料

### 3.4.23 法向除料命令

“法向除料”命令（Normal Cutout）是“法向拉伸”命令的逆向操作，所形成的特征是法向除去零件材料，其操作方法和步骤与“法向拉伸”命令一样，见 3.4.18 节。在 3.4.18 节中，如果执行的是“法向除料”命令，法向除料的结果如图 3-81(a)所示。文本和轮廓沿指定曲面或平面法向凹进指定高度，与法向拉伸的结果相对应。还可对文本和其他封闭图形生成法向除料，如图 3-81(b)所示。

(a) 曲面上法向除料

(b) 平面上法向除料

图 3-81 法向除料

## 3.5 面相关几何约束命令和实时规则

在 Solid Edge ST 同步建模环境中，当实体生成后，创建实体的草图和参考平面不再与实体相关联。实体的修改是通过在实体上标注尺寸和添加几何约束来实现的。在实体上标注尺寸的方法与草图环境中尺寸的标注方法是一样的。在实体上进行几何约束的命令集中在“面相关”命令区中，如图 3-82 所示。

### 3.5.1　面相关约束命令的操作方法

有以下两种方法可执行面相关命令，添加几何约束。

方法一：先选取要约束的面，在图 3-82 中选取相关几何约束命令；选取基准面，确认。

方法二：先选取图 3-82 中的几何约束命令，选取要约束的面，确认；选取基准面，确认。

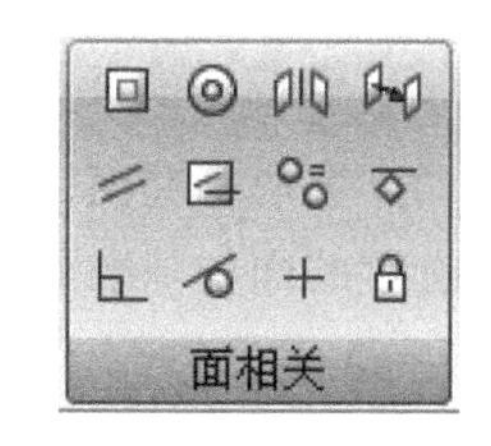


图 3-82　“面相关”命令区

下面以实例的方式介绍主要约束命令的操作方法。

**1. 共面约束**

(1) 在图 3-83(a)所示实体上，选取要约束的面，如图 3-83(a)所示。

(2) 单击“共面”命令。

(3) 选取基准面，如图 3-83(b)所示，单击或鼠标右键。

选定的面与基准面共面，如图 3-83(c)所示。

**2. 平行约束**

(1) 选取要约束的面，如图 3-83(d)所示。

(2) 单击“平行”命令。

(3) 选取基准面，如图 3-83(e)所示，单击或鼠标右键。

选定的面与基准面平行，如图 3-83(f)所示。

(a) 要共面的面

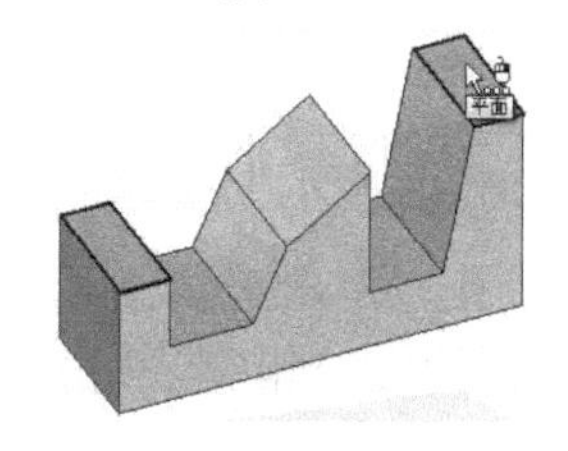


(b) 基准面

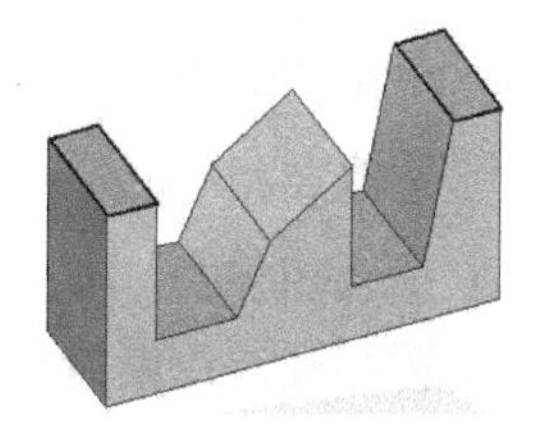

(c) 共面

(d) 要平行的面

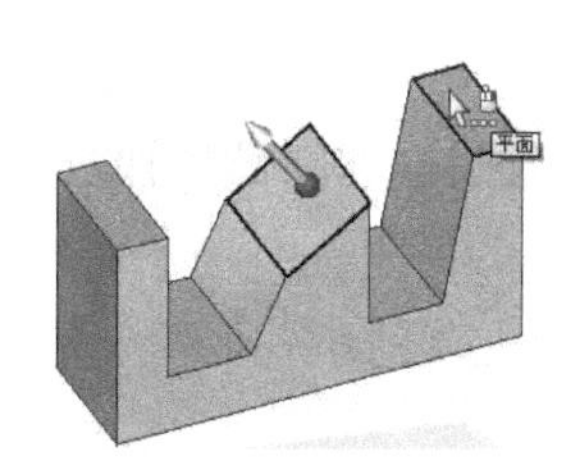


(e) 基准面

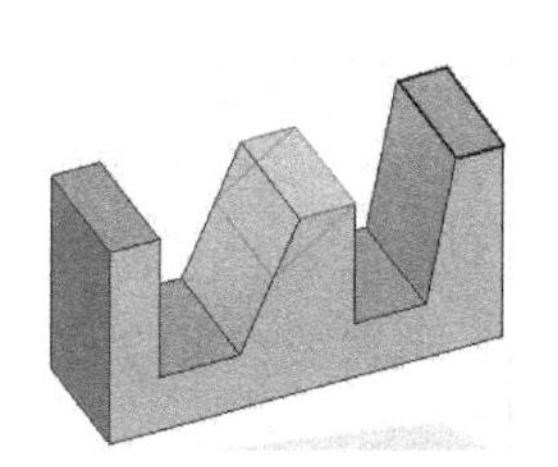

(f) 平行

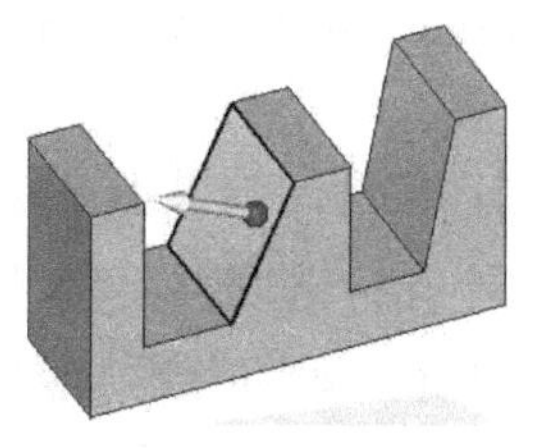

(g) 要垂直的面

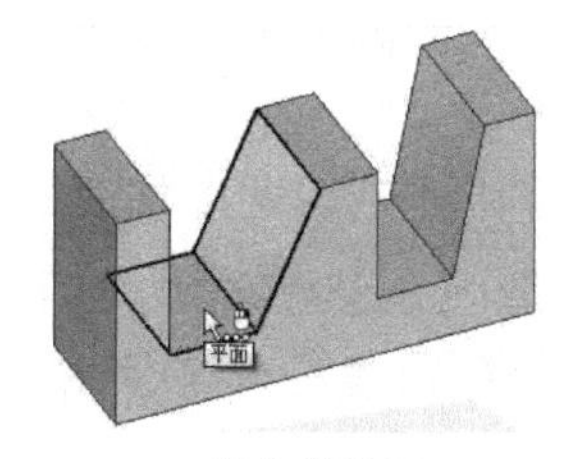


(h) 基准面

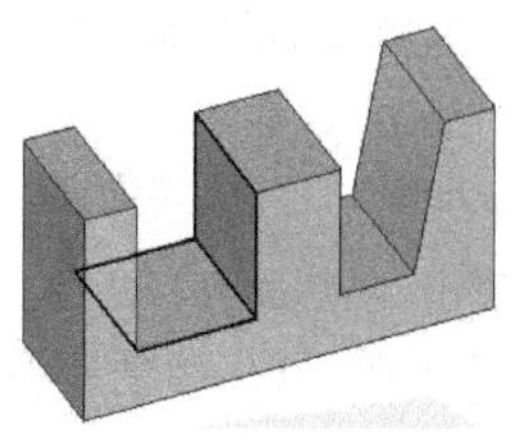

(i) 垂直

图 3-83　共面、平行、垂直约束

**3. 垂直约束**

(1) 选取要约束的面，如图 3-83(g)所示。

(2) 单击“垂直”命令。

(3) 选取基准面，如图 3-83(h)所示，单击或鼠标右键。

选定的面与基准面垂直，如图 3-83(i)所示。

**4. 同心约束**

(1) 单击“同心”命令。

(2) 选取要约束的面，如图 3-84(a)所示圆柱面，单击或鼠标右键。

(3) 选取图 3-84(b)所示外圆柱面；单击或鼠标右键。

选定的柱面与外圆柱面同心，如图 3-84(c)所示。

执行两次同样的操作，使两小孔与附近的外圆柱面同轴，如图 3-84(c)所示。

**5. 相切约束**

(1) 单击“相切”命令。

(2) 选取要约束的面，如图 3-84(d)所示平面，单击或鼠标右键。

(3) 选取图 3-84(e)所示外圆柱面；单击或鼠标右键。

选定的平面与左端圆柱面相切，如图 3-84(f)所示。

再次执行同样的操作，使该平面与右端的圆柱面相切，如图 3-84(f)所示。

**6. 等半径约束**

(1) 单击“等半径”命令。

(2) 选取要相等的柱面，如图 3-84(g)所示上支臂小孔，单击或鼠标右键。

(3) 选取图 3-84(h)所示下支臂小孔；单击或鼠标右键。

上支臂小孔被约束为与下支臂小孔的直径相等，如图 3-84(i)所示。

再次执行同样的操作，使上支臂外圆柱面的半径与下支臂外圆柱面的半径相等，如图 3-84(i)所示。

**7. 共面轴约束**

“共面轴”命令使选定的两圆柱或圆柱和圆锥的轴线，在指定平面的方向共面并对齐。

(1) 单击“共面轴”命令。

(2) 选取要约束的面，先选取上支臂的小孔，再选取下支臂的小孔，如图 3-84(j)所示，单击 或鼠标右键。

(3) 选取图 3-84(k)所示平面；单击或鼠标右键。

上支臂小孔的轴线被约束按指定平面的方向，与下支臂轴线共面、对齐，如图 3-84(l)所示。

说明：在执行共面轴约束的操作中，选取两个柱面的顺序不同，得到的结果不一样。

单击“共面轴”命令，先选取图 3-85(a)中的大孔，再选取小孔；选取共面参考面如图 3-85(b)所示，移动小孔轴线与大孔轴线沿参考面方向共面、对齐，如图 3-85(c)所示。同理，如果选取柱面如图 3-85(d)所示，参考面方向如图 3-85(e)所示，小孔轴线沿指定参考面方向，与大孔轴线共面、对齐，如图 3-85(f)所示。

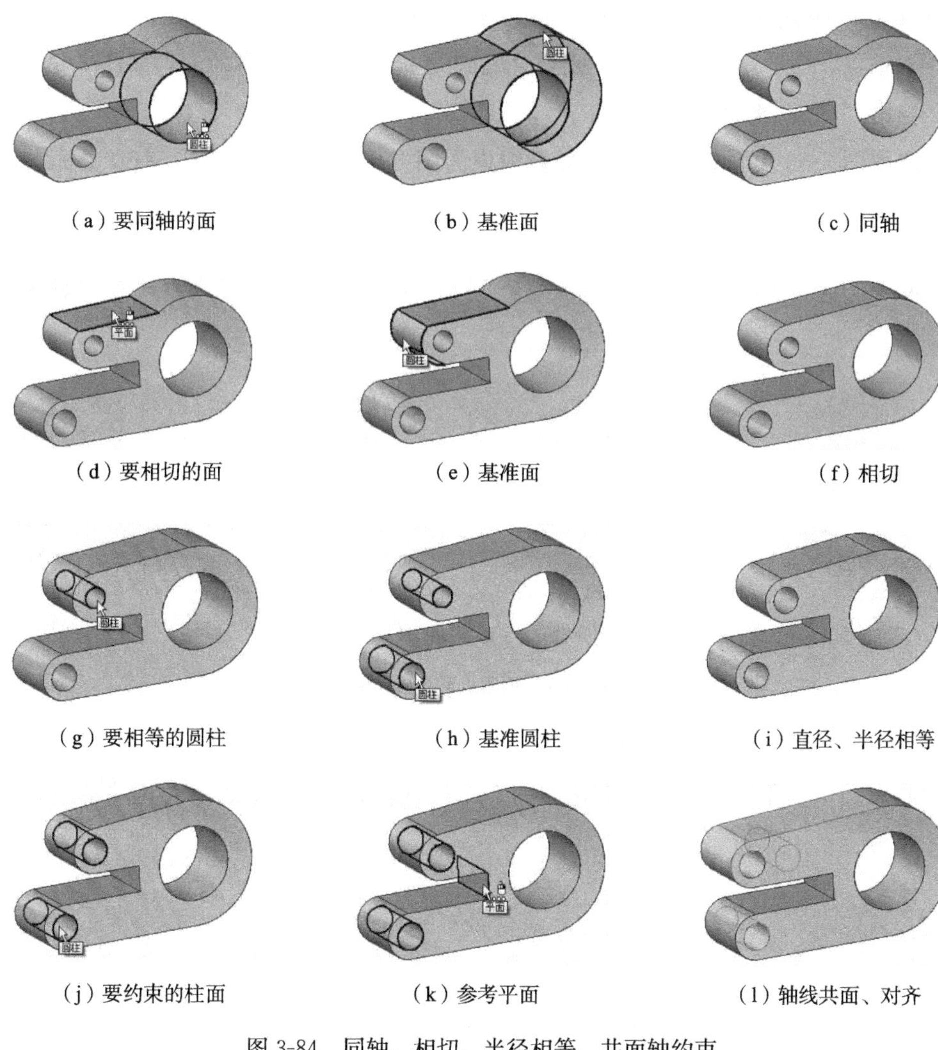


（a）要同轴的面　（b）基准面　（c）同轴

（d）要相切的面　（e）基准面　（f）相切

（g）要相等的圆柱　（h）基准圆柱　（i）直径、半径相等

（j）要约束的柱面　（k）参考平面　（l）轴线共面、对齐

图 3-84　同轴、相切、半径相等、共面轴约束

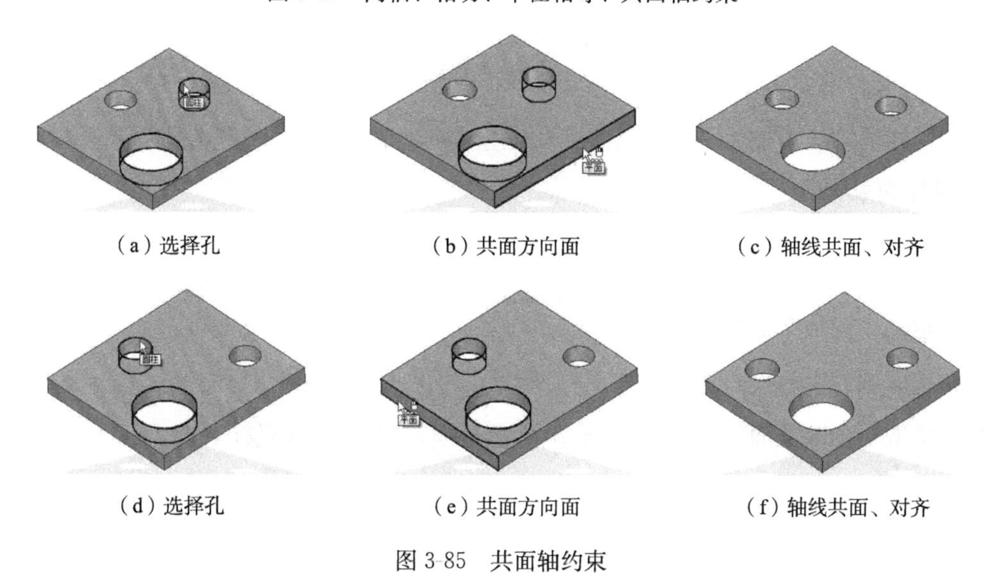


（a）选择孔　（b）共面方向面　（c）轴线共面、对齐

（d）选择孔　（e）共面方向面　（f）轴线共面、对齐

图 3-85　共面轴约束

**8. 水平/垂直约束**

“水平/垂直”命令使接近水平或垂直的面约束为水平或垂直的面，如图 3-86 所示。

(1) 单击“水平/垂直”命令。

(2) 选取图 3-86(a)所示斜面，斜面被约束为图 3-86(b)所示；单击或鼠标右键，该斜面被约束为垂直面，如图 3-86(c)所示。

采用同样的方法，可使另一斜面约束为水平面，如图 3-86(d)所示。

对于两个圆柱，若执行“水平/垂直”命令，可约束两孔轴线水平或垂直对齐，如图 3-87 所示。

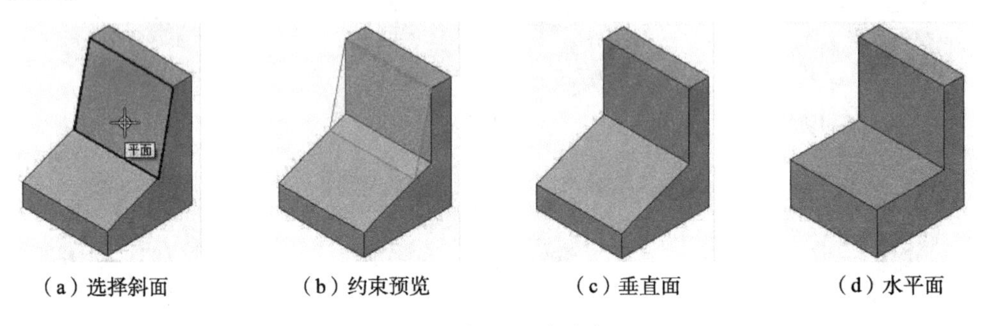


(a) 选择斜面　(b) 约束预览　(c) 垂直面　(d) 水平面

图 3-86 水平/垂直约束面

单击“水平/垂直”命令，捕捉图 3-87(a)所示小孔的中心点，再捕捉图 3-87(b)所示大孔的中心点，可预览小孔位置的变化如图 3-87(c)所示，小孔轴线与大孔的轴线在水平方向共面、对齐，单击或鼠标右键。

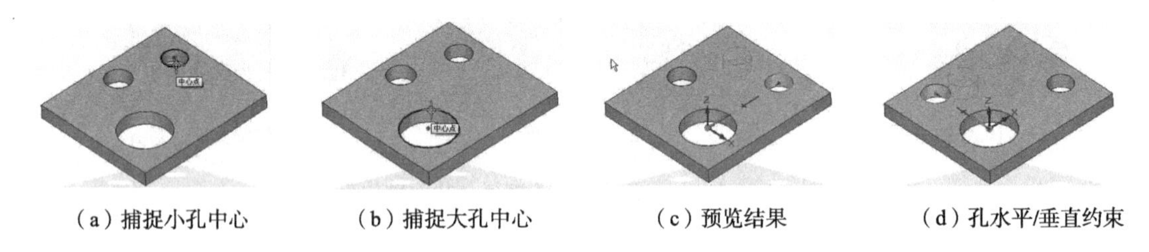


(a) 捕捉小孔中心　(b) 捕捉大孔中心　(c) 预览结果　(d) 孔水平/垂直约束

图 3-87 水平/垂直约束柱面

采用同样的方法可使另一小孔与大孔在垂直方向对齐，如图 3-87(d)所示。

**9. 对称约束**

“对称”命令使两平面按指定的对称面对称。

要使图 3-88(a)所示实体的缺口关于 XZ 平面对称，可执行以下操作：

(1) 单击“对称”命令。

(2) 选取被约束的面：选取图 3-88(a)所示 A 面，单击或鼠标右键。

(3) 选取对称基准面：选取图 3-88(a)所示 B 面，单击或鼠标右键。

(4) 选取对称中心面：选取图 3-88(a)所示 XZ 平面，单击或鼠标右键。

命令执行的结果如图 3-88(b)所示，被约束的面改变位置，与对称基准面关于对称中心面对称。

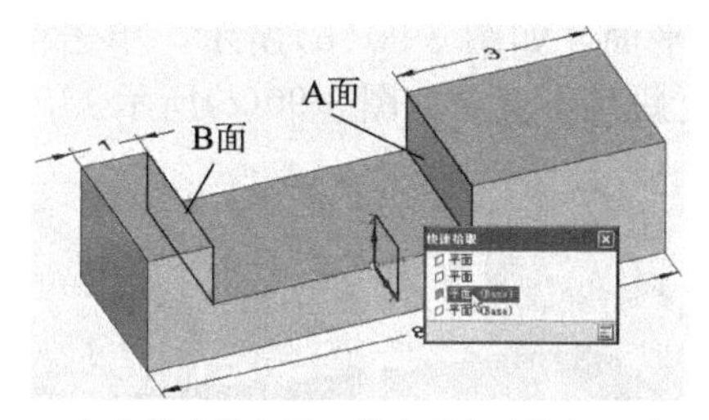


(a) 指定约束面、基准面和对称中心面

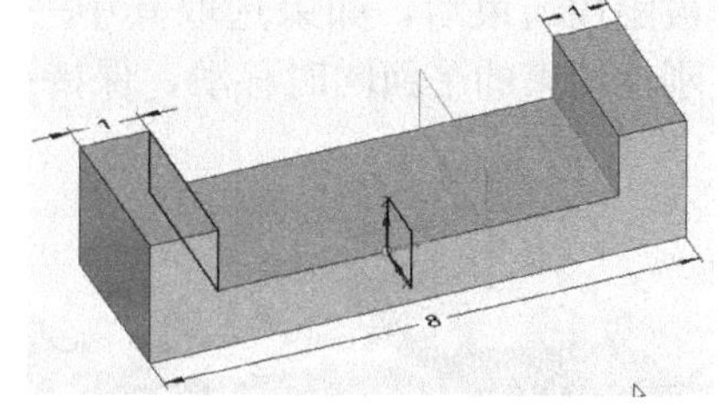


(b) 对称面

图 3-88　生成对称面

**10. 偏置约束**

“偏置”命令使两个相对的平面中一个相对另一个平行偏置指定的距离。如图 3-89(a)所示，A 面、B 面之间的距离为 4，执行以下操作，可使 A 面偏置距离 1。

(1) 单击“偏置”命令。

(2) 选取要约束的面：选取图 3-89(a)所示 A 面，单击或鼠标右键。

(3) 选取对称基准面：选取图 3-89(a)所示 B 面，单击或鼠标右键。

(4) 在出现的尺寸框中输入两面之间的距离 5，单击或鼠标右键。

命令执行的结果如图 3-89(b)所示，A 面被偏置 1，两面之间的距离为 5。

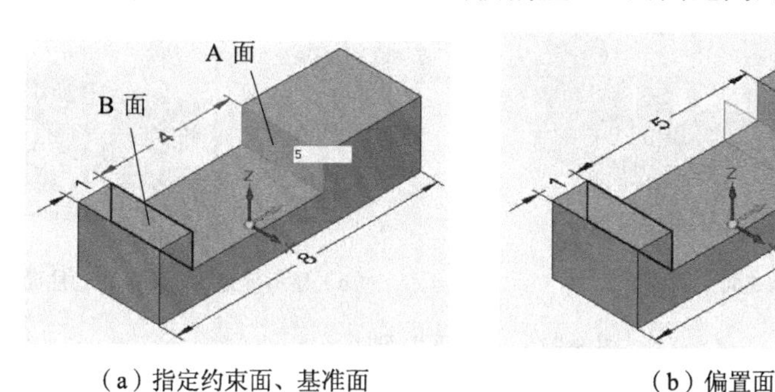


(a) 指定约束面、基准面　　(b) 偏置面

图 3-89　偏置约束

**11. 固定约束**

“固定”命令使实体上选定的平面、柱面、曲面等图素成为固定的、不允许编辑和修改的图素。

操作方法为：单击“固定”命令，选取要约束的面；单击或鼠标右键。

一旦选定的面被固定，就无法对选定的面添加尺寸和几何约束，无法进行拉伸、旋转等操作，也无法用方向轮进行移动和修改。

**12. 刚性约束**

“刚性”命令使实体上选定的两个平面、柱面的相对位置固定。当在两个面之间应用刚性关系时，如果移动或旋转任意一个面，两个面将维持相同的距离和空间方位。以图3-90为例，说明操作方法：

(1) 单击“刚性”命令。

(2) 选取要刚性固定的两个面，如图 3-90(a)所示，单击或鼠标右键。

两个面被刚性约束后，如果选取其中一个平面，如图 3-90(b)所示，单击箭头移动平面，两个被刚性约束的平面同时移动，保持平行距离不变，如图 3-90(c)所示。

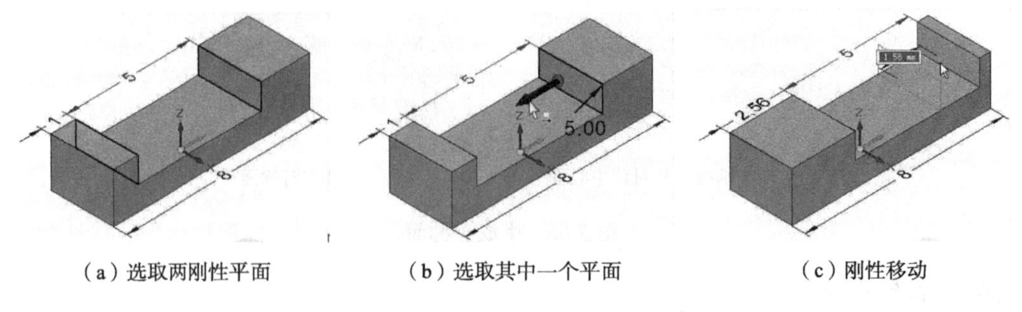


(a) 选取两刚性平面　　(b) 选取其中一个平面　　(c) 刚性移动

图 3-90　移动刚性平面

在以上面相关操作中，对实体的特征添加了面相关约束后，在路径查找器的“关系”列表中，列出了所添加的面相关约束。例如，完成了图 3-83 所示操作后的关系列表如图 3-91(a)所示；完成了图 3-84 所示操作后的关系列表如图 3-91(b)所示。单击列表中指定的约束，相关的两个面将高亮显示，如图 3-91 所示。右击列表中指定的约束，在弹出的快捷菜单中，可执行删除、抑制、重命名等操作。

应用“面相关”命令区中的命令，可方便地对已有实体进行编辑和修改。

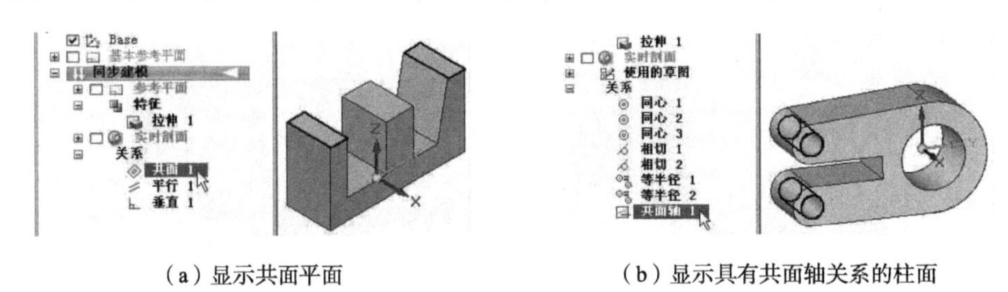


(a) 显示共面平面　　(b) 显示具有共面轴关系的柱面

图 3-91　“关系”列表

### 3.5.2　实时规则

在三维实体上选取任意一个面，都会出现方向轮、箭头和图 3-92 所示的“实时规则”选项。实时规则自动判断、显示选取面与其他面之间的几何关系，并可控制几何关系的同步和非同步修改。当选取的面与其他面之间存在“同心”、“相切”、“共面”、“平行”、“相切接触”、“垂直”、“共面轴”、“半径相等”、“对称”等几何关系时，实时规则上的相应选项按钮会绿色高亮显示，实体上相关的面也会高亮显示。

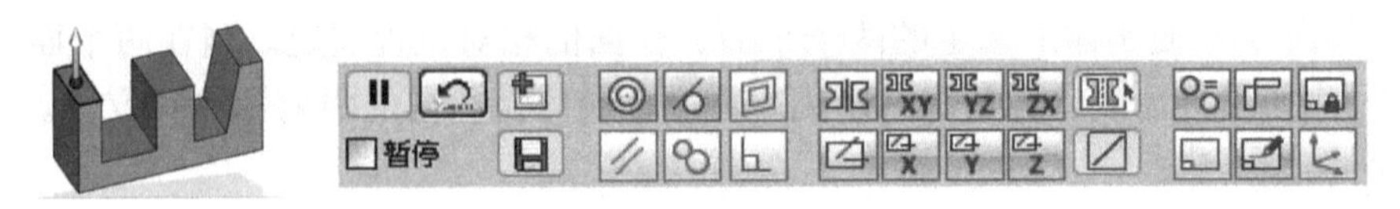


图 3-92　“实时规则”选项

选取面与其他面之间的几何关系，来自于在三维实体上添加的“面相关”约束，如 3.5.1 节所述；或者来自于草图绘制过程中添加的几何约束。

**1. 添加“面相关”约束后的实时规则**

在添加面相关约束，生成图 3-83(i)所示实体后，选取图 3-93(a)所示平面并单击箭头，选定的面和与之相关的面呈高亮显示，同时在实时规则选项中，表示这两个面“共面”和“平行”的几何关系高亮显示，如图 3-93(b)所示；当移动鼠标时，两个面保持共面、平行并同步进行修改，如图 3-93(c)所示。

如果需要取消两个面的同步操作，单击实时规则选项中的“高级实时规则”按钮或按 Ctrl+E 键，弹出图 3-93(d)所示“高级实时规则”对话框，取消“共面”，如图 3-93(d)所示，单击；此后移动鼠标修改拉伸距离，仅选定的面进行修改，“共面”约束被取消，如图 3-93(e)所示。

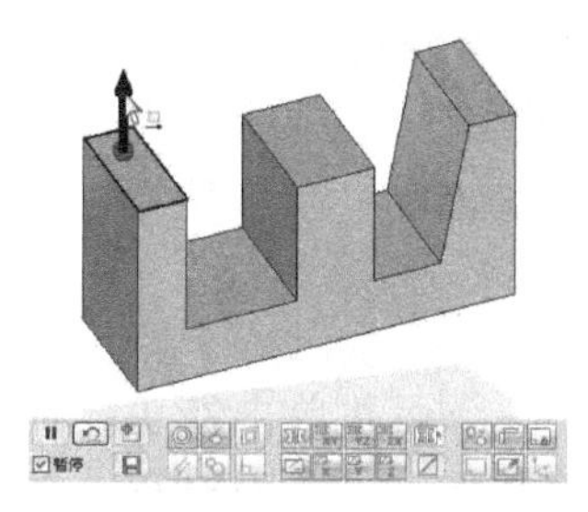

(a) 选取面并单击箭头

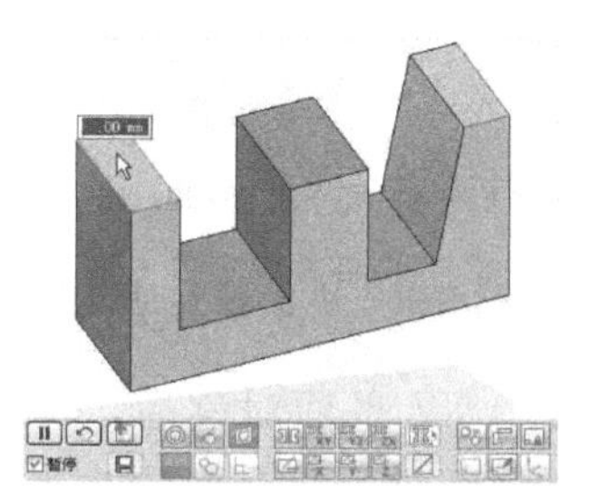

(b) 显示几何关系

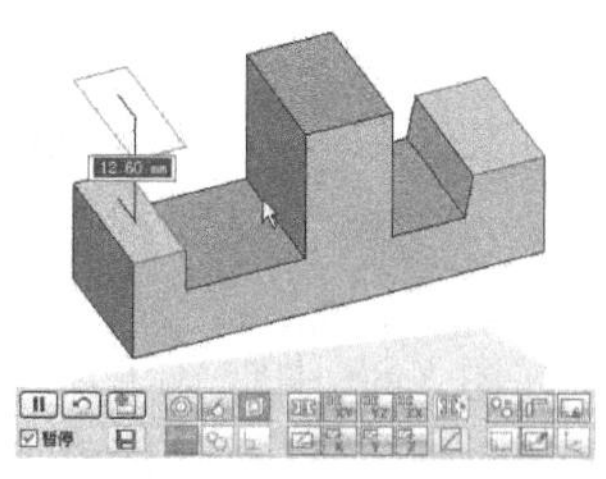

(c) 同步修改

(d) “高级实时规则”对话框

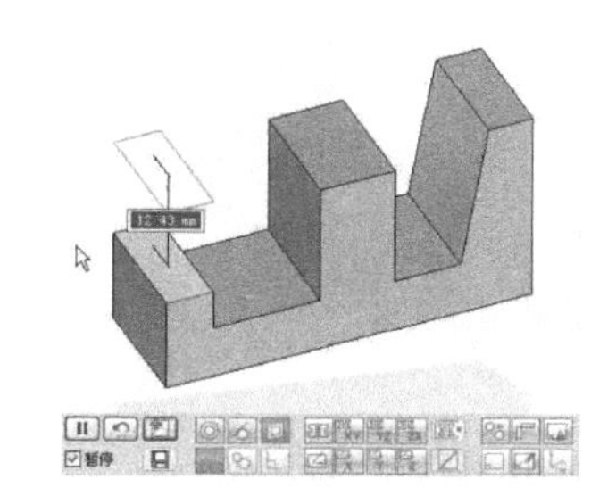

(e) 取消同步修改

图 3-93　平面的实时规则操作

同样，在生成图 3-84(l)所示实体后，选取图 3-94(a)所示孔并单击向左箭头；移动鼠标修改孔位置时，选定的孔和与之相关的面呈高亮显示，同时在实时规则选项中，高亮显示相应的几何约束关系，如图 3-94(b)所示；移动鼠标，选定的面和与之相关的面同步被修改，并保持几何约束关系，如图 3-94(b)所示，两个孔保持共面轴同步被修改。

如果需要取消共面轴的同步操作，单击实时规则中的绿色高亮“共面轴”选项，使其成为红色，即可取消共面轴约束，此后移动鼠标修改孔的位置时，仅选定的孔被修改，共面轴关系被取消，如图 3-94(c)所示。选取实时规则中的“恢复”按钮，又可恢复图 3-94(b)所示的同步操作。

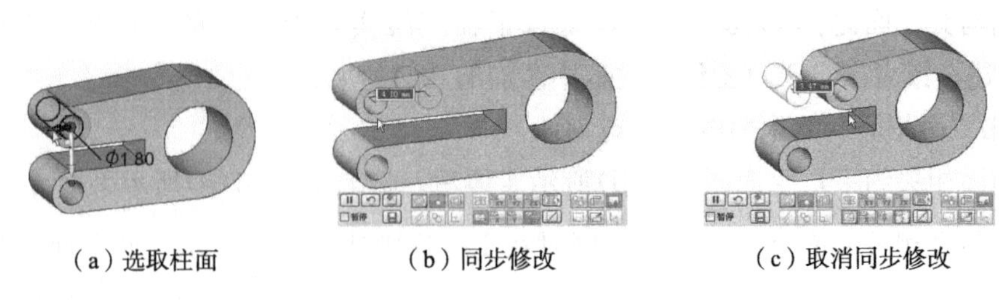


（a）选取柱面　　（b）同步修改　　（c）取消同步修改

图 3-94　圆柱的实时规则操作

如果对图 3-95(a)所示的三个孔添加共面轴约束，当选取其中一个孔，并用方向轮箭头改变孔的位置时，其他孔保持共面轴关系，同步被改变，图 3-95(b)所示为移动修改，图 3-95(c)所示为转动修改。

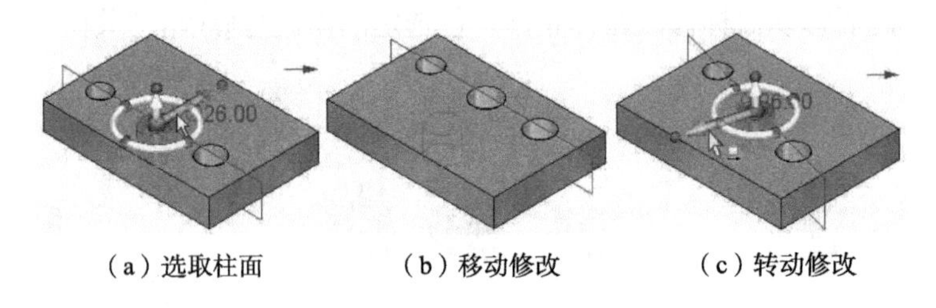


（a）选取柱面　　（b）移动修改　　（c）转动修改

图 3-95　共面轴实时规则

在图 3-88 中定义了两个面关于 XZ 平面对称后，选取其中一个面并单击箭头，如图 3-96(a)所示，移动鼠标修改拉伸距离时，两个面距离改变但保持关于 XZ 面对称，如图 3-96(b)所示。

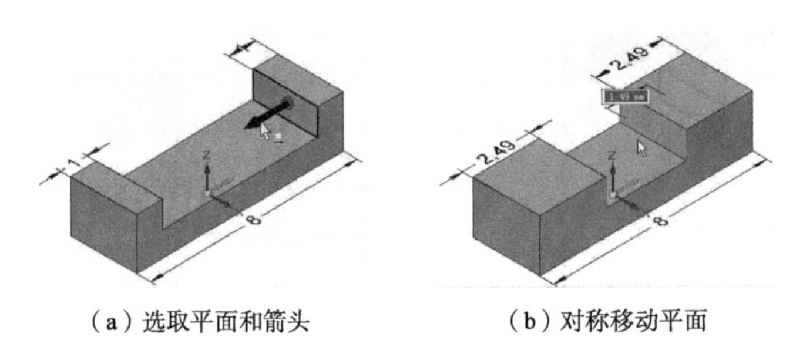


（a）选取平面和箭头　　（b）对称移动平面

图 3-96　对称实时规则

**2. 利用“选择管理器模式”修改一组面**

(1) 在图 3-97(a)所示“主页”选项卡的“选取”菜单中，选取“选择管理器模式”，或按 Shift＋空格键，激活“选择管理器模式”。

(2) 单击图 3-97(b)所示平面，在弹出的快捷菜单中选取“识别→除料”，如图 3-97(c)所示。

(3) 按空格键取消“选择管理器模式”，除料的全部面成为可操作的组，如图 3-97(d)所示。

(4) 单击向下的主轴，如图 3-97(d)所示，移动鼠标，可移动整个除料孔，如图 3-97(e)所示。

（a）快捷菜单

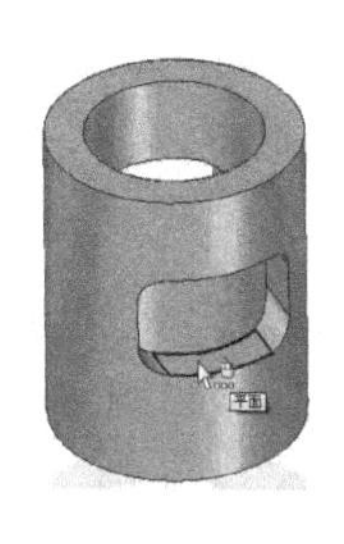

（b）选取平面

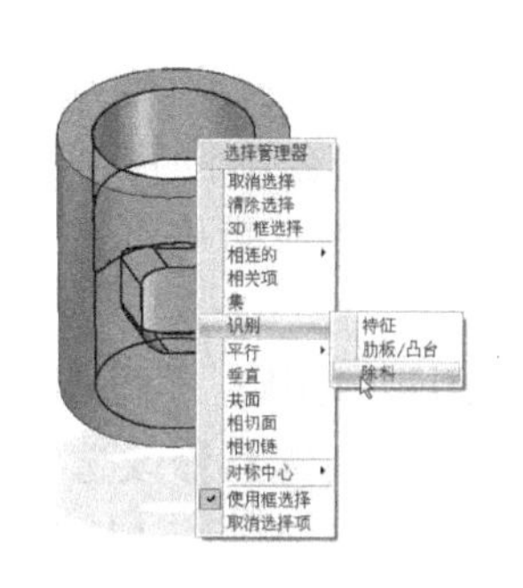


（c）选取“识别→除料”

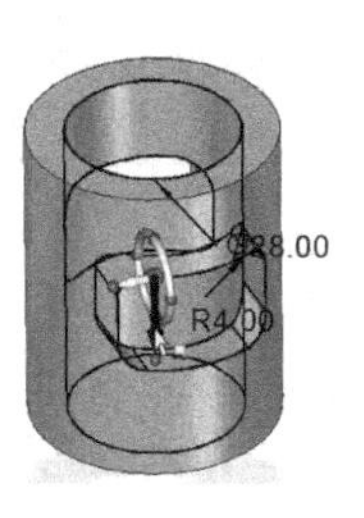

（d）选取箭头

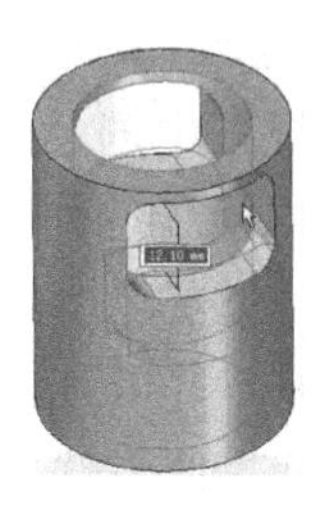

（e）移动除料

图 3-97　选择管理器模式

**3. 在草图绘制中添加几何约束后的实时规则**

绘制草图时，如果在图素间定义了对齐、共线、同心等几何约束，拉伸形成的面自动保存草图定义的约束关系：对齐或共线的线，拉伸后自动成为共面的平面；同心的圆和圆弧，拉伸后自动形成同心圆柱。

在图 3-98(a)所示的草图中，两直线被约束为共线，圆和圆弧被约束为同心，拉伸后的实体如图 3-98(b)所示。

选取图 3-98(b)所示平面并单击箭头，移动鼠标，实时规则上的“共面”选项为绿色高亮显示，两个共面的平面同步被修改，如图 3-98(c)所示。

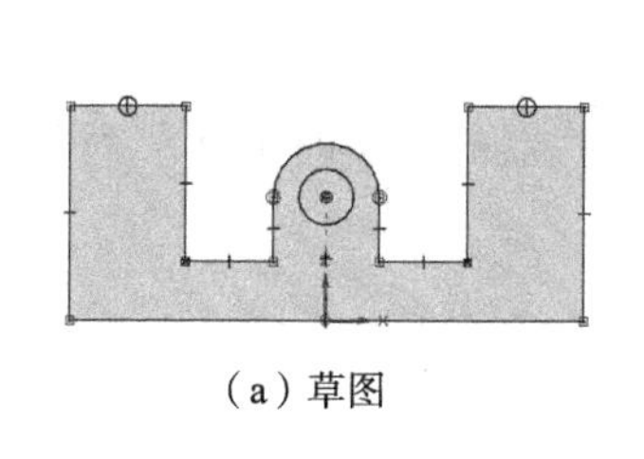

（a）草图

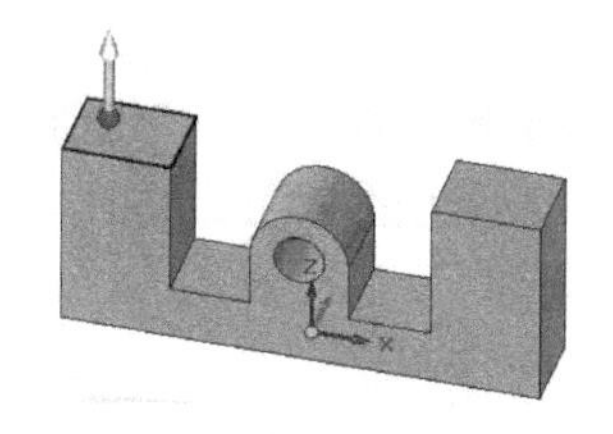

（b）实体及选取平面

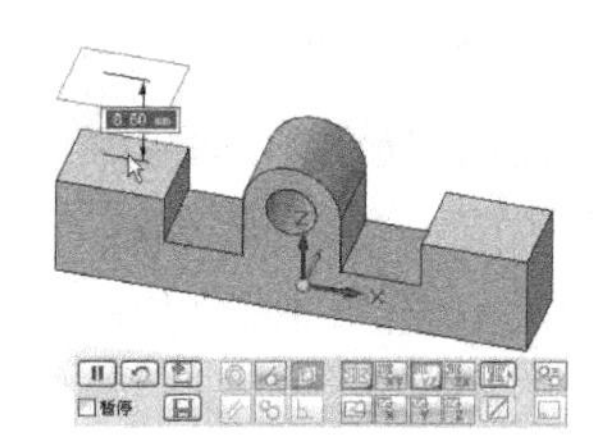

（c）同步移动平面

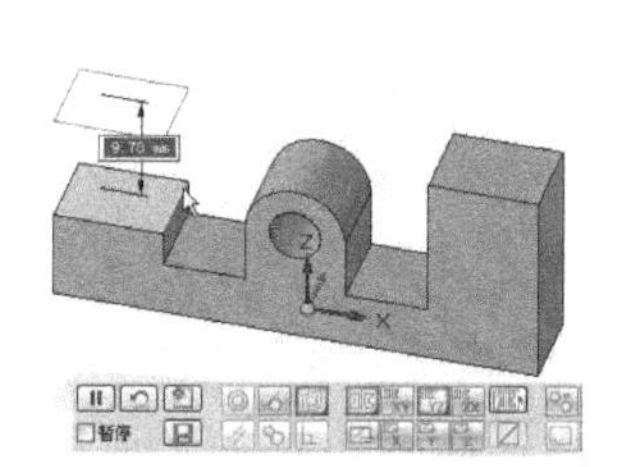

（d）仅移动选取的面

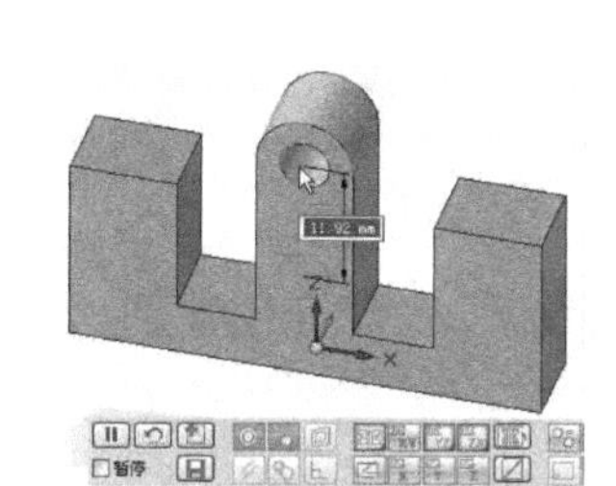

（e）同步移动圆柱

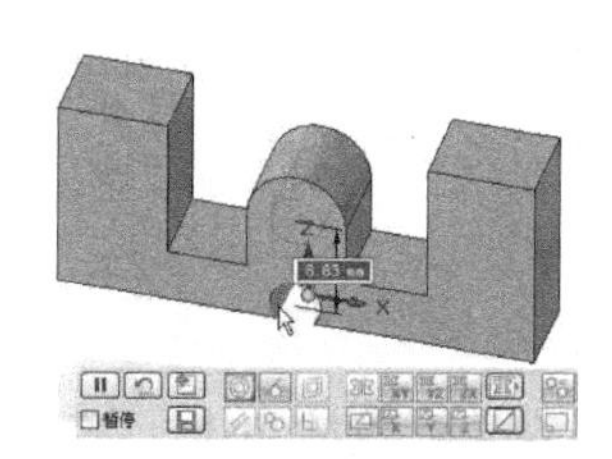

（f）仅移动孔

图 3-98　实时规则操作

单击实时规则上的“共面”选项，使该选项为红色，或者勾选“暂停”选项☑暂停，可取消共面约束，此时移动鼠标，仅选定的面被修改，如图 3-98(d)所示。如果再次选择实时规则上的“保持共面”选项，使其成为绿色，或者选取实时规则中的“恢复”按钮，又可恢复图 3-94(b)所示的同步操作。

如果选取图 3-98(b)中的孔，并单击方向轮向下的箭头，实时规则的“同心”和“相切”选项为绿色高亮显示，移动鼠标，孔和外柱面同步修改，如图 3-98(e)所示。

单击实时规则中的“同心”选项，使“同心”选项为红色，或者勾选“暂停”选项，则取消同心约束，移动鼠标，仅孔的位置可修改，如图 3-98(f)所示；选取实时规则中的“恢复”按钮，或取消选择“暂停”选项，又可恢复图 3-98(e)所示的同步操作。

通过以上操作实例可以看出，应用实时规则，可方便地显示选取面与其他面之间的几何关系，并可方便、灵活的控制是否保持几何关系修改选定的面，如图 3-94 和图 3-98 所示。当通过取消选择所保持几何关系、“暂停”、“恢复”等选项，还无法控制几何关系时，可选取“高级实时规则”按钮或按 Ctrl+E 键，弹出“高级实时规则”对话框，可取消指定的几何关系，如图 3-93 所示。

“面相关”几何约束和实时规则，是 Solid Edge ST 同步建模的关键技术，使得实体的造型非常方便、灵活。创建实体特征时，可以在绘制二维草图时添加几何约束和尺寸，也可以采用大致草图的方式生成实体，然后在三维实体上添加尺寸和“面相关”的几何约束。

## 3.6 实时剖面

“实时剖面”命令通过在实体上生成假想的剖切平面，以动态的方式查看平面截切实体的截面轮廓。

在用“旋转”命令、“螺旋拉伸”命令、“螺旋除料”命令生成实体时，系统会自动生成一个剖面，剖切平面为草图所在的平面，同时在路径查找器的“实时剖面”列表中记录了生成的剖面，如图 3-99 所示。

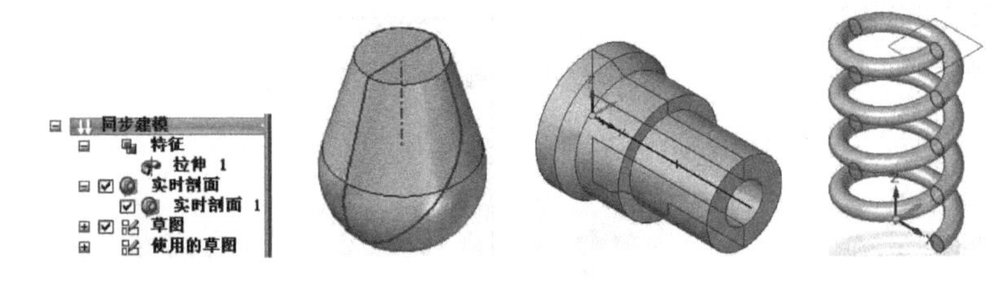


图 3-99　自动生成的实时剖面

对于一般的实体，“实时剖面”命令可生成实时动态的剖面，如图 3-100 所示。

(1) 单击“实时剖面”命令。

(2) 选取图 3-100(a)所示平面，出现图 3-100(b)所示方向轮，单击方向轮主轴，如图 3-100(b)所示，可查看平面与实体相交生成的动态剖面，如图 3-100(c)所示。单击空白处可结束命令。

执行同样的操作，如果选取图 3-100(d)所示平面，单击图 3-100(e)所示方向轮主轴，移动鼠标，可查看平面与实体相交生成的实时动态剖面，捕捉孔的圆心，生成的剖面如图 3-100(f)所示。

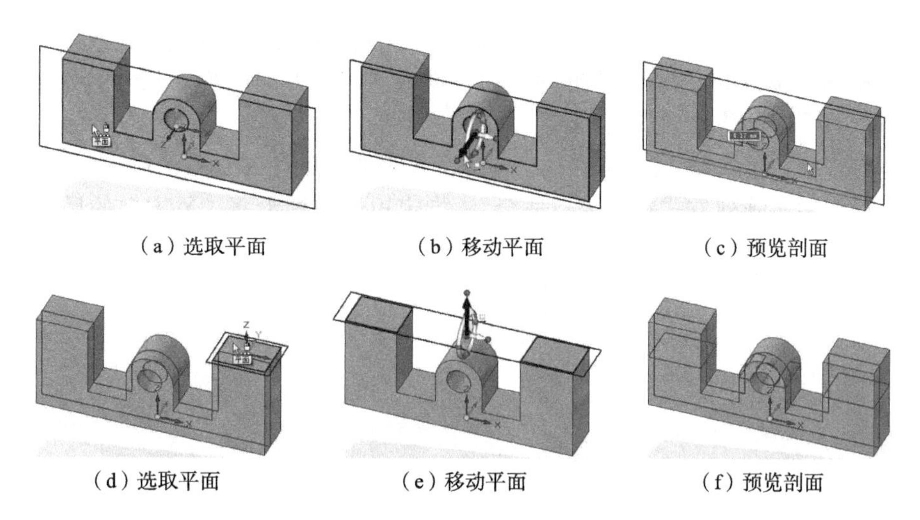

（a）选取平面　（b）移动平面　（c）预览剖面

（d）选取平面　（e）移动平面　（f）预览剖面

图 3-100　生成实时剖面

生成实时剖面后，在路径查找器中，会出现“实时剖面”列表，如图 3-101(a)所示，单击列表选项，可控制实时剖面的显示与否。在列表中选取指定的实时剖面，如图3-101(a)所示，将出现生成剖面的平面和方向轮，如图 3-101(b)所示；旋转方向轮或移动平面，剖切平面与实体相交生成的剖面随之变化，如图 3-101(c)所示。

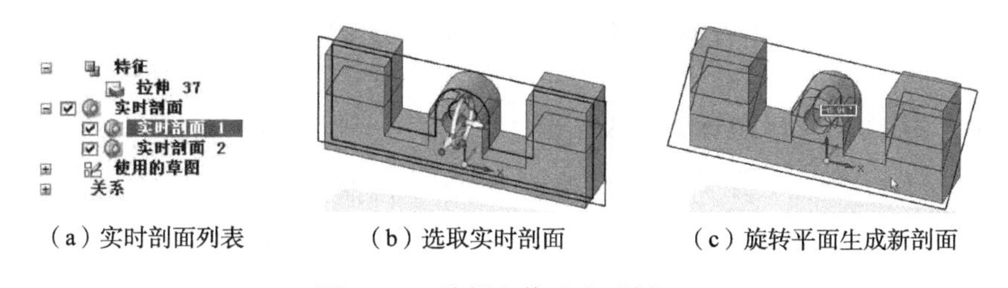


（a）实时剖面列表　（b）选取实时剖面　（c）旋转平面生成新剖面

图 3-101　编辑和修改实时剖面

## 3.7　阵列和镜像命令

本节介绍“阵列”命令区中的“阵列”和“镜像”命令，如图3-102所示。

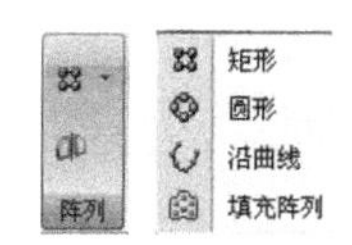


图 3-102　“阵列”命令区

### 3.7.1　矩形阵列命令

“矩形阵列”命令将指定的特征复制成指定的行数、列数和个数。

下面以在 120×90×10 的平板上阵列复制直径为$\phi$12 的通孔为例，如图 3-103(a)所示，说明“矩形阵列”命令操作的方法和步骤。

(1) 选择要阵列复制的特征，如图 3-103(a)所示孔。

(2) 单击“矩形阵列”命令。

(3) 指定参考面：选取图 3-103(b)所示平面为参考面，生成的默认阵列如图 3-103(c)所示，默认阵列方式为“适合”。

(4) 修改阵列方向和阵列参数：单击图 3-103(c)所示方向轮上的基点，改变阵列方向如图 3-103(d)所示，按 Tab 键在尺寸框间切换，输入 X、Y 方向的阵列尺寸分别为 95、60，在 X、Y 方向的阵列个数分别为 5、4。

(5) 结束步骤：单击或鼠标右键。生成的矩形阵列如图 3-103(e)所示。

在以上操作中，阵列方式默认为“适合”，指定矩形阵列沿 X、Y 方向的尺寸和阵列数量，行间距和列间距由系统间接确定：行间距＝X 方向尺寸/X 方向个数，列间距＝ Y 方向尺寸/Y 方向个数。

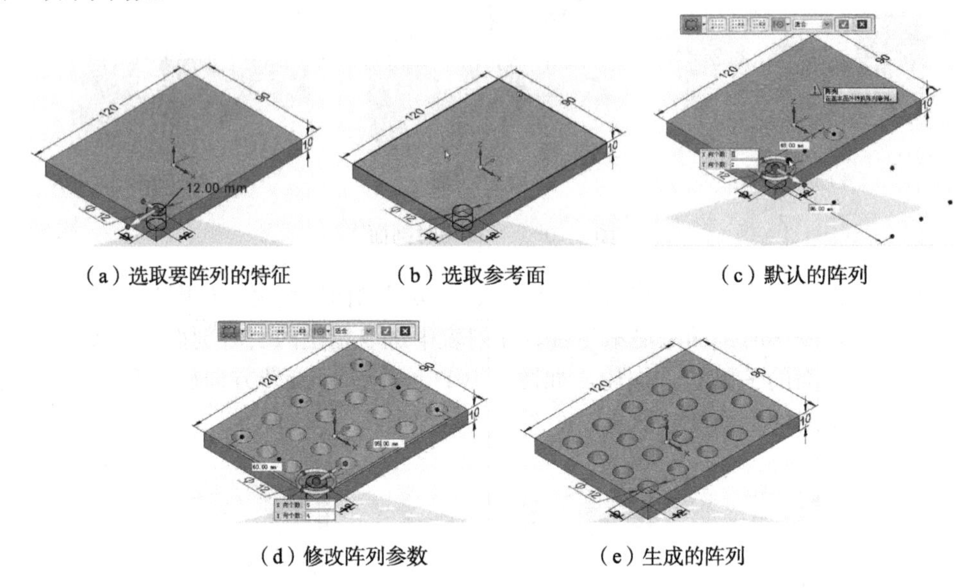


(a) 选取要阵列的特征　　(b) 选取参考面　　(c) 默认的阵列

(d) 修改阵列参数　　(e) 生成的阵列

图 3-103　矩形“适合”方式阵列

在图 3-103(d)所示的操作步骤中，如果在工具条中选取“固定”，如图 3-104(a)所示，按 Tab 键在尺寸框间切换，输入 X、Y 方向的行间距和列间距分别为 25、20，在 X、Y 方向的阵列个数分别为 5、4，单击或鼠标右键。生成的矩形阵列如图 3-104(b)所示。

对照两种方式可看出，以“固定”方式阵列，是指定矩形阵列沿 X、Y 方向的行间距、列间距和阵列个数，X 和 Y 方向的尺寸由系统间接确定：X 方向尺寸＝行间距×X 方向个数，Y 方向尺寸＝列间距 ×Y 方向个数。

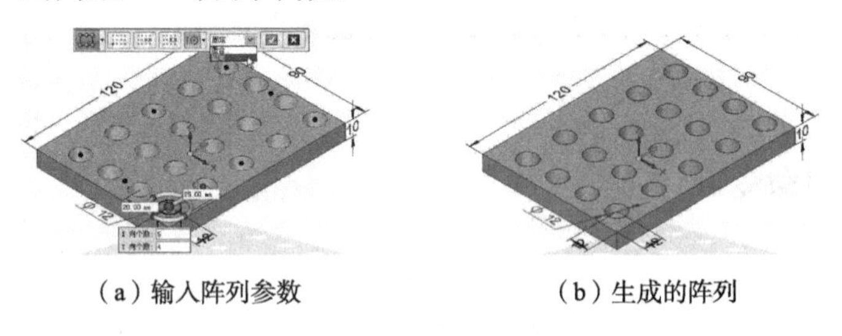


(a) 输入阵列参数　　(b) 生成的阵列

图 3-104　矩形“固定”方式阵列

在图 3-103(d)所示的操作步骤中，如果选取工具条上的“抑制实例”按钮，从已生成的阵列中选取要抑制的孔，如图 3-105(a)所示，单击或鼠标右键，生成的阵列如图 3-105(b)所示，选取的孔被抑制阵列。如果选取工具条上的“抑制区域”按钮，可选定矩形区域，该区域内原有阵列复制的特征被抑制。

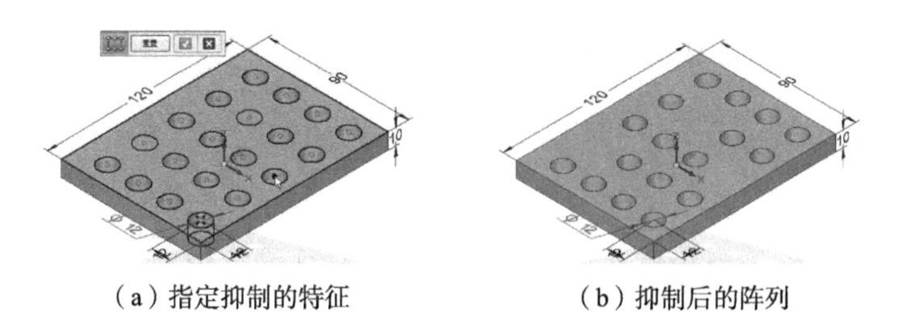

（a）指定抑制的特征　　（b）抑制后的阵列

图 3-105　抑制阵列的特征

## 3.7.2　圆形阵列命令

“圆形阵列”命令用于在圆或圆弧上生成阵列。

如图 3-106 所示，“圆形阵列”命令的操作方法和步骤为：

（1）选择要阵列复制的特征，如图 3-106(a)所示孔。

（2）单击“圆形阵列”命令。

（3）设置圆形阵列的轴线：移动鼠标，如图 3-106(b)所示，出现代表轴线的双向箭头，调整箭头方向并捕捉内孔的圆心，如图 3-106(b)所示。

（4）设置圆形阵列的数量：在个数尺寸框中输入 8，如图 3-106(c)所示。

（5）结束步骤：单击或鼠标右键。生成的圆形阵列如图 3-106(d)所示，8 个孔均匀分布形成圆形阵列。

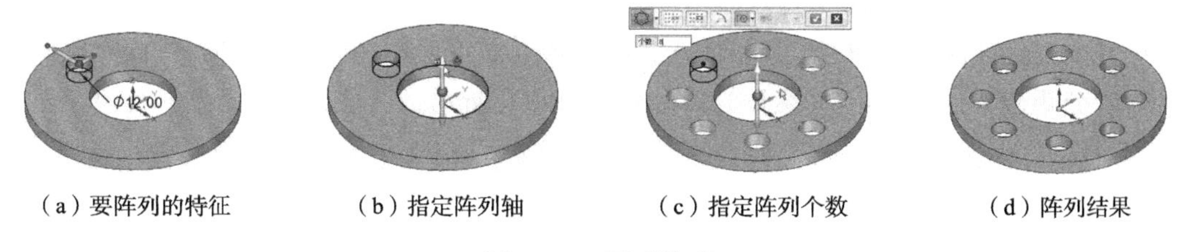

（a）要阵列的特征　（b）指定阵列轴　（c）指定阵列个数　（d）阵列结果

图 3-106　圆形阵列

以上操作为默认的完整圆形阵列。如果在图 3-106(c)所示步骤中，单击工具条上的“圆弧阵列”按钮，将出现图 3-107(a)所示个数和圆弧角度尺寸框，默认方式为“适合”，输入个数 8，按 Tab 键，在圆弧角度尺寸框中输入角度 250，按 Tab 键，可预览圆弧阵列的结果如图 3-107(a)所示。如果选取“固定”，如图 3-107(b)所示，需输入相邻两阵列之间的圆心角，输入圆心角度数 25，按 Tab 键，可预览阵列的结果如图 3-107(b)所示。

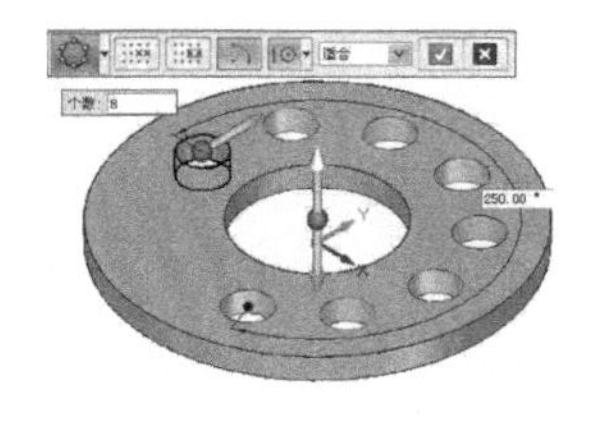

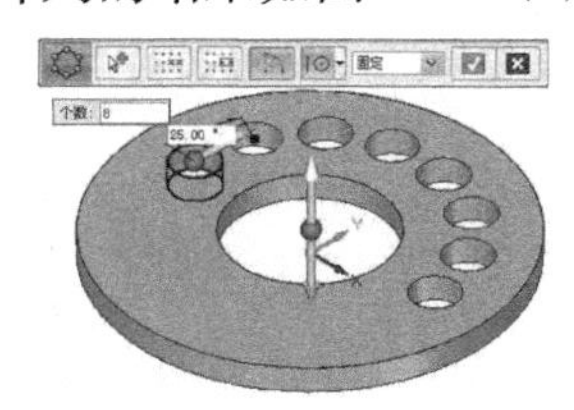

（a）“适合”圆弧阵列　　（b）“固定”圆弧阵列

图 3-107　圆弧阵列

“圆形阵列”工具条上的两个抑制按钮、，用于对已生成的阵列元素进行抑制，操作方法类似图 3-105，在此不再赘述。

### 3.7.3 沿曲线阵列命令

“沿曲线阵列”命令可以沿曲线等分复制指定的特征。当被复制特征的尺寸和形状更改时，复制的特征会随之自动更新。

执行两次“拉伸”命令，生成 120×90×10 的平板，并在板面上生成图 3-108(a)所示直径为$\phi$12 的小圆柱。

在“绘图”命令区中单击“曲线”命令，选取平板上表面为草图平面，捕捉小圆柱的圆心为起点，在板面上绘制图 3-108(a)所示的任意曲线。

沿曲线等分阵列复制圆柱，操作方法和步骤为：

(1) 选取要阵列的特征：选取小圆柱，如图 3-108(b)所示。

(2) 单击“沿曲线阵列”命令。

(3) 选取曲线：选取图 3-108(b)所示曲线，单击。

(4) 指定锚点（阵列起点）：单击图 3-108(c)所示曲线左端点。

(5) 指定阵列方向：指定阵列方向，如图 3-108(d)所示。

(6) 指定阵列个数：在个数尺寸框中输入 6，默认的阵列方式为“适合”，预览结果如图 3-108(e)所示。

(7) 结束步骤：单击或鼠标右键。

生成的沿曲线阵列如图 3-108(f)所示，6 个圆柱等分曲线，在每一个等分点处复制一个圆柱，等分距离＝曲线长/（个数－1），如图 3-108(f)所示。

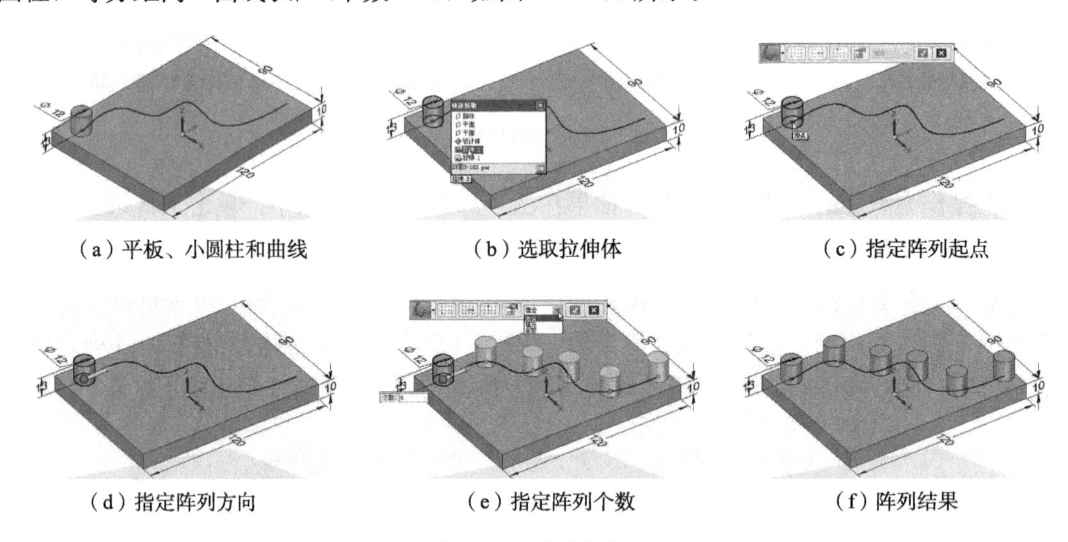

(a) 平板、小圆柱和曲线　(b) 选取拉伸体　(c) 指定阵列起点

(d) 指定阵列方向　(e) 指定阵列个数　(f) 阵列结果

图 3-108　沿曲线阵列

在图 3-108(e)所示操作步骤的工具条中，有适合、填充和固定三种阵列方式，图 3-108(f)的操作结果为“适合”。如果选取“填充”，输入等分间距 40，沿曲线生成的阵列如

图3-109(a)所示，复制个数＝取整（曲线长/等分间距)。如果选取“固定”，如图3-109(b)所示，按Tab键切换尺寸框，输入阵列个数6和间距25，沿曲线按指定的间距25复制指定的个数6，如图3-109(b)所示。

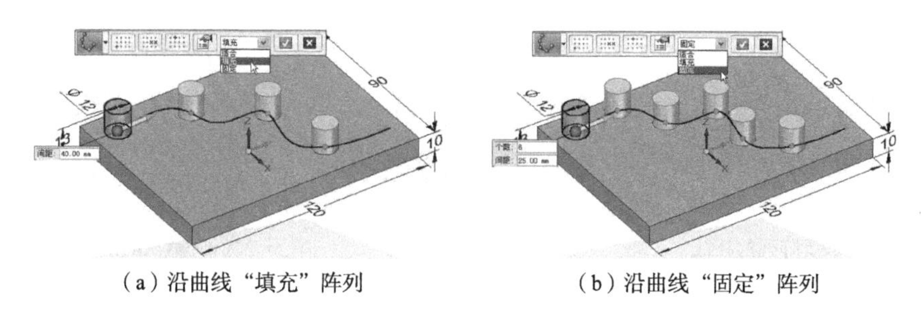

(a) 沿曲线“填充”阵列　　(b) 沿曲线“固定”阵列

图3-109　沿曲线“填充”和“固定”阵列

## 3.7.4　填充阵列命令

“填充阵列”命令可以生成复杂的矩形阵列、圆形阵列、交错的阵列等规则和不规则的阵列。

图3-110(a)为120×90×10的平板，平板中心有一个直径为$\phi 10$的小孔。下面以填充$\phi 10$小孔形成的阵列为例，说明“填充阵列”命令的操作方法和步骤。

(1) 选择要阵列复制的特征，如图3-110(a)所示小孔。

(2) 单击“填充阵列”命令。

(3) 选取参考面：选取图3-110(b)所示参考面，单击或鼠标右键。

为了便于查看结果，在如图3-111所示“视图方向”中选取“俯视图”，或按Ctrl+T键，使视图的方向如图3-110(c)所示。

(4) 指定阵列的方式和阵列间距：在图3-110(c)所示工具条中，默认的填充方式为“矩形”，按Tab键切换尺寸框，输入行间距30，列间距15，可预览默认阵列的结果如图3-110(c)所示。

(5) 改变阵列方式和选项，预览其他阵列结果：

单击图3-110(c)所示方向轮上的基点，如图3-110(d)所示，可改变方向轮主轴的指向，行间距和列间距的值互换，如图3-110(e)所示。

单击方向轮的圆环，移动鼠标，可预览阵列随方向轮主轴旋转的结果，如图3-110(f)所示；在角度尺寸框中输入180，可得到图3-110(g)所示结果，方向轮主轴旋转了180°。

在图3-110(h)所示“阵列方式”下拉列表中选取“交错”，出现间距和角度尺寸框，如图3-110(h)所示，默认的角度为60°，输入间距20，按Tab键，可预览生成的阵列如图3-110(h)所示，行和列的间距相等，均为20，行和列均对中交错排列。

在图3-110(i)所示下拉列表中选取“线性偏置”，可分别设置行间距和列间距，行和列均按各自间距对中交错排列，如图3-110(i)所示。

在图3-110(j)所示下拉列表中选取“复杂线性偏置”，可分别设置行间距、列间距和列交错的距离，如图3-110(j)所示，生成的交错不再按行和列对中交错。

在图3-110(k)所示阵列方式下拉列表中选取“径向”，出现间距和个数尺寸框，输入间距 15，个数 6，生成的径向阵列如图 3-110(k)所示，为 6 等分的径向阵列。

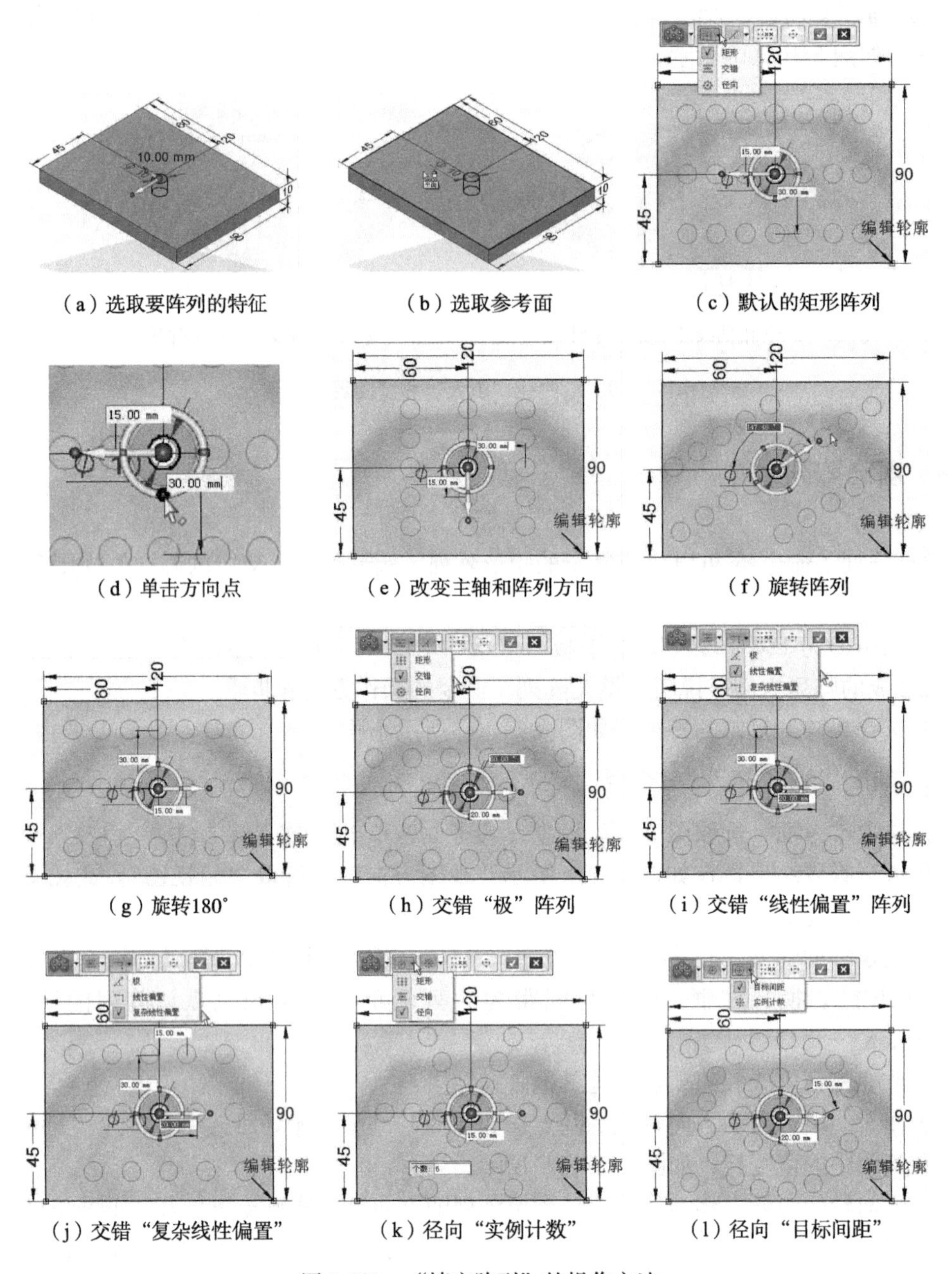


(a) 选取要阵列的特征　(b) 选取参考面　(c) 默认的矩形阵列

(d) 单击方向点　(e) 改变主轴和阵列方向　(f) 旋转阵列

(g) 旋转180°　(h) 交错“极”阵列　(i) 交错“线性偏置”阵列

(j) 交错“复杂线性偏置”　(k) 径向“实例计数”　(l) 径向“目标间距”

图 3-110 “填充阵列”的操作方法

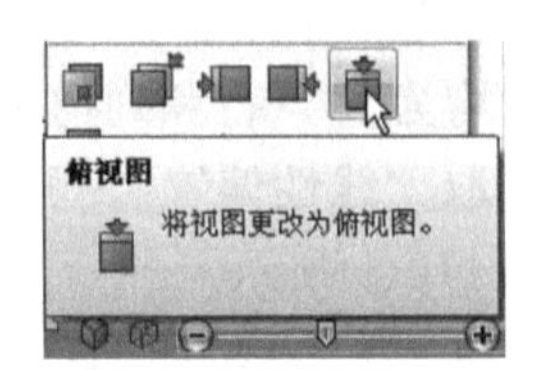


图 3-111 选取“俯视图”

在图 3-110(l)所示下拉列表中选取“目标间距”，输入阵列径向间距 20 和环向间距 15，生成的填充阵列如图 3-110(l)所示。

(6) 结束步骤：在预览以上阵列结果后，单击或鼠标右键。生成的填充阵列如图 3-112 所示。

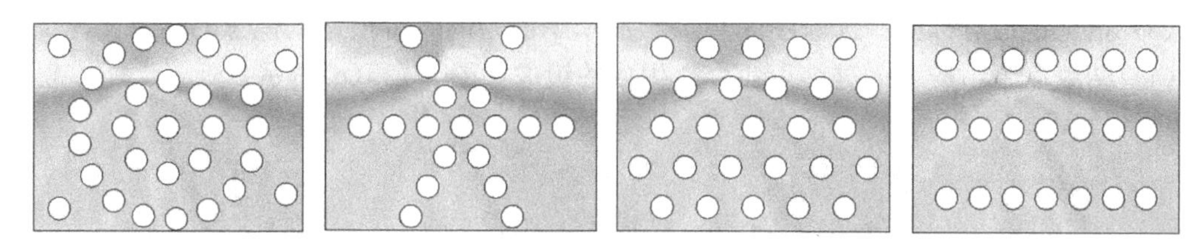

图 3-112　生成的填充阵列

在图 3-113 所示“填充阵列”工具条中，两个下拉选项的不同组合，可生成不同的填充阵列，如图3-110所示。工具条中的“抑制”按钮可控制抑制指定的阵列元素；“中心定向”按钮可重新定位和定向方向轮，生成的填充阵列将随方向轮的变化而变化；“添加到阵列”按钮可以添加或移除已设置阵列的父特征。

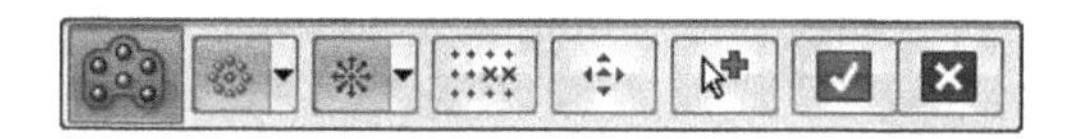

图 3-113　“填充阵列”工具条

## 3.7.5　镜像特征命令

“镜像特征”命令（Mirror Copy Feature）用于镜像复制选定的特征。复制后的特征与原始特征相关，如果原始特征被更改或删除，则镜像复制的特征也会随之更新。

“镜像特征”命令的操作方法是：选取要镜像的特征；单击“镜像特征”命令；选取镜像对称面。

可以选取三个基准 Base 和实体上已有的平面为镜像对称面，也可以事先生成所需要的镜像对称面。

例如图 3-114(a)中，如果要沿实体的长度方向镜像凸台和两个孔，需在实体中点处生成径向对称面：单击“平面”命令区中的“用三点”命令，在工具条中指定捕捉方式为“中点”，如图 3-114(a)所示；依次捕捉三条直线的中点，如图 3-114(b)所示；按 Esc 键，生成的参考面如图 3-114(c)所示。

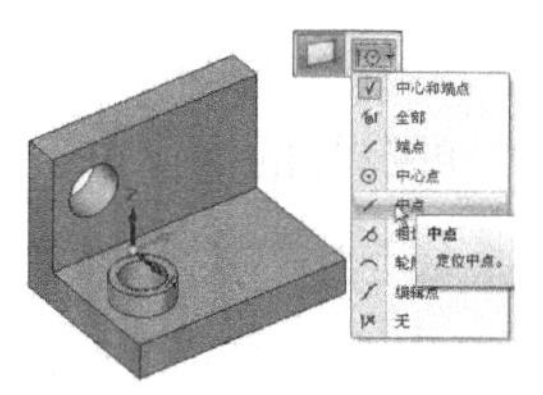


(a) 指定“中点”捕捉方式

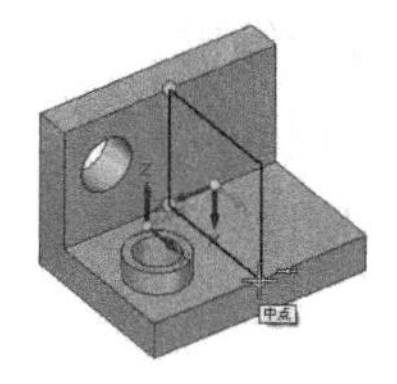


(b) 选取三个中点

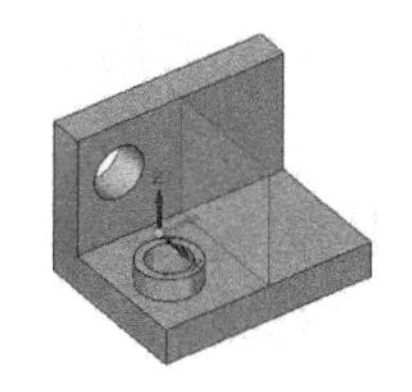

(c) 生成的平面

图 3-114　生成镜像对称面

下面以图 3-115 为例，说明“镜像特征”命令的操作方法和步骤。

(1) 选取要镜像的特征：按住 Ctrl 键，在路径查找器中选取要镜像的特征，如图 3-115(a)所示。

(2) 单击“镜像特征”命令。

(3) 指定镜像对称面：选取图 3-115(b)所示平面，同时可预览到镜像的结果。

(4) 结束命令：按 Esc 键结束命令，生成的镜像如图 3-115(c)所示。

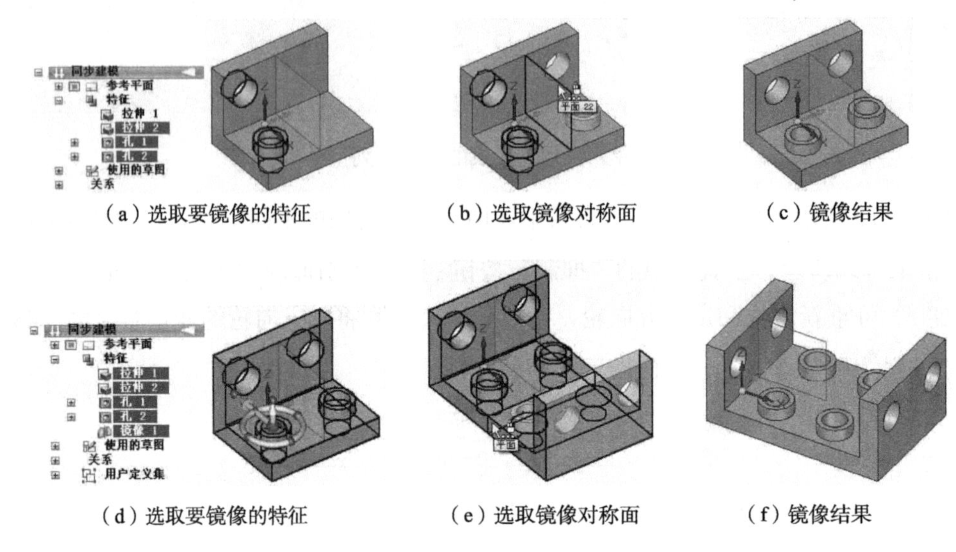


(a) 选取要镜像的特征　(b) 选取镜像对称面　(c) 镜像结果

(d) 选取要镜像的特征　(e) 选取镜像对称面　(f) 镜像结果

图 3-115　生成镜像

重复以上步骤，按住 Ctrl 键，在路径查找器中选取全部特征，如图 3-115(d)所示。单击“镜像特征”命令，选取图 3-115(e)所示实体上的平面为镜像对称面；按 Esc 键结束命令。生成的镜像如图 3-115(f)所示。

说明：当镜像平面选择不当时，可能会出现不正确的镜像结果。

## 3.8　使用方向轮编辑和修改实体

在前面介绍实体特征命令操作方法的过程中，已介绍了一些方向轮的操作和应用，本节专门介绍使用方向轮编辑和修改实体的方法。

在生成实体后，除了可以通过对实体添加尺寸、添加面相关几何约束来编辑和修改模型外，还可利用方向轮对模型进行修改和编辑。

当选取的实体对象不同时，将出现不同形式的方向轮，可执行的操作也不一样。下面通过实例介绍利用方向轮对模型进行编辑和修改的方法。

首先生成实体。

(1) 绘制草图：单击“直线”命令，选取 XY 平面为草图绘制平面，按 F3 键锁定，按Ctrl＋H键（或单击“草图视图”命令），进入二维草图绘制环境。绘制图 3-116(a)所示草图轮廓，不标注尺寸。单击草图环境右上角的按钮解除草图绘制。按 Ctrl+I 键，返回正等轴测视图。

(2) 生成拉伸体：选取“拉伸”命令，选取草图区域，右击，移动鼠标，生成图 3-116(b)所示拉伸体。选取“尺寸标注”命令，标注尺寸如图 3-116(b)所示。

然后，按以下方法进行操作。

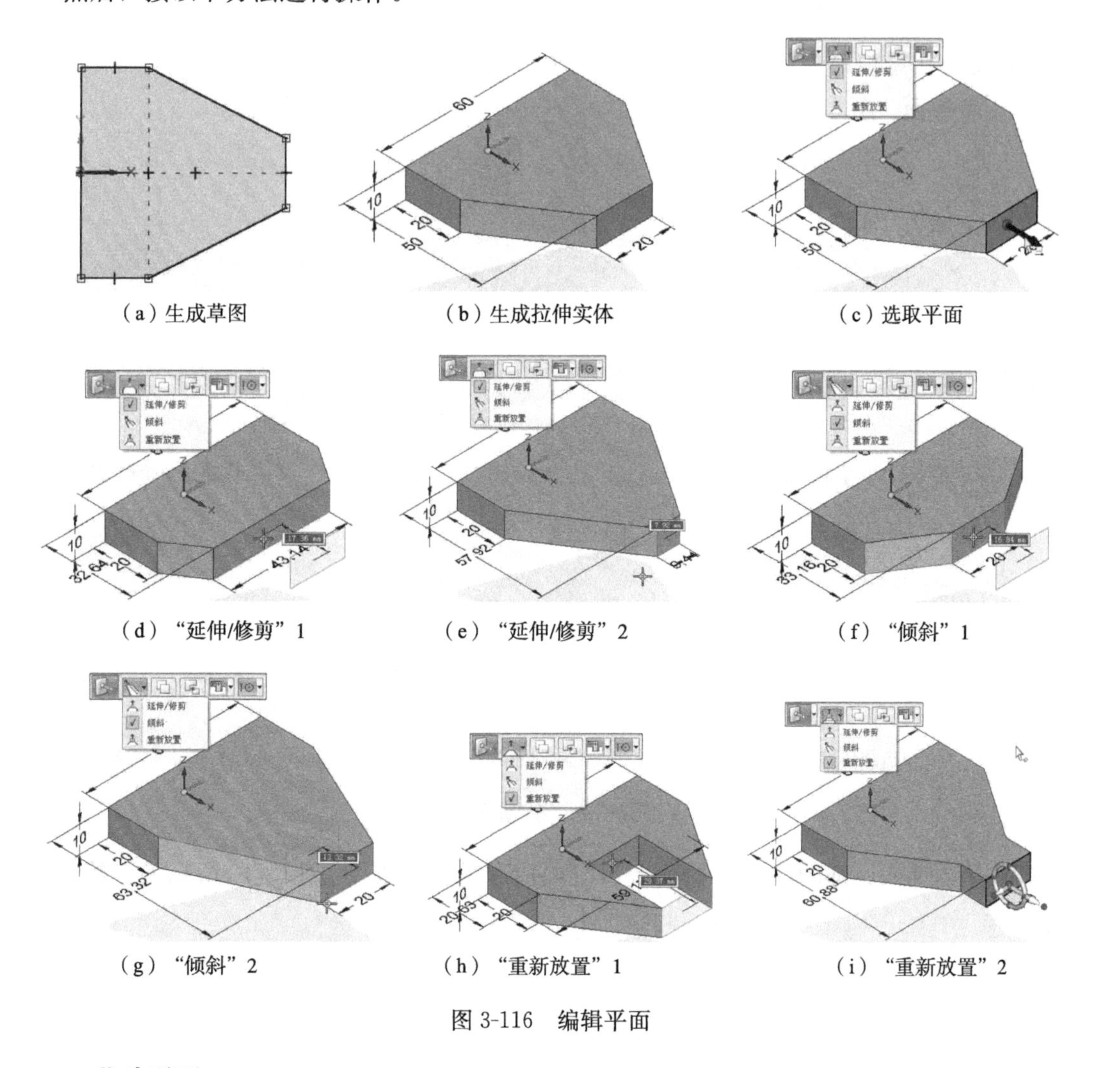


(a) 生成草图　(b) 生成拉伸实体　(c) 选取平面

(d) “延伸/修剪” 1　(e) “延伸/修剪” 2　(f) “倾斜” 1

(g) “倾斜” 2　(h) “重新放置” 1　(i) “重新放置” 2

图 3-116　编辑平面

**1. 移动平面**

(1) 单击“选取”按钮，选取图 3-116(c)所示平面，出现工具条如图 3-116(c)所示，“相连面”下拉列表中有“延伸/修剪”、“倾斜”和“重新放置”三个选项。

(2) 当选取“延伸/修剪”时，单击箭头，如图 3-116(c)所示，移动鼠标，可平行移动指定平面，如图 3-116(d)和图 3-116(e)所示，移动过程中，选定平面的尺寸和大小随着鼠标的移动而改变，与之相连的两个面的斜度保持不变。

(3) 当选取“倾斜”时，移动鼠标，可平行移动指定平面，如图 3-116(f)和图 3-116(g)所示，移动过程中，选定平面的尺寸和大小保持不变，与之相连的两个面的斜度随着鼠标的移动而改变。

(4) 当选取“重新放置”时，向实体内移动鼠标，可使指定的平面拉伸除料，如图3-116(h)所示；向实体外移动鼠标，可使指定的平面拉伸添料，如图3-116(i)所示。

无论使用哪一种方式移动指定平面，相对原平面的移动距离将显示在尺寸框中，如图3-116(d)～(h)所示；当输入移动距离或单击左键确定时，在移动后的平面上将出现图3-116(i)所示的三维3D方向轮，可应用此方向轮对移动后的平面进行进一步修改。按Esc键，或单击空白处，可结束命令。

**2. 旋转平面**

(1) 单击“选取”按钮，选取图3-117(a)所示平面。

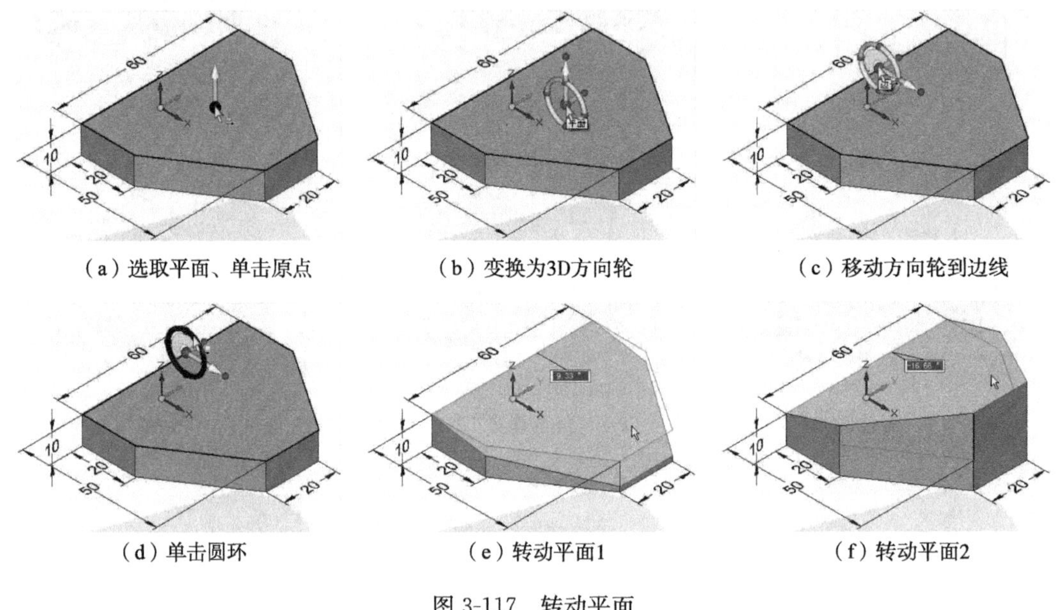

(a) 选取平面、单击原点　(b) 变换为3D方向轮　(c) 移动方向轮到边线

(d) 单击圆环　(e) 转动平面1　(f) 转动平面2

图3-117　转动平面

(2) 单击箭头尾部的原点，如图3-117(a)所示，将出现图3-117(b)所示的三维3D方向轮。

(3) 选取方向轮原点，如图3-117(b)所示，移动方向轮到图3-117(c)所示边线。

(4) 单击方向轮圆环，如图3-117(d)所示；移动鼠标，可预览指定平面绕指定边线旋转的结果，如图3-117(e)和图3-117(f)所示。

**3. 移动和旋转圆柱面**

(1) 单击“选取”按钮，选取图3-118(a)所示孔，出现二维2D方向轮。

(2) 选取图3-118(a)所示主轴，移动鼠标，孔和与之同轴的外柱面沿主轴方向移动，如图3-118(b)所示。

(3) 在尺寸框中输入15，按Enter键，移动后的孔如图3-118(c)所示，此时方向轮为3D方向轮。

(4) 单击方向轮原点，如图3-118(c)所示，移动方向轮并捕捉大孔圆心，如图3-118(d)所示。

(5) 单击方向轮圆环，如图 3-118(e)所示，移动鼠标，可绕大孔的轴线旋转选定的孔，如图 3-118(f)所示。

注意：在图 3-118(f)所示旋转过程中，如果不能得到正确的结果，请在实时规则中取消“保持共面轴”选项。

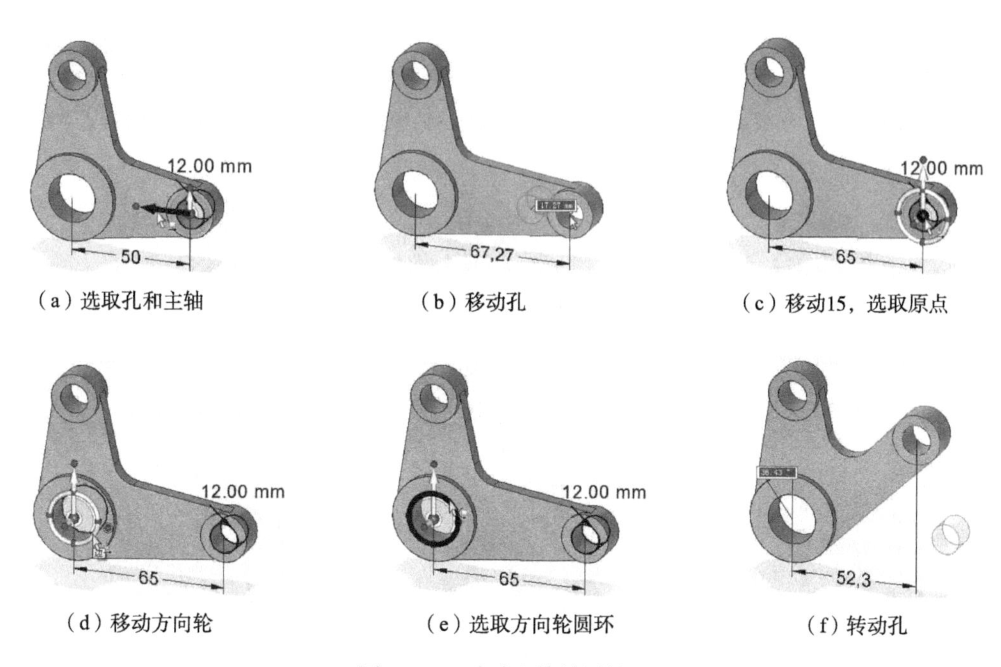


(a) 选取孔和主轴　(b) 移动孔　(c) 移动15，选取原点

(d) 移动方向轮　(e) 选取方向轮圆环　(f) 转动孔

图 3-118　移动和旋转圆柱面

**4. 移动和旋转特征组**

(1) 单击“选取”按钮，按住 Ctrl 键，在路径查找器中选取图 3-119(a)所示拉伸、倒圆和孔特征，选取的特征组高亮显示，并出现 3D 方向轮，如图 3-119(b)所示。

(2) 单击图 3-119(b)所示次轴，移动鼠标，整个组件沿次轴方向移动，如图 3-119(c)所示。在尺寸框中输入 20，按 Enter 键，移动后的组件如图 3-119(d)所示。

(3) 单击图 3-119(d)所示方向轮原点，移动方向轮，调整并捕捉图 3-119(e)所示顶点。

(4) 单击图 3-119(f)所示方向轮平面，移动鼠标，可平移选定的组件，如图 3-119(g)所示，平移距离显示在尺寸框中，输入距离 28，按 Enter 键，组件被平移如图 3-119(h)所示。

(5) 单击图 3-119(h)所示方向轮原点，移动方向轮至图 3-119(i)所示线段中点。

(6) 单击图 3-119(j)所示方向轮圆环，移动鼠标，可绕指定的边线旋转组件，如图 3-119(k)和图 3-119(l)所示。

(7) 在旋转方向如图 3-119(l)所示时，输入角度 30，按 Enter 键。

(8) 按 Esc 键，结束命令。利用方向轮编辑和修改后的实体如图 3-119(m)所示。

说明：按 Shift 键并单击方向轮平面，可以使方向轮平面旋转 90°。

灵活地应用方向轮，可以很方便地编辑和修改实体。

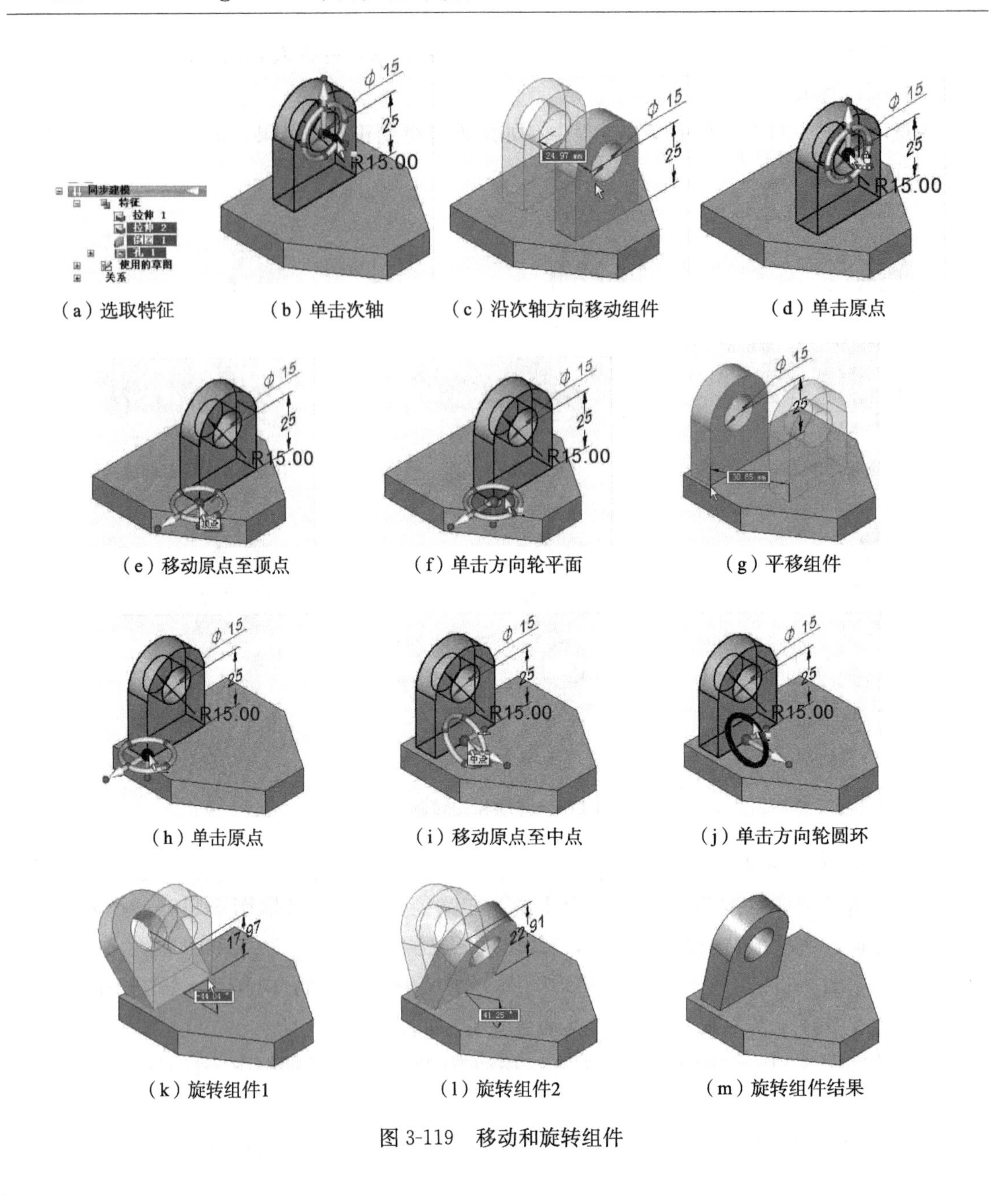


（a）选取特征　（b）单击次轴　（c）沿次轴方向移动组件　（d）单击原点

（e）移动原点至顶点　（f）单击方向轮平面　（g）平移组件

（h）单击原点　（i）移动原点至中点　（j）单击方向轮圆环

（k）旋转组件1　（l）旋转组件2　（m）旋转组件结果

图 3-119　移动和旋转组件

# 3.9　路径查找器

Solid Edge 的零件设计环境中，屏幕左边的路径查找器如图 3-120 所示。第一行是文件名，文件名下方是“PMI 尺寸显示/隐藏”单选项、“Base 基准坐标系显示/隐藏”单选项、“基本参考面显示/隐藏”单选项和“同步建模”列表等选项，如图 3-120 所示。“同步建模”列表记录了建模过程中实体特征生成的顺序，每一类特征自动标记 1、2…，如拉伸 1、拉伸 2，孔 1、孔 2 等。应用路径查找器，除了可以对各单选项进行显示/隐藏等操作外，还可以对已生成的特征进行分组、调整特征顺序等操作。

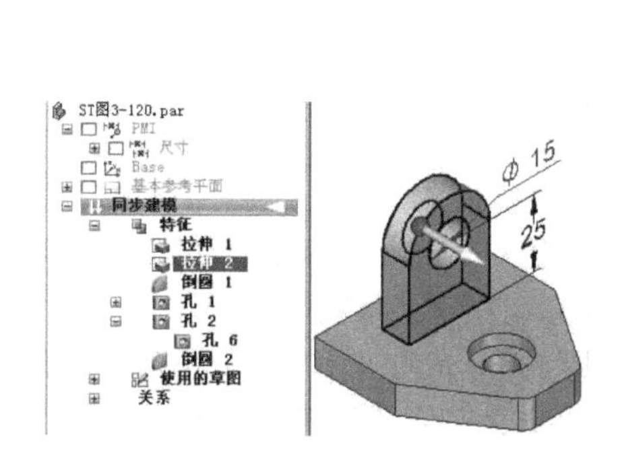


（a）路径查找器

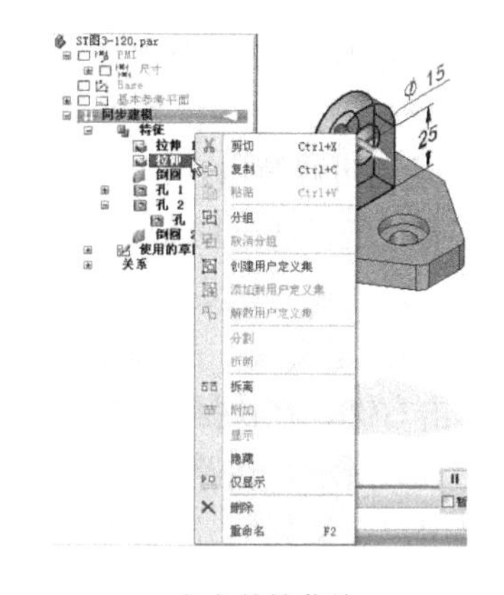


（b）快捷菜单

图 3-120　路径查找器

**1. 选取特征**

如图 3-120(a)所示，单击路径查找器中“同步建模”列表中的特征，选取的特征呈高亮显示，并出现可操作的箭头或方向轮。

按住 Ctrl 键可同时选取多个特征，按住 Shift 键可选取第一个与最后一个特征之间的所有特征。在已选取的特征中，再次单击，可取消选取。

在路径查找器中，在选取的特征上单击鼠标右键，出现图 3-120(b)所示的快捷菜单，利用该菜单，可对选取的特征进行剪切、复制、分组、删除、隐藏、仅显示、重命名等操作。下面对图 3-120(b)所示快捷菜单中的部分常用选项进行介绍。

**2. 创建分组和取消分组**

可以将典型或常用的实体特征定义为一个组，以简化对该组的选取和操作。

“创建分组”的操作方法为：按住 Ctrl 键，在路径查找器中，选取构成组的特征，单击右键，在快捷菜单中选取“分组”。

如图 3-121 所示，按住 Ctrl 键，选取图 3-121(a)所示的特征，单击右键，在快捷菜单中选取“分组”。按住 Ctrl 键，选取图 3-121(b)所示的特征（底板全部特征），单击右键，在快捷菜单中选取“分组”。创建的两个分组“组 1”和“组 2”如图 3-121(c)所示。

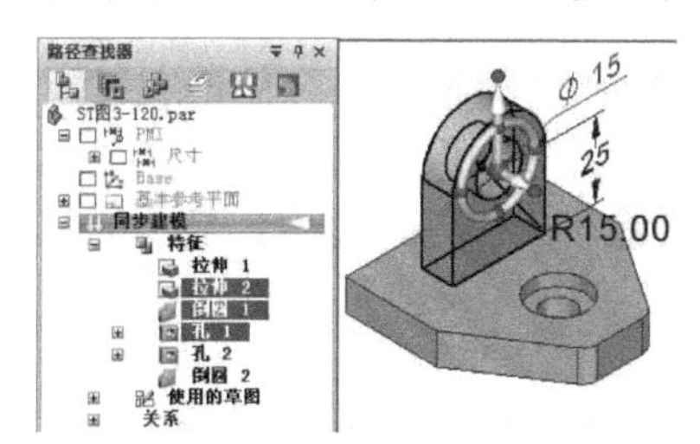


（a）选取特征（支臂）

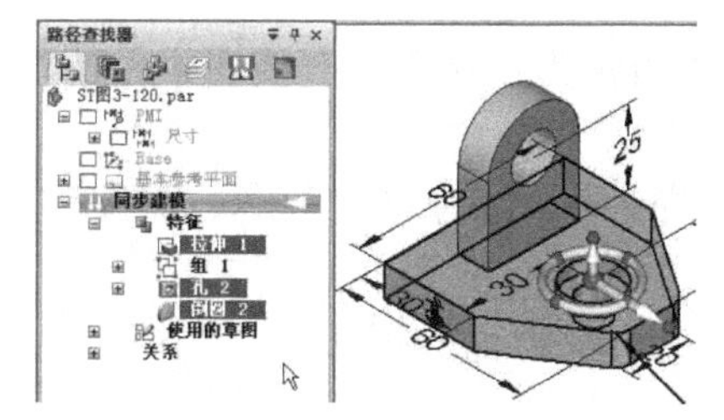


（b）选取特征（底板）

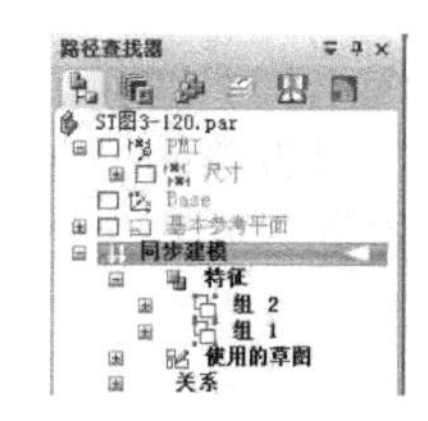


（c）生成分组

图 3-121　特征分组

可以将已有的组与其他特征或组生成新的组，也可以将选定的 PMI 尺寸生成尺寸组。

生成组后，当选取指定的组时，构成该组的特征同时被选取。当应用方向轮进行操作时，将对选取的组进行操作。例如，当选取“组 1”时，可执行如图 3-119 所示的操作。

可以对生成的组进行重命名，以方便识别。

“取消分组”的操作方法为：在路径查找器中，选取已有的“组”，单击右键，在快捷菜单中选取“取消分组”。组内的特征将重新显示。

**3. 创建、添加和解散用户定义集**

用户定义集是指将选定的特征、面、草图、尺寸、坐标系、参考面、分组等建模元素，形成一个集合，以简化对该集合的选取和修改等操作。

(1)“创建用户定义集”的操作方法为：按住 Ctrl 键，在路径查找器中，选取构成定义集的特征，单击右键，在快捷菜单中选取“创建用户定义集”。

如图 3-122(a)所示，在路径查找器中，选取板上面的实体特征，单击右键，在快捷菜单中选取“创建用户定义集”。当选取创建的用户定义集后，如图 3-122(b)所示，可应用方向轮对用户定义集进行操作，图 3-122(c)所示为对用户定义集进行移动操作。

从图 3-122 所示的操作可看出，定义了用户定义集后，可以简化对该集的选取和操作。

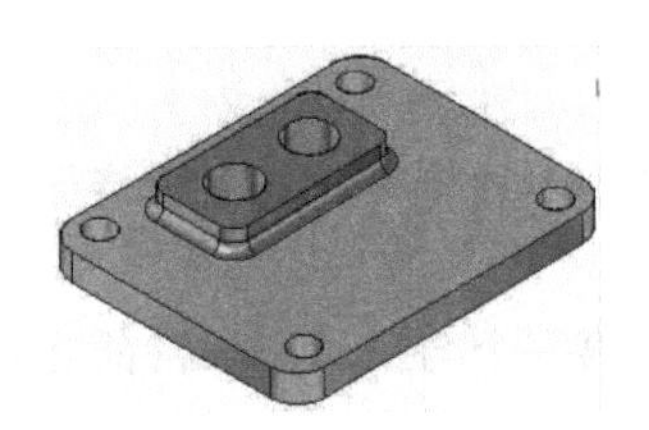

(a) 创建用户定义集

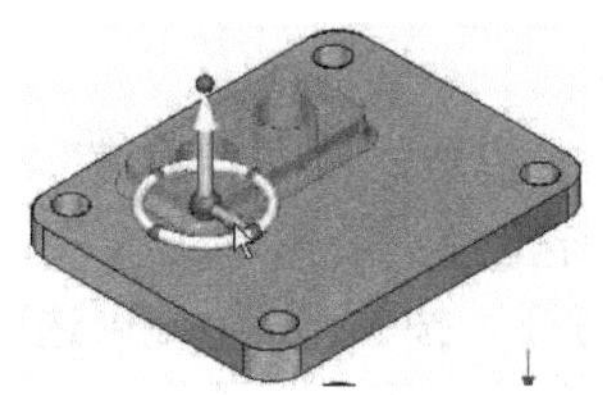

(b) 选取用户定义集

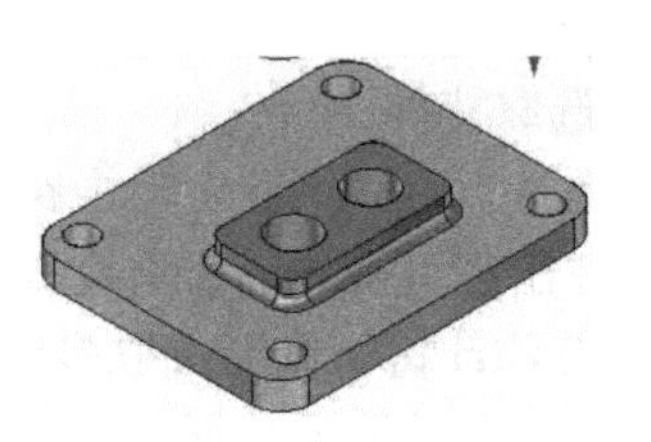

(c) 移动用户定义集

图 3-122　用户定义集

(2)“添加用户定义集”的操作方法为：在路径查找器中，选取要添加的特征、尺寸等，单击右键，在快捷菜单中选取“添加用户定义集”，然后在路径查找器中指定要添加的用户定义集。

(3)“解散用户定义集”的操作方法为：在路径查找器中，选取已有的“用户定义集”，单击右键，在快捷菜单中选取“解散用户定义集”。

**4. 拆离和附加**

拆离是指将选取的一个或多个特征暂时从实体中移除，而不是删除。附加则使被拆离的特征还原。

(1)“拆离”的操作方法为：在路径查找器中，选取需拆离的特征、面，单击右键，在快捷菜单中选取“拆离”。

被拆离的特征，在路径查找器中灰色显示，并没有被删除，如果勾选显示，显示的面为构造面，并非实体。

图 3-123(a)所示为选取要拆离的特征。

(2)“附加”的操作方法为：在路径查找器中，选取被拆离的特征，单击右键，在快捷菜单中选取“附加”。

可以将拆离面或特征，移动或旋转到的新位置，然后将其重新“附加”到新位置中，如图 3-123(b)所示。

注意：要拆离的特征、面与分离的实体间不允许有间隙，否则拆离无法操作。当拆离诸如倒角面、圆角面时，相邻面的大小和形状会改变。当选取拆离的特征或面，使用方向轮进行操作、重新定位时，拆离的特征必须保证与新的面接触，这样才能用“附加”方式重新生成，如图 3-123(b)所示。

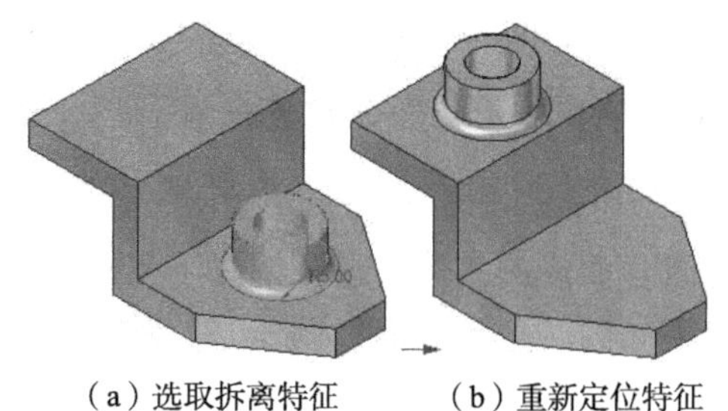

（a）选取拆离特征　　（b）重新定位特征

图 3-123　特征拆离和附加

**5. 修改特征顺序**

在路径查找器的“同步建模”特征列表中，记录了建模过程中特征生成的顺序。可以拖动选取的特征来修改该特征的顺序。

操作方法为：选取特征，如图 3-124(a)所示，拖动该特征，当出现光标↳时，该特征被移动到光标↳所指特征之后，修改特征顺序的结果如图 3-124(b)所示。

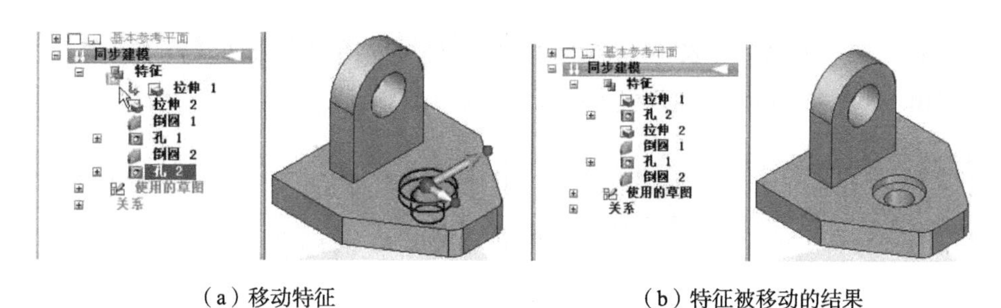


（a）移动特征　　（b）特征被移动的结果

图 3-124　修改特征顺序

**6. 对特征进行排序**

由于 Solid Edge 同步建模生成的模型，特征与草图无关，生成的实体与特征创建顺序无关，因此可以对特征进行排序操作，以方便查看特征的种类和数量。

在图 3-124(b)的基础上，右击“同步建模”列表中的“特征”，如图 3-125(a)所示，可以对特征进行“按名称排序”或“按类型排序”。图 3-125(b)为“按名称排序”的特征列表；图 3-125(c)为“按类型排序”的特征列表。

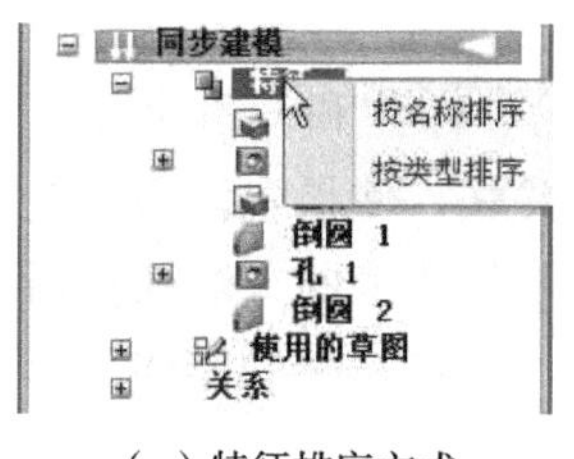


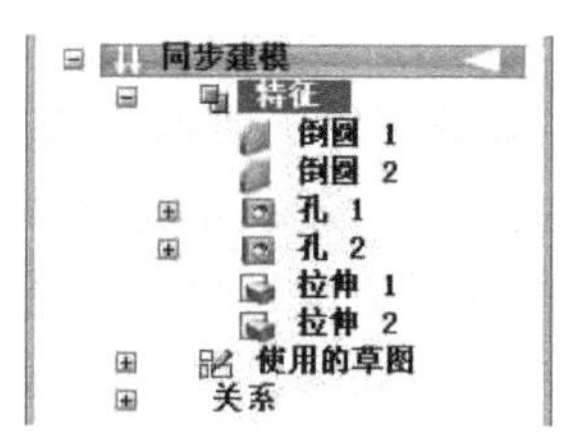


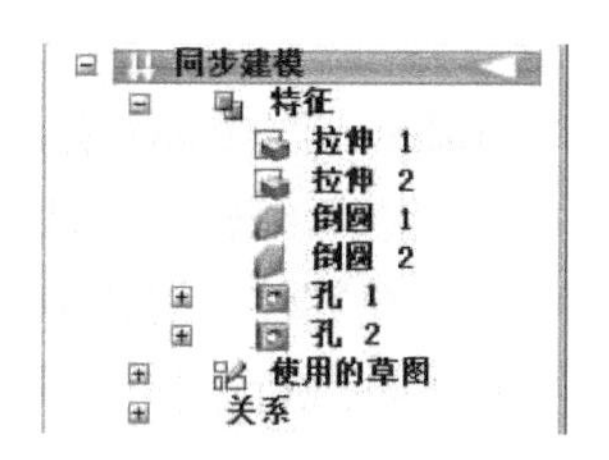


（a）特征排序方式　　（b）按名称排序　　（c）按类型排序

图 3-125　对特征进行排序

从以上操作可以看出，修改了特征的顺序，并不影响实体的形状和尺寸，使用特征命令生成实体后，不再与生成的历史顺序相关。

# 3.10 给特征、面和体指定颜色

在零件环境中，由特征组合而成的实体，默认情况下具有系统统一分配的颜色，可以给不同的特征、表面或体指定不同的颜色。下面以图 3-126 为例，说明着色方法。

(1) 在“视图”选项卡中选取“零件画笔”，如图 3-127(a)所示，出现图 3-127(b)所示工具条。

(2) 在“样式”下拉列表中选取所需的颜色，如“Brass”，在“选择”下拉列表中选取“特征”，选取“拉伸 2”和“圆角 1”，这两个特征被分配为 Brass 颜色。

(3) 在“样式”下拉列表中选取“Green”，在“选择”下拉列表中选取“特征”，选取“拉伸 1”和“圆角 2”，这两个特征被分配为 Green 颜色。

图 3-126 给特征指定颜色

说明：如果在“选取”列表中选取其他选项，还可以给单个表面或整个零件着色。

(4) 单击“关闭”按钮，结束命令。

(a) 命令路径

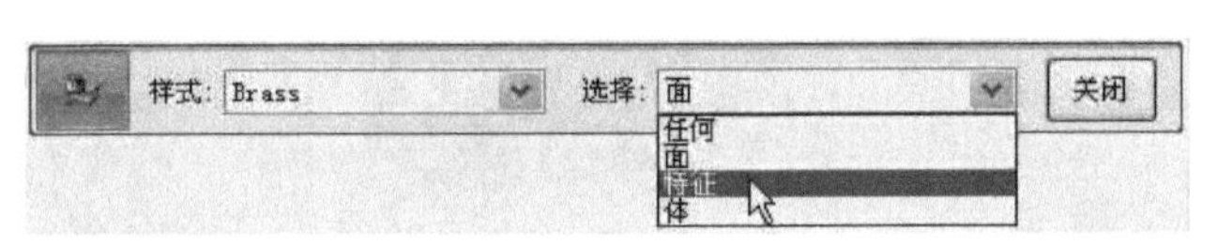


(b) 指定颜色工具条

图 3-127 “着色”工具条

指定颜色后的实体如图 3-126 所示。

# 3.11 典型零件造型举例

## 3.11.1 基本方法和技巧

Solid Edge ST 同步建模技术生成的实体，可以采用方向轮、标注和编辑尺寸、添加几何约束等方式进行编辑和修改，组成实体的特征不再与草图相关联，使得建模非常灵活、方便。对于同一个零件，可以有不同的建模方法。这里介绍一些零件造型的方法和技巧。

(1) 对零件进行形体分析。造型前，对零件进行形体分析，即将复杂的零件分解为若干个简单的形体，确定简单形体的形状和它们之间的相对位置，确定哪些是主要形体，哪些是次要的形体。

(2) 尽量利用 Base 坐标系的坐标面作为零件的对称面、基准面、底面和轴线等。这样可以方便地找到基准，方便地进行定位。

(3) 尽量使零件的造型方向与零件表达的主视图方向一致，这样可方便地查看和生成其他特征。

(4) 创建基础特征。基础特征是第一个创建的特征，用各类拉伸命令之一创建。基础特征一般是零件上比较大，且最主要的特征。基础特征的创建首先决定了该零件的视图方向，也基本决定了其他特征的创建顺序。

(5) 创建其他主要特征。先创建增料特征，除料特征在大部分增料特征创建完成后集中创建。同轴回转体尽量使用“旋转拉伸”命令创建。如果包含有薄壁特征，注意“薄壁”命令应该在需薄壁的形体创建好后及时执行。

(6) 创建次要特征。小孔、螺纹孔、倒圆、倒角、肋板等为次要特征，应该在主要形体生成后创建，并尽量利用“阵列”、“镜像”、“特征复制”等命令，以提高建模效率。

(7) 在每一个特征的草图绘制中，建议标注出完整的定形和定位尺寸，这样既方便编辑零件时对相应尺寸进行修改，也方便在以后生成零件的工程图时，自动在视图上提取并标注尺寸。

(8) 对于对称的零件，可只创建一半的特征或零件，采用“镜像”命令对称复制生成另一半，以提高建模效率。

(9) 轴类、盘盖类零件，多为同轴回转体，建议采用“旋转”命令生成，且轴线水平放置。

根据工程制图关于零件的分类，零件分为轴类、盘盖类、叉架类和箱体类四类。下面以实例方式介绍典型零件的造型方法和步骤。

## 3.11.2　轴类、盘盖类零件造型举例

轴类、盘盖类零件由于由多段同轴回转体组成，一般用“旋转”命令生成主要的回转体，再生成键槽、螺纹和倒角等结构。

下面以图 3-128(a)所示轴类零件为例，说明这类零件造型的方法和步骤。

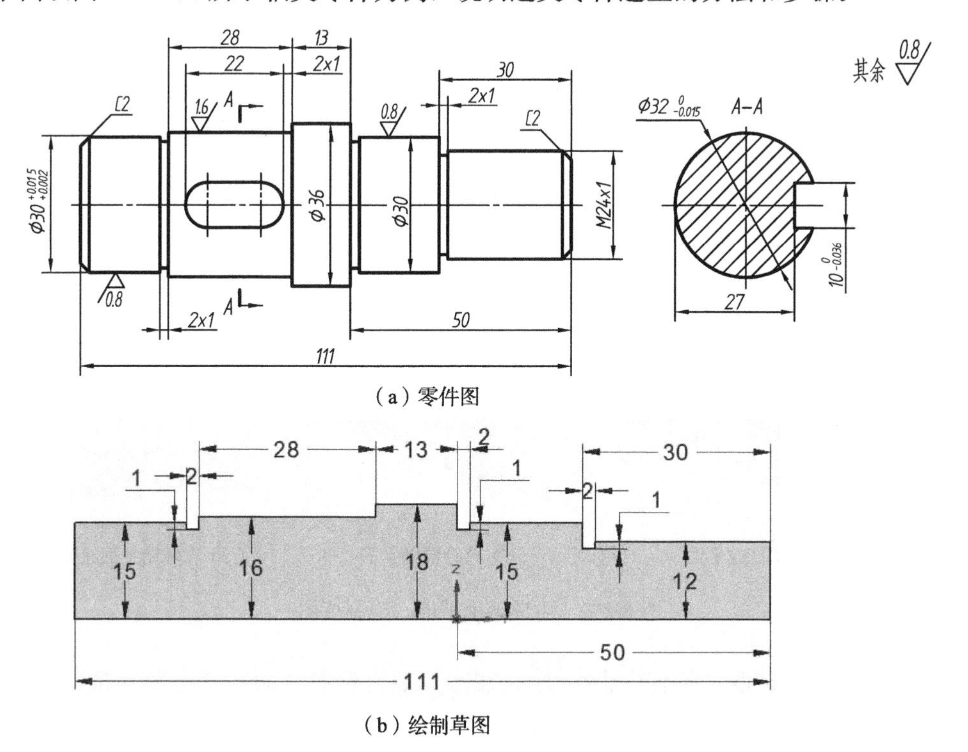


(a) 零件图

(b) 绘制草图

图 3-128　绘制回转体草图

**1. 绘制草图**

新建零件文件：单击“应用程序→新建→GB 文件”。

单击“直线”命令，选取 YZ 平面为草图平面，按 F3 键锁定，单击“草图视图”按钮。绘制图 3-128(b)所示的草图，并标注尺寸。单击“解锁”按钮，按 Ctrl＋I 键，返回轴测视图。

**2. 生成旋转拉伸体**

单击“旋转”命令，选取图 3-129(a)所示草图区域，单击右键或按 Enter 键，单击回转轴，如图 3-129(a)所示；在工具条上选取拉伸程度为“360”，生成的回转体如图 3-129(b)所示。

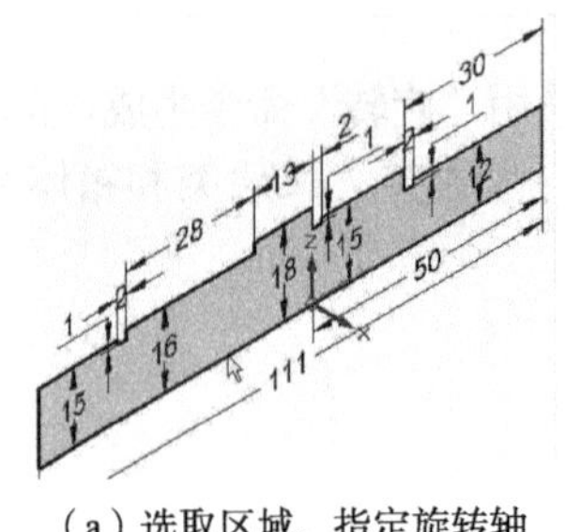


（a）选取区域、指定旋转轴

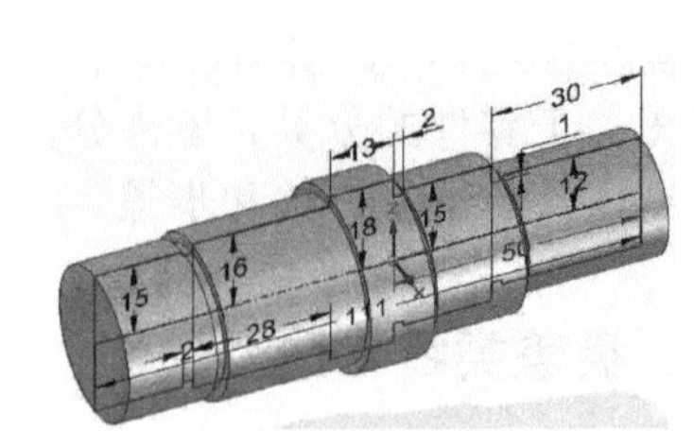


（b）生成的回旋体

图 3-129　生成回转体

**3. 生成键槽**

在路径查找器中，关闭 PMI 尺寸，关闭实时剖面。

(1) 生成辅助平面：单击“重合平面”命令，选取图 3-130(a)所示 YZ 平面，单击图 3-130(b)所示方向轮主轴，向前移动鼠标，在尺寸框中输入 11，按 Enter 键。

(2) 绘制草图：单击“中心点画圆”命令，选取新生成的平面为草图平面，按 F3 键锁定，单击“草图视图”按钮；绘制图 3-130(c)所示草图，并标注尺寸。单击“解锁”按钮，按 Ctrl＋I 键，返回轴测视图。

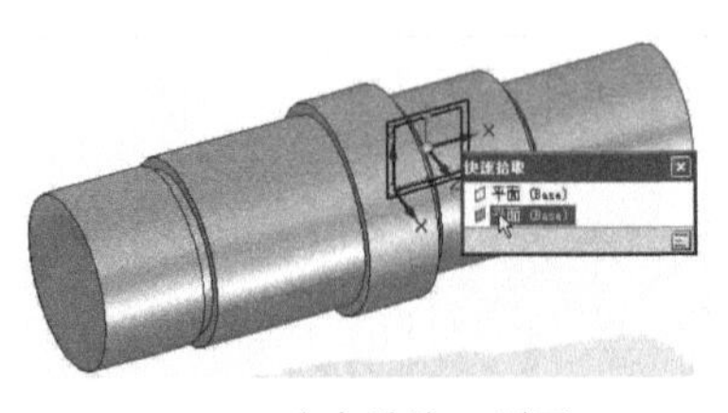

（a）选取YZ平面

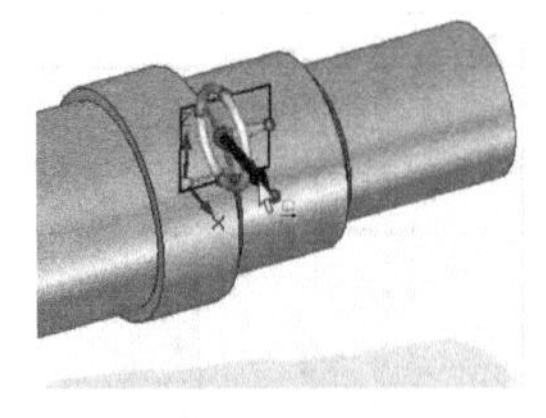

（b）移动辅助平面

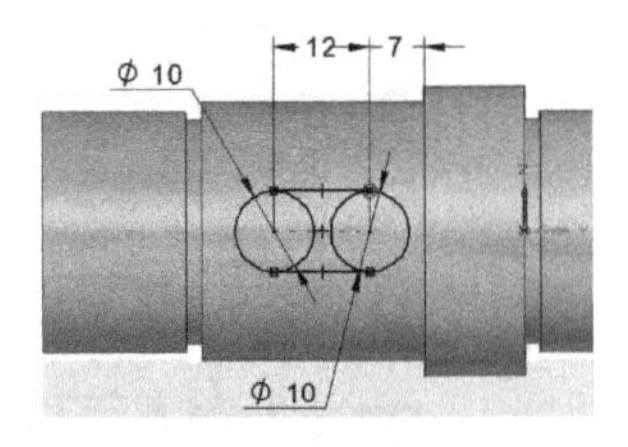


（c）在辅助平面绘制草图

图 3-130　生成辅助平面，绘制草图

(3) 拉伸除料：选取“拉伸”命令，在工具条上选取“面”、“全部穿透”，逐个选取图 3-131(a)所示草图区域，单击右键；指定拉伸方向如图 3-131(b)所示，单击左键确定。拉伸除料生成的键槽如图 3-131(c)所示。

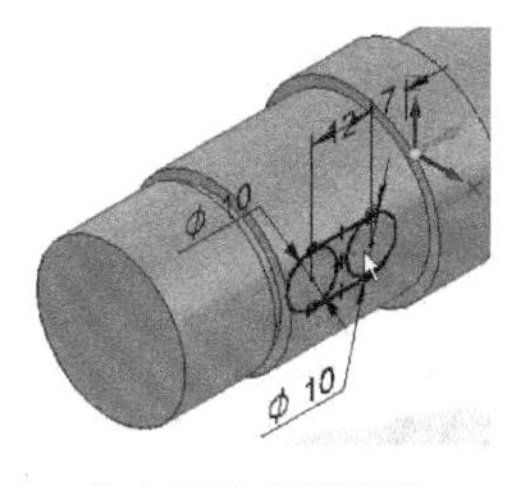


(a) 选取草图区域

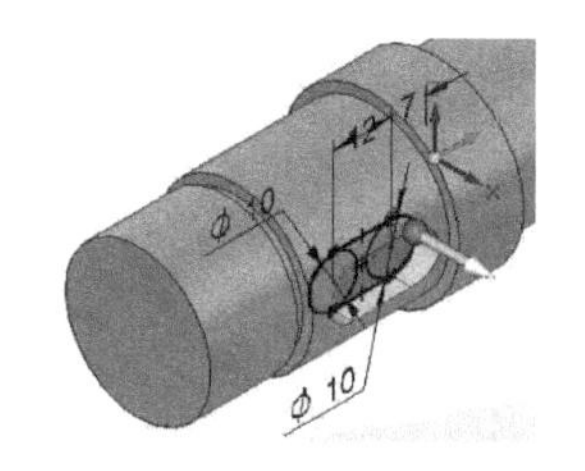


(b) 选取拉伸方向

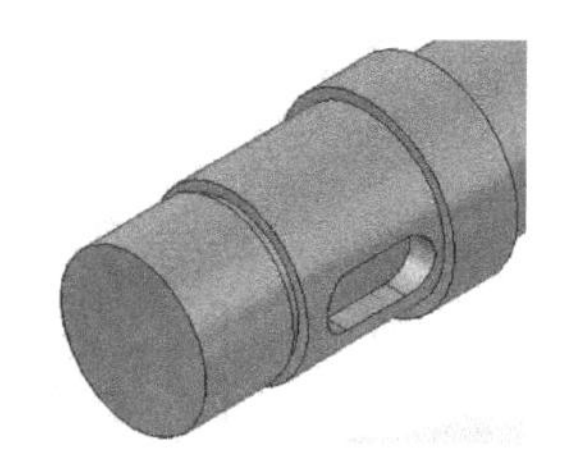

(c) 拉伸除料

图 3-131 拉伸除料生成键槽

**4. 添加螺纹**

单击“螺纹”命令，在图 3-132(a)所示工具条的“螺纹公称直径”下拉列表中，选取 M24×1，选取右端圆柱，出现更改直径的提示框，单击“确定”按钮。生成的螺纹如图 3-132(b)所示。

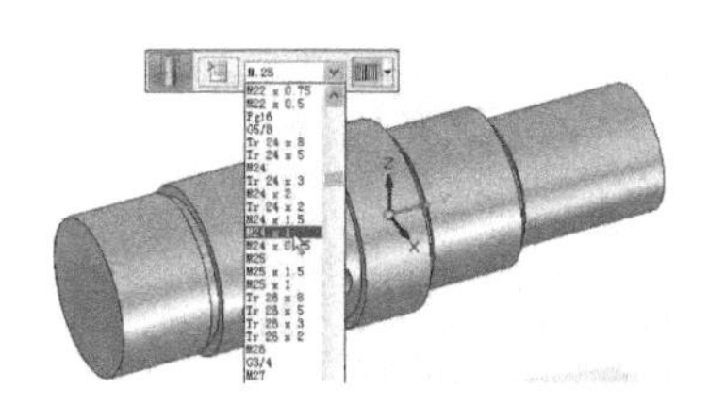

(a) 指定螺纹尺寸

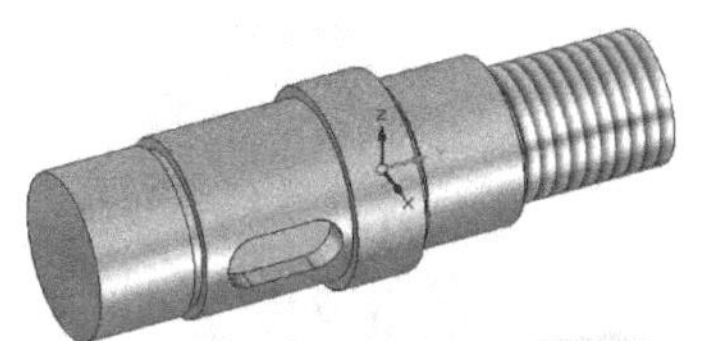

(b) 生成的螺纹

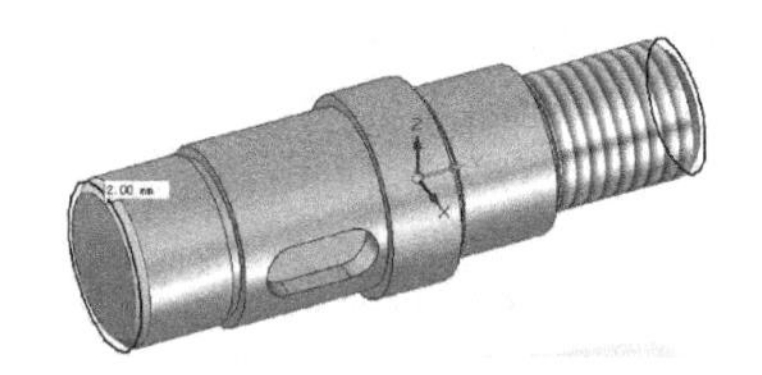

(c) 生成倒角

图 3-132 添加螺纹、生成倒角

**5. 生成倒角**

单击“倒斜角相等回切”命令，选取图 3-132(c)所示要倒角的边，在尺寸框中输入 2，按 Enter 键。

**6. 保存文件**

单击“保存”按钮，或选取“应用程序→保存”，在出现的“另存为”对话框中指定文件保存的路径，指定文件名为“主动轴.par”。

在生成类似图 3-133(a)所示带轮、齿轮、端盖等盘盖类零件时，同样应该先在 YZ 或 XZ 平面上，绘制旋转截面和旋转轴，如图 3-133(b)所示，注意轴线水平放置。执行“旋转”命令，生成主要的回转体如图 3-133(c)所示。再继续执行“打孔”、“阵列”、“拉伸除料”、“倒角”等命令，完成零件的全部造型，如图 3-133(d)所示。具体过程这里不一一赘述。

### 3.11.3 零件造型举例 1

下面以图 3-134 所示零件图中的零件为例，说明零件造型的方法和过程。

**1. 形体分析**

对图 3-134 所示零件进行形体分析，该零件可以分解为底板、轴承、支承板、肋板和凸台五部分，如图 3-135 所示，底板、轴承为主要形体，选定底板为基础特征。

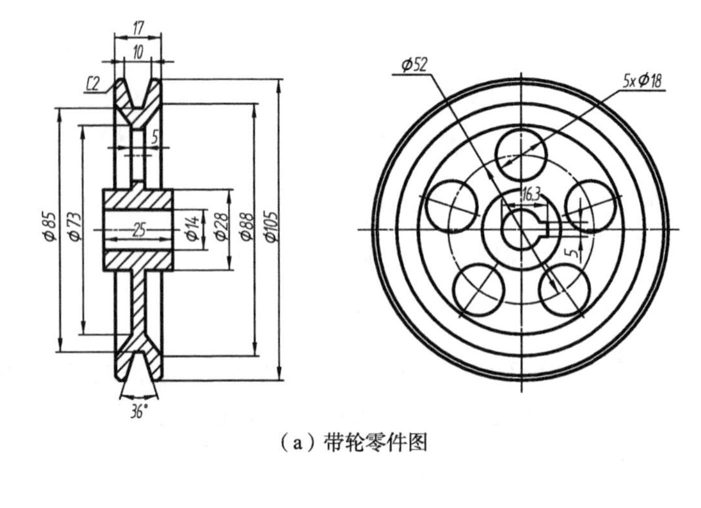


(a) 带轮零件图

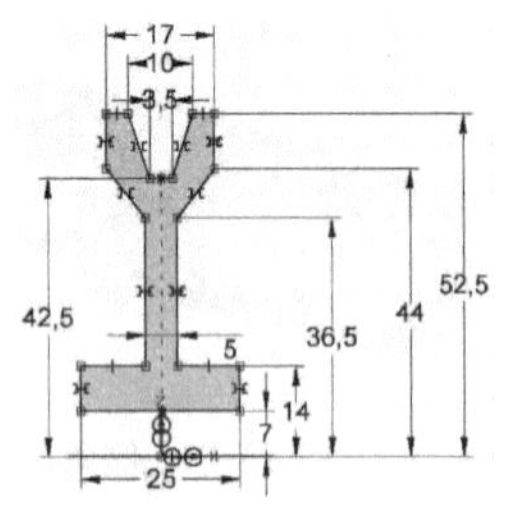


(b) 绘制截面和旋转轴

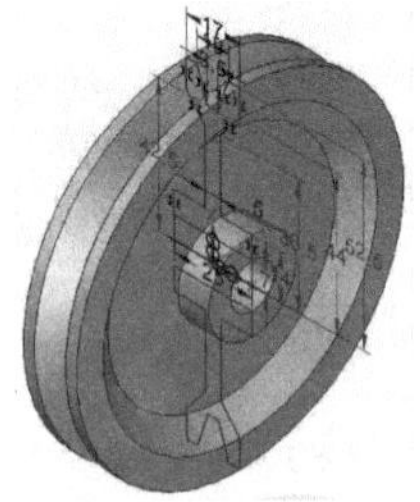

(c) 生成旋转体

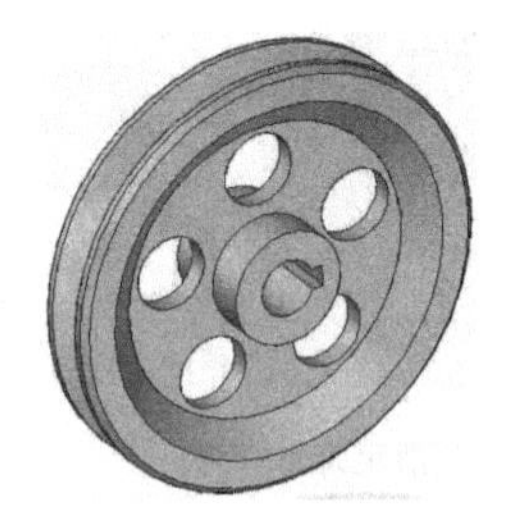

(d) 完成造型的带轮

图 3-133　盘盖类零件的造型

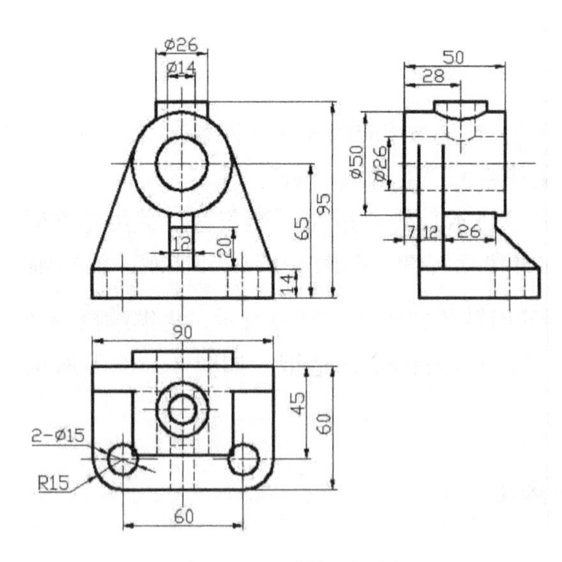


图 3-134　零件三视图

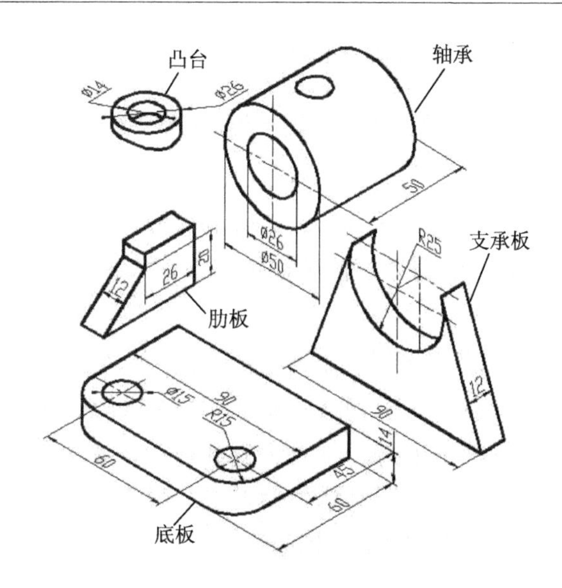


图 3-135　形体分析

## 2. 绘制草图

(1) 新建零件文件：单击“应用程序→新建→GB 文件”。

(2) 绘制草图：在“绘图”命令区中选取“2 点创建矩形”命令，选取图 3-136(a)所示 YZ 坐标面为草图平面，按 F3 键锁定，单击“草图视图”按钮。绘制图 3-136(b)所示矩形并标注尺寸。单击“水平/竖直”命令，捕捉矩形长边的中点，再捕捉坐标轴原点，使矩形关于 Z 轴左右对称；单击“共线”命令，选取矩形下边，再选取 Y 轴，使矩形下边线与 Y 轴共线，如图 3-136(c)所示。

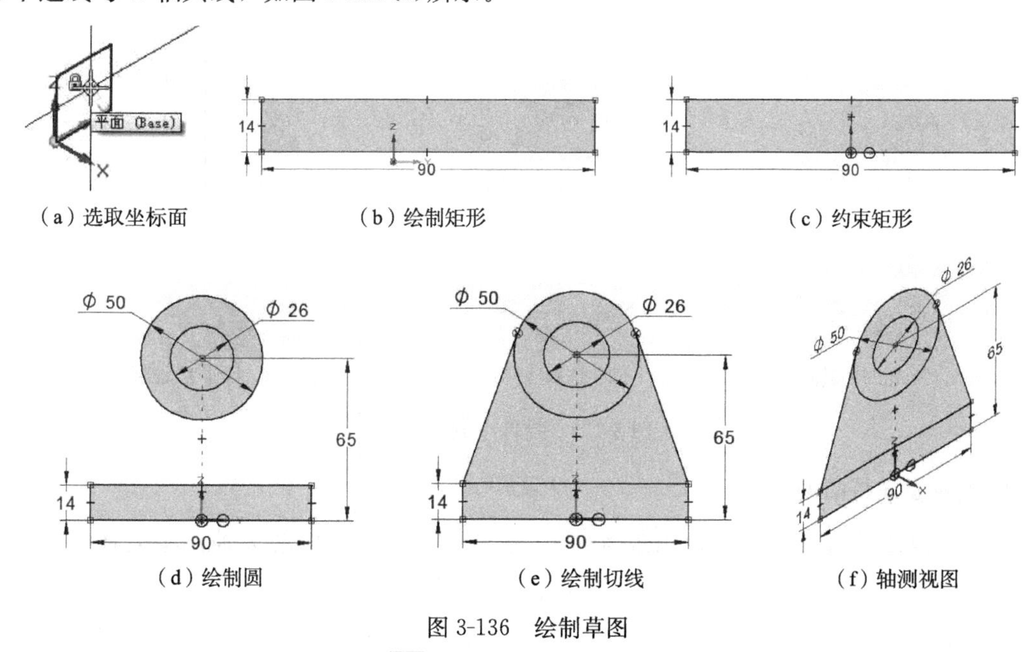


(a) 选取坐标面　(b) 绘制矩形　(c) 约束矩形

(d) 绘制圆　(e) 绘制切线　(f) 轴测视图

图 3-136　绘制草图

(3) 单击“中心点画圆”命令，绘制图 3-136(d)所示两个同心圆，并标注尺寸如图 3-136(d)所示。

(4) 单击“直线”命令，绘制两条切线，如图 3-136(e)所示。

(5) 单击“解锁”按钮，按 Ctrl+I 键，返回轴测视图，如图 3-136(f)所示。

**3. 拉伸生成实体**

(1) 单击“选取”按钮，选取图 3-137(a)所示草图的矩形区域，单击向前的箭头，如图 3-137(a)所示，移动鼠标，生成的拉伸体如图 3-137(b)所示，在尺寸框中输入 60，按 Enter 键。

(2) 选取图 3-137(c)所示草图区域，单击向前的箭头，如图 3-137(c)所示，移动鼠标，生成的拉伸体如图 3-137(d)所示，在尺寸框中输入 12，按 Enter 键。

(3) 选取图 3-137(e)所示草图区域，单击向前的箭头，如图 3-137(e)所示，移动鼠标，生成的拉伸体如图 3-137(f)所示，在尺寸框中输入 43，按 Enter 键。

在路径查找器中，单击 PMI，关闭尺寸显示。

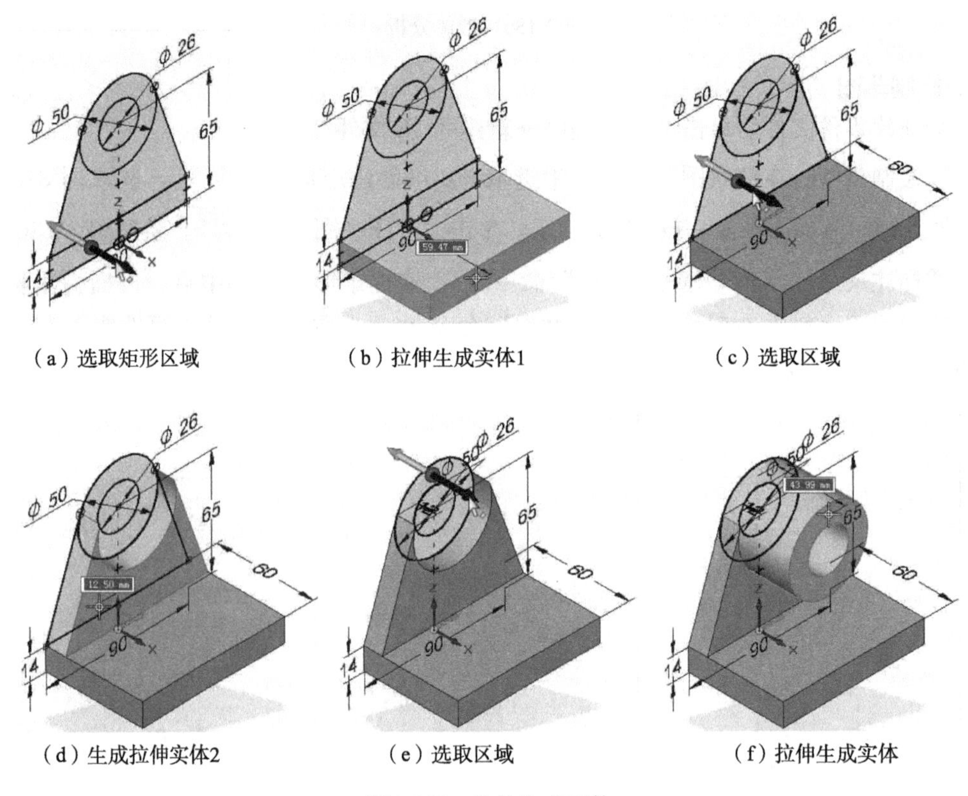


(a) 选取矩形区域　(b) 拉伸生成实体1　(c) 选取区域

(d) 生成拉伸实体2　(e) 选取区域　(f) 拉伸生成实体

图 3-137　拉伸生成实体

**4. 生成支承板后的圆柱**

单击“旋转视图”命令，出现 X、Y、Z 三个旋转轴，单击 Z 轴，在工具条中输入 90，按 Enter 键，单击“关闭”按钮，使实体显示如图 3-138 所示。

由于草图在执行了特征命令后，就从路径查找器的“草图”列表转换到了“使用的草图”列表中，如果需要再次使用草图，可执行“恢复”操作。

(1) 恢复草图：在路径查找器的“使用的草图”列表中，选取草图，如图 3-138(a)所示，单击右键，选取“恢复”。此时刚才使用过的草图被恢复，如图 3-138(b)所示。

(2) 选取图 3-138(c)所示区域，单击图 3-138(c)所示箭头，移动鼠标，生成的拉伸体如图 3-138(d)所示，在尺寸框中输入 7，按 Enter 键。

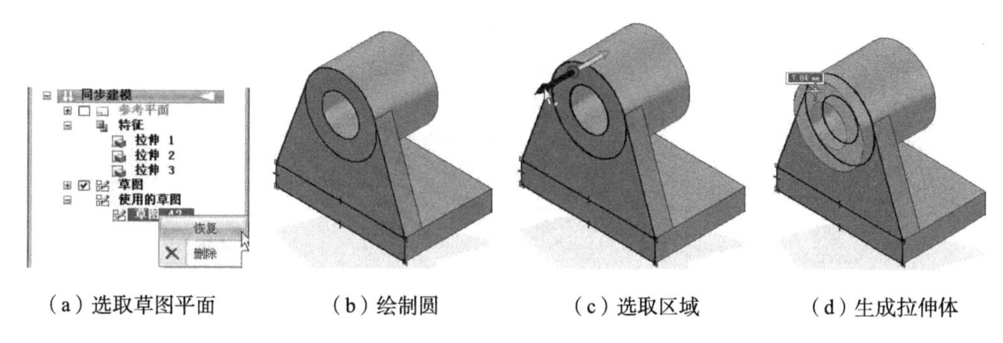


(a) 选取草图平面　(b) 绘制圆　(c) 选取区域　(d) 生成拉伸体

图 3-138　生成支承板后的圆柱

在路径查找器中，单击“草图”前的单选项，关闭草图的显示。然后关闭 PMI 尺寸的显示。按 Ctrl+I 键，返回轴测视图。

**5. 生成肋板**

(1) 单击“直线”命令，选取图 3-139(a)所示 XZ 平面为草图平面，按 F3 键锁定，按 Ctrl+H 键，进入草图视图，绘制图 3-139(b)所示直线并标注尺寸。单击“解锁”按钮，按 Ctrl+J 键，返回轴测视图。

(2) 单击“肋板”命令，选取肋板中心线，如图 3-139(c)所示，单击或鼠标右键；在尺寸框中输入肋板厚度 12，如图 3-139(d)所示，按 Enter 键。

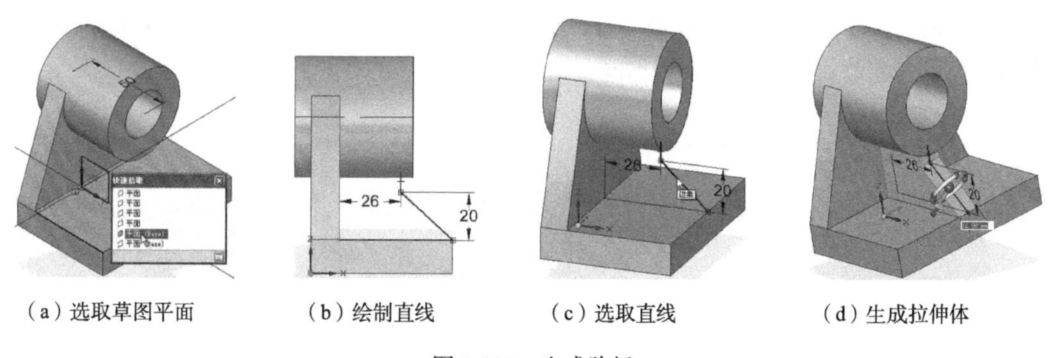


(a) 选取草图平面　(b) 绘制直线　(c) 选取直线　(d) 生成拉伸体

图 3-139　生成肋板

**6. 生成凸台**

(1) 生成辅助平面：在“平面”命令区中选取“重合平面”命令，选取图 3-140(a)所示平面；单击方向轮主轴，如图 3-140(b)所示；移动鼠标，如图 3-140(c)所示，在尺寸框中输入 95，按 Enter 键。按 Esc 键，结束命令。

(2) 绘制草图：单击“中心点画圆”命令，选取图 3-140(d)所示平面为参考面，按 Ctrl+H 键。绘制图 3-140(e)所示两个同心圆，并标注尺寸如图 3-140(e)所示。单击“解锁”按钮，按 Ctrl＋I 键，返回轴测视图，如图 3-140(f)所示。

在路径查找器中，取消显示“参考平面”。

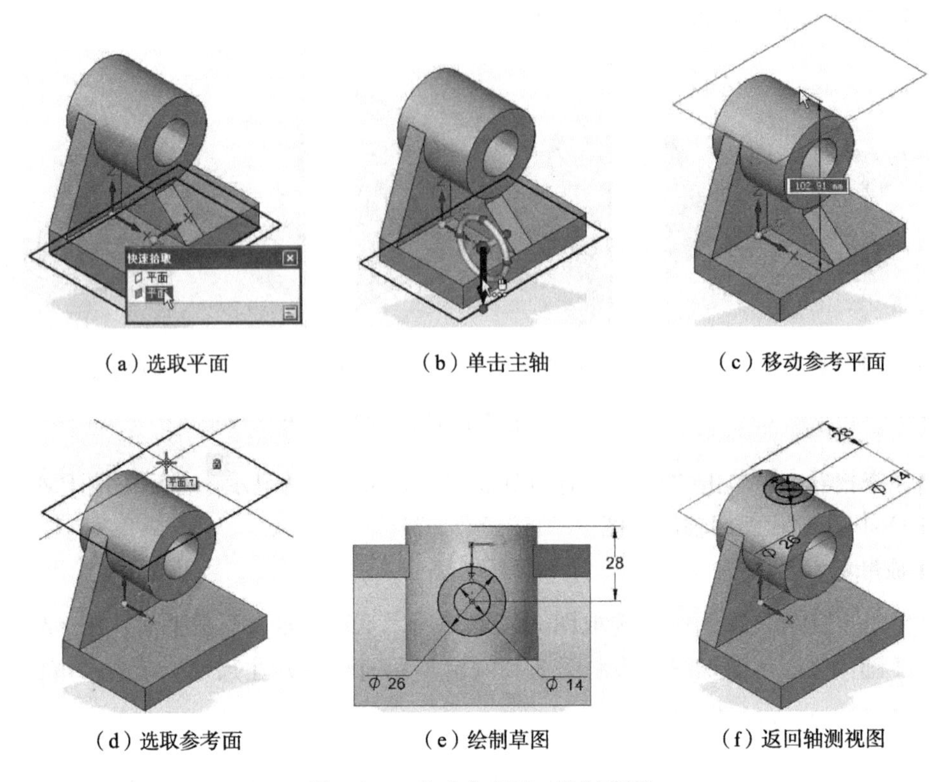


(a) 选取平面　(b) 单击主轴　(c) 移动参考平面

(d) 选取参考面　(e) 绘制草图　(f) 返回轴测视图

图 3-140　生成参考面、绘制草图

(3) 拉伸生成凸台：选取“拉伸”命令，在工具条中选取“链”、“穿过下一个”、“添料”，如图 3-141(a)所示；选取$\phi$26 圆，单击右键；指定延伸方向如图 3-141(b)所示；拉伸添料生成的$\phi$26 凸台如图 3-141(c)所示。

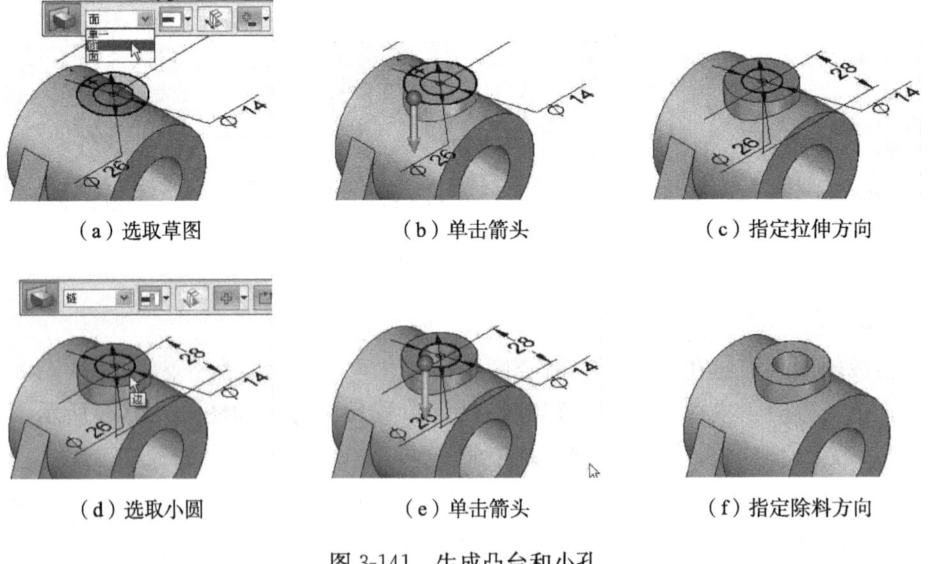


(a) 选取草图　(b) 单击箭头　(c) 指定拉伸方向

(d) 选取小圆　(e) 单击箭头　(f) 指定除料方向

图 3-141　生成凸台和小孔

(4) 拉伸生成小孔：选取“拉伸”命令，在工具条中选取“链”、“穿过下一个”、“除料”；选取$\phi$14 圆，如图 3-141(d)所示；单击右键；指定延伸方向如图 3-141(e)所示；拉伸除料生成的$\phi$14 孔如图 3-141(f)所示。

**7. 生成底板倒圆**

单击“边倒圆”命令，选取图 3-142(a)所示两边线，在尺寸框中输入 15，按Enter 键。

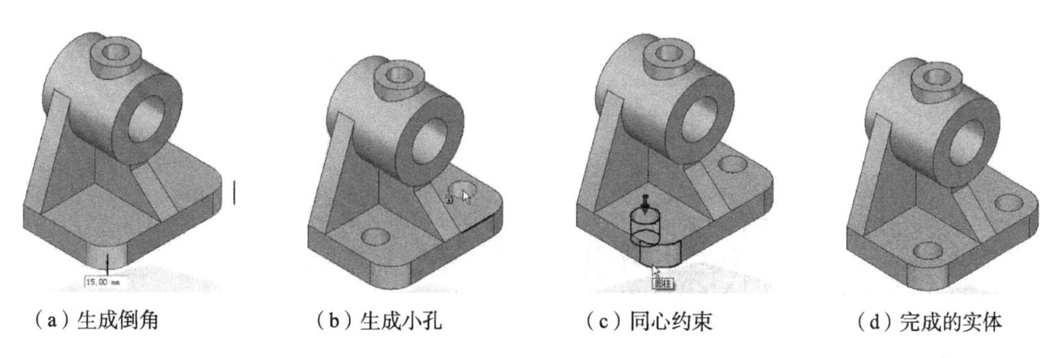

(a) 生成倒角　(b) 生成小孔　(c) 同心约束　(d) 完成的实体

图 3-142　生成底板倒圆和小孔

**8. 生成底板上的两个小孔**

(1) 单击“打孔”命令，在工具条上选取“孔选项”，出现“孔选项”对话框，设置孔类型为“简单孔”，直径 15，“全部穿透”，单击“确定”按钮。

(2) 在图 3-142(b)所示平面上放置两个孔。

(3) 重新定位两小孔：选取图 3-142(c)所示小孔，单击“同心”命令，选取图 3-142(c)所示倒圆，单击右键或按 Enter 键。执行同样的操作，使底板另一侧的小孔与倒圆同心。

完成的三维零件实体如图 3-142(d)所示。

**9. 保存文件**

单击“保存”按钮，或选取“应用程序→保存”，在出现的“另存为”对话框中指定文件保存的路径，指定文件名为“轴承座 . par”。

在以上零件的造型过程中，除了草图轮廓外，每一个草图的绘制均标注了完整的大小尺寸、定位尺寸，添加了几何约束。每一个特征完成后，基本不需做太多修改和编辑。

如果在草图绘制过程中，没有标注尺寸和几何约束，可以在实体生成后，直接在实体上添加尺寸和应用“面相关”命令区中的几何约束命令，进行编辑和修改。

## 3.11.4　零件造型举例 2

在对图 3-143 进行造型前，分析视图可知，该零件前后对称，主视图上的形体主要是通过俯视图的轮廓拉伸形成的。因此，可先绘制俯视图所示的草图，通过拉伸增料或除料，形成主要形体，然后生成肋板和倒圆等细节。

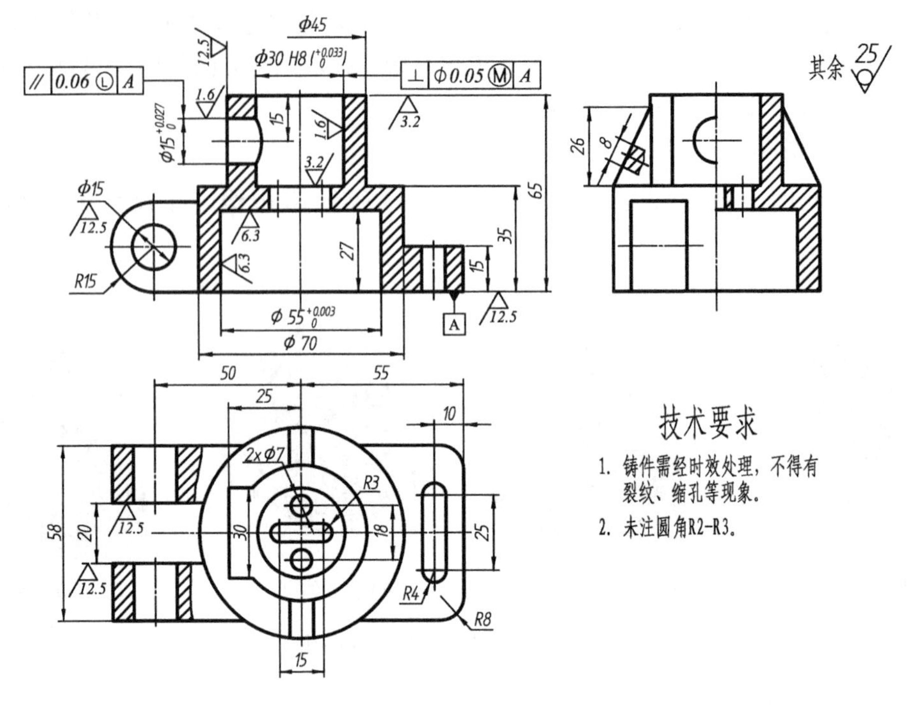


图 3-143　底座零件图

**1. 生成底座部分拉伸体**

(1) 绘制草图：单击“中心点画圆”命令，选取图中 XY 平面为草图平面，按 F3 键锁定，按 Ctrl＋H 键进入草图视图，绘制图 3-144(a)所示大致草图，单击“解锁”按钮，按 Ctrl＋I 键，返回轴测视图，如图 3-144(b)所示。

(2) 生成拉伸体：

①生成$\phi$70 圆柱：选取“拉伸”命令，在工具条中选取“链”、“有限”，选取图 3-144(c)所示$\phi$70 圆，单击右键；指定延伸方向如图 3-144(d)所示，在尺寸框中输入 35，按 Enter 键。

②生成内孔：选取“拉伸”命令，在工具条中选取“链”、“有限”、“除料”；选取图 3-144(e)所示边，单击右键；指定延伸方向如图 3-144(f)所示，在尺寸框中输入 27，按 Enter 键。

③生成右侧底板：选取“拉伸”命令，在工具条中选取“面”、“有限”；选取图 3-144(g)所示区域，单击右键；指定延伸方向如图 3-144(h)所示，在尺寸框中输入 15，按 Enter 键。

④生成左侧底板：选取“拉伸”命令，在工具条中选取“面”、“有限”；选取图 3-144(i)所示两个区域，单击右键；指定延伸方向如图 3-144(j)所示，在尺寸框中输入 30，按 Enter 键。

至此，创建的部分实体如图 3-144(k)所示。

**2. 添加尺寸约束和面相关约束**

由于在图 3-144(a)所示草图中没有标注完整的尺寸和几何约束，在生成实体后，可以在

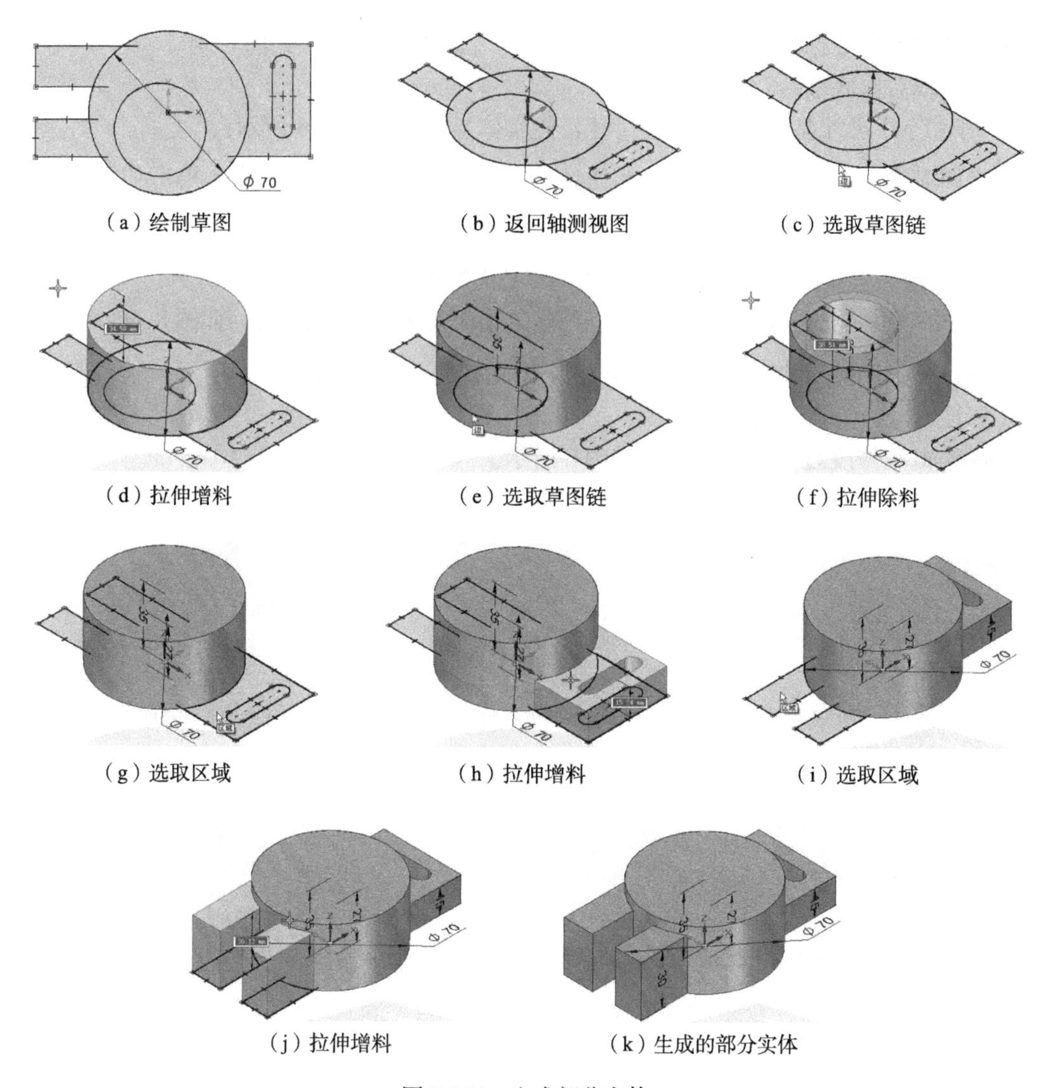


（a）绘制草图　（b）返回轴测视图　（c）选取草图链

（d）拉伸增料　（e）选取草图链　（f）拉伸除料

（g）选取区域　（h）拉伸增料　（i）选取区域

（j）拉伸增料　（k）生成的部分实体

图 3-144　生成部分实体

实体上添加尺寸和面相关约束，定义实体的形状大小和相对位置。

拖动鼠标中键，旋转实体如图 3-145 所示。

(1) 约束内孔：选取内孔，如图 3-145(a)所示；单击“同心”命令，选取$\phi$70 圆柱，如图 3-145(b)所示，单击右键或按 Enter 键。

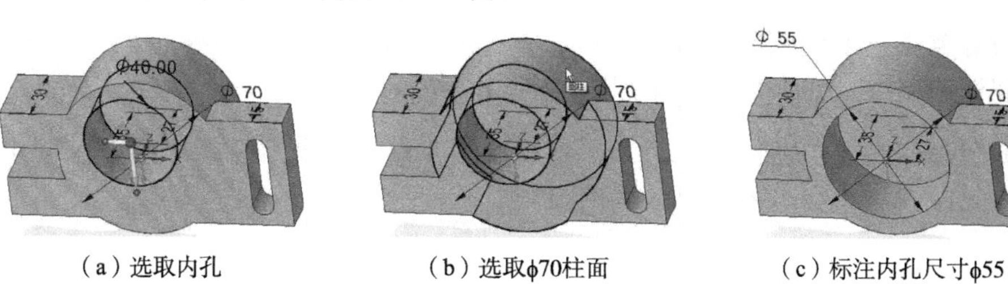


（a）选取内孔　（b）选取ϕ70柱面　（c）标注内孔尺寸ϕ55

图 3-145　约束内孔

选取“智能尺寸标注”命令，标注内孔尺寸$\phi$55，如图 3-145(c)所示。

(2) 编辑右侧底板：

①关闭 PMI 尺寸显示。按 Ctrl+I 键，使实体显示如图 3-146 所示。

②添加对称约束：单击“选取”按钮，选取图 3-146(a)所示平面，单击“对称”命令，选取图 3-146(b)所示平面，单击或鼠标右键；选取图 3-146(c)所示 XZ 平面，单击或鼠标右键。选定的两平面被约束关于 XZ 平面对称，如图 3-146(d)所示。

按同样的操作方法，使底板上的长圆孔两端的柱面关于 XZ 平面对称，如图 3-146(e)所示。

③执行“边倒圆”命令，生成半径为 R8 的倒圆，如图 3-146(f)所示。

④标注尺寸，如图 3-146(f)所示。

完成编辑和修改后的底板如图 3-146(f)所示。

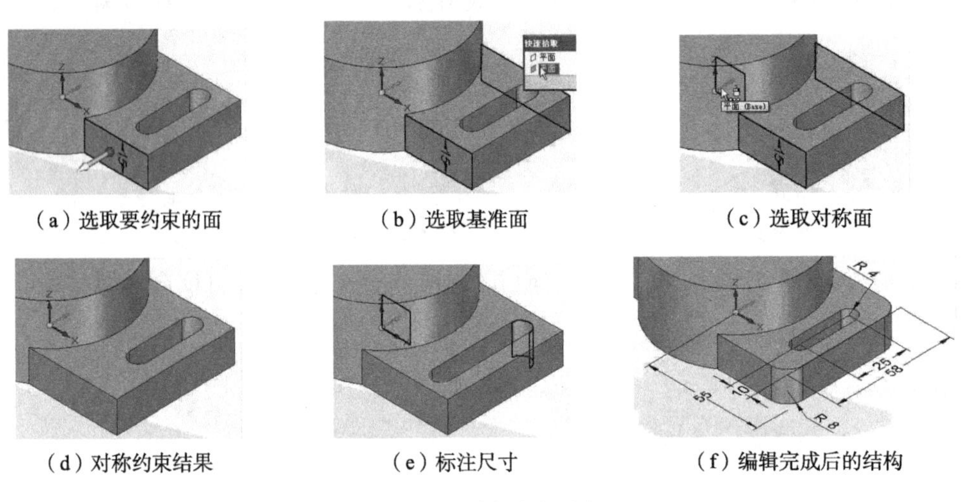

(a) 选取要约束的面　(b) 选取基准面　(c) 选取对称面

(d) 对称约束结果　(e) 标注尺寸　(f) 编辑完成后的结构

图 3-146　编辑右侧底板

(3) 修改左侧结构：

①在路径查找器中，关闭 PMI 尺寸的显示。单击“旋转视图”命令，出现 X、Y、Z 三个旋转轴，单击 Z 轴，在工具条中输入 90，按 Enter 键，单击“关闭”按钮。实体显示如图 3-147 所示。

②添加对称约束：单击“选取”按钮，选取图 3-147(a)所示平面，单击“对称”命令，选取图 3-147(b)所示平面，单击右键；选取图 3-147(c)所示 XZ 平面，单击右键。两外侧平面被约束关于 XZ 平面对称。

执行同样的操作，可使内侧的两个面关于 XZ 平面对称。

③生成倒圆：执行“边倒圆”命令，选取图 3-147(d)所示四条边线，在尺寸框中输入 15，按 Enter 键，生成半径为 R15 的倒圆。

④生成$\phi$15 孔：单击“打孔”命令，在工具条上选取“孔选项”，出现“孔选项”对话框，设置孔类型为“简单孔”，直径 15，“全部穿透”，单击“确定”按钮；如图 3-147(e)所示，当前表面上出现锁标记时，按 F3 键锁定，捕捉倒圆的圆心，如图 3-147(e)所示，单击左键。按 Esc 键结束命令。

⑤选取“智能尺寸标注”命令、“间距”命令，添加尺寸约束后的左部结构如图 3-147(f)所示。

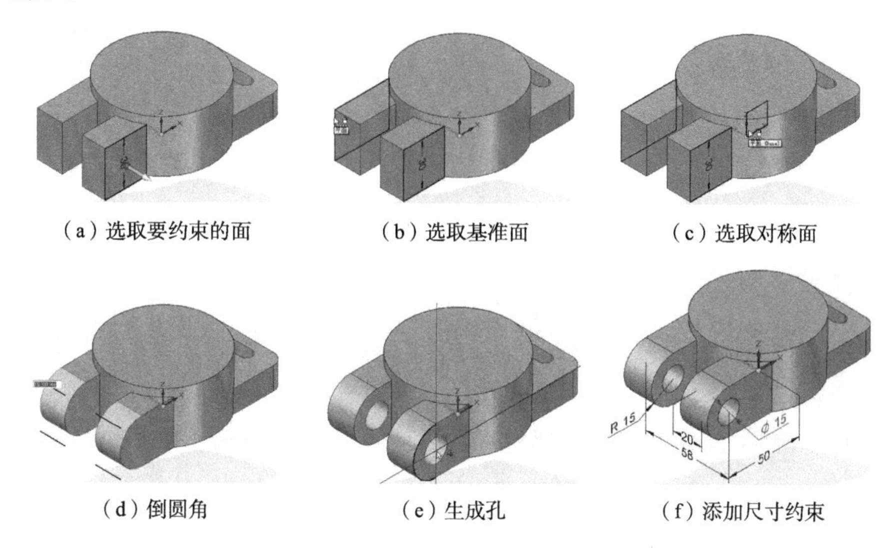


(a) 选取要约束的面　(b) 选取基准面　(c) 选取对称面

(d) 倒圆角　(e) 生成孔　(f) 添加尺寸约束

图 3-147 修改左侧结构

**3. 生成其他拉伸实体**

关闭 PMI 尺寸显示。

(1) 绘制草图：单击“中心点画圆”命令，选取图 3-148(a)所示平面为草图平面，按 F3 键锁定，按 Ctrl+H 键进入草图视图，绘制图 3-148(b)所示草图。单击“解锁”按钮，按 Ctrl+I 键，返回轴测视图。

单击“旋转视图”命令，出现 X、Y、Z 三个旋转轴，单击 Z 轴，在工具条中输入 90，按 Enter 键，单击“关闭”按钮。实体显示如图 3-148(c)所示。

(2) 生成拉伸除料：选取“拉伸”命令，在工具条中选取“链”、“穿过下一个”、“除料”；选取图 3-148(c)所示两个小圆和长圆孔轮廓，单击右键；指定延伸方向如图 3-148(c)所示，单击左键确定。

(3) 添加对称约束：

①单击“对称”命令，选取图 3-148(d)所示后小孔，单击或鼠标右键；选取图 3-148(d)所示前小孔，单击或鼠标右键；选取图 3-148(d)所示 XZ 平面，单击或鼠标右键。

②单击“对称”命令，选取图 3-148(e)所示左半圆孔，单击或鼠标右键；选取图 3-148(e)所示右半圆孔，单击或鼠标右键；选取图 3-148(e)所示 YZ 平面，单击或鼠标右键。

(4) 添加尺寸约束：选取“智能尺寸标注”命令、“间距”命令，标注图 3-148(f)所示尺寸。添加尺寸约束后的小孔和长圆孔，如图 3-148(f)所示。

(5) 生成拉伸增料：

关闭 PMI 尺寸显示。

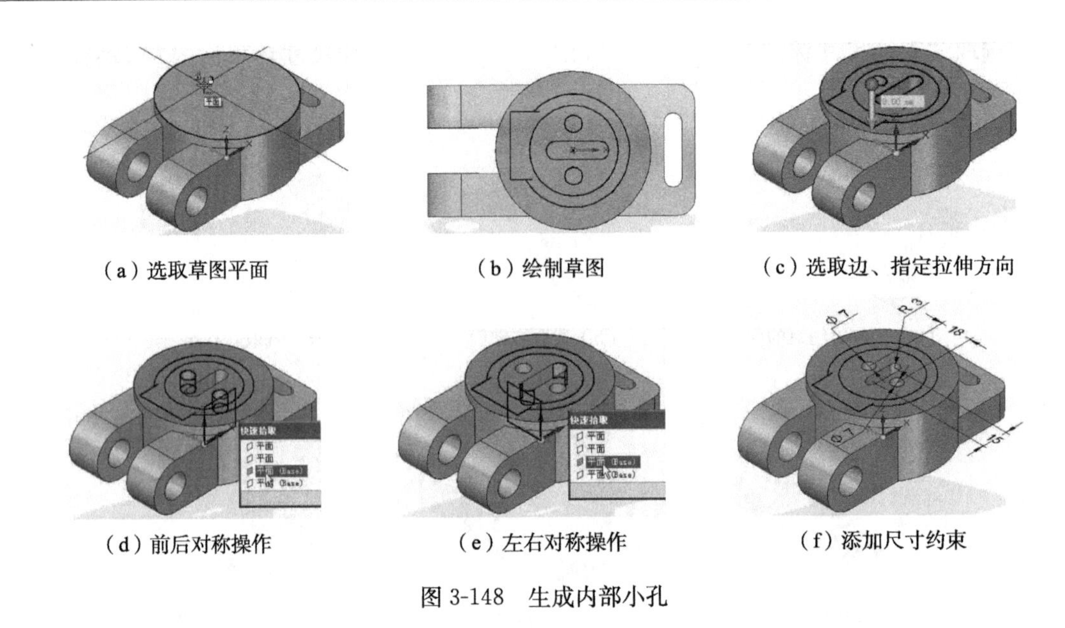


（a）选取草图平面　（b）绘制草图　（c）选取边、指定拉伸方向

（d）前后对称操作　（e）左右对称操作　（f）添加尺寸约束

图 3-148　生成内部小孔

①生成拉伸体：单击“选取”按钮，选取图 3-149(a)所示区域，单击向上箭头，移动鼠标，如图 3-149(b)所示；在尺寸框中输入 30，按 Enter 键。

②添加对称约束：单击“选取”按钮，选取图 3-149(c)所示平面，单击“对称”命令，选取图 3-149(d)所示平面，单击或鼠标右键；选取图 3-149(e)所示 XZ 平面，单击或鼠标右键。选定的两平面被约束关于 XZ 平面对称。

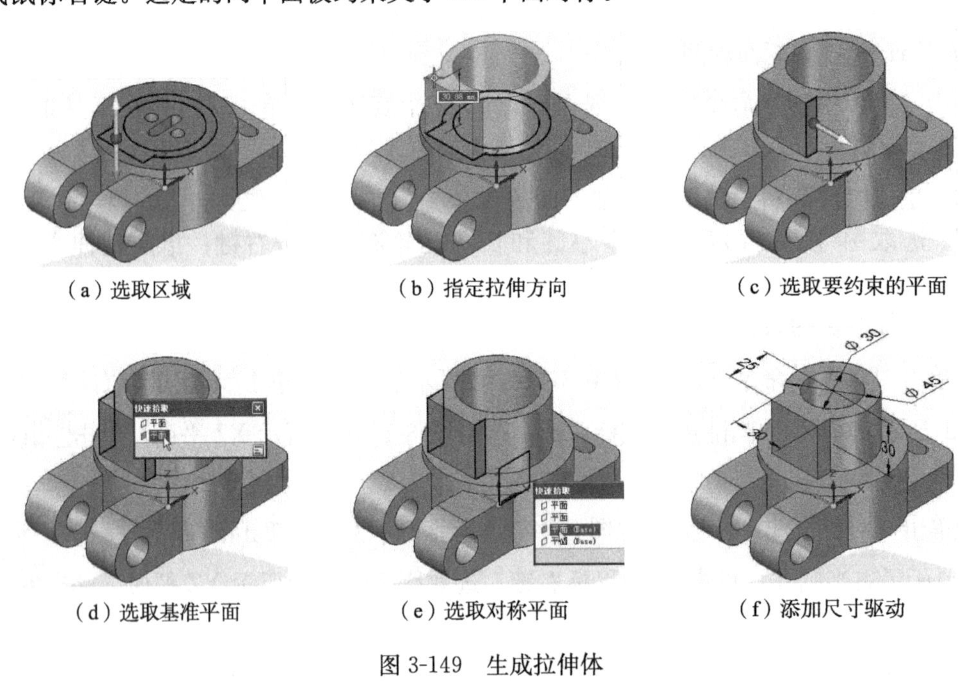


（a）选取区域　（b）指定拉伸方向　（c）选取要约束的平面

（d）选取基准平面　（e）选取对称平面　（f）添加尺寸驱动

图 3-149　生成拉伸体

③添加尺寸约束：选取“智能尺寸标注”命令、“间距”命令，标注图 3-149(f)所示尺寸。添加尺寸约束后的拉伸体如图 3-149(f)所示。

**4. 生成孔**

关闭PMI尺寸显示。

(1) 生成孔：单击“打孔”命令，在工具条上选取“孔选项”，出现“孔选项”对话框，设置孔类型为“简单孔”，直径15，“穿过下一个”，单击“确定”按钮。在图3-150(a)所示表面上放置孔，单击左键。按Esc键结束命令。

(2) 标注定位尺寸：单击“间距”命令，标注图3-150(b)所示定位尺寸。

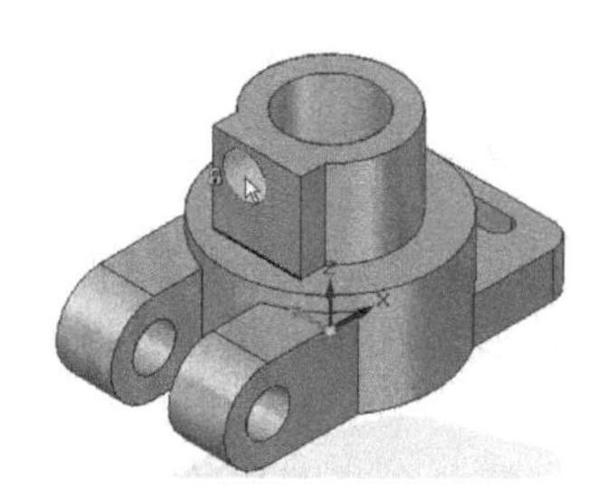

(a) 生成孔

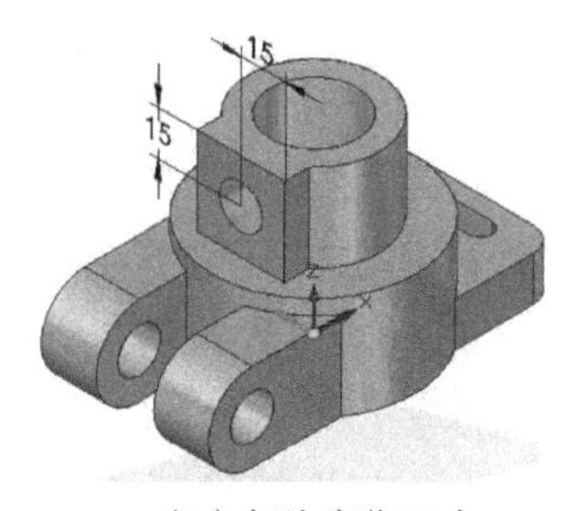


(b) 标注定位尺寸

图3-150　生成孔

**5. 生成肋板**

在路径查找器中，关闭PMI尺寸的显示。

(1) 单击“直线”命令，选取图3-151(a)所示YZ平面为草图平面，按F3键锁定，按Ctrl+H键，进入草图视图，绘制图3-151(b)所示直线。单击“解锁”按钮，拖动鼠标中键返回图3-151(c)所示轴测视图。

(2) 单击“肋板”命令，选取图3-151(c)所示肋板中心线，单击或鼠标右键；在尺寸框中输入肋板厚度8，按Enter键。

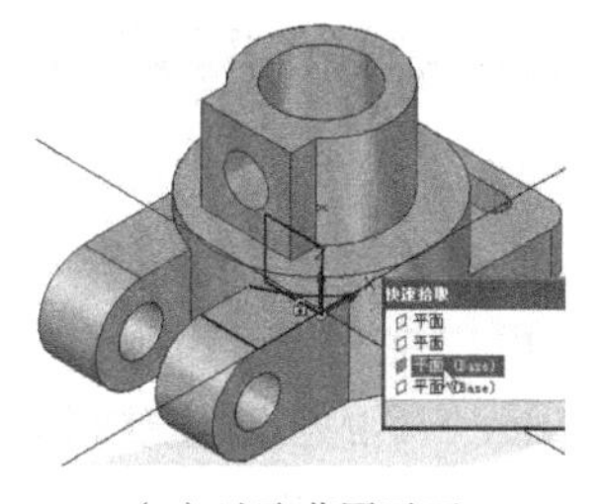

(a) 选取草图平面

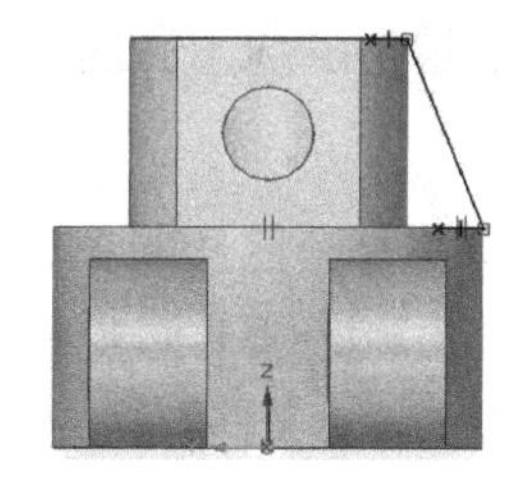

(b) 绘制直线

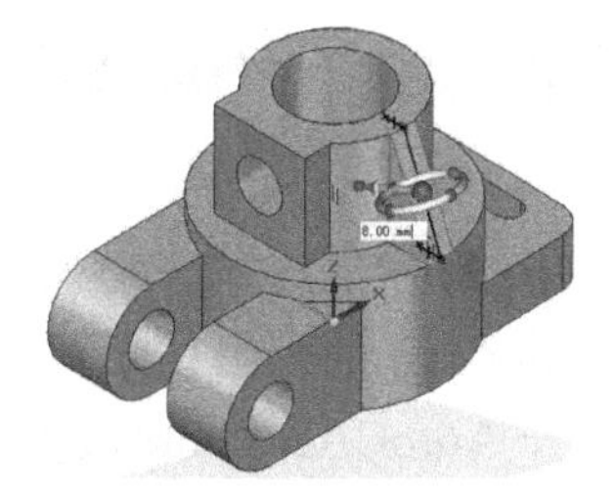

(c) 生成肋板

图3-151　生成肋板

**6. 镜像肋板**

在路径查找器中，选取肋板1，如图3-152(a)所示；单击“镜像”命令，选取图3-152(b)所示XZ平面为镜像对称面，可预览镜像的肋板，如图3-152(b)所示；单击左键确定。按Esc键，结束命令。

至此，零件的三维建模完成，如图3-152(c)所示。

**7. 保存文件**

单击“保存”按钮，或选取菜单“应用程序→保存”，在出现的“另存为”对话框中

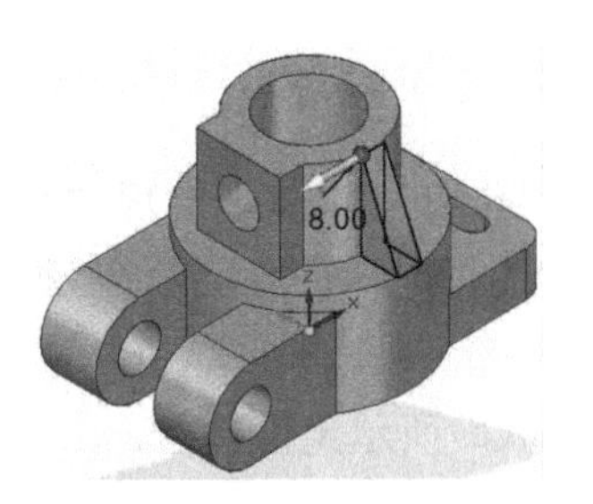


（a）选取肋板特征

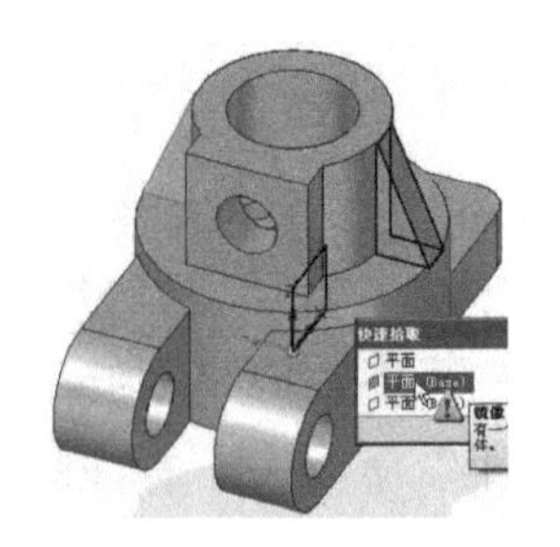

（b）选取镜像对称面

（c）完成的实体

图 3-152　镜像肋板

指定文件保存的路径，指定文件名为“底座 . par”。

从以上几个零件的造型过程可看出，在草图的绘制过程中，可以绘制精确的草图，也可以绘制大致的草图轮廓。

3. 11. 2 节和 3. 11. 3 节为精确草图的造型过程，每一个草图均绘制完整的草图轮廓，标注了全部的定形尺寸和定位尺寸，且添加了草图轮廓的相对关系约束，生成实体后，这些尺寸自动转到三维实体上，在草图环境中添加的几何约束，在实体生成过程中，自动转换到实体中。采用该方法生成的实体，一般不需要对三维实体进行更多的编辑和修改。

3. 11. 4 节为大致草图的造型过程，绘制的草图为大致的轮廓，大部分的尺寸和几何关系约束是在生成三维实体后，在实体上添加的。在实体上添加几何关系约束，主要是通过执行“面相关”命令区中的命令来实现的。“面相关”命令区中的命令与“相关”命令区中的命令对应。“面相关”命令区中的命令约束的是面、圆柱等实体的相对位置，“相关”命令区中的命令则对草图环境中的点、线等图素添加几何约束。

可以将两种方法结合起来造型，使得建模更加灵活、方便。

## 3. 12　由 AutoCAD 二维图形文档生成 Solid Edge 实体模型

由于 AutoCAD 等二维绘图工具的卓越绘图性能和广泛的应用，在不少企业中，仍然有大量 AutoCAD 的二维技术图样。Solid Edge ST 同步建模技术可以在 Solid Edge ST 环境中，打开 AutoCAD 的 . dwg 文件，将 . dwg 文件转换为 Solid Edge ST 的工程图文件，然后再将指定的视图导入到 Solid Edge 零件环境中，直接作为草图使用，对草图进行拉伸、旋转等特征操作，从而生成三维实体，以此提高从 AutoCAD 二维文档转换为三维实体的建模速度，以及来自不同 CAD 软件之间数据的转换和应用。

图 3-153 为在 AutoCAD 中绘制的零件图，文件名为“组合体 . dwg”（请读者在 AutoCAD 环境中生成该图形文件，并保存为“组合体 . dwg”）。由此二维视图生成 Solid Edge 三维实体的操作方法和步骤为：

**1. 打开并设置“. dwg”文件、设置文件转换选项**

（1）启动 Solid Edge ST，执行“应用程序→打开”。

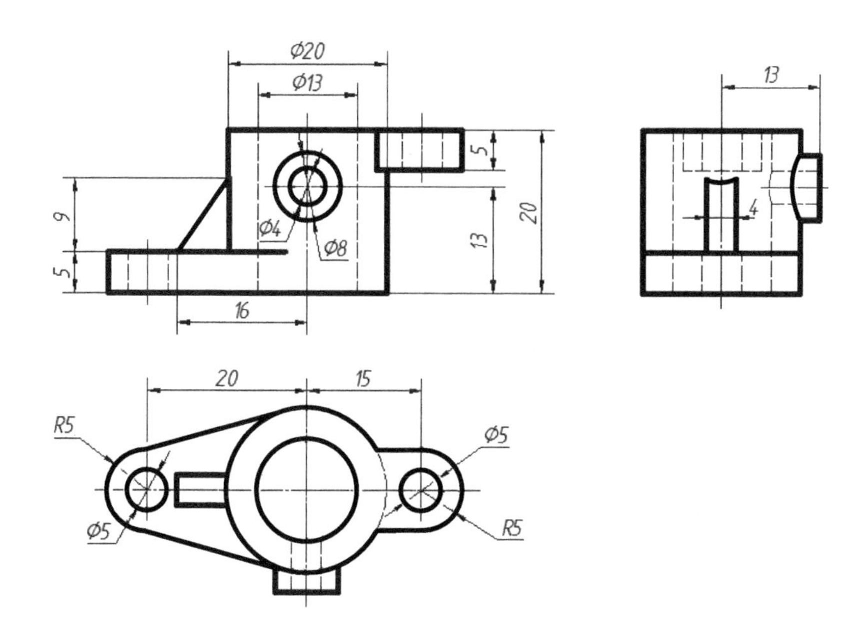


图 3-153　组合体视图

（2）指定文件类型和文件名：在图 3-154 所示“打开文件”对话框中，指定文件保存路径，选择文件类型为“AutoCAD 文档（＊.dwg)”，选择文件名为“组合体”，单击“选项”按钮。

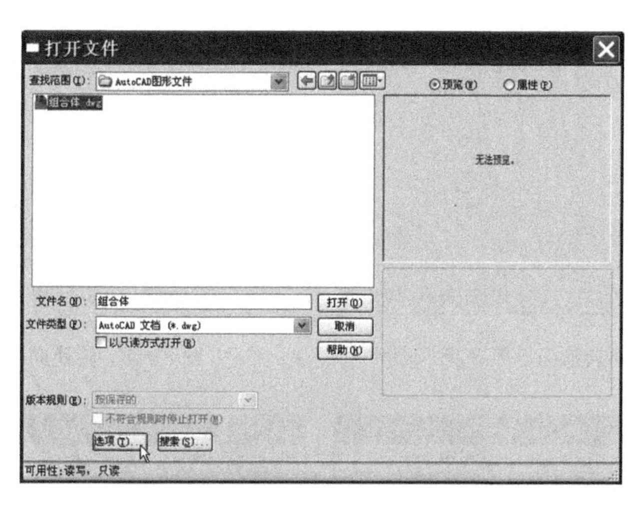


图 3-154　“打开文件”对话框

（3）设置图形文件选项：

在图 3-155 所示“转换向导第 1 步”对话框中，单击“预览”按钮可查看视图，单击“下一步”按钮。

在图 3-156 所示“转换向导第 2 步”对话框中，选取“单位”为“毫米”，单击“下一步”按钮。

在图 3-157 所示“转换向导第 3 步”对话框中，选取图纸“大小”为“A3”，单击“下一步”按钮。

在图 3-158 所示“转换向导第 4 步”对话框中，单击“下一步”按钮。

在图 3-159 所示“转换向导第 5 步”对话框中，单击“下一步”按钮。

在图 3-160 所示“转换向导第 6 步”对话框中，单击“下一步”按钮。

在图 3-161 所示“转换向导第 7 步”对话框中，单击“下一步”按钮。

在图 3-162 所示“转换向导第 8 步”对话框中，选取“创建新的配置文件”，单击“复制到”按钮，在出现的图 3-163 所示对话框中，在文件名 seacad. ini 前面加“my _”，使保存的文件名为 my _ seacad. ini，单击“保存”按钮。

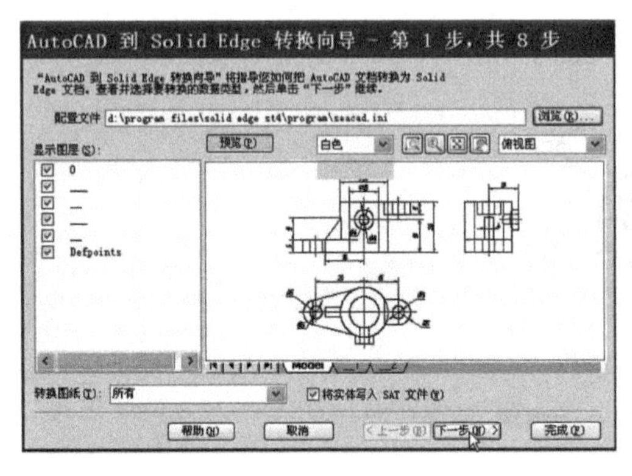


图 3-155　转换向导第 1 步

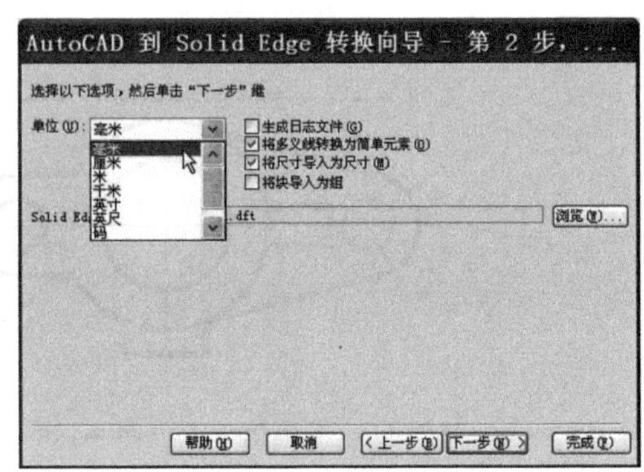


图 3-156　转换向导第 2 步

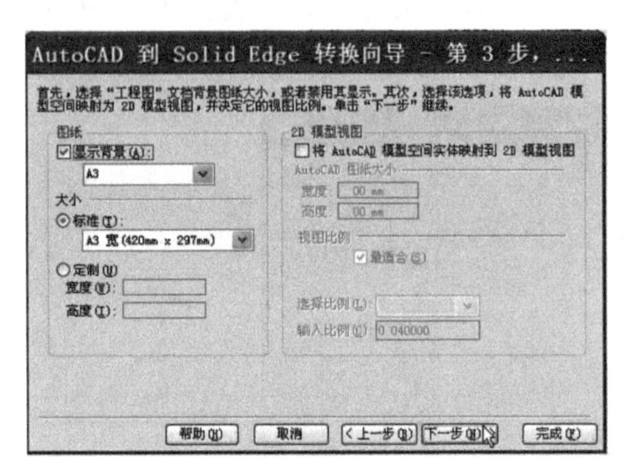


图 3-157　转换向导第 3 步

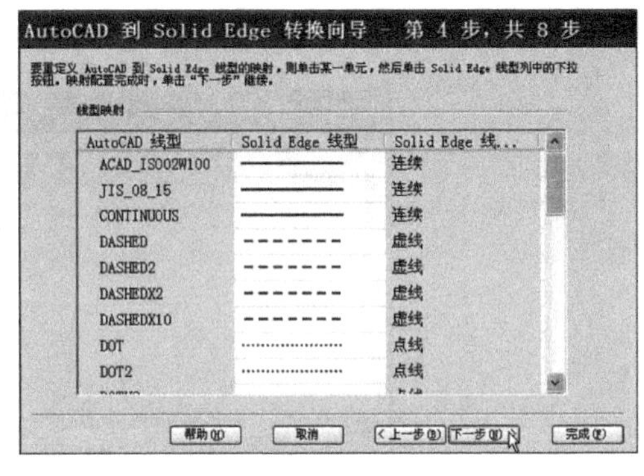


图 3-158　转换向导第 4 步

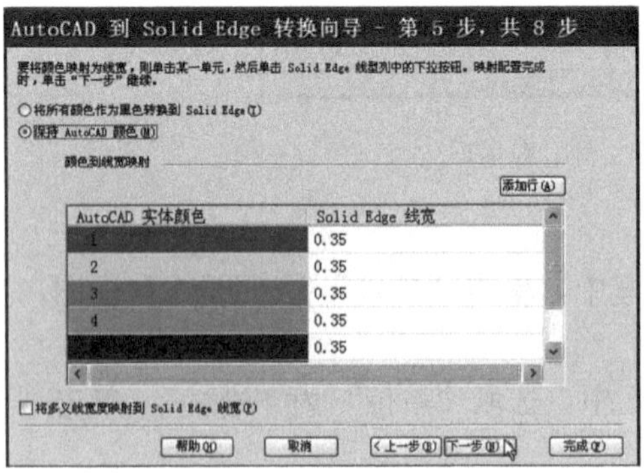

图 3-159　转换向导第 5 步

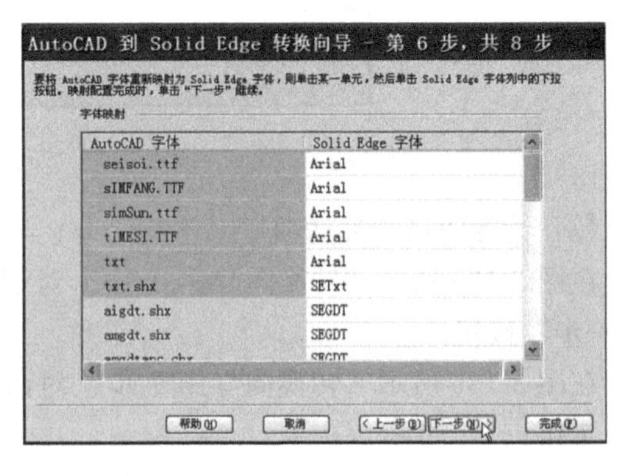


图 3-160　转换向导第 6 步

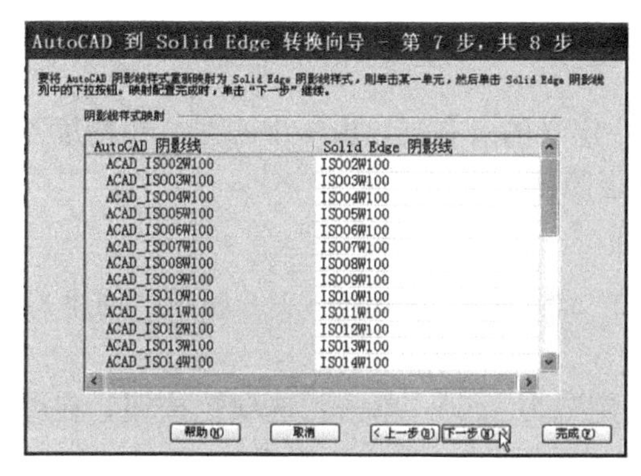


图 3-161　转换向导第 7 步

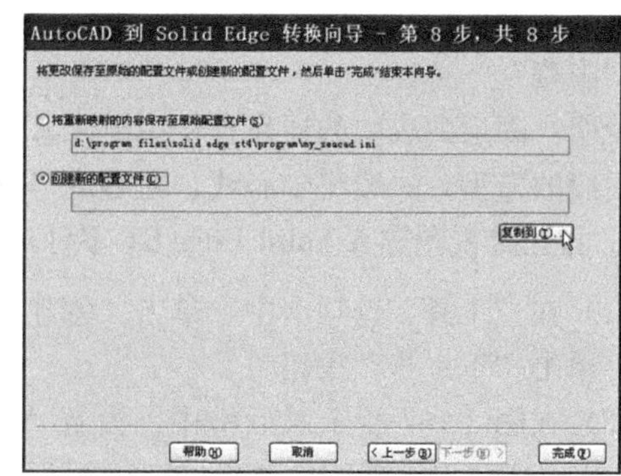


图 3-162　转换向导第 8 步

说明：该步骤是为了生成一个用户自定义的模板文件，可供以后打开 AutoCAD 文件时直接调用，无需每一次进行同样的设置。如果不需要创建新的配置文件，直接单击“完成”按钮。

在图 3-164 所示的对话框中，单击“完成”按钮。

返回图 3-154 所示的对话框，单击“打开”按钮。

按以上步骤设置文件属性并打开后，进入 Solid Edge ST 工程图环境，如图 3-165 所示。

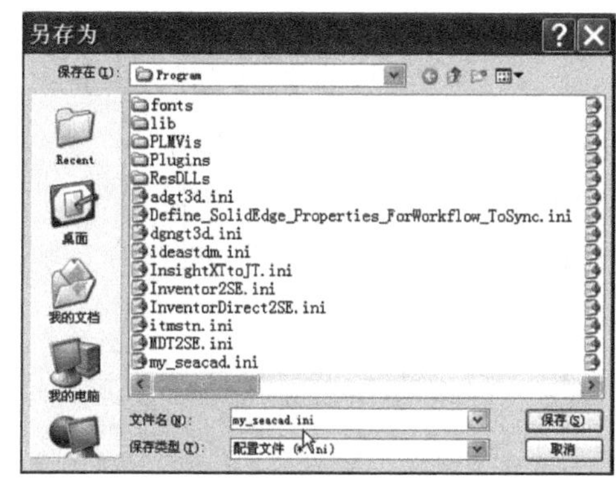


图 3-163　指定文件名

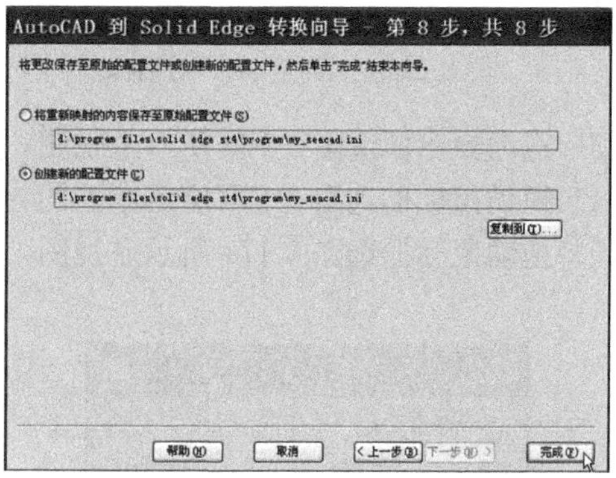

图 3-164　完成设置

## 2. 在 Solid Edge 环境中修改图形属性

(1) 显示图形：单击“适合”按钮，显示打开的图形如图 3-165 所示。

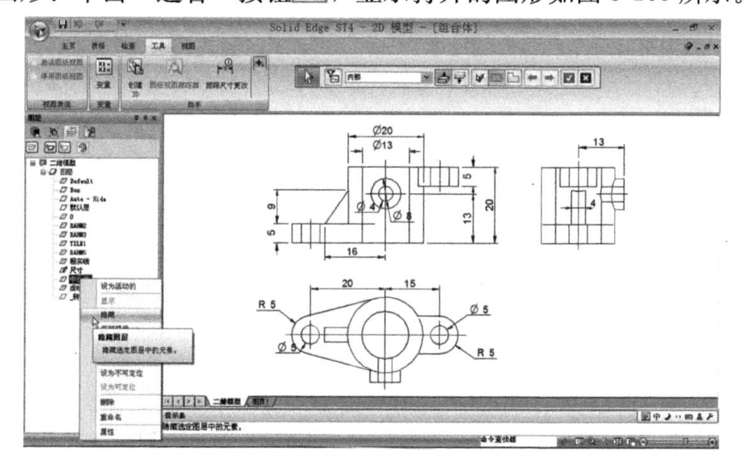


图 3-165　转换到 Solid Edge ST 环境中的视图

（2）隐藏中心线：在界面左侧的图层列表中，选取“中心线”，右击，在快捷菜单中，选取“隐藏”。

说明：图层列表中的层来自于 AutoCAD 中定义的所有层，由于中心线、粗糙度等不参与到后续的造型，一般将中心线、粗糙度等图层隐藏。

**3. 将二维视图导入 Solid Edge ST 零件环境**

（1）在“工具”选项卡中，单击“创建 3D”命令，出现图 3-166 所示“创建 3D”对话框，单击“下一步”按钮。

（2）在图 3-167 所示对话框中，设置“比例”为 1.00，单击“选项”按钮，在弹出的“创建 3D 选项”对话框中，按图 3-168 设置各选项，单击“确定”按钮。

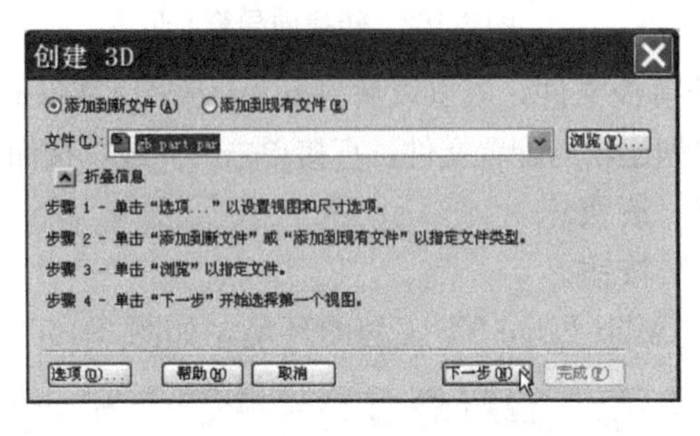


图 3-166 “创建 3D”对话框

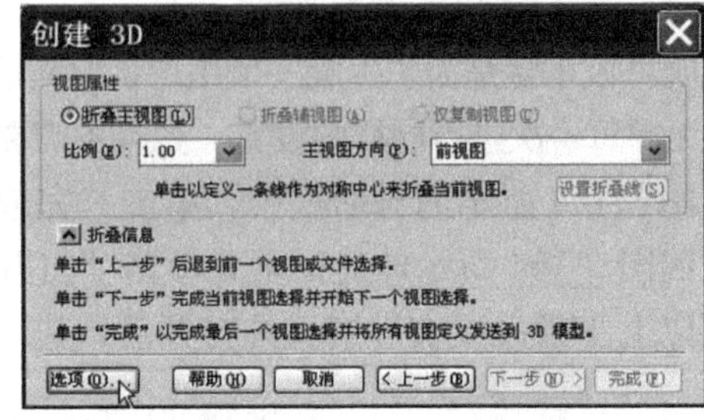


图 3-167 选取“选项”

（3）拖动鼠标框选图 3-169 所示主视图，在对话框中单击“下一步”按钮。
（4）拖动鼠标框选图 3-170 所示俯视图，在对话框中单击“下一步”按钮。
（5）拖动鼠标框选图 3-171 所示左视图，在对话框中单击“下一步”按钮。

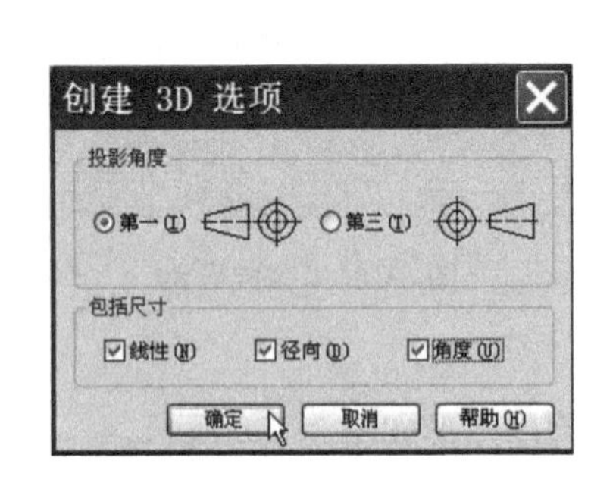


图 3-168 指定第一分角和包含的尺寸

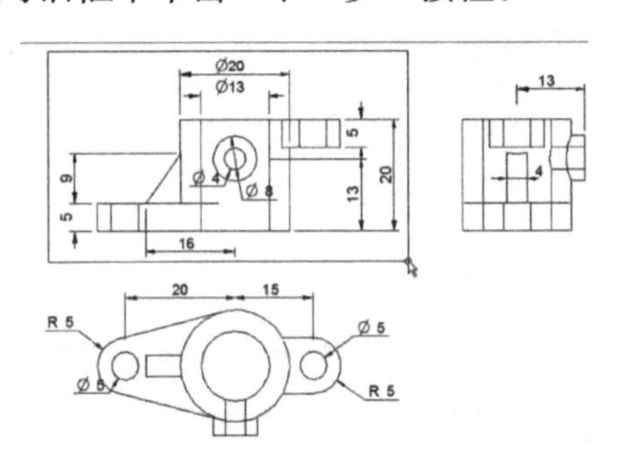


图 3-169 框选主视图

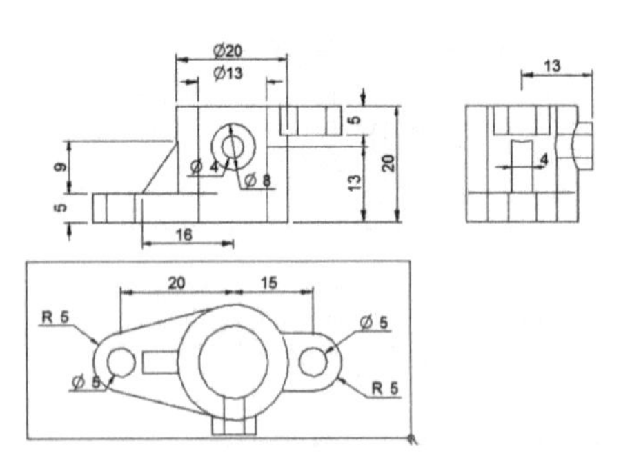


图 3-170 选取俯视图

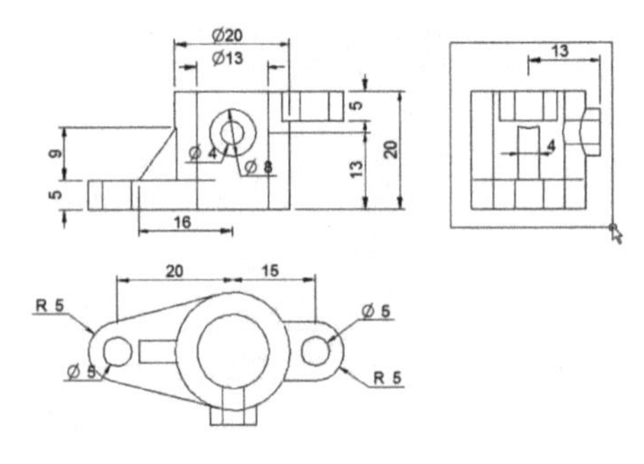


图 3-171 选取左视图

（6）单击“完成”按钮。

导入到 Solid Edge 零件环境的二维视图如图 3-172 所示，每一个视图被定义为一个用户定义集。

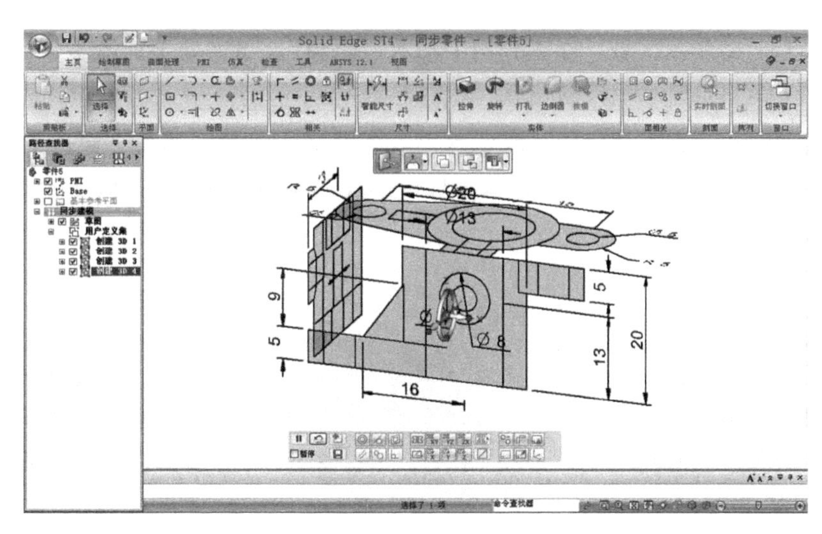


图 3-172　导入到零件环境中的二维视图

**4. 由二维视图创建三维模型**

导入到 Solid Edge 零件环境中的二维视图，可以直接作为草图来生成特征。

在路径查找器中，关闭用户定义集中“创建 3D 3”的显示，即关闭左视图的显示。按 Ctrl+I 键改变视角，其余的两个视图如图 3-173(a)所示。

（1）生成主要拉伸体：单击“选取”按钮，选取图 3-173(a)所示区域，单击向下的箭头，移动鼠标，捕捉主视图上图 3-173(b)所示线段端点。

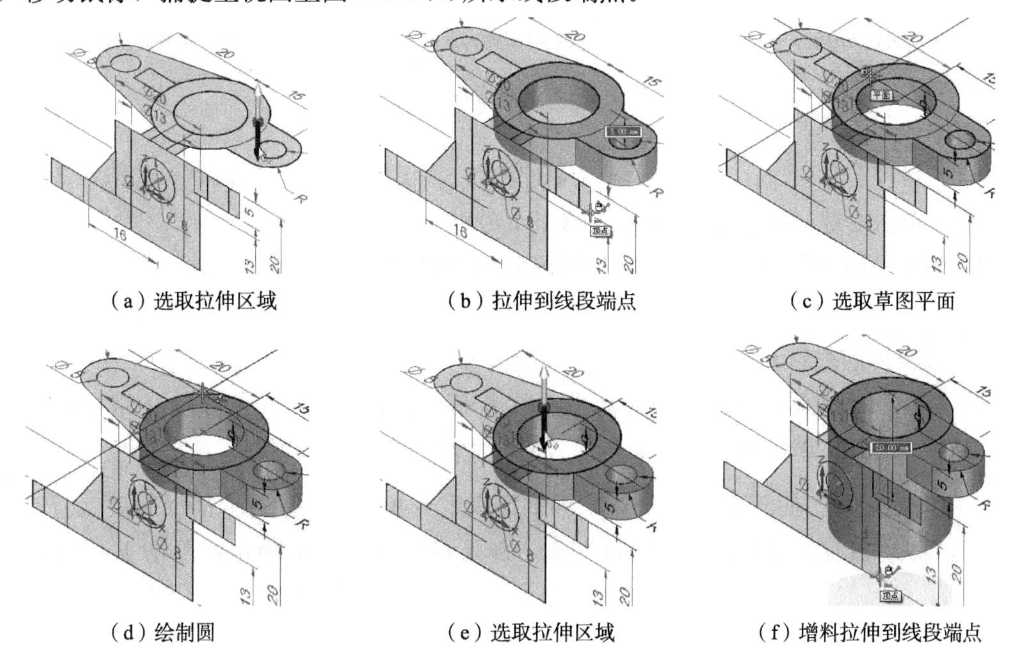

（a）选取拉伸区域　（b）拉伸到线段端点　（c）选取草图平面

（d）绘制圆　（e）选取拉伸区域　（f）增料拉伸到线段端点

图 3-173　生成主要拉伸体

单击“中心点画圆”命令，选取图 3-173(c)所示平面为草图平面，按 F3 键锁定，捕捉圆心，再捕捉外圆轮廓，如图 3-173(d)所示，绘制图 3-173(d)所示圆。单击“解锁”按钮。

选取图 3-173(e)所示区域，在工具条中选取“添料”，单击向下的箭头，移动鼠标，捕捉主视图上图 3-173(f)所示线段的端点。

(2) 生成前凸台：选取“拉伸”命令，在工具条中选取“链”、“穿过下一个”，如图 3-174(a)所示，选取图 3-174(b)所示大圆，单击右键；指定延伸方向如图 3-174(c)所示，单击左键确定。

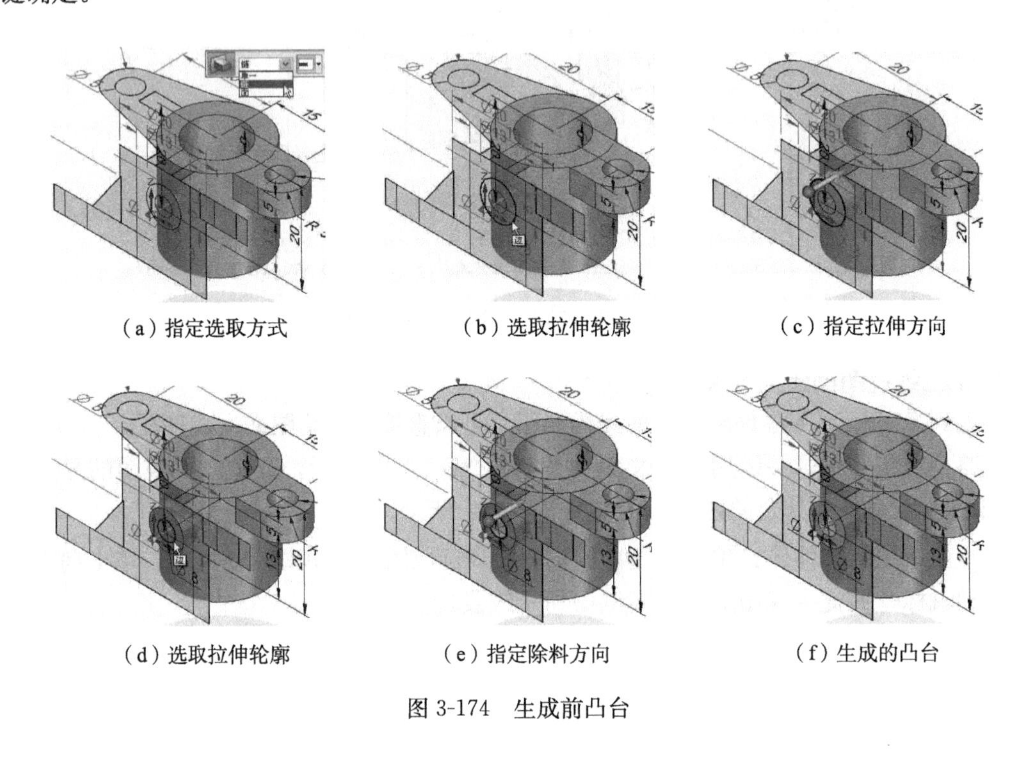

(a) 指定选取方式　(b) 选取拉伸轮廓　(c) 指定拉伸方向

(d) 选取拉伸轮廓　(e) 指定除料方向　(f) 生成的凸台

图 3-174　生成前凸台

选取“拉伸”命令，在工具条中选取“链”、“穿过下一个”、“除料”，选取图 3-174(d)所示小圆，单击右键；指定延伸方向如图 3-174(e)所示。

执行两次“拉伸”命令后生成的凸台如图 3-174(f)所示。

从以上操作可以看出，当实体生成后，二维视图上的尺寸自动转换到三维实体上，且可以驱动三维实体的编辑和修改。

(3) 移动二维视图：在路径查找器中，单击 PMI，关闭尺寸的显示。在路径查找器中选取“创建 3D 1”，单击图 3-175(a)所示方向轮主轴，在实时规则中，单击绿色的“锁定到基本参考”按钮，使其变为红色，即取消锁定。在工具条中选取捕捉关键点为“中心和端点”，移动鼠标，捕捉图 3-175(b)所示的圆心，单击鼠标确定；单击 Esc 键，结束命令。

用同样的方式，在路径查找器中选取“创建 3D 2”，单击图 3-175(c)所示方向轮主轴，移动鼠标，捕捉图 3-175(d)所示的端点，单击鼠标确定；单击 Esc 键，结束命令。

单击“旋转视图”命令，出现X、Y、Z三个旋转轴，单击Z轴，在工具条中输入90，按Enter键，单击“关闭”按钮。实体显示如图3-175(e)所示。

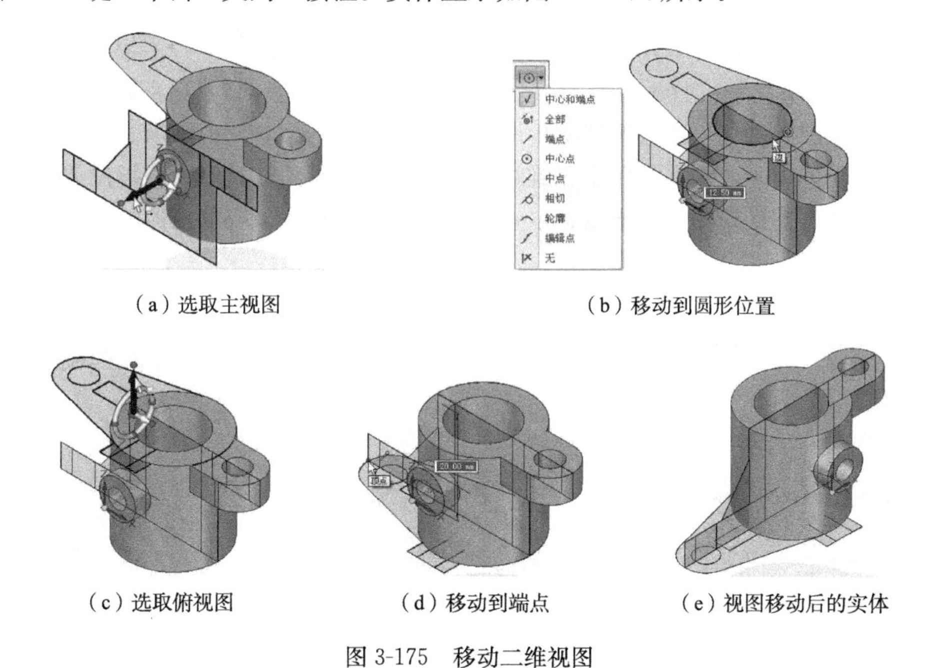


(a) 选取主视图　　(b) 移动到圆形位置

(c) 选取俯视图　　(d) 移动到端点　　(e) 视图移动后的实体

图3-175　移动二维视图

(4) 生成底板：选取“拉伸”命令，在工具条中选取“链”、“有限”、“添料”，选取图3-176(a)所示底板轮廓，单击右键或按Enter键；指定生成方向如图3-176(b)所示；移动鼠标，捕捉图3-176(c)所示端点。

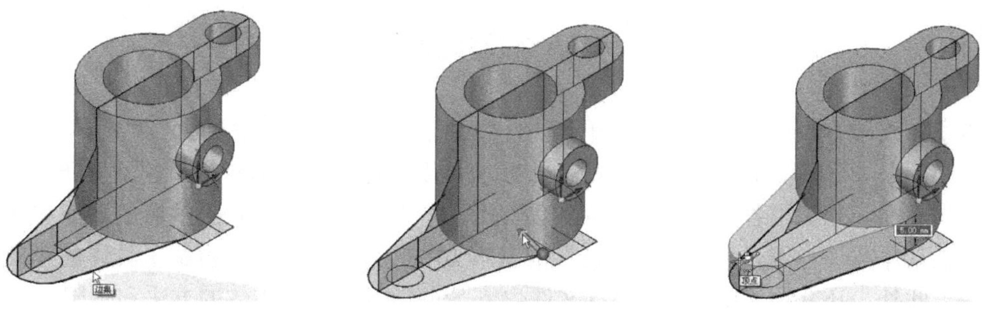

(a) 选取拉伸轮廓　　(b) 指定生成方向　　(c) 捕捉端点

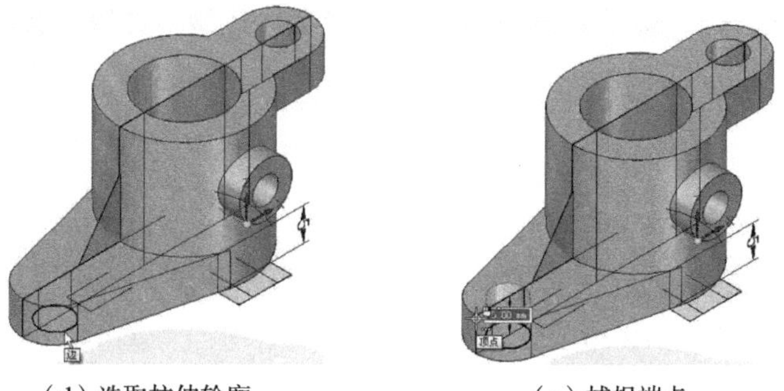

(d) 选取拉伸轮廓　　(e) 捕捉端点

图3-176　生成底板

选取“拉伸”命令，在工具条中选取“链”、“有限”、“除料”，选取图 3-176(d)所示圆，单击右键；移动鼠标，捕捉图 3-176(e)所示直线端点。

(5) 生成肋板：单击“肋板”命令，在工具条中选取“单一”，选取图 3-177(a)所示肋板中心线，单击或鼠标右键；在尺寸框中输入 4，如图 3-177(b)所示，按 Enter 键。

关闭全部用户定义集，由二维视图生成的三维实体如图 3-177(c)所示。

在以上建模过程中，基本利用了二维视图作为建模的草图，对草图进行拉伸等操作生成实体，尽可能通过捕捉视图上的端点、中点、圆心等关键点，来获取拉伸的距离，以此提高建模的速度和精度。

**5. 保存文件**

单击“保存”命令，在出现的对话框中，指定文件保存的路径并输入文件名，单击“保存”按钮。

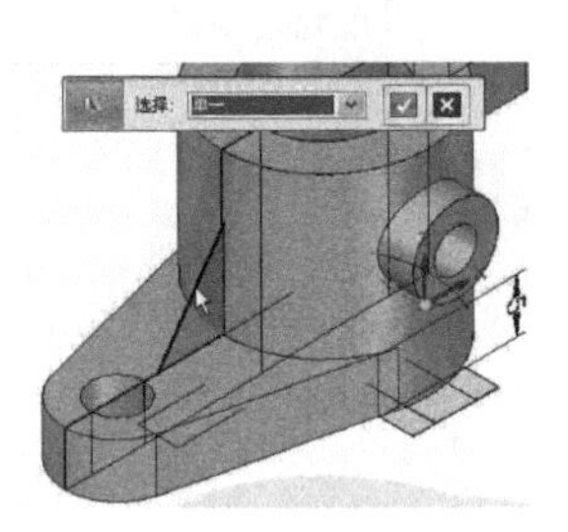

(a) 选取肋板中心线

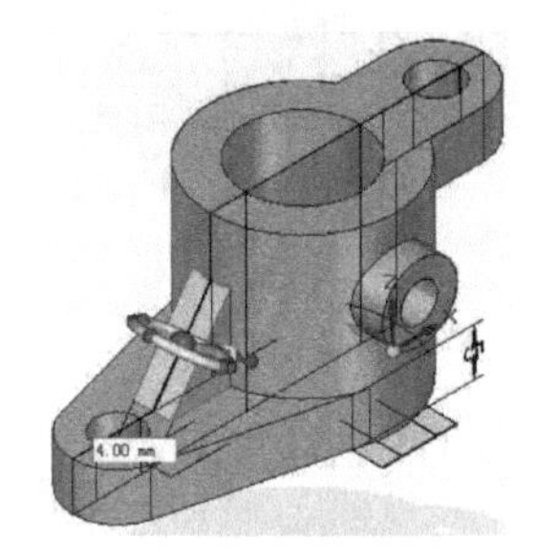

(b) 输入厚度尺寸

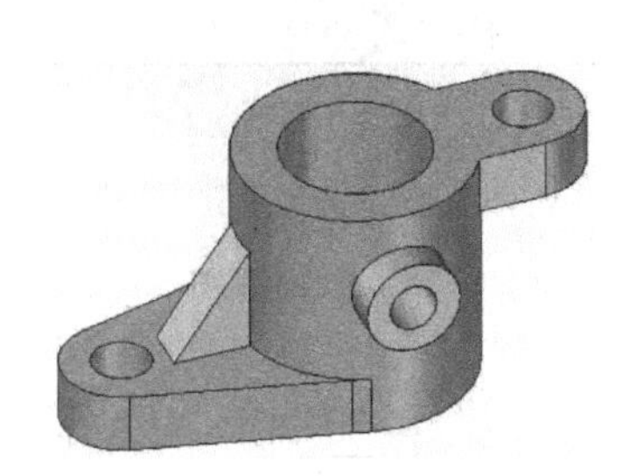

(c) 由二维视图生成的实体

图 3-177 生成肋板

## 小结及作业

本章介绍了 Solid Edge ST4 零件环境中，“主页”选项卡中“平面”、“实体”、“面相关”、“剖面”、“阵列”命令区中命令的操作方法，以实例方式详细介绍了各类特征命令的功能和操作步骤，介绍了各类参考面平面的创建方法，简要介绍了路径查找器的功能和使用方法。并以具体零件为例，介绍了零件造型的基本方法、过程和技巧，讲解了具体的建模方法和步骤。此外，还介绍了由 AutoCAD 文件生成 Solid Edge 三维实体的方法和步骤。

作业：

请完成图 3-178～图 3-183 所示的各零件的三维实体造型，并保存文件。

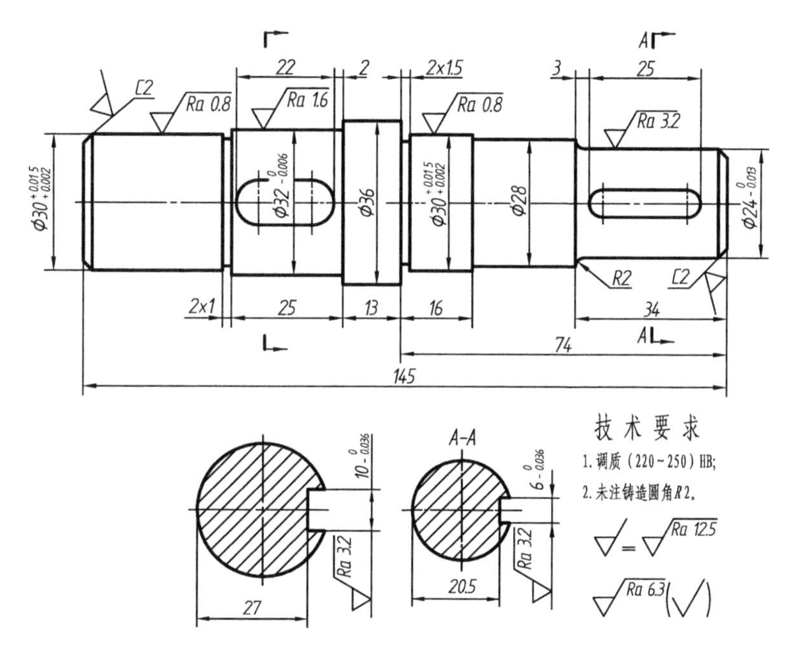


图 3-178　零件设计练习 1

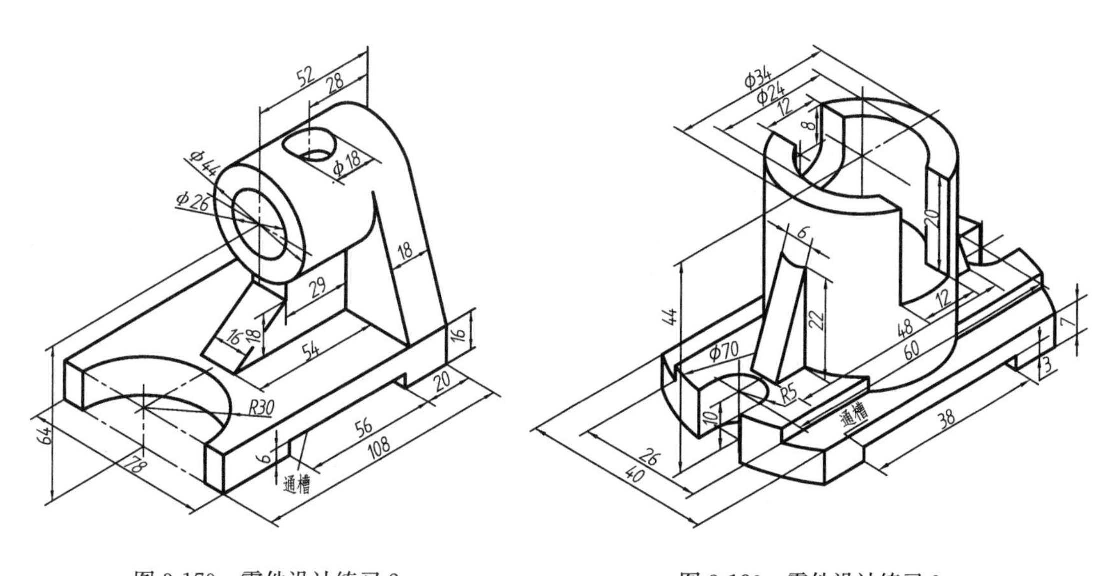


图 3-179　零件设计练习 2

图 3-180　零件设计练习 3

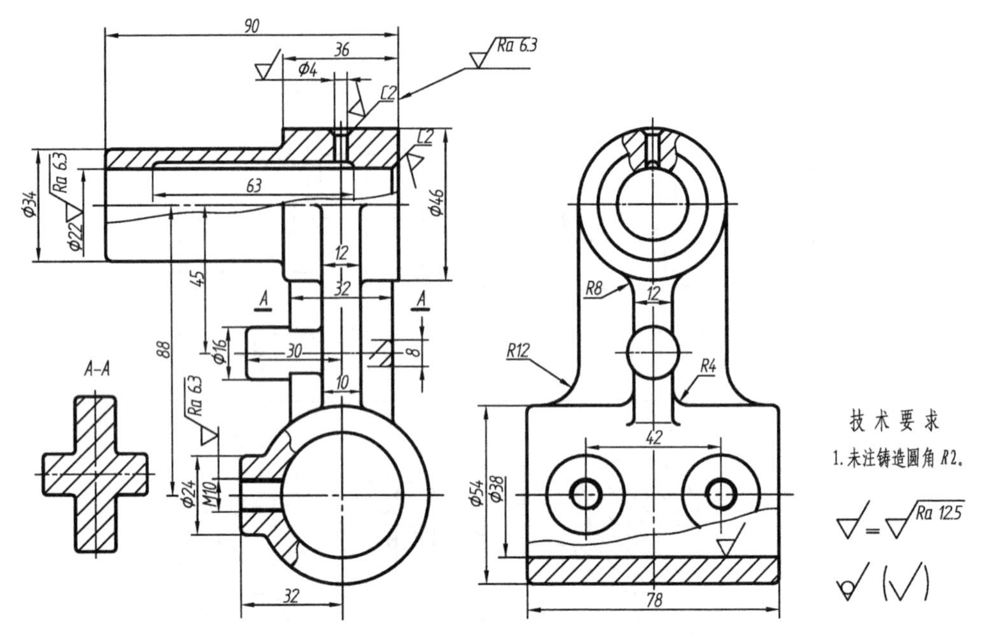


图 3-181 零件设计练习 4

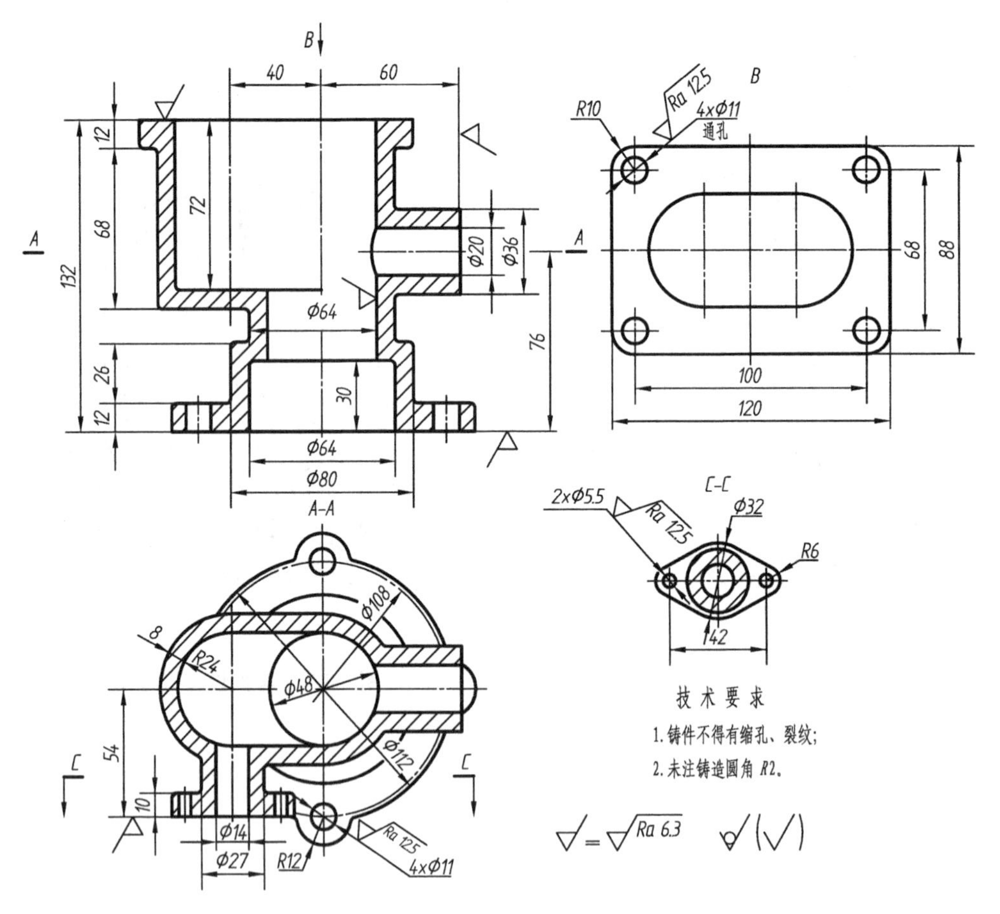


图 3-182 零件设计练习 5

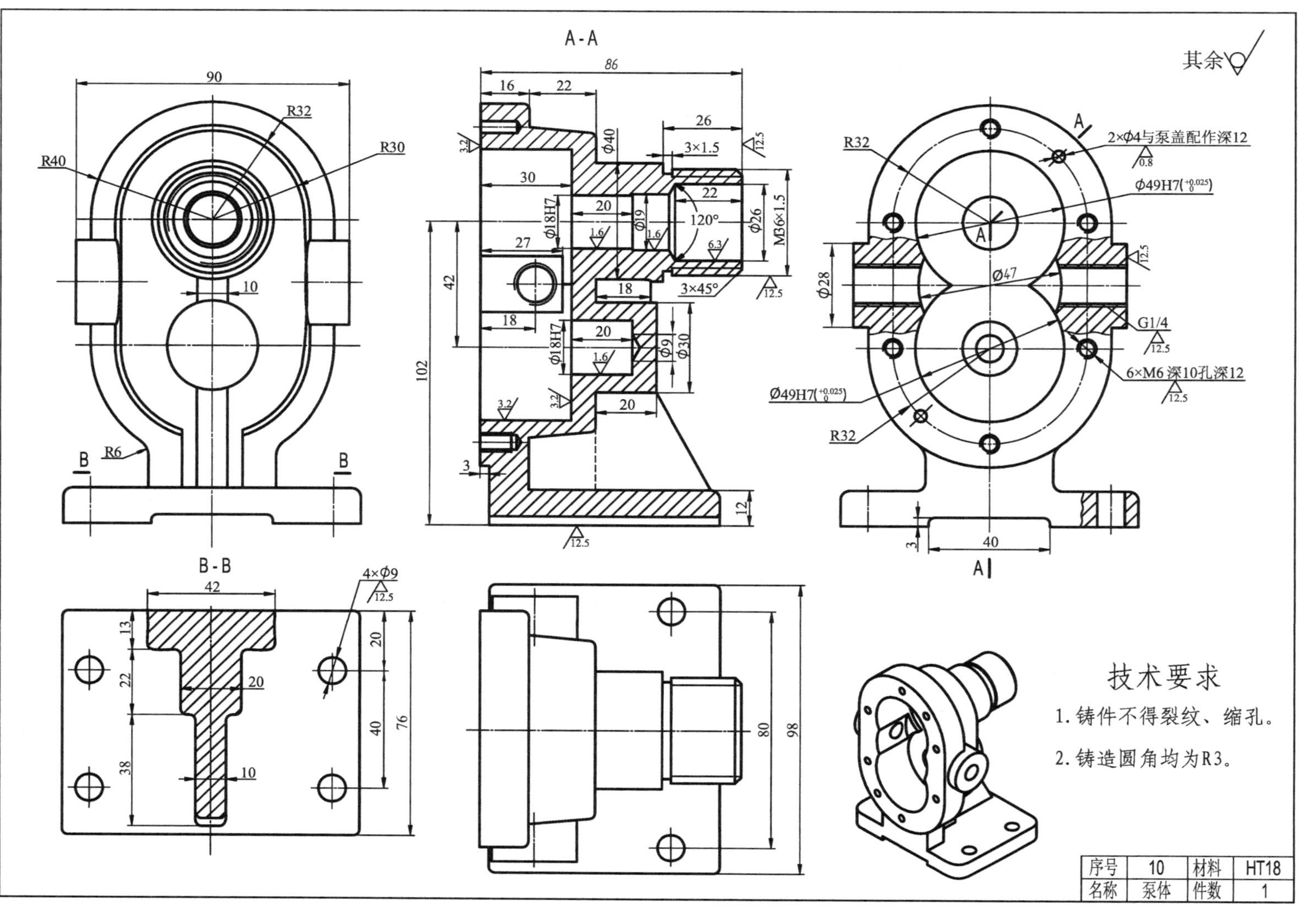


图3-183 零件设计练习6

# 第4章 钣金设计

本章主要介绍在Solid Edge钣金模块中进行钣金件设计的方法和过程。

钣金是针对金属薄板（通常在6mm以下）的一种综合冷加工工艺，包括剪、冲/切/复合、折、焊接、铆接、拼接、成型（如汽车车身）等。其显著的特征就是同一零件厚度一致。钣金件具有重量轻、强度高、成本低、导电（能够用于电磁屏蔽）、大规模量产性能好等特点，目前在电子电器、通信、汽车工业、医疗器械等领域得到了广泛应用，例如在电器外壳、电脑机箱、数码产品等中，钣金是必不可少的组成部分。随着钣金的应用越来越广泛，钣金件的设计变成了产品开发过程中很重要的一环，机械工程师必须熟练掌握钣金件的设计技巧，使得设计的钣金既满足产品的功能和外观等要求，又能使得冲压模具制造简单、成本低。

Solid Edge ST4的钣金模块提供了专业、高效的钣金设计环境，可进行各种钣金件的设计。并且可以通过展开命令，将设计好的钣金零件自动展开，在工程图环境中可生成相应的钣金件基本视图和展开图。

## 4.1 钣金设计环境、基本概念和过程

**1. 钣金设计环境**

选用以下任意方法之一，可进入钣金设计环境。

方法一：单击“开始→程序 Solid Edge ST4→Solid Edge ST4”，或双击桌面上的 Solid Edge ST4 图标，进入 Solid Edge ST4 启动界面，选取“GB钣金”。

方法二：在 Solid Edge ST4 任意界面中，选取“应用程序→新建→GB钣金”。

钣金设计环境如图4-1所示，除了“主页”选项卡上的“钣金”命令区外，其他界面与零件设计环境相同。

“钣金”命令区中的特征命令如图4-2所示，包含了所有生成钣金特征的命令。本章着重介绍图4-2所示钣金特征命令的操作方法和应用。

**2. 钣金设计的基本概念和过程**

钣金设计可以视为专用型零件的设计，钣金的建模方法和步骤与零件建模类似，一般建模步骤为：

（1）绘制钣金特征草图轮廓。

（2）执行钣金特征命令，由草图轮廓生成钣金特征。

（3）添加尺寸约束或几何约束。

（4）继续添加其他特征、添加尺寸和几何约束。

与零件设计不同的是，在进行钣金设计前，需根据设计要求设置钣金件的厚度和弯曲半径等基本参数，设置方法为：选取“应用程序→属性→材料表”，出现图4-3所示“Solid

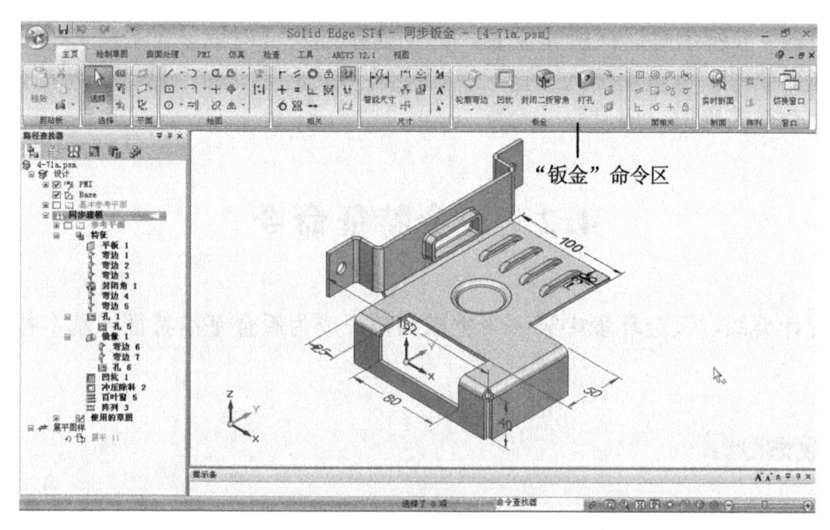


图 4-1　钣金设计环境

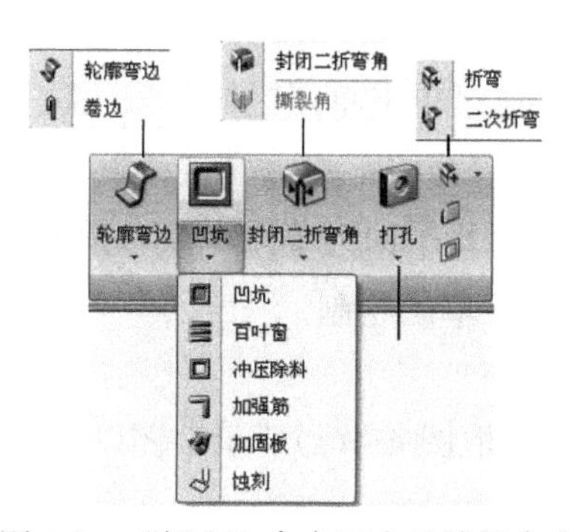


图 4-2　"钣金"命令区中的特征命令

Edge 材料表"对话框，选取"量规"选项卡，设置钣金件的厚度和弯曲半径，设置完成后单击"应用于模型"按钮。

这里按图 4-3 所示设置钣金的材料厚度、折弯半径、止裂口深度和宽度等。

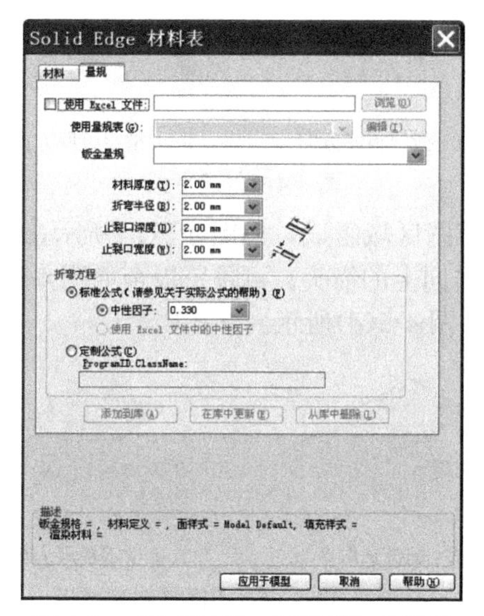


图 4-3　"Solid Edge 材料表"对话框

说明：对图 4-3 所示对话框所作设置，为创建基础特征时默认的材料厚度和折弯半径；执行钣金特征命令时，可重新输入和定义。如果某一钣金特征命令修改了特征的默认板厚，则当前钣金件全部变为同一厚度。

# 4.2 钣金特征命令

与零件设计类似，钣金环境中第一个生成的特征成为钣金基本特征，基本特征的草图必须是封闭的。

## 4.2.1 平板命令

“平板”命令通过对指定的平面区域拉伸指定的厚度生成薄板。

Solid Edge ST 钣金环境中，在“主页”选项卡的“钣金”命令区中，没有“平板”命令的图标。“平板”命令需通过单击草图区域，采用拉伸出厚度的方法生成。

**1. 绘制草图**

单击“直线”命令，选取 XY 平面为草图平面，按 F3 键锁定；绘制图 4-4(a)所示的草图；单击“解锁”按钮，解除草图绘制。

**2. 生成钣金**

(1) 单击“选取”按钮，选取图 4-4(a)所示草图，出现图 4-4(a)所示双向箭头，工具条如图 4-4(a)所示。

(2) 指定平板厚度生成方向和厚度：单击图 4-4(a)中向上的箭头，可预览生成的板厚在草图的上方，如图 4-4(b)所示；单击图 4-4(b)中所示箭头，可预览生成的板厚在草图的下方，如图 4-4(c)所示；输入厚度 3，按 Enter 键。生成的平板如图 4-5(d)所示。

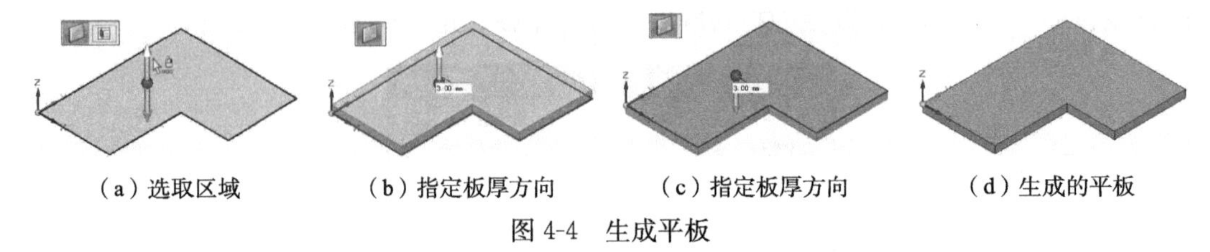

(a) 选取区域　(b) 指定板厚方向　(c) 指定板厚方向　(d) 生成的平板

图 4-4　生成平板

如果绘制的草图由多个草图区域组成，如图 4-5(a)所示，按住 Ctrl 键选择需要拉伸的区域，如图 4-5(b)所示，单击向上的箭头；可预览钣金如图 4-5(c)所示，输入 3，单击右键或按 Enter 键，生成的钣金如图 4-5(d)所示。

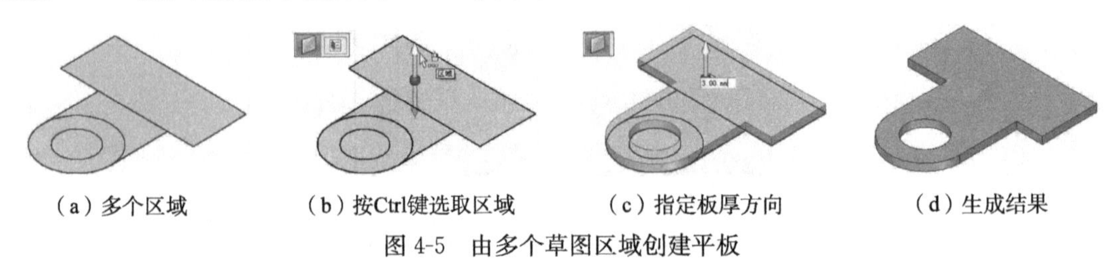

(a) 多个区域　(b) 按Ctrl键选取区域　(c) 指定板厚方向　(d) 生成结果

图 4-5　由多个草图区域创建平板

说明：“平板”命令与零件环境中的“拉伸”命令类似，创建第一个基础特征时，草图轮廓必须是封闭的。在已有基础特征的基础上添加其他特征时，草图可以不封闭，但草图轮廓必须与已有特征的边相交，形成封闭的区域，如图 4-6(a)所示的草图。执行“平板”命令后，生成的钣金如图 4-6(b)所示。

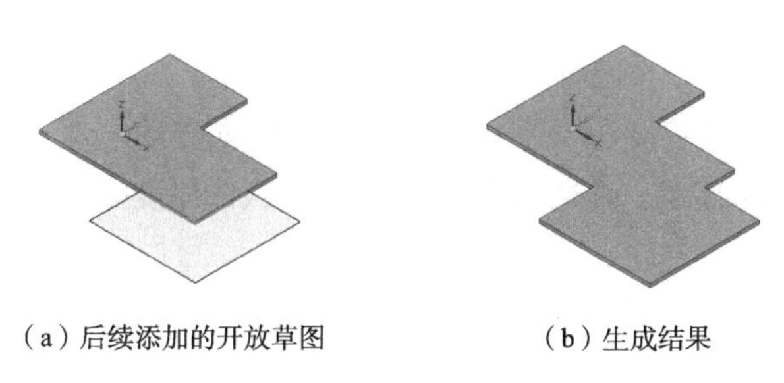

(a) 后续添加的开放草图　　(b) 生成结果

图 4-6　后续添加平板特征

### 4.2.2　弯边命令

“弯边”命令是在已有平板的直线边缘上增加一个折弯板。

Solid Edge ST 钣金环境中，在“主页”选项卡的“钣金”命令区中，没有“弯边”命令的图标，直接使用方向轮进行操作：

(1)“单击”选取按钮，选取图 4-7(a)所示平板侧面，出现图 4-7(b)所示箭头，选取垂直于板面的箭头，如图 4-7(b)所示，工具条如图 4-8 所示。

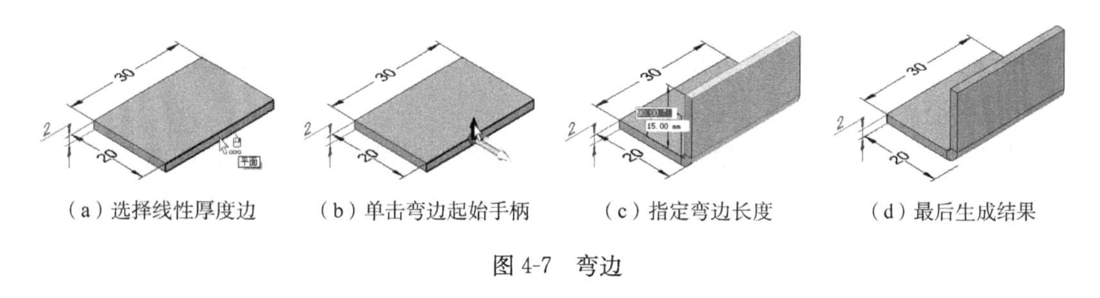


(a) 选择线性厚度边　　(b) 单击弯边起始手柄　　(c) 指定弯边长度　　(d) 最后生成结果

图 4-7　弯边

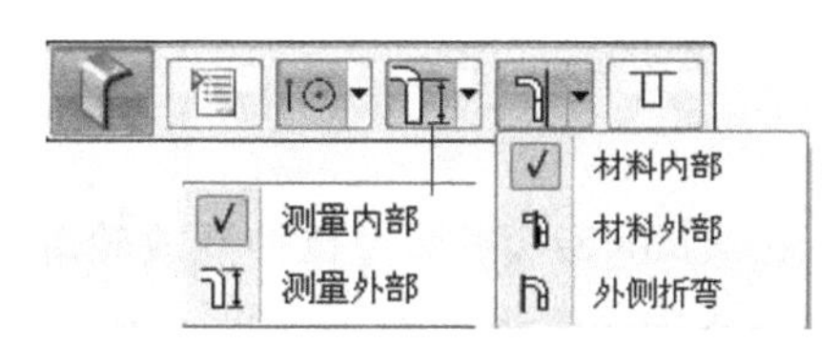


图 4-8　“弯边”命令工具条

(2) 向上移动鼠标，可预览生成的弯边如图 4-7(c)所示，在尺寸框中输入延伸距离 15 和延伸角度，按 Enter 键。生成的弯边如图 4-7(d)所示。

说明：默认的弯边角度是 90°，弯边结果如图 4-8(d)所示。在以上图 4-8(c)所示操作中，如果向下移动鼠标，输入距离尺寸 15，按 Tab 键，输入弯边角度为 60°，按 Enter 键，生成的弯边结果如图 4-9 所示。

图 4-8 所示“弯边”命令工具条上的各选项的功能如下。

①弯边选项：单击该按钮，弹出“弯边选项”对话框，可设置工艺槽和止裂口等选项。

②关键点：该选项可指定弯边拉伸的距离至指定的关键点。

③测量内部：为默认选项，弯边长度不包括平板的厚度，如图 4-10(a)所示弯边长度尺寸 15 不包括平板的厚度。

④测量外部：弯边长度包括平板的厚度，选取该选项，生成的弯边如图 4-10(b)所示，弯边长度 15 包括了平板的厚度。

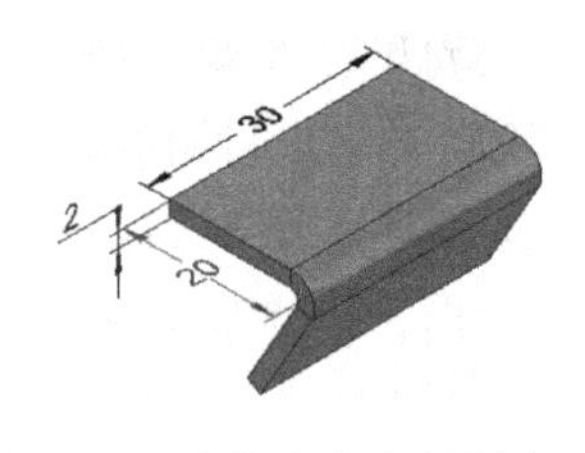

图 4-9　生成指定角度的折弯

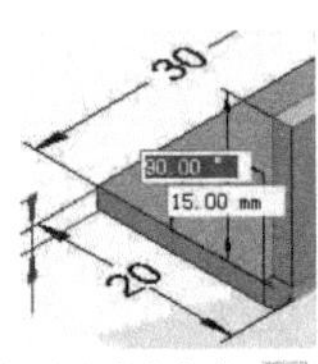
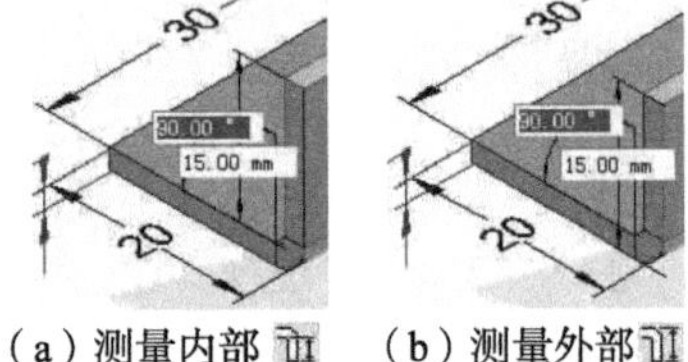
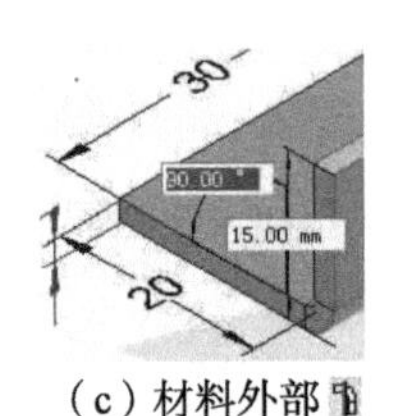
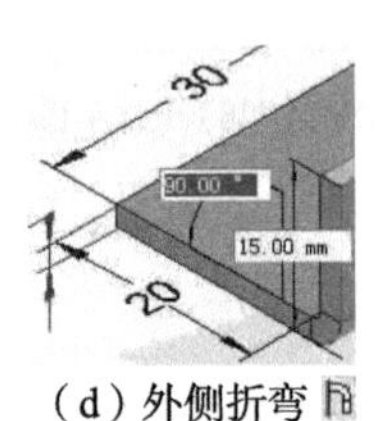
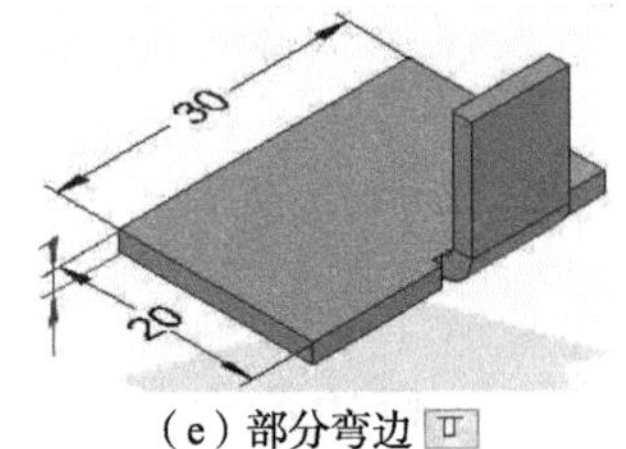

(a) 测量内部　(b) 测量外部　(c) 材料外部　(d) 外侧折弯　(e) 部分弯边

图 4-10　弯边材料侧

⑤材料内部：生成的弯边在指定边缘的内侧，选取该选项，生成的弯边如图 4-10(a)和图 4-10(b)所示，生成的弯边在尺寸 20 内侧。

⑥材料外部：生成的弯边内侧平面与指定的边缘对齐，选取该选项，生成的弯边如图 4-10(c)所示。

⑦外侧折弯：生成的弯边和折弯圆角都在指定边缘的外侧，选取该选项，生成的弯边如图 4-10(d)所示。

⑧部分弯边：选取该选项，可生成宽度小于指定边缘长度的弯边，如图 4-10(d)所示。一般情况下，生成的弯边宽度是指定边缘长度的 1/3，可以通过“智能尺寸标注”命令和“间距”命令添加尺寸，改变弯边的宽度和位置。

### 4.2.3　轮廓弯边命令

“轮廓弯边”命令（Contour Flange）通过拉伸开放轮廓来构造由一个或多个平板和弯边构成的钣金基本特征。该命令同“平板”命令一样，属于增料特征，可生成基本特征，也可在已有特征上添加轮廓弯边特征。作为基础特征和添加的特征，“轮廓弯边”命令的操作稍有不同。

**1. 生成轮廓弯边特征作为基础特征**

在钣金环境中没有任何特征的情况下，用“轮廓弯边”命令生成基础特征，操作方法为：

(1) 绘制草图。

单击“直线”命令，选取 XZ 平面为草图绘制平面，按 F3 键锁定，按 Ctrl＋H 键

(或单击“草图视图”按钮 )，进入二维草图绘制环境。绘制图 4-11(a)所示草图轮廓。单击草图环境右上角的按钮 解除草图绘制。按 Ctrl+I 键，返回正等轴测视图。

(2) 生成轮廓弯边特征。

①单击“轮廓弯边”命令 ，依次单击图 4-11(a)所示草图和图 4-11(a)所示箭头。

②移动鼠标，可预览生成的特征如图 4-11(b)所示，单击图 4-11(b)所示箭头可使箭头反转，控制生成的钣金厚度是在草图的上方或下方；按 Tab 键，可在钣金厚度和长度两尺寸框中进行切换，输入钣金厚度和拉伸长度，按 Enter 键。生成的轮廓弯边特征如图 4-11(c)所示。

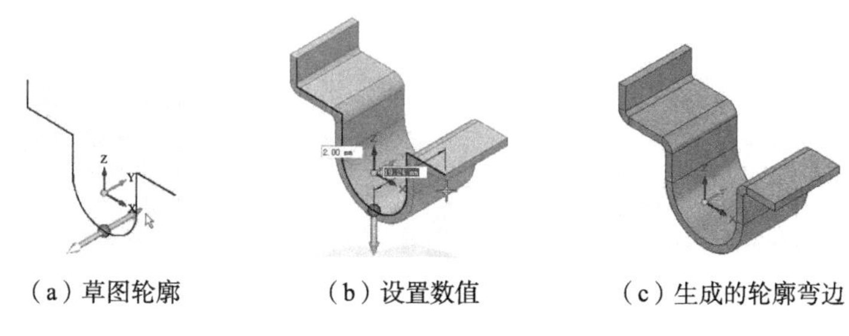

(a) 草图轮廓　(b) 设置数值　(c) 生成的轮廓弯边

图 4-11　生成轮廓弯边

**2. 在已有特征上创建轮廓弯边特征**

在已有特征上生成轮廓弯边特征时，需确定好参考面和草图轮廓位置，草图必须连接到线性边，并且所处的平面垂直于该边。

在图 4-12(a)所示 25×30×1 钣金特征上添加轮廓弯边特征，操作方法为：

(1) 绘制草图：单击“直线”命令 ，选取图 4-12(a)所示平面为草图绘制平面，按 F3 键锁定，按 Ctrl+H 键（或单击“草图视图”按钮 )，进入二维草图绘制环境；绘制图 4-12(b)所示草图轮廓并标注尺寸。单击草图环境右上角的按钮 解除草图绘制。按 Ctrl+I 键，返回正等轴测视图。

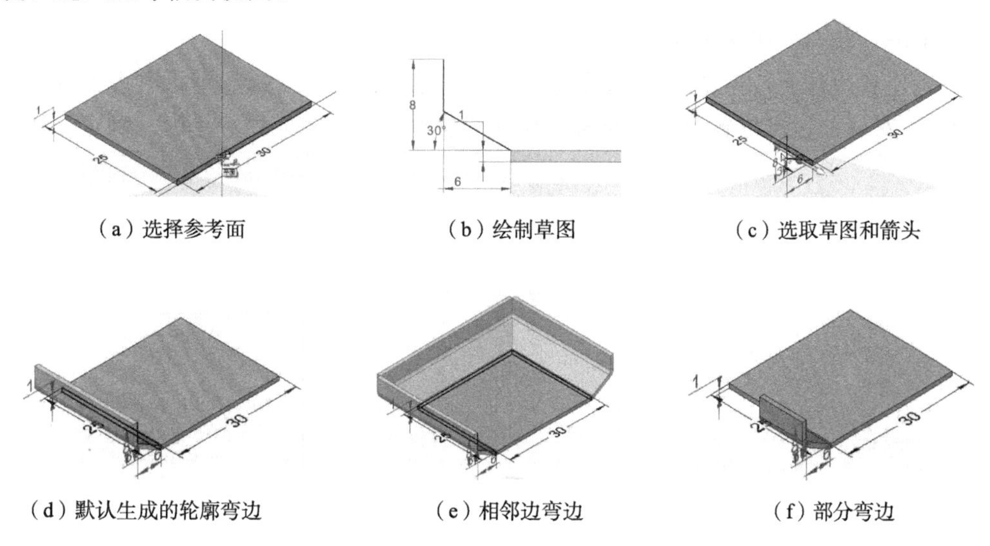


(a) 选择参考面　(b) 绘制草图　(c) 选取草图和箭头

(d) 默认生成的轮廓弯边　(e) 相邻边弯边　(f) 部分弯边

图 4-12　添加轮廓弯边特征

(2) 单击“轮廓弯边”命令，选取图 4-12(c)所示草图，单击图 4-12(c)所示箭头。工具条如图 4-13 所示。

(3) 移动鼠标，可预览默认生成的轮廓弯边特征如图 4-12(d)所示。

(4) 继续选取图 4-12(d)所示相邻的边，生成的轮廓弯边特征如图 4-12(e)所示。

(5) 选取工具条上的“部分弯边”按钮，可沿指定边缘，生成部分轮廓弯边特征，如图 4-12(f)所示。

在图 4-13 所示工具条中，单击工具条上的“选项”按钮，将出现“轮廓弯边选项”对话框，可设置轮廓弯边两侧的工艺槽、止裂口的形状和尺寸等。如果在工具条的下拉列表中选取“链”，再选取封闭的边，生成的轮廓弯边特征如图 4-14 所示。

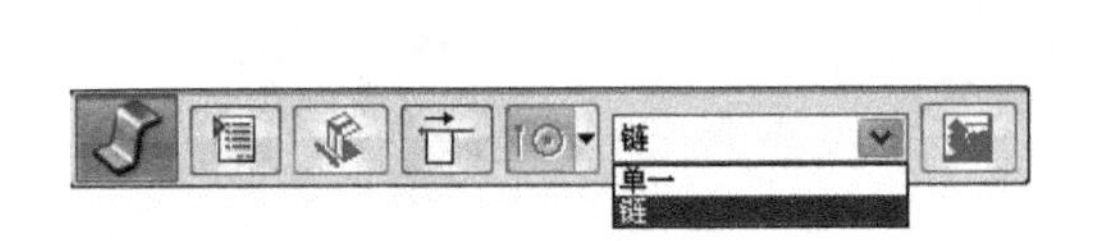


图 4-13 “轮廓弯边”工具条

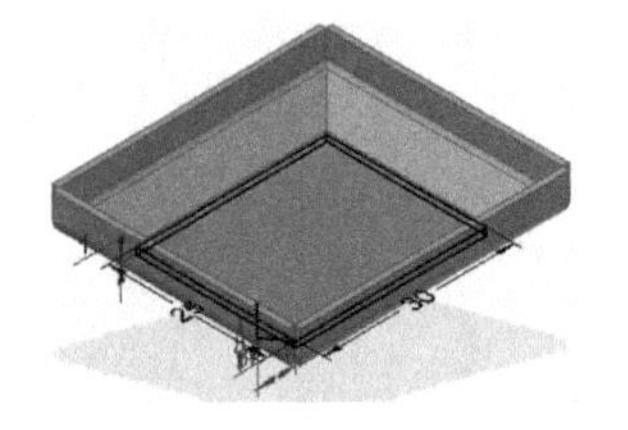

图 4-14 封闭的轮廓弯边

说明：“轮廓弯边”命令要求绘制的轮廓线不封闭、不间断，如果轮廓中包括有圆弧，必须保证圆弧与其两端的直线或圆弧相切，否则系统会弹出窗口提示圆弧关系都必须在“轮廓弯边”与轮廓相切，须重新编辑轮廓。

### 4.2.4 卷边命令

“卷边”命令（Crimping）在钣金边缘构造材料折回，形成卷边。

卷边在钣金零件中主要起到美观、增加刚度、防止毛刺锐边划伤使用者的作用。

对钣金件添加卷边特征，操作方法为：

(1) 单击“卷边”命令。工具条如图 4-15 所示。

(2) 设置卷边选项：单击图 4-15 所示工具条上的“选项”按钮，出现图 4-16 所示“卷边选项”对话框，可设置卷边的类型、尺寸等参数，设置完成后，单击“确定”按钮。

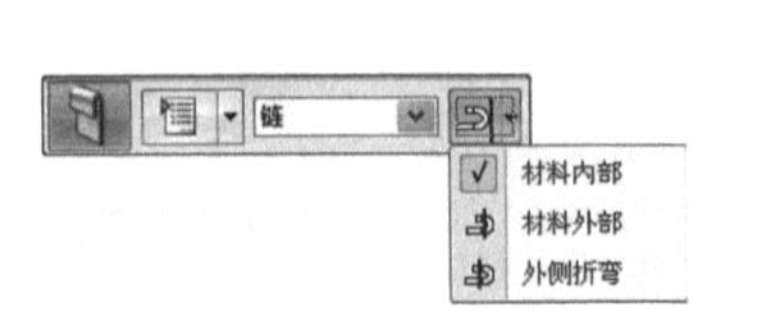


图 4-15 “卷边”命令工具条

图 4-16 “卷边选项”对话框

(3) 生成卷边：单击图 4-17(a)所示上边缘，生成的卷边如图 4-17(b)所示，为默认的卷边方式“材料内部”，生成的卷边在指定边缘的内侧，钣金长度尺寸 25 保持不变。

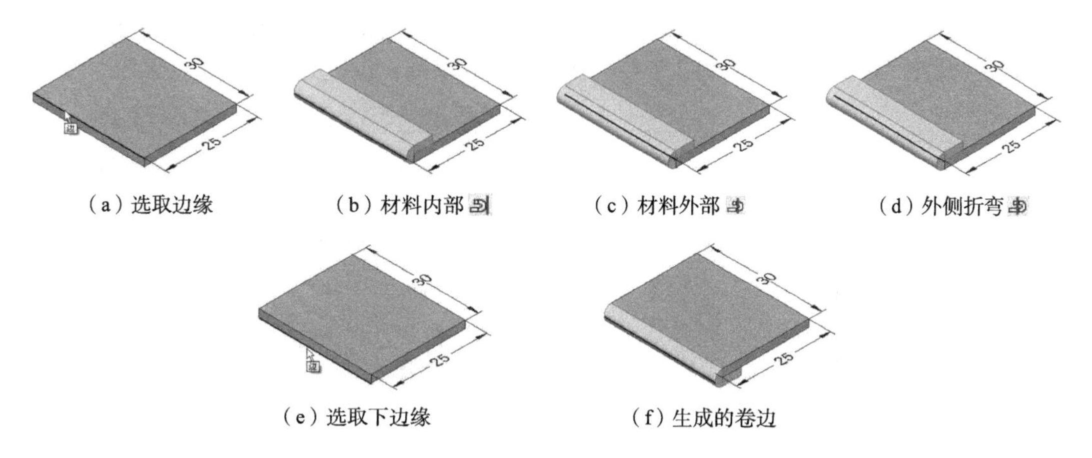


(a) 选取边缘　(b) 材料内部　(c) 材料外部　(d) 外侧折弯

(e) 选取下边缘　(f) 生成的卷边

图 4-17　生成卷边

如果在图 4-15 所示工具条的下拉列表中选取“材料外部”，生成的卷边如图 4-17(c)所示，卷边弯转部分在指定边缘的外侧，钣金的长度增加了一个钣金厚度。

如果在图 4-15 所示工具条的下拉列表中选取“外侧折弯”，生成的卷边如图 4-17(d)所示，卷边弯转部分在指定边缘的外侧，钣金的长度增加了一个钣金厚度加上折弯半径。

如果选取平板的下边缘，如图 4-17(e)所示，生成的卷边在钣金的下表面，如图4-17(f)所示。

## 4.2.5　凹坑命令

“凹坑”命令（Dimple）将平板上所绘制的草图轮廓沿板厚方向压延成凹坑。由于凹坑成形是将材料压延展后形成的，所以形成的凹坑无法展开。

在图 4-18(a)所示 25×20×1 矩形平板上添加凹坑特征，操作方法如下。

**1. 绘制凹坑草图轮廓**

单击“中心点画圆”命令，选取图 4-18(a)所示钣金上表面为草图绘制平面，按 F3 键锁定；绘制图 4-18(a)所示的圆；单击工作区右上角的“解锁”按钮，解除草图绘制。

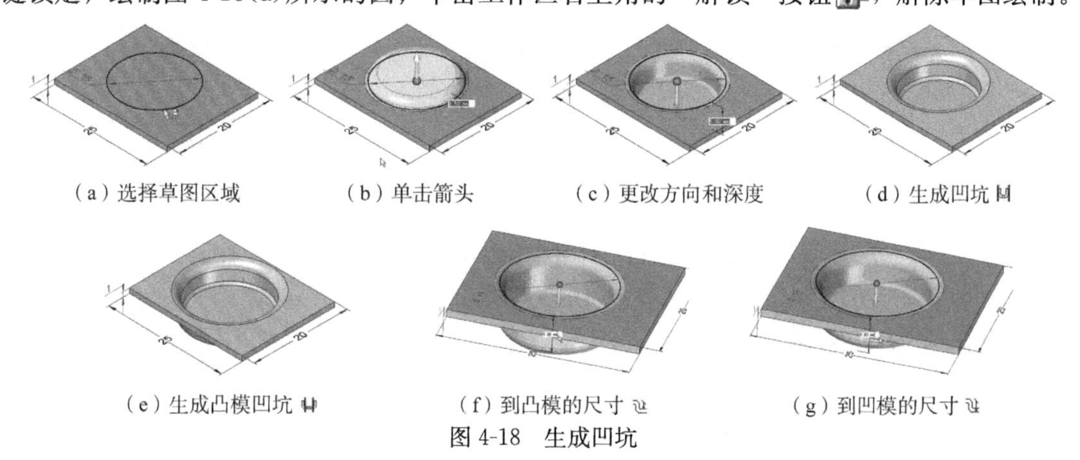

(a) 选择草图区域　(b) 单击箭头　(c) 更改方向和深度　(d) 生成凹坑

(e) 生成凸模凹坑　(f) 到凸模的尺寸　(g) 到凹模的尺寸

图 4-18　生成凹坑

**2. 生成凹坑**

(1) 单击“凹坑”命令，工具条如图 4-19 所示。

(2) 设置凹坑参数：单击工具条上的“选项”按钮，将出现图 4-20 所示“凹坑选项”对话框，可设置凹坑的拔模角、倒圆半径、拐角半径等参数，设置完后，单击“确定”按钮。

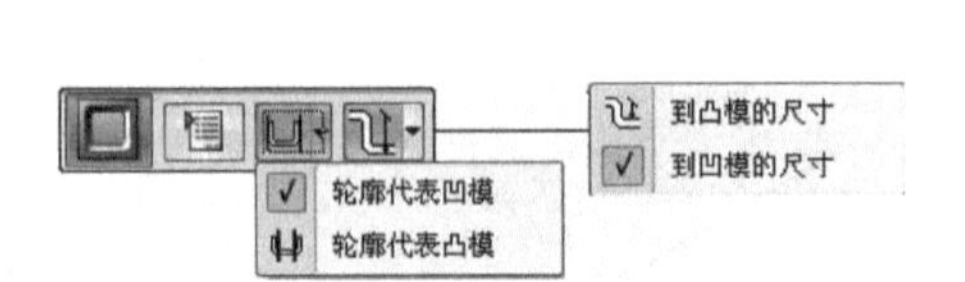


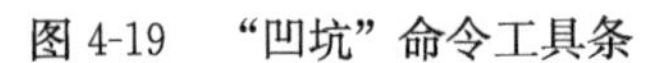

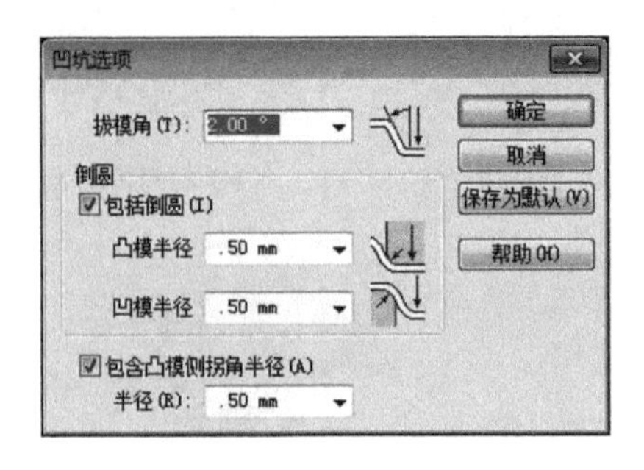


图 4-19　“凹坑”命令工具条　　　　图 4-20　“凹坑选项”对话框

(3) 生成凹坑：选取图 4-18(a)所示草图轮廓，出现图 4-18(b)所示箭头和尺寸框，单击箭头改变凹坑方向，如图 4-18(c)所示，在尺寸框中输入凹坑深度 5，按 Enter 键。生成的凹坑如图 4-18(d)所示。

以上方式生成的凹坑为默认方式的凹坑。

在图 4-19 所示工具条中，各选项的含义如下。

①轮廓代表凹模：表示凹坑在草图轮廓的内侧，该选项为默认选项，生成的凹坑如图 4-18(d)所示。

②轮廓代表凸模：表示凹坑在草图轮廓的外侧，选取该选项，生成的凹坑如图 4-18(e)所示。

③到凸模的尺寸：指凹坑的深度是计算到凹坑的内壁，该选项为默认选项，生成的凹坑如图 4-18(f)所示。

④到凹模的尺寸：指凹坑的深度是计算到凹坑的外壁，选取该选项，生成的凹坑如图 4-18(g)所示。

如果草图轮廓不封闭，草图的开放端必须与钣金的边相交，如图 4-21(a)所示，图 4-21(b)为不封闭草图轮廓、拔模角 15°、“轮廓代表凸模”、“到凹模的尺寸”、凹坑深度为 5 时，生成的凹坑；图 4-21(c)为单击箭头反转方向的凹坑。

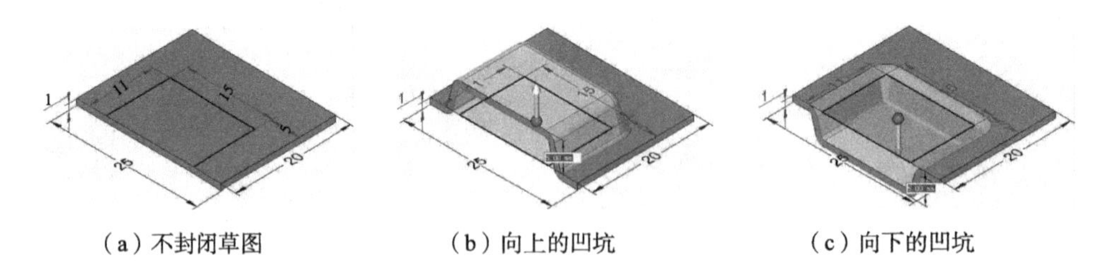

(a) 不封闭草图　　　(b) 向上的凹坑　　　(c) 向下的凹坑

图 4-21　由不封闭草图轮廓形成的凹坑

## 4.2.6　百叶窗命令

“百叶窗”命令专门用于生成钣金中的百叶窗。

百叶窗是在平板上产生的端部开口的条形缝隙。百叶窗的形状有两种：一种是端部成形的百叶窗；另一种是端部开口的百叶窗。百叶窗特征是不能展开或压平的。

如图 4-22 所示，百叶窗的主要参数是长度 L、宽度 D、高度 H 和板厚 T，括号中是举例的数值。百叶窗的长度由绘制草图时直线的长度确定；宽度和高度在命令执行过程中指定，但几个尺寸参数间必须保证有这样的关系：L≥2D，H≤D－T 且 H＞T。即百叶窗的长度大于等于两倍百叶窗宽度，百叶窗的高度小于等于宽度与板厚之差，且大于板厚。保证这些尺寸关系的原因是：百叶窗两端的圆弧半径等于宽度，所以长度必须超过两个圆弧半径之和。

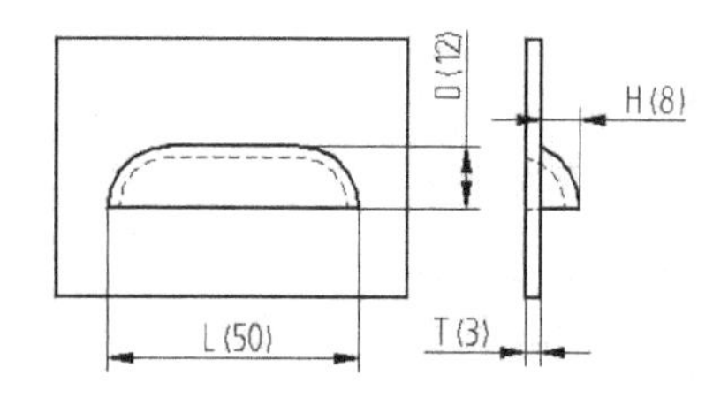

图 4-22　百叶窗的参数

**1. 生成百叶窗**

在图 4-23(a)所示 150×120×3 的平板上添加百叶窗特征，操作方法和步骤为：

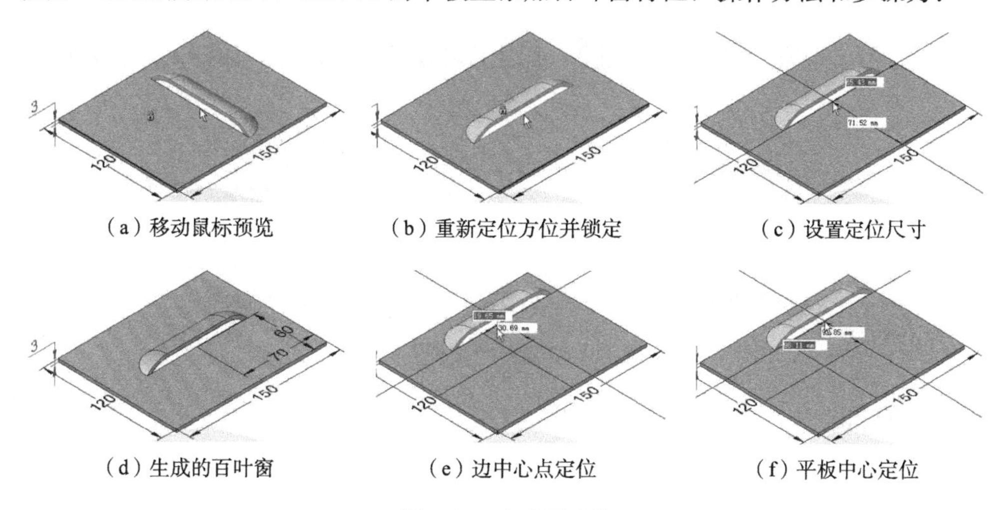

图 4-23　生成百叶窗

(1) 单击“百叶窗”命令。工具条如图 4-24 所示。

(2) 设置百叶窗尺寸：在如图 4-24 所示工具条上，单击“选项”按钮，弹出图4-25 所示对话框，按图 4-25 设置百叶窗尺寸和参数，单击“确定”按钮。

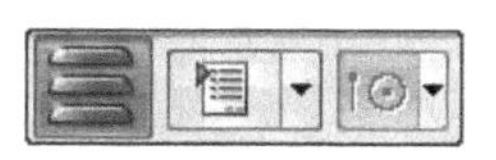
图 4-24　“百叶窗”命令工具条

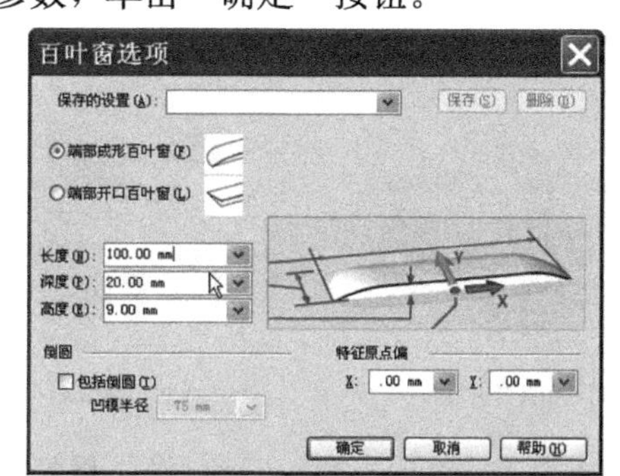

图 4-25　“百叶窗选项”对话框

(3) 放置、定位百叶窗：在平板上移动鼠标，可预览百叶窗的位置，如图 4-23(a)所示，按 N 键，使百叶窗方向如图 4-23(b)所示；按 F3 键锁定百叶窗方向。移动光标至平板的前边线上，按 E 键，移动光标至平板的右边线上，按 E 键，将出现图 4-23(c)所示定位光标和定位尺寸框，输入 70，按 Tab 键，输入 60，按 Enter 键，生成的百叶窗如图 4-23(d)所示。

在放置百叶窗时，百叶窗自动与平板的边平行。按 N 或 B 键可调整百叶窗的方位，按 F3 键可锁定百叶窗的方位。当按 F3 键锁定百叶窗的方位之后，可进行以下操作。

①移动光标至平板指定的边线上，按 E 键，可生成从百叶窗的中心到最接近边线端点的定位尺寸框，如图 4-23(c)所示，按 Tab 键切换，输入定位尺寸，生成位置确定的百叶窗，如图 4-23(d)所示。

②移动光标至平板指定的边线上，按 M 键，可生成从百叶窗的中心到边的中点的定位尺寸框，如图 4-23(e)所示。

③移动光标至平板指定的边线上，按 C 键，可生成从百叶窗的中心到平板中点的定位尺寸框，如图 4-23(f)所示。

另一种简单定位百叶窗的方法是，确定百叶窗的方位后，单击左键先放置百叶窗，如图 4-26(a)所示，然后选取“间距”命令，标注百叶窗的定位尺寸，如图 4-26(b)所示。

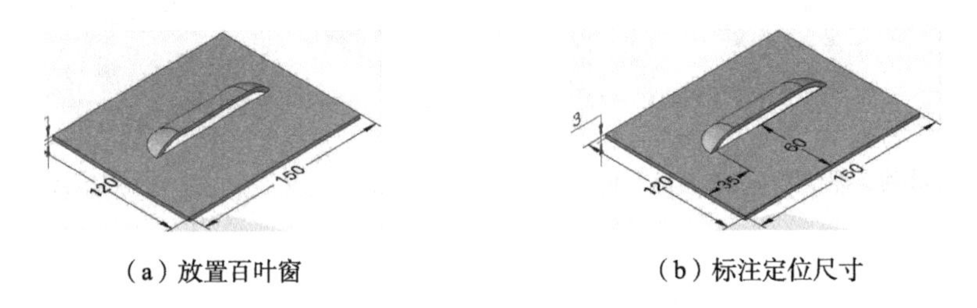


(a) 放置百叶窗　　(b) 标注定位尺寸

图 4-26　标注尺寸定位百叶窗

**2. 修改百叶窗**

(1) 修改定位尺寸：对图 4-23(d)和图 4-26(b)标注了定位尺寸的百叶窗，可以通过选取尺寸并修改尺寸数字，来修改百叶窗的定位尺寸和位置。

(2) 修改属性：单击图 4-27(a)所示百叶窗，出现方向轮和“百叶窗”标识后，单击“百叶窗”标识，出现图 4-27(b)所示百叶窗尺寸编辑框，从中可修改百叶窗的尺寸。单击工具条上的“选项”按钮，弹出图 4-25 所示的对话框，选取“端部开口百叶窗”项，单击“确定”按钮，返回图 4-27(b)所示尺寸编辑框状态，按 Enter 键。修改后的百叶窗如图 4-27(c)所示。

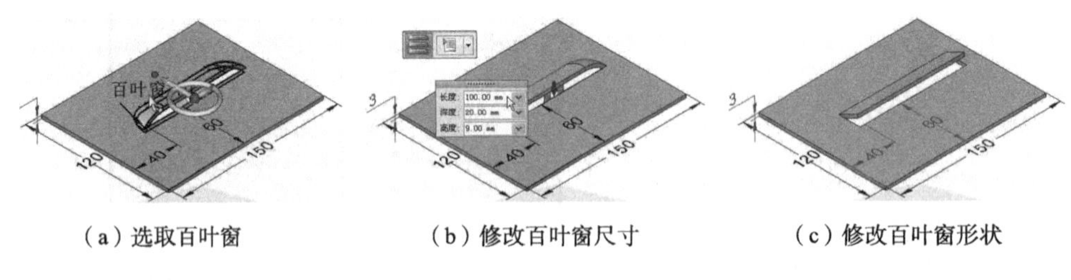


(a) 选取百叶窗　　(b) 修改百叶窗尺寸　　(c) 修改百叶窗形状

图 4-27　修改百叶窗属性

说明：选取百叶窗，出现图 4-27(a)所示方向轮，可以利用方向轮对百叶窗进行移动、旋转等操作。

## 4.2.7　冲压除料命令

“冲压除料”命令（Drawn Cutout）用于冲压拉伸材料，在零件上创建翻边除料特征，在实际设计中也称为“翻边”，是钣金设计中应用广泛的成型手段之一。

在图 4-28(a)所示 25×20×1 矩形平板上添加冲压除料特征，操作方法如下。

**1. 绘制冲压草图轮廓**

单击“中心点画圆”命令，选取图 4-28(a)所示钣金上表面为草图绘制平面，按 F3 键锁定；绘制图 4-28(a)所示的圆；单击工作区右上角的“解锁”按钮，解除草图绘制。

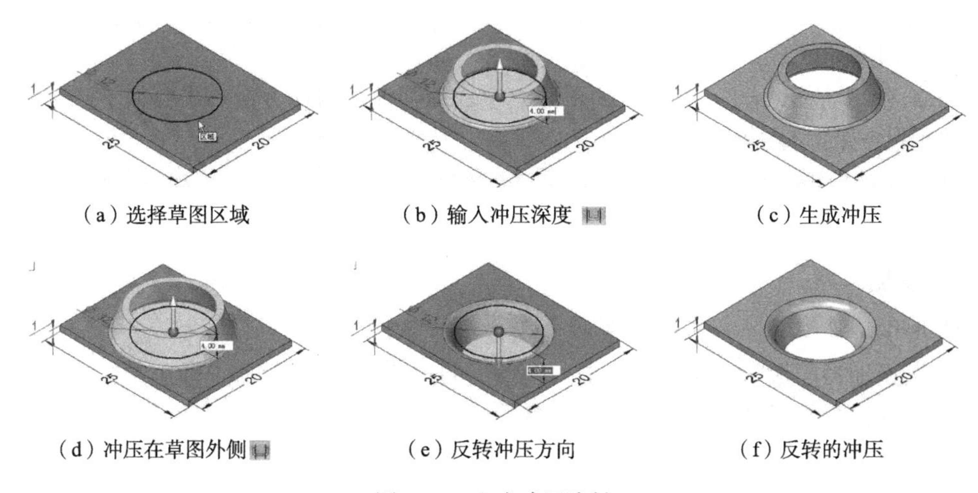

(a) 选择草图区域　(b) 输入冲压深度　(c) 生成冲压

(d) 冲压在草图外侧　(e) 反转冲压方向　(f) 反转的冲压

图 4-28　生成冲压除料

**2. 生成冲压除料**

(1) 单击“冲压除料”命令。工具条如图 4-29 所示。

(2) 设置冲压选项：单击图 4-29 所示工具条上的“选项”按钮，弹出图 4-30 所示“冲压除料选项”对话框，输入拔模角为 20°，单击“确定”按钮。

(3) 生成冲压除料：选取图 4-28(a)所示草图区域，出现图 4-28(b)所示的冲压方向箭头和冲压深度尺寸框，输入 4，按 Enter 键。生成的冲压除料如图 4-28(c)所示。

图 4-29　“冲压除料”命令工具条

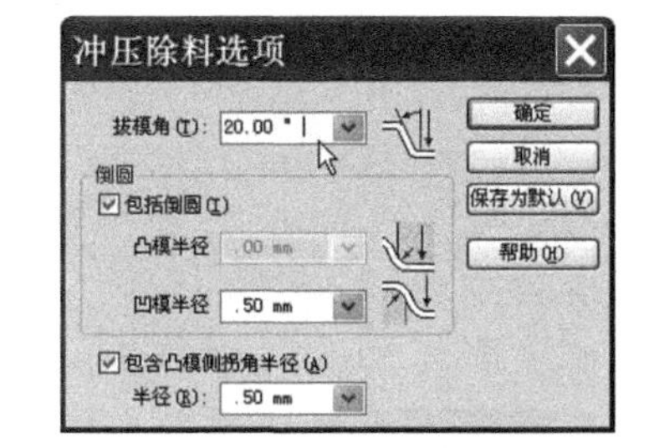


图 4-30　“冲压除料选项”对话框

以上操作为默认的操作，冲压方式为“轮廓代表凹模”，生成的冲压在草图轮廓的内侧。在以上操作过程中，如果选取“轮廓代表凸模”，生成的冲压在草图轮廓的外侧，如图 4-28(d)所示。如果单击图 4-28(d)所示箭头，可反转冲压方向，如图4-28(e)所示，生成的冲压除料如图 4-28(f)所示。

说明:“冲压除料”命令和“凹坑”命令的操作方法和步骤基本相同，不同的是，凹坑有底面，冲压除料没有底面。

### 4.2.8 加强筋命令

“加强筋”命令（Bead）可在钣金件上沿指定的轮廓路径冲压起条状物。

加强筋常用来加强板的刚性，有时也用来起装饰作用。形成加强筋的轮廓路径必须是连续的，且连接处有保证相切的线段。可以同时有几条轮廓路径，轮廓路径之间也可以相交，但要注意的是，所有轮廓路径的圆弧曲率半径不能小于加强筋冲压横截面宽度的一半，否则会形成干涉而不能成功。

在图 4-31(a)所示 150×120×3 的平板上生成加强筋，操作方法和步骤如下。

**1. 绘制加强筋草图轮廓**

单击“直线”命令，选取图 4-31(a)所示钣金上表面为草图绘制平面，按 F3 键锁定；绘制图 4-31(a)所示加强筋轮廓；单击工作区右上角的“解锁”按钮，解除草图绘制。

**2. 生成加强筋**

(1) 单击“加强筋”命令。工具条如图 4-32 所示。

(2) 设置加强筋形状和尺寸：单击工具条上的“选项”按钮，弹出图 4-33 所示对话框，按对话框设置加强筋的形状和尺寸，单击“确定”按钮。

(3) 生成加强筋：选取图 4-31(a)所示加强筋轮廓，可预览加强筋如图 4-31(b)所示；单击右键，或按 Enter 键。生成的加强筋如图 4-31(c)所示。

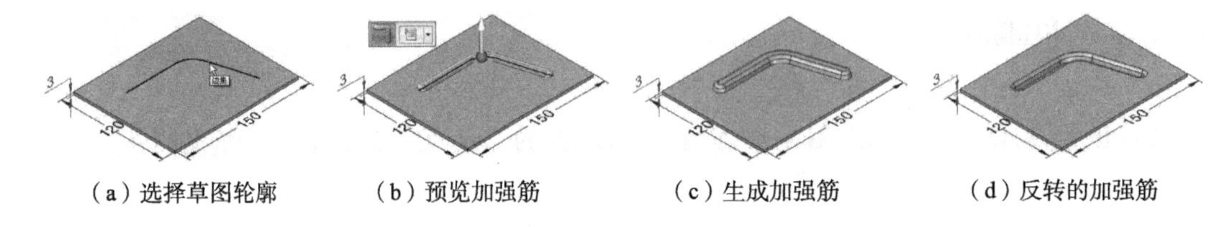

(a) 选择草图轮廓　(b) 预览加强筋　(c) 生成加强筋　(d) 反转的加强筋

图 4-31　生成加强筋

图 4-32　“加强筋”命令工具条

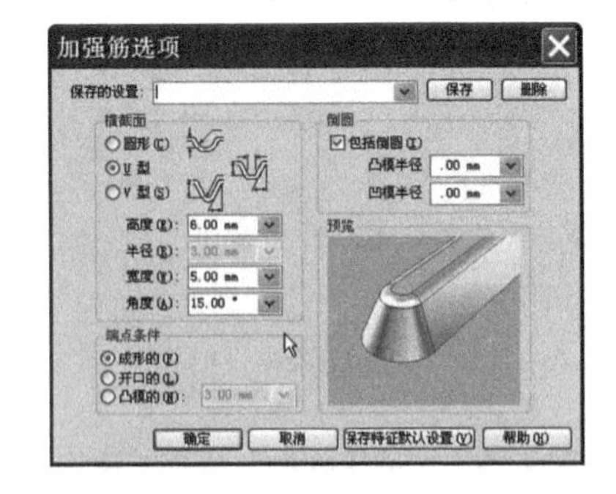


图 4-33　“加强筋选项”对话框

在以上操作中，如果单击图 4-31(b)所示箭头，可使生成的加强筋反转向下，如图 4-31(d)所示。

在图 4-33 所示“加强筋选项”对话框中，“横截面”形状有“圆形”、“U 型”和“V 型”三种，对应的形状如图 4-34 所示，默认为“U 型”。“端点条件”有“成形的”（默认）、“开口的”和“凸模的”三种，对应的端点方式如图 4-35 所示。选取一种“横截面”和一种“端点条件”，在该对话框的预览区中，可预览对应的加强筋形状。在“高度”、“宽度”和“角度”文本框中，可设置加强筋的尺寸。

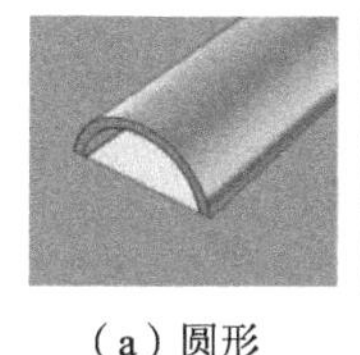

（a）圆形

（b）U型

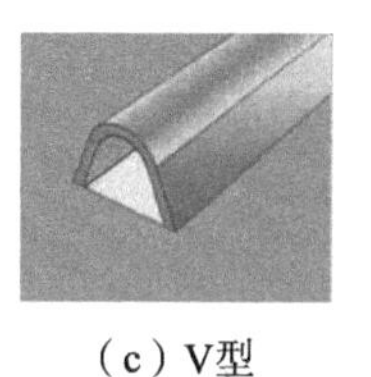

（c）V型

图 4-34　加强筋横截面形状

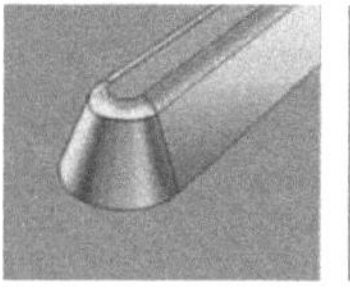

（a）成形的

（b）开口的

（c）凸模的

图 4-35　加强筋端点条件

说明：加强筋的草图轮廓可以是封闭的、相交的，生成的加强筋如图 4-36 所示。加强筋的草图轮廓不能与折弯和其他特征相交，且组成单条加强筋轮廓的多个草图元素必须形成相切链。

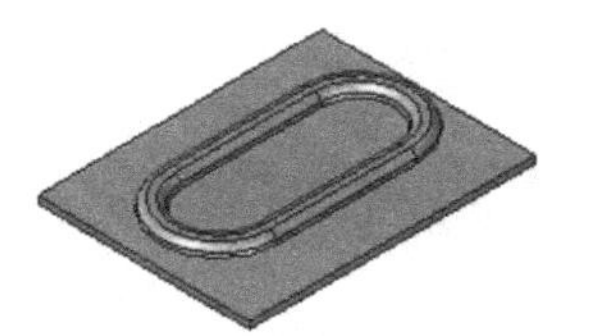

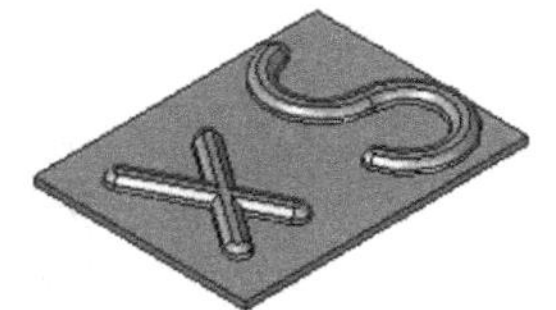

图 4-36　加强筋的轮廓形状

### 4.2.9　加固板命令

“加固板”命令（Reinforcing Rib）可对钣金沿着折弯构造加固板。加固板是折弯上的支撑，起到提高折弯强度和固定的作用。

首先执行“平板”命令和“弯边”命令，生成图 4-37(a)所示平板和弯边，形成一个 90°的折弯钣金。添加加固板的操作方法和步骤为：

(1) 单击“加固板”命令。工具条如图 4-38 所示。

(2) 设置加固板的形状和尺寸：单击工具条上的“选项”按钮，弹出图 4-39 所示“加固板选项”对话框，按对话框设置加固板的尺寸，单击“确定”按钮。

(3) 生成加固板：选取图 4-37(a)所示折弯，可预览加固板和定位尺寸框，如图4-37(b)所示，输入 45，按 Enter 键，单击右键确认。生成的加固板如图 4-37(c)所示。

以上操作为默认的操作，加固板生成方式为“单一”。在以上操作中：

如果在工具条的下拉列表中选取“适合”，将出现图 4-37(d)所示的“个数”尺寸框，输入个数 3，在钣金长度方向将生成 3 个均布加固板，如图 4-37(d)所示。

如果在工具条的下拉列表中选取“填充”，将出现图 4-37(e)所示的“间距”尺寸框，输入间距 15，在钣金长度方向将生成间距为 15 的多个均布加固板，如图 4-37(e)所示。

如果在工具条的下拉列表中选取“固定”，将出现图 4-37(f)所示的“个数”和“间距”尺寸框，按 Tab 键，输入个数 2，间距 20，在钣金长度方向将生成 2 个间距为 20 的加固板，如图 4-37(f)所示。

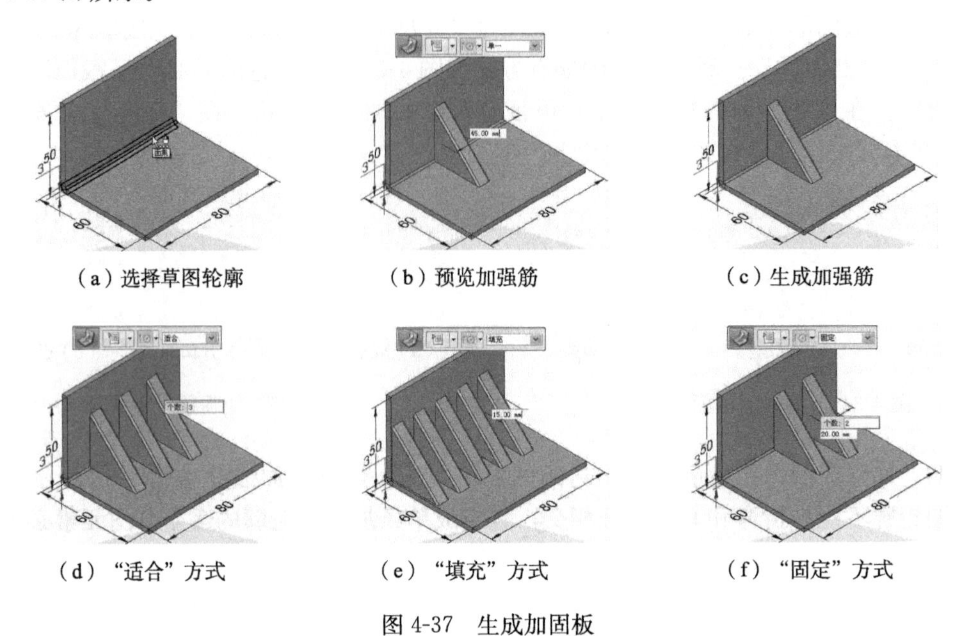

（a）选择草图轮廓　（b）预览加强筋　（c）生成加强筋

（d）“适合”方式　（e）“填充”方式　（f）“固定”方式

图 4-37　生成加固板

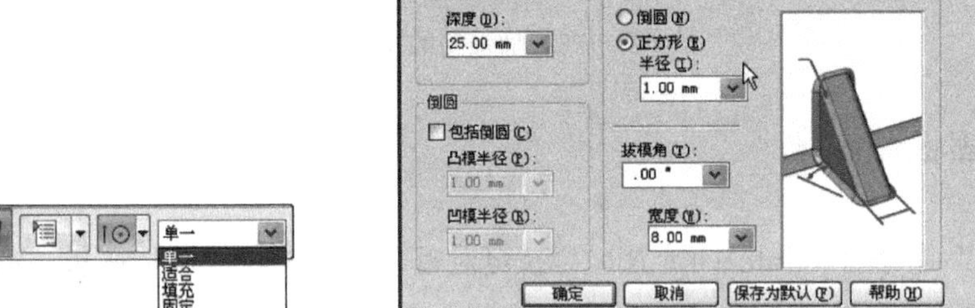


图 4-38　“加固板”命令工具条　　图 4-39　“加固板选项”对话框

加固板的背面结构如图 4-40 所示。

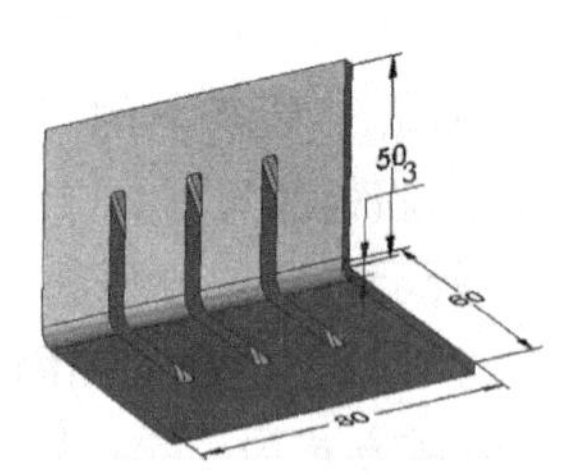

图 4-40　加固板背面形状

## 4.2.10　蚀刻命令

“蚀刻”命令（Etch）可对钣金件根据草图元素或文本轮廓构造蚀刻特征。蚀刻是对材料使用化学反应或物理撞击作用而移除，形成表面纹样的技术。

首先执行“平板”命令和“弯边”命令，生成图 4-41(a)所示平板和弯边，形成一个 90°的折弯钣金。添加蚀刻的操作方法和步骤如下。

**1. 绘制蚀刻草图轮廓**

单击“直线”命令，选取图 4-41(a)所示平板上表面为草图绘制平面，按 F3 键锁定；绘制图 4-41(a)所示草图轮廓；单击工作区右上角的“解锁”按钮，解除草图绘制。

在“绘制草图”选项卡中，选取“文本轮廓”命令，出现“文本”对话框，输入文本“C A D”，设置文本大小为 18，单击“确定”按钮；在图 4-41(a)所示钣金折弯表面上放置文本，如图 4-41(a)所示。

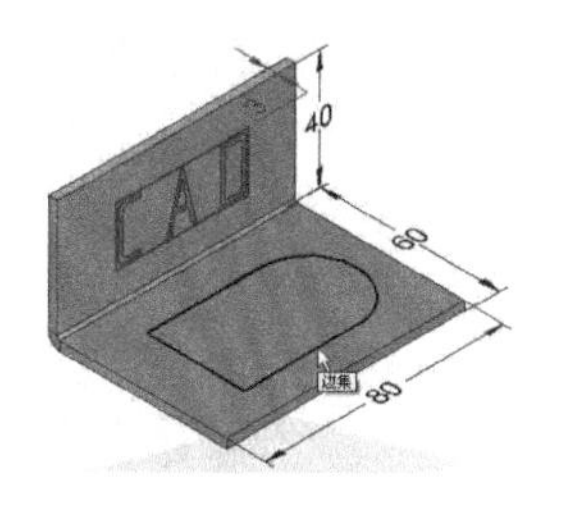

(a) 选择草图元素

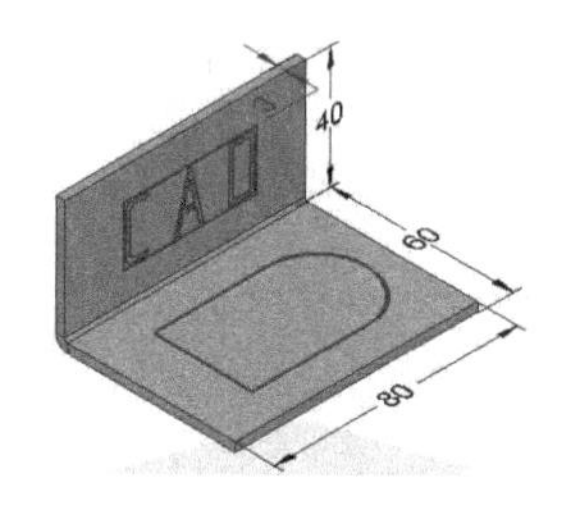

(b) 蚀刻生成结果1

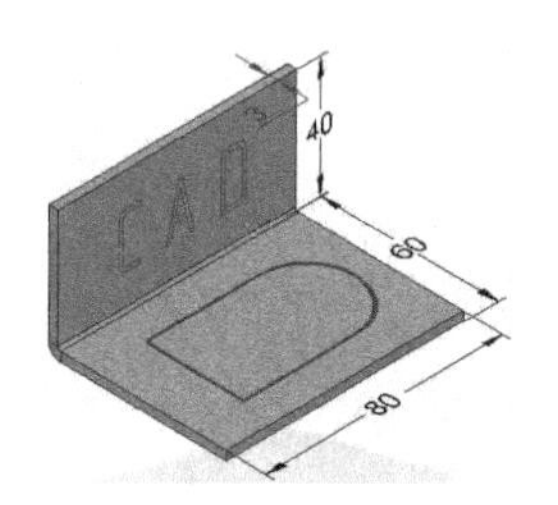

(c) 蚀刻生成结果2

图 4-41　生成蚀刻

**2. 生成蚀刻**

(1) 单击“蚀刻”命令。工具条如图 4-42 所示。

(2) 设置蚀刻尺寸和线型：单击工具条上的“选项”按钮，弹出图 4-43 所示“蚀刻选项”对话框，按对话框设置蚀刻的“颜色”、“宽度”、“类型”，单击“确定”按钮。

(3) 生成蚀刻：选取图 4-41(a)所示平板上的草图轮廓，单击“接受”按钮。生成的蚀刻如图 4-41(b)所示。

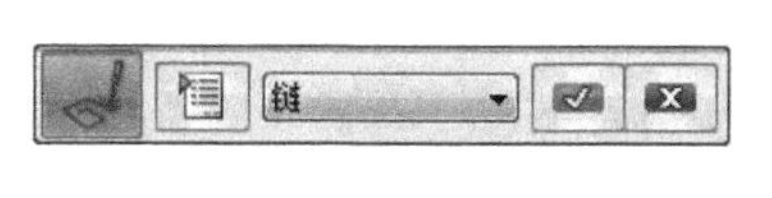

图 4-42　“蚀刻”命令工具条

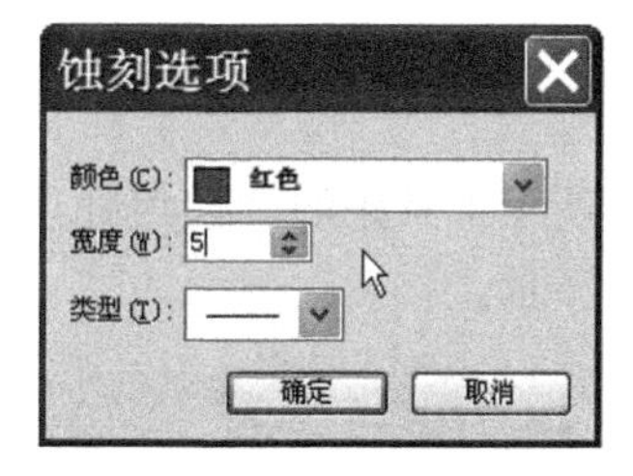

图 4-43　“蚀刻选项”对话框

重复执行“蚀刻”命令，在图 4-43 所示对话框中，设置“宽度”为 1，选取图 4-41(a)所示文本“CAD”，单击“接受”按钮。生成的蚀刻如图 4-41(c)所示。

## 4.2.11　封闭二折弯角命令

“封闭二折弯角”命令（Close Corner）用于将两个折弯相邻的边角进行接合。生成接合的条件是，两个要接合的折弯必须处于同一个角边界上，且折弯半径和折弯角度相等。

图 4-44(a)为在一个矩形平板的两个边缘上，执行“折弯”命令操作生成的折弯，注意操作时选取“外侧折弯”按钮，使生成的折弯和弯曲圆角都在指定边缘的外侧。执行“封闭二折弯角”命令可以将两个折弯接合起来，操作方法和步骤为：

(1) 单击“封闭二折弯角”命令。工具条如图 4-45 所示。

(2) 选取折弯：选择第一个折弯，再选择第二个折弯，如图 4-44(a)所示。

(3) 指定接合方式：在图 4-45 所示的工具条上，默认的接合方式为“封闭拐角”，在此方式下，在下拉菜单中选取“圆形除料”，生成的接合边角如图 4-44(b)所示。如果选取“重叠拐角”，在下拉菜单中仍然选取“圆形除料”，生成的接合边角如图4-46(a)所示；再单击工具条上的“翻转”按钮，可使接合边反转，如图 4-46(b)所示。在图 4-44(b)和图 4-46(a)中，当输入的接合边角尺寸不同时，得到的接合边形状也不一样。

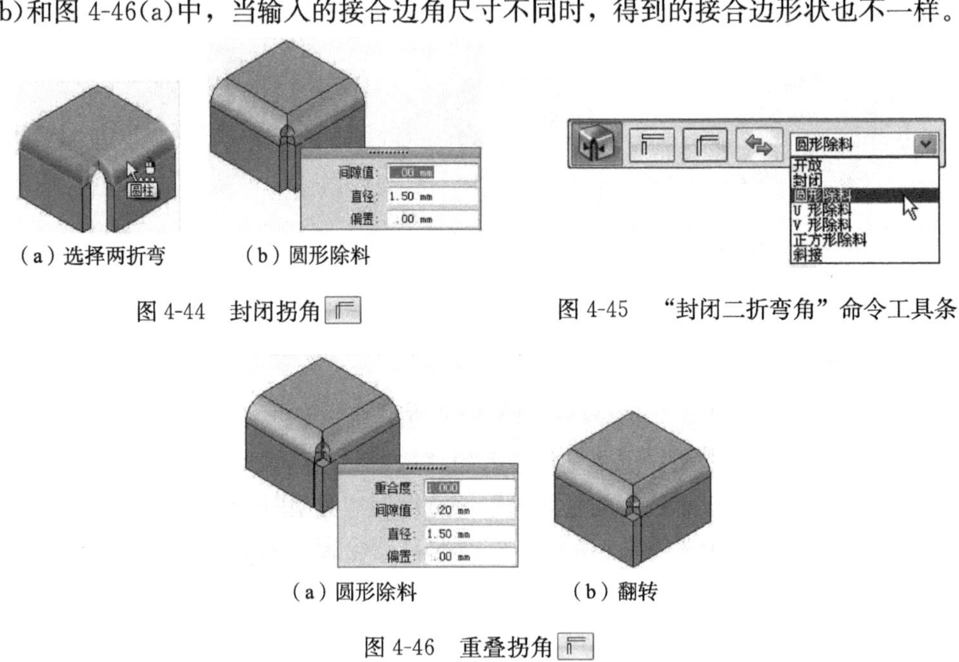


(a) 选择两折弯　(b) 圆形除料

图 4-44　封闭拐角

图 4-45　“封闭二折弯角”命令工具条

(a) 圆形除料　(b) 翻转

图 4-46　重叠拐角

在图 4-45 所示工具条的“拐角处理”下拉列表中，有七种拐角处理方式，对应的拐角形状如图 4-47 所示。

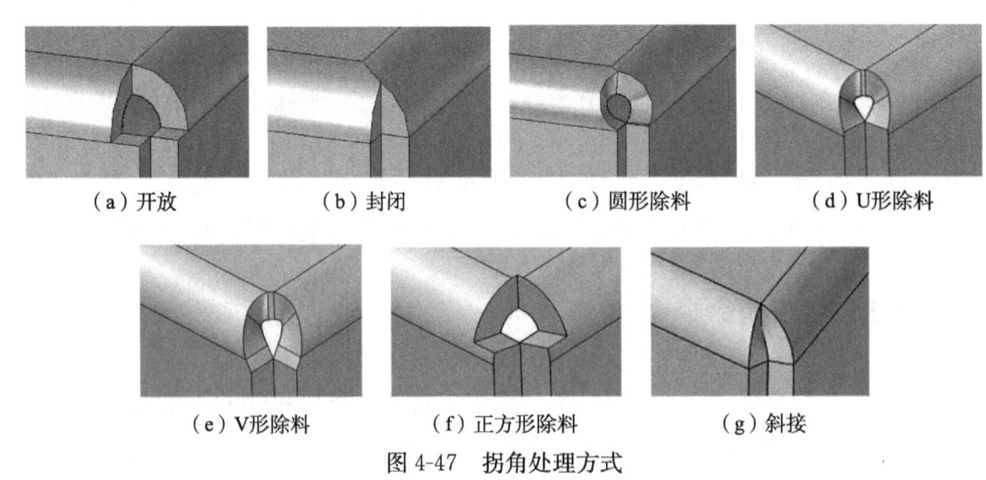

(a) 开放　(b) 封闭　(c) 圆形除料　(d) U形除料

(e) V形除料　(f) 正方形除料　(g) 斜接

图 4-47　拐角处理方式

当选取不同的接合方式，指定不同的拐角形式时，将出现不同的尺寸框，如图 4-44(b)和图 4-46(a)所示，尺寸框中的“间隙值”不能为负，也不能大于材料厚度；“重合度”是指接合深度与钣金厚度之比，用百分比来表示，其值只能在 0 到 1 之间。

(4) 结束步骤：单击右键，或按 Enter 键。

按照以上步骤即可生成指定接合方式、指定拐角和指定尺寸的封闭二折弯角。

### 4.2.12　撕裂角命令

“撕裂角”命令（Tear angle）主要用于将零件环境中生成的薄壁零件转换为钣金件后，对薄壁连接处进行撕裂，以方便生成钣金展平和添加其他钣金特征。

有两种方式可以生成撕裂角，一种是在零件环境中，将薄壁件转换为钣金件的过程中，直接生成撕裂角；另外一种方法是，在钣金环境中，先插入薄壁零件，再添加撕裂角。

**1. 将薄壁零件转换为钣金，并生成撕裂角**

(1) 生成薄壁件：在零件环境中，执行“拉伸”命令、“拔模”命令（拔模角度 20°）和“薄壁”命令，生成图 4-48(a)所示薄壁零件，注意壁厚必须相等。图4-48(a)所示零件，在两两薄壁面相交处，没有折弯过渡。以“盒体 . par”为文件名，保存文件。

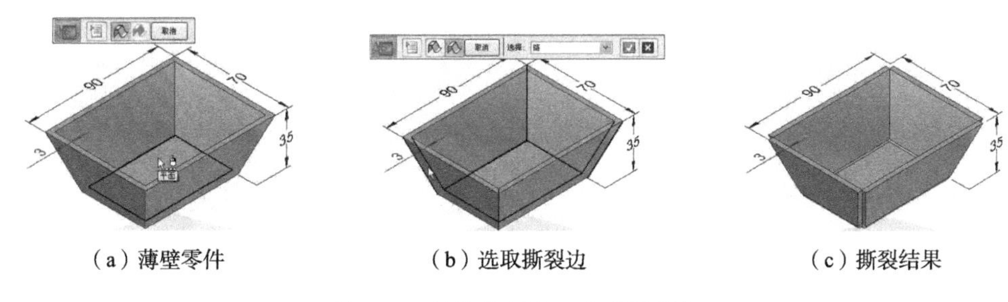


(a) 薄壁零件　　(b) 选取撕裂边　　(c) 撕裂结果

图 4-48　转换为钣金，生成撕裂角

(2) 转换零件为钣金件：在零件环境中，选取“应用程序→变换为同步钣金”，选取图 4-48(a)所示平面为基本面，出现图 4-49 所示提示框，单击“确定”按钮。

(3) 生成撕裂角：单击图 4-48(b)所示工具条上的“选择撕裂边步骤”按钮，选取图 4-48(b)所示四个斜面的接合边，单击“接受”按钮。

零件“盒体 . par”被转换到钣金环境中，如图 4-48(c)所示，选取的接合边被撕裂，没有选取的接合边被自动添加了折弯半径。在钣金环境的路径查找器中，自动转换生成的钣金特征如图 4-50 所示。

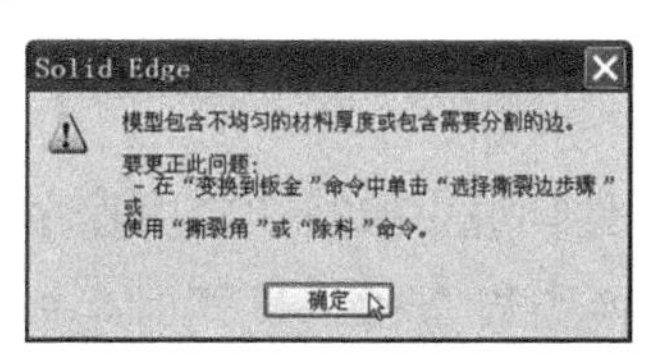


图 4-49　Solid Edge 提示框

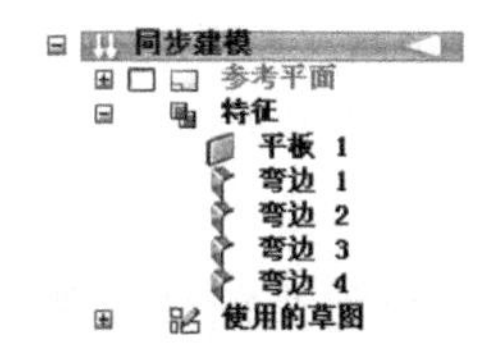


图4-50　自动转换的钣金特征

从以上操作可看出，在零件环境中，执行“应用程序→变换为同步钣金”命令，可以将当前薄壁零件直接转换为钣金件，并同时完成“撕裂角”命令。

按以上操作完成了零件转换为同步钣金，并生成撕裂角后，可添加其他钣金特征，或进行展平操作：单击“工具→模型→展平图样”，选取图 4-51(a)所示平面为展平基准面，单击图4-51(b)所示边定义展平的 X 轴和原点。展平的结果如图 4-51(c)所示。

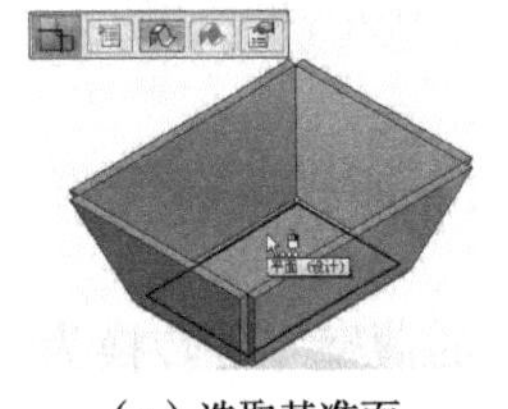
(a) 选取基准面

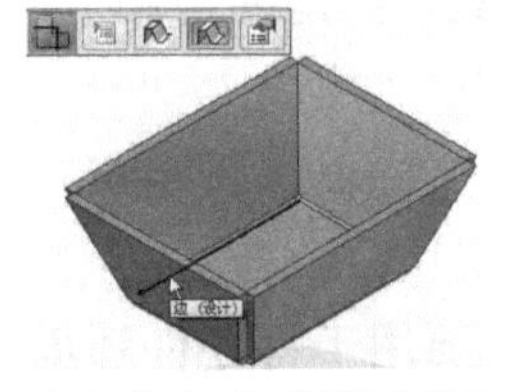
(b) 指定展平轴线和原点

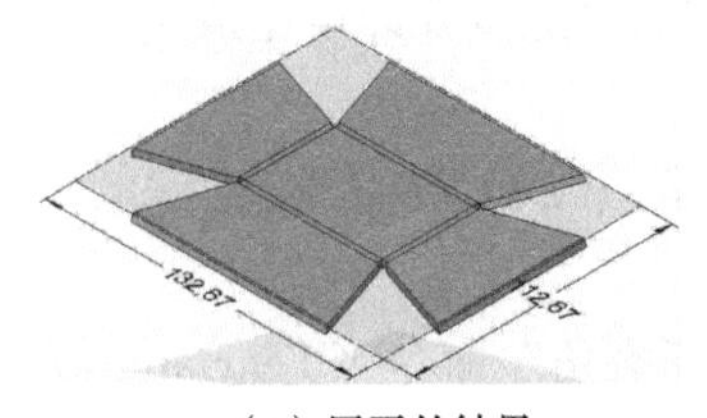
(c) 展平的结果

图 4-51　将转换、撕裂的钣金展平

说明：完成以上操作后，系统自动生成一个同名的“盒体 . psm”钣金文件。

**2. 插入零件副本，生成撕裂角**

另一种执行“撕裂角”命令的方法是，在钣金环境中先插入零件副本，然后转换为钣金，再执行“撕裂角”命令。同样以图 4-52(a)所示零件“盒体 . par”为例，说明操作方法和步骤。

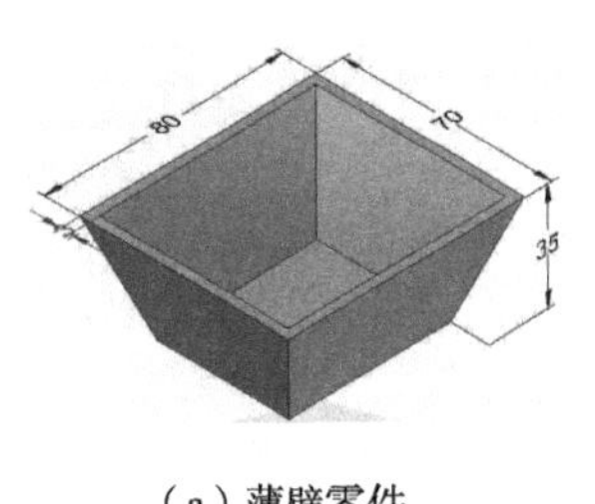

(a) 薄壁零件

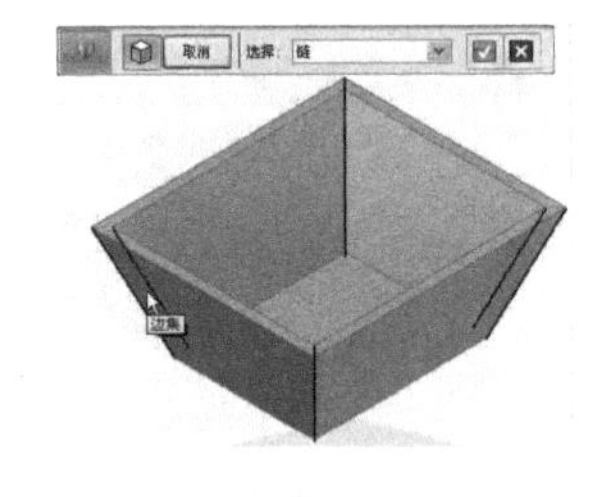
(b) 选取接合边

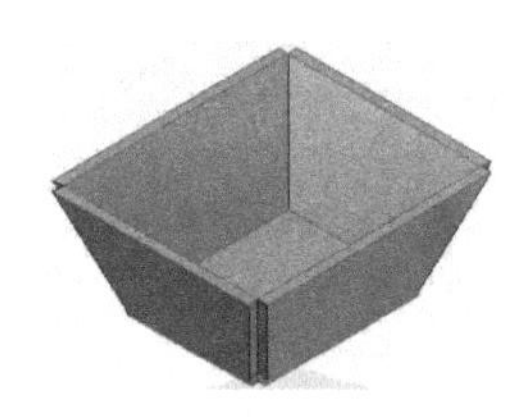
(c) 生成的撕裂角

图 4-52　插入零件副本，生成撕裂角

(1) 新建钣金文件：选取“应用程序→新建→GB 钣金”。

(2) 插入零件副本：选取“主页→剪贴板→零件副本”命令，在“插入零件副本”对话框中，选取“盒体 . par”，单击“打开”按钮。出现“零件副本参数”对话框，单击“确定”及“完成”按钮。

(3) 生成撕裂角：单击“撕裂角”命令，选取图 4-52(b)所示四个斜面的连接边，单击“接受”按钮；单击“预览”及“完成”按钮。生成的撕裂角如图 4-52(c)所示。

(4) 保存文件：执行“应用程序→保存”，或单击“保存”按钮，在弹出的对话框中，指定文件保存的路径和文件名，单击“保存”按钮。

对照图 4-48(c)和图 4-52(c)可以看出，在零件环境中执行“应用程序→变换为同步钣金”命令，可以方便地将当前薄壁零件直接转换为钣金件，且同时生成撕裂角和折弯角，并可以对转换的钣金进行展平等操作。

在钣金环境中，通过插入薄壁零件，执行“撕裂角”命令，只能生成撕裂角，如图 4-52(c)所示，没有折弯角，也不能进行展平。如果需要对插入的薄壁零件进行撕裂角和展平操作，在插入零件副本后，执行“应用程序→变换为钣金”命令，可对插入的零件进行图 4-48 所示的操作。

一般情况下，推荐采用“变换为同步钣金”的方法生成撕裂角。

## 4.2.13　打孔命令

“打孔”命令（Hole）的功能和操作方法与零件环境中的“打孔”命令一样，在钣金环境中用于在平板上生成各种类型的孔。操作方法和过程请参见 3.4.3 节，这里不再赘述。

## 4.2.14　除料命令

“除料”命令（Cutout）用于对钣金进行除料和裁剪。操作方法和步骤为：

（1）绘制草图轮廓：单击“直线”命令，选取图 4-53(a)所示钣金上表面为草图平面，按 F3 键锁定；按 Ctrl＋H 键，或单击“草图视图”按钮；绘制图 4-53(a)所示草图轮廓。单击“解锁”按钮，按 Ctrl＋I 键返回轴测环境。

（2）生成除料：单击“除料”命令，选取图 4-53(a)所示区域，单击右键或按 Enter 键，在工具条上选取按钮 全部穿透，移动鼠标指定除料方向如图 4-53(b)所示；单击右键或按 Enter 键。生成的除料如图 4-53(c)所示。

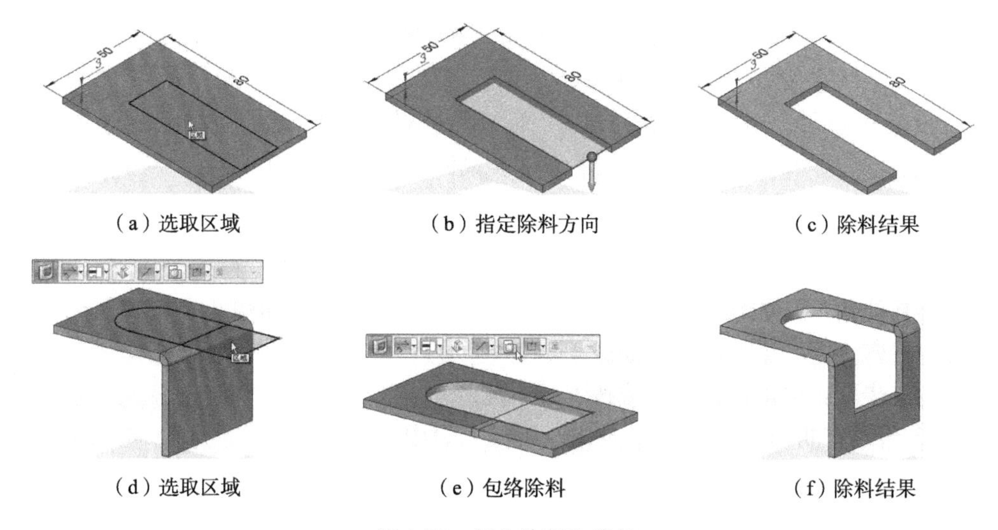


(a) 选取区域　(b) 指定除料方向　(c) 除料结果

(d) 选取区域　(e) 包络除料　(f) 除料结果

图 4-53　钣金除料和裁剪

当草图区域延伸至钣金件外时，如图 4-53(d)所示，在钣金件外的草图将对与草图相连的其他钣金进行除料。

单击“除料”命令，选取图 4-53(d)所示两个区域，单击右键或按 Enter 键；单击工具条上的“包络切割”按钮，可预览图 4-53(e)所示展平、除料的结果；单击右键或按 Enter 键。生成的除料结果如图 4-53(f)所示。

### 4.2.15 折弯命令

“折弯”命令（Bend）可在已有平板中插入一个折弯特征。

在图 4-54(a)所示钣金上添加一个折弯，操作方法和步骤如下。

**1. 绘制折弯线**

单击“直线”命令，选取图 4-54(a)所示钣金上表面为草图绘制平面，按 F3 键锁定；绘制图 4-54(a)所示的直线，该直线为折弯线；单击“解锁”按钮，解除草图绘制。

**2. 生成折弯**

（1）单击“折弯”命令。“折弯”命令工具条如图 4-55 所示。

（2）指定折弯线：选取如图 4-54(a)所示折弯线。

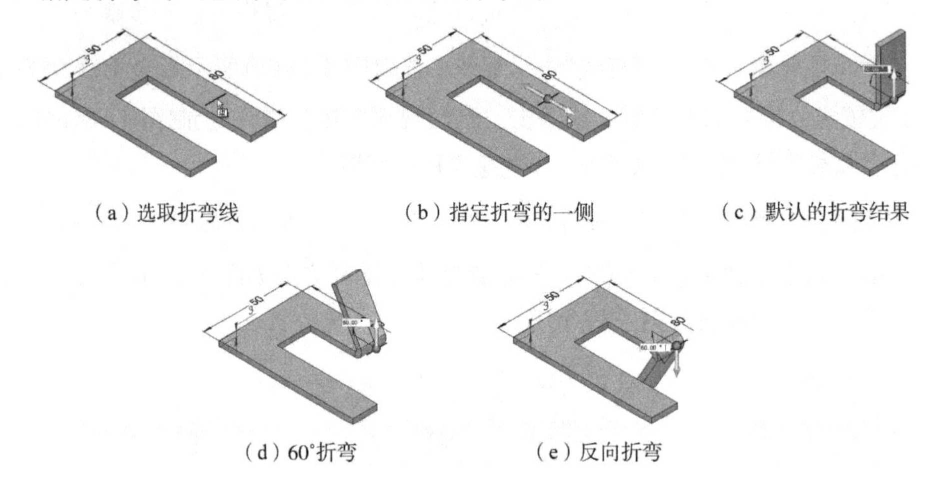

（a）选取折弯线　（b）指定折弯的一侧　（c）默认的折弯结果

（d）60°折弯　（e）反向折弯

图 4-54　生成折弯

（3）指定要折弯的部分：单击图 4-54(b)所示外侧箭头。

（4）指定折弯角度和方向：默认生成的折弯如图 4-54(c)所示，为 90°的折弯；如果在尺寸框中输入其他角度，如输入 60，按 Tab 键，可预览折弯结果如图 4-54(d)所示；单击箭头，可改变折弯方向，生成的折弯如图 4-54(e)所示。

（5）结束步骤：单击鼠标左键或按 Enter 键。

图 4-55 所示“折弯”命令工具条中，下拉列表中的选项说明如下。

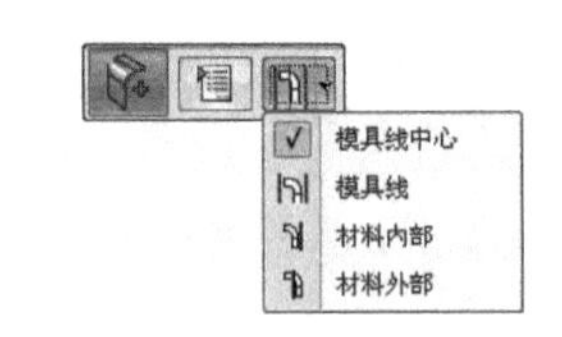


图 4-55　“折弯”命令工具条

①模具线中心：表示以折弯线为中心生成折弯；

②模具线：表示在折弯线的左侧或右侧生成折弯。

③材料内部：表示生成折弯的外壁与折弯线对齐。

④材料内部：表示生成折弯的内壁与折弯线对齐。

## 4.2.16　二次折弯命令

“二次折弯”命令（Jog）可以在一次操作中，对已有钣金的平面构造两个弯折，形成Z形。

对图4-56(a)所示钣金零件的平面进行二次折弯，操作方法如下。

**1. 绘制折弯线**

单击“直线”命令，选取图4-56(a)所示钣金上表面为草图绘制平面，按F3键锁定；绘制图4-56(a)所示的直线，该直线为折弯线；单击“解锁”按钮，解除草图绘制。

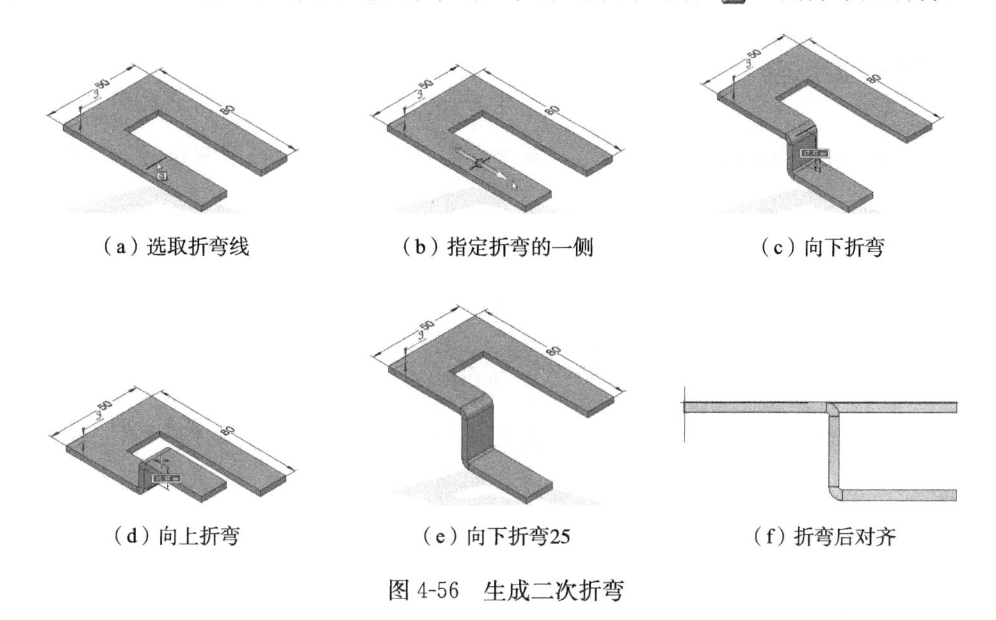

（a）选取折弯线　（b）指定折弯的一侧　（c）向下折弯

（d）向上折弯　（e）向下折弯25　（f）折弯后对齐

图4-56　生成二次折弯

**2. 生成二次折弯**

(1) 单击“二次折弯”命令。

(2) 选取折弯线：选取如图4-56(a)所示折弯线，工具条如图4-57所示。

(3) 指定要折弯的部分：单击图4-56(b)所示右侧箭头。

(4) 指定折弯深度和方向：向下移动鼠标，可预览二次折弯效果，如图4-56(c)所示；向上移动鼠标，可预览二次折弯效果，如图4-56(d)所示。向下移动鼠标，在尺寸框中输入25，按Enter键，生成的二次折弯效果如图4-56(e)所示。

从图4-56(e)可以看出，经过两次折弯后，板的两条边之间的距离没有变化，仍然是对齐的，其侧向视图如图4-56(f)所示。

图4-57所示工具条中有关选项的含义如下。

①到凸模的尺寸：表示折弯距离计算到上表面位置。

②到凹模的尺寸：表示折弯距离计算到下表面位置。

其余选项与图4-8所示“弯边”命令工具条中对应的选项相同，其含义也相同，在此不再一一赘述。

说明：“二次折弯”命令与“折弯”命令的操作步骤是相似的，但结果不一样。如图

4-58所示，“二次折弯”命令生成两个折弯，每个折弯都是 90°，且在两个折弯之间增加一块插入的平板。“折弯”命令仅生成一个折弯，折弯角度可以任意指定，该命令仅把原来的平板进行弯折，不增加材料。

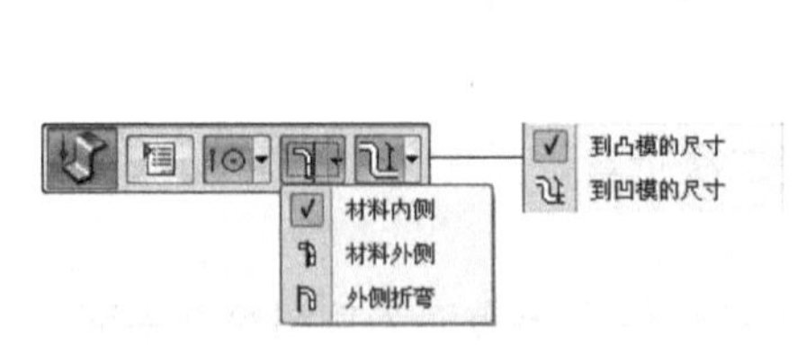


图 4-57 “二次折弯”命令工具条

图 4-58 折弯和二次折弯

## 4.2.17 倒角命令

“倒角”命令（Break Corner）可对钣金在厚度方向的边进行倒圆角或倒棱角。

操作方法为：

(1) 单击“倒角”命令。工具条如图 4-59 所示，默认的倒角方式为“倒圆角”、“转角”。

图 4-59 “倒角”命令工具条

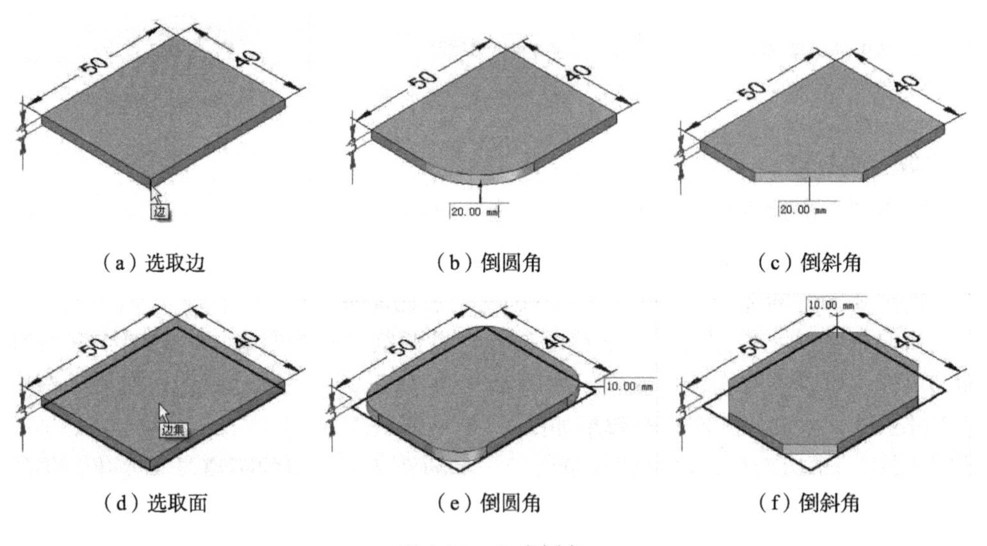


(a) 选取边 (b) 倒圆角 (c) 倒斜角

(d) 选取面 (e) 倒圆角 (f) 倒斜角

图 4-60 生成倒角

(2) 选取要倒角的边（或面）：单击图 4-60(a)所示平板的边。

(3) 指定倒角方式和倒角值：在尺寸框中输入 20，按 Tab 键，可预览生成的倒圆如图 4-60(b)所示；单击工具条上的“倒斜角”按钮，生成的倒角如图 4-60(c)所示。

(4) 结束步骤：单击右键或按 Enter 键。

在以上操作中，如果在图 4-59 所示工具条下拉列表中选取“倒圆角”按钮、“面”，选取图4-60(d)所示面，在尺寸框中输入倒角半径10，按Tab键，可预览生成的倒角如图4-60(e)所示；单击工具条上的“倒斜角”按钮，生成的倒角如图4-60(f)所示。对面进行倒角，是对面上所有厚度的边进行倒角。

说明：“倒角”命令只对钣金厚度方向的边起作用，不能用于钣金长度和宽度方向的边。

### 4.2.18 中面命令

“中面”命令在指定钣金的厚度方向生成一个面，默认为钣金厚度的中心面。

下面以图4-61(a)所示厚度为1的钣金为例，说明操作方法和步骤。

(1) 单击“中面”命令。工具条如图4-61(a)所示。

(2) 生成中面：单击工具条上的“从第1侧偏置”按钮，可预览基准面如图4-61(b)所示钣金下表面，“偏置比”默认为0.5；单击“预览”按钮，可预览生成的中面如图4-61(c)所示，单击“完成”按钮。按Esc键结束命令。

在以上操作中，如果单击工具条上的“从第2侧偏置”按钮，基准面则为钣金的上表面，如果“偏置比”为0.5，操作结果将相同。

生成的中面记录在路径查找器中，右击“中面1”，在快捷菜单中选取“仅显示”，可查看生成的中面如图4-61(d)所示。

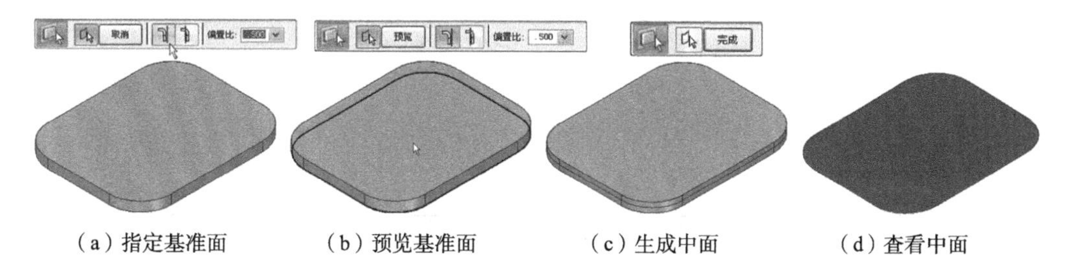


(a) 指定基准面　(b) 预览基准面　(c) 生成中面　(d) 查看中面

图4-61 生成中面

## 4.3 钣金件实例操作

图4-62所示是一个典型的钣金件，下面以此钣金件为例，用前面介绍过的钣金特征命令，说明钣金件建模的方法和步骤。

新建钣金文件：选取“应用程序→新建→GB钣金”。

**1. 生成基础特征和平板**

(1) 绘制草图：单击“直线”命令，选取XZ平面，按F3键锁定，绘制图4-63(a)所示草图并标注尺寸；单击“解锁”按钮。在路径查找器中，取消坐标系Base的显示。

(2) 生成轮廓弯边：单击“轮廓弯边”命令，选取草图，按图4-63(b)指定拉伸方向和厚度生成方向，输入拉伸尺寸80，

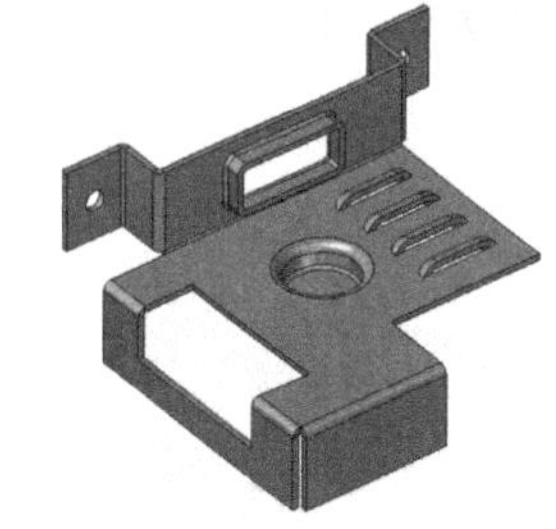

图4-62 钣金件

厚度为 3，按 Enter 键。

(3) 绘制草图：单击“直线”命令，选取平面上表面，按 F3 键锁定，绘制图 4-63(c)所示草图并标注尺寸；单击“解锁”按钮。

(4) 生成平板：单击“选取”按钮，选取图 4-63(d)所示矩形区域，单击向下的箭头。

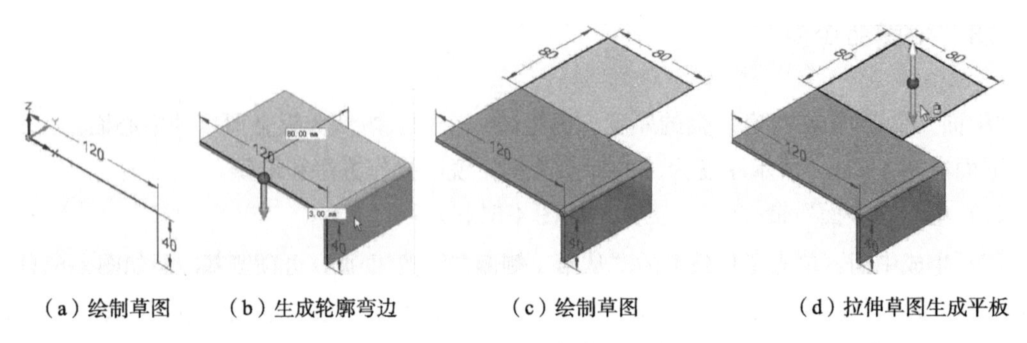


(a) 绘制草图　(b) 生成轮廓弯边　(c) 绘制草图　(d) 拉伸草图生成平板

图 4-63　生成轮廓弯边和平板

## 2. 延伸钣金

(1) 解锁尺寸：单击尺寸 120，如图 4-64(a)所示，在出现的尺寸工具条中单击按钮。使其变为解锁状态。对图 4-64(a)中尺寸 80 进行同样的操作。

(2) 延伸钣金：单击图 4-64(b)所示钣金的边，再单击向外的箭头，在图 4-64(c)所示尺寸框中输入 20，按 Enter 键。延伸后的钣金如图 4-64(d)所示。

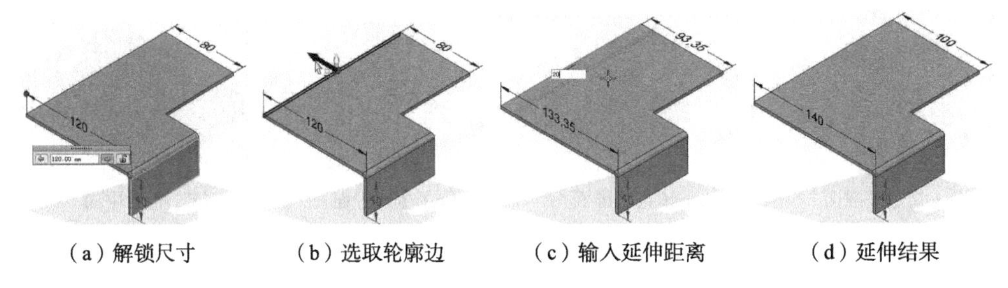


(a) 解锁尺寸　(b) 选取轮廓边　(c) 输入延伸距离　(d) 延伸结果

图 4-64　延伸钣金

## 3. 生成弯边

选取图 4-65(a)所示钣金边缘，单击向上的箭头，向上移动鼠标，如图 4-65(b)所示，在距离尺寸框中输入 40，按 Enter 键。

选取图 4-65(c)所示钣金边缘，单击向上的箭头，向下移动鼠标，在工具条的关键点下拉列表中选取 端点，捕捉图 4-65(d)所示轮廓的端点。

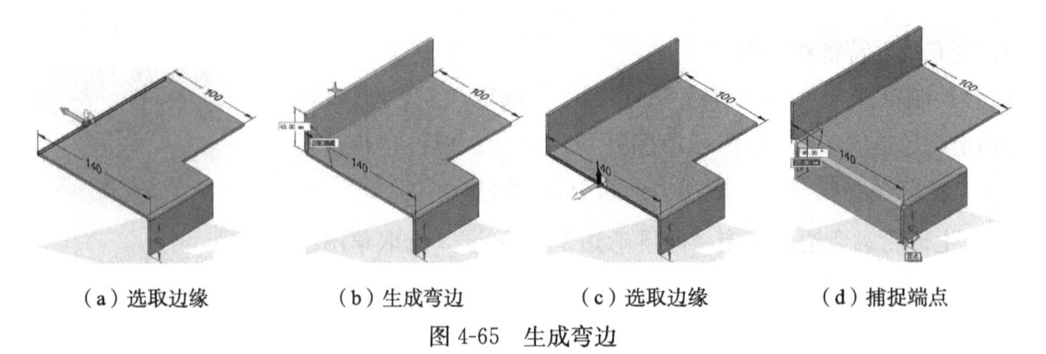


(a) 选取边缘　(b) 生成弯边　(c) 选取边缘　(d) 捕捉端点

图 4-65　生成弯边

**4. 处理钣金接合边角**

单击“封闭二折弯角”命令。在图 4-66(a)所示工具条中，选取“封闭拐角”按钮、“开放”；选取两个折弯角，如图 4-66(a)所示；在图 4-66(b)所示“间隙值”中，输入 1，按 Enter 键。处理后的接合边角如图 4-66(c)所示。

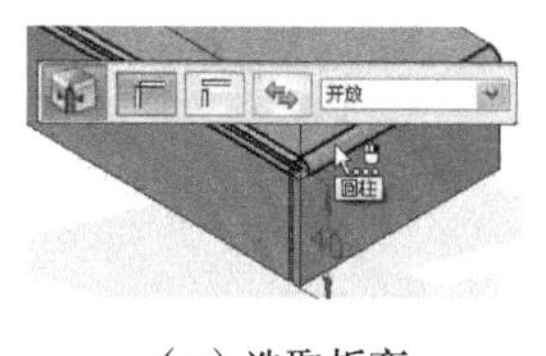


(a) 选取折弯

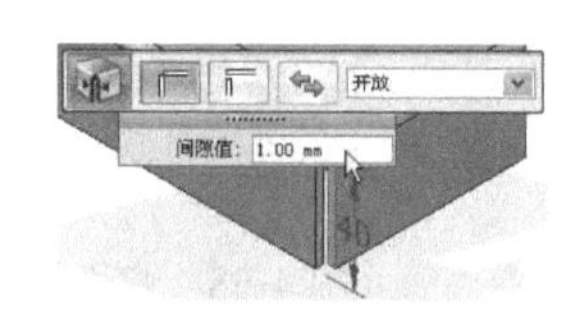


(b) 指定间隙

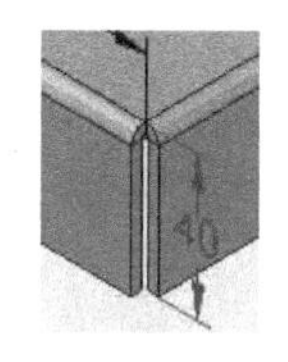


(c) 处理后的边角

图 4-66　处理接合边角

**5. 生成二次折弯**

(1) 绘制折弯线：单击“直线”命令，选取图 4-67(a)所示平面，按 F3 键锁定，绘制图 4-67(a)所示直线并标注尺寸 30；单击“解锁”按钮。

(2) 生成二次折弯：单击“二次折弯”命令，选取图 4-67(a)所示直线，单击图 4-67(b)所示向左箭头，移动鼠标指定折弯方向如图 4-67(c)所示，在尺寸框中输入 25，按 Enter 键。

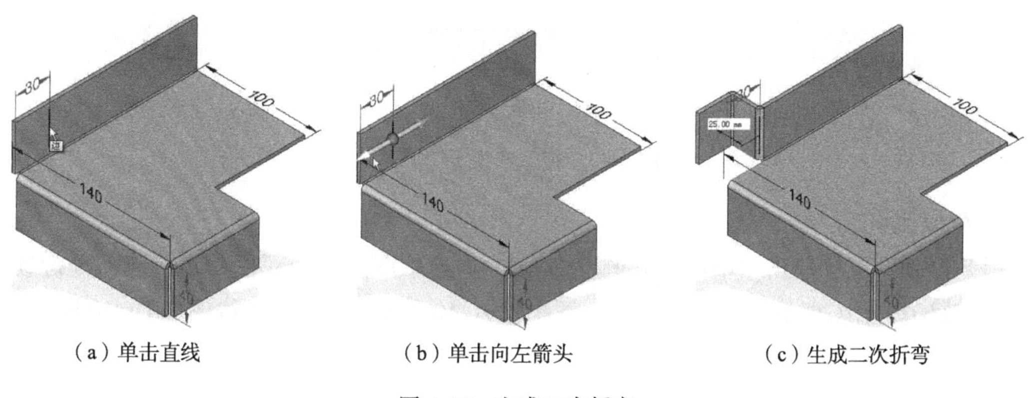


(a) 单击直线　　(b) 单击向左箭头　　(c) 生成二次折弯

图 4-67　生成二次折弯

**6. 打孔**

(1) 生成孔：单击“打孔”命令，单击工具条上的“选项”按钮，在出现的“孔选项”对话框中，设置类型为“简单孔”，直径 10mm，单击“确定”按钮；移动鼠标，放置孔如图 4-68(a)所示，单击确定。按 Esc 键结束命令。

(2) 标注尺寸：单击“间距”命令，标注图 4-68(b)所示尺寸 15 和 20。

在路径查找器中，单击 PMI，取消尺寸显示。

**7. 镜像二次折弯和孔**

(1) 生成镜像对称面：在“平面”命令区中，单击 垂直于曲线，选取如图 4-69(a)所示边线，在“位置”尺寸框中输入 0.5，按 Enter 键。按 Esc 键结束命令。

(2) 生成镜像：在路径查找器中，按住 Ctrl 键，选中二次折弯生成的两个弯边及孔，

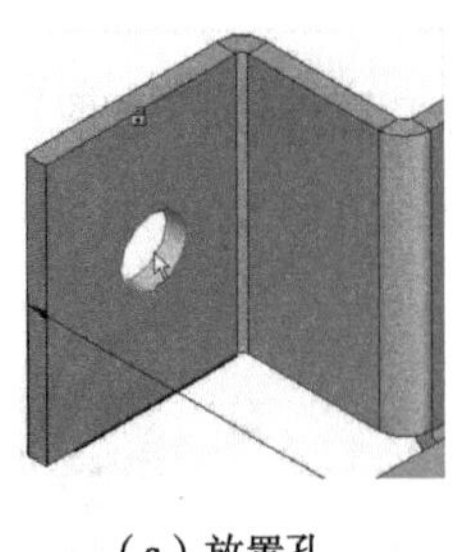

(a) 放置孔

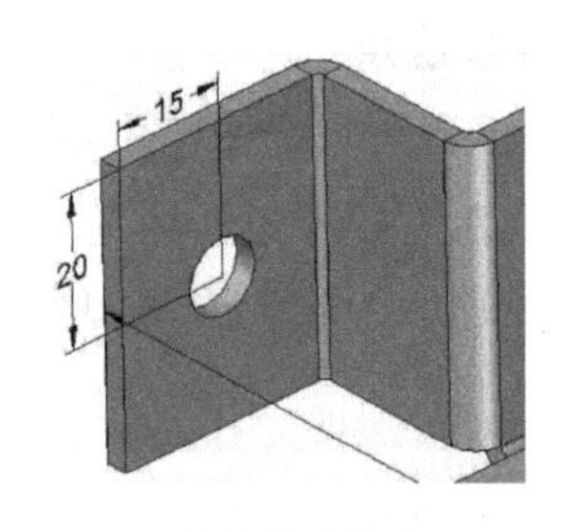


(b) 标注尺寸

图 4-68 打孔

如图 4-69(b)所示。单击“镜像”命令，再单击新生成的镜像对称面，结果如图 4-69(c)所示。按 Esc 键，结束命令。

在路径查找器中，隐藏“参考平面”的显示。

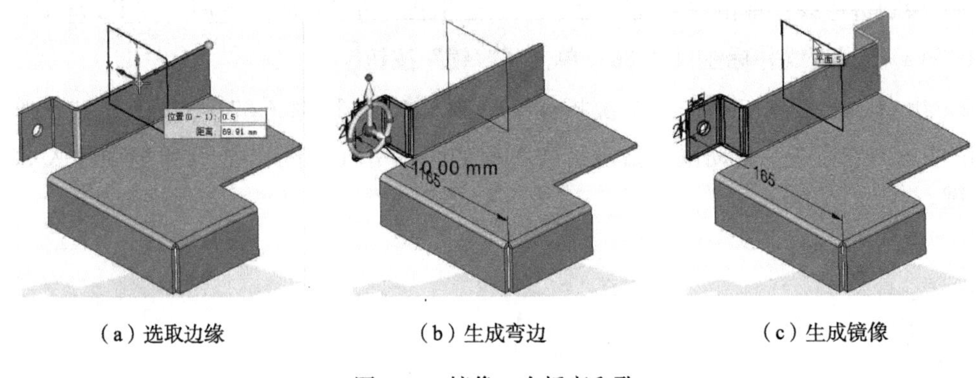


(a) 选取边缘 (b) 生成弯边 (c) 生成镜像

图 4-69 镜像二次折弯和孔

**8. 生成凹坑**

(1) 绘制草图：单击“中心点画圆”命令，选取图 4-70(a)所示平面，按 F3 键锁定，在图 4-70(b)所示工具条的“直径”尺寸框中输入 40，按 Enter 键；按图 4-70(b)所示对齐边线和边线中点位置放置圆；单击“解锁”按钮。

(2) 生成凹坑：单击“凹坑”命令，如图 4-70(c)所示，选取圆形草图，单击箭头使方向向下，在尺寸框内输入 15，单击右键或按 Enter 键。生成的凹坑如图4-70(d)所示。

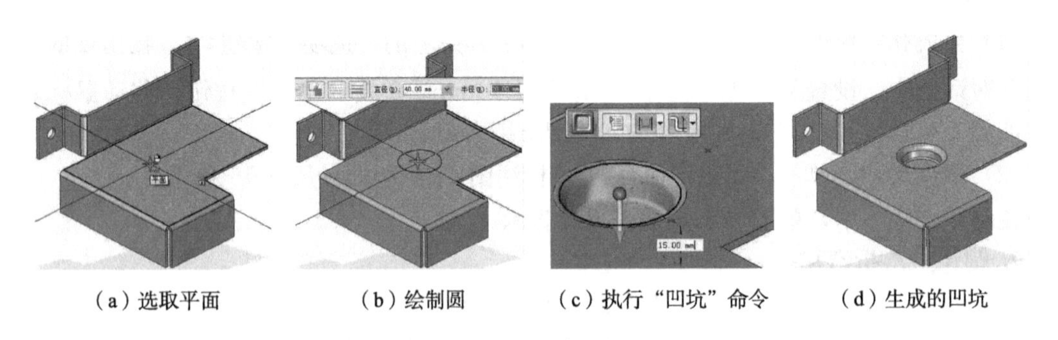


(a) 选取平面 (b) 绘制圆 (c) 执行“凹坑”命令 (d) 生成的凹坑

图 4-70 生成凹坑

**9. 除料**

(1) 绘制草图：单击“直线”命令，选取图4-71(a)所示平面，按F3键锁定，绘制图4-71(a)所示矩形，并标注如图4-71(a)所示的定位尺寸；单击“解锁”按钮。

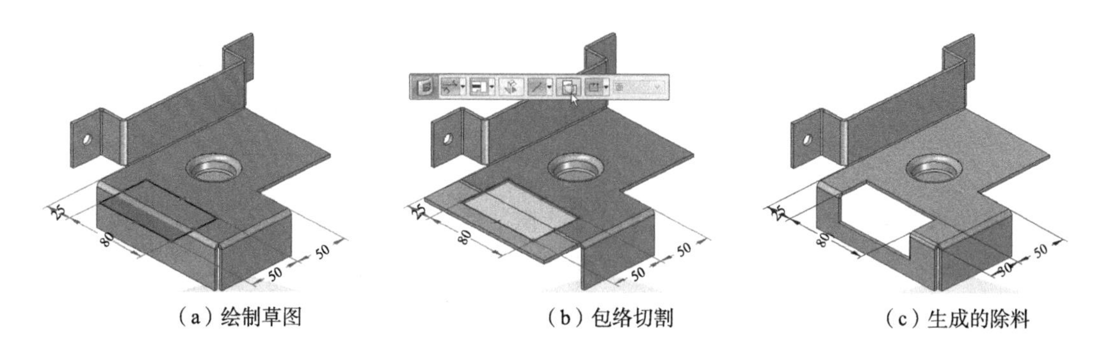

(a) 绘制草图　　(b) 包络切割　　(c) 生成的除料

图4-71 生成除料

(2) 生成除料：单击“除料”命令，选取图4-71(a)所示的两个矩形区域，单击右键；单击工具条上“包络切割”按钮，可预览除料包络切割如图4-71(b)所示，单击右键。生成的除料如图4-71(c)所示。

在路径查找器中，单击PMI，取消尺寸显示。

**10. 生成冲压除料**

(1) 绘制草图：单击“直线”命令，选取图4-72(a)所示平面，按F3键锁定，绘制图4-72(a)所示矩形，并标注如图4-72所示的定位尺寸；单击“解锁”按钮。

(2) 生成冲压除料：单击“冲压除料”命令，选取图4-72(a)所示矩形草图，在图4-72(b)所示的工具条上选取按钮，尺寸框中输入8，指定冲压方向如图4-72(b)所示；单击右键或按Enter键。生成的冲压除料如图4-72(c)所示。

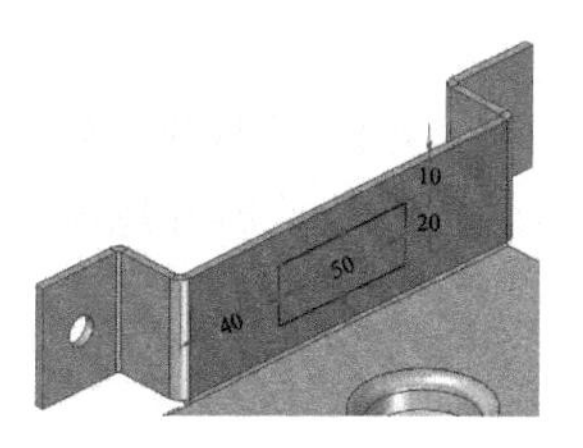

(a) 绘制草图

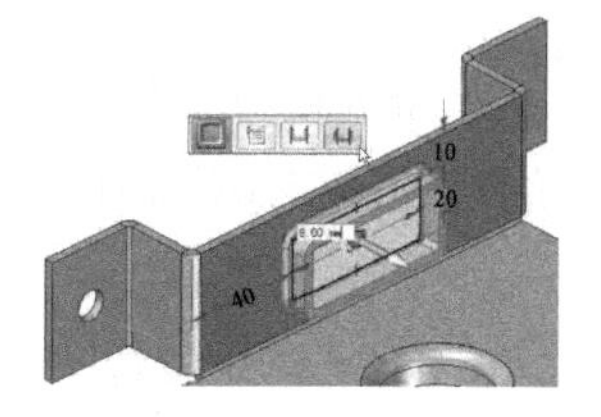

(b) 指定冲压距离和方向

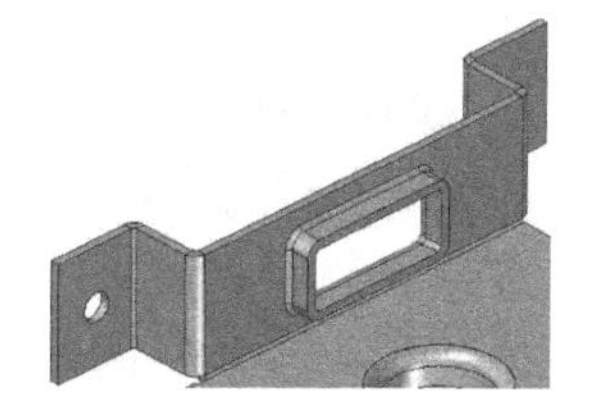

(c) 生成的冲压除料

图4-72 生成冲压除料

**11. 创建百叶窗及阵列**

(1) 创建百叶窗：单击“百叶窗”命令，单击工具条上的“选项”按钮，在弹出的“百叶窗选项”对话框中，设置百叶窗长度为40，深度为8，高度为5，单击“确定”按钮。移动鼠标至图4-73(a)所示平面上表面，按F3键锁定。移动光标至前侧边缘停留，按E键；移动光标至右侧边缘停留，按E键，生成两个定位尺寸框，如图4-73(a)所示，分别输入定位距离30和16，按Enter键。生成的百叶窗如图4-73(b)所示。

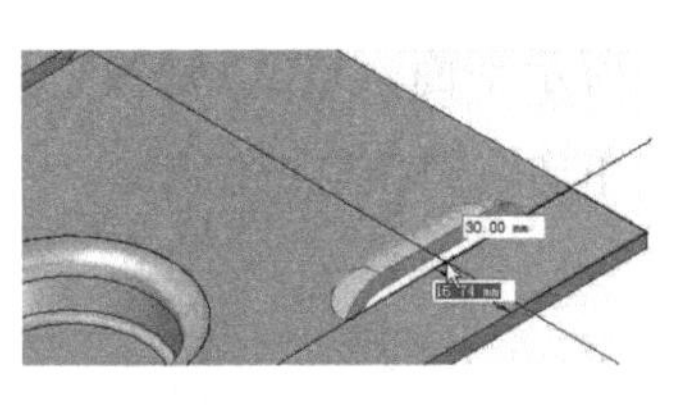


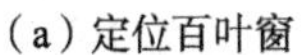
(a) 定位百叶窗

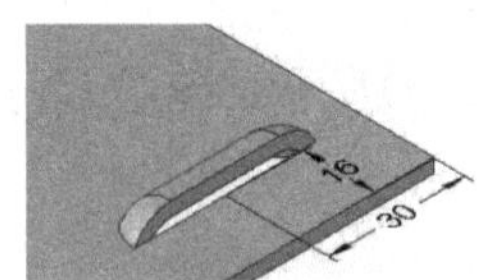


(b) 生成百叶窗

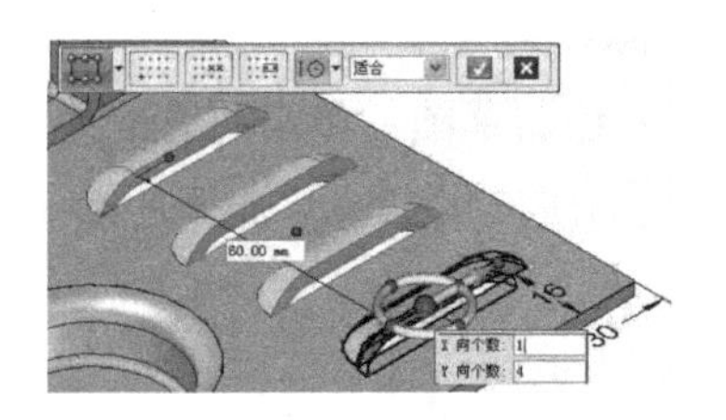


(c) 阵列百叶窗

图 4-73 生成和阵列百叶窗

(2) 阵列百叶窗：单击图 4-73(b)所示百叶窗，单击“矩形阵列”命令，选取图4-73(c)所示平面的上表面为参考面，默认的阵列方式为“适合”，如图 4-73(c)所示；按 Tab 键在各尺寸框中切换，输入 X 方向阵列数 1、Y 方向阵列数 4、距离 60，如图 4-73(c)所示；单击按钮，或按 Enter 键。

完成的百叶窗如图 4-74 所示。

**12. 保存文件**

单击“保存”按钮，在“另存为”对话框中，指定保存路径，以“钣金实例 . psm”为文件名，保存当前钣金文件。

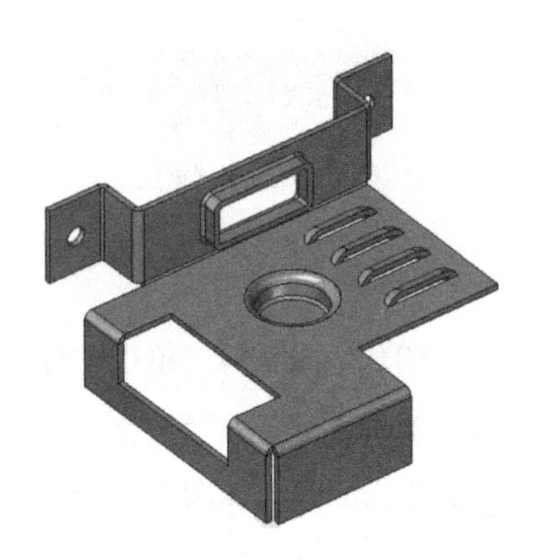

图 4-74 完成的百叶窗

# 4.4 展平钣金及以展平方式保存钣金

## 4.4.1 展平钣金

对于生成的钣金件，可以用“展平”命令将钣金件展开压平，并以其他的文件类型保存展平结果。在展平过程中，不可展开的特征保持不变，可以展平的特征被展开压平在一个平面上。

下面将对图 4-74 所示的钣金件进行展平，操作方法为：

(1) 选取“工具→模型→展平图样”。

(2) 指定展平基准面：单击图 4-75(a)所示平面。

(3) 指定展平 X 轴及原点：选取图 4-75(b)所示边线，注意光标靠近左端。生成的钣金展平结果如图 4-75(c)所示。

说明：在以上操作中，如果指定的 X 轴和原点不同，生成的展平结果将会有所区别。

从图 4-75(c)中可看出，不可展开的钣金变形特征，如凹坑、百叶窗、加强筋等，展平后保持不变，其余特征被展开压平。

使用“展平图样”命令展平钣金件，在路径查找器中将添加“展平图样”特征。若不满意展平结果，可选中该项删除后重新再生成。

如果钣金模型发生变化，路径查找器中“展平图样”特征旁会出现提示符号。右击路径

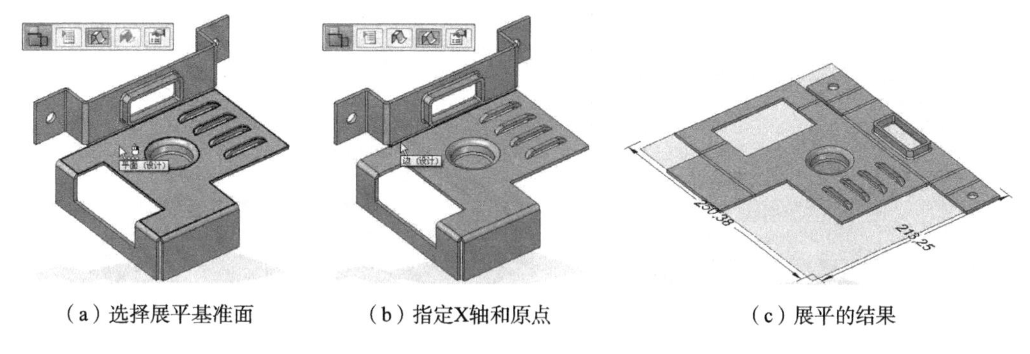


（a）选择展平基准面　（b）指定X轴和原点　（c）展平的结果

图 4-75　展平钣金

查找器中的“展平图样”，在快捷菜单中单击“更新”，可使展平图样更新与钣金模型一致。

如果要返回未展平前的钣金模型，选取“工具→模型→同步建模”，可返回图 4-75(a)所示的钣金模型。再次选取“工具→模型→展平图样”，又可显示图 4-75(c)所示的展平钣金模型。

## 4.4.2　以展平图样方式保存钣金

执行“应用程序→另存为→另存为展平图样”命令，可将当前钣金以展平图样的方式保存。

如果当前钣金件没有执行过“展平图样”的操作，如图 4-76 所示，操作方法和步骤为：

（a）指定展平基准面　（b）指定展平X轴和原点　（c）展平保存的结果

图 4-76　展平钣金

(1) 选取“应用程序→另存为→另存为展平图样”。工具条如图 4-76(a)所示。

(2) 指定展平的基准平面：选取图 4-76(a)所示平面。

(3) 指定展平的轴线和原点：选取图 4-76(b)所示边。

(4) 保存展平文件：在图 4-77 所示“另存为展平图样”对话框中，指定钣金文件保存的路径、文件类型为 .psm 并输入文件名，单击“保存”按钮。展平以后保存的钣金如图 4-76(c)所示。

如果当前钣金文件已执行过“展平图样”的操作，以上操作的步骤 (2) 和步骤 (3) 被跳过。例如，在完成了图 4-75 所示操作后，选取“应用程序→另存为→另存为展平图样”，直接出现图 4-77 所示对话框，指定文件路径与“钣金实例 . psm”相同，文件类型为 . psm，文件名为“钣金实例展平 . psm”，单击“保存”按钮。以展平方式保存的钣金展平文件如图 4-78 所示，从图中可以看出，所有不可展开的特征如凹坑、气窗等均被删除，被

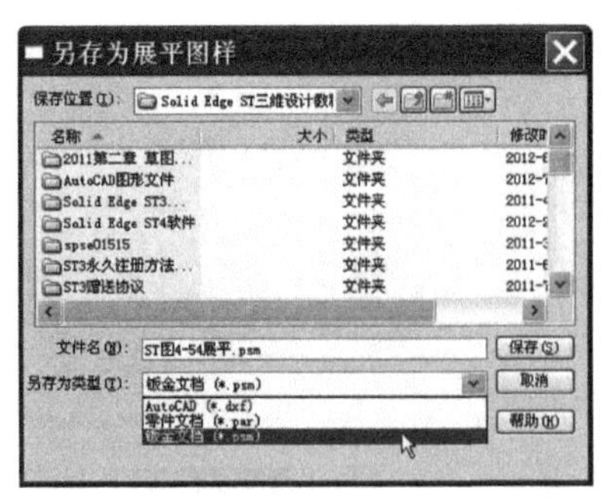


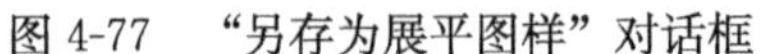
图 4-77 “另存为展平图样”对话框

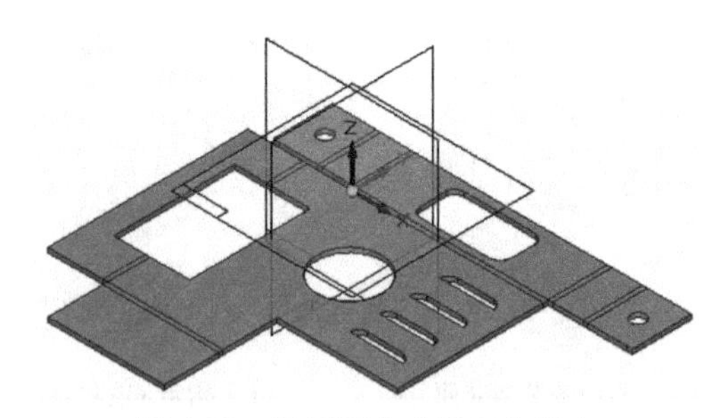
图 4-78 以展平方式保存的钣金

自动当作除料方式处理。请注意图 4-75(c)中展平结果与图 4-78 中展平文件的区别。

说明：执行“应用程序→另存为→另存为展平图样”命令，生成的以展平方式保存的模型文件，不再与源钣金模型和钣金文件相关联。

## 小结及作业

本章介绍了钣金设计环境中，“钣金”命令区中钣金特征命令的功能和操作方法，生成钣金件的基本方法和过程，钣金件的展平以及另存为展平图样等内容。

作业：

(1) 熟悉并掌握钣金特征命令的功能和操作。

(2) 请参照本章 4.3 节和 4.4 节的钣金件生成过程，练习钣金件的设计和展平。

# 第5章 装配设计

## 5.1 装配设计的基本概念和基本过程

机器或部件都是由若干零件按照一定的装配关系和技术要求装配起来的。Solid Edge ST4 的装配设计模块是一个功能强大的装配工具，可以完成对已有零件的装配，也可以在装配过程中设计新的零件，并能够进行零部件之间的干涉检查，计算装配体的各种物理属性等。

Solid Edge ST4 的装配模块提供了两种装配设计的方法：自下而上的设计方法和自上而下的设计方法，这是当前主流的三维 CAD 系统中的核心技术，使得设计过程更符合设计者的思维方式和习惯。

**1. 自下而上的设计方法**

自下而上的设计方法是先在零件设计环境中生成所有零件，然后在装配环境中按照装配关系逐个进行装配。这种设计方法是一种传统的方法，其优点是：零件的设计是独立的，其重建、修改行为简单，与其他零件不存在相互关联。当设计者不需要建立控制零件大小和尺寸的参考关系时（相对于其他零件），此方法较为适用。

**2. 自上而下的设计方法**

自上而下的设计方法是在装配环境中以一个主要零件或部件为参考来设计其他零件，并将设计出的零件及时装配到位。设计者可以使用一个零件来帮助定义另一个零件，新生成的零件在尺寸和位置上同已有的零件或部件保持相关和协调。这种设计方法的优点是：所设计的零件可以较好地保证装配关系和配合要求，非常符合实际的设计思想。

在 Solid Edge 装配环境中，采用自下而上的设计方法进行零件装配的基本流程是：

（1）进入装配设计环境。

（2）在装配设计环境下，从资源查找器的零件库中调入第一个零件到工作区，该零件称为基础零件，系统对第一个调入的零件自动添加一个固定装配关系。

（3）根据装配关系，逐个调入其他零件，并根据调入零件与当前装配件上其他零件之间的装配关系，选择相应的装配关系命令进行装配。

（4）完成所有零件的装配，进行干涉检查及运动分析，确认无误后，保存文件。

在装配过程中还可以根据需要，在装配环境中随时进行新零件的设计，新设计的零件在形状和尺寸上可以与已有的零件或部件保持关联和协调，这个过程便体现了自上而下的设计方法。因此，两种设计方法不是独立不相干的，在装配设计中是融合使用的。

Solid Edge 的装配模块是面向产品级的机械设计系统，装配设计功能非常强大，可以同时实现自下而上和自上而下的设计。此外，还可以生成装配爆炸图、装配剖视图，计算装配体物理性质，进行零件间的干涉检查，进行管道设计、框架设计、线缆设计和机构运动仿真等。

Solid Edge ST4 提供了一组强大、稳定的在项目生命周期内管理文档的功能。借助于文档属性，跟踪与维护操作都十分方便，可以将文档保存为备用格式，也可以从其他系统导入文档，可以很容易地创建零件列表、材料分解清单以及其他类型的报告。另外，由于简化零部件技术的采用，还使得进行大型产品的装配成为可能。

# 5.2 装配设计应用基础

**1. 进入装配设计环境**

有多种方法可以进入 Solid Edge ST4 装配环境，这里仅介绍以下几种。

方法一：双击桌面上的 Solid Edge ST4 图标，启动 Solid Edge ST4 主界面，在主界面的“创建”列表中，选取“GB 装配”。

方法二：单击“开始→所有程序→Solid Edge ST4→Solid Edge ST4”，启动 Solid Edge ST4 主界面，在主界面的“创建”列表中，选取“GB 装配”。

方法三：在任意设计环境中，单击“应用程序→新建→GB 装配”。

装配文件的后缀名为 *.asm。

装配环境的界面如图 5-1 所示，装配环境的界面与零件环境类似，“主页”选项卡中的“装配”命令区、“相关”命令区、“修改”命令区、“配置”命令区，以及命令区中的命令，主要用于生成装配；其他界面和工具与零件环境中相同。装配工作区的左边是“路径查找器”、“零件库”、“备选装配”、“图层”、“传感器”、“选择工具”、“仿真”选项卡，其中“路径查找器”和“零件库”在生成装配过程中使用频率较高。装配环境中的路径查找器是对零件进行装配和管理的工具，零件库是进行零件调入和管理的工具。

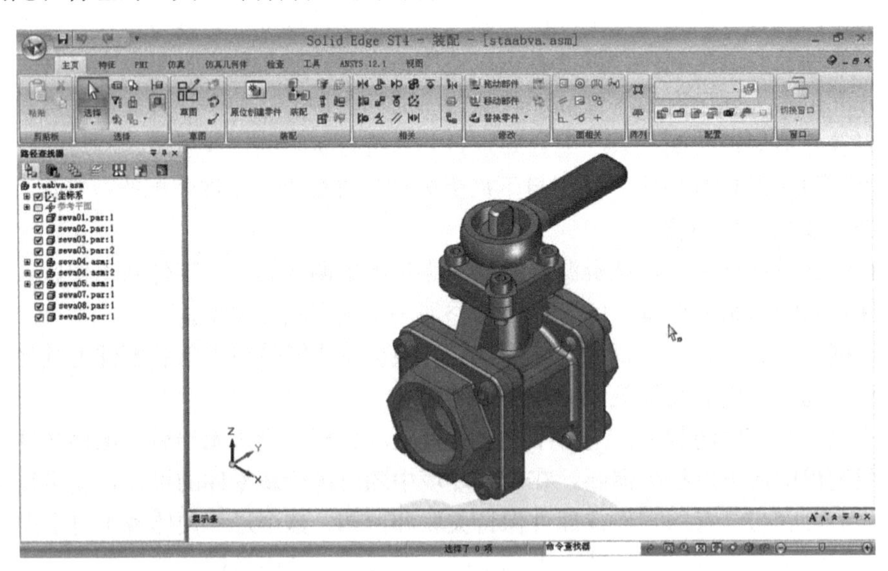


图 5-1 装配环境界面

### 2. 路径查找器

装配环境中的路径查找器如图 5-2 所示，分为上、下两个区域，上方区域以文件目录树的结构方式，列出组成当前装配件的零件、子部件、参考面、坐标系等；单击上方区域中的零件名称时，该零件的装配关系显示在下方区域中。

在路径查找器上方区域的已装配零件或子部件列表中，每一个零件名左侧有一个符号，显示零件的装配状态，例如，表示固定的零件，表示完全装配定位的零件，表示子部件等；零件名右侧有数字，表明零件被调用的次数，即零件的数目。例如 seva03.par:2 表示零件 seva03. par 完全装配定位且被使用了两次。表 5-1 给出了零件装配状态符号和相应的含义。

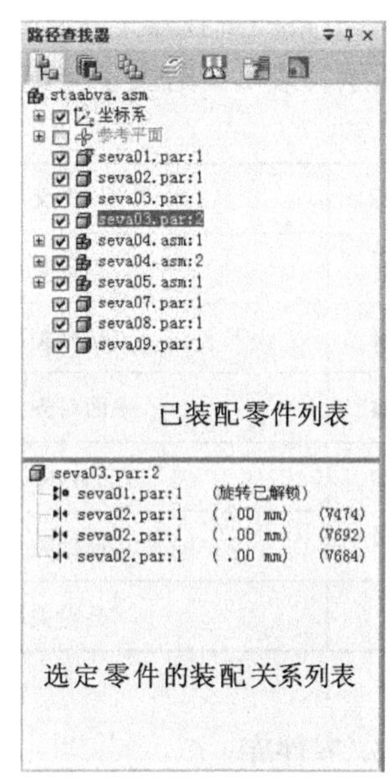


图 5-2　路径查找器

**表 5-1　装配状态符号及含义**

| 图标 | 含义 | 图标 | 含义 |
|---|---|---|---|
| | 固定的零件 | | 紧固件系统 |
| | 完全装配定位的零件 | | 阵列组 |
| | 非激活的零件 | | 阵列项 |
| | 隐藏的零件 | | 布局 |
| | 已卸载的零件 | | 参考面 |
| | 未完全定位的零件 | | 草图 |
| | 具有冲突关系的零件 | | 使用中 |
| | 链接的零件 | | 查看中 |
| | 简化零件 | | 已发布 |
| | 可用 | | 已设置基线 |
| | 子部件 | | 备用部件零件 |
| | 可调零件 | | 零件位置由装配草图中的二维关系驱动 |
| | 可调整装配 | | 零件组和子装配 |
| | 缺少部件 | | 电动机 |

单击路径查找器上方区域中的零件名称时，该零件的装配关系显示在下方区域中，如图5-2所示。表5-2给出了装配关系符号及其相应的含义。

**表 5-2 装配关系符号及含义**

| 图标 | 含义 | 图标 | 含义 |
|---|---|---|---|
| | 固定关系 | | 平行关系 |
| | 贴合关系 | | 角度关系 |
| | 平面对齐关系 | | 相切关系 |
| | 轴对齐关系 | | 中心平面关系 |
| | 连接关系 | | 齿轮关系 |
| | 凸轮关系 | | 符合坐标系关系 |

### 3. 零件库

“零件库”选项卡如图5-3所示，用于指定要装配到当前装配件的零件的存放路径。指定文件路径后，该路径下的所有Solid Edge文件显示在文件列表中，单击文件名，在下方的预览区可预览指定的零件。在图5-3所示零件库的零件列表中，双击指定文件名，或将指定文件拖动到工作区中，便可将指定零件调入到装配环境中。在新建的装配文件中，第一个调入的零件被自动添加“固定”约束关系；后面添加的零件处于待装配的状态，需添加装配关系，使待装配的零件完全装配定位。

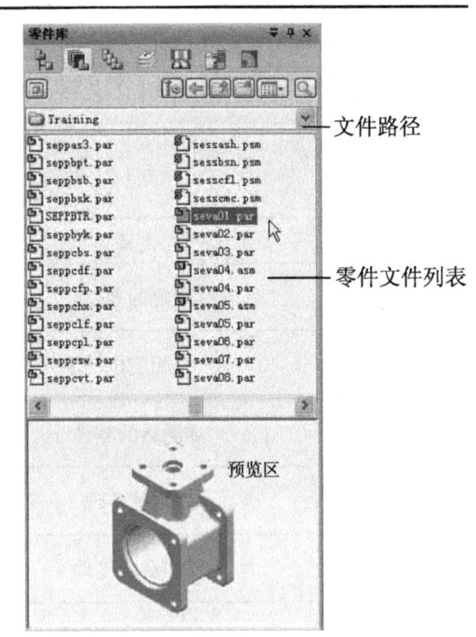

图 5-3 零件库

## 5.3 零部件的装配关系

在Solid Edge ST4装配环境中进行零件、部件的装配，就是对调入的零件、部件添加装配关系，确定各个零件的相对位置和定位关系。在“主页”选项卡的“相关”命令区中，如图5-4所示，集中了如下装配关系命令：固定、贴合、平面对齐、轴对齐、插入、平行、连接、角度、相切、凸轮、齿轮、符合坐标系、中心平面。

图 5-4 “相关”命令区

有两种装配方法：一种是在调入零件时，在图5-5所示“装配关系”工具条的“关系类型”列表中指定装配关系，进行装配操作；另一种装配方法是，调入一个或多个待装配的零件，在图 5-4 所示“相关”命令区中，选取装配命令，进行装配操作。

新建一个装配文件，在图 5-3 所示“零件库”选项卡中，设置文件路径为“安装路径 \ Solid Edge ST4 \ Training”，按以下步骤学习各装配关系的应用和操作方法。

## 5.3.1　固定

在新建的装配环境中调入的第一个零件称为基础零件（或基准零件），系统自动对它添加一个固定关系（Ground）。

调入基础零件的方法：在“零件库”选项卡中，双击零件 block. par，或拖动 block. par 到装配工作区中。

在路径查找器中，将出现零件列表 block.par:1，表明该零件作为装配基准零件自动固定。

## 5.3.2　快速装配

调入其他零件的方法：在“零件库”选项卡中，再次双击零件 block. par，或拖动 block. par 到装配工作区中。

零件 block. par 被再次调入到装配工作区，处于待装配状态，同时出现图 5-5 所示的“装配关系”工具条，单击工具条上的“关系类型”按钮，将弹出“关系类型”列表，如图 5-5 所示，此列表中的装配关系与图 5-4 中“相关”命令区中的装配关系是一致的。在图 5-5 所示“装配关系”工具条中，“快速装配”（Flash Fit）为默认的装配方法。

图 5-5　“装配关系”工具条

“快速装配”又称智能装配，是一种快速装配方法，而不是装配关系。在“快速装配”方式下，用户选取一组要装配的元素，如零件的面、边或点，系统会自动逻辑推理，捕捉设计者的意图，并判定装配关系。例如，如果选取的是平面，系统会提供面贴合、面对齐；当装配关系相反时，使用图 5-5 所示工具条中的“翻转”按钮 翻转 可以进行切换。

“快速装配”是一种智能化的装配工具，操作步骤简单，可以进行快速装配。但由于装配时潜在的装配关系较多，需掌握一定技巧后才能正确使用。另外，快速装配也有局限性，在使用“快速装配”时，对于诸如“平行”、“角度”、“相切”、“凸轮”等关系，系统就不能识别。建议初学者先学习并使用后面介绍的常规装配关系进行装配，只有熟练掌握基本的装配关系后才能灵活地运用“快速装配”命令。

## 5.3.3 贴合

“贴合”命令（Mate）只适用于平面，利用该关系可以将两个零件上的两个表面（平面）面对面的贴合或平行偏移一定距离，两个贴合平面的法向相反，如图 5-6 所示。

下面以实例介绍具体的操作方法。

（1）新建装配文件：在“零件库”选项卡中，指定零件路径为“安装目录 \ Solid Edge ST4 \ Training \ ”。

（2）调入第一个基础零件：在“零件库”选项卡的文件列表区中，将零件 block. par 拖入装配工作区。

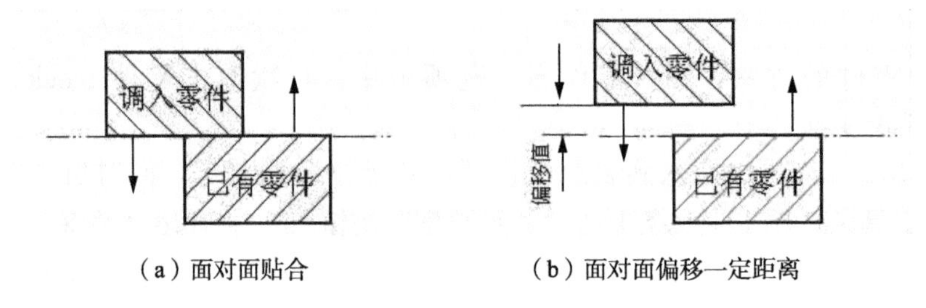


（a）面对面贴合　（b）面对面偏移一定距离

图 5-6　平面贴合关系

（3）调入第二个零件：将零件 block. par 再次拖入工作区（或双击文件名），出现图 5-7(a) 所示的待装配状态。

（4）指定装配关系：在图 5-5 所示下拉列表中选取“贴合”。

（5）选取要贴合的面：选取图 5-7(a)所示的零件平面。

（6）选取目标面：单击目标零件上相应的面，如图 5-7(b)所示。

两零件指定表面贴合的结果如图 5-7(c)所示，即默认距离为 0 面对面的贴合。

如果需要修改贴合距离，在路径查找器（图 5-7(d)）中选取 block. par:2，单击下方区域中的装配关系，将出现图 5-7(e)所示工具条，修改间距为 20，按 Enter 键，修改后的结果如图 5-7(f)所示，两贴合面相距 20。

在图 5-7(d)所示路径查找器中，零件 block. par:2 左侧的符号表明该零件没有完全定位。

## 5.3.4 平面对齐

“平面对齐”命令（Planar Align）也只适用于平面，与“贴合”命令相似，不同的是两个平面是同向对齐或偏移一定距离，两个对齐的平面的法向相同，如图 5-8 所示。

在图 5-7(c)的基础上，继续进行以下操作，将两个零件指定的表面对齐。

（1）单击“选取”按钮，选取零件 block. par:2。

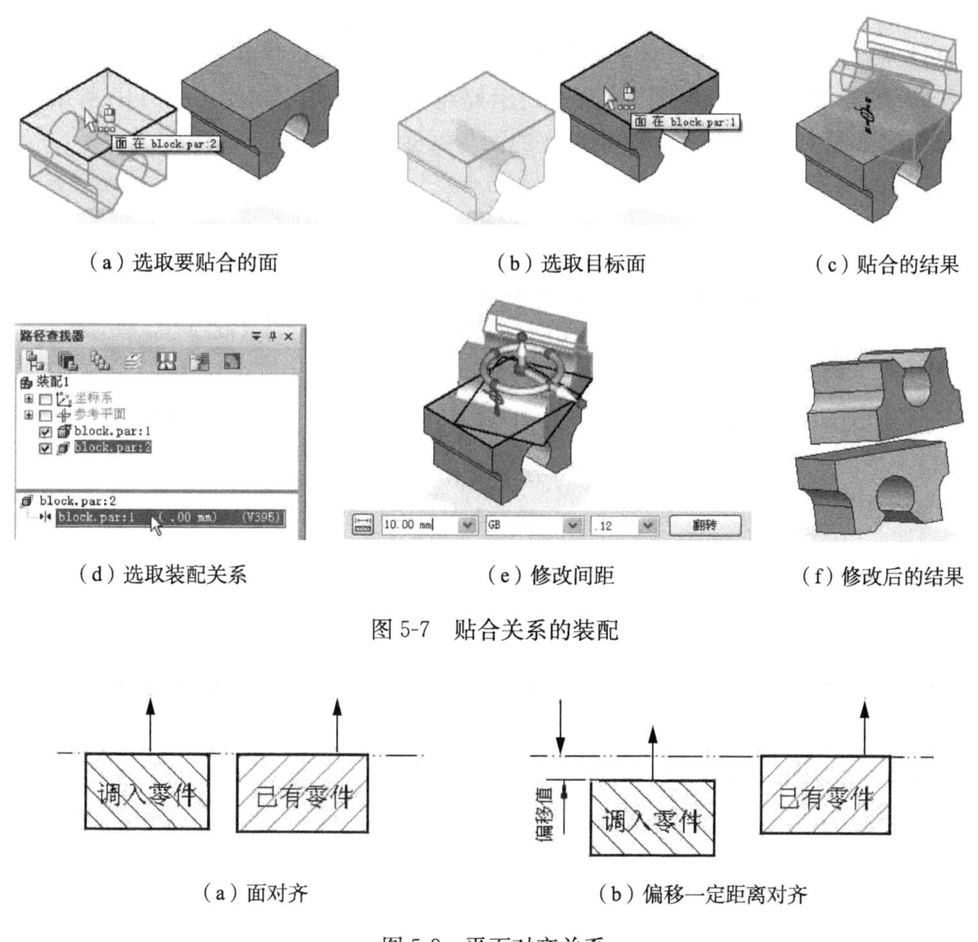


（a）选取要贴合的面　（b）选取目标面　（c）贴合的结果

（d）选取装配关系　（e）修改间距　（f）修改后的结果

图 5-7　贴合关系的装配

（a）面对齐　（b）偏移一定距离对齐

图 5-8　平面对齐关系

(2) 指定装配关系：单击“相关”命令区中的“平面对齐”命令。

(3) 指定要对齐的面：选取零件 block. par:2 上要对齐的面，如图 5-9(a)所示。

(4) 指定目标零件上的面：选取零件 block. par:1 上的目标面，如图 5-9(b)所示。两个零件指定的面同向共面对齐，如图 5-9(c)所示。

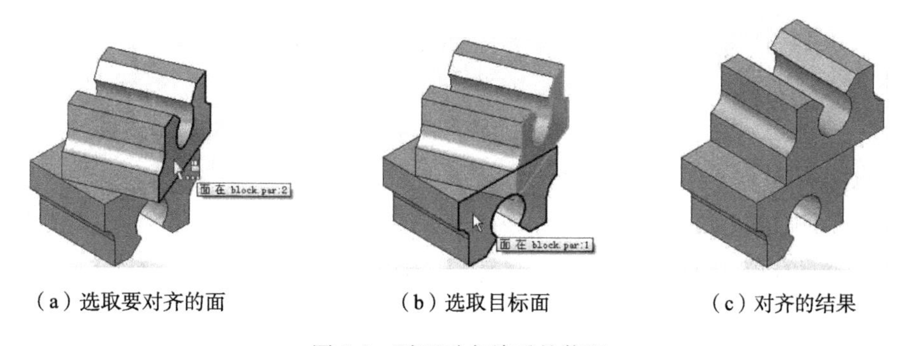


（a）选取要对齐的面　（b）选取目标面　（c）对齐的结果

图 5-9　平面对齐关系的装配

此时，在路径查找器的装配关系列表中，block. par:2 下又增加了一个平面对齐关系

block. par:1。

当零件先添加了“轴对齐”的约束关系，限定了旋转中心，如图 5-10(a)所示，再添加“平面对齐”的约束关系：选取图 5-10(a)所示要对齐的面，并选取图 5-10(b)所示目标面，面对齐的结果如图 5-10(c)所示，使要对齐的面与目标面平行。

（a）选取要对齐的面　　（b）选取目标面　　（c）对齐的结果

图 5-10　“轴对齐”前提下的“平面对齐”

## 5.3.5 轴对齐

“轴对齐”命令（Axial Align）可以使两个回转体零件的轴线保持同轴。在装配件中两个零件之间应用“轴对齐”时，可以在两个圆柱轴之间、圆柱轴与线性元素或两个线性元素之间应用“轴对齐”命令。

下面以实例介绍其操作方法。

（1）新建装配文件：在“零件库”选项卡中，选取零件路径为“安装目录\Solid Edge ST4\Training\”。

（2）调入第一个基础零件：双击零件 block. par。

（3）调入第二个零件：双击零件 axle. par。

（4）指定装配关系：在“装配关系”工具条的“关系类型”下拉列表中选取“轴对齐”。

（5）选取要轴对齐的圆柱面：选取图 5-11(a)所示的圆柱面。

（6）选取目标圆柱面：选取图 5-11(b)所示的孔。

轴对齐后的结果如图 5-11(c)所示。

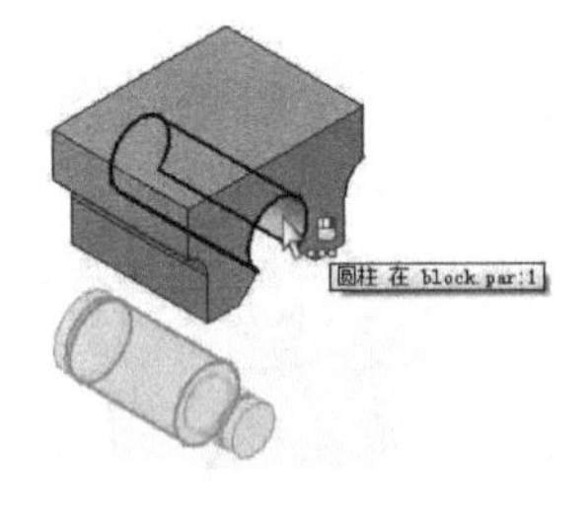

（a）选取要轴对齐的圆柱面　　（b）选取目标圆柱面　　（c）轴对齐的结果

图 5-11　轴对齐

## 5.3.6　插入

“插入”命令（Insert）实际上是“贴合”和“轴对齐”的组合，可以同时保证两零件上的圆柱面轴对齐且指定的面贴合。但与轴对齐关系不同的是，插入的零件被固定，不允许再添加其他约束。如果对插入的零件有角度要求，则只能用“轴对齐”和其他装配关系来进行装配，否则会出现错误。“插入”命令特别适合于轴与孔的配合、螺纹紧固件的装配等。

下面以实例介绍其操作方法。

（1）新建装配文件：在“零件库”选项卡中，选取零件路径为“安装目录 \ Solid Edge ST4 \ Training \ ”。

（2）调入第一个基础零件：将零件 seva05. par 拖入装配工作区。

（3）调入第二个零件：将零件 seva06. par 拖入工作区（或双击）。

（4）指定装配关系：在“装配关系”工具条的“关系类型”下拉列表中选取“插入”。

（5）选取插入零件的圆柱面：选取零件 seva06. par 的圆柱面，如图 5-12(a)所示。

（6）选取目标零件的圆柱面：单击目标零件的圆柱面，如图 5-12(b)所示。

（7）选取插入零件的结合面：选取零件 seva06. par 的结合面，如图 5-12(c)所示。

（8）选取目标零件的结合面：单击目标零件的结合平面，如图 5-12(d)所示。

零件插入结果如图 5-12(e)所示。

装配路径查找器如图 5-13 所示，选取 seva06. par:1，在下方的区域中显示出该零件有两个装配关系，一个是“贴合”，另一个是“轴对齐”（旋转被锁定），由此说明了插入关系的含义。使用“插入”命令后，装配的零件不能再执行“角度”命令，即不能添加旋转角度的约束。在图 5-13 中，单击如图所示的贴合关系，将出现图 5-14 所示的工具条，如果输入偏移值为 10，按 Enter 键，结合面将偏移指定的距离，如图 5-12(f)所示。

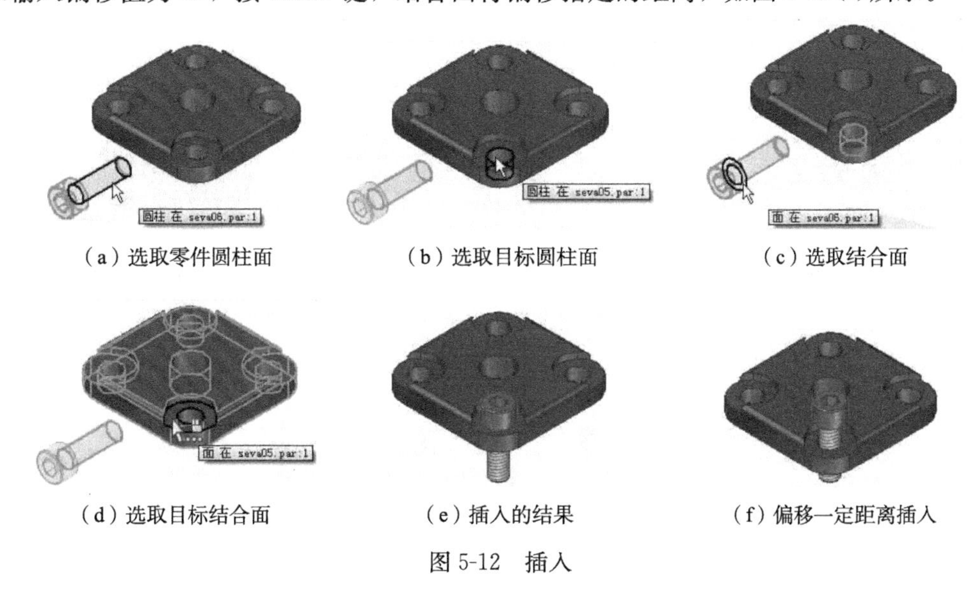


（a）选取零件圆柱面　（b）选取目标圆柱面　（c）选取结合面

（d）选取目标结合面　（e）插入的结果　（f）偏移一定距离插入

图 5-12　插入

说明：在“插入”命令的操作中，选取圆柱面与选取结合面的次序可以颠倒。

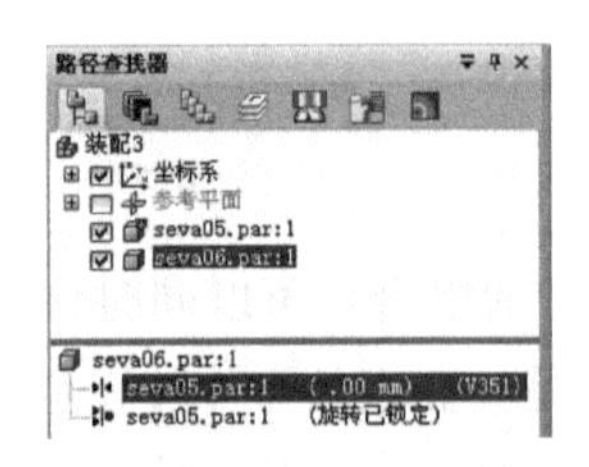


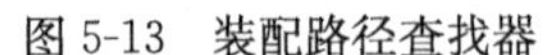

图 5-13 装配路径查找器

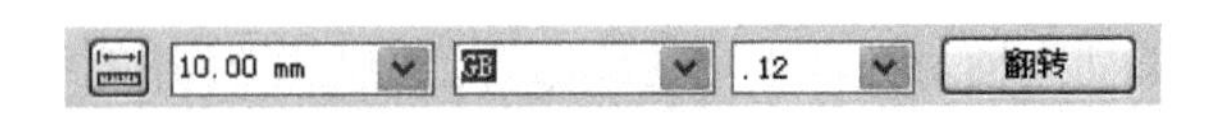


图 5-14 工具条

## 5.3.7 连接

“连接”命令（Connect）可以使用一个零件的关键点、线条或面定位另一个零件的关键点、线条或面，使用较为灵活与方便。

下面以实例介绍“连接”命令的操作方法和步骤。

（1）新建装配文件：在“零件库”选项卡中，选取零件路径为“安装目录 \ Solid Edge ST4 \ Training \ ”。

（2）调入第一个基础零件：将零件 block. par 拖入装配工作区。

（3）调入第二个零件：再次将零件 block. par 拖入工作区。

（4）添加“贴合”装配关系：在“装配关系”工具条的“关系类型”下拉列表中选取“贴合”，单击图 5-15(a)所示零件的平面，再单击图 5-15(b)所示目标面。

（5）添加“连接”装配关系：在“装配关系”工具条的“关系类型”下拉列表中选取“连接”。

（6）指定连接点：选取图 5-15(c)所示零件的点。

（7）指定目标点：选取图 5-15(d)所示目标零件上的点。

执行“连接”命令后，两个零件上指定的点重合，如图 5-15(e)所示。

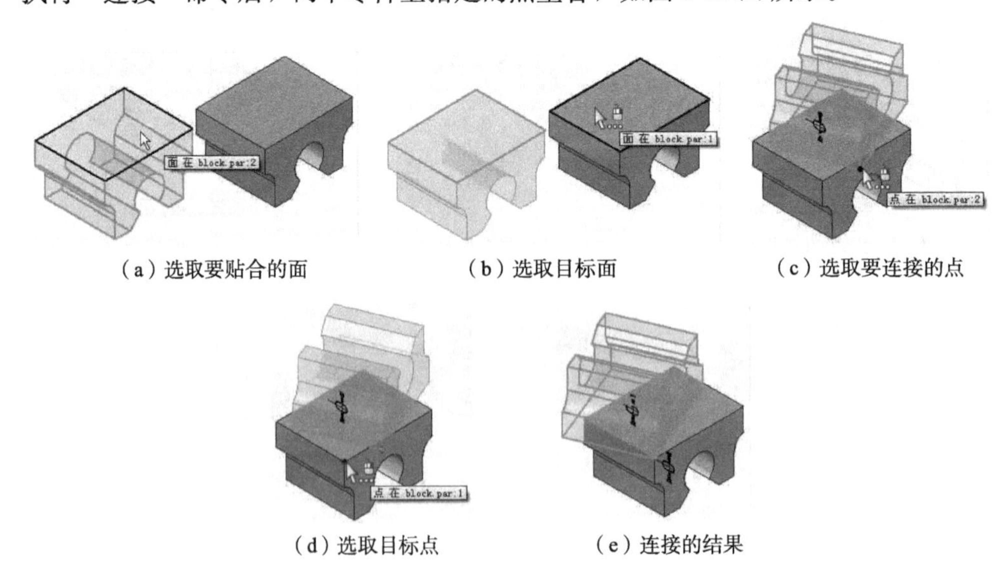


(a) 选取要贴合的面　(b) 选取目标面　(c) 选取要连接的点　(d) 选取目标点　(e) 连接的结果

图 5-15 连接关系

在以上操作中，“连接”命令是实现点对点的连接。“连接”命令还可连接直线、圆弧和椭圆环的端点、直线中点（边中心线）、弧中心点、圆心点、椭圆环元素中心点、球面中心点、锥面中心点等。

图 5-16 是球面与球面的连接装配。图 5-17 是锥面与锥面的连接装配。图 5-18 是在添加了贴合关系后，再添加三个点到直线的连接关系来进行完全定位的。图 5-19 是添加连接关系，连接点到平面的。

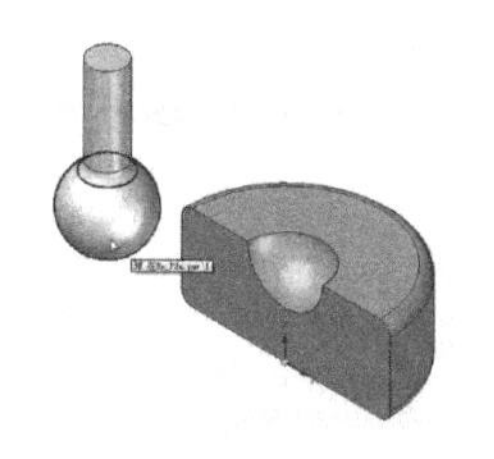

（a）选取要连接的球面

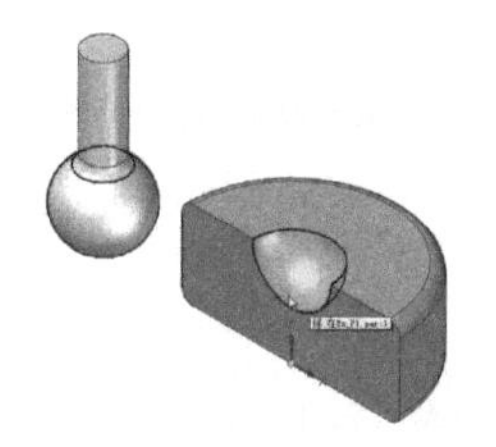

（b）选取目标球面

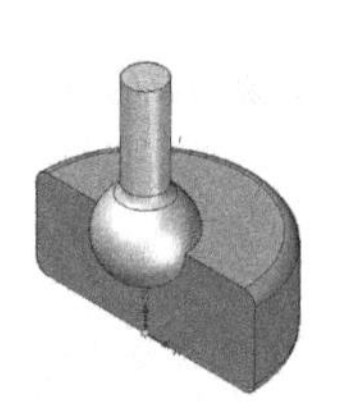

（c）连接装配结果

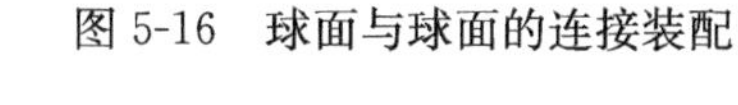

图 5-16　球面与球面的连接装配

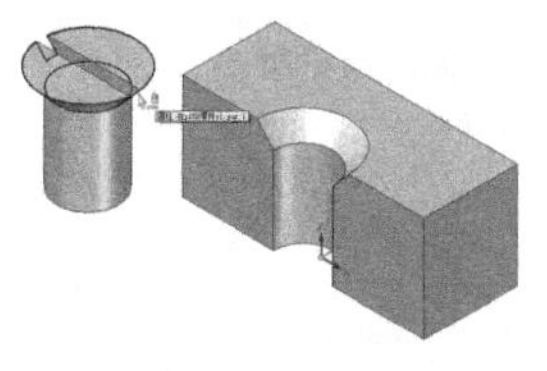

（a）选取锥面

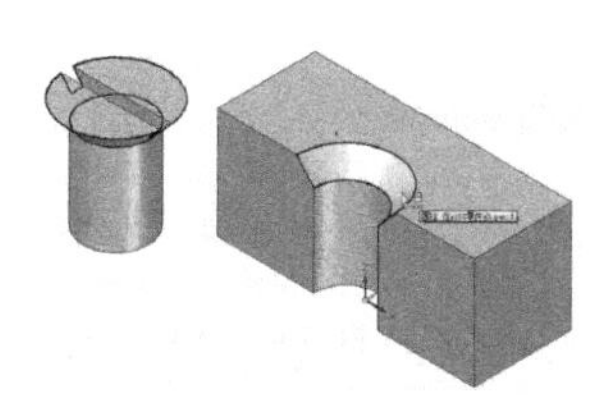

（b）选取目标锥面

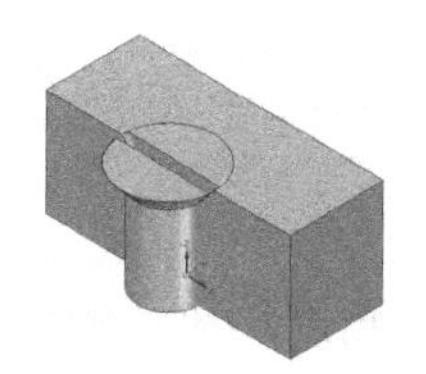

（c）连接装配结果

图 5-17　锥面与锥面的连接装配

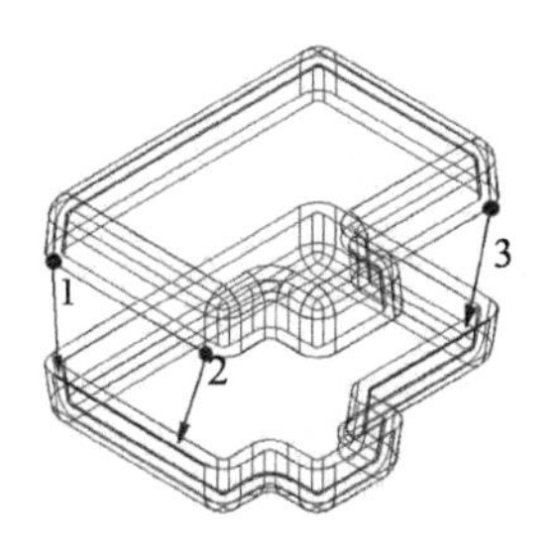


图 5-18　点到线的连接

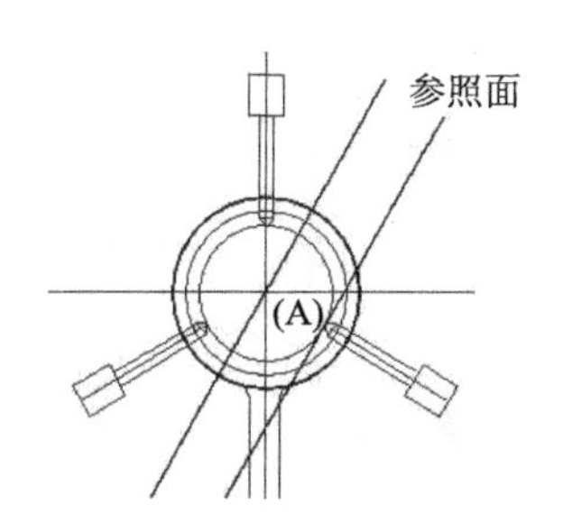


图 5-19　点到平面的连接

## 5.3.8　角度

“角度”命令（Angle）可约束两零件上指定的面成指定角度。“角度”命令一般与“轴对齐”或“连接”命令相配合，共同完成对调入零件的定位。

在完成了图 5-15(e)所示操作后，继续执行以下添加角度约束的操作。

(1) 添加“角度”装配关系：在“装配关系”工具条的“关系类型”下拉列表中选取“角度”。

(2) 指定要约束的面：单击图 5-20(a)所示平面。

(3) 指定基准面：单击图 5-20(b)所示平面。

(4) 指定旋转所在平面：单击图 5-20(c)所示平面。

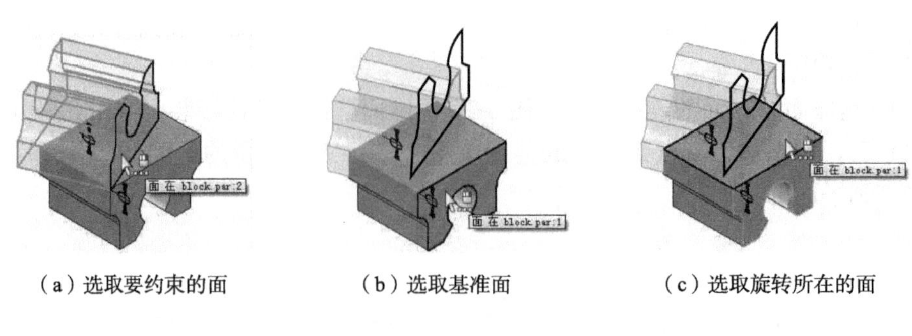


(a) 选取要约束的面　　(b) 选取基准面　　(c) 选取旋转所在的面

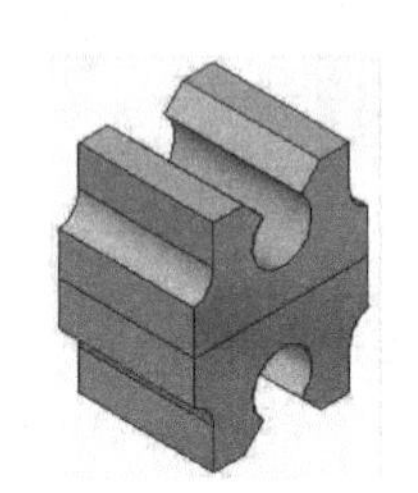

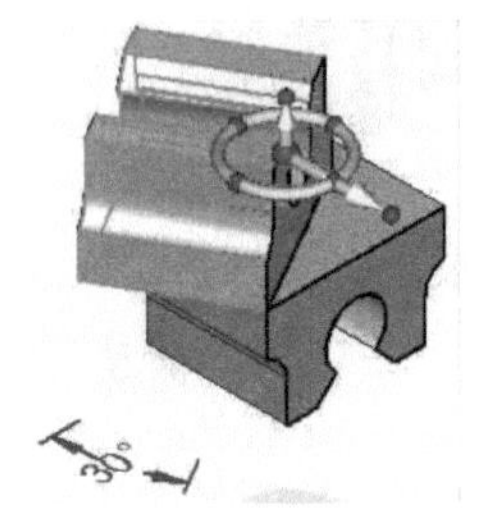


(d) 默认角度约束的结果　　(e) 修改角度后的约束结果

图 5-20　角度关系

添加角度约束后的装配如图 5-20(d)所示，默认角度为 0°。

添加了“贴合”、“连接”和“角度”三个约束关系后，第二个零件完全被约束。路径查找器如图 5-21 所示，选取 block. par:2，在下方的装配关系列表中选取“角度”，出现如图 5-22 所示工具条，输入角度 30，按 Enter 键，“角度”约束后的装配如图 5-20(e)所示。

图 5-21　装配路径查找器

图 5-22　工具条

“角度”关系一般是在“轴对齐”或“连接”关系指定了旋转中心后再增加的装配关系，对自由零件使用“角度”约束关系不能使零件定位。如果之前已经定义了“贴合”和“轴对齐”关系，则无需再定义旋转所在平面，系统会直接跳过此步骤。

## 5.3.9 相切

“相切”命令（Tangent）用于约束圆柱面与指定平面或其他圆柱面相切，相切关系中至少要有一个是回转体。

下面以图 5-23 为例，说明“相切”的操作方法和步骤。

(1) 新建装配文件：在“零件库”选项卡中，选取零件路径为“安装目录 \ Solid Edge

ST4 \ Training \ ”。

（2）调入第一个基础零件：将零件 block. par 拖入装配工作区。拖动鼠标中键，调整视角如图 5-23(a)所示。

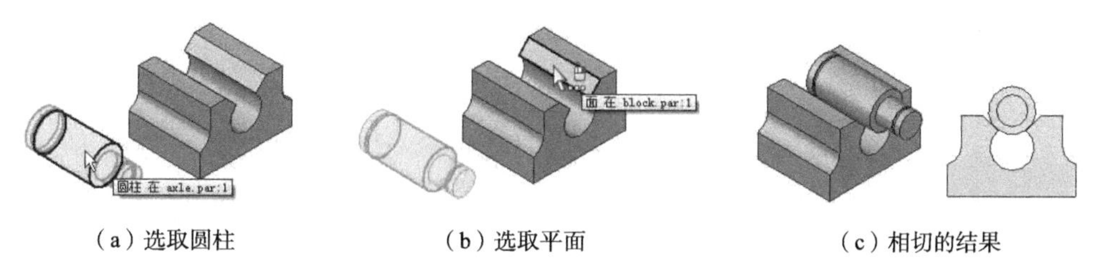


（a）选取圆柱　（b）选取平面　（c）相切的结果

图 5-23　相切关系

（3）调入第二个零件：将零件 axle. par 拖入装配工作区。

（4）指定装配关系：在“装配关系”工具条的“关系类型”下拉列表中选取“相切”。

（5）选取相切的圆柱面：选取图 5-23(a)所示的圆柱面。

（6）选取目标面：选取图 5-23(b)所示的斜平面。

重复选取圆柱面和另一个斜面，可使圆柱与指定的两个斜平面相切，如图 5-23(c)所示。

## 5.3.10　凸轮

“凸轮”命令（Cam）专门用来使零件相对于凸轮状表面进行定位。图 5-24(a)表示在一个零件上的相切面闭合环（A）和另一个零件的单从动面（B）之间应用凸轮关系。从动面可为平面、圆柱、球体或者关键点。

下面以实例说明其操作方法。

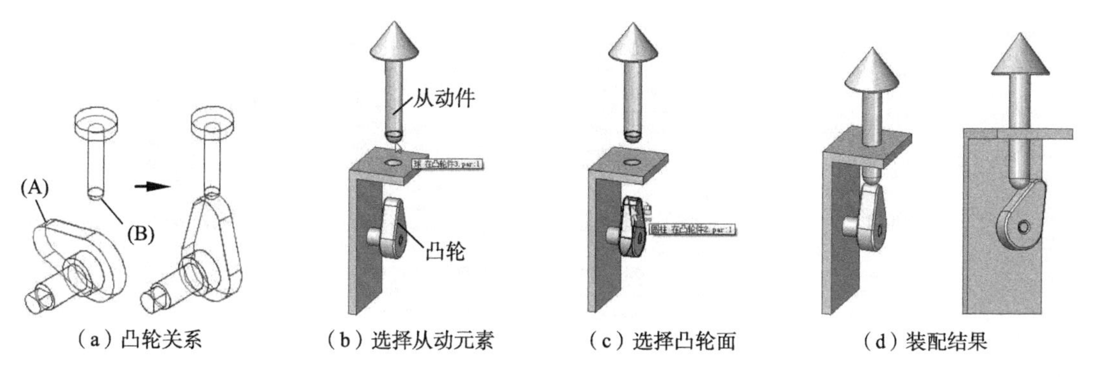


（a）凸轮关系　（b）选择从动元素　（c）选择凸轮面　（d）装配结果

图 5-24　凸轮关系

（1）首先定位好凸轮，再调入从动件（平动轴）。

（2）在“装配关系”工具条的“关系类型”下拉列表中选取“凸轮”。

（3）选择从动元素（球面），如图 5-24(b)所示，单击“接受”按钮。

（4）选择凸轮上的相切面（由四个面组成的柱面），如图 5-24(c)所示，单击“接受”按钮。

装配完成后的凸轮机构如图 5-24(d)所示。

注意：当选择平面作为从动元素时，平面被认为是无限的，在某些情况下，将不能生成凸轮特征；如果零件的几何形状发生变化，以至于相切面的闭合环变为不相切，则该关系将失效。

### 5.3.11　平行

“平行”命令（Parallel）类似于“轴对齐”，但在径向方向可以偏离一定距离。平行关系一般用于约束轴和孔等回转体的位置。

下面以图 5-25 为例，说明“平行”的操作方法和步骤。

（1）新建装配文件：在“零件库”选项卡中，选取零件路径为“安装目录\Solid Edge ST4\Training\”。

（2）调入第一个基础零件：将零件 block. par 拖入装配工作区。

（3）调入第二个零件：将零件 axle. par 拖入装配工作区。

（4）指定装配关系：在“装配关系”工具条的“关系类型”下拉列表中选取“平行”。

（5）指定要平行的柱面：单击图 5-25(a)所示的柱面。

（6）指定平行目标：单击图 5-25(b)所示的目标边线。

平行约束后的结果如图 5-25(c)所示，默认为零件 axle. par 以指定的边线为轴线。

在路径查找器中，选取 axle. par:1，单击下方的 block.par:1，在出现的工具条中输入偏置 80，按 Enter 键，可使零件 axle. par 的轴线与指定的边线平行并相距指定的距离，如图 5-25(d)所示。

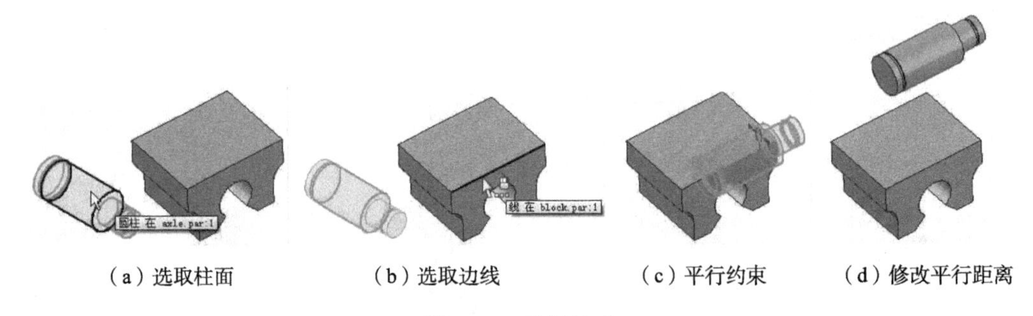

(a) 选取柱面　　(b) 选取边线　　(c) 平行约束　　(d) 修改平行距离

图 5-25　平行关系

在以上操作中，如果选取的平行目标为 block. par 中的孔，默认的平行结果为 axle. par 的轴线与指定的孔同轴，如图 5-11 所示。图 5-11 的关系为“轴对齐”，不可以修改两零件的径向距离。平行关系可在路径查找器中修改，使零件 axle. par 的轴线与 block. par 的孔轴线偏移指定的距离平行。

对于一些外形比较复杂的零件，应用“平行”命令，可方便地约束指定的孔平行指定的距离，如图 5-26 所示。平行关系是较为自由的装配关系，但这种关系只能应用于柱面、边和坐标系。

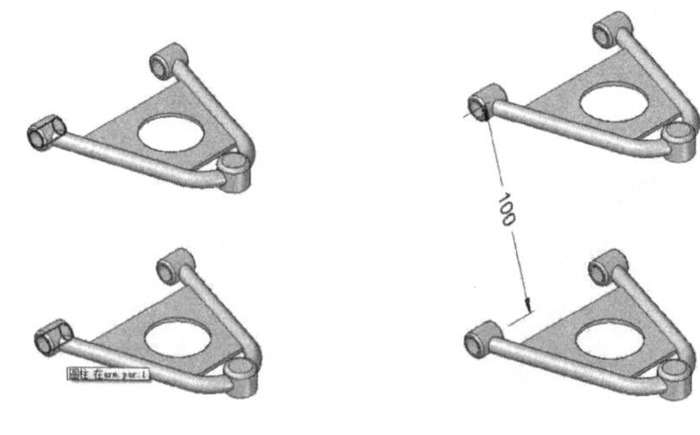

（a）选取平行约束的两柱面　　　（b）平行约束结果

图 5-26　平行关系约束外形复杂的零件

## 5.3.12　齿轮

“齿轮”命令（Gear）常用于为齿轮、带轮、涡轮和蜗杆、凹槽或插槽中移动的零件添加传动关系，以及在水力或风力等传动装置装配时，在零件间添加传动关系。齿轮关系有效地解决了相关零件之间的运动问题，无须在（旋转或线性）运动范围内通过驱动设计来定义物理接触关系。

按以下步骤学习齿轮关系的应用。

打开文件：执行“应用程序→打开”，在“打开文件”对话框中，选取文件“安装目录\Solid Edge ST4\Training\ main_support.asm”，单击“打开”按钮。

在路径查找器中，右击 main_support.asm，在快捷菜单中选取“激活”。在视图操作区中，单击“带可见边着色”按钮，再单击“适合”按钮，可查看装配件如图 5-27(a)所示。

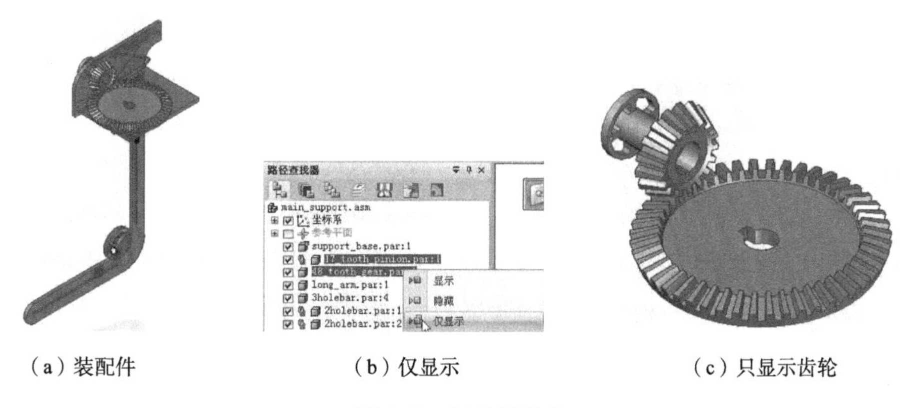


（a）装配件　　　（b）仅显示　　　（c）只显示齿轮

图 5-27　仅显示齿轮

**1. 添加齿轮“旋转-旋转”关系**

(1) 仅显示齿轮：单击“选取”按钮，按 Ctrl 键，在路径查找器中选取 17_tooth_pinion.par:1 和 48_tooth_pinion.par:1，单击右键，在快捷菜单中选取“仅显示”，如图 5-27(b)所示，指定“仅显示”的两个齿轮如图 5-27(c)所示。

(2) 添加齿轮“旋转-旋转”关系：单击“相关”命令区中的“齿轮”命令；选取图 5-28(a)所示小齿轮的孔，选取图 5-28(b)所示大齿轮的孔；在图 5-28(e)所示“齿轮”工具条的下拉列表中选取“齿数”，在尺寸框中输入 17、48，单击“确定”按钮。

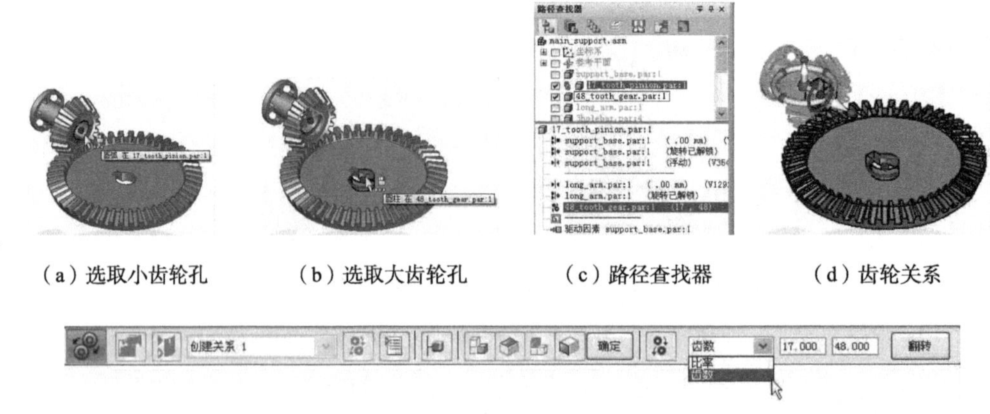


（a）选取小齿轮孔　（b）选取大齿轮孔　（c）路径查找器　（d）齿轮关系

（e）“齿轮”工具条

图 5-28　添加齿轮“旋转-旋转”关系

在路径查找器中，如图 5-28(c)所示，单击 17_tooth_pinion. par:1，在其下方的装配关系列表中，增加了齿轮关系 48_tooth_gear.par:1，单击齿轮关系 48_tooth_gear.par:1，添加齿轮“旋转-旋转”关系如图 5-28(d)所示。

**2. 添加齿轮“旋转-线性”关系**

(1) 全部显示：在路径查找器中右击 main_support. asm，在快捷菜单中选取“显示”。调整视角如图 5-29(a)所示。

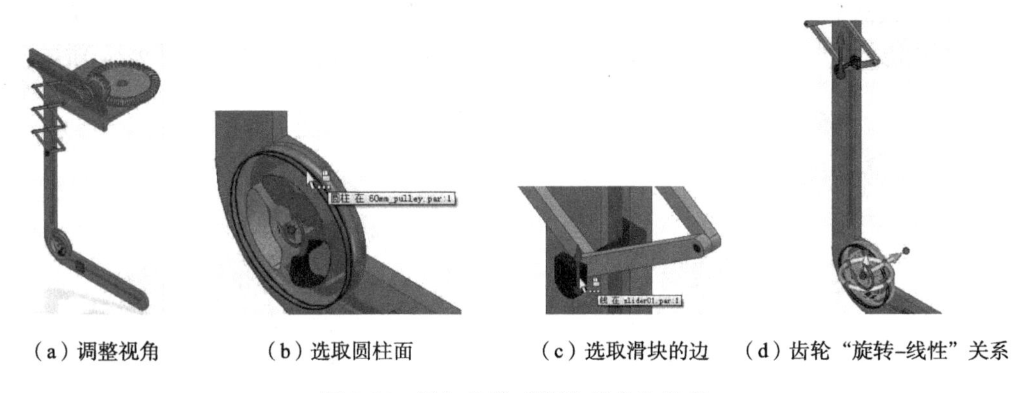

（a）调整视角　（b）选取圆柱面　（c）选取滑块的边　（d）齿轮“旋转-线性”关系

图 5-29　添加齿轮“旋转-线性”关系

(2) 添加齿轮“旋转-线性”关系：单击“相关”命令区中的“齿轮”命令；在图 5-30所示工具条的“传动装置类型”下拉列表中选取“旋转-线性”；选取图 5-29(b)所示零件 60mm_pulley. par:1 上的柱面，再选取图 5-29(c)所示零件 slider01. par:1 上的边线并注意使箭头向上；单击“确定”按钮。

图 5-30　“齿轮”工具条

在路径查找器中，单击 60mm_pulley. par：1，在其下方的装配关系列表中，增加了齿轮关系 slider01.par:1，单击齿轮关系 slider01.par:1，添加的齿轮“旋转-线性”关系如图 5-29(d)所示。

**3. 添加齿轮“线性-线性”关系**

单击“相关”命令区中的“齿轮”命令，在图 5-30 所示工具条的“传动装置类型”下拉列表中选取“线性-线性”；选取图 5-31(a)所示零件 slider01. par：1 上的边线，再选取图 5-31(b)所示零件 slider02. par：1 上的边线；单击“确定”按钮。

在路径查找器中，单击 slider01. par：1，在其下方的装配关系列表中，增加了齿轮关系 slider02.par:1，单击齿轮关系 slider02.par:1，添加的齿轮“线性-线性”关系如图 5-31(c)所示。零件 slider01. par 与零件 slider02. par 将按相同的速度滑动。

(a) 选取边线

(b) 选取另一边线

(c) 齿轮“线性-线性”关系

图 5-31　添加齿轮“线性-线性”关系

## 5.3.13　中心平面

“中心平面”命令（Planar Center Justify）可以使指定的一个面或两个面的对称面，与指定的两个目标面的对称面对齐（对中）。该命令常用于轴类和盘盖类零件的装配，一般是在添加了轴对齐关系的基础上，再添加中心平面关系。

下面以图 5-32 为例，说明其操作方法和步骤。

(1) 新建装配文件。

(2) 调入第一个零件：调入图 5-32(a)所示的支撑零件。

(3) 调入第二个零件：调入图 5-32(a)所示的待装配轴。

(4) 添加轴对齐关系：在“装配关系”工具条的“关系类型”下拉列表中选取“轴对齐”；选取图 5-32(a)所示轴上的圆柱，再选取图 5-32(b)所示柱面。

说明：“轴对齐”的结果如图 5-32(c)所示，径向是“轴对齐”关系，但轴向的位置是任意的。添加中心平面关系可使轴与轴承对中。

(5) 添加中心平面关系：在“装配关系”工具条的关系类型下拉列表中选取“中心平面”；在图 5-33 所示工具条的下拉列表中选取“双面”；选取图 5-32(d)所示两个轴轴面，再选取图 5-32(e)所示支承臂上的两个内侧面。

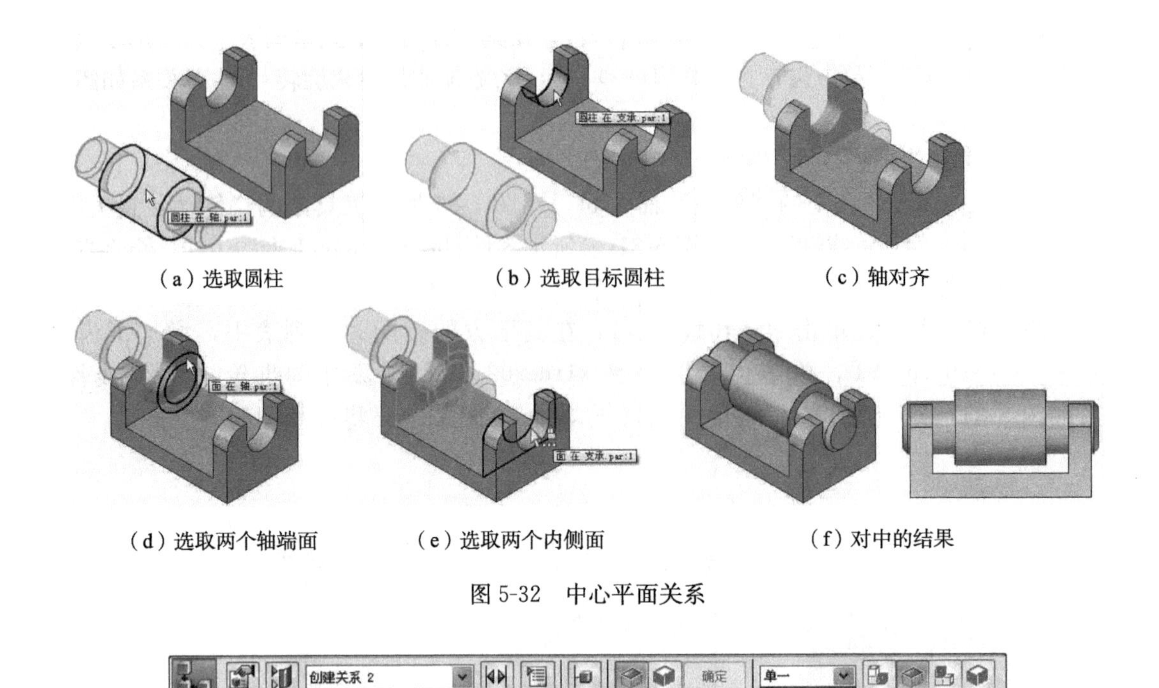


（a）选取圆柱　（b）选取目标圆柱　（c）轴对齐

（d）选取两个轴端面　（e）选取两个内侧面　（f）对中的结果

图 5-32　中心平面关系

图 5-33　“中心平面”工具条

对中的结果如图 5-32(f)所示，先指定的两面的对称面，与后指定的两个目标面的对称面重合。

在以上操作中，如果在图 5-33 所示工具条的下拉列表中选取“单一”，仅指定一个要对中的面，如选取图 5-34(a)所示一个轴端面；然后指定两个目标面，选取图 5-34(b)所示两个支承臂的内侧面。对中的结果如图 5-34(c)所示，选取面与两个目标面的对称面重合。

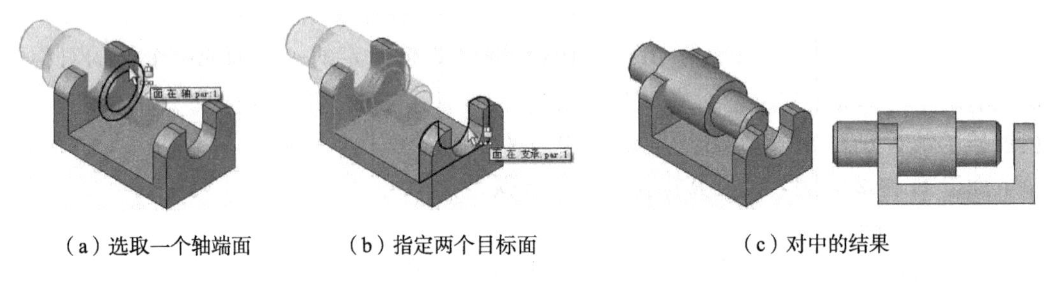

（a）选取一个轴端面　（b）指定两个目标面　（c）对中的结果

图 5-34　“单一”方式对中

## 5.3.14　符合坐标系

“符合坐标系”命令（Coordinate Setting）通过使两个调入零件上的坐标系的 X、Y、Z 轴重合或偏移指定距离，来定位零件。零件上的坐标系为零件造型过程中的 Base 坐标系。

以图 5-35 为例，说明其操作方法和步骤。

(1) 新建装配文件：在“零件库”选项卡中，选取零件路径为“安装目录＼Solid Edge ST4＼Training＼”。

（2）调入第一个基础零件：将零件 head1. par 拖入装配工作区。

（3）调入第二个零件：将零件 plate1. par 拖入装配工作区。

（4）指定装配关系：在“装配关系”工具条的“关系类型”下拉列表中选取“符合坐标系”，其工具条如图 5-36 所示。

（5）选取要装配的坐标系：选取图 5-35(a)所示零件上的坐标系。

（6）选取目标坐标系：选取图 5-35(b)所示基础零件上的坐标系。

装配结果如图 5-35(c)所示，两个零件的坐标系的原点、X 轴、Y 轴和 Z 轴完全重合。

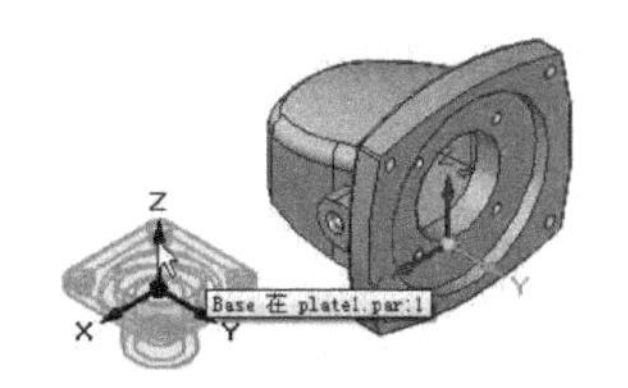


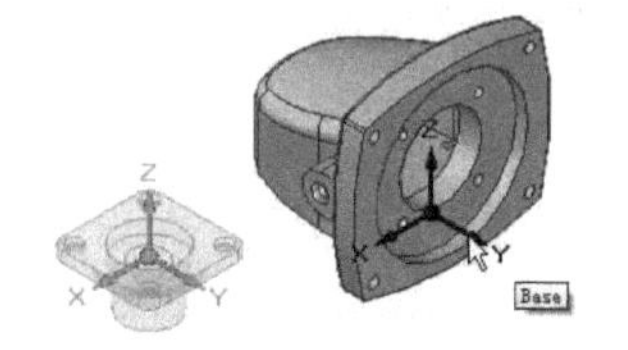


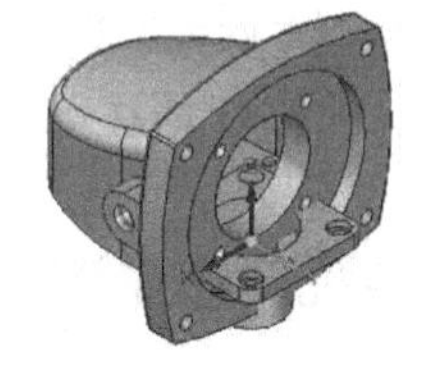

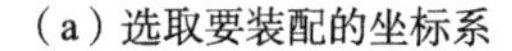

（a）选取要装配的坐标系　　（b）选取目标坐标系　　（c）“符合坐标系”关系

图 5-35　符合坐标系关系

图 5-36　“符合坐标系”工具条

在以上操作中，如果在图 5-36 所示“符合坐标系”工具条的“偏置”下拉列表中指定偏置面，并输入偏置距离，可使要装配的坐标系与目标坐标系偏置指定的距离。

为了执行“符合坐标系”命令时得到正确装配，在零件造型过程中，应使得零件环境中的 Base 坐标系为定位的坐标系，且 X、Y、Z 轴方位一致。

至此，已以实例方式介绍了各种装配关系的应用和操作方法。除了第一个调入的基础零件外，对于后续调入的零件，“快速装配”是默认的装配方法：当选取的面为平面时，将自动执行“贴合”、“面对齐”等操作；当选取的面为柱面时，将自动进行“轴对齐”、“插入”等操作。单击“装配关系”工具条上的“翻转”按钮，可预览不同的装配结果。在掌握了每个装配关系的操作之后，采用“快速装配”可提高装配速度和效率。

另一种装配方式是，同时调入多个待装配的零件，在“主页”选项卡的“相关”命令区中，选取装配关系命令，进行装配操作，操作方法与前面介绍的方法相同。

当添加了不当或不需要的装配关系时，在路径查找器中单击零件名称，在下方区域的装配关系列表中可删除已添加的装配关系。

总之，Solid Edge ST4 提供了多种装配方法，使得装配更加简单和高效。

## 5.4　装 配 实 例

上一节仅以两个零件的装配为例，详细介绍了各个装配关系和操作方法。在实际的装配中，需装配的零件有多个。在 Solid Edge 的装配环境中进行零件的装配，可以从任意一个零件开始，而不用像实际装配那样需要考虑装配的顺序、合理性和可行性。但一般是按照装配干线装配好干线上的有关零件，作为子部件保存，再将子部件作为调入的零件装配到箱体类零部件中。一个装配件中可以包含多个子部件，子部件中的任意一个零件的结构形状或者装配关系被修改，在整体装配件中会自动更新。同时，如果需要修改某个子部件中的某个零件，只需打开该子部件对应的文件，进行所需的修改即可，这样可方便对装配件的管理，并提高操作效率。

本节以复杂实例方式介绍整体装配。需进行的准备工作如下。

（1）新建装配文件。

（2）在“零件库”选项卡中，指定文件路径为“安装目录\Solid Edge ST4\Training\”，本节所涉及的零件均在此目录下。

### 5.4.1 装配阀芯子部件

**1. 调入阀芯作为基础零件**

在零件库的零件列表中，双击零件 seva03. par。

**2. 安装另一半阀芯**

（1）再次拖入零件 seva03. par。采用默认的“快速装配”。

（2）贴合：先选取后调入的阀芯的端面，再选取另一个阀芯的端面，如图 5-37(a)所示，装配结果如图 5-37(b)所示，相当于“平面对齐”，单击“装配关系”工具条上的“翻转”按钮，翻转后的装配如图 5-37(c)所示，装配结果为“贴合”。

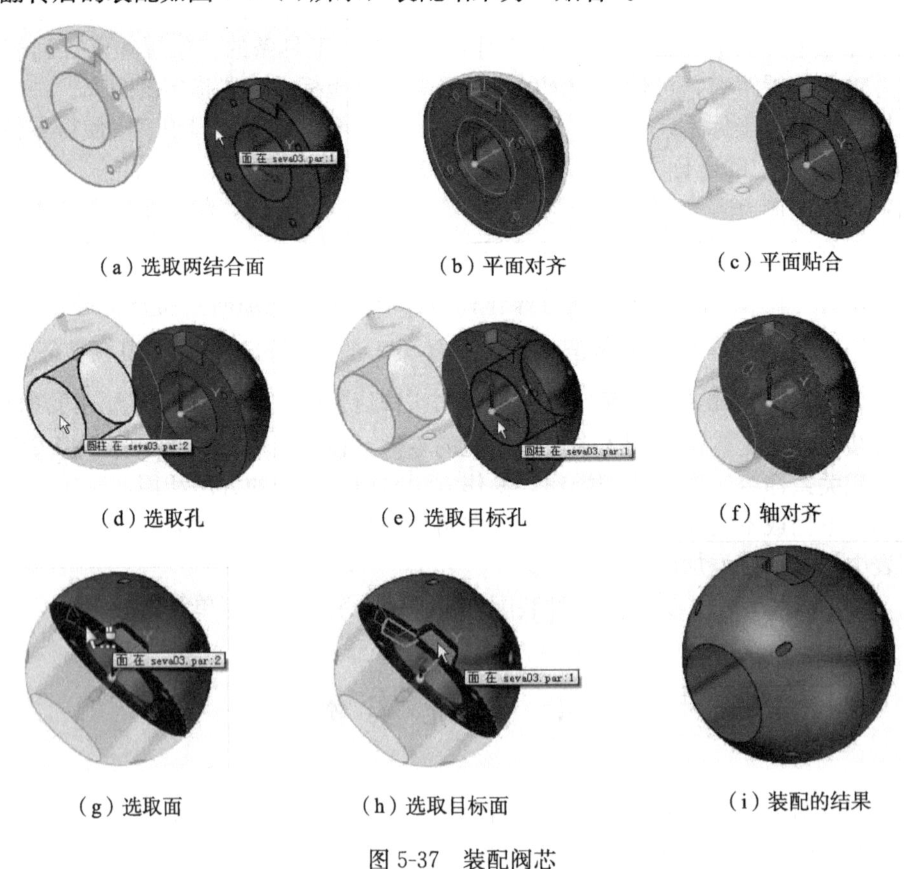


(a) 选取两结合面　(b) 平面对齐　(c) 平面贴合

(d) 选取孔　(e) 选取目标孔　(f) 轴对齐

(g) 选取面　(h) 选取目标面　(i) 装配的结果

图 5-37　装配阀芯

(3) 轴对齐：选取图 5-37(d)所示孔，再选取图 5-37(e)所示目标孔，“轴对齐”结果如图 5-37(f)所示。

(4) 平面对齐：选取图 5-37(g)所示平面，再选取图 5-37(h)所示目标平面，“平面对齐”结果如图 5-37(i)所示。

**3. 安装阀杆**

(1) 双击零件库中的零件 seva02. par，调入阀杆。采用默认的“快速装配”。

(2) 贴合：选取图 5-38(a)所示阀杆上的平面，再选取图 5-38(b)所示目标平面，“贴合”的结果如图 5-38(c)所示。

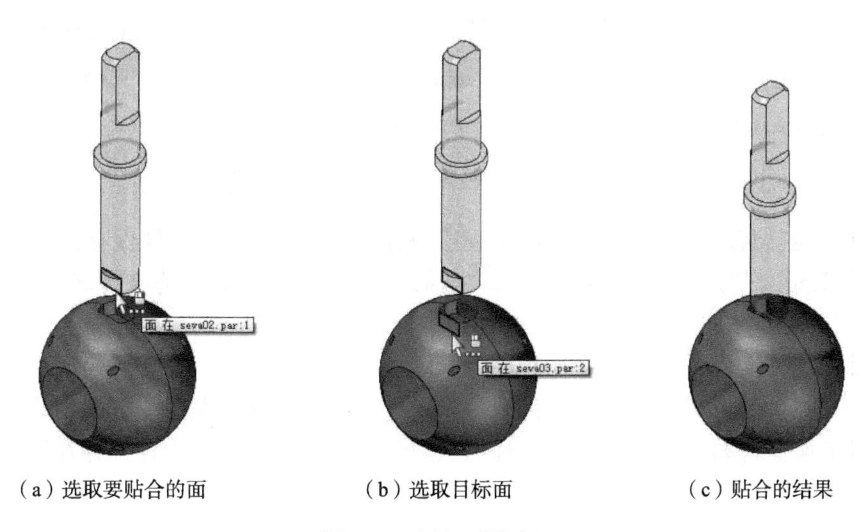


(a) 选取要贴合的面　　(b) 选取目标面　　(c) 贴合的结果

图 5-38　添加“贴合”

(3) 贴合：选取如图 5-39(a)所示阀杆底部平面，再选取如图 5-39(b)所示目标平面，“贴合”的结果如图 5-39(c)所示。

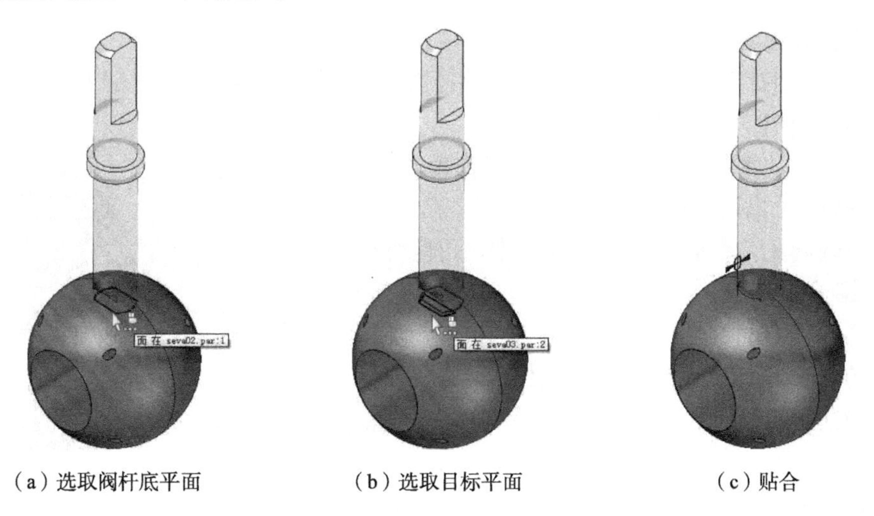


(a) 选取阀杆底平面　　(b) 选取目标平面　　(c) 贴合

图 5-39　使阀杆底面与阀芯槽底面贴合

(4) 轴对齐：选取图 5-40(a)所示阀杆柱面，再选取图 5-40(b)所示目标柱面，“轴对齐”结果如图 5-40(c)所示。

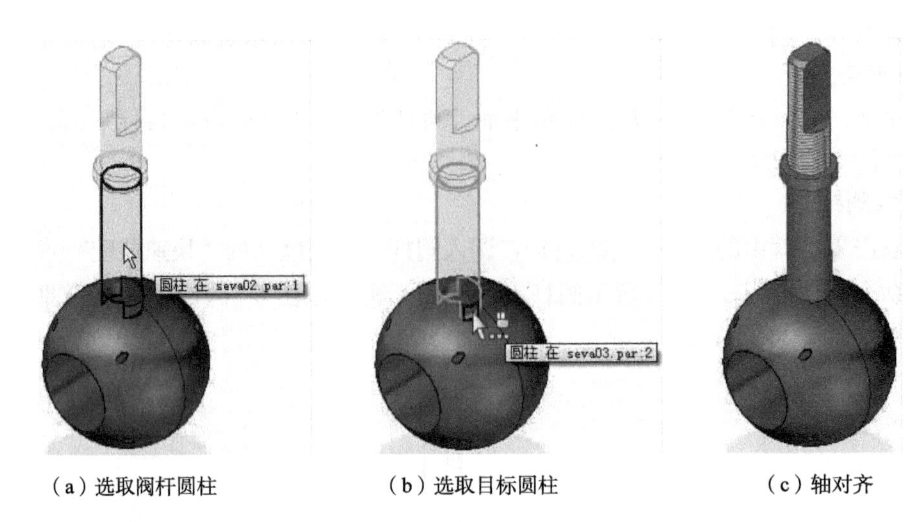


（a）选取阀杆圆柱　（b）选取目标圆柱　（c）轴对齐

图 5-40　使阀杆圆柱面与阀芯槽圆柱面轴对齐

（5）保存当前装配文件：执行“应用程序→保存”，注意指定文件保存的路径为“安装目录\Solid Edge ST4\Training\”，以“球阀装配子部件.asm”为文件名，单击“保存”按钮。

（6）关闭当前文件：执行“应用程序→关闭”。

注意：当打开 Solid Edge 装配文件时，系统在装配文件同一路径中查找组成它的零件文件。在保存装配文件时，必须使装配文件与组成装配件的所有零件文件保存在同一路径即同一文件夹中，才能保证打开装配文件时，零件能被顺利找到。

### 5.4.2　装配球阀

需进行的准备工作如下。

（1）新建装配文件。

（2）在“零件库”选项卡中，指定文件路径为“安装目录\Solid Edge ST4\Training\”。

**1. 调入阀体作为基础零件**

将零件库中的零件 seva01.par 拖入工作区，seva01.par作为基础件被固定，如图 5-41 所示。

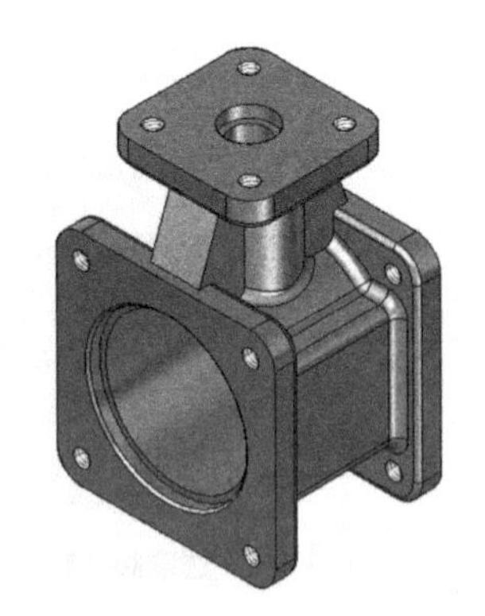

图 5-41　阀体

为了清晰起见，在装配路径查找器中，可隐藏坐标系。

**2. 安装子部件**

（1）调入子部件：将 5.4.1 节中生成的“球阀装配子部件.asm”文件拖入工作区（或双击该文件）。

（2）激活装配零件：单击“选取”按钮，在路径查找器中，右击“阀芯子部件.asm”，在弹出的快捷菜单中选择“激活”。

（3）添加轴对齐关系：在“相关”命令区中，单击“轴对齐”命令，选取图 5-42（a）所示阀芯上的孔，再选取图 5-42(b)所示阀体上的孔，“轴对齐”效果如图 5-42(c)所示。接着选取图 5-42(d)所示阀杆圆柱，再选择图 5-42(e)所示阀体上的孔，“轴对齐”效果如图5-42(f)所示。

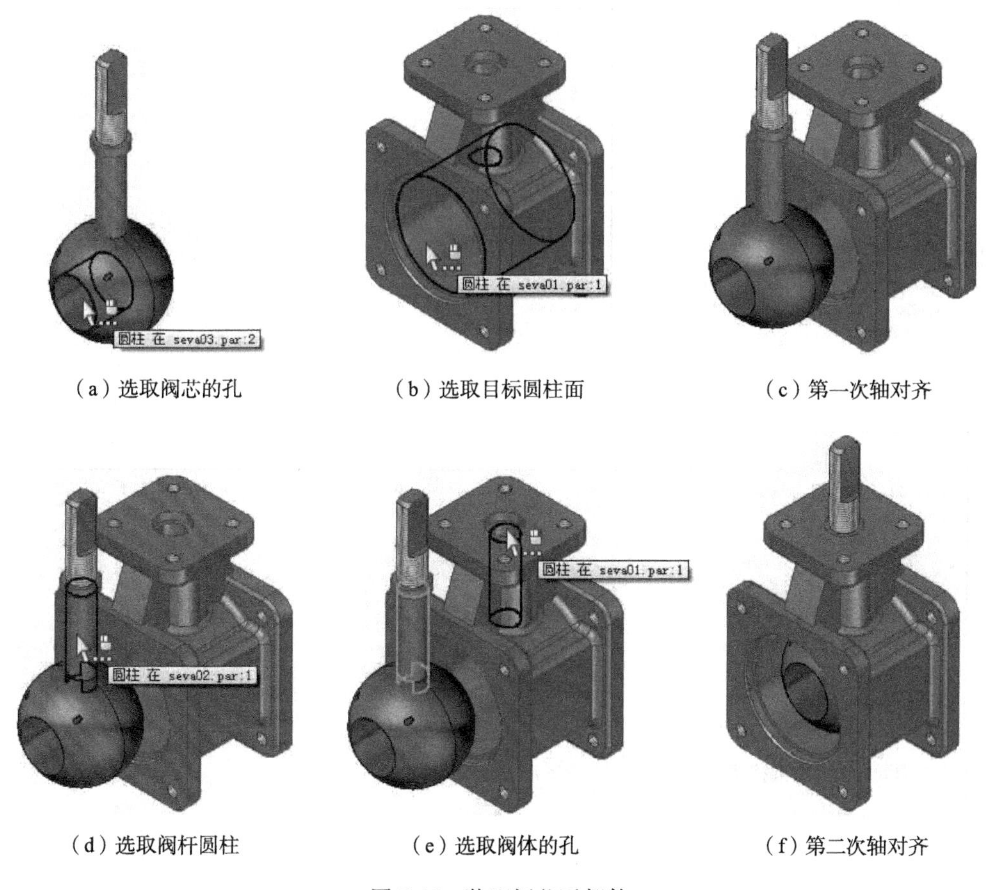


（a）选取阀芯的孔　（b）选取目标圆柱面　（c）第一次轴对齐

（d）选取阀杆圆柱　（e）选取阀体的孔　（f）第二次轴对齐

图 5-42　装配阀芯子部件

**3. 装配左端盖**

（1）将零件库中的零件 seva04. par 文件拖入工作区。采用默认的“快速装配”。

（2）贴合：选取图 5-43(a)所示端盖结合面，再选择图 5-43(b)所示阀体结合面，贴合的结果如图 5-43(c)。

（3）轴对齐：选择如图 5-43(d)所示端盖圆柱面，再选取图 5-43(e)所示阀体圆柱孔面，轴对齐的结果如图 5-43(f)所示。接着选取图 5-43(g)所示端盖安装孔，再选取图5-43(h)所示阀体安装孔，轴对齐的结果如图 5-43(i)所示。

**4. 装配压盖**

（1）装配压盖：将零件 seva05. par 拖入工作区，选取压盖下端面使其与阀体上端结合面“贴合”。

（2）再选取压盖中间孔使其与阀杆同轴，相当于“轴对齐”；选取压盖安装孔使其与阀体安装孔同轴，装配结果如图 5-44 所示。

说明：用其他装配方式，例如用“连接”命令和“平面对齐”命令也可实现同样的装配效果。

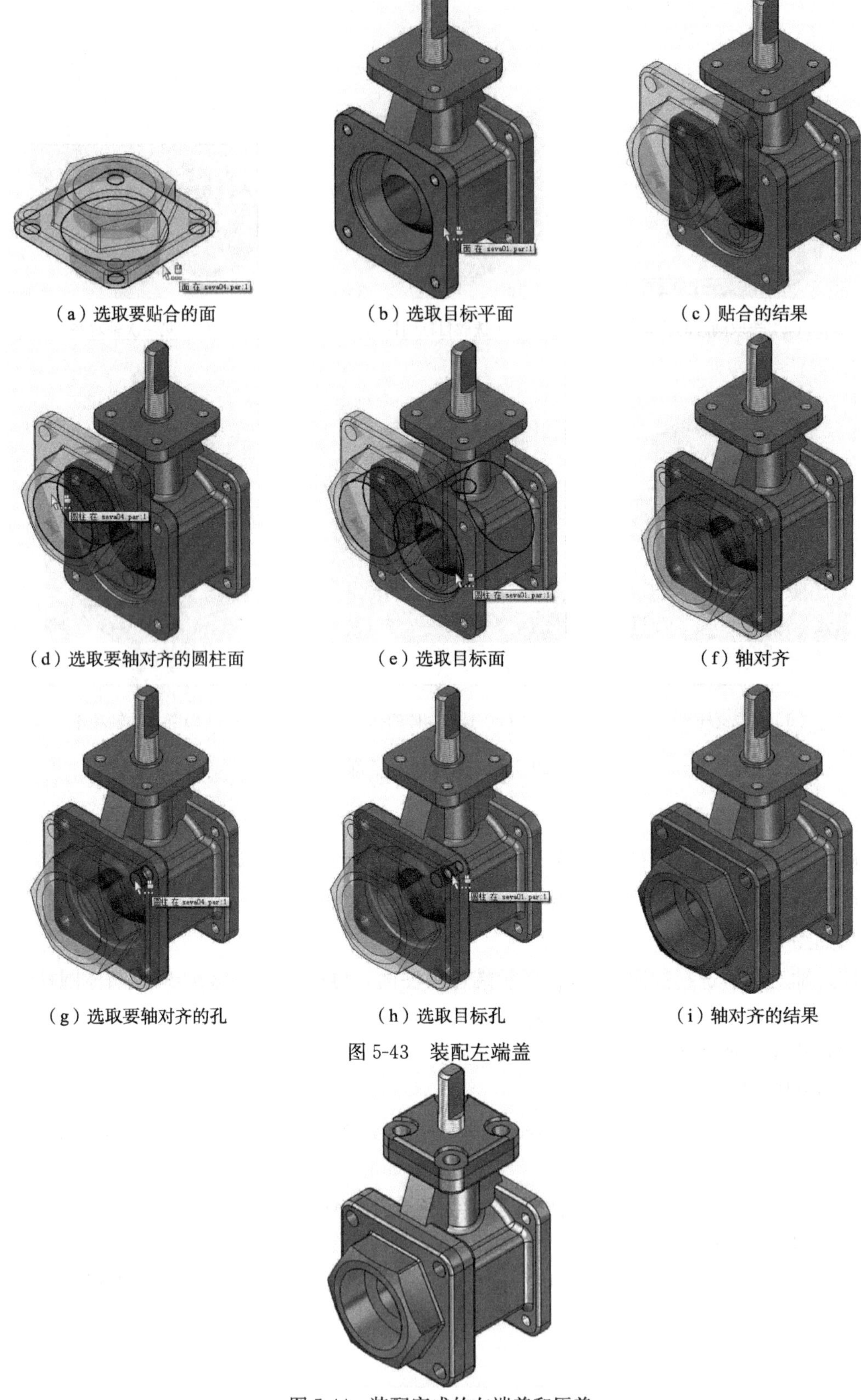

（a）选取要贴合的面　（b）选取目标平面　（c）贴合的结果

（d）选取要轴对齐的圆柱面　（e）选取目标面　（f）轴对齐

（g）选取要轴对齐的孔　（h）选取目标孔　（i）轴对齐的结果

图 5-43　装配左端盖

图 5-44　装配完成的左端盖和压盖

**5. 装配螺钉并镜像复制螺钉**

(1) 装配一个螺钉：将零件 seva06. par 拖入工作区，在“装配关系”工具条的“关系类型”下拉列表中选取“插入”，选取图 5-45(a)所示螺钉圆柱，再选取图 5-45(b)所示孔；然后依次选取图 5-45(c)所示平面及图 5-45(d)所示目标平面。

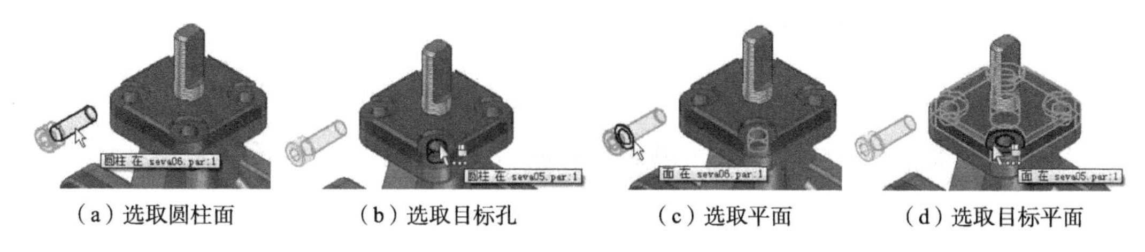


(a) 选取圆柱面　(b) 选取目标孔　(c) 选取平面　(d) 选取目标平面

图 5-45　插入螺钉

(2) 阵列复制螺钉：单击“阵列”命令区的“阵列”命令。选取图 5-46(a)所示螺钉，单击“确定”按钮；单击图 5-46(b)所示的阵列所在零件，再依次单击图 5-46(c)所示孔及图 5-46(d)所示孔；单击“完成”按钮。阵列复制的结果如图 5-46(e)所示。

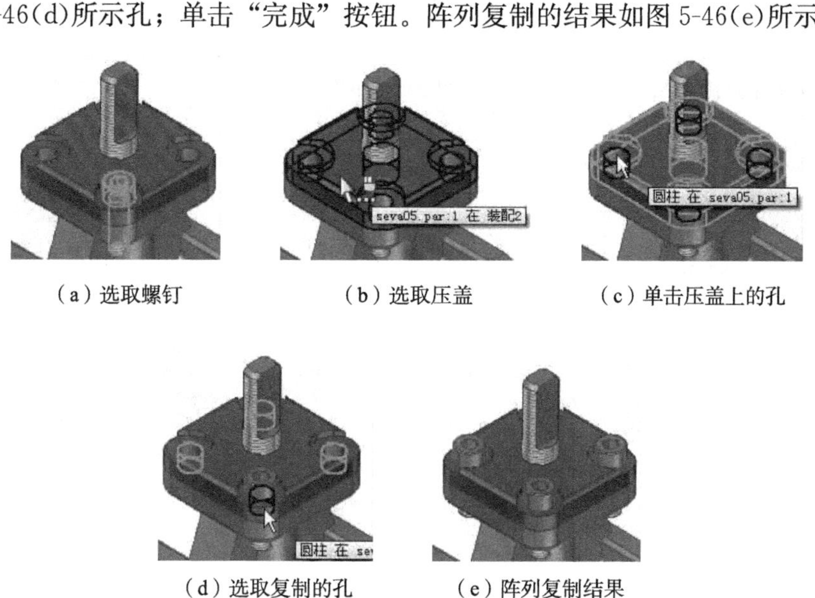


(a) 选取螺钉　(b) 选取压盖　(c) 单击压盖上的孔

(d) 选取复制的孔　(e) 阵列复制结果

图 5-46　阵列螺钉

按同样的方式，在左端盖上“插入”装配一个螺钉，并阵列复制，结果如图 5-47(a)所示。

**6. 镜像复制出右端盖**

(1) 显示对称参考面：在路径查找器中，单击勾选“参考平面”，显示参考平面如图 5-47(b)所示。

(2) 镜像复制左端盖及其螺钉：单击“阵列”命令区“镜像”命令；选取图 5-47(c)所示参考面为镜像对称面；在路径查找器中选取要镜像的零件和阵列，选取结果如图5-47(d)所示，单击按钮；弹出图 5-47(e)所示“镜像设置”对话框，单击“确定”按钮，再单击“完成”按钮。取消参考面的显示，镜像复制的结果如图 5-47(f)所示。

**7. 装配扳手**

（1）调入扳手：将零件 seva07. par 拖入工作区。采用默认的“快速装配”。

（2）贴合：选择图 5-48(a)所示扳手下结合面，再选择图 5-48(b)所示阀杆目标平面，贴合的结果如图 5-48(c)所示。接着选择扳手上图 5-48(d)所示平面，再选择阀杆上图 5-48(e)所示平面，贴合的结果如图 5-48(f)所示。

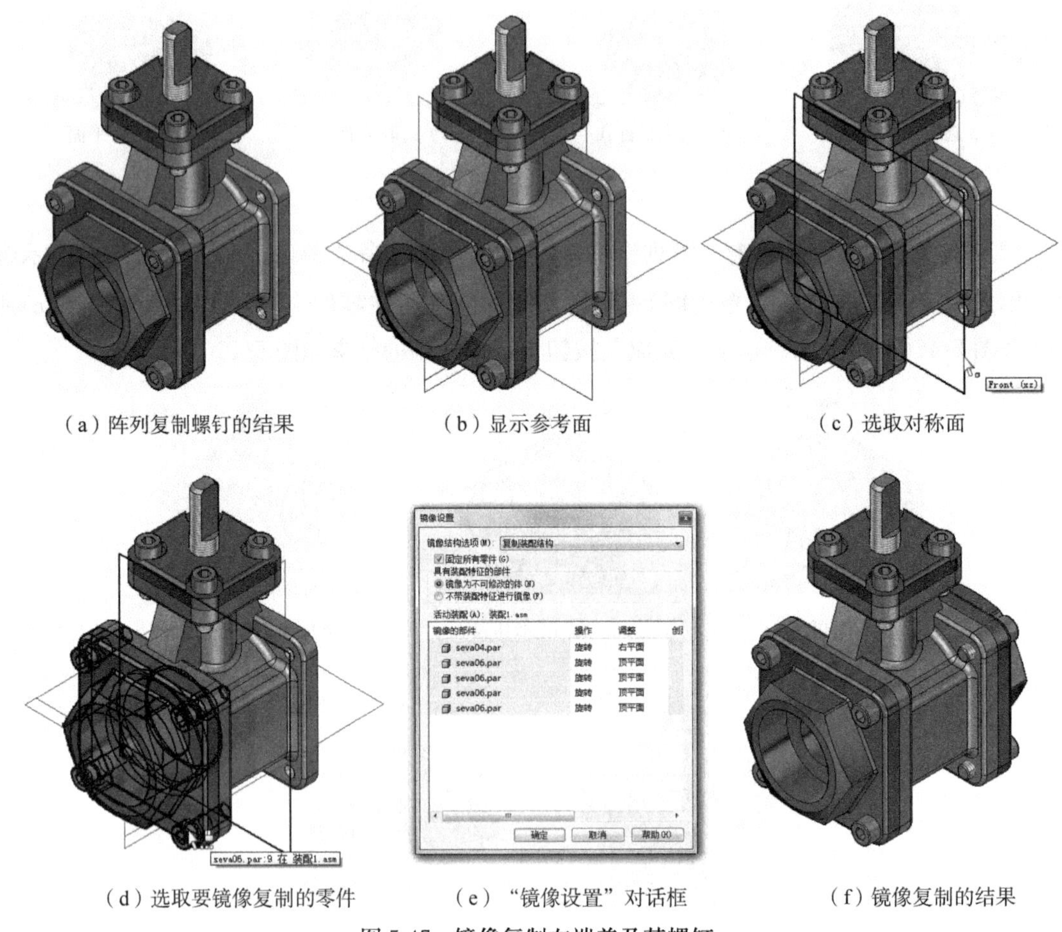


（a）阵列复制螺钉的结果　（b）显示参考面　（c）选取对称面

（d）选取要镜像复制的零件　（e）“镜像设置”对话框　（f）镜像复制的结果

图 5-47　镜像复制左端盖及其螺钉

（3）轴对齐：选择扳手上图 5-48(g)所示圆柱面，再选择阀杆上图 5-48(h)所示圆柱面，轴对齐的结果如图 5-48(i)所示。

**8. 装配锁紧螺母**

（1）调入螺母：将零件 seva09. par 拖入工作区。采用默认的“快速装配”。

（2）贴合：选取图 5-49(a)所示平面，再选取图 5-48(b)所示目标平面。

（3）轴对齐：选取图 5-49(c)所示圆柱面，再选取图 5-49(d)所示目标圆柱面。

（4）平面对齐：选择图 5-49(e)所示平面，再选取图 5-49(f)所示目标平面。

完成的装配如图 5-49(g)所示。

以上操作中，在用“贴合”和“轴对齐”限定了旋转中心后，添加平面对齐关系，调整螺母的方位，使螺母上指定的平面与指定的目标面平行，如图 5-49(g)所示，以方便后面生

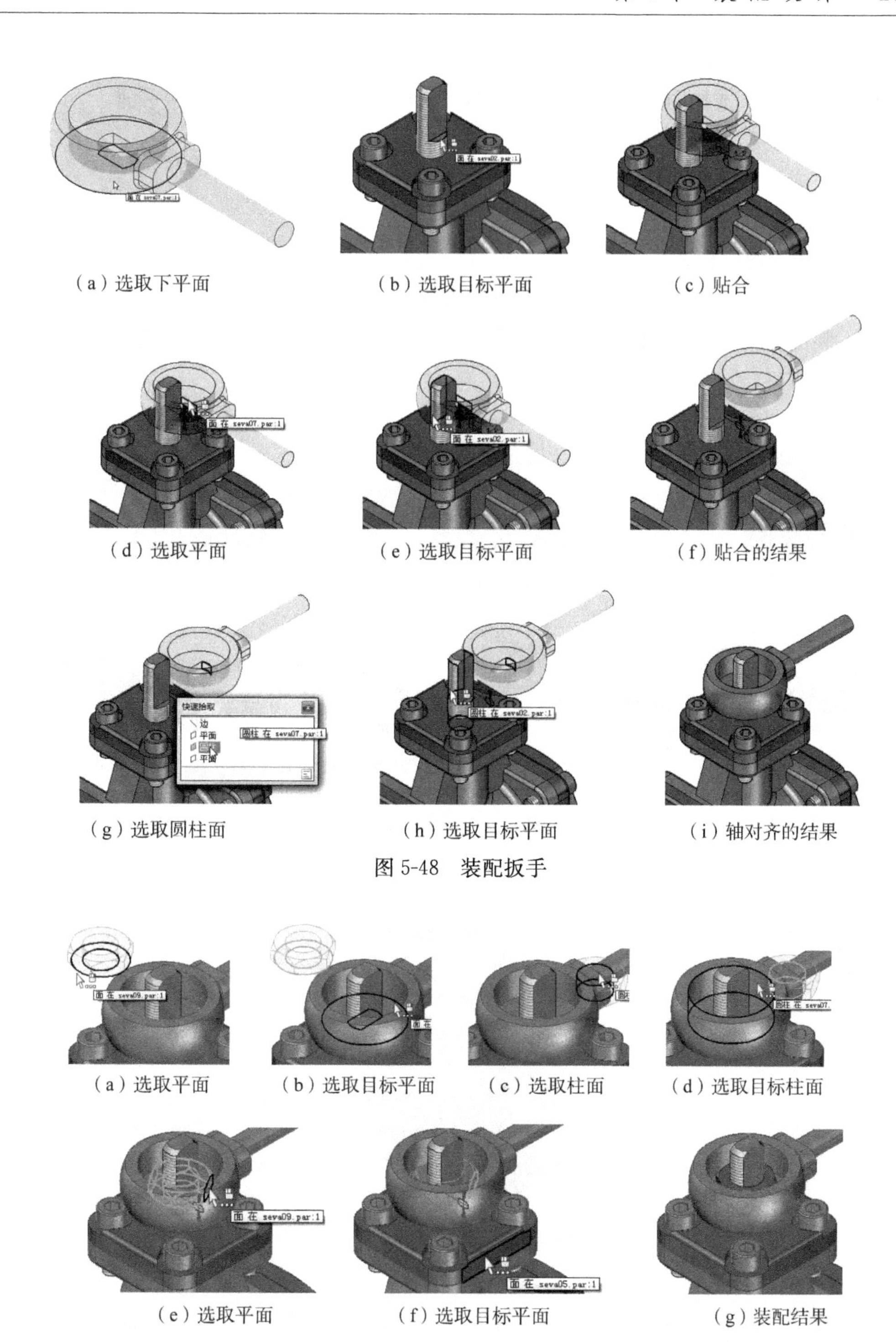

（a）选取下平面　（b）选取目标平面　（c）贴合

（d）选取平面　（e）选取目标平面　（f）贴合的结果

（g）选取圆柱面　（h）选取目标平面　（i）轴对齐的结果

图 5-48　装配扳手

（a）选取平面　（b）选取目标平面　（c）选取柱面　（d）选取目标柱面

（e）选取平面　（f）选取目标平面　（g）装配结果

图 5-49　装配螺母

成工程图。

**9. 装配手柄**

（1）调入手柄：将零件 seva08. par 拖入工作区。采用默认的“快速装配”。

（2）贴合：选取图 5-50(a)所示平面，再选取图 5-50(b)所示目标平面。

(3) 轴对齐：选取图 5-50(c)所示圆柱面，再选取图 5-50(d)所示目标圆柱面。

(4) 平面对齐：选择图 5-50(e)所示平面，再选取图 5-50(f)所示目标平面。

完成的手柄装配如图 5-50(g)所示。

至此，完成了球阀的全部装配，如图 5-51 所示。

**10. 保存文件**

执行“应用程序→保存”，指定文件路径为“安装目录 \ Solid Edge ST4 \ Training \ ”，以“球阀装配件 . asm”为文件名，单击“保存”按钮。

注意：装配文件需与组成该装配件的零件文件保存于同一文件夹内，且不能随意移动或删除这些零件文件。

(a) 选取平面　(b) 选取目标平面　(c) 选取柱面

(d) 选取目标柱面　(e) 选取平面　(f) 选取目标平面　(g) 完成的装配

图 5-50　装配手柄

图 5-51　完成的球阀装配件

## 5.5　在装配环境中设计新零件和编辑已有零件

在装配环境中可以设计新的零件，并可对已装配的零件进行修改和编辑，此即为自上而下的设计方法。

## 5.5.1　在装配环境中设计新零件

以为上节生成的“球阀装配件 . asm”设计一个防尘盖为例，说明操作方法和过程。

如果已经关闭了“球阀装配件 . asm”文件，单击“打开”按钮，在“打开文件”对话框中选取该文件，并选取“将激活替代应用于零件”和“全部激活”选项，单击“打开”按钮，使得打开文件后所有零件自动处于激活状态。如果“球阀装配件 . asm”文件为当前文件，可直接进行操作。

注意：只有保存了装配环境中的当前文件，才能设计新的零件。

**1. 进入零件设计环境**

单击“装配”命令区中的“原位创建零件”按钮，或者“零件库”选项卡上的“原位创建”按钮，出现图 5-52 所示“原位新建零件”对话框。在对话框中指定新零件的路径和文件名，在此设置文件名为“防尘盖”，单击“创建和编辑”按钮，进入零件设计环境。

注意：新建零件的存放路径应与装配文件一致。

**2. 创建一个旋转特征**

(1) 复制轮廓：单击“投影到草图”命令，选取 Y-Z 平面为参考面，如图 5-53 所示，按 Ctrl＋H 键，进入二维草图环境；选取如图 5-54(a)所示直线。

图 5-52　“原位新建零件”对话框

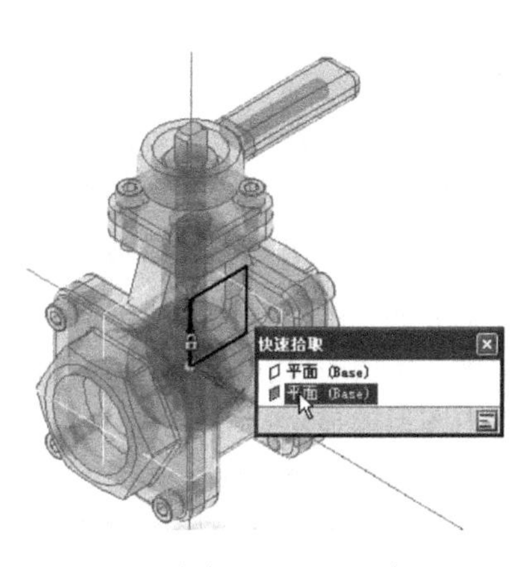


图 5-53　选取 Y-Z 平面为草图平面

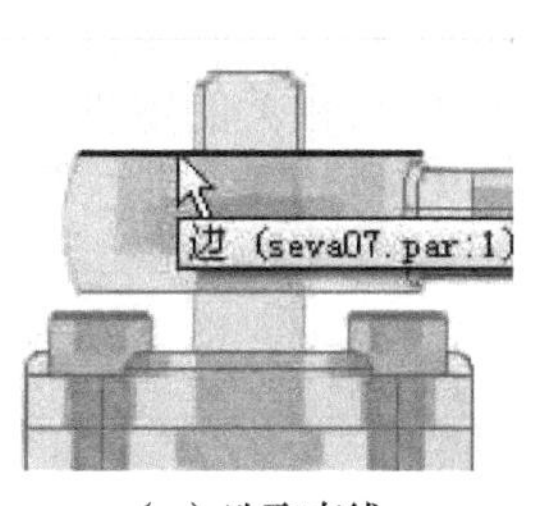


(a) 选取直线

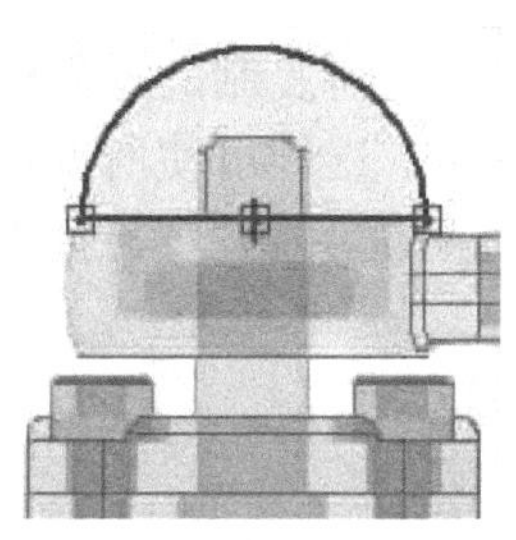

(b) 绘制圆弧及选择旋转轴

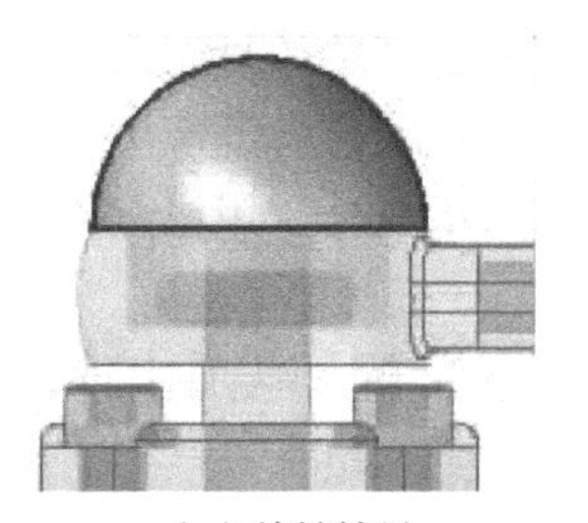

(c) 旋转结果

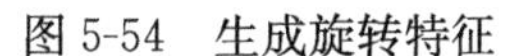

图 5-54　生成旋转特征

(2) 绘制圆弧：单击“中心点画圆弧”命令，如图 5-54(b)所示，捕捉直线的中点为圆心，捕捉右端点为起点，捕捉左端点为终点，绘制图 5-54(b)所示圆弧。

(3) 生成旋转特征：单击“旋转”命令，再单击半圆区域，单击右键；选取直线为旋转轴；单击工具条上的“对称”按钮，在尺寸框中输入 180，按 Enter 键。生成的旋转特征如图 5-54(c)所示。按 Ctrl+I 键返回轴测视图。

**3. 生成一个拉伸特征**

(1) 复制轮廓：单击“投影到草图”命令，选取图 5-55(a)所示平面为草图平面，按 F3 键锁定，选取图 5-55(b)所示扳手内孔，单击“解锁”按钮。

(2) 生成一个拉伸特征：单击“拉伸”命令，选取复制的圆，在工具条中单击“对称”按钮，取消对称拉伸，向下移动鼠标，可预览拉伸结果如图 5-55(c)所示，在尺寸框中输入 5，按 Enter 键。生成的拉伸特征如图 5-55(d)所示。

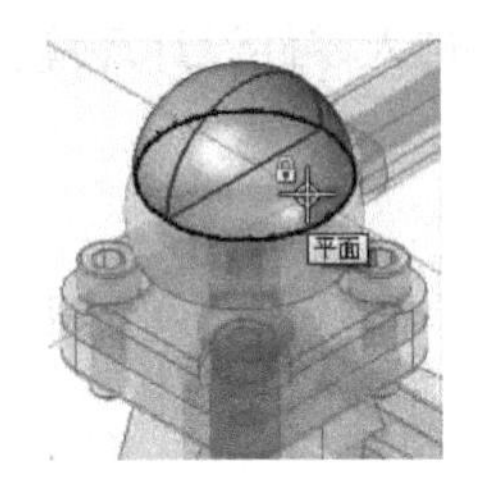

(a) 选择参考面

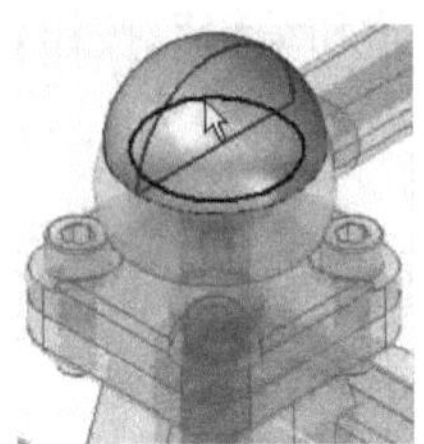
(b) 选取圆

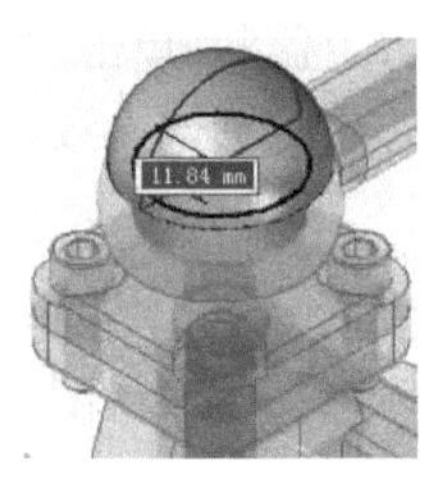

(c) 拉伸草图

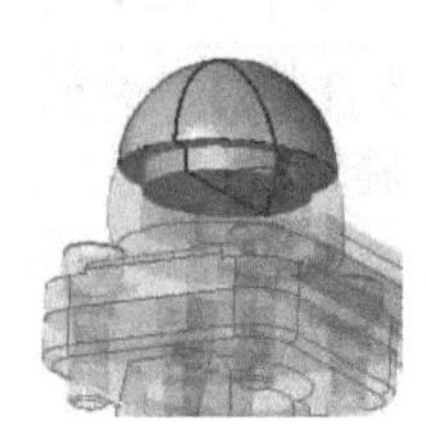
(d) 生成拉伸特征

(e) 防尘盖

图 5-55 生成拉伸特征

在路径查找器中，右击“球阀装配件.asm”，在快捷菜单中选取“隐藏上一级”。关闭 PMI 尺寸显示，关闭“实时剖面”的显示。可查看生成的防尘盖如图 5-55(e)所示。

说明：再次右击“球阀装配件.asm”，在快捷菜单中选取“隐藏上一级”，可恢复显示全部的装配。快捷菜单中的“隐藏上一级”命令，仅当零件或子装配件在装配件环境中进行编辑时才出现，用于关闭所有在装配路径查找器中更高一层部件的显示，以减少装配件中图形的显示。

**4. 返回装配设计环境**

单击“关闭并返回”按钮，返回装配设计环境。

在装配环境中设计新零件，常用“投影到草图”命令从已有零件上复制有关轮廓，此命令不只是简单的复制命令，同时还与所复制的零件轮廓保持关联，当源零件的轮廓变化时，复制的轮廓会自动产生相应的变化，这样可使所设计的新零件与相关的零件在尺寸上保持协调和同步变化。用以上方法生成的防尘盖，将与扳手的尺寸保持同步变化。

## 5.5.2 在装配环境中编辑已有零件

可以在装配环境中编辑已装配或新创建的零件，选取以下方法之一，可切换到零件设计环境，并打开指定的零件，对零件进行修改和编辑后，再返回装配环境。

方法一：双击装配工作区中指定的零件。

方法二：在装配工作区中，右击指定的零件，在图5-56所示快捷菜单中选取“在 Solid Edge

零件环境中打开”。

方法三：在装配工作区中，右击指定的零件，在图 5-56 所示快捷菜单中选取“编辑”。

方法四：在路径查找器中，右击零件列表中指定的零件，在快捷菜单中选取“在 Solid Edge 零件环境中打开”。

方法五：在路径查找器中，右击零件列表中指定的零件，在快捷菜单中选取“编辑”。

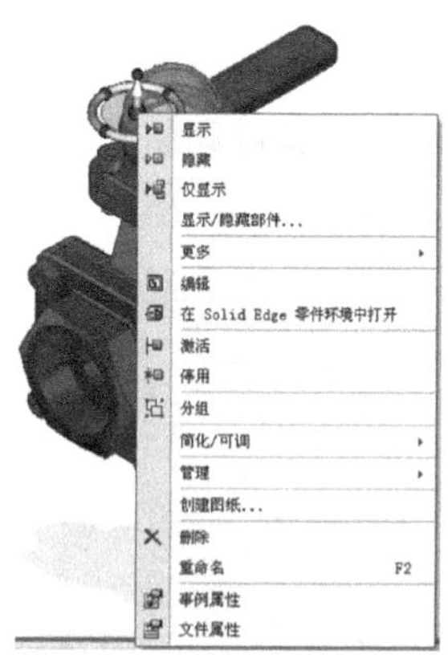


图 5-56　快捷菜单

双击指定零件并在快捷菜单中选取“编辑”，从装配环境切换到零件设计环境，仍可以看到全部装配件，但只允许对指定的零件进行修改和编辑。装配件可见，可以复制装配件中其他零件的轮廓作为草图，或者以装配件中的其他零件作为编辑指定零件的参考。这是在装配环境中最为常用的编辑指定零件的方法。

在快捷菜单中选取“在 Solid Edge 零件环境中打开”，从装配环境切换到零件设计环境，但没有全部装配件，只显示指定的零件，编辑零件时，没有全部装配件作为参考。如果编辑指定零件时，不需要参考其他装配件上的零件，可采用此方法。

无论采用何种方法对零件进行所需的编辑和修改后，单击“关闭并返回”按钮，可返回装配设计环境。

在装配环境中创建的如图 5-55(e)所示防尘盖为实心零件，不满足功能要求。下面以对该零件的编辑为例，说明在装配环境中编辑已有零件的方法和步骤。

(1) 在装配工作区中，双击上节生成的防尘盖，进入零件设计环境。

(2) 隐藏其他零件：在路径查找器中，右击“球阀装配件 .asm”，在快捷菜单中选取“隐藏上一级”，使其他零件隐藏，以方便操作。

(3) 绘制草图：单击“直线”命令，选取 Y-Z 平面为参考面，按 Ctrl+H 键，进入二维草图绘制环境，绘制图 5-57(a)所示的直线，并标注尺寸。按 Ctrl+I 键返回轴测环境。

(4) 生成拉伸除料：单击“拉伸”命令，再单击绘制的直线，然后单击右键；在工具条上选取“全部穿透”、“除料”，指定除料方向向上，如图 5-57(b)所示，指定除料为图 5-57(c)所示的双向除料。除料的结果如图 5-57(d)所示。

(5) 增加薄壁特征：单击“薄壁”命令，选取开口面为下表面，在尺寸框中输入 2，按 Enter 键。生成的薄壁特征如图 5-57(e)所示。

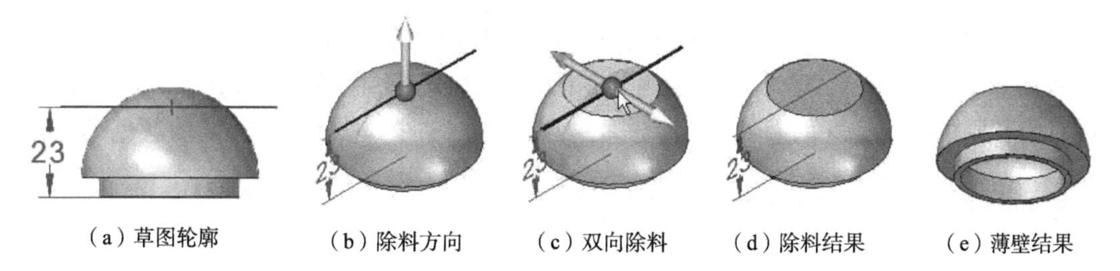


(a) 草图轮廓　(b) 除料方向　(c) 双向除料　(d) 除料结果　(e) 薄壁结果

图 5-57　增加除料特征和薄壁特征

在路径查找器中，右击“球阀装配件 . asm”，在快捷菜单中选取“隐藏上一级”，使隐藏的零件恢复显示，如图 5-58(a)所示。

(6) 返回装配设计环境：单击“关闭并返回”按钮，返回装配设计环境。修改后的防尘盖及其球阀装配件如图 5-58(b)所示。

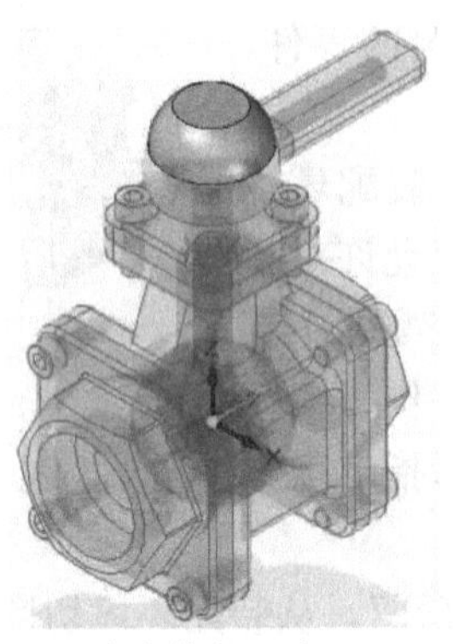

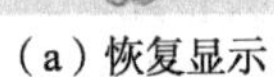
(a) 恢复显示

(b) 修改后的结果

图 5-58　修改防尘盖后的球阀

(7) 保存文件：执行“应用程序→保存”。

说明：用同样的方法可对装配件中的其他零件进行编辑和修改。另外，在单独的零件设计环境中，如果打开指定的零件文件，对零件进行修改并保存修改结果，装配件中的对应零件也会自动更新。

## 5.6　给零件分配颜色

在默认情况下，装配件中的所有零件具有系统统一分配的相同的颜色和材质。为了区别不同的零件，得到较好的产品表现效果，可以给零件分配颜色。操作方法为：

(1) 在装配工作区或路径查找器中，选取指定零件。例如，选取图 5-58(b)所示装配件中的阀体 seva01. par。

(2) 在图 5-59 所示“视图”选项卡的“面覆盖”下拉列表中，选取所需的颜色。例如选择“Blue (Clear)”。选取的零件被分配了指定的颜色“Blue (Clear)”，成为蓝色透明。

如果选取的零件为安装或复制了多个的零件，例如选取螺钉“seva06. par”，指定颜色后，将出现图 5-60 所示“多个零件事例”对话框，单击“所有事例”按钮，可使所有同类零件具有相同的指定分配的颜色；如果选取“仅选定的零件”按钮，则选定的颜色只分配给单个零件。

执行同样的操作，可为其他零件分配颜色，如图 5-61 所示，分配颜色后，装配件内部的零件成为透明可见。

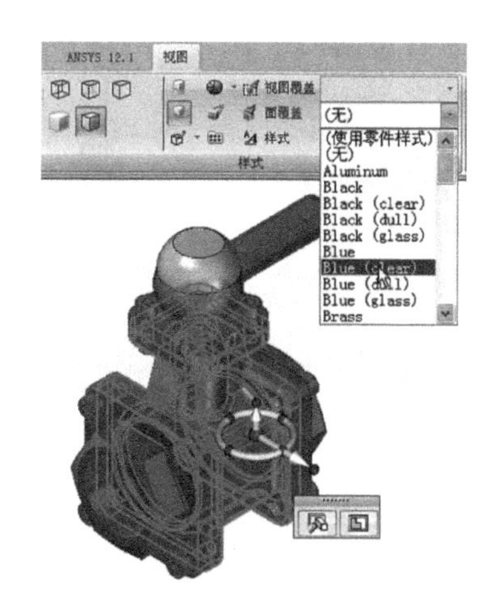

图 5-59　分配颜色

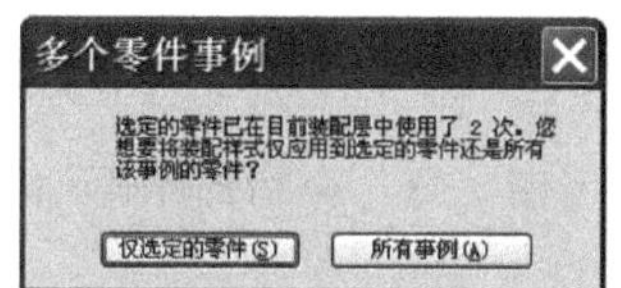


图 5-60　“多个零件事例”对话框

图 5-61　分配颜色后的球阀

# 5.7　装配件显示状态控制

在路径查找器中，右击任意一个已装配的零件，出现图 5-62 所示的快捷菜单，下面简要介绍应用该菜单对零件和子部件进行显示控制的操作方法。

**1. 显示 (Show)**

该选项可使被隐藏的零件、子部件、参考面或坐标系恢复显示。

操作方法为：右击被隐藏的零件或部件，在快捷菜单中选取“显示”。

**2. 隐藏 (Hide)**

该选项可使指定的对象，如零件、子部件、参考面或坐标系隐藏。

操作方法为：右击要隐藏的零件或部件，在快捷菜单中选取“隐藏”。

当装配或修改大型部件时，如果当前的操作只涉及其中几个零件或子部件，可以隐藏其他零件或子部件，以简化显示区域，便于更快速地查找和选择正确的零件。

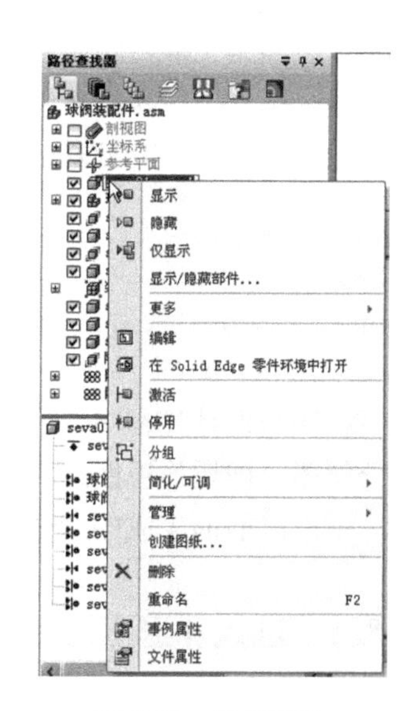


图 5-62　快捷菜单

图 5-63(a)为上节生成的“球阀装配件.asm”，所有零件均为“显示”状态。按 Ctrl 键，选取“seva01.par:1”、“seva04.par:1”、“seva06.par:2”、“阵列_2”，单击右键，选取“隐藏”。隐藏后的装配件如图 5-63(b)所示。

**3. 仅显示 (Show only)**

该选项仅显示选中的零件或子部件，而将其他零件隐藏。

操作方法为：右击要隐藏的零件或部件，在快捷菜单中选取“仅显示”。

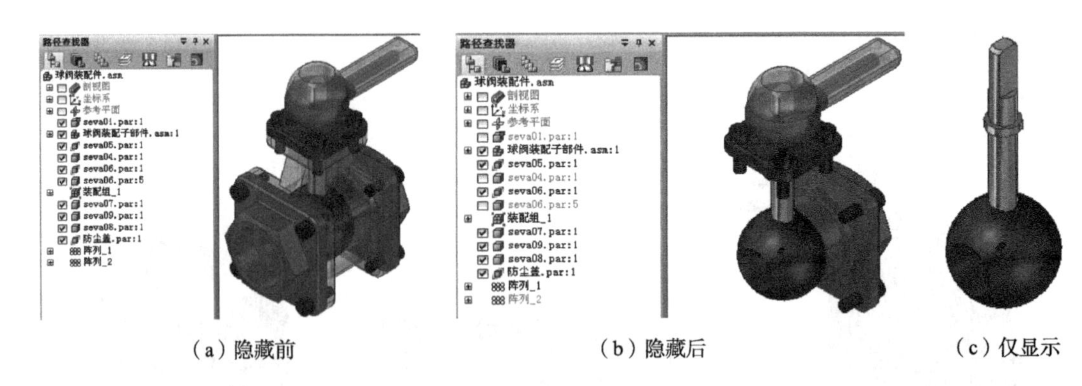

（a）隐藏前　　（b）隐藏后　　（c）仅显示

图 5-63　零件/部件显示状态

在路径查找器中，右击“球阀装配子部件.asm:1”，在快捷菜单中选取“仅显示”。装配环境中只显示选取的子部件，其他零件被隐藏，如图 5-63(c)所示。

**4. 激活（Activate）**

该选项激活指定的零件，将所有零件信息装入系统内存中。当零件处于“去激活”状态时，有些命令是无法使用的。

操作方法为：右击要激活的零件或部件，在快捷菜单中选取“激活”。

**5. 停用（Inactivate）**

该选项使指定零件或子部件“去激活”，使零件或部件的信息和设计参数从系统内存中去除，以优化系统资源。被停用的零件或部件在装配工作区只留下外形表示，可显著地降低内存使用量，从而提高显示速度、改善系统运行性能。

操作方法为：右击要停用的零件或部件，在快捷菜单中选取“停用”。

## 5.8　生成爆炸图

在产品设计过程中，为了清晰地表达产品的结构及装配关系，有时需要提供装配件的零件分解图，即爆炸视图。在 Solid Edge 装配环境中可以方便地生成装配件的爆炸视图。

下面以前面生成的“球阀装配件.asm”为例，说明操作方法和过程。

### 5.8.1　进入和退出爆炸视图环境

进入爆炸视图环境：选取“工具→环境→ERA”，进入 ERA（爆炸-渲染-动画）环境。

有两种方法生成爆炸视图，一种是自动爆炸，一种是手动爆炸。

退出爆炸环境：单击“关闭 ERA”按钮，即可退出爆炸环境，返回装配环境。

### 5.8.2　生成自动爆炸图

自动爆炸默认的过程为：先总体爆炸，将子部件作为一个整体处理，然后根据需要再逐个爆炸子部件。

(1) 单击“自动爆炸”命令，工具条如图 5-64 所示，默认为“顶层装配”。

图 5-64 “自动爆炸”命令工具条

(2) 生成总体爆炸：单击“接受”按钮，然后依次单击“爆炸”及“完成”按钮，生成的爆炸图如图 5-65(a)所示。从图中可看出，“球阀装配子部件.asm”和镜像复制的右端盖没有爆炸，作为整体出现。

(3) 爆炸子部件：选取图 5-65(b)所示子部件，单击“接受”按钮，然后依次单击“爆炸”及“完成”按钮。该步骤对子部件进行爆炸，爆炸后的结果如图 5-65(c)所示。

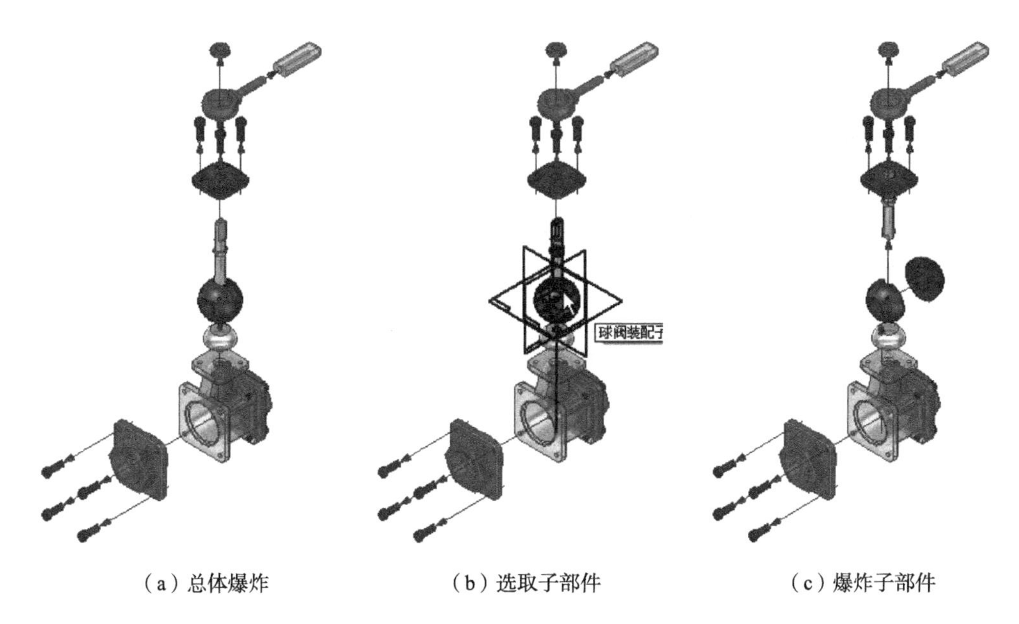


(a) 总体爆炸　(b) 选取子部件　(c) 爆炸子部件

图 5-65 自动爆炸图

如果还有其他子部件，还可以继续进行子部件的爆炸。

以上操作为默认的操作过程。在以上操作中，如果在生成图 5-65(b)所示总体爆炸图后，单击工具条上的“自动爆炸选项”按钮，将弹出图 5-66 所示“自动爆炸选项”对话框，从中选取“按单个零件”，单击“确定”按钮，再单击“爆炸”按钮；生成的爆炸图如图 5-67 所示，总体爆炸中将子部件也分解、炸开，如图 5-67 所示。

说明：“自动爆炸”命令不能爆炸固定零件，如阀体；不能爆炸使用“原位创建”方式创建的新零件，如防尘盖，其位置保持不变；不能爆炸使用“镜像部件”命令镜像复制的零件，如右端盖。这些未爆炸的零件，可以通过调整和修改的方式，更改其位置。

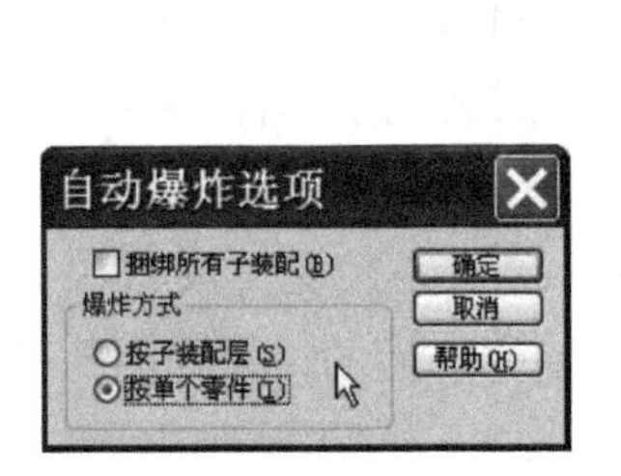


图 5-66　“自动爆炸选项”对话框

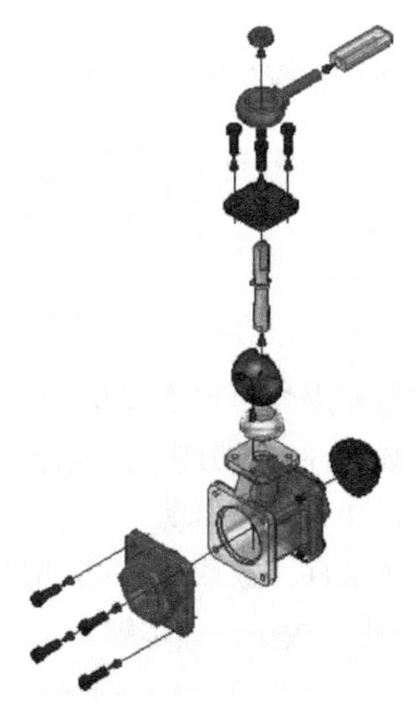

图 5-67　总体爆炸全部零件

## 5.8.3　调整和修改爆炸图

ERA 环境中“修改”命令区和“飞行线”命令区中的命令如图 5-68 所示，用于对爆炸图进行必要的调整和修改。

图 5-68　“修改”和“飞行线”命令区

在用默认方式生成图 5-65(c)所示爆炸图的基础上，继续下面的操作。

**1. 调整爆炸零件的距离**

选取图 5-69(a)所示左端盖，将出现“距离”尺寸框，显示该零件炸开后，离开原结合面的距离，输入新的距离，可调整该距离的大小，如图 5-69(b)所示。当调整左端盖的距离时，其左侧的螺钉一起随之调整。对其可执行同样的操作，调整的距离仅沿装配干线或分解干线。

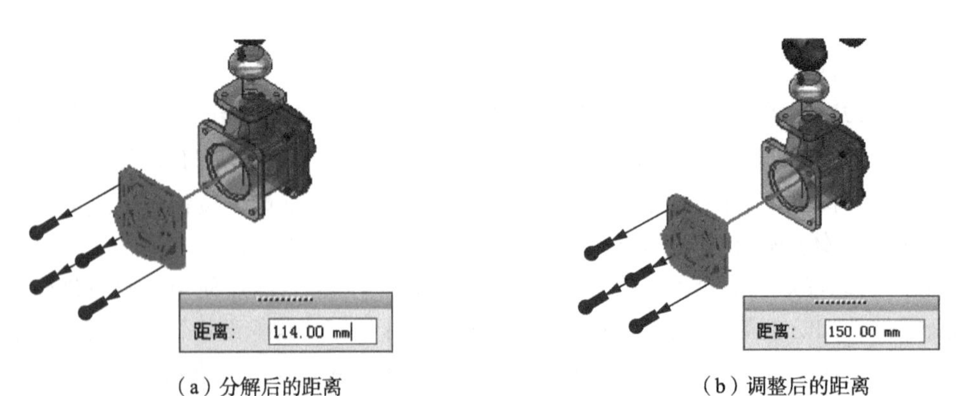


(a) 分解后的距离　　(b) 调整后的距离

图 5-69　调整爆炸距离

**2. 拖动零件**

对于一些使用“原位创建”方式在装配环境中创建的新零件，如防尘盖和右端盖等，爆炸过程中位置保持不变，且选取后不会出现图 5-69 所示“距离”尺寸框，可以使用“拖动”的方式改变其位置。

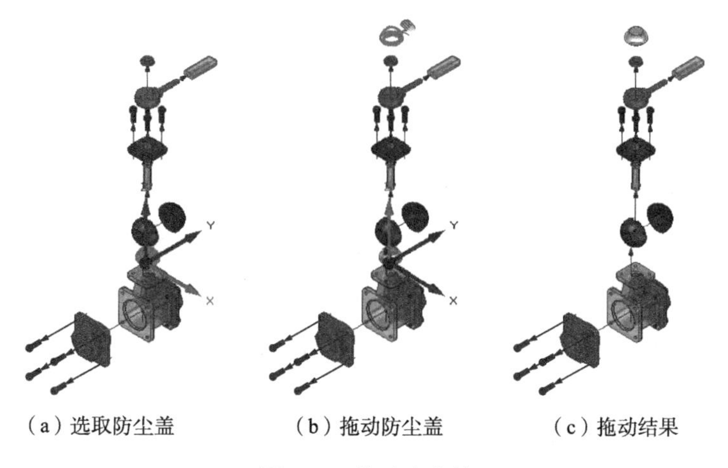


（a）选取防尘盖　　（b）拖动防尘盖　　（c）拖动结果

图 5-70　拖动防尘盖

(1) 在装配工作区中，选取防尘盖，在“修改”命令区中单击“拖动部件”按钮，出现图 5-70(a)所示三个坐标轴和图 5-71 所示“拖动部件”工具条。

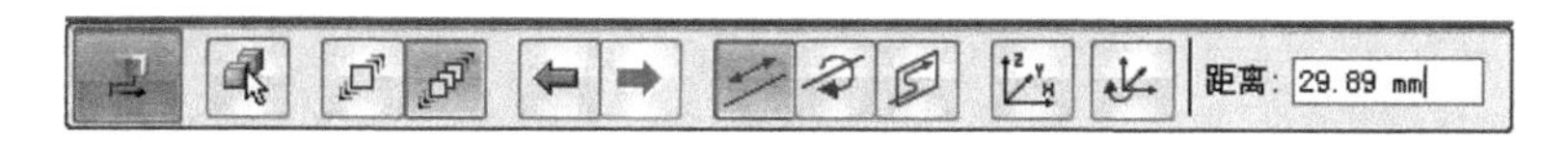


图 5-71　“拖动部件”工具条

(2) 单击 Z 轴，拖动鼠标，光标成为手形光标，可预览防尘盖被移动的过程，如图 5-70(b)所示；移动至合适的位置后，按 Enter 键。防尘盖被移动后，结果如图 5-70(c)所示。

用同样的方法可拖动右端盖（图 5-72(a)），在“拖动部件”工具条上选取“移动相关零件”按钮，拖动后的右端盖如图 5-72(b)所示。

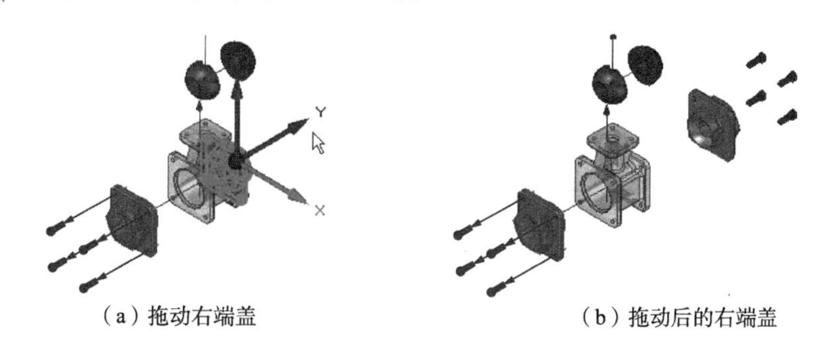


（a）拖动右端盖　　（b）拖动后的右端盖

图 5-72　拖动右端盖

在图 5-71 所示“拖动部件”工具条中，默认的操作方式为“移动”，可沿三个轴向移动指定零件，如图 5-70 和图 5-72 所示；选取“旋转”按钮，可沿着指定的轴线旋转选择的零件，如图 5-73 所示，旋转手柄；选取“平面内移动零件”按钮，可在平面内移动一个或多个零件，如图 5-74 所示，在平面内平移手柄。

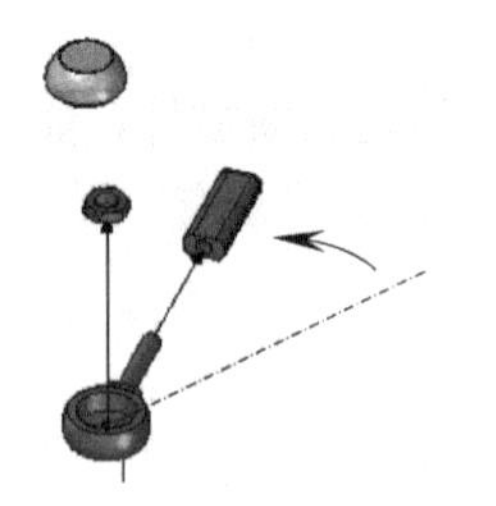

图 5-73 旋转零件

图 5-74 平面内移动零件

**3. 重新定位零件**

该命令可重新定位在自动爆炸视图中的零件的位置，可重新指定爆炸分解路径。例如，在图 5-75(a)中，要调整阀芯 seva03. par 沿水平方向爆炸，可执行以下操作：

(1) 在“修改”命令区中单击“重新定位”按钮，选取图 5-75(a)所示左阀芯，出现小立方块光标。

(2) 移动光标到左端盖，出现图 5-75(b)所示小立方块和箭头，单击左键。

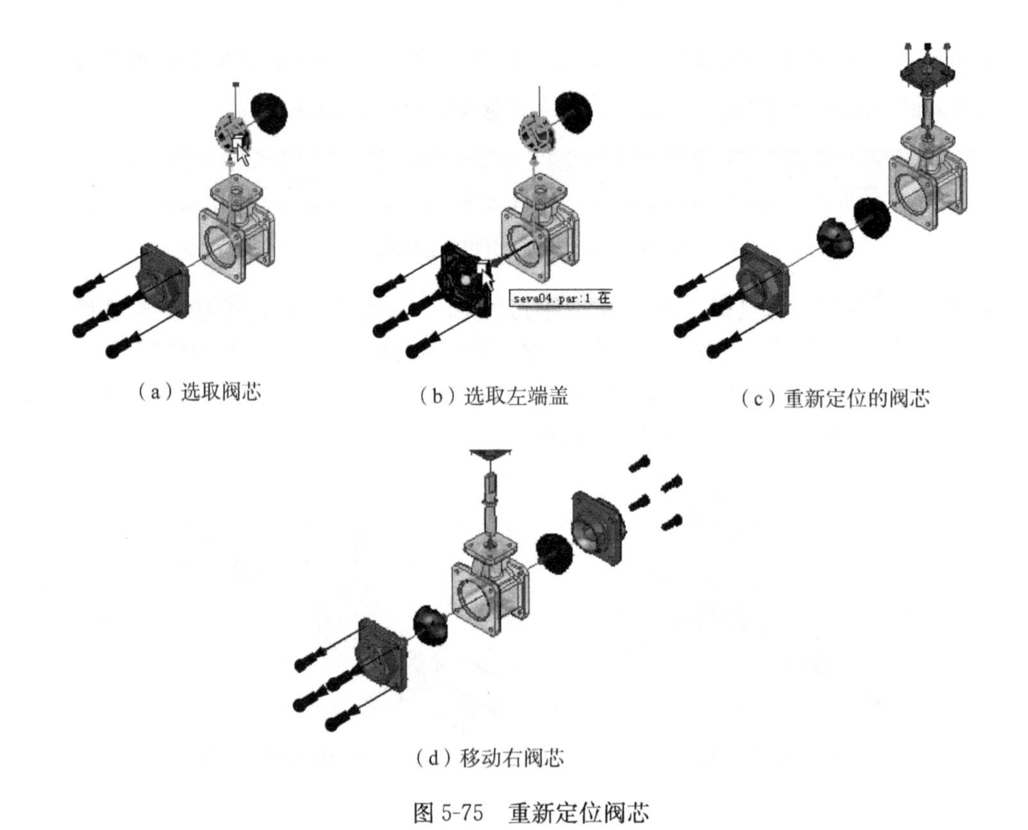


(a) 选取阀芯 (b) 选取左端盖 (c) 重新定位的阀芯

(d) 移动右阀芯

图 5-75 重新定位阀芯

左阀芯被重新定位，修改爆炸方向为沿水平方向，如图 5-75(c)所示。

在图 5-75(c)中，选取右阀芯，在“距离”尺寸框中修改距离，使右阀芯沿爆炸方向移动至阀体 seva01. par 的右侧，如图 5-75(d)所示。

调整装配件中其他零件的距离至合适的位置，生成的球阀装配件爆炸图如图 5-76 所示。

**4. 移除零件**

该命令可将爆炸视图中指定的零件移除（隐藏）。

操作方法为：选取要移除的零件，在“修改”命令区中单击“移除”按钮。选取的零件被隐藏。

**5. 折叠零件**

该命令将爆炸视图中指定的零件回位到爆炸前的位置。

操作方法为：选取要折叠的零件，在“修改”命令区中单击“折叠”按钮。如选取左端盖和左阀芯，单击“折叠”按钮，这两个零件就回到爆炸前的位置。

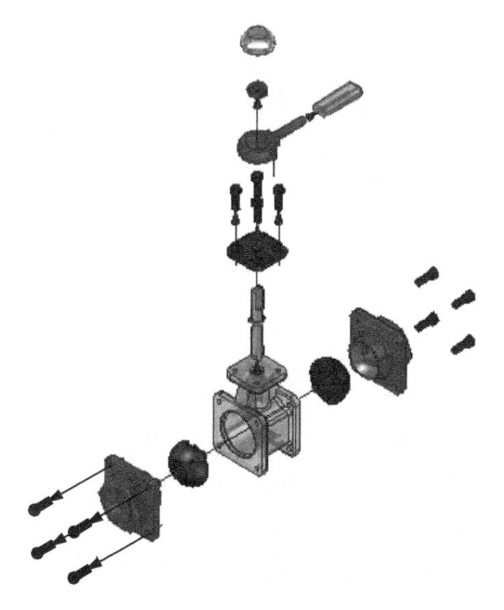

图 5-76 球阀装配件的爆炸图

**6. 取消爆炸**

该命令将爆炸视图还原为装配状态。在“修改”命令区中单击“取消爆炸”按钮，便可使爆炸视图恢复为装配状态。

**7. 修改飞行线**

“飞行线”命令区中的“修改”命令可用于编辑爆炸零件之间的飞行线。操作方法为：

（1）在“飞行线”命令区中单击“修改”命令。

（2）选取要修改的飞行线，在选取的飞行线上出现图 5-77(a)所示的箭头和控制点，单击箭头，移动鼠标，可修改飞行线的长度。单击控制点（圆点），移动鼠标，捕捉任意零件上的线和端点，可移动飞行线到新的位置，如图 5-77(b)所示。

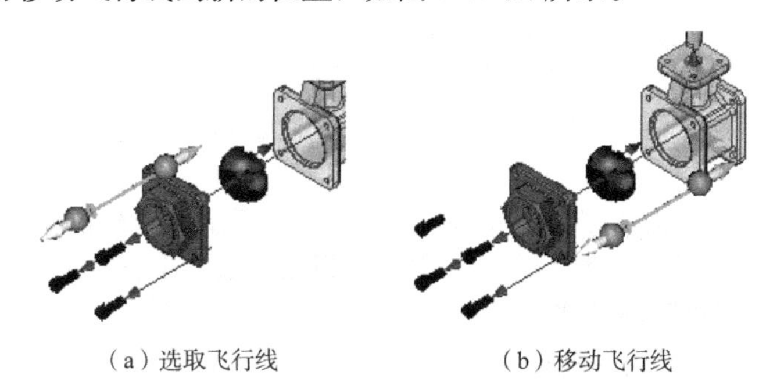

（a）选取飞行线　　（b）移动飞行线

图 5-77 编辑飞行线

**8. 飞行线和飞行线箭头显示切换、**

默认的爆炸图按装配干线分解且用带箭头的方向线（即飞行线）表示爆炸方向，如图 5-78(a)所示。

“飞行线”命令区中的“飞行线”按钮，可用于切换飞行线显示与否。单击该按钮，可关闭飞行线的显示，如图 5-78(b)所示；再次单击，可恢复飞行线的显示。

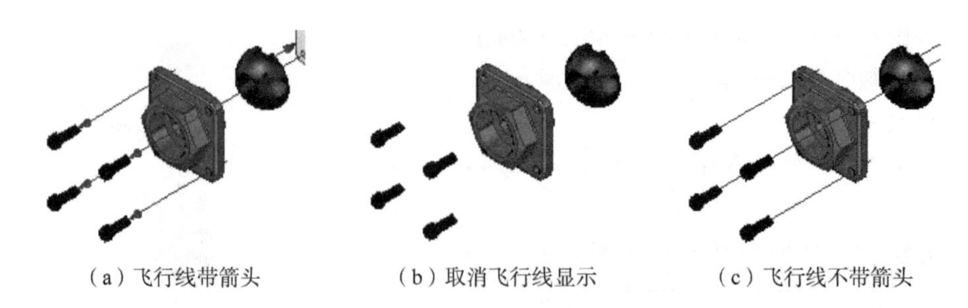

（a）飞行线带箭头　　（b）取消飞行线显示　　（c）飞行线不带箭头

图 5-78　设置飞行线及飞行线箭头

“飞行线”命令区中的“飞行线端符”按钮，可切换飞行线箭头的显示与否。在飞行线箭头的显示状态下（图 5-78(a)），单击该按钮，可取消飞行线箭头的显示，如图 5-78(c)所示；再次单击该按钮，可恢复图 5-78(a)所示显示飞行线箭头的状态。

**9. 绑定子部件**

该命令是在自动爆炸之前执行的，它将当前装配件中的子部件绑定为一个组件，作为一个爆炸零件出现。

操作方法为：在装配路径查找器中选取组成子部件的全部零件，单击“修改”命令区中的“绑定子部件”按钮。

**10. 不绑定子部件**

该命令取消绑定的子部件，只有前面执行过“绑定子部件”命令，此命令才有效。

操作方法为：在装配路径查找器中选取被绑定子部件的全部零件，单击“修改”命令区中的“不绑定子部件”按钮。

## 5.8.4　保存和应用爆炸显示配置

**1. 保存爆炸显示配置**

可以将调整和修改满意的爆炸结果以“爆炸显示配置”的方式保存，供需要时调用，或者在工程图环境中，将三维爆炸结果生成为二维视图。

例如，在生成了图 5-76 所示爆炸图后，保存爆炸结果的方法和步骤为：

（1）在 ERA 环境中，单击“配置”命令区中的“显示配置”命令，出现图 5-79 所示的“显示配置”对话框。

（2）在该对话框中单击“新建”按钮，在图 5-80 所示“新建配置”对话框中，输入“爆炸 1”，单击“确定”按钮，然后单击“关闭”按钮。在“主页”选项卡的“配置”命令区中单击“保存显示配置”按钮。

说明：用同样的方法可对其他爆炸结果进行保存。

图 5-79　“显示配置”对话框

图 5-80　“新建配置”对话框

**2. 应用爆炸显示配置**

在保存了爆炸结果后，在“配置”命令区的“显示配置”下拉列表中便有了记录，如图 5-81 所示。如果需要显示某一个爆炸结果，在“显示配置”下拉列表中，选取所需的显示配置（爆炸结果），单击“确定”按钮，工作区即可显示指定的爆炸结果。

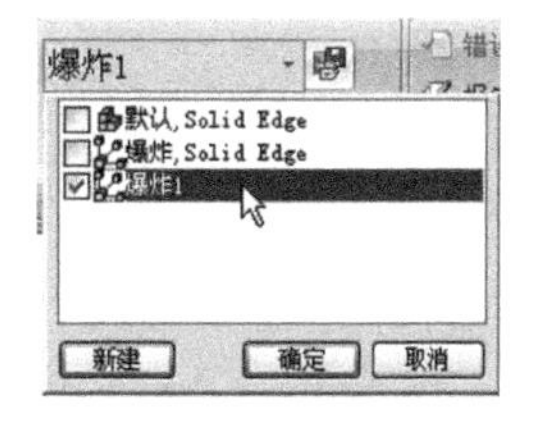


图 5-81　“显示配置”列表

## 5.8.5　手动爆炸

在爆炸环境中，手动爆炸是用人工的方法一次爆炸一个或一组零件。

下面仍以球阀装配件的爆炸为例，说明其操作方法。

首先在“修改”命令区中单击“取消爆炸”命令，回到装配件状态。

（1）单击“爆炸”命令区中的“爆炸”命令，工具条如图 5-82 所示。

（2）选取要爆炸的零件：选取球阀左端盖，单击按钮。

（3）选取静止零件：单击阀体，使之成为静止零件。

图 5-82　“手动爆炸”工具条

（4）选取要分离的表面：单击阀体的左端面，使之成为分离面，如图 5-83(a)所示。

（5）指定爆炸方向：用鼠标指定爆炸方向向外，如图 5-83(b)所示。

（6）在图 5-82 所示工具条中，输入爆炸距离。

（7）单击“爆炸”按钮，再单击“完成”按钮。

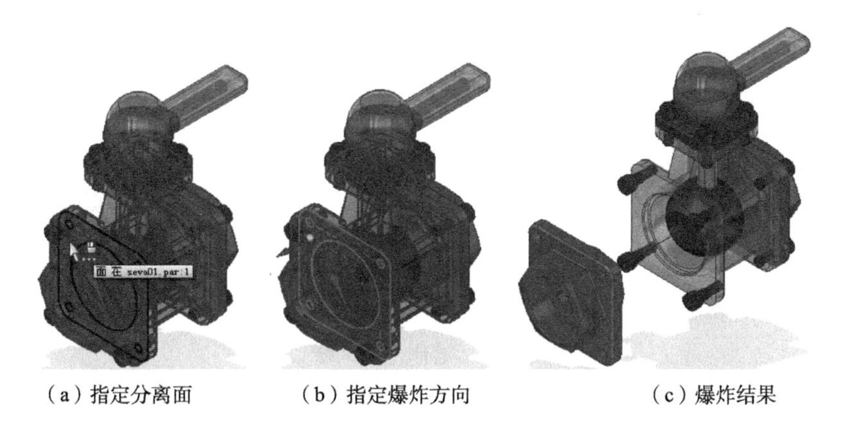


（a）指定分离面　（b）指定爆炸方向　（c）爆炸结果

图 5-83　手动爆炸

爆炸结果如图 5-83(c)所示。

重复同样的方法和步骤可逐个爆炸其他零件。爆炸多个零件时，正确选择爆炸零件的顺序十分重要，应该首先选取靠静止零件最近的零件，然后按从近到远的顺序逐个进行爆炸。

从以上操作可看出，手动爆炸非常繁琐。一般采用自动爆炸的方法生成爆炸图，然后进行必要的调整和修改，以获得满意的装配爆炸图。

# 5.9　生成装配剖视图

在 Solid Edge 的装配环境中可以生成装配件的三维装配剖视图，以方便观察装配体的内部结构。

下面以前面生成的“球阀装配件 .asm”为例，说明生成装配件三维剖视图的方法和步骤。

为方便操作，在路径查找器中，勾选“参考平面”，显示三个参考面。

(1) 单击 PMI 选项卡，选取“剖面”命令，出现如图 5-84 所示的“剖视图”工具条。

图 5-84　“剖视图”工具条

(2) 绘制剖切区域：选取图 5-85(a)所示 X-Y 平面为参考面，进入草图环境，绘制图 5-85(b)所示的矩形，大小超过装配件范围，单击“关闭草图”按钮。

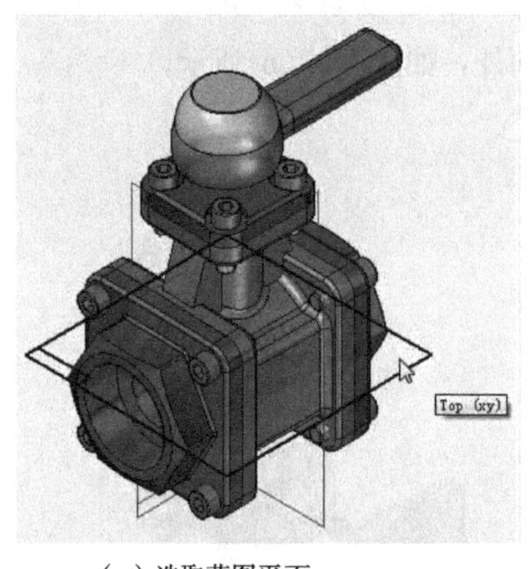


(a) 选取草图平面

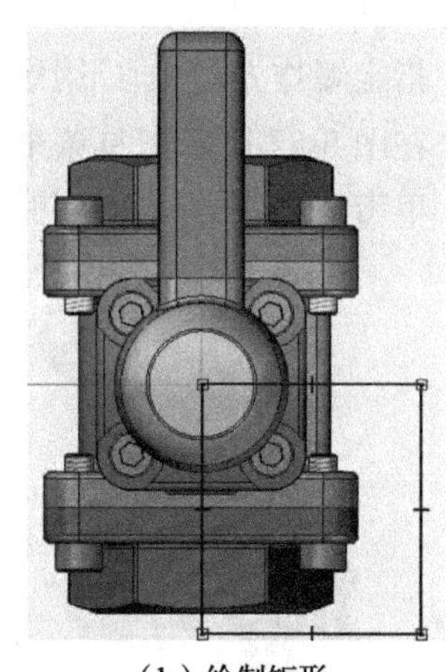

(b) 绘制矩形

图 5-85　绘制剖切区域

(3) 指定剖切方向：移动鼠标，指定剖切方向如图 5-86 所示。

(4) 指定剖切深度：在工具条上选取“全部贯穿”按钮，方向为“对称”，如图5-87 所示。

(5) 指定要剖切的零件：在图 5-88 所示工具条的下拉列表中，选取“只切削未选定的零件”，在路径查找器中选取“seva02. par:1”、“seva03. par:1”、“seva03. par:2”和“seva09. par:1”。选取的零件按不剖处理。

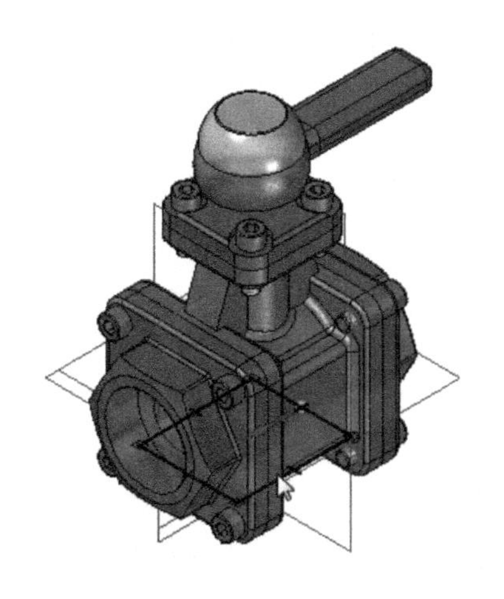

图 5-86　指定剖切方向

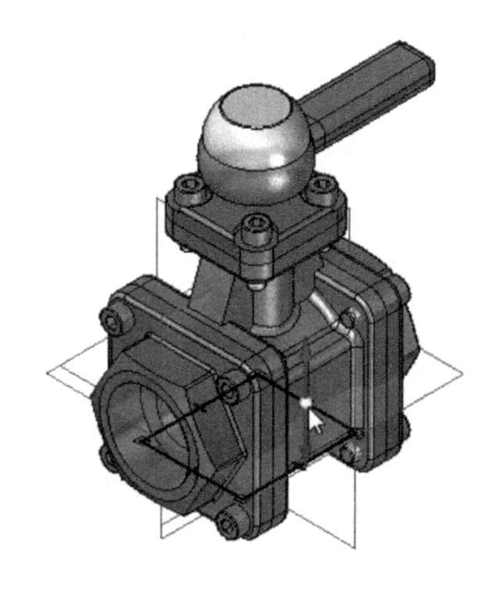

图 5-87　贯穿对称切除

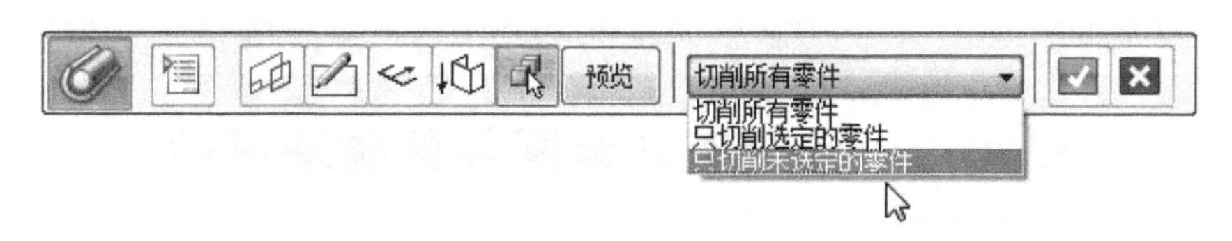


图 5-88　“剖视图”工具条

(6) 结束步骤：单击“接受”按钮，再单击“预览”按钮，然后单击“完成”按钮。生成的剖视图如图 5-89 所示。

在完成了剖视图之后，在路径查找器中将会多出一项“剖视图”，如图 5-90 所示。取消勾选“剖视图”，将恢复为未剖切的状态；再次勾选，则显示为剖切的状态。

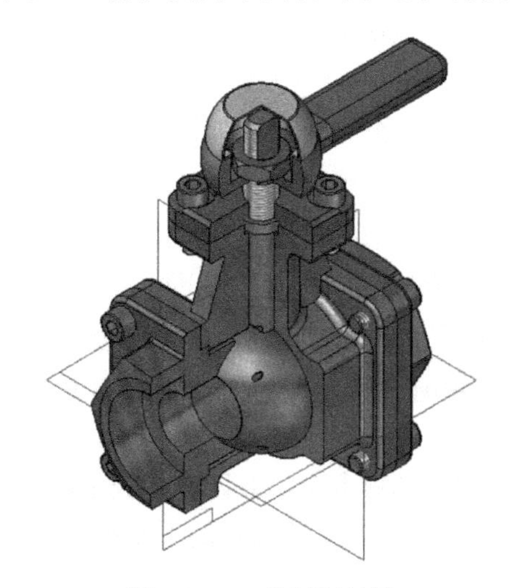

图 5-89　三维剖切结果

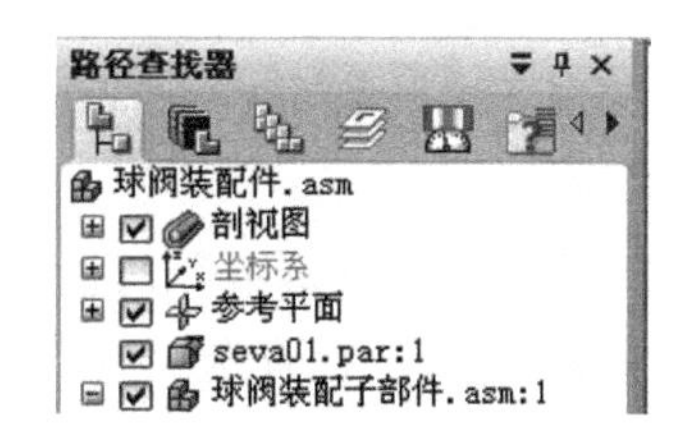


图 5-90　剖切后的装配路径查找器

用同样的方法，还可生成其他的剖视图。例如，再次选取“剖面”命令，绘制的剖切区域如图 5-91 所示，指定“全部贯穿”、“仅向上”，可生成图 5-92 所示的三维剖切结果。在路径查找器的“剖视图”列表中，增加了“剖面 2 B”，如图 5-93 所示。当有多个剖面时，展开“剖视图”列表，勾选的三维剖视图将显示在工作区中；全部取消勾选，则显示未剖切的装配件。

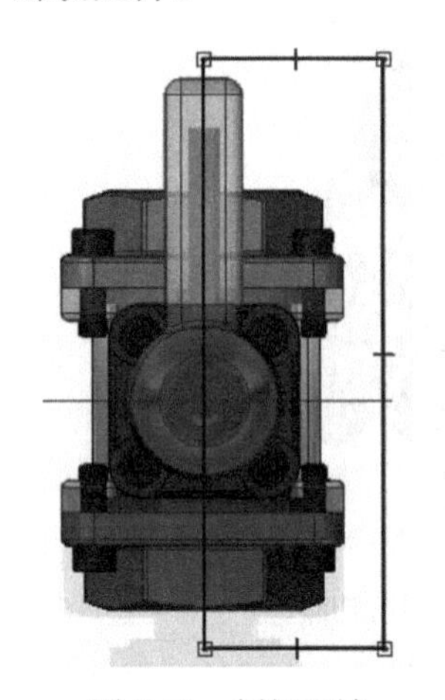
图 5-91　剖切区域

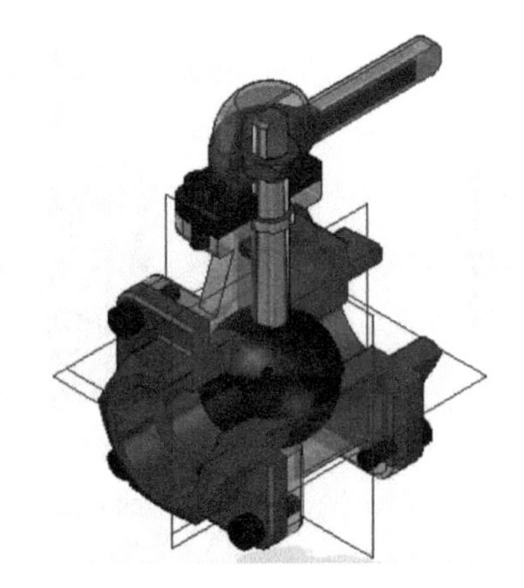
图 5-92　三维剖切结果

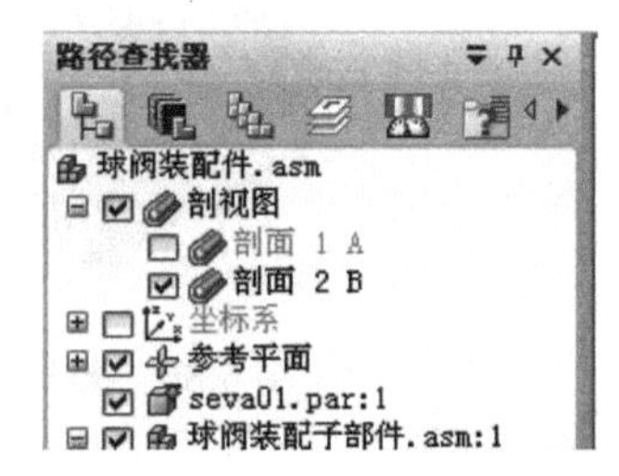

图 5-93　“剖视图”列表

# 5.10　干涉检查和装配件的物理属性

## 5.10.1　干涉检查

干涉检查是检查装配件中的任意两个零件在空间上是否有重叠，如轴比孔大或两个零件存在嵌入等，均可由此检查出。一般对装配件中的主要配合件和运动零件进行检查，检查出干涉后，应分析产生干涉的原因，并对相关的零件进行必要的编辑和修改，然后再次进行干涉检查，直到没有干涉为止。这是保证产品设计质量的一个重要的环节。

下面以前面生成的“球阀装配件 . asm”为例，说明操作方法和步骤。

**1. 干涉检查的方法**

(1) 在“检查”选项卡中选择“检查干涉”命令，工具条如图 5-94 所示。

图 5-94　“干涉检查”工具条

(2) 设置干涉检查的方式和检查结果输出方式：单击工具条上的“干涉选项”按钮，弹出图 5-95 所示“干涉选项”对话框，该对话框有“选项”选项卡（图 5-95）和“报告”选项卡（图 5-96）。

在图 5-95 所示“干涉选项”对话框的“选项”选项卡中，有四种检查干涉的方式：

①“选择集 2”表示检查选定的第一组零件与第二组零件之间的干涉情况，操作时需先选取第一组零件并确认，然后选取第二组零件并确认，再开始干涉检查。

②“装配中所有其他零件”表示检查选取的一个或一组零件与装配件中所有其他零件之间的干涉情况，操作时选取要检查的零件，便可开始检查。

③“当前显示的零件”表示检查选定的一个或一组零件与装配体中所有其他显示的零件之间的干涉情况。

④“本身”表示只检查选定的零件自身。

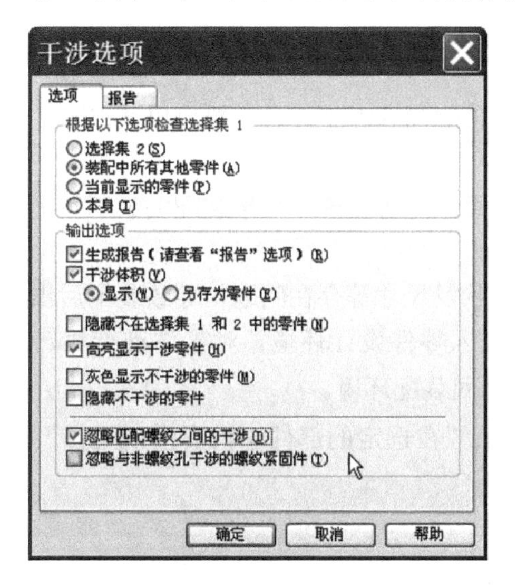


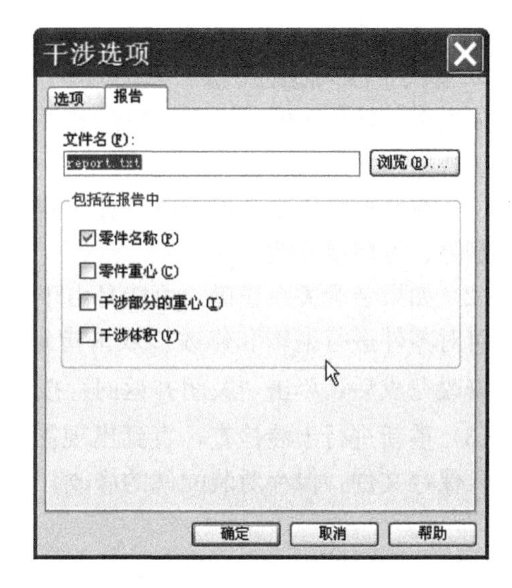

图 5-95　“干涉选项”对话框 1　　　　图 5-96　“干涉选项”对话框 2

按图 5-95 选取“装配中所有其他零件”，并按图 5-95 设置“输出选项”，即检查到干涉后，输出干涉报告，并高亮显示干涉零件。在图 5-96 所示“报告”选项卡中，可设置干涉报告的文件名、保存路径和报告中所要包含的内容。设置好干涉检查方式和干涉输出方式后，单击“确定”按钮。

(3) 选取要检查的零件，进行检查：在路径查找器中，选取 seva02. par:1；单击按钮 ☑，再单击“处理”按钮。

系统检查完成后，阀杆 seva02. par:1 和顶盖 seva05. par:1 两个零件为高亮显示，如图 5-97 所示，在路径查找器中也高亮显示，如图 5-98 所示，说明这两个零件在空间存在重叠。经过分析得知，所存在的主要问题是这两个零件装配有误，重新装配或修改装配关系，再次进行干涉检查，直至出现图 5-99 所示的“在选定的部件中没有发现干涉”的结论。

按同样的方法，可检查装配件中的其他主要零件，如 seva03. par:1 和 seva03. par:2 是否与所有其他零件间存在干涉。

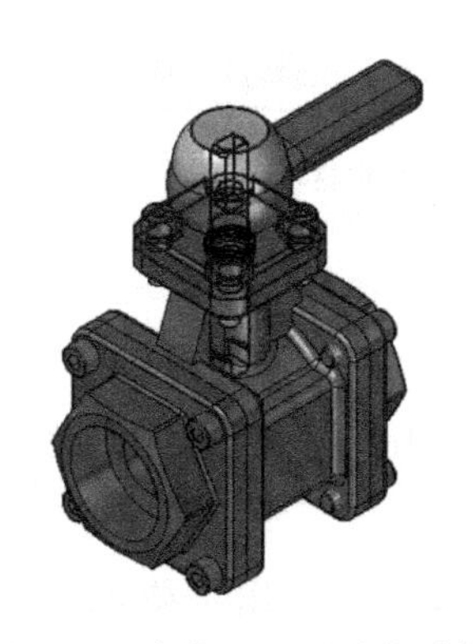

图 5-97　高亮显示干涉的零件

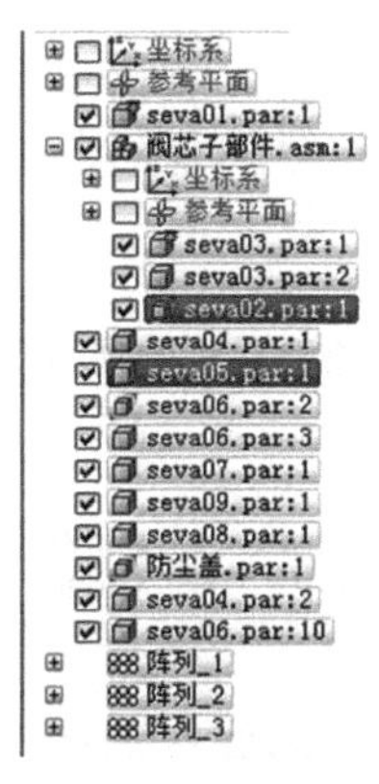


图 5-98　路径查找器

图 5-99　显示没有干涉

说明：如果装配正确，在按以上步骤进行干涉检查时，将没有高亮显示的零件，直接出现图 5-99 所示的提示框，提示没有发现干涉。

**2. 解决干涉问题的方法**

如果在干涉检查时，发现选取的零件与其他零件之间存在干涉，一般可以从以下几个方面去查找原因并解决：

（1）在装配环境中，检查路径查找器中的装配关系是否正确。如果装配关系不正确，需及时删除、编辑或修改。

（2）如果装配关系正确，可能是由于零件的形状及尺寸等存在问题，导致装配后出现干涉，可对零件进行编辑和修改。双击指定零件，进入零件设计环境，对零件进行编辑和修改，修改完成后，单击“关闭并返回”按钮，返回装配环境。

（3）重新进行干涉检查，直到出现图 5-99 所示“在选定的部件中没有发现干涉”的提示框。保存文件，保存对装配件的修改。

## 5.10.2　装配件的物理属性

对于装配完成并经过干涉检查无误的装配件，可以通过系统计算其物理属性，如质量、体积、质心位置、形心位置和惯性矩等。

下面以前面生成的“球阀装配件.asm”为例，说明操作方法和步骤。

**1. 定义零件的材料属性**

在“检查”选项卡中，选取“属性管理器”命令，出现图 5-100(a)所示“物理属性管理器”对话框，当中列出了当前装配件中的零件和材料。单击指定零件对应的“材料”下拉按钮，弹出图 5-100(b)所示材料列表，从中可指定材料类型，如指定“防尘盖.par”的材料为 Steel，也可定义或修改其他零件的材料，修改完成后单击“确定”按钮。

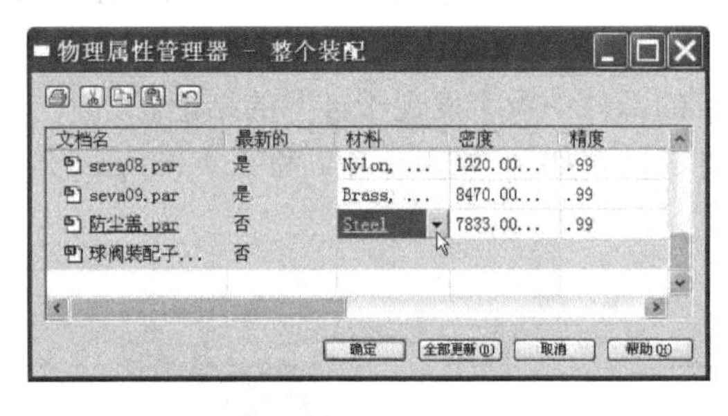


（a）单击零件“材料”下拉列表

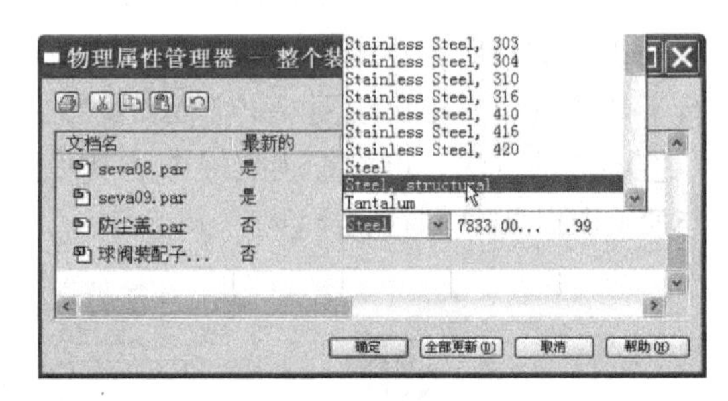


（b）指定材料

图 5-100　“物理属性管理器”对话框

**2. 计算物理属性**

（1）在“检查”选项卡中，选取“属性”命令，出现图 5-101(a)所示“物理属性”对话框，单击“更新”按钮。

（2）根据材料密度计算出的装配件物理属性如图 5-101(b)所示，列出了质量、体积、质心位置、形心位置和质量惯性矩等物理属性；在图 5-101(b)中勾选质心“显示符号”和形心“显示符号”。

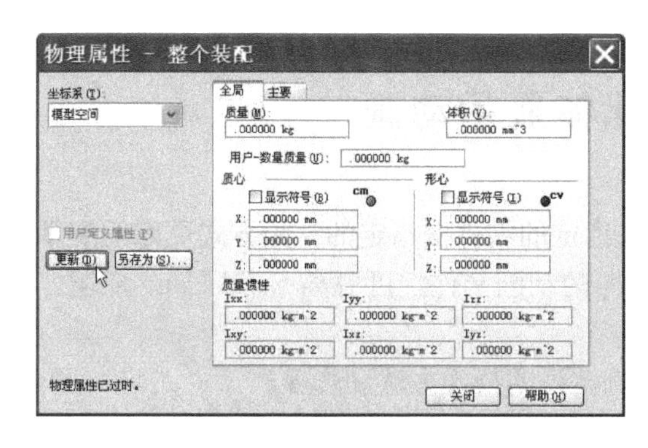


（a）单击“更新”按钮

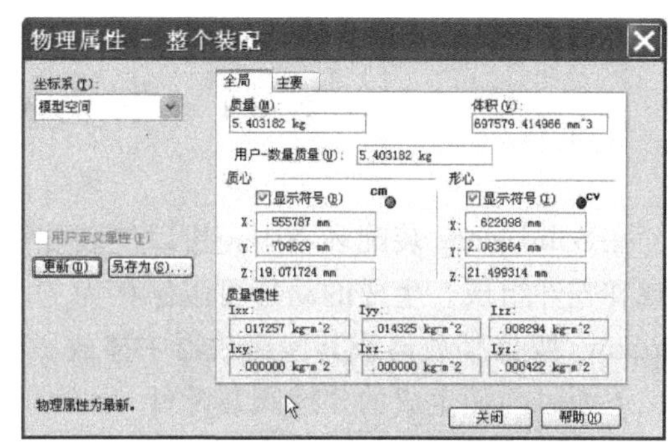


（b）计算结果

图 5-101 “物理属性”对话框

(3) 单击图 5-101(b)中的“主要”选项卡，如图 5-102 所示，勾选主轴方向“显示符号”。在装配件上出现了绿色的质心标记和红色的形心标记，以及主轴方向，如图5-103所示。

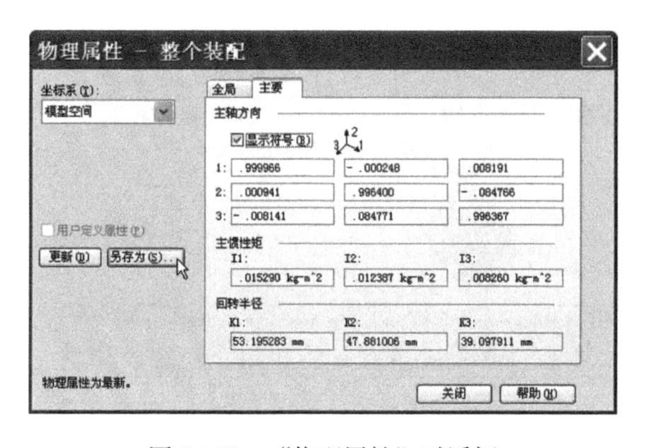


图 5-102 “物理属性”对话框

图 5-103 显示质心、形心和主轴

说明：在零件设计环境中，选取“应用程序→属性→材料表”，可定义当前零件的材料类型。如果在零件设计环境中指定了零件的材料，在装配环境中，计算装配件的物理属性时，按零件设计环境中指定的材料密度进行计算。如果没有指定材料，需先执行“属性管理器”命令，定义零件的材料，如图 5-100 所示为防尘盖指定材料。零件设计环境中定义过材料属性的零件，也可在图 5-100(a)所示的“物理属性管理器”中进行修改。当零件的材料更改后，需重新对装配件进行物理属性计算。

(4) 保存物理属性：在图 5-102 所示对话框中，单击“另存为”按钮，出现图 5-104 所示“另存为”对话框，默认的文件名为 physprop.txt，选择保存路径，单击“保存”按钮。计算出的物理属性被保存为.txt 文本文件。

(5) 结束命令：单击“关闭”按钮，结束命令。

图 5-104 “另存为”对话框

# 5.11 生成装配体显示动画

在 Solid Edge 装配环境中，可以使装配件或指定的零件按指定的动画方式更好的展示其外观和零件组成。生成的动画可以保存为“.avi”的动画文件，可脱离 Solid Edge 环境，在 Windows 媒体播放器或其他播放器中播放。

下面以前面生成的“球阀装配件.asm”为例，说明操作方法和步骤。

**1. 进入和退出动画生成环境**

进入动画生成环境：选取“工具→环境→ERA”，进入 ERA（爆炸-渲染-动画）环境。

退出动画制作：单击“关闭 ERA”按钮，可退出动画制作。

进入动画生成环境之后，单击“动画编辑器”，进入动画编辑环境，如图 5-105 所示。当中可以生成不同形式的动画，下面介绍几种常用的动画生成方法。

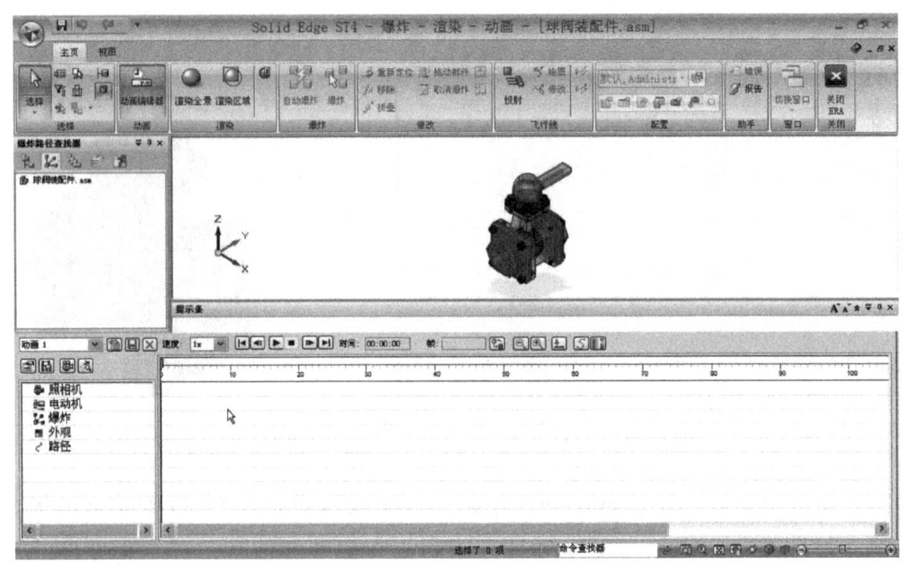


图 5-105 动画环境

**2. 生成照相机动画**

（1）新建动画：在图 5-106(a)所示动画制作区，单击“新建动画”按钮，出现图 5-106(b)所示“动画属性”的对话框，输入动画名称“照相机动画”，单击“确定”按钮。

（2）编辑定义动画：右击图 5-106(c)所示“照相机”项，在快捷菜单中选取“编辑定义”，出现图 5-107(a)所示“照相机路径向导”对话框，单击“下一步”按钮，在图 5-107(b)所示对话框中，单击“预览”按钮，再单击“播放”按钮，可预览动画。单击“完成”按钮，返回图 5-105 所示动画环境。

（3）播放动画：在图 5-105 所示动画环境中，单击“显示照相机路径”按钮，再单击“播放”按钮，在工作区的上方区域播放动画，动画为装配件顺时针方向旋转；工作区的下方区域显示动画的状态。

（a）动画制作区

（b）新建动画

（c）照相机路径动画

图 5-106　定义动画选项

（4）保存动画：单击“保存动画”按钮，可在当前文件中保存动画。单击“另存为电影”按钮，可将动画另存为 .avi 格式的文件。

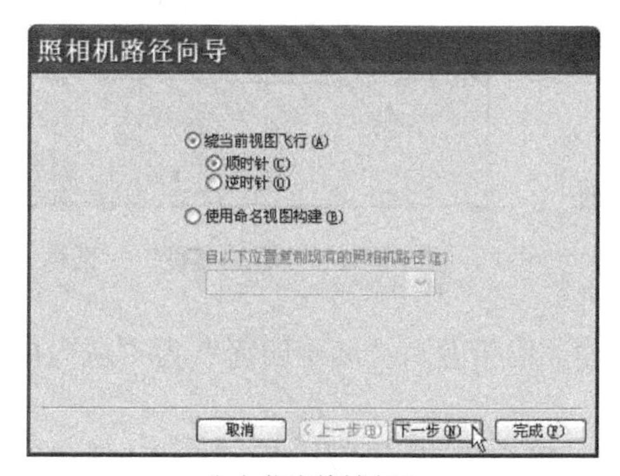

（a）指定旋转方法

（b）预览动画结果

图 5-107　“照相机路径向导”对话框

### 3. 生成路径动画

（1）新建动画：在图 5-106(a)所示动画制作区，单击“新建动画”按钮，在出现的“动画属性”对话框中输入“路径动画”，单击“确定”按钮。

（2）编辑定义动画：单击“运动路径”按钮，选取左端盖 seva04. par:1，单击“接受”按钮。按 X 键切换，选取路径所在平面为图 5-108(a)所示 X-Y 平面，捕捉图 5-108(a)所示圆心为路径的起点；移动并单击鼠标，绘制图 5-108(b)所示路径，单击右键结束路径绘制；单击“完成”按钮。

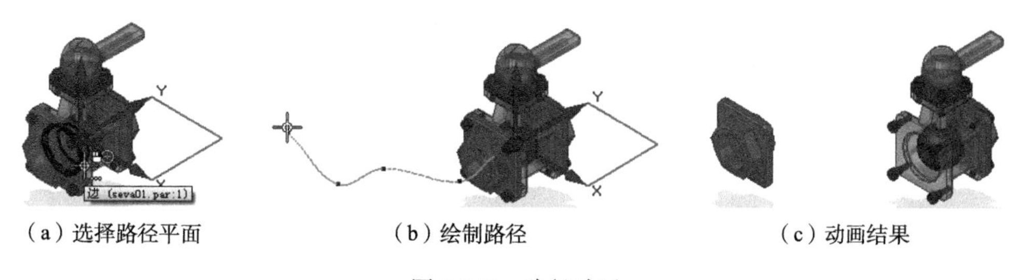

（a）选择路径平面　（b）绘制路径　（c）动画结果

图 5-108　路径动画

（3）播放动画：在图 5-105 所示动画环境中，单击“播放”按钮，在工作区的上方区域播放动画，动画为指定零件 seva04. par:1 沿指定路径运动，运动终止于路径的终点，如图 5-108(c)所示。播放完成后，单击“回到开头”按钮，使零件 seva04. par:1 回到初始的位置。

(4) 保存动画：单击“保存动画”按钮，可在当前文件中保存动画。单击“另存为电影”按钮，可将动画另存为 . avi 格式的文件。

在以上操作中，按 X 键可切换锁定平面，按 Z 键可切换锁定轴，按 C 键可清除锁定。

用同样的方法，可制作其他零件或部件沿指定路径或轴向运动的动画。

**4. 制作爆炸动画**

制作爆炸动画，需事先生成爆炸图，在 5.8 节生成爆炸图的基础上，执行以下操作：

(1) 新建动画：在图 5-106(a)所示动画制作区，单击“新建动画”按钮，在出现的“动画属性”对话框中输入“爆炸动画”，单击“确定”按钮。

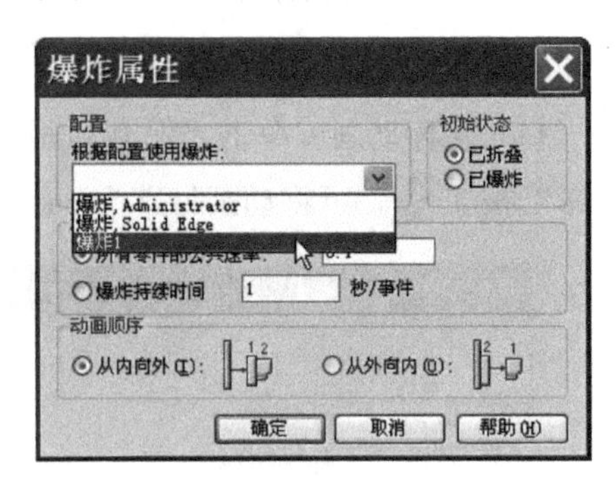


图 5-109 “爆炸属性”对话框

(2) 编辑定义动画：在图 5-106(a)所示动画制作区中，右击“爆炸”项，在快捷菜单中选取“编辑定义”，出现图 5-109 所示“爆炸属性”对话框。选取“配置”为“爆炸 1”，“初始状态”为“已折叠”，“动画顺序”为“从内向外”，单击“确定”按钮。

(3) 播放动画：在图 5-105 所示动画环境中，选择“速度”为 4X，单击“播放”按钮，在工作区的上方区域播放动画，动画为装配件爆炸分解的过程，分解顺序是生成爆炸图的顺序；工作区的下方区域显示动画的状态。播放完成后，单击“回到开头”按钮，再次单击“播放”按钮，可再次观看动画。

在图 5-109 所示对话框中，如果选取“已爆炸”、“从外向内”，生成的动画为零件由爆炸图回位到爆炸前的状态，等同于装配过程的动画。

(4) 保存动画：单击“保存动画”按钮，可在当前文件中保存动画。单击“另存为电影”按钮，可将动画另存为 . avi 格式的文件。

说明：需按 5.8.4 节中的方法，保存了爆炸图配置后，才能生成爆炸动画。例如，在 5.8.4 节中，保存的爆炸图为“爆炸 1”，在图 5-109 所示对话框中，选取“爆炸 1”，才能生成爆炸动画。

图 5-110 动画列表

当生成以上动画并保存后，制作的动画出现在图 5-110 所示的动画列表中，选取其中之一，单击“播放”按钮，可观看指定的动画。

## 5.12 电动机和模拟电动机命令

“装配”命令区中的“电动机”命令和“模拟电动机”命令是同时使用的。“电动机”命令用于定义零件的运动方式和运动驱动；“模拟电动机”命令用于以动画方式模拟运动。

下面以实例方式说明其操作方法。

打开文件：执行“应用程序→打开”，在“打开文件”对话框中，选取文件“安装目录\Solid Edge ST4\Training\ main _ support. asm”，单击“打开”按钮。

在路径查找器中，右击 main _ support. asm，在快捷菜单中选取“激活”。在视图操作区中，单击“带可见边着色”按钮，再单击“适合”按钮。

## 5.12.1 生成旋转运动模拟动画

“电动机”命令只能为欠约束的零件添加运动方式和运动驱动，当执行该命令无法选取指定的零件时，需将装配过程中添加的约束关系抑制。

**1. 抑制零件的约束关系**

在路径查找器中，选取零件 17_tooth_pinion. par:1，在装配关系列表中，抑制多余的装配约束，只保留轴对齐关系，如图 5-111 所示(a)所示。操作方法为：右击指定约束，在快捷菜单中选取“抑制”。用同样的方法抑制零件 48_tooth_gear. par:1 多余的装配约束，如图 5-111(b)所示。

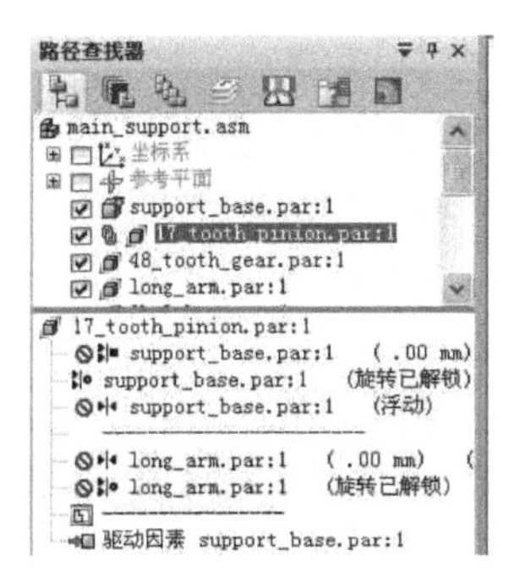


(a) 抑制小齿轮多余约束

(b) 抑制大齿轮多余约束

图 5-111 抑制约束

**2. 指定运动方式和运动速度**

调整视角如图 5-112 所示。

(1) 在“装配”命令区中单击“电动机”命令。

(2) 选取小齿轮，工具条如图 5-113 所示，在“运动方式”列表中选取“旋转”，选取小齿轮旋转轴线和旋转方向如图 5-112(a)所示，在图 5-113 所示工具条中输入转速为 100rpm，单击“完成”按钮。

(3) 选取大齿轮，选取大齿轮回转轴线和回转方向如图 5-112(b)所示，单击工具条上的“翻转”按钮，改变旋转方向如图 5-112(c)所示；在工具条中输入转速为 35.4rpm，单击“完成”按钮。

说明：这里假设小齿轮的转速为 100rpm，由于齿数比为 17/48，大齿轮的转速=100×17/48=35.4。

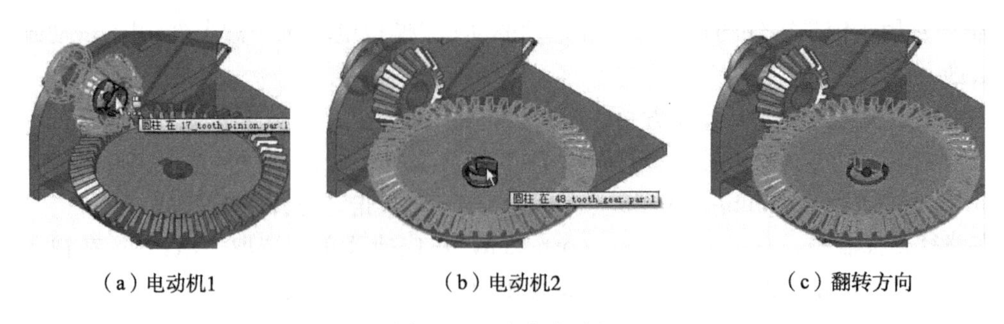

(a) 电动机1　　(b) 电动机2　　(c) 翻转方向

图 5-112　定义电动机

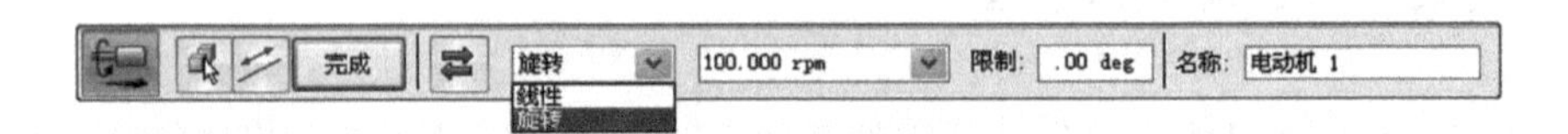

图 5-113　“电动机”命令工具条

完成以上操作后，在路径查找器中，增加了“电动机”列表，如图 5-114 所示。

**3. 生成旋转动画模拟**

(1) 在“装配”命令区中单击“模拟电动机”命令，出现图 5-115 所示“电动机组属性”对话框，单击“确定”按钮。

图 5-114　定义的电动机列表

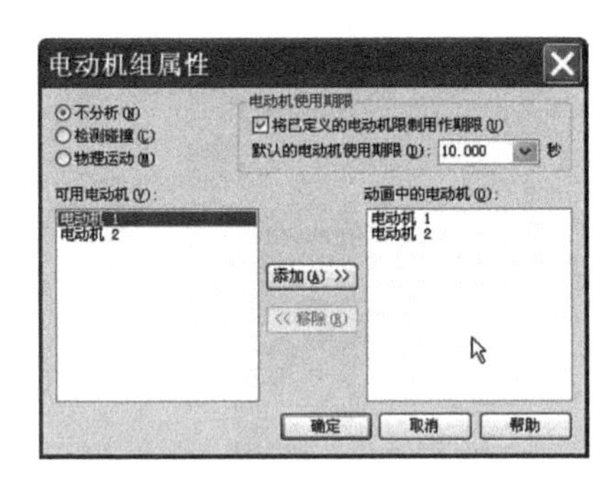

图 5-115　“电动机组属性”对话框

(2) 播放动画模拟：在动画播放窗口中，指定速度为 2X，单击“播放”按钮，可观看齿轮转动的动画模拟。

(3) 保存动画：单击“保存动画”按钮，可在当前文件中保存动画。单击“另存为电影”按钮，可将动画另存为 . avi 格式的文件。

以上操作为默认的操作，在图 5-115 所示对话框中，定义的“电动机 1”和“电动机 2”全部参与到运动动画模拟中。可以移除指定的一个，生成的动画为另一个齿轮旋转。如果选取了“检测碰撞”选项，还可以在运动过程中检测出碰撞。

## 5. 12. 2　生成旋转和滑动的动画模拟

调整视角如图 5-116 所示。

**1. 定义运动方式和运动速度**

(1) 在“装配”命令区中单击“电动机”命令。

(2) 单击如图 5-116(a)所示带轮，在工具条的“运动方式”列表中选取“旋转”，选取带轮旋转轴线和旋转方向如图 5-116(a)所示，在工具条中输入转速为 20rpm，单击“完成”按钮。

(3) 单击图 5-116(b)所示滑块，在工具条的“运动方式”列表中选取“线性”，选取滑块运动方向如图 5-116(b)所示，在工具条中输入速度为 1.5cm/s，单击“完成”按钮。

**2. 生成运动动画模拟**

(1) 在“装配”命令区中单击“模拟电动机”命令。

(2) 新建动画：单击“新建动画”按钮，在出现的“动画属性”对话框中输入“带轮滑块运动模拟”，单击“确定”按钮，出现图 5-117 所示“电动机组属性”对话框。

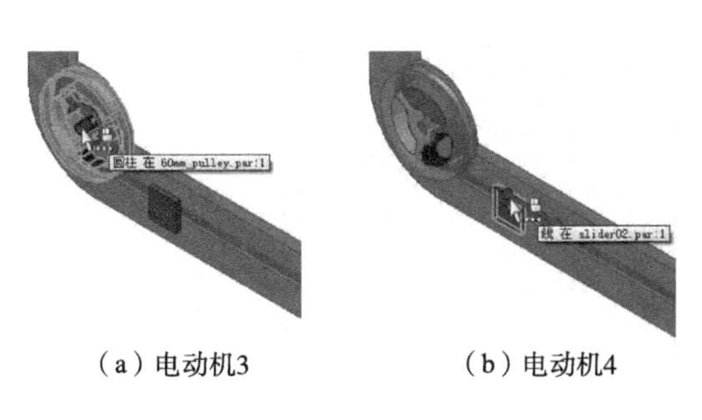

(a) 电动机3　　(b) 电动机4

图 5-116　定义电动机

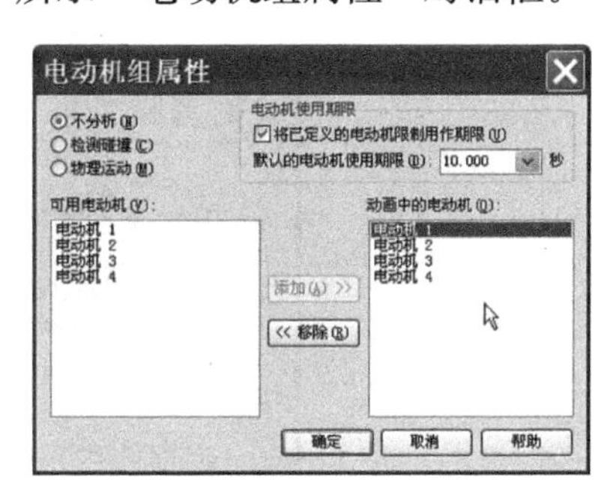


图 5-117　“电动机组属性”对话框

(3) 在图 5-117 所示对话框的“动画中的电动机”列表中，选取“电动机 1”，单击“移除”按钮，再选取“电动机 2”，单击“移除”按钮；最后单击“确定”按钮。

(4) 播放动画模拟：在动画播放窗口中，单击“播放”按钮，可观看带轮转动和滑块滑动的运动动画模拟。

(5) 保存动画：单击“保存动画”按钮，可在当前文件中保存动画。单击“另存为电影”按钮，可将动画另存为 .avi 格式的文件。

在以上操作中，在图 5-117 所示对话框中，如果不移除“电动机 1”和“电动机 2”，全部 4 个电动机将参与动画模拟。请读者自己练习。

“电动机”和“模拟电动机”两个命令生成的运动模拟，是在装配环境中生成的，与装配件显示动画生成的方式不同，不需要进入 ERA 环境。

# 5.13　修改零件和部件

“修改”命令区中的命令，如图 5-118 所示，用于修改和调整已装配的零件和部件。下面对三个修改命令的应用和操作进行介绍。

图 5-118　“修改”命令区

## 5.13.1　拖动部件

“拖动部件”命令可以平移、旋转或自由拖动装配件中的零件或部件，同时还可以分析、检测零件间的干涉和冲突。

下面以实例方式说明其操作方法。

打开文件：执行“应用程序→打开”，在“打开文件”对话框中，选取文件“安装目录\ Solid Edge ST4 \ Training \ movprt. asm”，单击“全部激活”按钮，再单击“打开”按钮。

在视图操作区中，单击“带可见边着色”按钮，再单击“适合”按钮。

（1）单击“拖动部件”命令，出现图 5-119 所示“分析选项”对话框，按图 5-119 设置各选项，单击“确定”按钮。

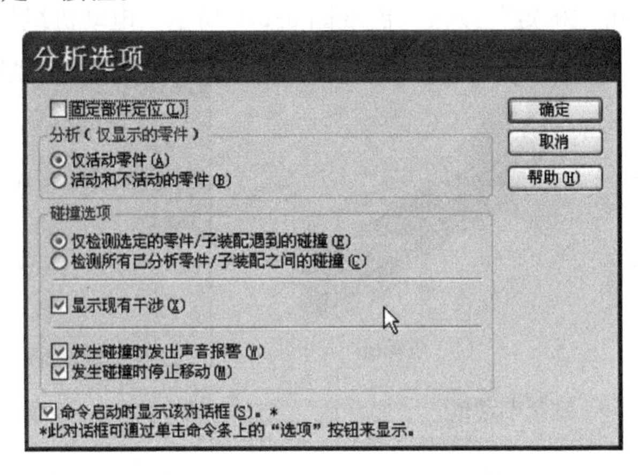


图 5-119　“分析选项”对话框

（2）移动零件：选取图 5-120(a)所示零件 shaft1. par:1，工具条如图 5-121 所示，在下拉列表中选取“检测碰撞”，单击“移动”按钮，出现图 5-120(b)所示坐标轴，沿正 Y 轴方向拖动鼠标，可移动指定零件，如图 5-120(c)所示；沿负 Y 轴方向拖动鼠标，当零件与其他零件出现碰撞时，将发出报警声，且不能进行移动。沿 X 轴和 Z 轴将无法移动指定零件。

（3）旋转零件：单击工具条中的“重置”按钮，使移动的零件回位。单击工具条中的“旋转”按钮，拖动 Y 轴，选取的零件 shaft1. par:1 以及与之“轴对齐”的零件lever1. par:1，以 Y 轴为轴线旋转，如图 5-120(d)所示。当拖动 X 轴或 Z 轴时，将无法旋转零件。

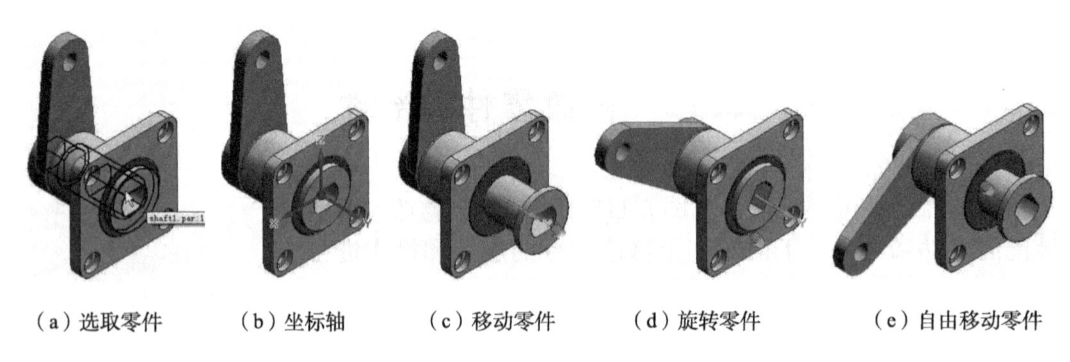


（a）选取零件　（b）坐标轴　（c）移动零件　（d）旋转零件　（e）自由移动零件

图 5-120　拖动零件

（4）自由移动零件：单击工具条中的“重置”按钮，使移动的零件回位。单击工具条中的

"自由移动"按钮，拖动零件，在不碰撞的条件下，可以移动并旋转零件，如图 5-120(e)所示。

在图 5-121 所示工具条中，"不分析"表示不分析、检测零件间的干涉和冲突；"物理运动"表示分析、检测零件间的干涉和冲突，有冲突时停止拖动选取的零件。请读者自己操作并查看操作结果，这里不一一介绍。

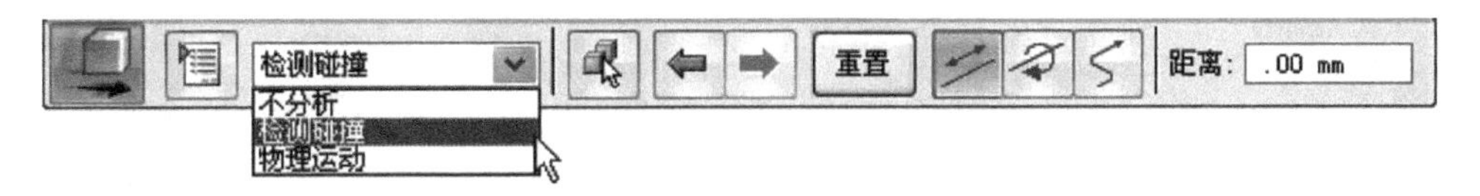


图 5-121　"拖动部件"工具条

单击工具条中的"重置"按钮，使移动的零件回位，以方便后面的操作。

## 5.13.2　移动部件

"移动部件"命令可移动或者旋转单个零件或部件至指定的位置。

下面在同一装配件中介绍移动部件的操作。

(1) 单击"移动部件"命令，出现图 5-122 所示的"移动选项"对话框，单击"确定"按钮。

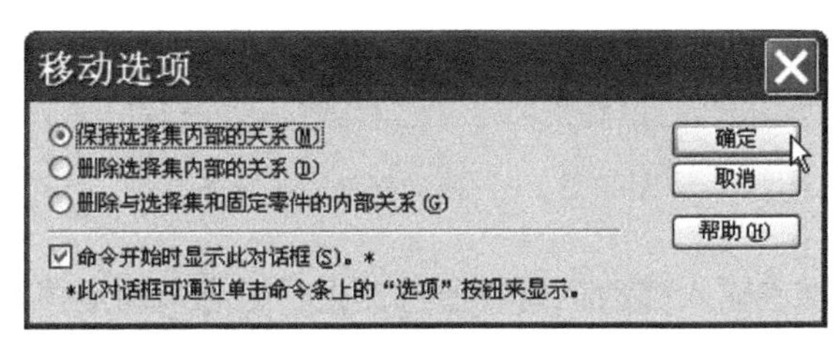


图 5-122　"移动选项"对话框

(2) 选取零件或部件：选取图 5-123(a)所示零件 shaft1. par:1，单击"接受"按钮。

(3) 移动零件：在图 5-124 所示"移动部件"工具条上单击"移动"按钮，在零件 lever1. par:1上指定移动的参考点，如图 5-123(b)所示；指定图 5-123(c)所示点为目标点，零件被移动至图 5-123(d)所示位置。

说明：可以在图 5-124 所示工具条的 X、Y、Z 文本框中输入距离值，按 Enter 键，零件按指定的 X、Y、Z 方向的平移距离移动或者复制移动。

(4) 旋转零件：单击图 5-124 所示工具条中的"旋转"按钮，选取图 5-123(e)所示柱面为旋转轴，在工具条中输入 45，按 Enter 键，零件被旋转 45°，如图 5-123(f)所示。

在以上操作中，在选取零件后，如果单击工具条上"复制部件"按钮，零件被复制移动至指定位置，移动的结果如图 5-123(g)所示。如果单击"重复"按钮，零件被按相同的距离再次移动或旋转，图 5-123(h)为旋转 45°后，单击"重复"按钮的结果，此时将再次旋转 45°。

从以上操作可看出，"拖动部件"命令沿指定方向，通过拖动的方式移动或旋转指定的零件或部件，移动的距离和旋转角度通过拖动决定，且可检测碰撞，限定可移动的方向。

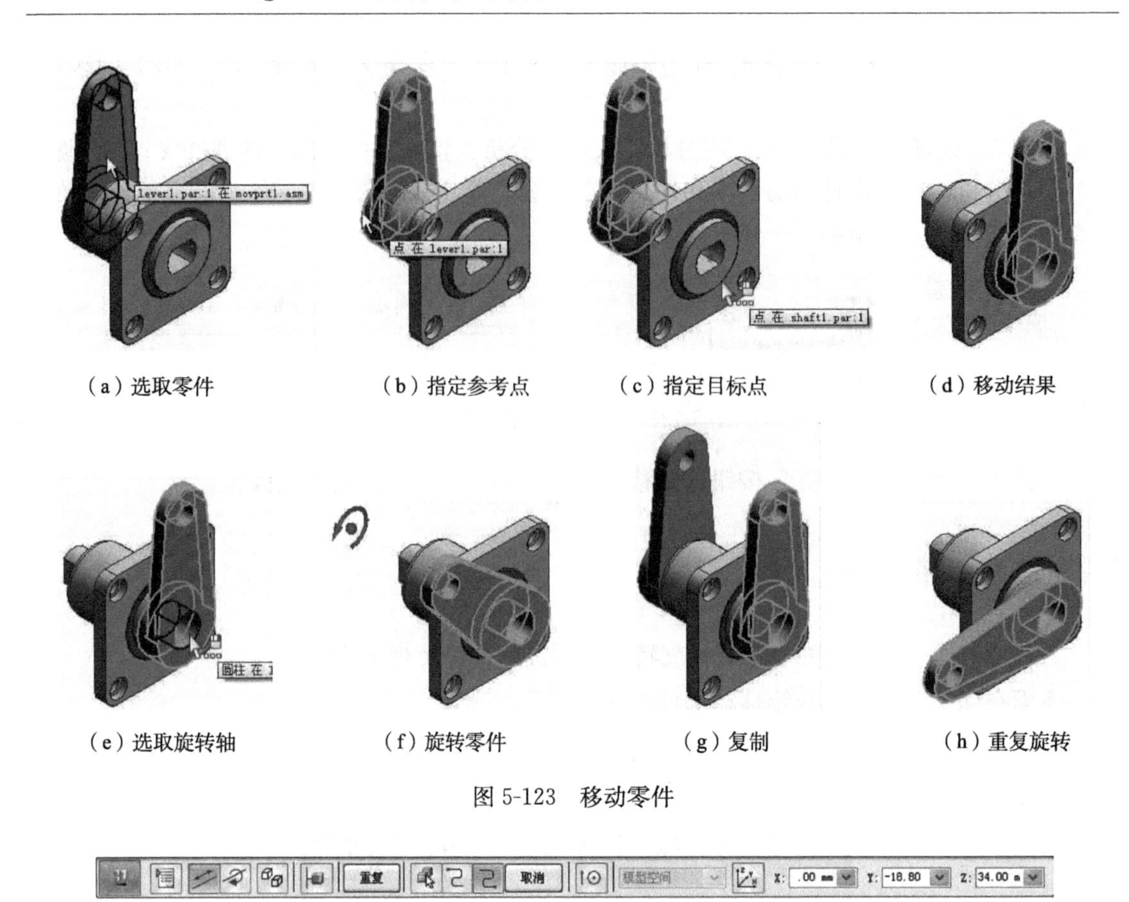


（a）选取零件　（b）指定参考点　（c）指定目标点　（d）移动结果

（e）选取旋转轴　（f）旋转零件　（g）复制　（h）重复旋转

图 5-123　移动零件

图 5-124　“移动部件”工具条

“移动部件”命令需准确输入移动距离或通过捕捉目标点来确定移动的距离，旋转角度需准确输入。当需要大致移动或旋转零件、部件，且查看零件的碰撞时，采用“拖动零件”命令较为方便；当需要准确移动零件或部件时，应采用“移动部件”命令。

### 5.13.3　替换部件

“替换部件”命令可以将装配件中指定的零件或子部件替换为指定的其他零件或子部件。

在图 5-125 中，将部件中长度为 25mm 的螺钉全部替换为长度为 20mm 的螺钉，操作方法为：

（1）单击“替换部件”命令。

（2）替换零件：选取要替换的零件，如图 5-125(a)所示螺钉；在“替换件”对话框中，选择要替换的新零件，单击“打开”按钮。替换后的零件如图 5-125(b)所示。

说明：在有些情况下，必须删除已有的装配关系，重新建立新的装配关系才能正确地对零件进行替换。例如，在修改零件时消去了任何先前用来定位旧零件的面，那么，装配关系就可能会失效。如果发生这种情况，可以使用“装配路径查找器”上的选项卡删除受影响的装配关

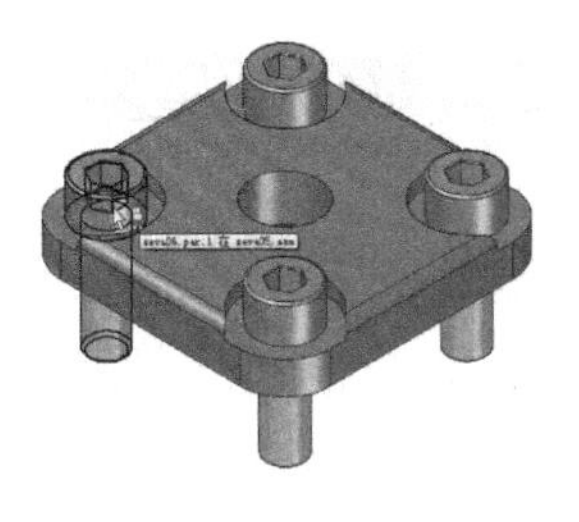

（a）选取要替换的零件

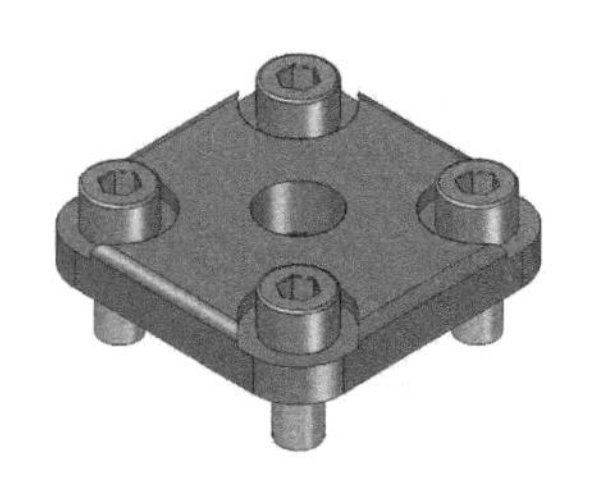

（b）替换后的零件

图 5-125　替换零件

系，然后应用新关系来对新零件进行定位。在替换不相似的零件时，要求原始零件和替换零件在它们各自的零件文件中处于相同的方向。“替换部件”命令只能用来替换活动装配件中的零件，如果要替换的零件在子装配中，则必须先原位激活该子装配，然后才能替换该零件。替换时还可以使用“定义备选部件”按钮 定义备选部件 来预先定义一组部件以帮助替换。

# 5.14　高级渲染

高级渲染是 Solid Edge 提供的一套附加应用程序，允许用户快速渲染装配模型、生成高质量图像，或者正确地反映产品设计过程中显示的实体效果。在默认情况下，装配件中的所有零件具有系统统一分配的相同的颜色和材质。由于产品种类不同的零件使用的材料可能不同，为了尽可能与真实产品接近，系统允许用户给每个零件分配不同的材质和颜色。Solid Edge 通过其提供的一套真实效果的模拟功能，包括逼真的材料、颜色、纹理、场景和光线，可以使用户创建三维模型的高质量视觉效果渲染，也可使用最新技术产生素描艺术化效果渲染。

使用 Solid Edge 高级渲染模块，可帮助用户获得更多订单，加速设计审查，降低成本，提高生产效率，获得市场领先的产品概念，生成更高质量的销售和市场宣传资料，缩短产品上市周期。

高级渲染对计算机的系统配置要求较高，这是由于在高级渲染过程中计算量非常大，如计算机的配置较低，则渲染速度会很慢，甚至不能进行有效渲染。

进行渲染的方法和步骤为，先进行渲染设置，然后执行渲染命令，最后查看渲染效果。下面以实例方式说明操作方法：

打开文件：执行“应用程序→打开”，在“打开文件”对话框中，选取文件“安装目录 \ Solid Edge ST4 \ Training \ sbracvs. asm”，单击“全部激活”按钮，再单击“打开”按钮。打开的部件为没有任何渲染的咖啡壶。

## 5.14.1　渲染设置选项卡

单击图 5-126 所示“渲染”命令区中的“渲染设置”命令，出现的“渲染设置”对话框如图 5-127 所示，单击“确定”按钮。路径查找器转变为图 5-128 所示的“会话项”选项卡，渲染设置主要在图 5-128 所示的“会话项”选项卡和图 5-129 所示的“预定义归档文件”选项卡两个选项卡中设置。

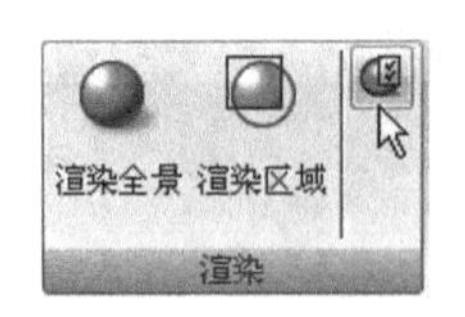


图 5-126　“渲染”命令区

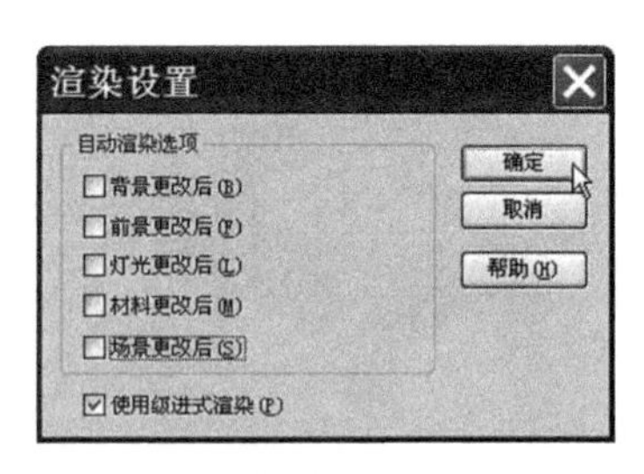


图 5-127　“渲染设置”对话框

比较图 5-128 和图 5-129 两个选项卡可看出，两个选项卡包括一些相同的选项，如“背景”、“材料”、“灯光工作室”、“前景”等。在图 5-128 所示“会话项”选项卡中，用户需自定义渲染参数和效果。在图 5-129 所示“预定义归档文件”选项卡中，用户可选取系统预定义的渲染选项，对于没有渲染经验的初学者，利用“预定义归档文件”选项卡进行渲染，选取预定义的渲染选项，将很快得到渲染结果。

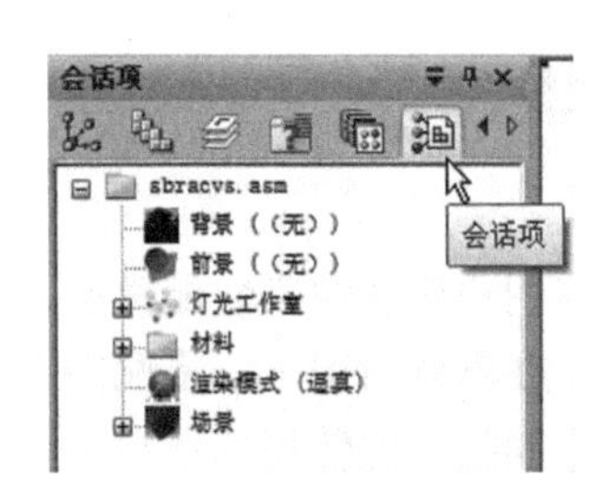


图 5-128　“会话项”选项卡

图 5-129　“预定义归档文件”选项卡

对图 5-128 所示“会话项”选项卡中的选项进行操作的方法是，双击指定选项，或者右击指定选项，在快捷菜单中选取“编辑定义”，如图 5-130 所示。

对图 5-129 所示“预定义归档文件”选项卡中的选项进行操作的方法是，拖动指定的选项到渲染工作区，或者右击指定选项，在快捷菜单中选取“应用于模型”，如图 5-131 所示。

当在两个选项卡中设置了渲染选项后，单击图 5-126 所示“渲染”命令区中的“渲染全景”命令，即可查看全景渲染效果。如果单击“渲染”命令区中的“渲染区域”命令，拖动鼠标框选装配件上要渲染的区域，指定的区域即被渲染。

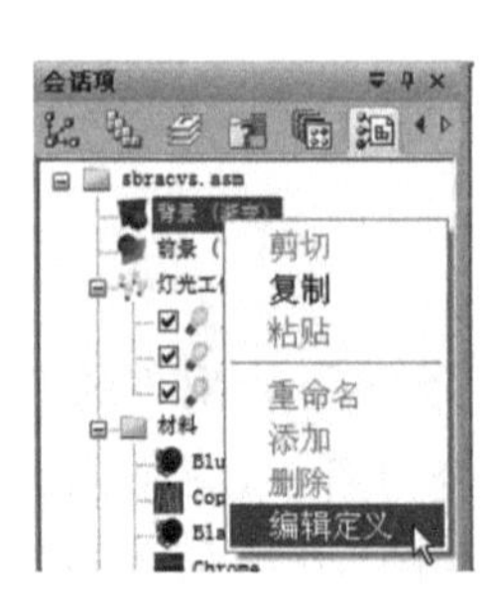


图 5-130　双击或选取“编辑定义”

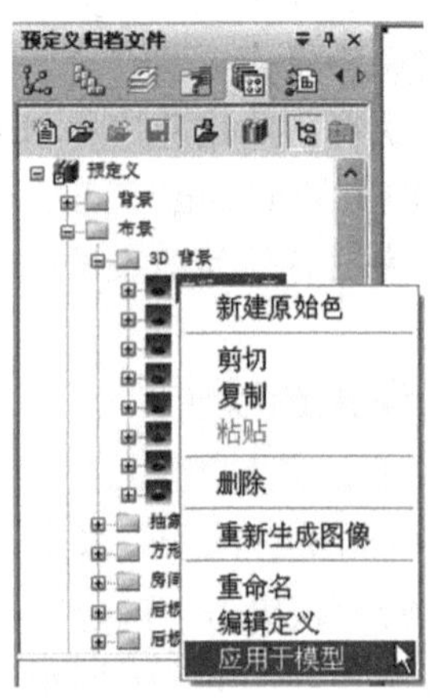


图 5-131　拖动或者选取“应用于模型”

如果在图 5-127 所示对话框中，勾选全部选项，每进行一次渲染设置，系统自动执行“渲染全景”命令，而不需要再单击“渲染”命令区中的“渲染全景”命令。

## 5.14.2　应用“会话项”选项卡进行渲染设置

图 5-128 所示“会话项”选项卡包括的渲染选项非常多，这里仅以其中“材料”和“灯光工作室”的设置为例，说明操作方法。

**1. 设置材料**

在图 5-132 所示“会话项”选项卡中，展开“材料”项，双击“Blue（clear)”弹出图 5-133 所示“材料编辑器”对话框。

图 5-132　双击 Blue（Clear）选项

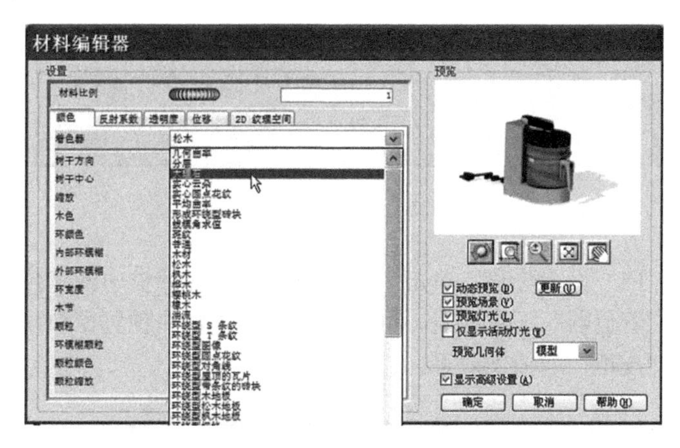


图 5-133　“材料编辑器”对话框之“颜色”选项卡

图 5-133 所示对话框包括了“颜色”、“反射系数”、“透明度”、“位移”和“2D 纹理空间”几个选项卡。

(1) 设置颜色和材质：在图 5-133 所示“颜色”选项卡中，单击“着色器”下拉列表，可为咖啡壶选取指定材质，每选取一种材质，在预览窗口中，可预览渲染效果。

(2) 设置反射系数：单击“材料编辑器”对话框中的“反射系数”选项卡，如图5-134 所示，单击“着色器”下拉列表，可选取反射介质，在预览窗口中，可预览渲染效果。图 5-135 为选取“光滑玻璃”的反射渲染效果。

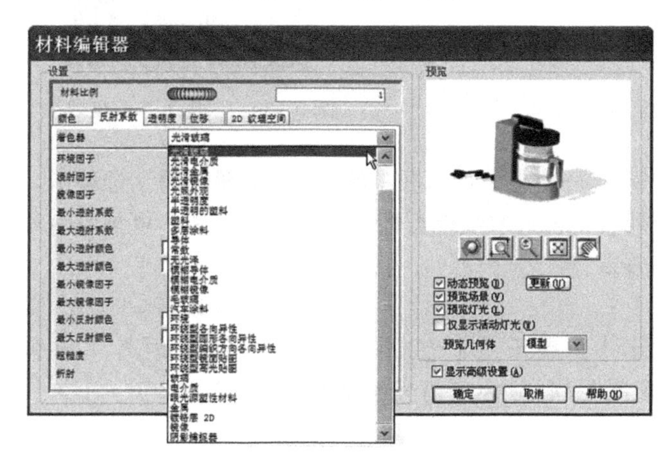


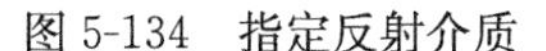

图 5-134　指定反射介质

图 5-135　“光滑玻璃”反射效果

（3）设置透明度：单击“材料编辑器”对话框中的“透明度”选项卡，如图 5-136 所示，单击“着色器”下拉列表，可选取透明设置，在预览窗口中，可预览渲染效果。图 5-137为选取“环绕型栅格”的渲染效果。

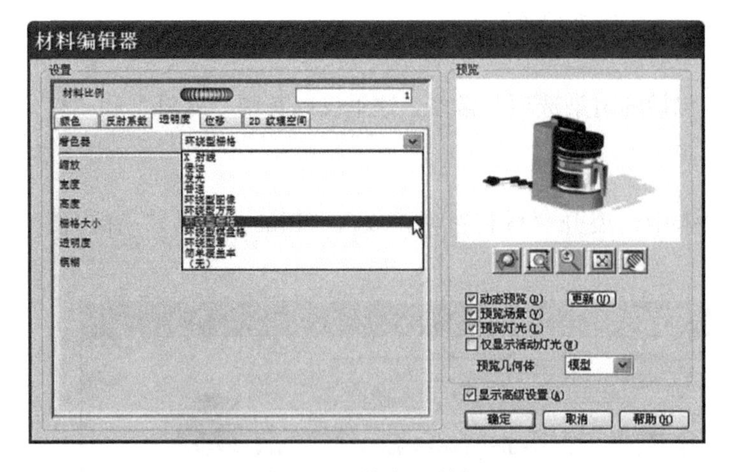

图 5-136　指定透明度

图 5-137　“透明度”渲染效果

（4）设置位移：单击“材料编辑器”对话框中的“位移”选项卡，如图 5-138 所示，单击“着色器”下拉列表，可选取位移设置，在预览窗口中，可预览渲染效果。图 5-139 为选取“皮革”的渲染效果。

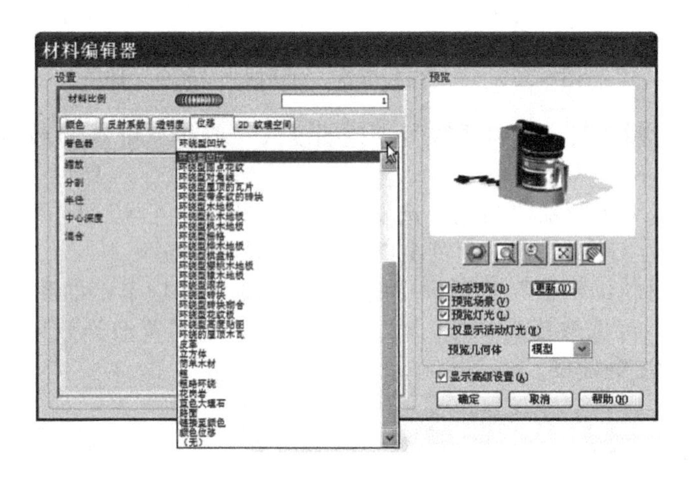

图 5-138　设置位移

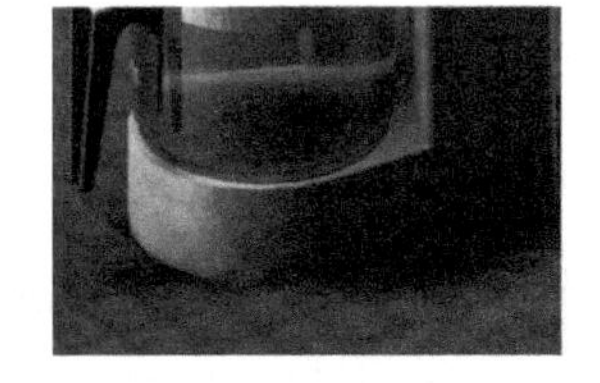

图 5-139　“皮革”渲染效果

（5）设置 2D 纹理空间：单击“材料编辑器”对话框中的“2D 纹理空间”选项卡，如图 5-140 所示，单击“着色器”下拉列表，可选取纹理类型，在预览窗口中，可预览渲染效果。图 5-141 为选取“球面”的渲染效果。

**2. 设置灯光**

在图 5-142 所示“会话项”选项卡中，展开“灯光工作室”项，右击“距离”，在弹出的快捷菜单中选取“编辑定义”，出现图 5-143 所示“灯光编辑器”对话框。

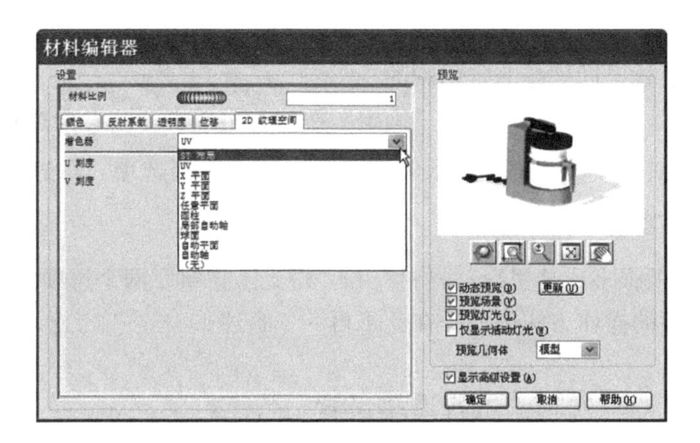


图 5-140　设置 2D 纹理空间

图5-141　“球面”渲染效果

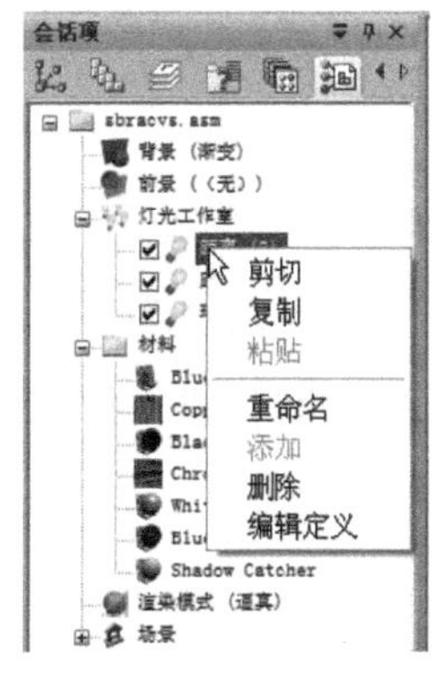


图 5-142　设置灯光

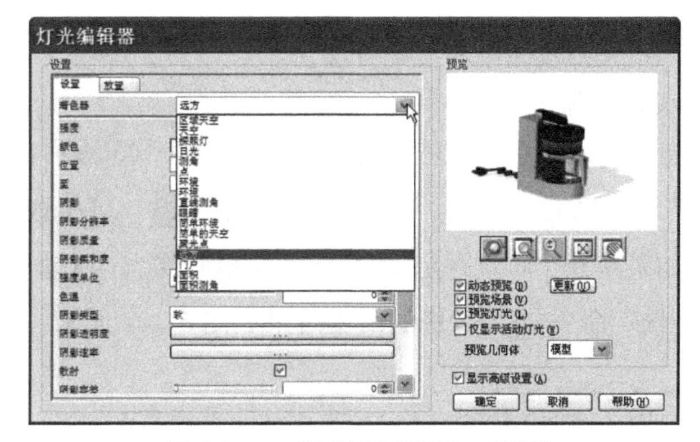


图 5-143　“灯光编辑器”对话框

在图 5-143 所示的“设置”和“放置”选项卡中，设置不同的灯光，放置不同的位置，将产生不同的渲染效果，如图 5-144 所示。

（a）环境光渲染

（b）聚光灯渲染

（c）点光源渲染

（d）平行光渲染

图 5-144　各种光源的渲染效果

渲染模块中光源的设置和调整是较为复杂和困难的，如果没有这方面的专业知识及耐心细致的调整，要达到较理想的渲染效果同样是非常困难的。

在完成了以上任何一项设置后，单击对话框中的“确定”按钮，再单击“渲染全景”命令，即可查看全景渲染效果。如果在图 5-127 所示对话框中，勾选全部选项，每进行一次渲染设置，系统自动执行“渲染全景”命令。

“会话项”选项卡中的渲染选项很多，这里以“材料”和“灯光工作室”两个选项为例，说明了操作方法和过程，其他选项的操作方法类似，在此不再一一赘述。

### 5.14.3 应用“预定义归档文件”选项卡进行渲染设置

在“预定义归档文件”选项卡中，可选取系统预定义的渲染设置，将装配件放置在预先设置好的场景中，对于没有专业渲染知识的初学者，使用“预定义归档文件”选项卡进行渲染设置，不失为较简单的渲染方法。

**1. 设置布景**

单击“预定义归档文件”选项卡，如图 5-145 所示，展开“布景→方形基部→水”，拖动“水”到工作区，单击“渲染全景”命令，可生成图 5-146 所示的以水为布景的渲染效果。如果展开“布景→房间→篮子与粗麻布”，拖动“篮子与粗麻布”到工作区，单击“渲染全景”命令，生成的渲染效果如图 5-147 所示。

图 5-145 布景设置

图 5-146 以水为布景

图 5-147 以篮子与粗麻布为布景

另一种操作方法是，右击选取的选项，在快捷菜单中选取“应用于模型”，单击“渲染全景”命令。

**2. 设置材料**

在“会话项”选项卡中设置材料，需逐项设置材料的属性，见 5.14.2 节。

在“预定义归档文件”选项卡中设置材料的操作方法为：

(1) 在工作区选取要分配材料的零件，如图 5-148 所示咖啡壶壶体。

(2) 展开“材料→宝石”，如图 5-149 所示，右击“红宝石”，在快捷菜单中选取“应用于所选对象”。指定材料的咖啡壶如图 5-150 所示。

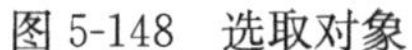

图 5-148　选取对象　　图 5-149　指定材料　　图5-150　按指定的材料渲染

另外一种操作方法是，拖动指定的材料，如“红宝石”到工作区，单击“渲染全景”命令。

**3. 设置灯光**

在“预定义归档文件”选项卡中，如图 5-151 所示，展开“灯光工作室”及其子目录，拖动选取的灯光方式至工作区，单击“渲染全景”命令。

如图 5-151 所示，选取“灯光工作室→彩色”，拖动“蓝绿色的聚光点”至工作区，单击“渲染全景”命令，生成的渲染效果如图 5-152 所示。

图 5-151　选取灯光

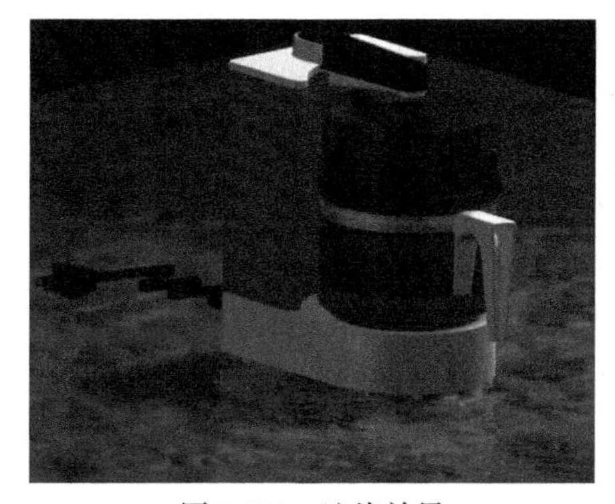

图 5-152　渲染效果

“预定义归档文件”选项卡中的渲染选项很多，这里以“布景”、“材料”和“灯光工作室”三个选项为例，说明了操作方法和过程，其他选项的操作方法类似，在此不再一一赘述。

## 5.14.4　以图片方式保存渲染

如果需要将满意的渲染结果以图片的方式保存，可以采取以下两种方法之一。

**1. 另存为图片文件**

(1) 选择“应用程序→另存为→另存为图像”，出现图 5-153 所示“另存为图像”对话框。

(2) 指定保存的文件类型为 .bmp，指定文件路径，输入图片文件的名称。

(3) 单击“选项”按钮，打开图 5-154 所示的“图像选项”对话框，可设置图片的高度、宽度、分辨率等参数，分辨率的数值越大图片质量越高，单击“确定”按钮保存。

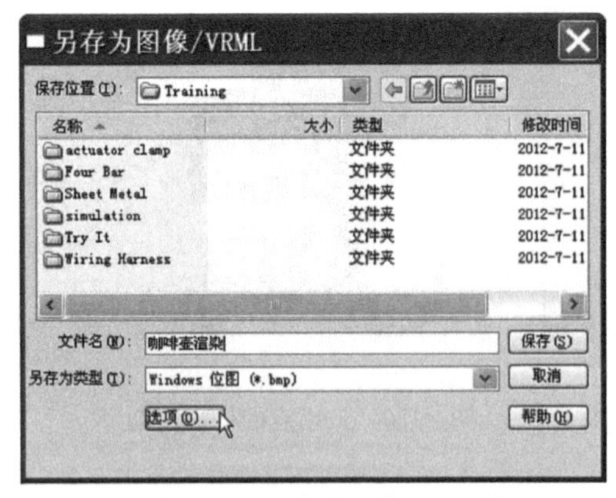


图 5-153 “另存为图像”对话框

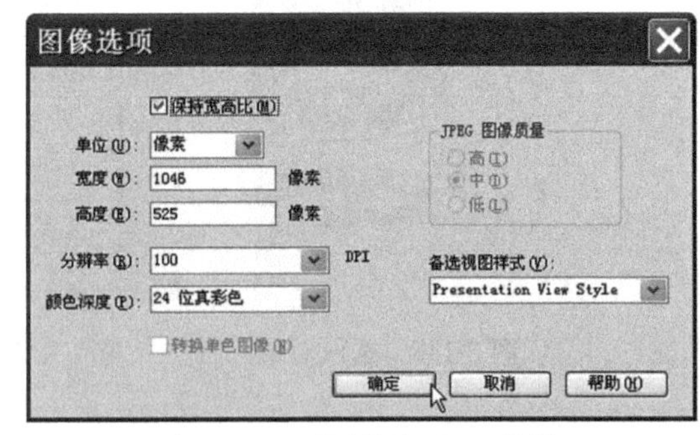


图 5-154 “图像选项”对话框

**2. 抓图保存图片**

(1) 使用抓图软件抓取图形。

(2) 保存抓图结果为图片格式文件，如 .jpg 格式或 .bmp 格式文件。

此方法比较方便，但图像质量一般。

## 小结及作业

本章着重介绍了装配的基本概念和基本知识，详细介绍了装配环节中各种装配关系的应用和操作方法。以球阀的装配为例，介绍了装配的基本方法和步骤，引入了子部件的概念，介绍了自下而上和自上而下两种装配方法及操作流程。介绍了在装配环境中设计新零件和编辑已有零件的方法，在装配环境中设计新零件时，常用草图环境中的“投影到草图”命令来保证零件间的尺寸协调性和关联性。对已完成装配的装配件，可以用装配命令对其进行编辑和修改，可以生成爆炸视图、三维装配剖视图和动画文件，还可以给零件分配不同的材质并进行干涉检查和物理属性计算等。

Solid Edge 的装配是简洁而有效的，根据本章所介绍的知识，完全可以对机械产品进行装配设计。

作业：

(1) 在自己的 U 盘或移动硬盘上，新建文件夹“球阀装配练习”，将“安装目录 \ Solid Edge ST4 \ Training”中的 seva01. par～seva09. par 共九个文件，复制到新建的文件夹中。

(2) 在 Solid Edge 装配环境中，在路径查找器的“零件库”选项卡中，指定文件调入路径为新建文件夹“球阀装配练习”，参照本书 5.5～5.10 节中的操作方法和步骤，完成球阀的装配、防尘盖的生成和爆炸图等其他装配表示，并以“球阀装配件 . asm”为文件名保存在新建文件夹“球阀装配练习”中。

(3) 在 Solid Edge 装配环境中，设置零件库的文件路径为“安装目录 \ Solid Edge ST4 \ Training”，调用其中的 plate1. par、bearing1. par、shaft1. par、washer1. par 和“lever1. par”五个零件，装配成如图 5-155(a)所示的装配件；给零件分配不同的颜色；生成如图 5-155(b)所示的爆炸图，并进行干涉检查。

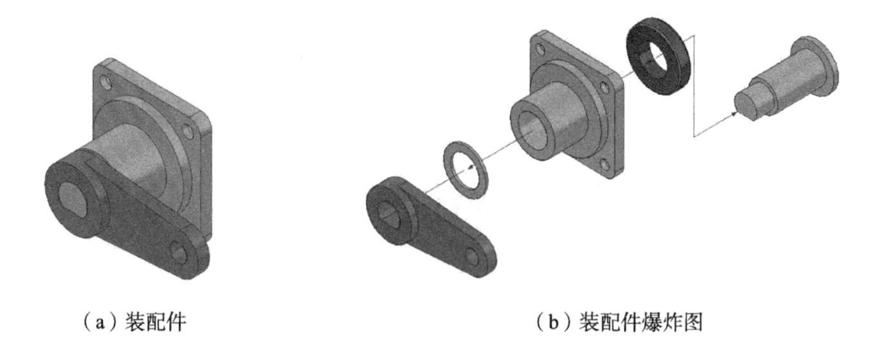

（a）装配件　　　　（b）装配件爆炸图

图 5-155　装配件图示

（4）参考“安装目录\Solid Edge ST4\Training”中的千分尺文件 Stoamm. asm，如图 5-156 所示，在 Solid Edge 装配环境中，调用其中的 Frame3. par、Anvil1. par、NamePlate1. par、Screw2. par、Stem1. par、Plate3. par、Binder1. par、Barrel1. par、Spindless. par、Thimble1. par、washer2. par 和 Screw1. par 等 12 个零件，按装配爆炸图图5-157 所示的安装顺序，重新完成千分尺的装配。

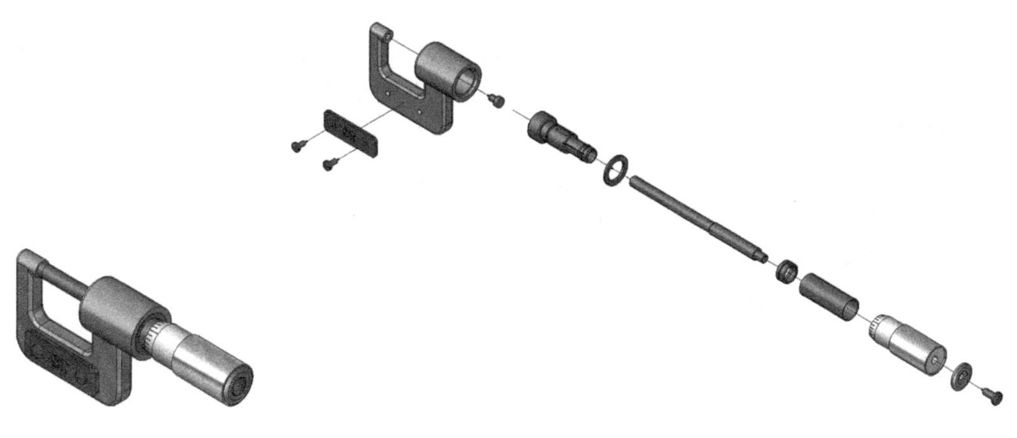

图 5-156　千分尺　　　　图 5-157　千分尺装配爆炸图

# 第 6 章　管道设计和机构运动仿真

本章对装配模块中的管道设计和机构运动仿真进行简单的介绍。

## 6.1　管 道 设 计

Solid Edge ST4 三维设计不仅可以完成零件、部件的设计，还可以对机器或部件中包括的管道进行设计。管道设计是在已有装配体的基础上，增加管件、接头等管道专用零件。管道设计是装配环境中的专用设计工具。

机器或部件中的管道主要指传输液体或气体的零件，某些产品包含液压机构和气压机构，它们都需要管道作为流体的传输介质。Solid Edge 的管道设计模块专门解决机器中各类管道设计的问题。由于管道设计是在已有零件或装配件的基础上进行的，因此，管道设计是装配设计环境中的一个子模块。

管道设计的基本工作流程为：首先根据要连接的接头，自动或手动生成管道路径，然后在路径上添加管道特征。所生成的管道特征作为专门的零件被保存，并可在装配路径查找器和零件列表中查找该零件。

下面以实例的方式简单介绍管道设计的方法和过程。

### 6.1.1　进入管道设计环境

**1. 打开文件并另存文件**

(1) 打开文件：在任意 Solid Edge ST4 环境中，选取“应用程序→打开”，在“打开文件”对话框中，选取打开文件类型为 . asm，选取“安装目录 \ Solid Edge ST4 \ training \ seaabtb. asm”文件，并选中“将激活替代应用于零件”中的“全部激活”选项，单击“打开”按钮，进入装配设计环境，并打开 seaabtb. asm 文件。

(2) 另存文件：选取“应用程序→另存为”，在“另存为”对话框中，指定新的文件名 seaabtb1. asm，单击“保存”按钮。

另存文件是为了完整保存原有教学文件，方便其他用户使用。

**2. 进入管道设计环境**

选取“工具→环境→管线设计 管线设计”命令。

进入管道设计环境，如图 6-1 所示。可以看到，一个任务导向系统自动过滤掉与管道设计无关的命令，屏幕上方的命令菜单区只包括与管道设计相关的命令，选取对象时也只能选中与管道设计相关的零件或部件。

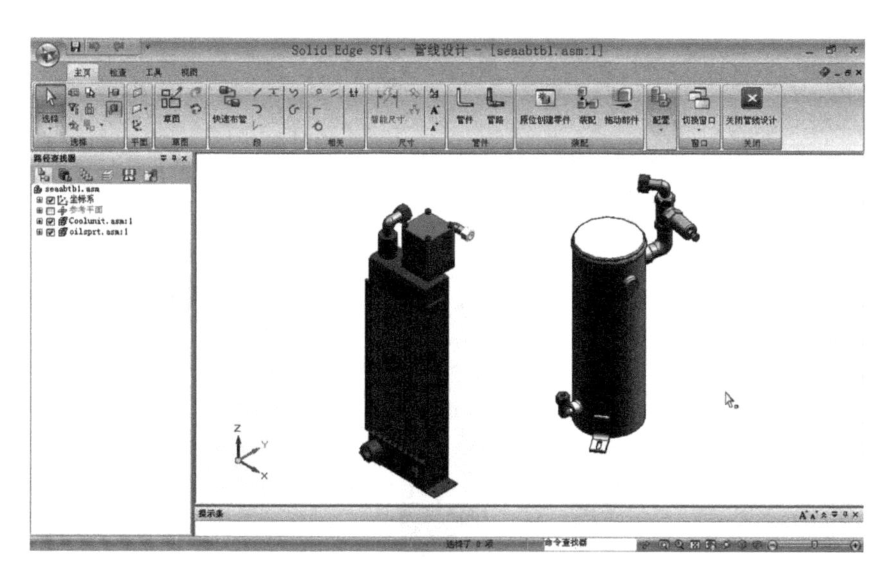

图 6-1　管道设计环境

## 6.1.2　自动生成管道特征

在 Solid Edge 的管道设计环境中，生成管道特征的方法和步骤为：首先生成管道路径，然后在管道路径上添加管道特征。管道路径是管道的中心线，指定了管道路径的起点和终点，由系统自动生成。

下面以在图 6-2 所示两个 ftnt18mm. par 接头间自动生成管道特征为例，说明操作方法和步骤。

**1. 自动生成管道路径**

(1) 选取“主页→段→快速布管”命令。工具条如图 6-2 中所示。

(2) 选择管道路径的起点：点击第一个接头端面的内圆，如图 6-2 所示。

(3) 选择管道路径的终点：点击第二个接头端面的内圆，如图 6-2 所示。

(4) 选择路径：系统自动在管道起点和终点之间计算出多条合适的路径，单击图 6-2 所示工具条上的“下一路径”按钮和“上一路径”按钮查看所生成的路径，直到出现图 6-2 所示路径为止，在“管口段长度”下拉列表中输入指定的长度 40，即端口处线段的长度。

(5) 结束步骤：单击“完成”按钮，结束命令。

生成的管道路径如图 6-2 所示。

说明：①如果在选取管道端口时，零件不能被选中，可使用图 6-2 所示工具条上的“激活零件”按钮激活指定零件。②系统自动生成的管道路径，其初始计算结果是生成两端口间的最短路径，两端口的管道与端口同轴，并距端口为指定的距离（“管口段长度”下拉列表中给定)。

**2. 在管道路径上添加管道特征**

(1) 选取“主页→管件→管件”命令，弹出图 6-3 所示“管件选项”对话框。

(2) 设置管件选项：单击图 6-3 中“文件位置”下拉列表后的“浏览”按钮，可指定文

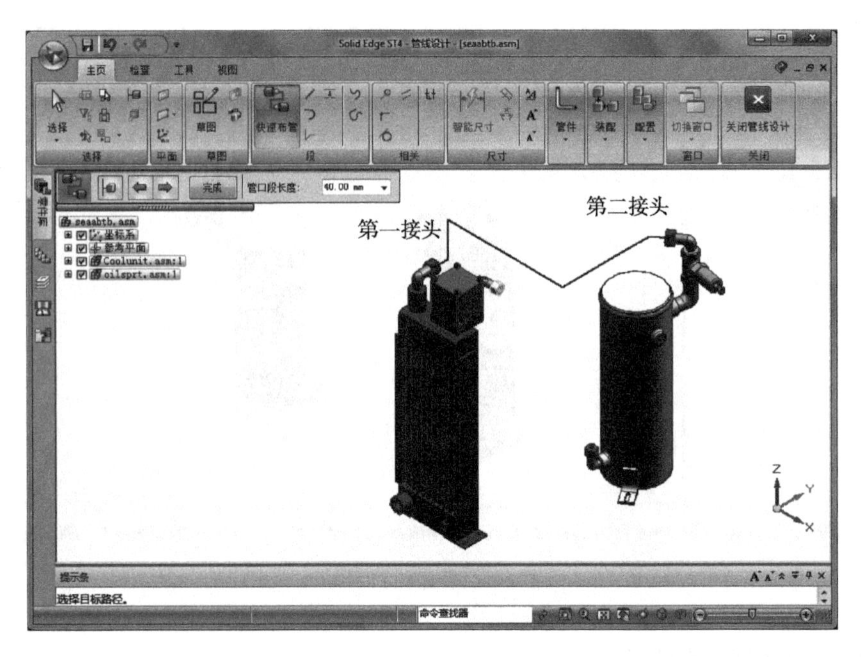


图 6-2　生成管道路径

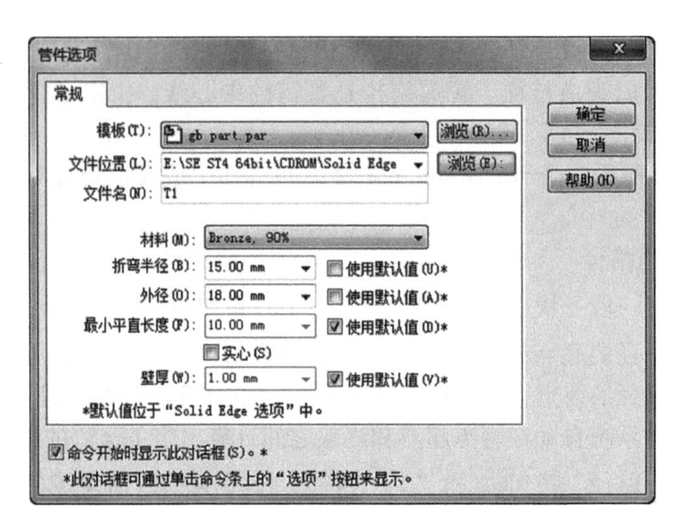


图 6-3　“管件选项”对话框

件保存的路径；在“文件名”中输入文件名，如“T1”，指定管道材料为 Bronze 90%，折弯半径 15mm，外径 18mm，管壁厚度 1mm，其他选项为默认值，单击“确定”按钮。工具条如图 6-4 所示。

图 6-4　“管道特征”工具条

（3）指定管件路径：选取刚才新生成的管道路径，单击“接受”按钮。

（4）端部处理步骤：单击该按钮，工具条如图 6-5 所示，在“端 1”和“端 2”下拉列表中分别输入 5，表示管道向接头端口内伸入的长度。

图 6-5　指定管道生成的参数

(5) 结束步骤：单击“预览”按钮，预览所生成的管道。

(6) 单击“完成”按钮，再次出现图 6-3 所示对话框，单击“取消”按钮，结束命令。

在两接头间生成的连接管道如图 6-6 所示。

说明：所生成的管道作为零件并以指定的文件名 T1. par 保存在指定的路径中，且在装配路径查找器中列出，如图 6-6 所示。

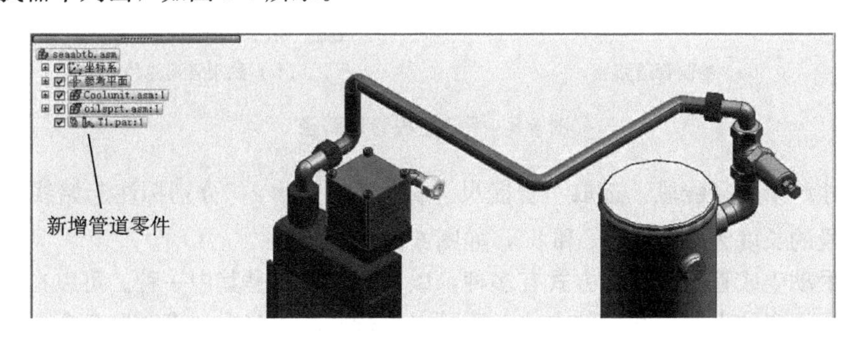


图 6-6　自动生成的管道特征

## 6.1.3　手动生成管道特征

手动生成管道特征与自动生成管道特征的方法和步骤相同，首先生成管道路径，然后在管道路径上添加管道特征。区别在于，管道路径生成的方式不同。

在两个 Ftnt15MM. par 接头间手动生成管道特征的操作方法和过程如下。

**1. 手动生成管道路径**

(1) 单击“主页→段→直线 ”命令。

屏幕上出现控制线段方向的三条坐标轴，如图 6-7 所示。用鼠标拖动坐标轴中心，可移动坐标系到屏幕任何位置。

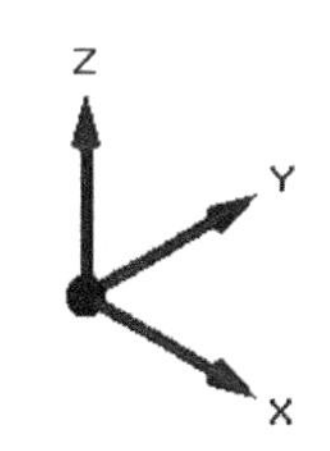


图 6-7　坐标轴和坐标面

按 Z 键，或直接单击坐标轴，可使系统在 X、Y、Z 三个基本轴之间切换，保证所绘线段在空间与选定的轴平行。按 X 键，或在两坐标轴间单击，可在由两坐标轴形成的三个参考面间切换，保证所绘制线段在空间与指定参考面平行。

如果不选择任何坐标轴和坐标面，用鼠标确定线段的端点，则所绘线段为任意三维空间线段，起始线段保证与端口内圆同轴，其他线段不受任何约束。

(2) 绘制管道路径：指定起点为第一接头端口内孔的圆心，不选择任何坐标轴和坐标面，用鼠标单击画出连接两接头端口的四条线段，如图 6-8(a)所示。这四条线段的起始线段保证与端口内孔同轴，其他线段为任意空间线段。

(3) 几何约束路径线段：为保证制造和装配的正确性，单击“同轴”关系 ，约束终止线段与第二接头端口的内孔同轴；选定“平行”关系 ，约束第三线段与 X 坐标轴平行，如图 6-8(b)所示。

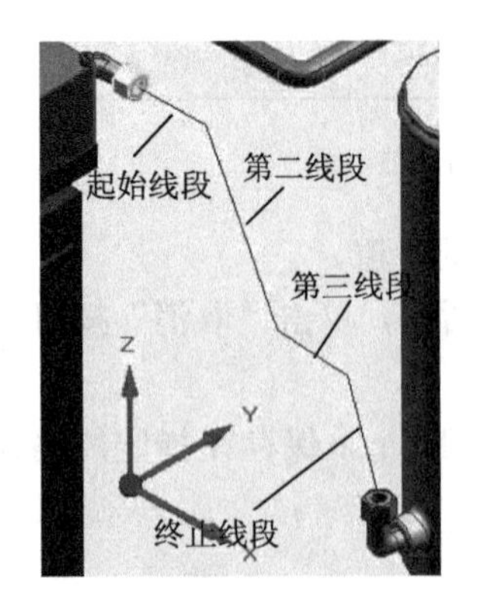


(a) 绘制管道路径

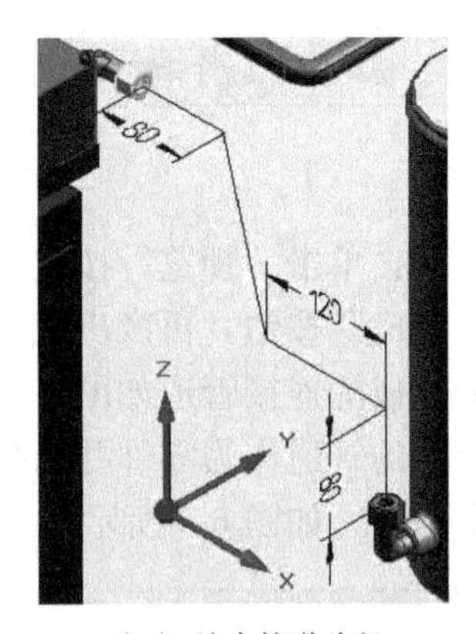


(b) 约束管道路径

图 6-8　手动生成管道路径

(4) 尺寸约束路径线段：选取“智能尺寸标注”按钮，分别标注起始线段、第三线段和终止线段的长度为 80、120、和 80，如图 6-8(b)所示。

说明：手动生成管道路径的方式有多种，以上介绍的只是其中一种。可以在绘制时利用坐标轴或坐标面来约束所绘线段的方位，还可以执行两次或多次“直线”命令，分别从两接头端口内孔圆心画出路径线段，使两部分路径相连，以确保路径端口处线段与端口内孔同轴。线段绘出后，可以用工具条上的约束关系（同轴、连接、平行、相切）和尺寸约束（智能尺寸标注、轴向长度、夹角）对线段进行约束。

**2. 在路径上添加管道特征**

(1) 选取“主页→管件→管件”命令。

(2) 设置管件选项：按图 6-9 所示“管件选项”对话框中的文件名（如“T2”）和尺寸设置管道参数，单击“确定”按钮。

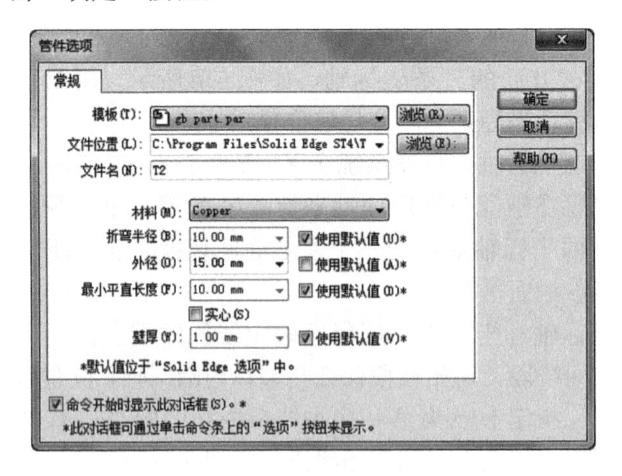


图 6-9　“管件选项”对话框

(3) 指定管件路径：选取上文“直线”命令生成的管道路径，单击“接受”按钮。

(4) 结束端步骤：单击该按钮，在“端 1”和“端 2”中分别输入 5。

(5) 单击“预览”按钮，预览所生成的管道。

(6) 单击“完成”按钮，再次出现图6-9所示对话框，单击“取消”按钮，结束命令。

手动生成的管道特征如图 6-10 所示。所生成的管道作为零件 T2.par 保存在指定的路径中，且在装配路径查找器中列出，如图 6-10 所示。

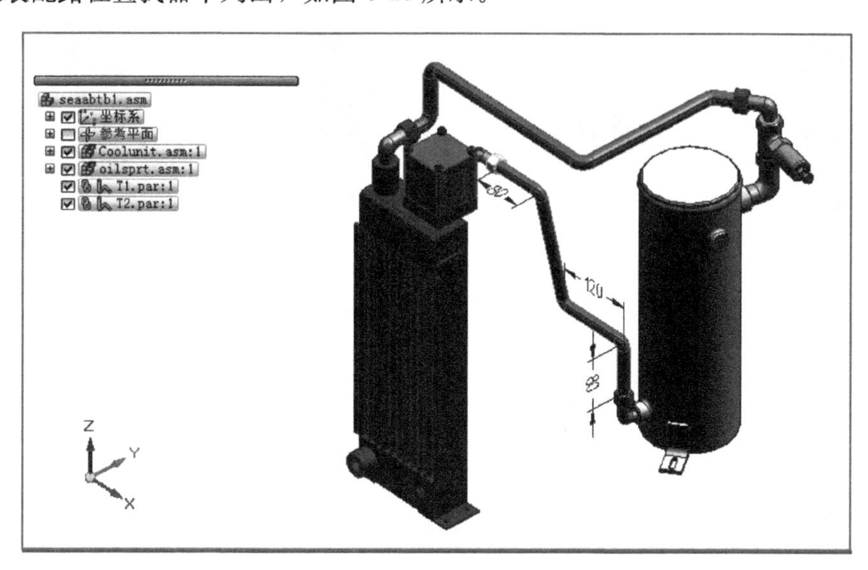


图 6-10 手动生成的管道特征

### 6.1.4 编辑、修改管道

编辑、修改管道是指可以对管道路径和管道特征分别进行修改。

**1. 删除管道和删除路径**

一旦管道特征生成，管道和路径是两个独立的实体，删除管道并不连带删除路径，删除路径也不影响管道的存在。

删除方法为：在工作区内，或在装配路径查找器中，选中管道或路径，按 Delete 键。

**2. 编辑路径**

编辑路径指对自动或手动生成的路径进行几何约束、尺寸约束和移动路径。几何约束（同轴、连接、平行、相切）和尺寸约束（智能尺寸标注、轴向长度、夹角）的操作方法与草图环境中对应的约束关系基本相同，在此不再赘述。下面仅介绍移动路径。

移动路径可改变路径中指定线段的位置，操作方法为：

(1) 选取“主页→段→移动直线段”命令。

(2) 将鼠标指针置于要移动的路径线段上并拖动到新的位置，即可改变线段的位置，如图 6-11 所示。

(3) 选取“工具→链接→更新关系”，或按 Ctrl+U 键。

路径被移动后，管道的位置随路径的改变而改变，如图 6-12 所示。

说明：可以在添加管道特征之后移动路径，也可在路径生成后及时移动。

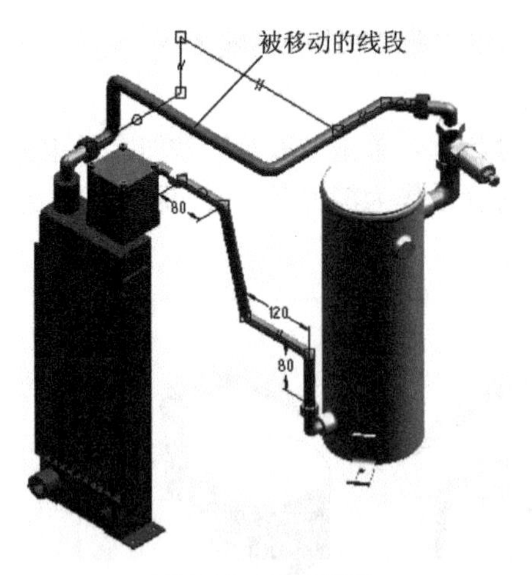


图 6-11　移动路径

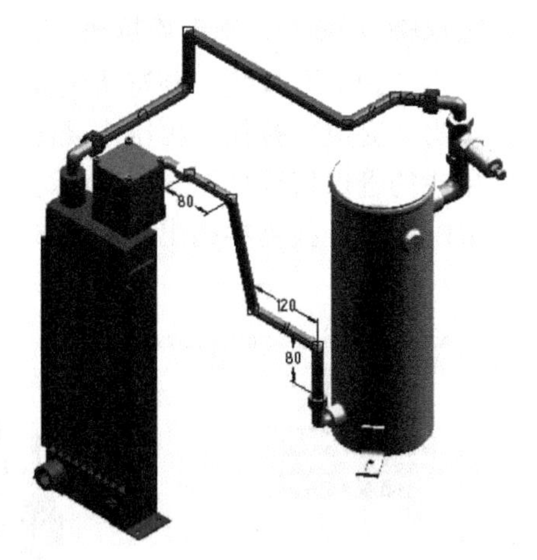


图 6-12　管道位置随路径的改变而改变

**3. 编辑管道**

在工作区内，或在装配路径查找器中，选中管道，单击屏幕上出现的“编辑定义”按钮，出现如图 6-13 所示的“编辑管道”工具条，可对生成管道特征的各个步骤分别进行所需的修改。

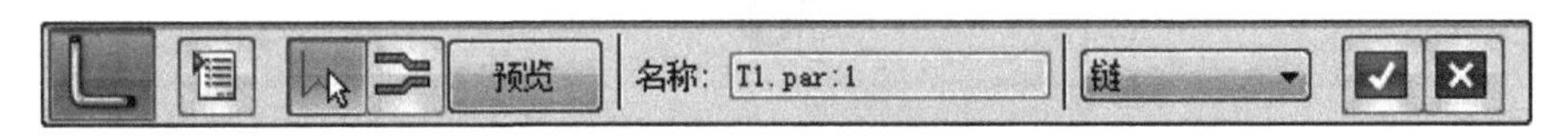


图 6-13　“编辑管道”工具条

### 6.1.5　退出管道设计环境

单击“关闭管线设计”按钮，可退出管道设计环境，返回装配设计环境。

在进入管道设计环境之前，所有的接头、弯管必须在装配环境中装配到位。在管道设计环境中生成的管道路径，添加的几何约束和尺寸，在装配环境中将不显示。在装配环境中，如果双击管道，可重新进入管道设计环境，并可对管道进行编辑、修改或增加其他管道特征。

## 6.2　机构运动仿真

机构运动仿真是装配环境中的另一个子模块，能够根据装配模型自动或人为指定固定件和运动件，并根据装配关系定义各关节的运动特性，进行运动仿真。它通过一个简单易用的“向导”样式界面，可以添加附加的连接、弹力和运动发生器，并包含一个三维动态运动引擎，可以仿真的情况远远超出简单链接或运动类问题的范畴。仿真结果可以用来生成移动组件的动画，也可用来检查部件在其整个仿真运动过程中的干涉情况。

机构运动仿真是通过在已有装配模型上定义零件间的运动自由度和参数来实现的，有两种方式来创建运动仿真：导向方式和运动管理器方式。

下面以实例的方式简单介绍机构运动仿真的方法和过程。

## 6.2.1　进入机构运动仿真环境

### 1. 打开文件并另存文件

（1）打开文件：在装配环境中（或其他环境中），选取“应用程序→打开”，在“打开文件”对话框中，选取“安装目录 \ Solid Edge ST4 \ training \ Four Bar \ fourbar. asm”文件，并选中“将激活替代应用于零件”中的“全部激活”选项，单击“打开”按钮，进入装配设计环境，并打开 fourbar. asm 文件。

（2）另存文件：选取“应用程序→另存为”，在“另存为”对话框中，指定新的文件名 fourbar1. asm，单击“保存”按钮。以便完整保存原有教学文件，方便其他用户使用。

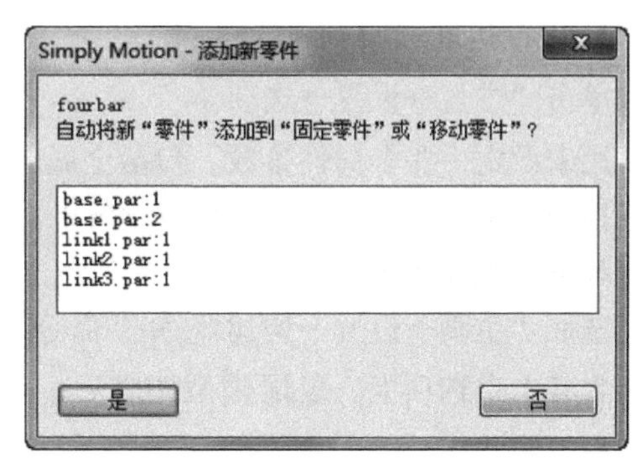


图 6-14　“Simply Motion-添加新零件”对话框

### 2. 进入运动仿真环境

在装配环境中，选取“工具→环境→运动”命令。出现图 6-14 所示对话框，单击“否”按钮，进入机构运动仿真环境，如图 6-15 所示。可以看到，机构运动仿真环境包含了“主页”、“检查”、“工具”、“视图”四个选项卡，每个选项卡包括了不同的命令区。

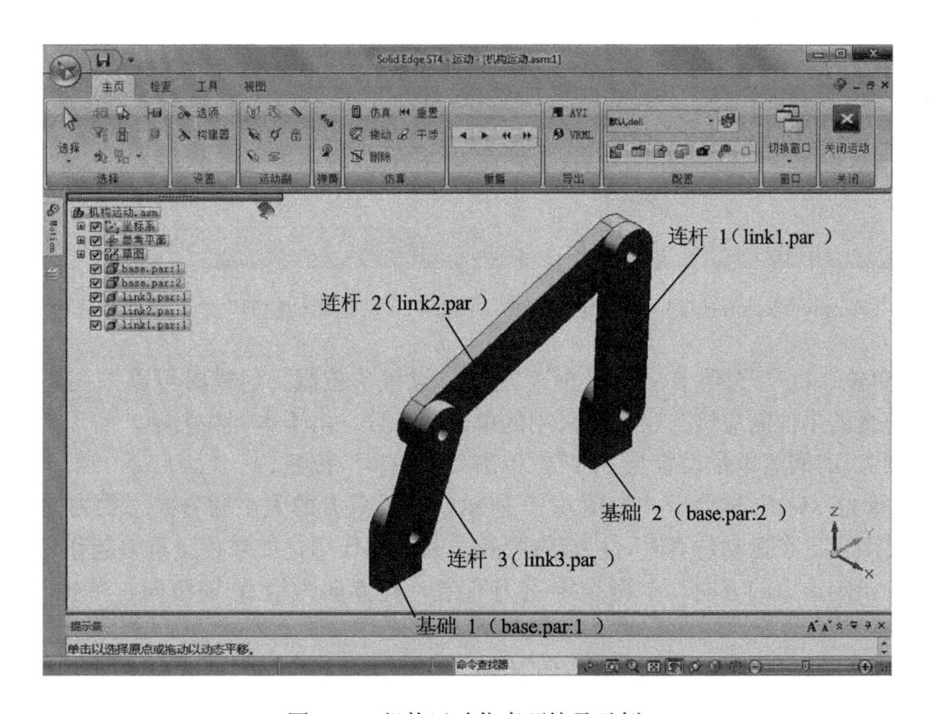


图 6-15　机构运动仿真环境及示例 1

## 6.2.2 导向方式建立运动仿真

图 6-15 中是一个四连杆机构，由两个基础（base. par：1 和 base. par：2）和三个连杆（link1. par、link2. par、link3. par）组成，在装配环境中已完成它们的装配，装配关系可以在运动管理器或装配路径查找器中看出。

如果要让连杆 3 link3. par 绕连杆 3 与基础 1 的轴线逆时针方向旋转，从而带动其他连杆转动，用导向方式建立机构运动仿真，操作方法和步骤如下。

**1. 设置运动选项**

单击“主页→设置→选项”命令，弹出图 6-16 所示的“Simply Motion 选项”对话框，用来设定一些全局性参数，包括全局调整、显示控制、运动仿真的控制、求解器设置和动画控制五个部分。这里采取系统设置的默认值，单击“确定”按钮。

**2. 设置运动参数**

选取“主页→设置→构建器”命令，弹出图 6-17 所示的“运动构建器”对话框，其中包含有十个选项卡。装配模型建立后，要进行运动仿真，必须按步骤对这些选项卡进行设置。

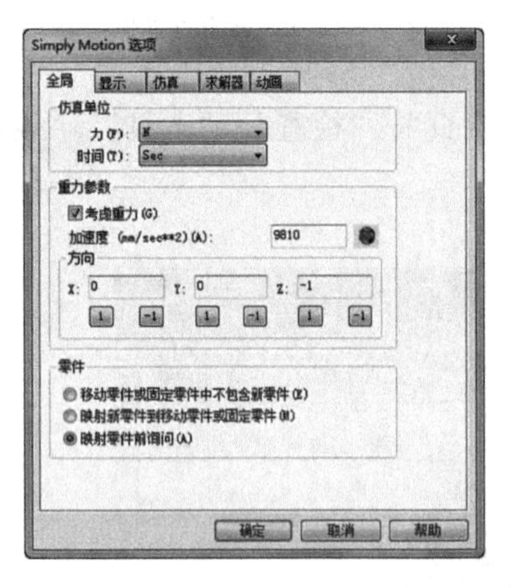


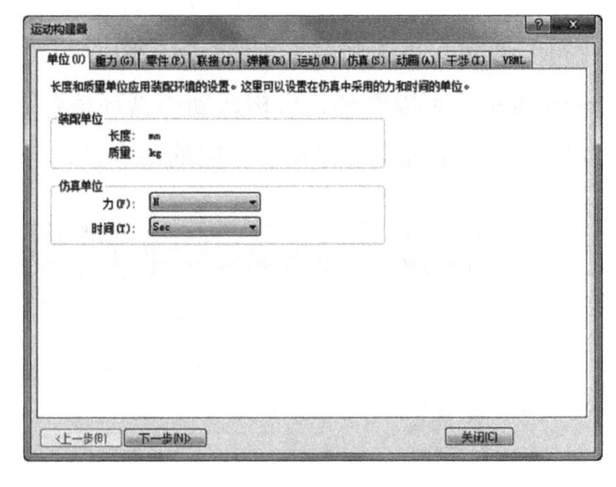

图 6-16 “Simply Motion 选项”对话框

图 6-17 “运动构建器”之“单位”选项卡

(1)“单位（U）”选项卡：如图 6-17 所示，设置单位制。建模时可以采用不同的单位制，运动仿真的单位制应该与建模时采用的单位制一致。由于本例为公制，所以力的单位设置为“牛顿”、时间的单位设置为“秒”，单击“下一步”按钮。

(2)“重力（G）”选项卡：如图 6-18 所示，设置重力的大小和方向。重力是影响运动的一个重要因素。在运动仿真时，可以选择重力是否起作用，如果指定重力起作用，则根据实际情况，指定重力的方向。本例设定重力有效，且方向为沿 Y 轴负向，单击“下一步”按钮。

(3)“零件（P）”选项卡：如图 6-19 所示，指定移动和固定零件。装配体中的零件可分为固定零件和移动零件。本例中，两个 base. par 零件是固定零件，在右侧的列表中选取它们（按住 Ctrl 键），拖动到左侧的“固定零件”上；三个连杆（link1. par、link2. par、link3. par）是移动零件，在右侧的列表中选取它们（按住 Shift 键），拖动到左侧的“移动零件”上，结果如图 6-19 所示。单击“下一步”按钮。

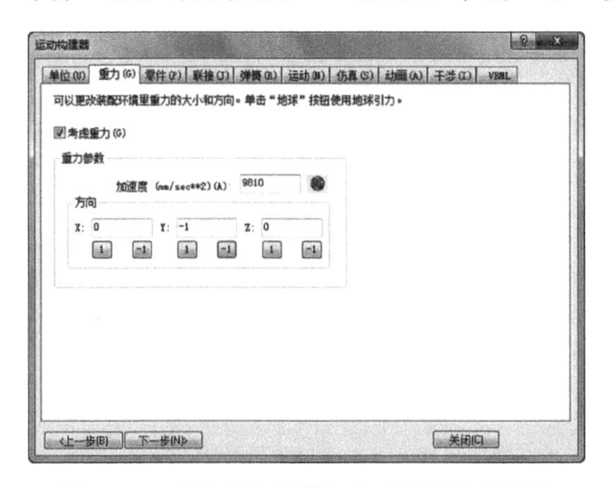

图 6-18　“运动构建器”之“重力”选项卡

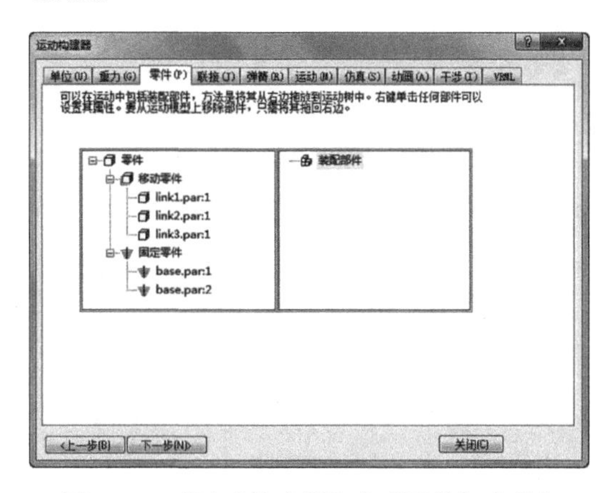


图 6-19　“运动构建器”之“零件”选项卡

说明：如果要改变设置，在图 6-19 左侧的列表中选定要修改的选项，按 Delete 键，即可使指定选项恢复到右侧“装配部件”列表，并可重新进行设置。

(4)“联接 (J)”选项卡：如图 6-20 所示，指定零件间连接方式。零件之间的连接方式决定了零件的自由度，从而也决定了零件的运动特性，一般来说，在指定了固定零件和移动零件后，系统会自动根据装配关系，设定零件之间的连接。本例中，默认系统根据装配关系自动确定了连接方式“旋转”，单击“下一步”按钮。

(5)“弹簧 (R)”选项卡：如图 6-21 所示，设置弹簧属性。如果装配体中存在弹簧连接，则需要指定属性。本例中不存在弹簧连接，单击“下一步”按钮。

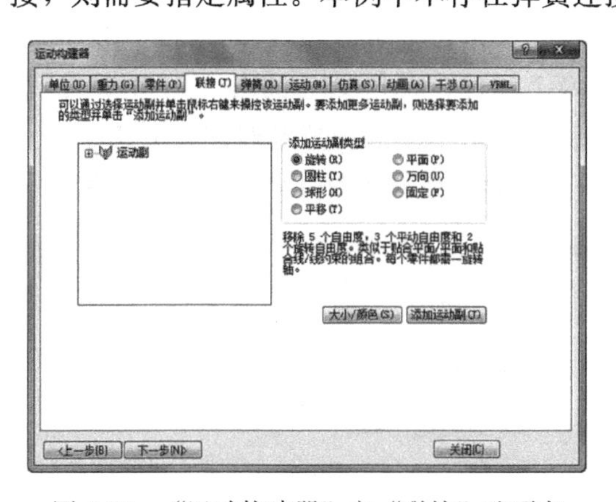


图 6-20　“运动构建器”之“联接”选项卡

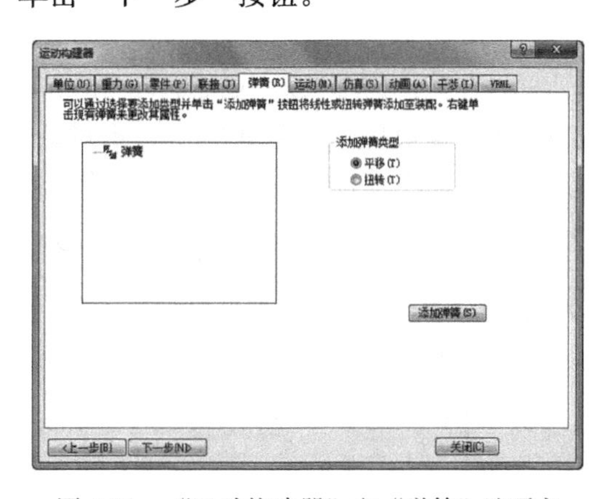


图 6-21　“运动构建器”之“弹簧”选项卡

(6)“运动 (M)”选项卡：如图 6-22 所示，设置指定主动零件的运动方式和速度。本例中，link3. par 为主动零件，需要在 link3. par 与 base1. par 的连接铰上施加一个初速度。展开左侧的链接，选取“旋转 3”，右侧出现设置项，按图 6-22 设置主动零件的运动方式和速度，单击“下一步”按钮。

(7)“仿真 (S)”选项卡：如图 6-23 所示，设置动画生成的参数，并预览结果。这里采用系统默认的设置，单击“仿真”按钮，移开对话框，在屏幕上可预览以上设置产生的动画仿真结果，如果满意，单击“下一步”按钮，否则单击“删除结果”按钮。本例中，预览结果后，单击“下一步”按钮。

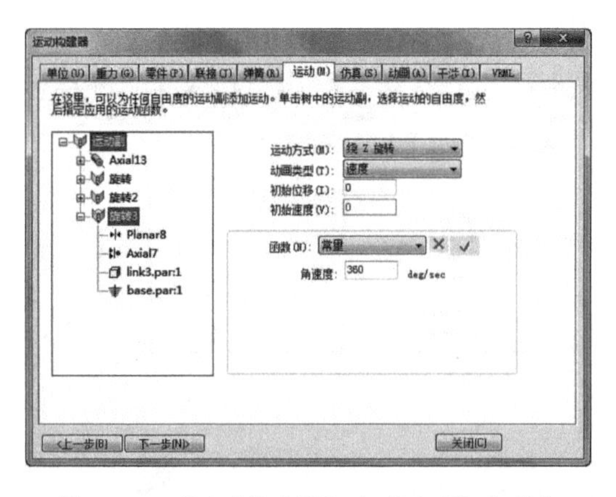

图 6-22　“运动构建器”之“运动”选项卡

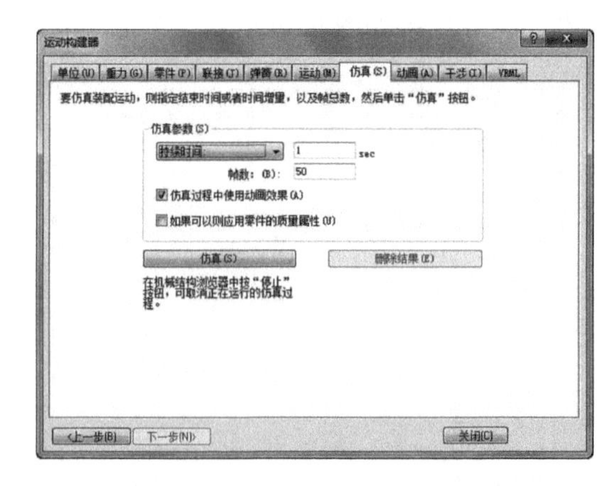

图 6-23　“运动构建器”之“仿真”选项卡

(8)“动画（A)”选项卡：如图 6-24 所示，生成动画文件。前面步骤设置了运动的方式和参数，并对产生的运动仿真结果进行了预览。要保存动画仿真结果，在图 6-24 所示对话框中，单击“浏览”按钮，可设置动画文件保存的路径和文件名，在“帧”设置栏中可重新设置动画参数，单击“预览”按钮，可查看动画效果。满意后，单击“创建动画”按钮，便可在指定文件中保存结果，文件类型默认为 .avi。本例中，单击“创建动画”按钮，在屏幕上出现动画方式的机构运动仿真，几秒钟后，动画文件创建完毕，返回图 6-24 所示对话框，单击“下一步”按钮。

(9)“干涉（I)”选项卡：如图 6-25 所示，检查运动干涉和碰撞情况。

操作方法为：单击图 6-25 中的“检查干涉”按钮，出现图 6-26 所示“查找干涉超时”对话框，在工作区中选取 base1. par 和 link3. par 两个零件，单击图 6-26 中的“立即查找”按钮，查找结束后，出现图 6-27 所示对话框，列表中显示干涉的位置和时间，分析干涉可以发现，是由于连杆 2 安装反了的缘故所致，连杆 2 应该安装在连杆 1 和连杆 3 的前面。

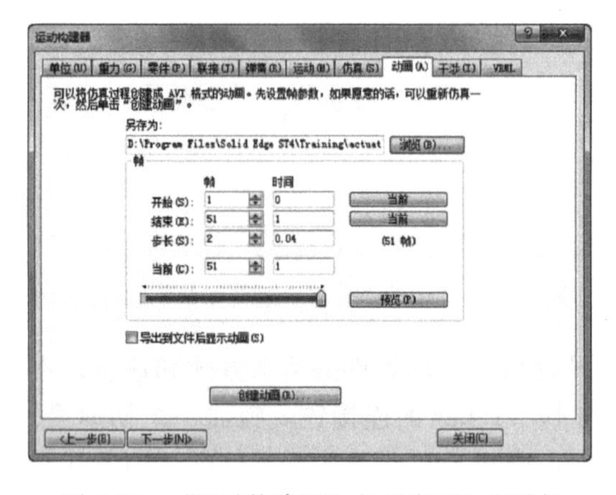

图 6-24　“运动构建器”之“动画”选项卡

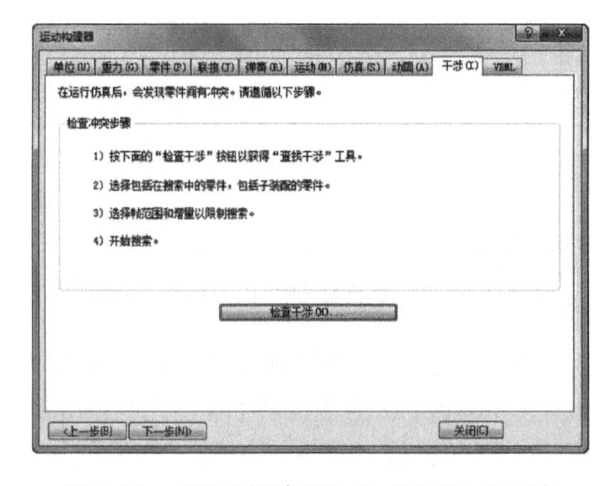

图 6-25　“运动构建器”之“干涉”选项卡

如果要继续检查其他零件是否有干涉，单击图 6-27 中的“新建搜索”按钮，又出现图 6-26 所示对话框，单击“清除零件”按钮，清除前面的检查，重新选取另外两个零件，重复前面的步骤，便可进行新的干涉检查，直到检查完毕。

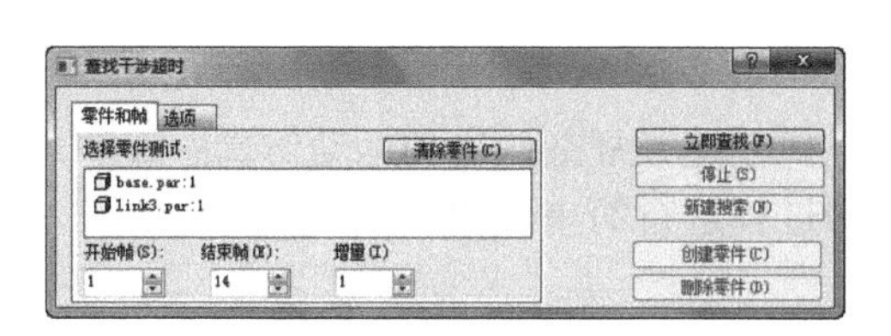

图 6-26　“查找干涉超时”对话框

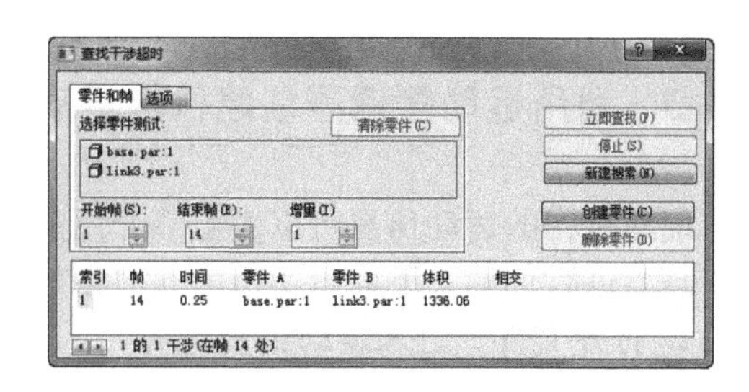


图 6-27　干涉情况列表

关闭上述“查找干涉超时”对话框，返回到图 6-25 所示的“干涉”选项卡，单击“下一步”按钮。

说明：如果不需要进行干涉检查，则不必进行以上操作，可直接单击“下一步”按钮。

(10) VRML（虚拟现实）选项卡：如图 6-28 所示，将动画结果以 VRML 文件的形式保存，VRML 文件可以使用支持 VRML 的浏览器在互联网上浏览。单击“浏览”按钮可设置文件路径和文件名，单击“创建 VRML…”按钮可生成 VRML 文件。如果不需要创建 VRML 文件，直接单击“关闭”按钮。本例中，单击“创建 VRML…”按钮，然后单击“关闭”按钮。

至此，完成了用导向方式创建机构运动仿真的全过程。

**3. 播放仿真结果**

单击“主页→重播→向前重播 ▶”命令，可播放动画仿真结果，可以看到，连杆 3 绕其与基础 1 的轴线转动，并带动连杆 1 和连杆 2 一起运动。并且零件间的连接关系也显示出来，如图 6-29 所示。

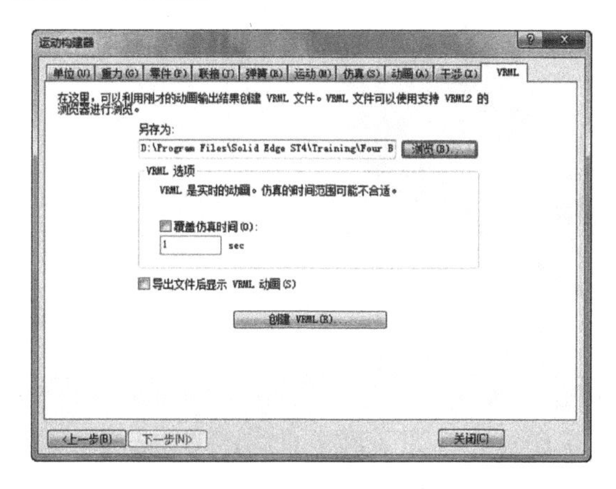


图 6-28　“运动构建器”之 VRML 选项卡

图 6-29　动画仿真结果

单击“仿真”命令区中的“删除”命令，可删除当前仿真结果；单击“仿真”命令，可重新计算仿真结果。

**4. 返回装配环境**

单击“关闭运动”按钮，退出运动仿真环境，返回装配设计环境。

## 6.2.3　利用运动管理器创建机构运动仿真

简单机构的运动仿真可以由上节介绍的导向方式创建，复杂的机构运动仿真一般利用运动管理器进行创建，下面以实例方式对创建方法和过程进行简单介绍。

**1. 打开文件，进入运动仿真环境**

在装配环境中（或其他环境中），选取“应用程序→打开”，在“打开文件”对话框中，选取文件“安装目录 \ Solid Edge ST4 \ training \ Actuator Clamp \ Actuator Clamp. asm”，并选中“将激活替代应用于零件”中的“全部激活”选项，单击“打开”按钮，进入装配设计环境，并打开 Actuator Clamp. asm 文件。

选取“应用程序→另存为”，在“另存为”对话框中，指定新的文件名 Clamp1. asm，单击“保存”按钮，以便完整保存原有教学文件，方便其他用户使用。

选取“工具→环境→运动”命令，弹出“添加新零件”对话框，单击“否”按钮，进入机构运动仿真环境，如图 6-30 所示。

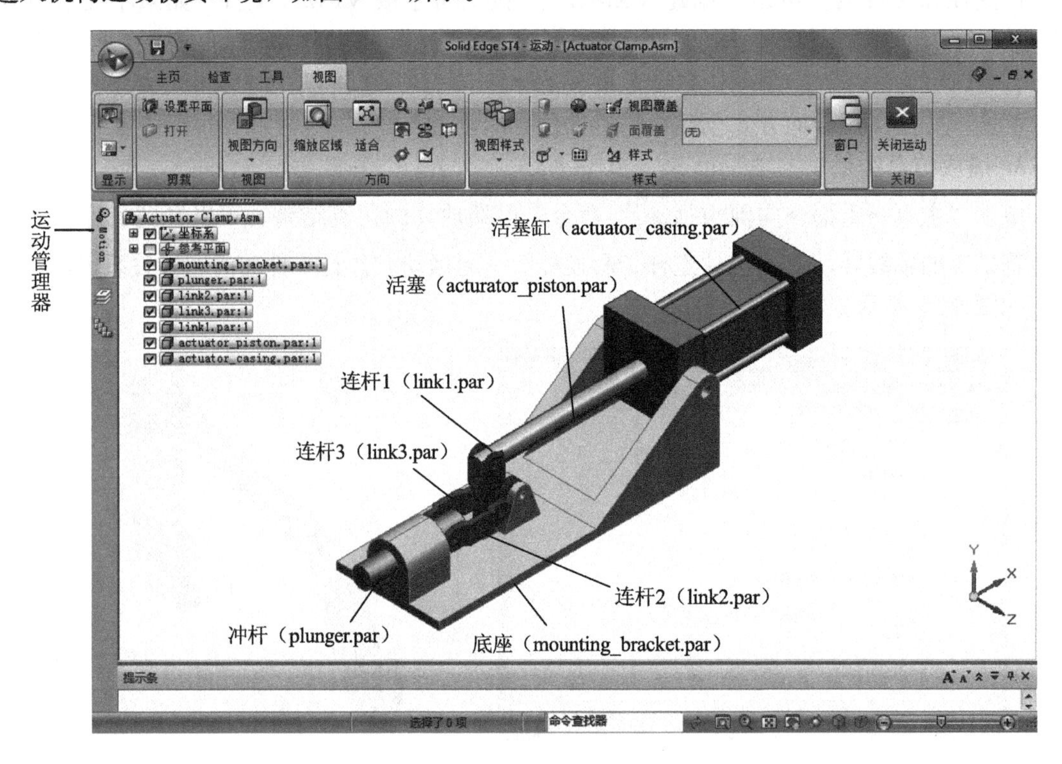


图 6-30　机构运动仿真示例 2

图 6-30 所示机构是一个夹具，工作过程为：活塞缸推动活塞运动，活塞经连杆 1 和连杆 2、连杆 3 带动冲杆作往复运动。

**2. 利用运动管理器创建运动仿真**

运动管理器的启动方法：如图 6-30 所示，将光标放在自动隐藏的运动管理器图标上，运动管理器会自动展开，如图 6-31 所示。如果运动管理器图标不在或不小心关闭了，可在主菜单“视图”选项卡下的“显示”命令区中单击“窗格”按钮，打开 Motion、“路径查找器”、“图层”等窗格，如图 6-32 所示。

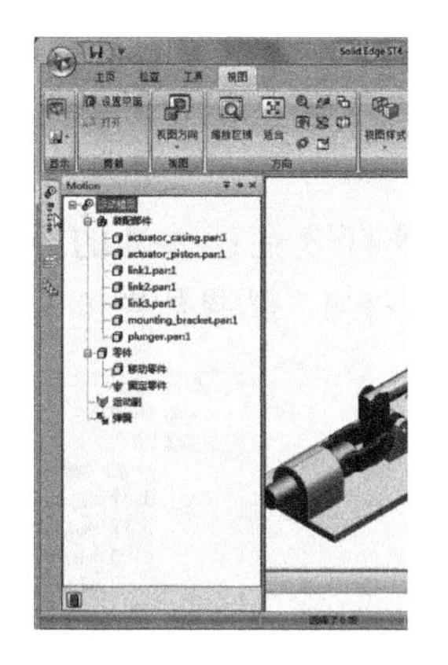

图 6-31　运动管理器

图 6-32　打开运动管理器

以下的操作是在运动管理器中完成的。

（1）指定单位制：在路径查找器的 Motion 选项卡中，如图 6-33 所示，右击“运动模型”，在快捷菜单中选取“系统默认值”，出现图 6-34 所示“Simply Motion 选项”对话框，由于本例的单位为公制，设置时，把力的单位设置为“牛顿”，时间的单位为“秒”，考虑重力，方向为 Y 轴负向，单击“确定”按钮。

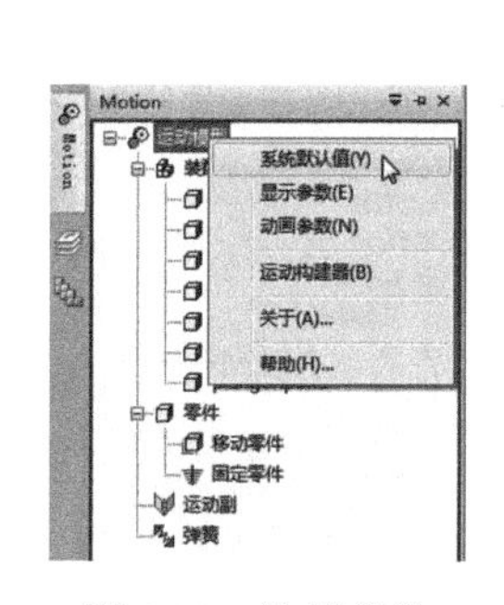


图 6-33　快捷菜单

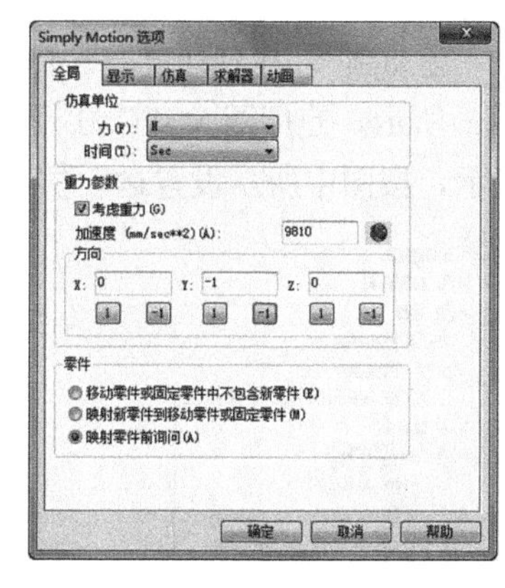


图 6-34　“Simply Motion 选项”对话框

（2）指定固定零件和移动零件：如图 6-35 所示，逐个选取“装配部件”列表中的零件，单击右键，利用图 6-35 所示的快捷菜单，指定所选零件为固定零件或移动零件，使“装配部件”列表中的零件移动到“移动零件”或“固定零件”列表下。由于连杆 2 和连杆 3 的运动是一样的，只要定义一个即可，故先不对连杆 2 分类，分类结果如图 6-36 所示。

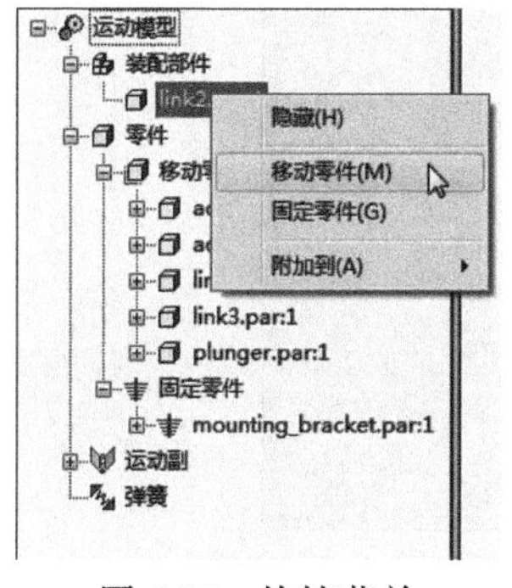


图 6-35　快捷菜单

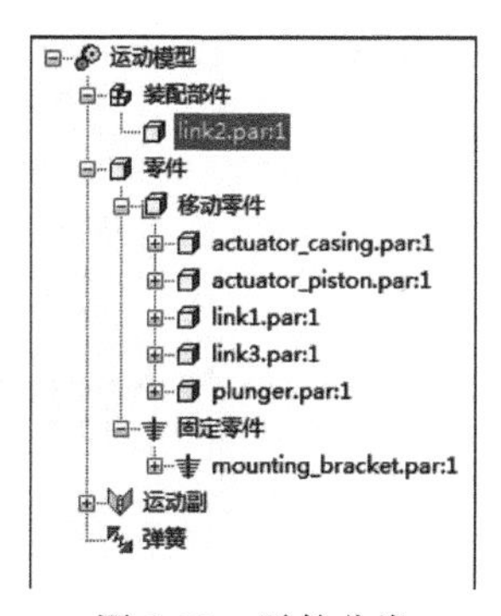


图 6-36　零件分类

说明：另一种将零件分类的方法是，将“装配部件”列表中的零件拖动到“移动零件”或“固定零件”上，如果操作失误，选取“移动零件”或“固定零件”列表下的零件，按 Delete 键删除，可使指定零件恢复到“装配部件”中。

(3) 将连杆 2 附加到连杆 3 上：由于连杆 2 和连杆 3 在连接处的运动相同，按图 6-37 所示的操作方法，使连杆 2 与连杆 3 相连，并展开连杆 3，结果如图 6-38 所示。

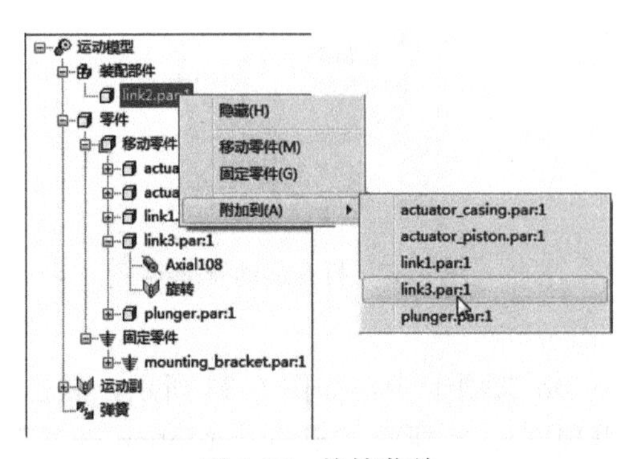


图 6-37　快捷菜单

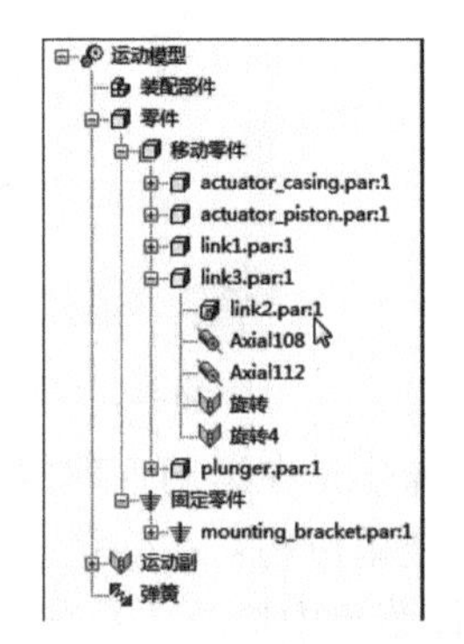


图 6-38　连杆 2 附加到连杆 3 上

(4) 指定主动零件及其运动方式和参数：本例中，主动零件为活塞缸和活塞。如图 6-39(a)所示，展开“运动副”，找到活塞缸 actuator_casing. par 和活塞 acturator_piston. par 之间的连接，如图 6-39(a)所示，使用图 6-39(b)所示的快捷菜单打开“编辑配对定义的运动副”对话框，如图 6-40 所示，按图中所示设置运动仿真的类型和参数，单击“确定”按钮。

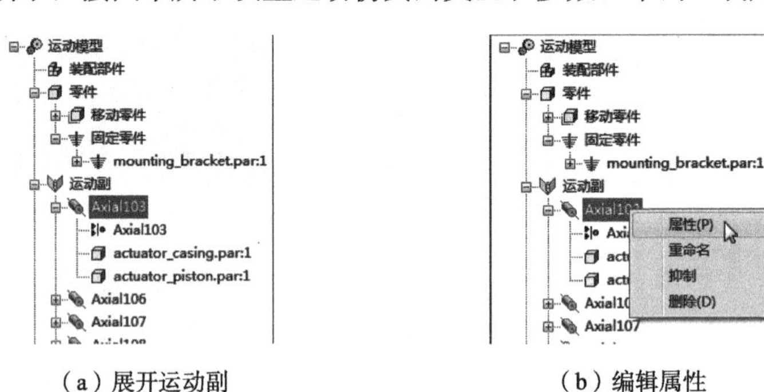


(a) 展开运动副　　　　(b) 编辑属性

图 6-39　设置主动零件及其属性

图 6-40　“编辑 配对定义的运动副”对话框

(5) 计算运动仿真结果：单击图 6-41 所示“主页→仿真→仿真”命令，计算运动仿真结果。

图 6-41　“主页”选项卡及命令区

如果前面设置正确，则可用动画方式仿真夹具的工作情况。如果运动仿真结果不正确，在修改各项设置之前，必须单击图 6-41 所示“仿真”命令区中的“删除”按钮，删除计算结果，重新进行设置。

**3. 播放仿真结果**

如图 6-41 所示，单击“重播”命令区中的“正向重播”命令，可播放动画仿真结果。

单击“仿真”命令区中的“干涉”命令，可进行运动干涉检查。

单击“导出”命令区中“AVI 文件”命令，可以将动画仿真结果以 .avi 文件的形式保存。

单击“导出”命令区中“VRML 文件”命令，可以将动画仿真结果以 . VRLM 文件的形式保存。

单击“工具→助手→播放器”命令（图 6-42），出现图 6-43 所示播放器，利用该播放器，可控制动画仿真结果的播放。

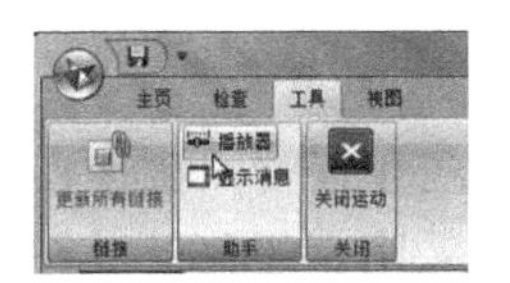


图 6-42　打开动画播放器

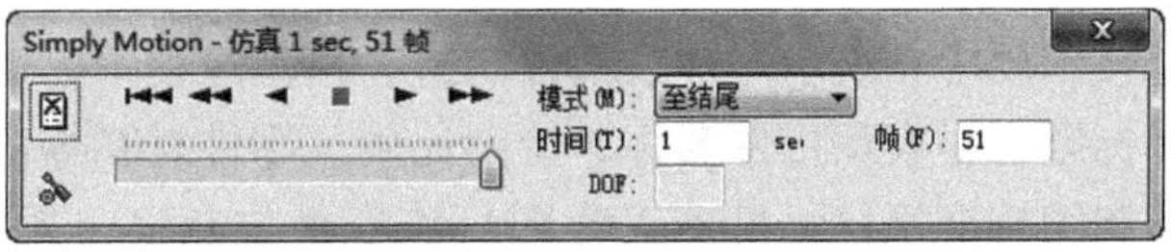

图 6-43　动画播放器

单击“显示消息窗口”按钮，将出现“消息”对话框。

**4. 返回装配环境**

单击“关闭运动”按钮，退出运动仿真环境，返回装配设计环境。

## 小结及作业

本章简要介绍了 Solid Edge ST4 装配模块中的两个子模块：管道设计、机构运动仿真的功能，这些功能在装配设计中经常会用到。

作业：

请按本章介绍的操作过程，练习管道设计、机构运动仿真的操作方法。

注意在打开系统的教学文件后，立即另存文件，以保证原有教学文件的完整性，方便其他用户使用。

# 第7章　工程图的生成

本章介绍 Solid Edge ST4 的工程图模块，该模块是二维的设计环境，可以将三维设计环境中生成的零件、装配件、钣金件、焊接件等，按照投影法和零部件表达规定，生成用于指导加工的工程图样，也可以单独绘制二维工程图。它具有高效灵活的绘图方法，完善快捷的标注功能。

## 7.1　工程图基础知识

Solid Edge 的工程图是指零件图或者装配图。零件图是表示零件内外结构形状、尺寸大小、加工检验要求等内容的技术图样；装配图是表达机器、产品或部件的工作原理，以及零件间的连接关系、装配关系等内容的技术图样。一张完整的工程图，通常包括下列基本内容：

（1）一组视图：零件图表达零件内外结构形状；装配图表达机器或部件的装配关系和工作原理。

（2）一组尺寸：零件图是一组完整的尺寸，装配图是一组必要的尺寸。

（3）技术要求：表示零件或部件制造、检验过程中应达到的技术要求。

（4）标题栏：表示机件名称、绘图比例、零件材料等信息（装配图还有明细栏）。

我国制图标准规定，机械工程图是将零件放在第一投影角，采用正投影法生成的二维图样。

本章以实例方式，介绍在 Solid Edge ST4 的“GB 工程图”模块中，生成工程图的方法和步骤，以及工程图的标注方法。

## 7.2　Solid Edge ST4 工程图环境

### 7.2.1　进入 Solid Edge ST4 工程图环境

有多种方法可以进入 Solid Edge ST4 工程图环境。

方法一：双击桌面上的 Solid Edge ST4 图标，启动 Solid Edge ST4 主界面，在主界面的“创建”列表中，选取“GB 工程图”。

方法二：单击“开始→所有程序→Solid Edge ST4→Solid Edge ST4”，启动 Solid Edge ST4 主界面，在主界面的“创建”列表中，选取“GB 工程图”。

方法三：在任意设计环境中，单击“应用程序→新建→GB 工程图”。

方法四：在任意设计环境中，单击“应用程序→新建”，弹出“新建”对话框，选取 gb draft. dft，单击“确定”按钮。

方法五：按 Ctrl+N 键，弹出“新建”对话框，选取 gb draft. dft，单击“确定”按钮。

工程图文件的后缀名为 * . dft。

### 7. 2. 2　Solid Edge ST4 工程图界面

Solid Edge ST4 工程图界面如图 7-1 所示，与其他 Solid Edge ST4 三维环境不同，这是一个二维的绘图图纸界面，默认为一张 A2 的标准图纸。

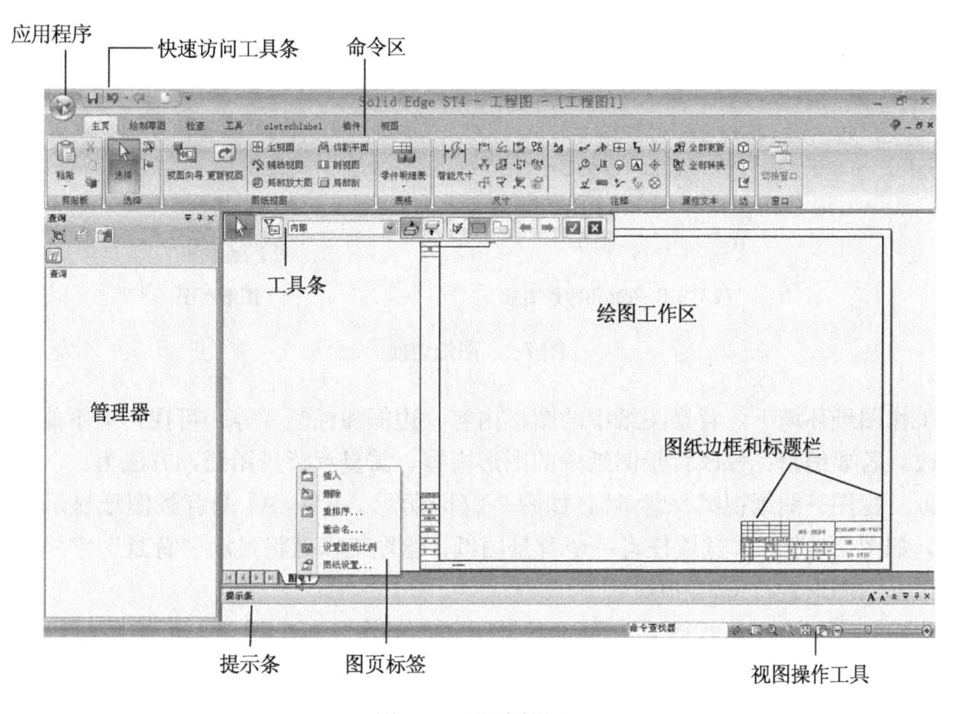


图 7-1　工程图界面

Solid Edge 的一个工程图文件最多可以包含 256 张图样，与 Excel 软件中的工作表类似。除了进入工程图环境时默认生成的一张图纸外，可以通过图 7-1 所示的“图页标签”对图纸进行增加、删除、重命名、排序和图纸设置等操作。

操作方法为：右击图 7-1 所示“图页 1”标签，在快捷菜单中，选取相应命令，并按对话框提示操作即可。

例如，右击“图页 1”标签，在快捷菜单中选取“插入”，则可增加一张新的图样；选取“图纸设置”，可对当前的图纸设置大小、背景和名称；选取“重命名”，则可对当前图纸进行更名，等等。

工程图环境中，视图操作工具中的“适合”命令使用频率较高。

(1) 单击“适合”按钮，可全屏显示所有元素（包括图框背景与图形元素）；

(2) 按住 Shift 键+适合，可全屏显示所有图形元素；

(3) 按住 Ctrl 键+适合，可全屏显示图框背景。

### 7.2.3 工作图纸和背景图纸

Solid Edge 工程图环境中的每张图样，由尺寸相同且自动对齐的两层图纸页组成，上面的一层称为工作图纸，下面的一层称为背景图纸，两层的关系就如同一张透明的工作图纸覆盖在背景图纸上，如图 7-2(a)所示。工程图样的视图、尺寸、各类标注和技术要求等内容绘制在工作图纸上；图框、标题栏，标题栏中的填写内容以及图纸标记等绘制在背景图纸上。Solid Edge 有默认的 A1～A4 的背景图纸，新建一个工程图文档时，默认的工作图纸大小为 A2，背景图纸为 A2 的图框和标题栏如图 7-1 所示。

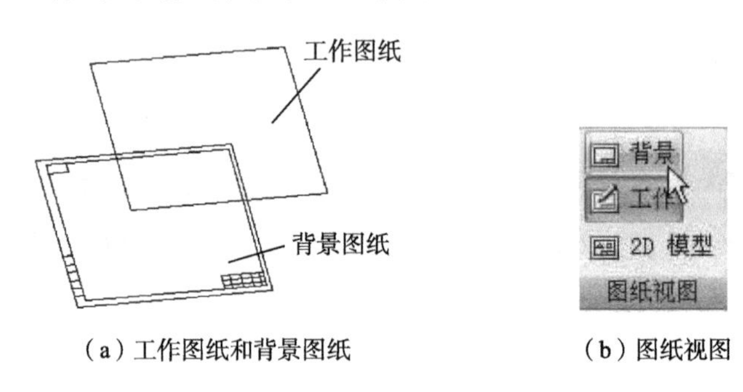


（a）工作图纸和背景图纸　　（b）图纸视图

图 7-2　图纸切换

在工作图纸环境下，背景图纸中的图形内容（边框和标题栏等）可视，但不能选择、编辑和修改。若要编辑、修改背景图纸中的图形内容，需显示背景图纸，方法为：

选取“视图→图纸视图→背景”，如图 7-2(b)所示。A1～A4 的背景图纸显示在绘图工作区内，如图 7-3 所示，选取任意一个背景图纸，绘图工作区将显示“背景”字样，可以对背景图纸上的图形进行编辑和修改。

图 7-2(b)所示“图纸视图”中的“背景”和“工作”两个按钮，可控制显示或隐藏背景图纸和工作图纸。一般情况下，不需要显示背景图纸，在需要编辑和修改图框、标题栏时再显示。

图 7-3　背景图纸环境

# 7.3　图纸视图命令

工程图环境“主页”选项卡中，图 7-4 所示“图纸视图”命令区中的命令，用于生成各类视图，下面以实例方式介绍各个命令的应用和操作方法。

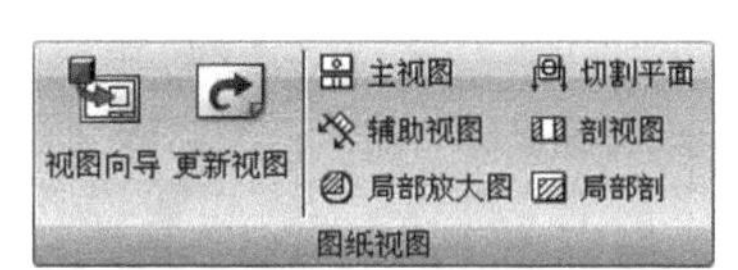


图 7-4　“图纸视图”命令区

## 7.3.1　视图向导命令

“视图向导”命令可以将零件环境、装配环境、钣金等三维设计环境中生成的零件或装配件，按指定的投影方向，生成基本视图和轴测图。

(1) 单击“视图向导”命令，弹出如图 7-5 所示的“选择模型”对话框，选取文件“安装目录 \ Solid Edge ST4 \ Training \ anchor. par”，单击“打开”按钮。

(2) 在出现的图 7-6 所示“图纸视图创建向导”对话框中，单击“下一步”按钮。

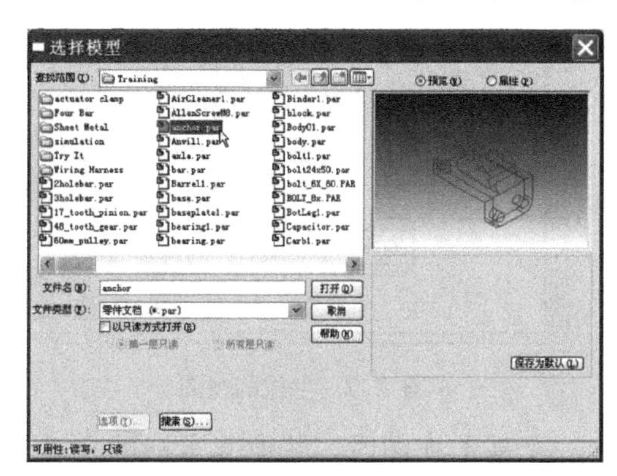


图 7-5　“选择模型”对话框

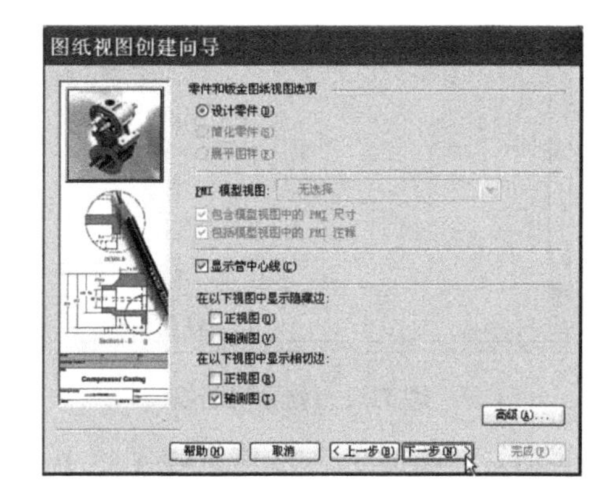


图 7-6　图纸视图创建向导 1

(3) 在图 7-7 所示对话框中，单击“定制”按钮，出现图 7-8 所示“定制方向”窗口。

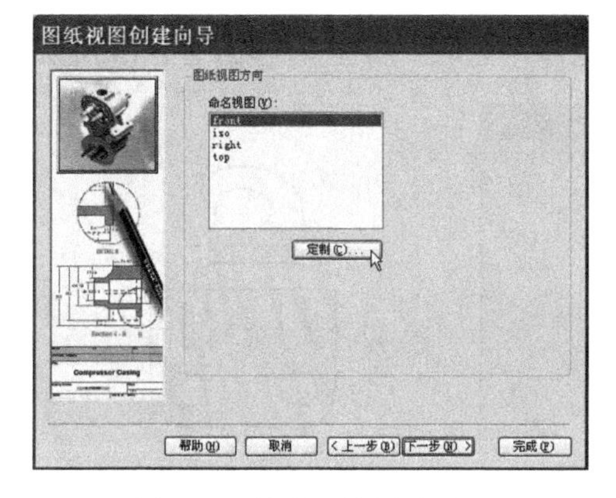


图 7-7　图纸视图创建向导 2

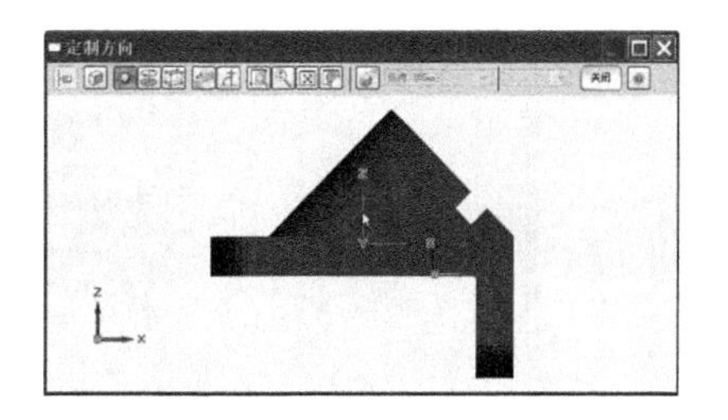


图 7-8　“定制方向”窗口 1

(4) 在图 7-8 所示窗口中，拖动 Z 轴，旋转模型，单击“常规视图”按钮，使模型主视方向如图 7-9 所示，单击“关闭”按钮。

(5) 在图 7-10 所示对话框中，增加选取俯视图、左视图和轴测图，如图 7-10 所示，单击“完成”按钮。

图 7-9 “定制方向”窗口 2

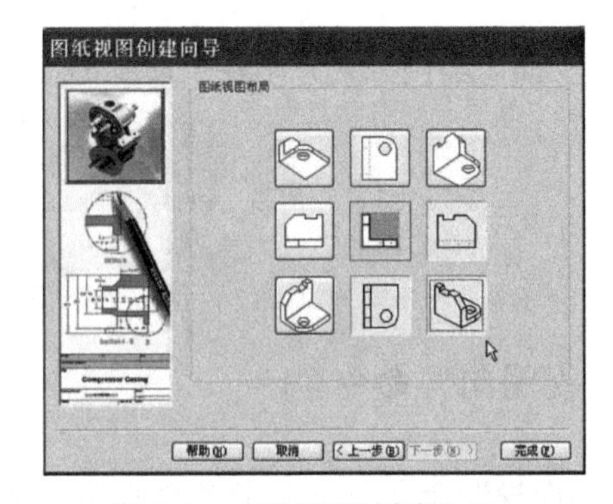


图 7-10 图纸视图创建向导 3

(6) 在图 7-11 所示绘图工作区中，移动鼠标可预览视图组的位置，单击左键，放置视图组。

(7) 生成指定的四个视图如图 7-12 所示。

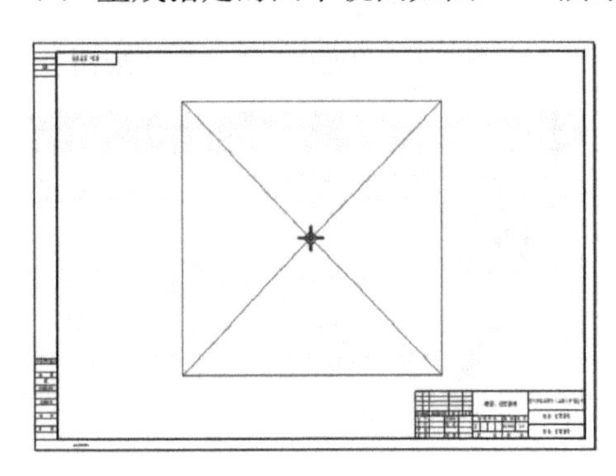

图 7-11 放置视图组

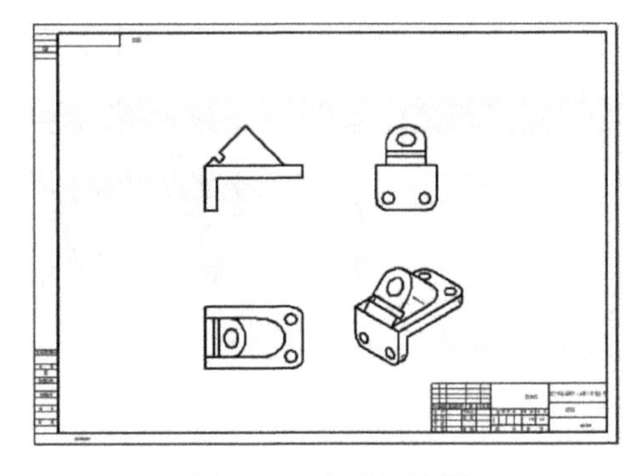

图 7-12 生成的视图

说明：当拖动图 7-12 所示视图组中的任意一个基本视图时，其他基本视图自动保持“长对正、高平齐、宽相等”的投影关系。

Solid Edge ST 默认生成的视图只显示零件或部件的可见轮廓，不可见轮廓（虚线）不显示。如果要显示不可见轮廓，需执行以下操作：

选取视图，如左视图，单击右键，在快捷菜单中选取“属性”，弹出图 7-13 所示“高质

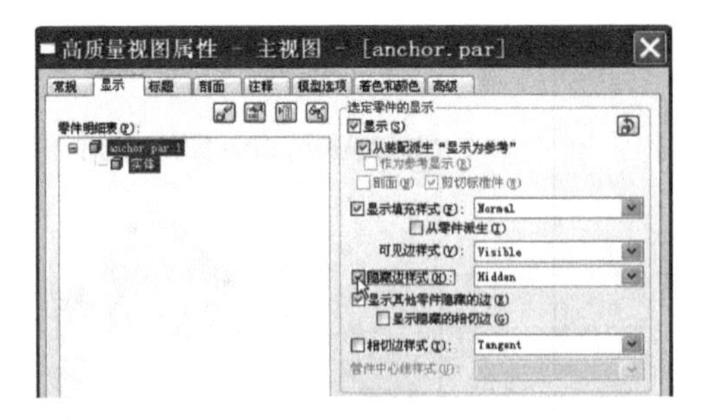


图 7-13 “高质量视图属性”对话框

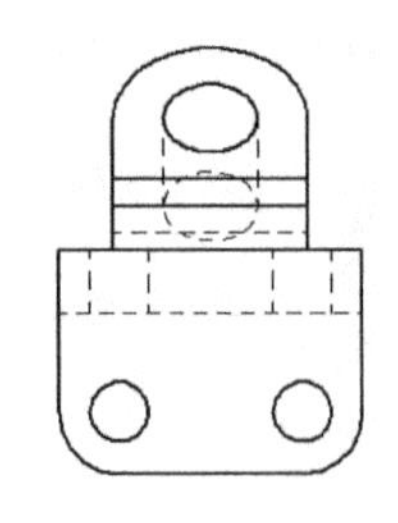

图 7-14 显示虚线

量视图属性”对话框，在“显示”选项卡中，勾选“隐藏边样式”，单击“确定”按钮。再次右击左视图，在快捷菜单中选取“更新视图”。更新后的左视图如图 7-14 所示。

### 7.3.2　主视图命令

“主视图”命令是在已有基本视图的基础上，生成其他基本视图。操作步骤为：

(1) 单击主视图命令。

(2) 单击图 7-15 所示主视图，移动鼠标至主视图的左侧，如图 7-15 所示，单击左键确定位置，即可生成右视图。

执行同样的操作，可由主视图生成仰视图和其他方向的轴测图，由左视图生成后视图，如图 7-16 所示。

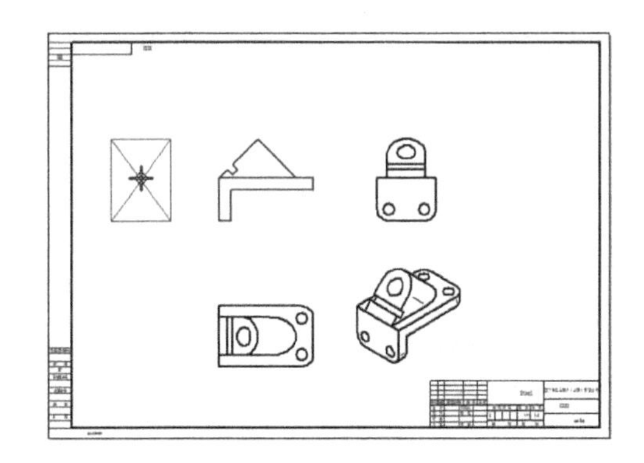

图 7-15　放置视图

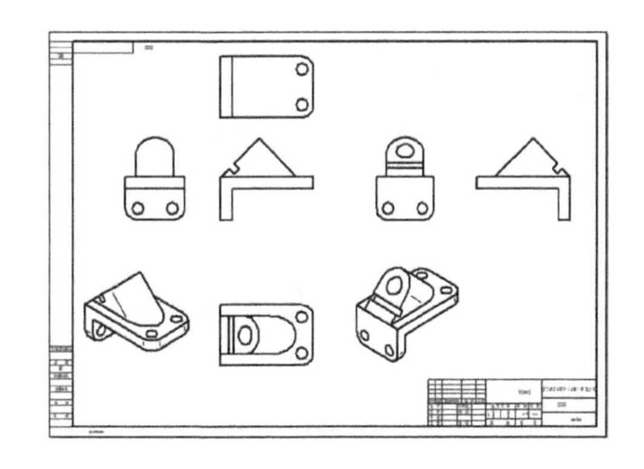

图 7-16　新生成的视图

说明：①单击主视图，当移动鼠标的方向不是沿着基本视图的投影方向时，生成的视图为正等轴测图。②选取任意生成的视图，按 Delete 键，可删除选定的视图。

对照“视图向导”命令和“主视图”命令可以看出，“视图向导”命令是对三维实体进行投影的方式生成视图；而“主视图”命令是在已有视图的基础上生成新的视图，新增加的视图如同从三维实体投影而得，保持投影关系。

### 7.3.3　辅助视图命令

“辅助视图”命令主要用于生成工程图样中的斜视图、向视图。

在图 7-16 中，按 Ctrl 键，选取主视图、左视图以外的其他视图，按 Delete 键删除。

按以下方法和步骤生成斜视图或向视图。

**1. 生成斜视图**

(1) 单击辅助视图命令。光标变换为直线光标。

(2) 选取要投影的斜面：选取图 7-17(a)所示斜面。

(3) 指定斜视图位置：移动鼠标，如图 7-17(b)所示，在适当的位置，单击左键确定。

(4) 生成的斜视图如图 7-17(c)所示。

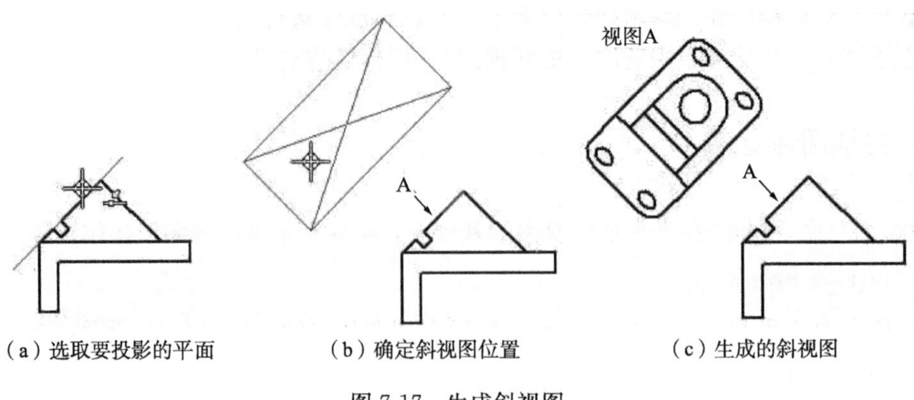


（a）选取要投影的平面　　（b）确定斜视图位置　　（c）生成的斜视图

图 7-17　生成斜视图

**2. 编辑斜视图**

（1）取消斜视图对齐：右击斜视图，在快捷菜单中选取“保存对齐”项，可取消与主视图按投影方向对齐。

（2）移动斜视图：拖动斜视图至图 7-18(a)所示位置。

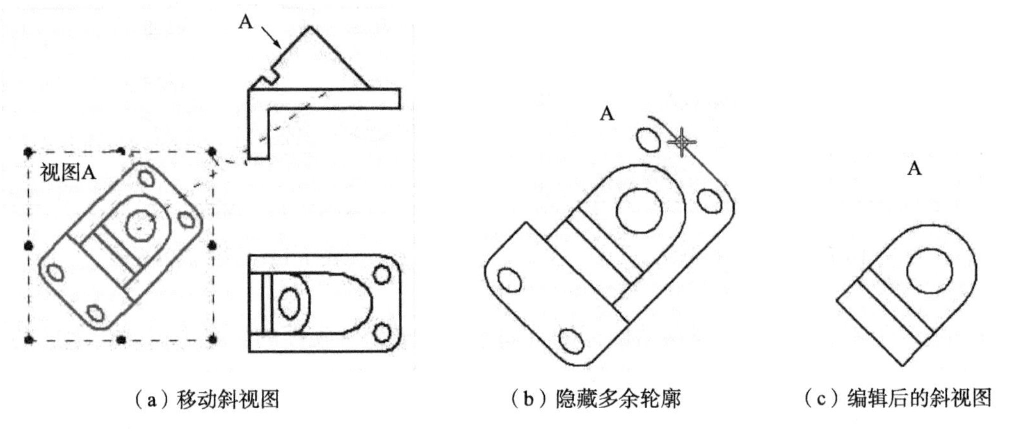


（a）移动斜视图　　（b）隐藏多余轮廓　　（c）编辑后的斜视图

图 7-18　编辑斜视图

（3）修改属性：右击斜视图，在快捷菜单中选取“属性”项，出现图 7-19 所示对话框，在“标题”选项卡中，删除“主标题”文本框中的“视图”二字，单击“确定”按钮。斜视图上方标记“视图 A”变成“A”，如图 7-18(b)所示。

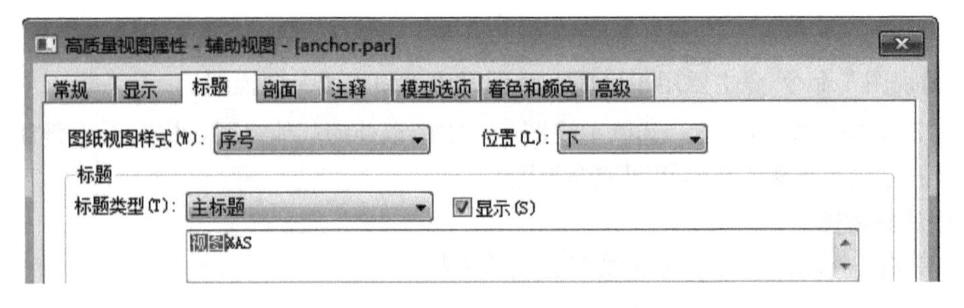


图 7-19　编辑斜视图标题属性

（4）隐藏多余轮廓：在“边”命令区中单击“隐藏边”命令，选取图 7-18(b)中不需要的轮廓，选取的轮廓被隐藏，如图 7-18(b)所示。

编辑完成后的斜视图如图 7-18(c)所示。

说明：单击 辅助视图 命令，可以指定两个点来确定投影的方向，如图 7-20(a)所示，指定视图位置如图 7-20(b)所示，生成的视图如图 7-20(c)所示，即为向视图。

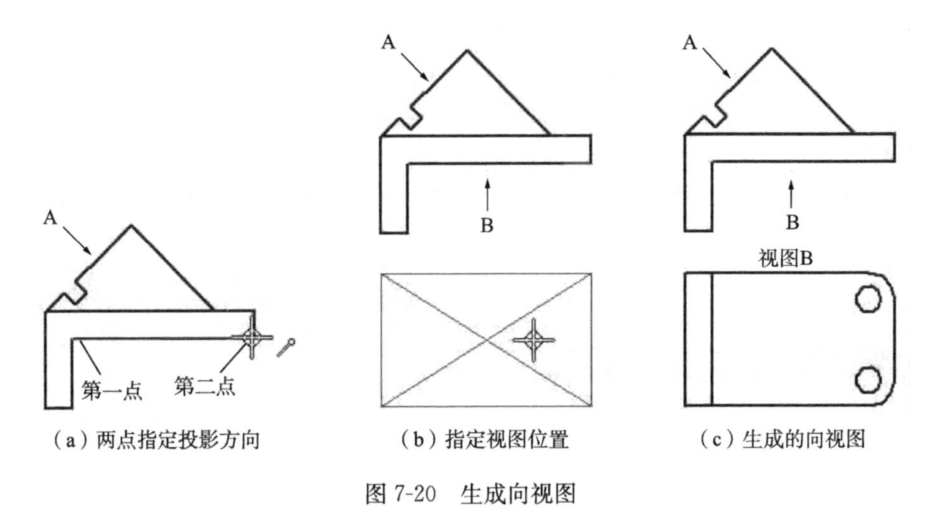

(a) 两点指定投影方向　(b) 指定视图位置　(c) 生成的向视图

图 7-20　生成向视图

## 7.3.4　局部放大图命令

"局部放大图"命令 用于生成工程图样中的局部放大图。

**1. 生成局部放大图**

下面以图 7-21 为例，说明该命令的操作方法和步骤。

(1) 单击 局部放大图 命令。

(2) 指定放大中心：捕捉图 7-21(a)所示端点为圆心。

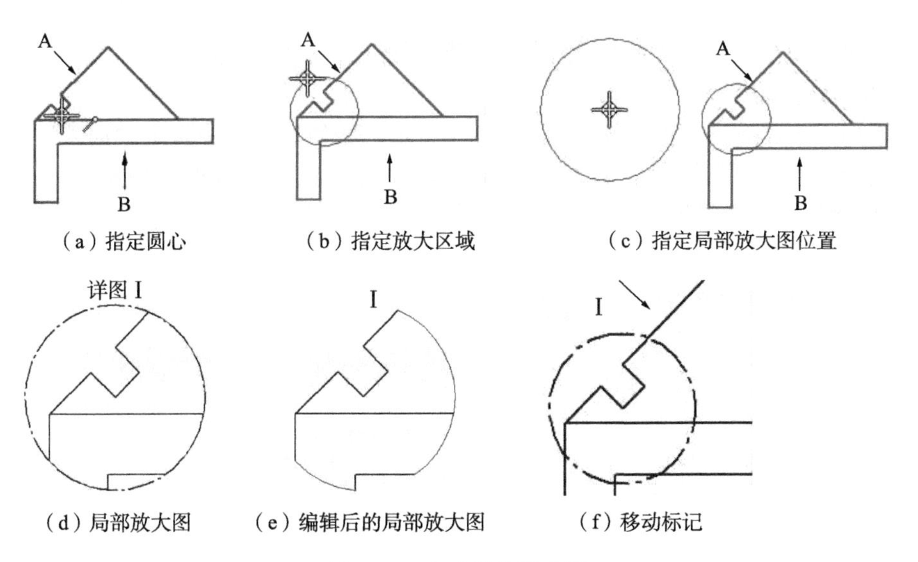

(a) 指定圆心　(b) 指定放大区域　(c) 指定局部放大图位置

(d) 局部放大图　(e) 编辑后的局部放大图　(f) 移动标记

图 7-21　生成局部放大图

(3) 指定放大区域：移动鼠标，指定放大区域如图 7-21(b)所示，单击左键确定。

(4) 指定局部放大图的位置：移动鼠标，指定局部放大图位置如图 7-21(c)所示，单击左键确定。

生成的局部放大图如图 7-21(d)所示，默认的放大比例为 2∶1。

**2. 编辑局部放大图**

(1) 修改属性：选取图 7-21(d)所示局部放大图，在工具条中选取“属性”按钮，弹出图 7-22 所示对话框，在“标题”选项卡中，删除“主标题”下方文本框中“详图”两字；在图 7-23 所示“常规”选项卡中，取消选择“显示图纸视图的边界”单选框；单击“确定”按钮。

修改属性后的局部放大图如图 7-21(e)所示。

(2) 移动标记：在主视图上，拖动局部放大图标记 I 至放大区域的上方，如图 7-21(f)所示。

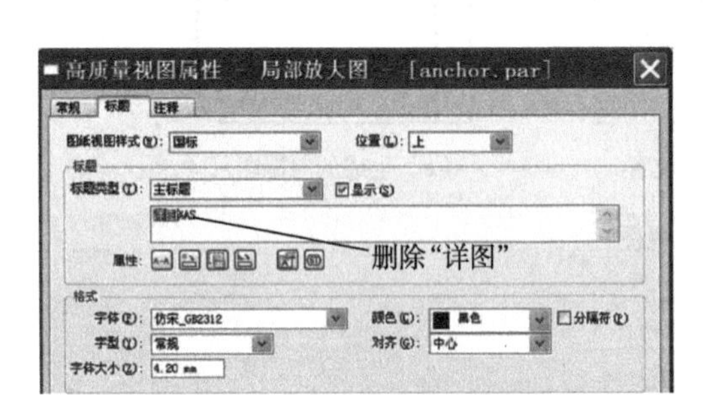


图 7-22 “标题”选项卡

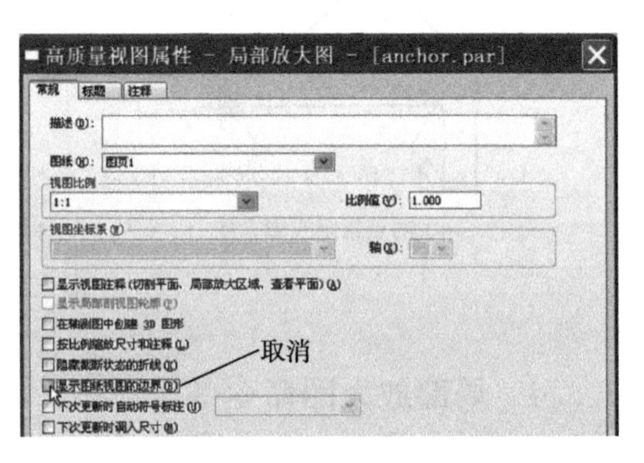


图 7-23 “常规”选项卡

### 7.3.5 切割平面命令和剖视图命令

“切割平面”命令定义剖切平面的数量和位置，“剖视图”命令根据已定义的剖切平面生成剖视图。这两个命令相结合，根据“切割平面”命令定义的不同剖切平面，可生成工程图样中的全剖视图、阶梯剖视图、旋转剖视图、断面图等。

**1. 插入及设置图纸**

(1) 增加图纸：右击“图页 1”，如图 7-24 所示，在快捷菜单中选取“插入”。

(2) 设置图纸大小和样式：右击“图纸 2”，在快捷菜单中选取“图纸设置”，出现图 7-25所示“图纸设置”对话框，在“大小”选项卡中，设置图纸大小为 A3；在“名称”选项卡中，输入图纸名称为“全剖视图”；在“背景”选项卡中，设置背景图纸为 A3；单击“确定”按钮。再单击“适合”按钮。

图 7-24 快捷菜单

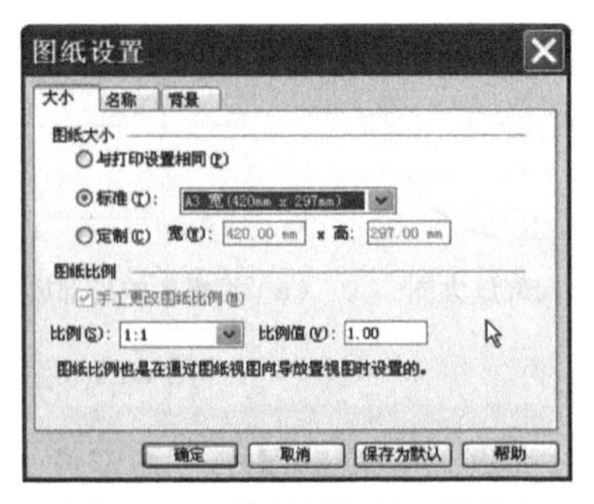


图 7-25 “图纸设置”对话框

## 2. 生成基本视图

(1) 单击“视图向导”命令，在弹出的图 7-26 所示“选择附件”对话框中的“零件”列表中选取 anchor. par，单击“确定”按钮。

(2) 在“图纸视图创建向导”对话框中，单击“下一步”按钮，在下一对话框中，单击“定制”按钮。

(3) 在图 7-27 所示“定制方向”窗口中，拖动 X 轴，并单击“常规视图”按钮，使模型主视方向如图 7-27 所示，单击“关闭”按钮。

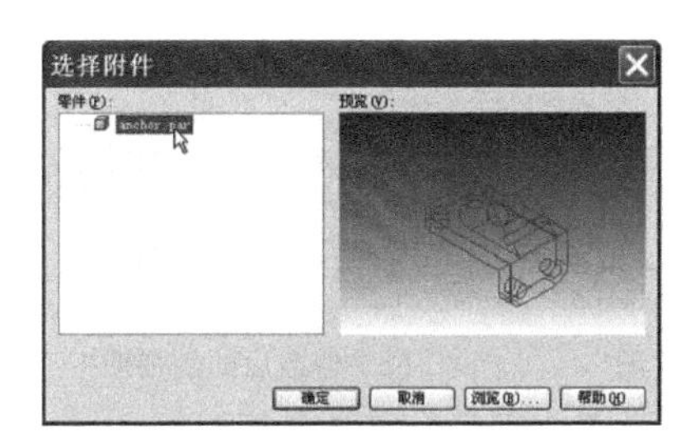


图 7-26　“选择附件”对话框

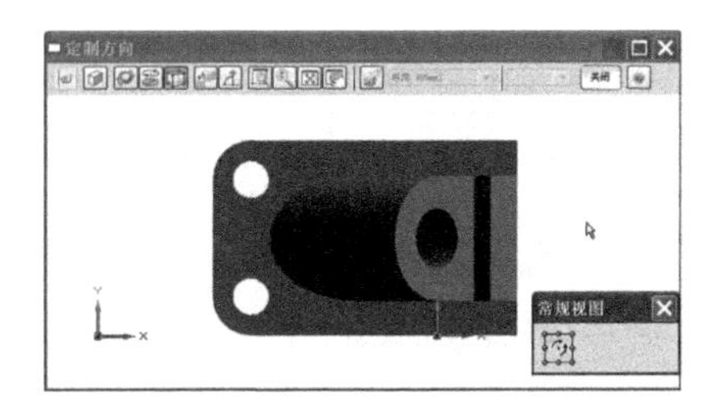


图 7-27　“定制方向”窗口框

(4) 单击“完成”按钮，在工具条的“比例”下拉列表中选取“1∶2”，生成如图 7-28 所示的视图。

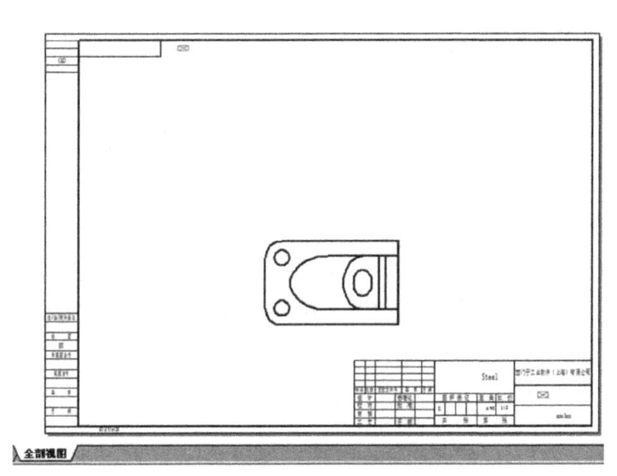


图 7-28　生成基本视图

## 3. 定义剖切平面

(1) 单击 切割平面 命令，选取图 7-28 所示视图，进入二维绘图界面。

(2) 绘制图 7-29(a)所示直线，单击“关闭”按钮，返回工程图环境。

(3) 移动鼠标，指定剖视图投影方向如图 7-29(b)所示。

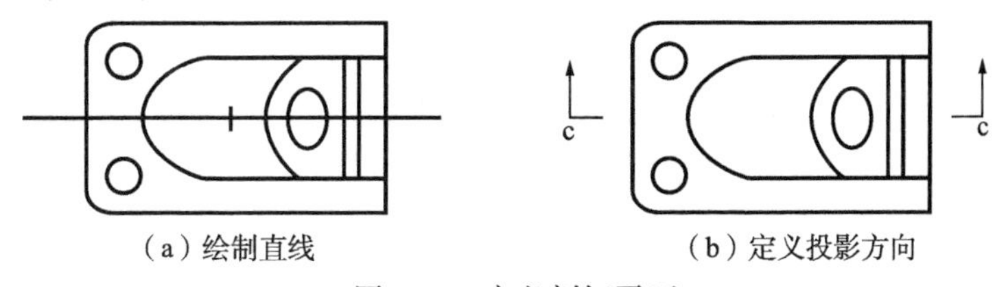


(a) 绘制直线　　(b) 定义投影方向

图 7-29　定义剖切平面

**4. 生成全剖视图**

(1) 单击剖视图命令，选取剖切平面，移动鼠标，如图 7-30(a)所示，单击左键确定位置，生成的剖视图如图 7-30(b)所示。

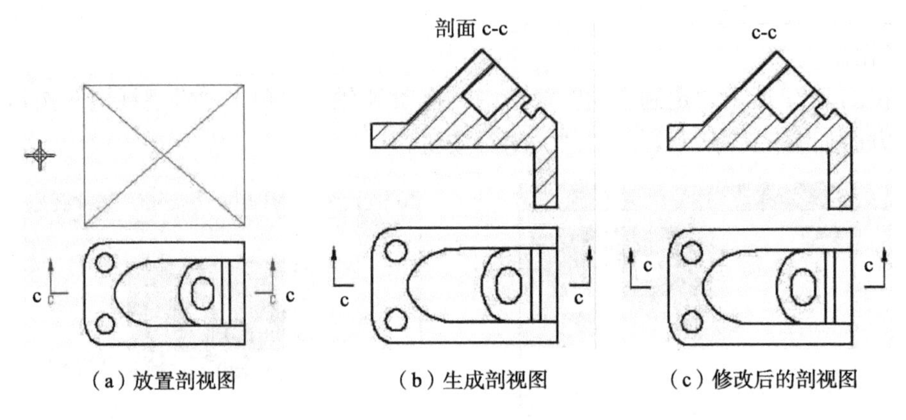


(a) 放置剖视图　(b) 生成剖视图　(c) 修改后的剖视图

图 7-30　生成全剖视图

(2) 修改剖视图属性：选取图 7-30(b)所示剖视图，在工具条中选取“属性”按钮，弹出“视图属性”对话框，在“标题”选项卡中，删除“主标题”下方文本框中“剖面”两字，单击“确定”按钮。

(3) 调整剖切平面标记：拖动剖切平面标记至合适的位置。修改后的剖视图如图 7-30(c)所示。

说明：执行切割平面命令，可以生成多个相互平行或相交的剖切平面，由此可生成不同类型的剖视图。

**5. 生成阶梯剖视图**

参照前面介绍的方法和步骤，执行以下命令，可生成阶梯剖视图（图 7-31）。

(1) 增加图纸：右击图页“全剖视图”，在快捷菜单中选取“插入”。

(2) 更名图纸：右击“图纸 2”，在快捷菜单中选取“重命名”，在“重命名”对话框中输入“阶梯剖视图”，单击“确定”按钮。单击“适合”按钮。

(3) 生成基本视图：单击“视图向导”命令，在“选择附件”对话框中选取“浏览”

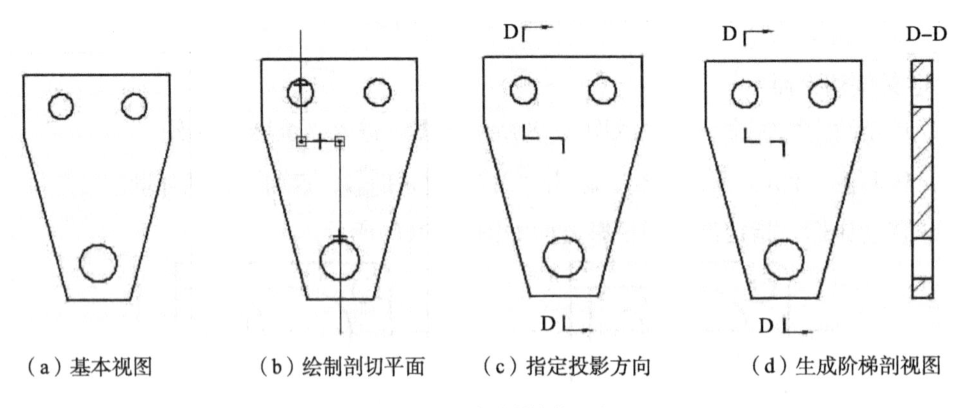


(a) 基本视图　(b) 绘制剖切平面　(c) 指定投影方向　(d) 生成阶梯剖视图

图 7-31　生成阶梯剖视图

按钮，在“选择模型”对话框中，选取文件“安装目录 \ Solid Edge ST4 \ Training \ splate. par”，单击“打开”按钮。根据“图纸视图创建向导”对话框，生成图 7-31(a)所示视图。

(4) 定义剖切平面：单击 切割平面 命令，选取图 7-31(a)所示视图，绘制图 7-31(b)所示直线，单击“关闭”按钮；指定投影方向如图 7-31(c)所示。

(5) 生成剖视图：单击 剖视图 命令，选取剖切平面，生成剖视图并修改视图属性，可生成图 7-31(d)所示阶梯剖视图。

**6. 生成旋转剖视图**

参照前面介绍的方法和步骤，执行以下命令，可生成旋转剖视图。

(1) 增加图纸：右击图页“阶梯剖视图”，在快捷菜单中选取“插入”。

(2) 更名图纸：右击“图纸 2”，在快捷菜单中选取“重命名”，在“重命名”对话框中输入“旋转剖视图”，单击“确定”按钮。单击“适合”按钮。

(3) 生成基本视图：单击“视图向导”命令，在“选择附件”对话框中选取“浏览”按钮，在“选择模型”对话框中，选取文件“安装目录 \ Solid Edge ST4 \ Training \ plate2. par”，单击“打开”按钮。根据“图纸视图创建向导”对话框，生成图 7-32(a)所示视图。

(4) 定义剖切平面：单击 切割平面 命令，选取图 7-32(a)所示视图，绘制图 7-32(b)所示直线，单击“关闭”按钮；指定投影方向如图 7-32(c)所示。

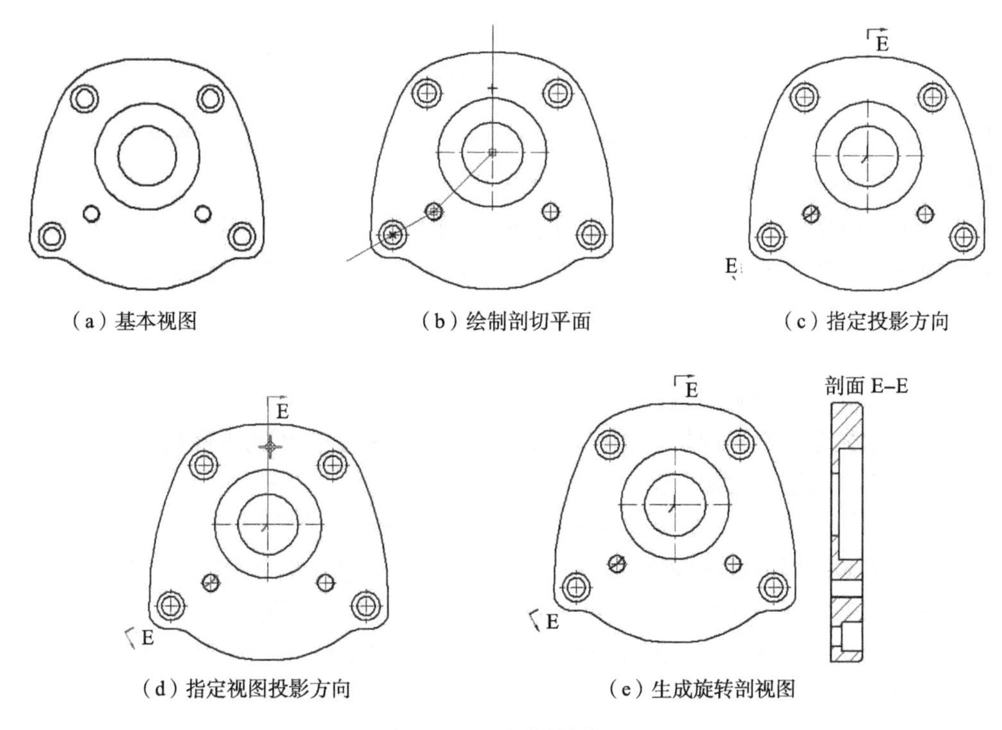

(a) 基本视图　(b) 绘制剖切平面　(c) 指定投影方向

(d) 指定视图投影方向　(e) 生成旋转剖视图

图 7-32　生成旋转剖视图

(5) 生成剖视图：单击 剖视图 命令，选取剖切平面，选取图 7-32(d)所示平面为剖视图投影方向；在图 7-33 所示工具条中单击“旋转剖视图”按钮，单击左键确定剖视图位置，生成的剖视图如图 7-32(e)所示，为旋转剖视图。

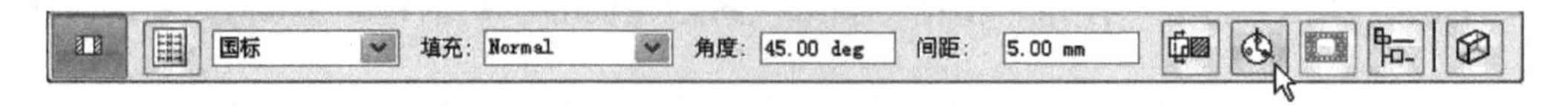


图 7-33　“剖视图”工具条

从以上操作可看出，当用切割平面命令定义的剖切平面不是平行平面时，在执行剖视图命令的过程中，需指定按哪一个平面进行投影，且需在工具条中单击“旋转剖视图”按钮，才能生成展开的剖视图。

**7. 生成断面图**

在 Solid Edge 中，工程图样的断面图也是用切割平面命令和剖视图命令来生成的。

在图 7-34 中，执行两次切割平面命令，定义两个剖切平面，如图 7-34(a)所示。执行两次剖视图命令，默认情况下生成的断面图如图 7-34(b)、(c)所示。

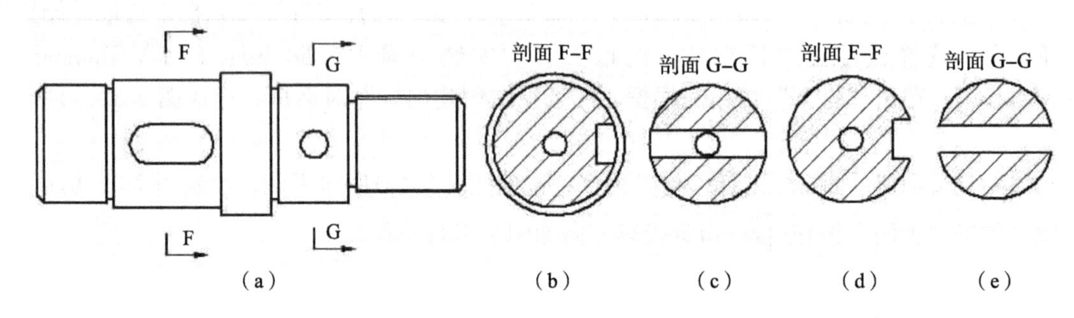


图 7-34　生成断面图

如果在执行剖视图命令的过程中，选取剖切平面后，在工具条上单击“只显示剖面”按钮，生成的断面图如图 7-34(d)、(e)所示。

从图 7-34 可看出，图 7-34(c)、(d)符合断面图表达的规定。在执行剖视图命令的过程中，可应用工具条上的“只显示剖面”按钮，灵活地生成符合规定画法的断面图。

在生成图 7-34 所示的断面图后，如果需要移动断面图，右击断面图，在快捷菜单中选取“保持对齐”，便可拖动断面图至其他位置。

**8. 剖切平面的编辑和属性修改**

用切割平面命令定义了剖切平面，且执行剖视图命令生成剖视图后，可以对剖切平面进行编辑，修改剖切平面属性。

(1) 编辑剖切平面：单击剖切平面，在工具条上单击“编辑”按钮，进入剖切平面二维绘制环境，完成对剖切平面的编辑后，单击“关闭”按钮，重新指定投影方向。

选取对应的剖视图，单击右键，在快捷菜单中选取“更新视图”。

(2) 修改剖切平面属性：右击剖切平面，在快捷菜单中选取“属性”，弹出“切割平面属性”对话框，在该对话框中可修改标注字体的大小、箭头大小等属性。

## 7.3.6　局部剖命令

“局部剖”命令主要用于生成局部剖视图，同时可很方便地生成不带标注的半剖视图和全剖视图。

“局部剖”命令不需要先定义剖切平面，但需要至少两个基本视图，在命令的执行过程中定义剖切程度和剖切平面位置。下面以图 7-35 为例，说明“局部剖”命令的操作方法。

**1. 生成基本视图**

(1) 增加图纸：右击“图页 1”，在快捷菜单中选取“插入”。

(2) 更名图纸：右击“图纸 2”，在快捷菜单中选取“重命名”，在“重命名”对话框中，输入“局部剖视图”，单击“确定”按钮。单击“适合”按钮。

(3) 生成基本视图：单击“视图向导”命令，在“选择附件”对话框中，单击“浏览”按钮，在“选择模型”对话框中，选取文件“安装目录 \ Solid Edge ST4 \ Training \ sbd-dan. par”，单击“打开”按钮。根据“图纸视图创建向导”对话框，生成主视图和俯视图。

(4) 修改视图属性：右击主视图，在快捷菜单中选取“属性”，在弹出的对话框的“显示”选项卡中，勾选“隐藏边样式”，单击“确定”按钮。对俯视图进行同样的操作。单击“更新视图”按钮，更新后的视图如图 7-35(a)所示，不可见虚线被显示。

说明：显示虚线是为了方便确定剖切的程度。

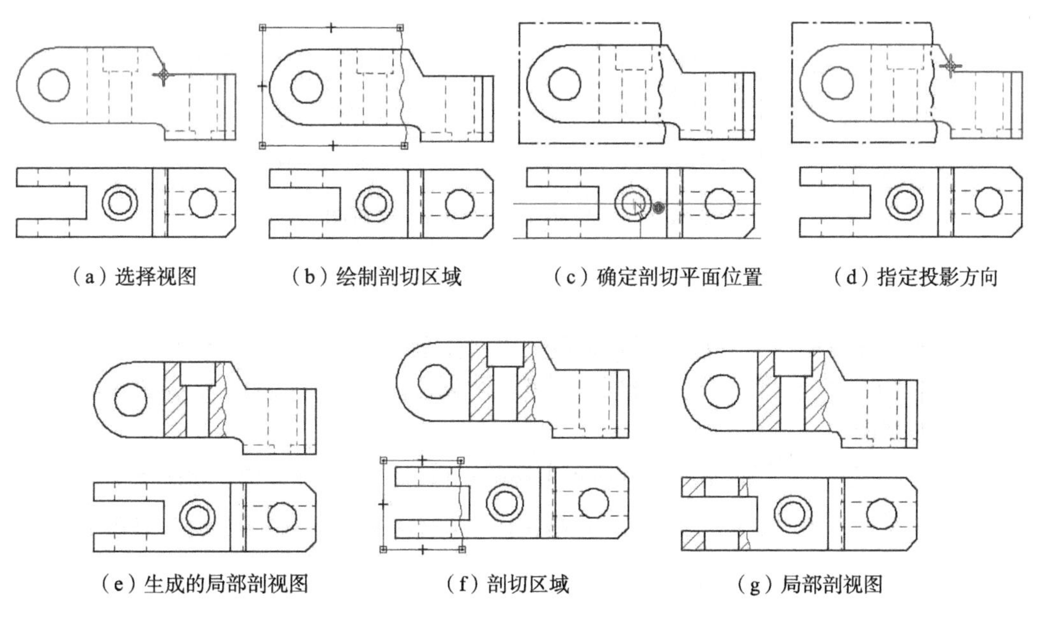

(a) 选择视图　(b) 绘制剖切区域　(c) 确定剖切平面位置　(d) 指定投影方向

(e) 生成的局部剖视图　(f) 剖切区域　(g) 局部剖视图

图 7-35　生成局部剖视图

**2. 生成局部剖视图**

(1) 单击“局部剖”命令。

(2) 选择需要局部剖的视图：单击图 7-35(a)所示主视图，进入二维绘图环境。

(3) 绘制局部剖区域：在二维绘图环境中，选取“曲线”和“直线”命令，绘制图 7-35(b)所示封闭轮廓，单击“关闭”按钮，返回工程图环境。

(4) 指定剖切平面位置：在俯视图上捕捉图 7-35(c)所示圆心。

(5) 指定目标视图：再次单击图 7-35(d)所示主视图。

生成的局部剖视图如图 7-35(e)所示。

执行同样的操作，在俯视图上绘制剖切区域如图 7-35(f)所示，在主视图上捕捉小圆的圆心为剖切平面位置，可在俯视图上生成图 7-35(g)所示的局部剖视图。

从以上操作可看出，"局部剖"命令至少需要两个基本视图，一个基本视图为需要局部剖且需要确定剖切区域的视图，另外一个基本视图为指定剖切平面位置的视图，如图 7-35 所示。

**3. 由"局部剖"命令生成全剖视图和半剖视图**

"局部剖"命令不仅可以生成图 7-35 所示的局部剖视图，还可以生成不带标注的全剖视图和半剖视图。

(1) 生成全剖视图：执行"局部剖"命令，在生成如图 7-35 所示局部剖视图的操作过程中，如果绘制的局部剖区域如图 7-36(a)所示，覆盖了整个主视图，那么生成的局部剖视图如图 7-36(b)所示，为全剖视图。

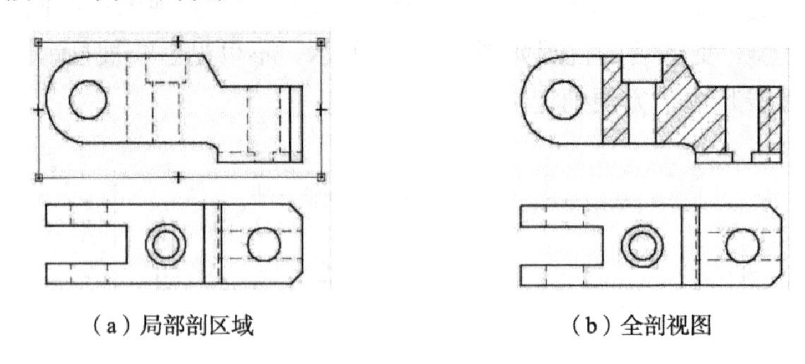

(a) 局部剖区域　　(b) 全剖视图

图 7-36 "局部剖"命令生成全剖视图

(2) 生成半剖视图：

首先要生成基本视图：单击"视图向导"命令，在"选择附件"对话框中单击"浏览"按钮，在"选择模型"对话框中，选取文件"安装目录\Solid Edge ST4\Training\seva01.par"，单击"打开"按钮。根据"图纸视图创建向导"对话框，生成图 7-37(a)所示的主视图和俯视图。

执行 局部剖 命令，选取图 7-37(a)所示主视图；在二维绘图环境中，绘制图 7-37(b)所示通过中点的矩形，单击"关闭"按钮；捕捉图 7-37(c)所示俯视图圆心为剖切平面位置；再次单击主视图，如图 7-37(d)所示；生成的剖视图如图 7-37(e)所示，为半剖视图。

**4. 局部剖视图的编辑和修改**

生成局部剖视图后，如果对局部剖区域或波浪线需要进行调整，可执行以下操作。

(1) 右击局部剖视图，在快捷菜单中选取"属性"，在出现的"视图属性"对话框中，选择"常规"选项卡，勾选"显示局部剖视图轮廓"，单击"确定"按钮。

(2) 选取局部剖区域轮廓，单击工具条上的"修改轮廓"按钮，可进入二维绘制环境，对剖切区域编辑、修改后，单击"关闭"按钮，返回工程图环境。

(3) 右击局部剖视图，在快捷菜单中选取"更新视图"。

(4) 右击局部剖视图，在快捷菜单中选取"属性"，在出现的"视图属性"对话框中，选择"常规"选项卡，取消勾选"显示局部剖视图轮廓"，单击"确定"按钮。

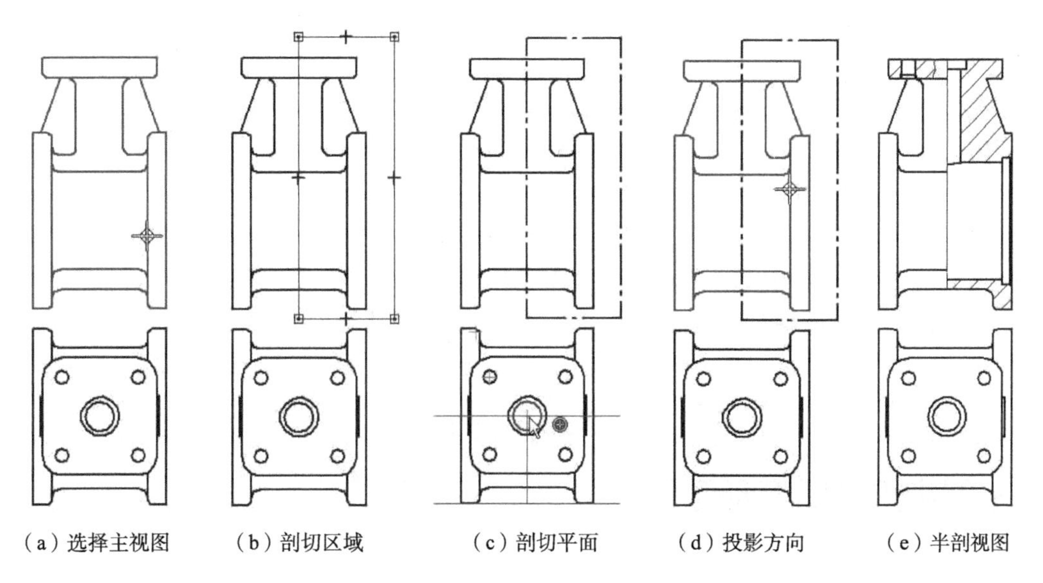

（a）选择主视图　（b）剖切区域　（c）剖切平面　（d）投影方向　（e）半剖视图

图 7-37　“局部剖”命令生成半剖视图

# 7.4　视图编辑与修改

用 7.3 节“图纸视图”命令区中的命令生成零件的各类视图后，可以随时进行编辑修改，以满足视图的规定画法和表达方法。

## 7.4.1　应用快捷菜单对视图的编辑和修改

右击任意视图，弹出图 7-38 所示快捷菜单，视图的编辑和修改命令主要集中在快捷菜单中，下面介绍几个常用的选项。

图 7-38　快捷菜单

**1. 修改视图的属性**

右击任意视图，在图 7-38 所示快捷菜单中，选取“属性”，或者左键单击任意视图，在工具条上选取“属性”按钮，将出现“视图属性”对话框，其中包含常规、显示、标题、剖面等选项卡，可进行修改视图的标题、控制虚线显示等操作，在 7.3 节中已经介绍过相关的视图属性编辑操作。

**2. 保持对齐和取消保持对齐**

由 7.3 节“图纸视图”命令区中的命令生成的各类视图，默认是按投影关系布置的，即为保持对齐的，如图 7-39(a)所示。如果需要取消保持对齐，右击图 7-39(a)所示俯视图，在快捷菜单中选取“取消对齐”，可取消对齐。取消对齐后，可拖动俯视图至任意位置，如图 7-39(b)所示。再次右击俯视图，在快捷菜单中选取“保持对齐”，可恢复对齐，如图 7-39(c)所示。

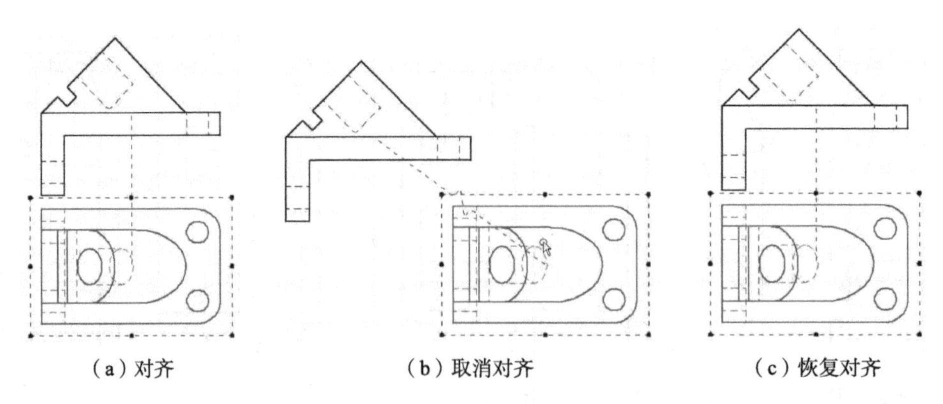

（a）对齐　（b）取消对齐　（c）恢复对齐

图 7-39　对齐与取消对齐

**3. 在视图中绘制轮廓或删除轮廓**

在生成视图后，有时不符合制图国标的规定表达方法，需要删除、隐藏一些轮廓，同时增加和补绘一些轮廓，可执行快捷菜单中的“在视图中绘制”。

如图 7-37(e)所示半剖视图，由于肋板是按不剖处理，因此需对半剖的视图进行修改：

(1) 右击图 7-40(a)所示半剖视图，在快捷菜单中选取“在视图中绘制”，进入二维绘图环境。

(2) 删除剖面线：选取剖面线，按 Delete 键删除，如图 7-40(b)所示。

(3) 添加轮廓和剖面线：选取“直线”命令、“圆角”命令以及其他编辑命令，绘制图 7-40(c)所示轮廓；选取“填充”命令，添加图 7-40(c)所示剖面线。单击“关闭”按钮，返回工程图环境。

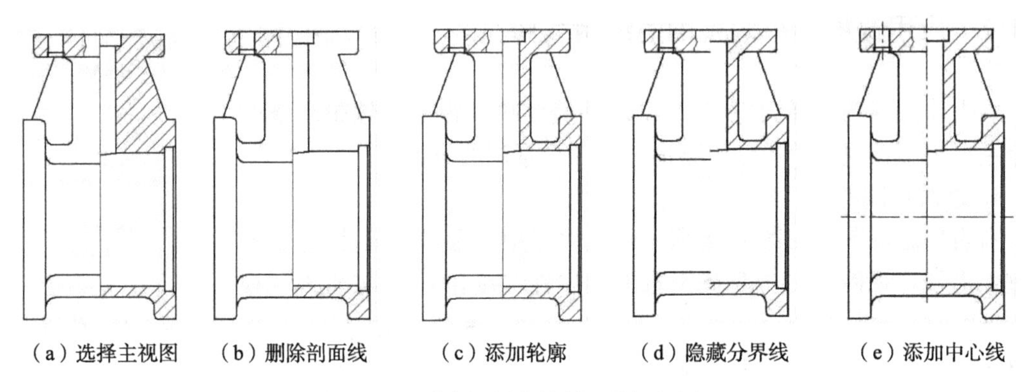

（a）选择主视图　（b）删除剖面线　（c）添加轮廓　（d）隐藏分界线　（e）添加中心线

图 7-40　“在视图中绘制”编辑视图

(4) 隐藏局部剖分界线：单击“隐藏边”命令，选取图 7-40(c)所示半剖视图中心分隔线，隐藏后的视图如图 7-40(d)所示。

(5) 添加中心线：单击“中心线”命令，在工具条的下拉列表中选取“用 2 条线”，为视图添加中心线如图 7-40(e)所示。

**4. 添加断裂线**

快捷菜单中的“添加断裂线”选项，可将长杆类零件的视图变换为断裂方式表达的视图。

单击“视图向导”命令，在“选择附件”对话框中单击“浏览”按钮，在“选择模型”对话框中，选取文件“安装目录 \ Solid Edge ST4 \ Training \ rail. par”，单击“打开”按钮。根据“图纸视图创建向导”对话框，生成图 7-41(a)所示的视图，并标注长度尺寸。

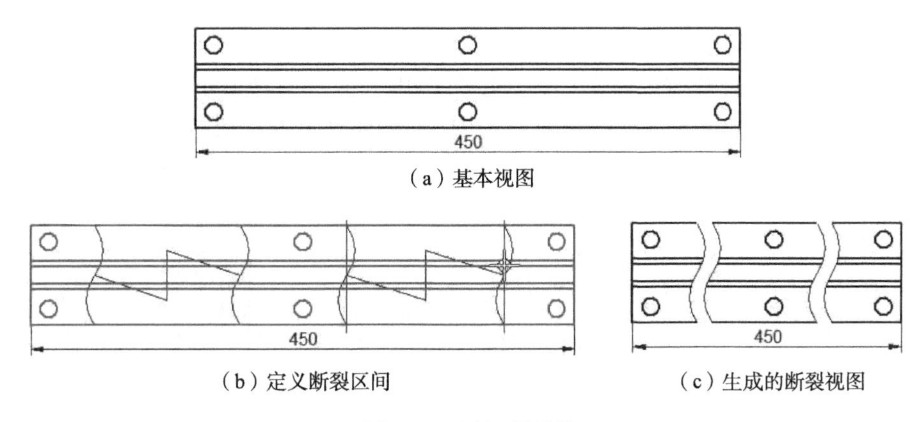


（a）基本视图

（b）定义断裂区间　　（c）生成的断裂视图

图 7-41　添加断裂线

(1) 右击图 7-41(a)所示的视图，在快捷菜单中选取“添加断裂线”，在图 7-42 所示工具条的“裂口方式”列表中选取“圆柱弯”。

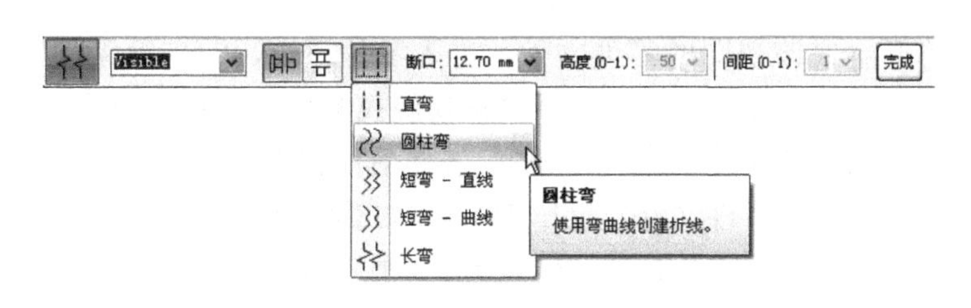


图 7-42　选择裂口方式

(2) 指定两处断裂区间，如图 7-41(b)所示。

(3) 单击“完成”按钮。

基本视图变换为“添加断裂线”的视图，如图 7-41(c)所示，从图中可看出，长杆零件被以断裂、缩短的方式表达，但所标注尺寸保持不变。

如果要恢复基本视图，在图 7-41(c)所示视图中，选取断裂线，按 Delete 键。执行两次删除，便可恢复原来的视图。

**5. 更新视图**

在生成视图后，如果相应的三维零件的结构、尺寸和文件属性等被改变，或者二维视图的属性被修改，在视图上会出现灰色的矩形外框，通过选取“更新视图”项，可以使视图更新，与三维零件的变化保持一致。

选取视图，单击右键，在快捷菜单中选取“更新视图”，仅对选取的视图进行更新。

选取“主页”选项卡中的“更新视图”按钮，则对当前图纸中的全部视图进行更新。

**6. 适合图纸视图**

在一张图纸中有多个视图，如果需要使某一个视图放大充满整个绘图工作区，可执行操作：选取视图，单击右键，在快捷菜单中选取“适合图纸视图”。

选取的视图被放大，最大限度地充满绘图工作区。选择快捷菜单中的该选项，可以方便的查看指定的视图。

**7. 裁剪和取消裁剪**

选取视图后，会出现虚线框和 8 个控制点，如图 7-43(a)所示，拖动控制点，可裁剪视图，如图 7-43(b)所示。

要恢复视图，右击被裁剪的视图，在快捷菜单中选取“取消裁剪”，恢复后的视图如图 7-43(c)所示。另一种方法是，反向拖动被裁剪视图的控制点，可恢复完整的视图，如图 7-43(c)所示。

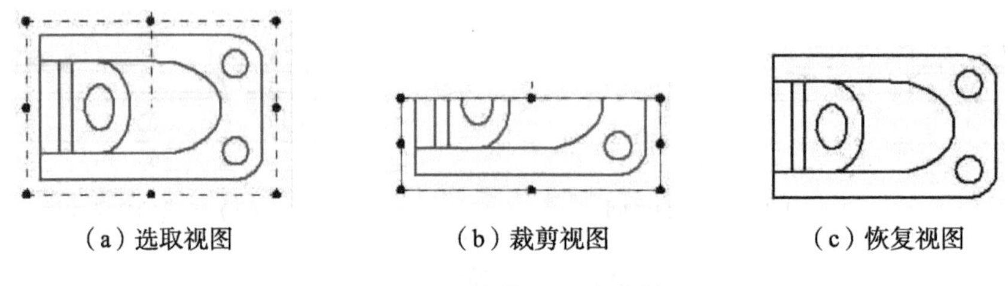

(a) 选取视图　(b) 裁剪视图　(c) 恢复视图

图 7-43　裁剪和取消裁剪

**8. 转换为 2D 视图**

Solid Edge 的视图是由三维零件投影生成的，视图与三维零件保持关联和链接，双击任意一个视图，将打开生成该视图的零件文件，进入零件环境，对三维零件进行编辑和修改后，在工程图环境中，对视图进行更新，便可重新使视图与三维零件一致。

可以将指定的视图转换为纯二维 2D 视图，转换后的视图不再与三维零件保持关联和链接，双击也不能打开对应的零件文件，仅作为一般的二维图形存在。

右击指定视图，在快捷菜单中选取“转换为 2D 视图”，出现“Solid Edge 工程图”对话框，单击“是”按钮，指定的视图被转换为 2D 视图。

**9. 剪切、复制、粘贴**

右击指定视图，在快捷菜单中选取“剪切（或复制、粘贴）”，可对指定的视图进行剪切（或复制、粘贴）操作，操作方法与 Office 文件中文字和图片的剪切、复制、粘贴类似。

## 7.4.2　隐藏边、显示边和边线画笔

在“主页”选项卡中，“边”命令区中的“隐藏边”、“显示边”和“边线画笔”三个命令，主要用于编辑和修改视图。

**1. “隐藏边”命令和“显示边”命令**

“隐藏边”命令将视图中指定的轮廓隐藏。如图 7-44(a)所示斜视图，需要将不平行于投影面的轮廓隐藏，操作为：单击“隐藏边”命令，选取图 7-44(a)中需要隐藏的轮廓，隐藏后的视图如图7-44(b)所示。

“显示边”命令可将执行“隐藏边”命令隐藏的轮廓重新显示。单击“显示边”命令，被隐藏的边将以粉红色高亮显示，选取高亮显示的轮廓，选取的轮廓恢复显示。图 7-44(c)为框选高亮轮廓，恢复显示后的视图。

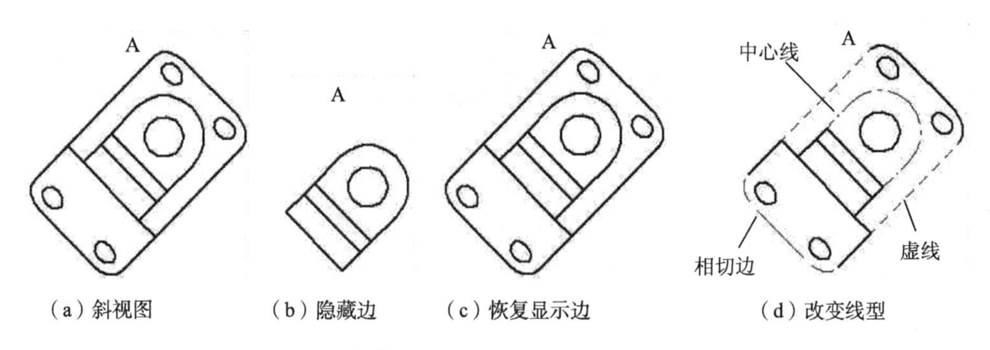

(a) 斜视图　(b) 隐藏边　(c) 恢复显示边　(d) 改变线型

图 7-44 "隐藏边"、"显示边" 和 "边线画笔" 命令

**2. "边线画笔" 命令**

默认方式生成的视图，可见轮廓为粗实线 Visible，不可见轮廓为虚线 Hidden。

"边线画笔" 命令用来修改视图轮廓的线型，使默认生成的线型转换为指定的线型。

单击 "边线画笔" 命令，工具条如图 7-45 所示。单击 "改为自隐藏" 按钮，选取图 7-44(d)所示长边轮廓，可转换指定轮廓的线型为虚线；单击 "改为相切" 按钮，选取图 7-44(d)所示轮廓，可转换指定轮廓的线型为相切线；单击 "用户自定义边" 按钮，在下拉列表中选取线型 "Center"，选取图 7-44(d)所示轮廓，可转换指定轮廓的线型为中心线；单击 "改为可见" 按钮，选取图 7-44(d)所示被修改的轮廓，可转换指定轮廓的线型为可见轮廓线。上述操作使视图恢复为图 7-44(c)所示。

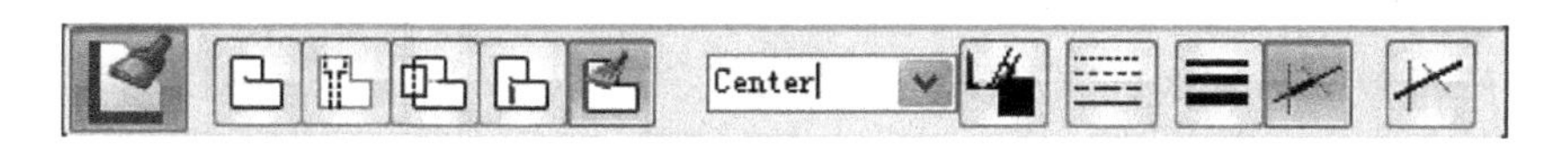

图 7-45 "边线画笔" 命令工具条

## 7.4.3 其他视图编辑命令

在 "绘制草图" 选项卡的 "绘图" 命令区中，如图 7-46 所示，可执行 "移动"、"旋转"、"镜像"、"比例缩放" 等命令，对视图进行相应的操作，操作方法与第 2 章中介绍的方法相同，这里不再赘述。

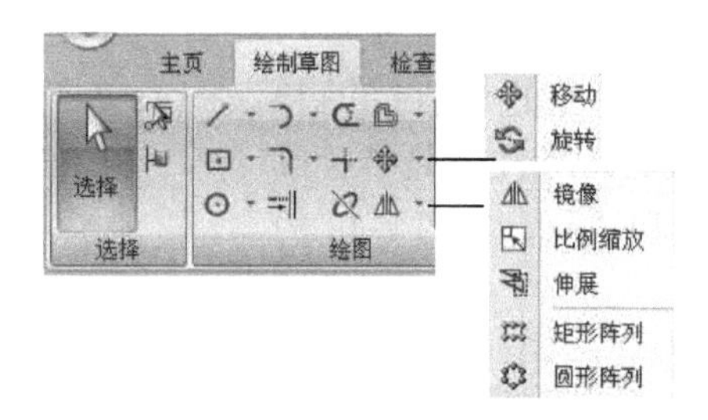

图 7-46 其他编辑修改命令

# 7.5 工程图的尺寸标注

应用 7.3 节和 7.4 节中的视图生成和编辑命令，生成符合要求的视图后，还需对视图标注尺寸。Solid Edge ST4 工程图环境中的尺寸命令，集中在图 7-47 所示的“尺寸”命令区中，用该命令区中的任意一个尺寸标注命令在视图上标注的尺寸，均来自于三维零件的真实尺寸，与生成视图时所选择的比例，以及对视图的修改无关。

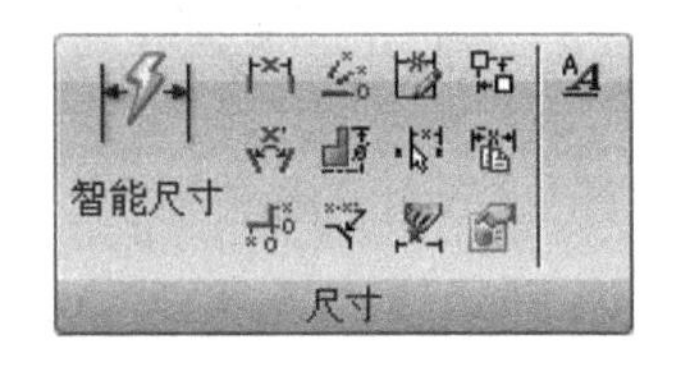

图 7-47 “尺寸”命令区

## 7.5.1 尺寸标注命令

本节介绍主要的尺寸标注命令。

**1. 调入尺寸**

“调入尺寸”命令在指定的视图上自动添加尺寸。

（1）单击“调入尺寸”命令。

（2）选取图 7-48 所示视图，自动添加的尺寸如图 7-48 所示。

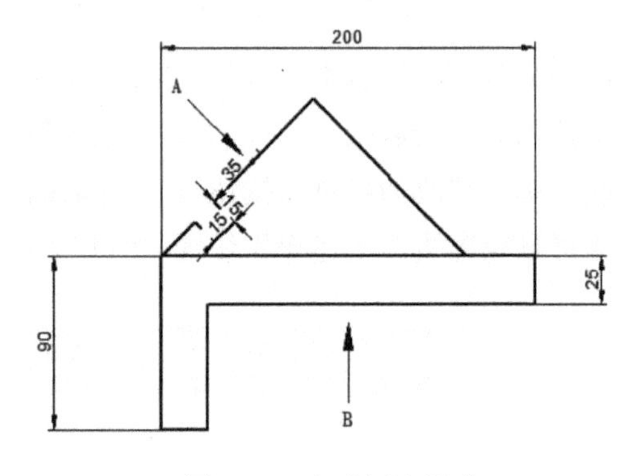

图 7-48 自动标注尺寸

如果继续选取其他视图，还可继续在其他视图上自动标注尺寸。

说明：自动添加的尺寸来自于零件建模过程中标注的尺寸，如果在零件建模过程中没有标注尺寸，执行该命令，则没有尺寸可提取。

虽然“调入尺寸”命令可以自动标注尺寸，但标注的尺寸不一定符合尺寸的规定注法，如图 7-48 中的尺寸 15、35，一般情况是由设计者手工标注，以保证尺寸的齐全、清晰和合理。

**2. 智能尺寸**

“智能尺寸”命令对选取的图素标注定形尺寸，当选取的图素为直线时，标注的是直线的长度，当选取的图素为圆弧或圆时，标注的是半径或直径尺寸，并自动添加“R”和“$\phi$”，如图 7-49 的尺寸$\phi$18、R21 和 5。

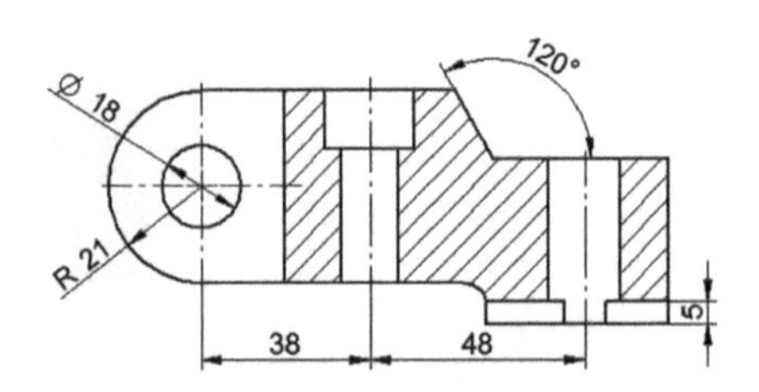

图 7-49 智能尺寸、间距尺寸和夹角尺寸

**3. 间距尺寸**

“间距尺寸”命令标注指定两图素之间的相对位置尺寸。标注方法与第 2 章中对应的尺寸命令相同，这里不再赘述，如图 7-49 中的尺寸 38 和 48。

**4. 夹角尺寸**

“夹角尺寸”命令标注指定两图素间的夹角，系统会在尺寸数字后自动添加“°”，如图 7-49 中的尺寸 120°。

**5. 对称直径**

“对称直径”命令用于标注中心线到回转体转向轮廓线之间的直径尺寸。

如图 7-50 所示，操作方法为：

(1) 单击“对称直径”命令。

(2) 先选取对称中心线，再选取孔的转向线，放置尺寸如图 7-50所示。

尺寸数值为中心线到转向线之间距离的两倍，且尺寸数字前自动添加“$\phi$”。该命令常用于图 7-50 所示半剖视图中孔直径的标注。

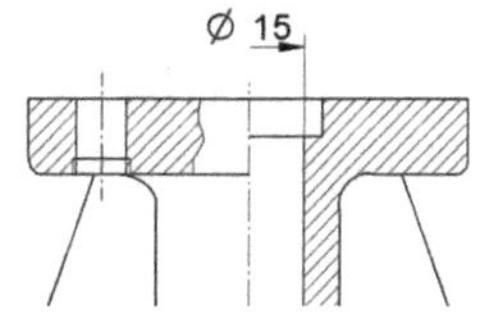

图 7-50　对称直径

**6. 倒斜角尺寸**

“倒斜角尺寸”命令用于对轴端和孔口的倒角标注尺寸。操作方法为：

(1) 单击“倒斜角尺寸”命令。

(2) 选取轴转向线及倒角斜边，在工具条的下拉列表中选取“标注平行”，如图 7-50(a)所示；放置尺寸如图 7-51(b)所示。

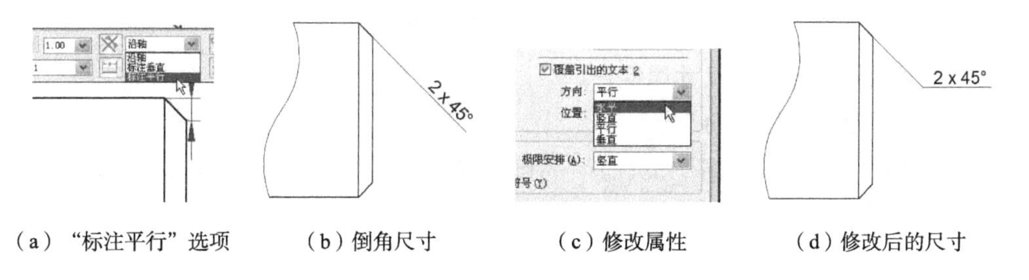

(a)“标注平行”选项　(b) 倒角尺寸　(c) 修改属性　(d) 修改后的尺寸

图 7-51　倒斜角尺寸

(3) 编辑尺寸：选取图 7-51(b)所示倒角尺寸，单击右键，弹出“尺寸属性”对话框，单击“文本”选项卡，在图 7-51(c)所示“方向”下拉列表中，选取“水平”，单击“确定”按钮。修改后的尺寸如图 7-51(d)所示。

**7. 附加尺寸**

“附加尺寸”命令可对已经标注的尺寸进行调整和修改。如图 7-52(a)所示的尺寸 5 是用“智能尺寸”命令标注的，执行以下操作，可调整该标注。

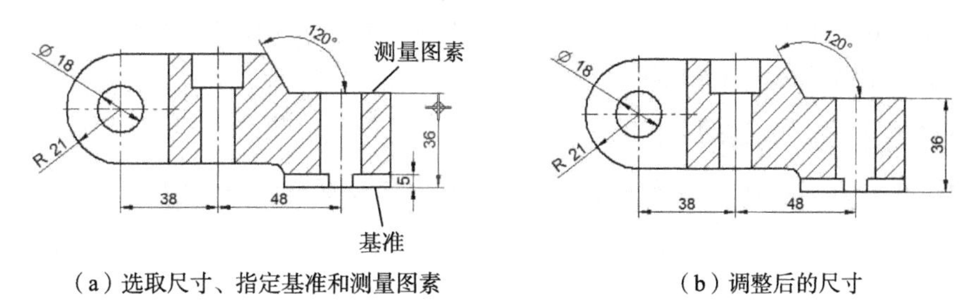

(a) 选取尺寸、指定基准和测量图素　(b) 调整后的尺寸

图 7-52　“附加尺寸”命令

(1) 单击“附加尺寸”命令。

(2) 选取图 7-52(a)中尺寸 5。

(3) 选取基准和测量图素：选取图 7-52(a)所示基准，再选取图 7-52(a)所示测量图素，移动鼠标指定尺寸位置如图 7-52(a)所示，单击左键确定。

操作完成后，尺寸 5 被调整为图 7-52(b)所示的尺寸 36。

**8. 复制属性**

“复制属性”命令将选定尺寸的样式等属性复制给指定的尺寸。

选取图 7-53(a)所示 R21 尺寸，单击右键，弹出“尺寸属性”对话框，单击“文本”选项卡，在图 7-53(b)所示“方向”下拉列表中，选取“水平”，单击“确定”按钮。修改后的尺寸 R21 如图 7-53(c)所示。

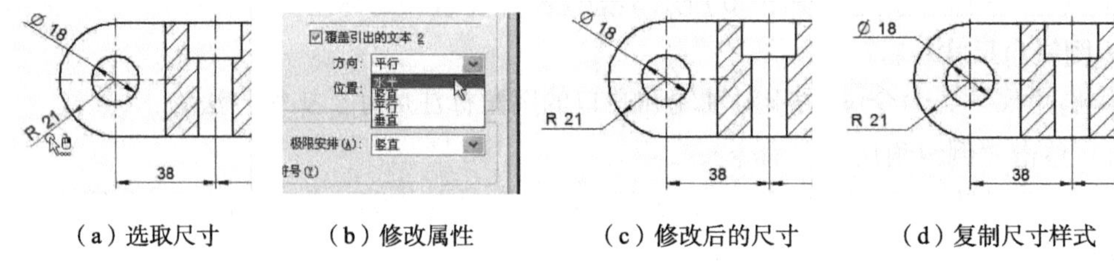


(a) 选取尺寸　(b) 修改属性　(c) 修改后的尺寸　(d) 复制尺寸样式

图 7-53　复制尺寸属性

执行以下操作，可复制尺寸属性：

(1) 单击“复制属性”命令。

(2) 选取源尺寸：选取图 7-53(c)中的尺寸 R21，在图 7-54 所示工具条中选取“样式”。

图 7-54　复制样式

(3) 选取目标尺寸：选取图 7-53(c)中的尺寸$\phi$18，$\phi$18 被复制指定的尺寸样式，结果如图 7-53(d)所示。

(4) 结束步骤：按 Esc 键，结束命令。

说明：在图 7-54 所示工具条中，还可指定仅复制“前缀”、“类型”、“前缀”和“类型”，以生成不同的复制结果。

**9. 对齐文本**

“对齐文本”命令使指定的尺寸按指定的对齐方式，与指定的基准尺寸对齐。

在图 7-55(a)中，执行“间距尺寸”命令，标注尺寸 15，注意尺寸 15 与 36 没有对齐，执行以下操作可使两尺寸对齐：

(1) 单击“对齐文本”命令。

(2) 指定基准尺寸：选取尺寸 36。

(3) 指定对齐方式：在工具条中选取对齐方式为“竖直右对齐”。

(4) 选取要对齐的尺寸：选取尺寸 15。尺寸 15 被移动与尺寸 36 对齐，如图 7-55(b)所示。

执行同样的操作，选取图 7-55(a)中尺寸 38 为基准尺寸，在工具条中选取对齐方式为“水平靠下”，选取尺寸 48，可使尺寸 48 与尺寸 38 的尺寸线对齐，如图 7-55(b)所示。

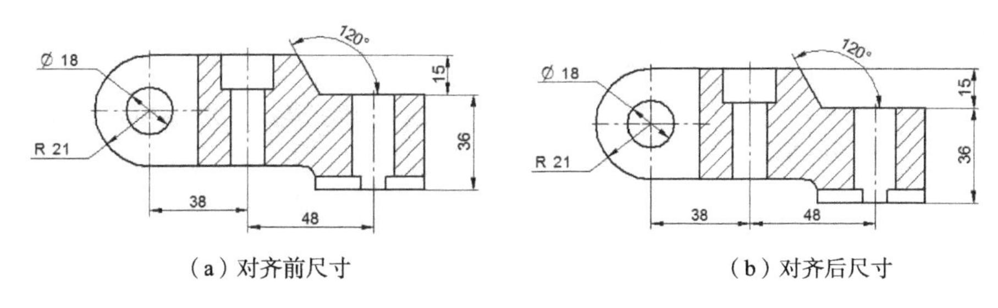


（a）对齐前尺寸　　（b）对齐后尺寸

图 7-55　对齐尺寸

**10. 坐标尺寸**

“坐标尺寸”命令指定一点或一条直线为基准，连续标注几何图素之间的距离，每个尺寸都是该图素到基准点的距离，如图 7-56 所示。

操作方法为：单击“坐标尺寸”命令，选取基准及要标注的图素，放置尺寸。

**11. 角坐标尺寸**

“角坐标尺寸”命令指定一条直线为基准，连续标注指定图素与基准之间的夹角，每个角度都是指定图素到基准线的夹角，如图 7-57 所示。

操作方法为：单击“角坐标尺寸”命令，选取基准及要标注的图素，放置尺寸。

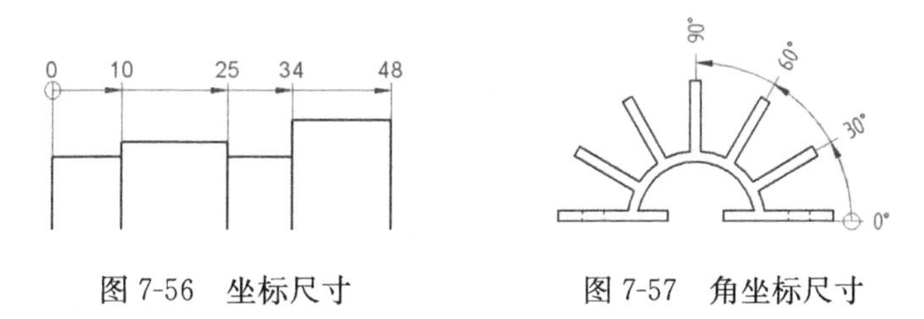


图 7-56　坐标尺寸　　图 7-57　角坐标尺寸

**12. 自动标注尺寸**

“自动标注尺寸”命令为新绘制的图形打开或关闭自动标注尺寸功能。

## 7.5.2　给尺寸添加前缀、后缀和公差

Solid Edge ST4 默认的标注样式为“国标”，标注的尺寸如图 7-49 所示，除了自动添加半径“R”、直径“$\phi$”和角度“°”以外，其他尺寸均为基本尺寸，不带任何前缀、后缀和公差。Solid Edge ST 工程图样中，尺寸的前缀、后缀和公差是在标注出基本尺寸的基础上添加的。

**1. 尺寸添加前缀和后缀**

首先选取“间距尺寸”命令，标注图 7-58(a)所示基本尺寸。对该尺寸添加前缀、后缀的操作方法为：

(1) 单击图 7-58(a)所示尺寸，在工具条中单击“前缀”按钮。

(2) 在出现的图 7-59 所示“尺寸前缀”对话框中，设置“前缀”为 M，“后缀”为“x1. 5LH-5g6g”，单击“确定”按钮。添加了前缀、后缀的尺寸如图 7-58(b)所示。

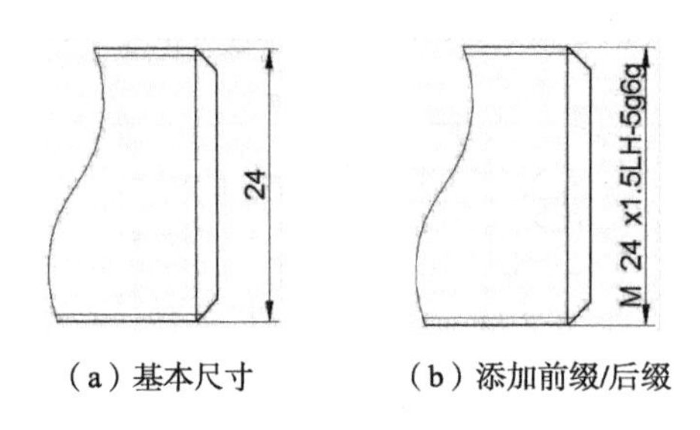


（a）基本尺寸　　（b）添加前缀/后缀

图 7-58　给尺寸添加前缀和后缀

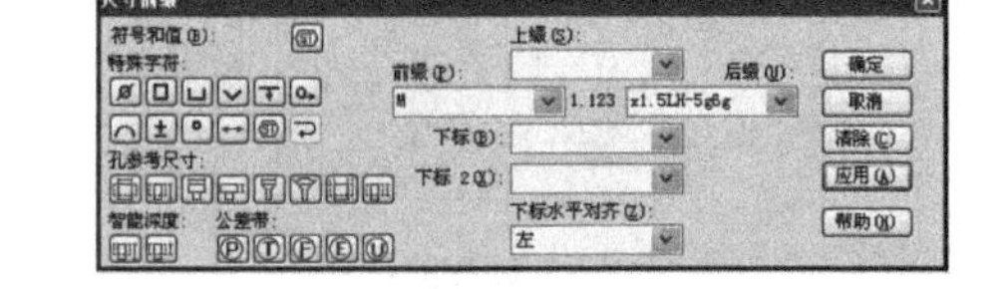

图 7-59　“尺寸前缀”对话框

用同样的方法，可以给图 7-60(a)所示尺寸添加前缀和后缀，结果如图 7-60(b)所示。

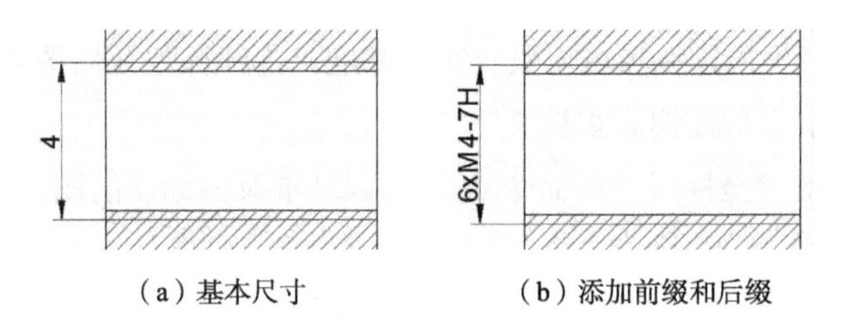


（a）基本尺寸　　（b）添加前缀和后缀

图 7-60　给螺孔尺寸添加前缀和后缀

说明：在图 7-59 所示“尺寸前缀”对话框中，如果光标在“前缀”文本框中，单击“特殊字符”列表中的“直径”按钮，可在指定尺寸前添加直径“$\phi$”。“特殊字符”列表中的其他按钮，可根据标注需求选用。

如果需要修改或清除添加的前缀和后缀，选取尺寸，在工具条中单击“前缀”按钮，在图 7-59 所示对话框中，修改前缀和后缀，单击“确定”按钮。如果选取图 7-59 所示对话框中的“清除”按钮，再单击“确定”按钮，则清除全部前缀和后缀。

**2. 尺寸添加前缀和公差**

首先选取“间距尺寸”命令，标注图 7-61(a)所示基本尺寸 50。

(1) 添加前缀

单击尺寸 50，在工具条中单击“前缀”按钮，出现“尺寸前缀”对话框，单击“特殊字符”列表中的“直径”按钮，单击“确定”按钮。添加了前缀“$\phi$”的尺寸，如图 7-61(b)所示。

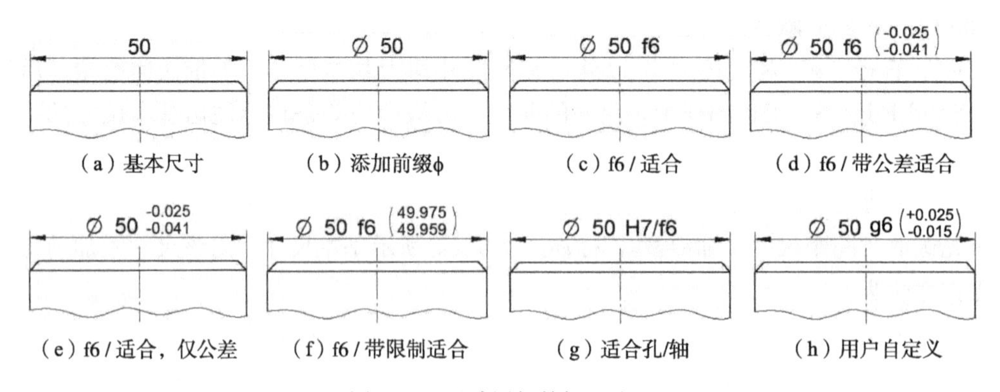


（a）基本尺寸　（b）添加前缀ϕ　（c）f6 / 适合　（d）f6 / 带公差适合

（e）f6 / 适合，仅公差　（f）f6 / 带限制适合　（g）适合孔/轴　（h）用户自定义

图 7-61　尺寸添加前缀和公差

（2）添加公差

①选取图 7-61(b)所示尺寸，单击工具条上的“尺寸类型”按钮 × ，弹出图 7-62 所示“尺寸类型”列表，选取 h7 类 ，此时工具条如图 7-63 所示。

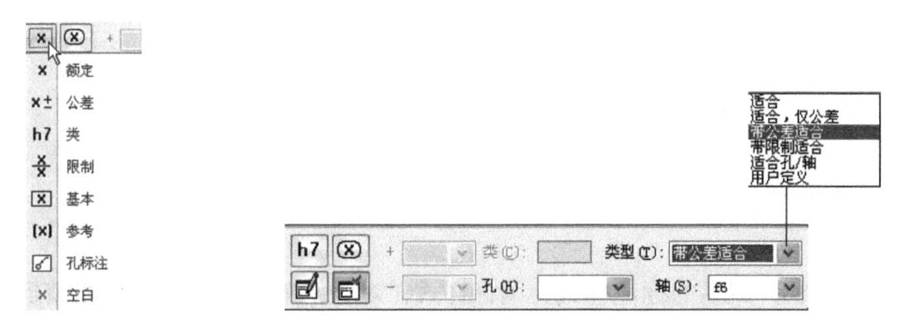


图 7-62　尺寸类型　　　　　　图 7-63　“尺寸”工具条

②在图 7-63 所示工具条中，在“轴”下拉列表中，选取公差代号为 f6，在“类型”下拉列表中：

选取“适合”，添加的公差如图 7-61(c)所示，仅添加公差代号。

选取“带公差适合”，添加的公差如图 7-61(d)所示，添加公差代号和上下偏差。

选取“适合，仅公差”，添加的公差如图 7-61(e)所示，仅添加上下偏差。

选取“带限制适合”，添加的公差如图 7-61(f)所示，添加公差代号和最大、最小极限尺寸。

选取“适合孔/轴”，在图 7-63 所示“孔”下拉列表中选取 H7，添加的公差如图 7-61(g)所示，为孔和轴的公差配合代号。

选取“用户定义”，用户可在工具条中输入自己定义的非标准的公差代号和上下偏差，添加的公差如图 7-61(h)所示。

从以上操作可看出，系统根据尺寸大小和指定的标准公差带代号，自动查出了上下偏差，并以不同的方式对公差进行表示，其中图 7-61(d)为机械工程图样中常用的公差表示方法。Solid Edge ST4 中，系统根据公差带代号自动查出上下偏差，极大地方便了设计者标注公差，极大地提高了公差标注的效率。

③当选取图 7-62 所示列表中的其他选项时，工具条上公差的输入选项将不同：

当选取 ×± 公差 时，输入上、下偏差 0.025、0.015，按 Enter 键确认，可标注图 7-64(a)所示的公差；当输入的上、下偏差值相同时，如均输入 0.25，标注的公差如图 7-64(b)所示。

当选取 限制 时，输入上、下偏差，可标注图 7-64(c)所示的公差。

当选取 基本 时，可标注图 7-64(d)所示的公差。

当选取 × 额定 时，可消除尺寸上的公差，恢复尺寸为基本尺寸。

其余选项不一一列举，请读者自己操作，查看结果。

说明：在输入上、下偏差时，下偏差默认为负值。

从以上介绍的添加公差的方法可看出，当添加的公差为标准公差时，采用图 7-61 所示的方法最为快捷；当添加的公差需人工输入时，可采用图 7-64 所示的方法。

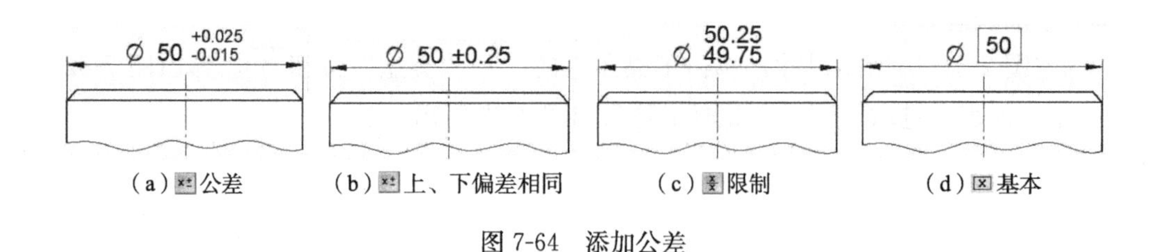


图 7-64 添加公差

### 7.5.3 尺寸属性的编辑和修改

Solid Edge ST4 默认的标注样式为国标样式，对于一般的线性尺寸，能满足尺寸标注的规定，但对于半径、直径、角度尺寸，以及公差、小间距尺寸等，国标样式标注的尺寸不一定能满足尺寸标注的规定。

编辑和修改尺寸属性的方法为：选取已标注的尺寸，单击“编辑属性”命令，或者单击右键，在快捷菜单中选取“属性”，弹出“尺寸属性”对话框，当中包括文本、间距、注释等选项卡，通过修改选项卡中的尺寸属性，可改变尺寸的显示方式。

**1. 改变尺寸方位和尺寸数字大小**

选取图 7-65(a)所示尺寸$\phi$24，单击“编辑属性”命令，选取图 7-66 所示“尺寸属性”对话框的“文本”选项卡，在“方向”下拉列表中选取“水平”，如图 7-66(a)所示，单击“确定”按钮。$\phi$24 被修改如图 7-65(b)所示。执行同样的操作，可使图 7-65(a)所示尺寸 R25 改变尺寸方位如图 7-65(b)所示。

在图 7-66(a)所示“文本”选项卡中，还可改变尺寸数字的大小、字体和公差文本的大小等尺寸属性。

**2. 改变尺寸前缀/后缀和符号的间距**

图 7-65(c)所示为添加了前缀和公差的尺寸，如果需要调整前缀/后缀和符号的间距，需执行以下操作：

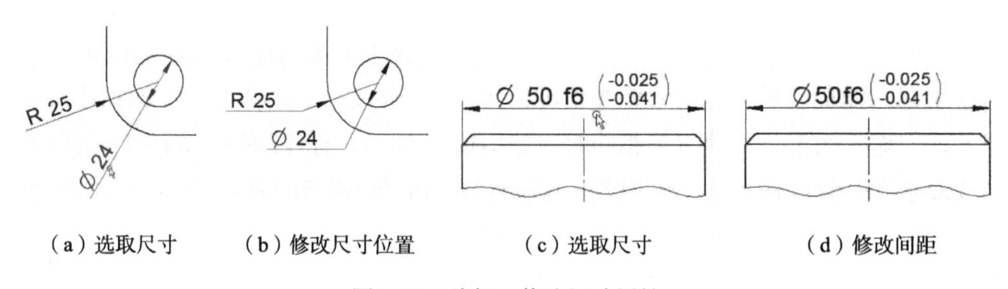


图 7-65 编辑、修改尺寸属性

选取图 7-65(c)所示尺寸，单击“编辑属性”命令，选取图 7-66 所示“尺寸属性”对话框的“间距”选项卡，如图 7-66(b)所示，设置“符号间隙”为 0.1、“前缀/后缀间隙”为 0.1，单击“确定”按钮。改变间距后的尺寸如图 7-65(d)所示。

在图 7-66 所示“尺寸属性”对话框中，还有其他选项卡以及其他选项，通过修改选项的数值或指定下拉选项，可改变尺寸相应的属性。

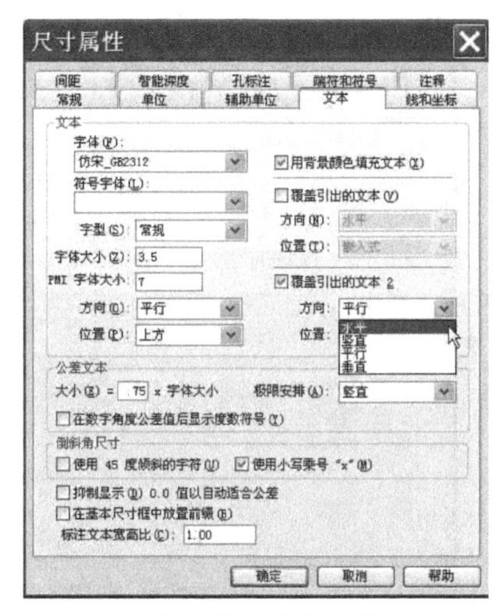


（a）“文本”选项卡

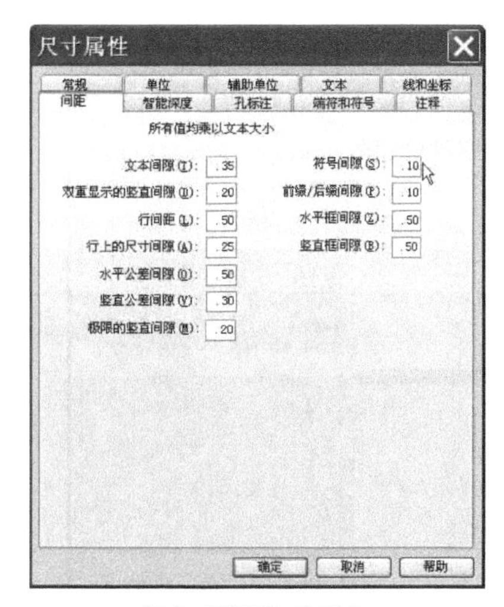


（b）“间距”选项卡

图 7-66　“尺寸属性”对话框

**3. 改变尺寸的位置**

拖动尺寸线，可改变尺寸线的位置；拖动尺寸数字，可改变尺寸数字在尺寸线上的位置；拖动箭头，可改变箭头在圆或圆弧的内侧或外侧。

### 7.5.4　创建和修改尺寸样式

安装 Solid Edge ST4 时，默认的安装模板为 GB（图 1-3）。标注尺寸时，默认的尺寸样式为国标样式，一般的线性尺寸能满足要求，但对于半径、直径、角度等尺寸，不一定能满足尺寸标注的规定，采用 7.5.3 节中介绍的方法对尺寸逐一进行编辑和修改，将是非常费时、费力和低效的。可以通过创建新的尺寸样式，定制符合特定要求的尺寸样式来标注尺寸，以减少对尺寸的编辑和修改，提高标注尺寸的效率。

**1. 创建尺寸样式**

创建一个符合直径、半径、角度、倒角标注的尺寸样式，操作方法和步骤为：

（1）单击“样式”命令。

（2）在图 7-67 所示“样式”对话框中，指定“样式类型”为“尺寸”，在“样式”列表中选取“国标”，单击“新建”按钮。

（3）在图 7-68 所示对话框中，在“名称”文本框中输入“直径/半径/角度/倒角”。

（4）单击“文本”选项卡，在图 7-69 所示两处“方向”下拉列表中，均选取“水平”。

（5）单击“间距”选项卡，如图 7-70 所示，设置“符号间隙”为 0.1、“前缀/后缀间隙”为 0.1，单击“确定”按钮。

（6）返回图 7-71 所示“样式”对话框，新创建的样式“直径/半径/角度/倒角”列于“样式”列表中，单击“确定”按钮。

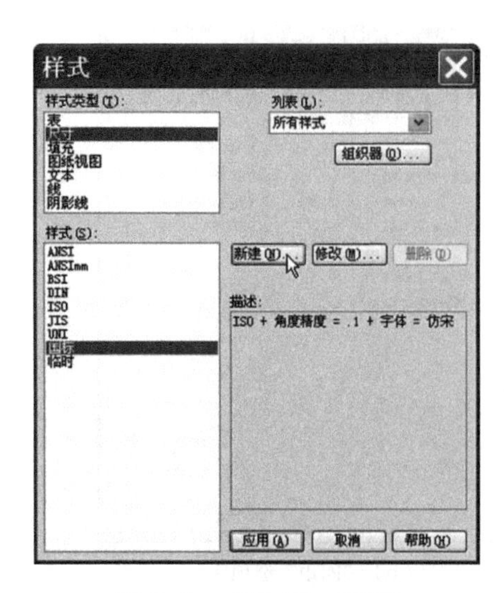


图 7-67 “样式”对话框

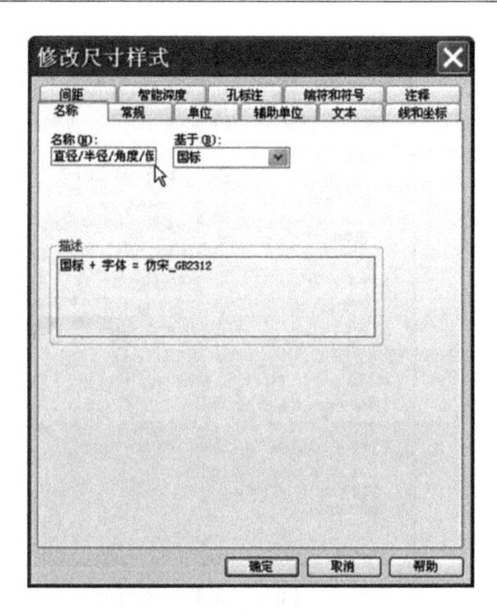


图 7-68 新建尺寸样式-名称

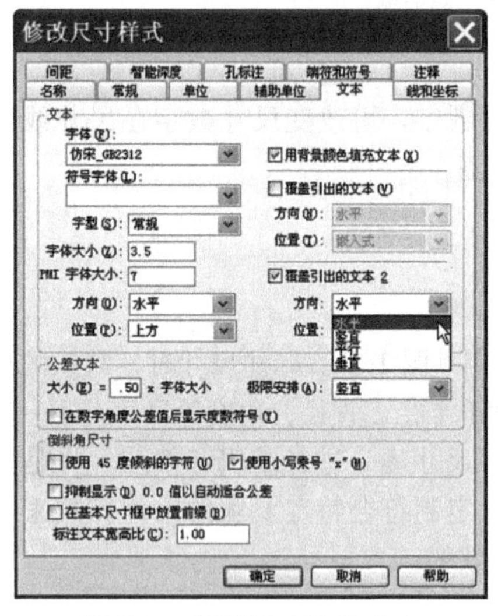


图 7-69 新建尺寸样式-文本

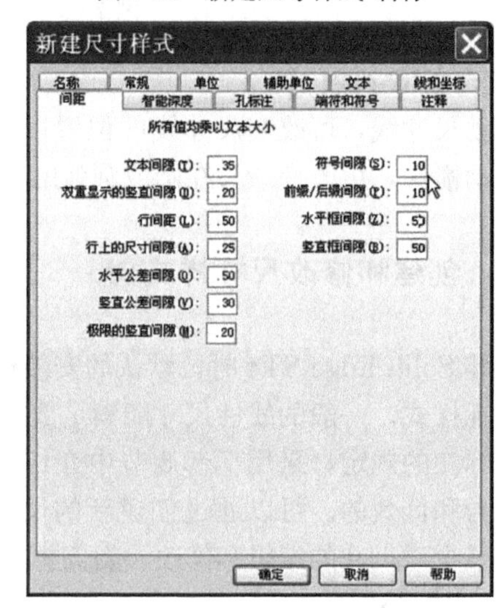


图 7-70 新建尺寸样式-间距

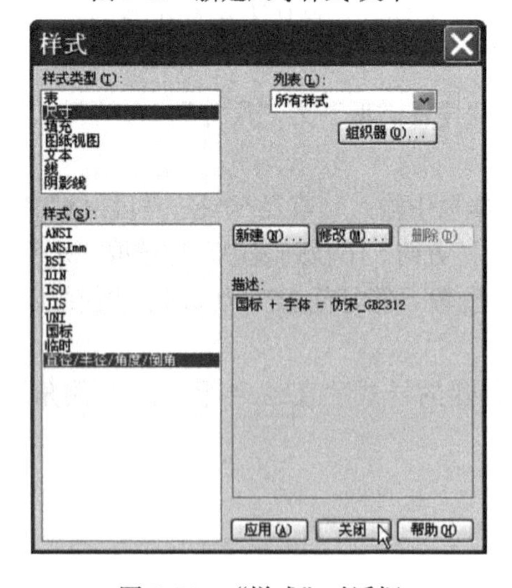


图 7-71 “样式”对话框

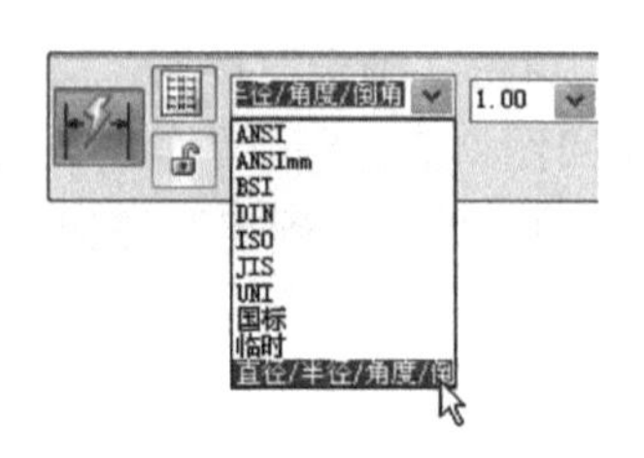


图 7-72 “尺寸样式”下拉列表

当单击“尺寸”命令区中的命令标注尺寸时，在图 7-72 所示工具条的“尺寸样式”下拉列表中，选取新创建的尺寸样式，可直接标注出符合规定注法的尺寸。图7-73为执行“智能尺寸”命令、“夹角”命令和“倒斜角尺寸”命令时，选取新创建的尺寸样式所标注的尺寸。

根据不同用户标注尺寸的要求，执行同样的操作方法，还可创建其他尺寸样式。

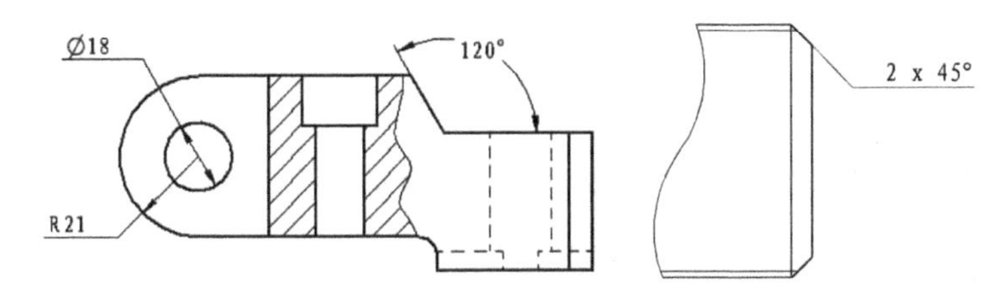


图 7-73　采用创建的尺寸样式标注的尺寸

**2. 修改尺寸样式**

如果需要对已有的尺寸样式进行修改，操作方法为：

(1) 单击“样式”命令。

(2) 在图 7-67 所示“样式”对话框中，指定“样式类型”为“尺寸”，在“样式”列表中选取要修改的尺寸样式，例如“临时”，单击“修改”按钮。

(3) 在“修改尺寸样式”对话框中，选取需要修改的选项卡，修改指定选项的数值或下拉选项，修改尺寸样式的方法与创建尺寸样式的方法基本相同，这里不再赘述。

# 7.6　图纸注释标注

“主页”选项卡中的“注释”命令区中的命令，如图 7-74 所示，用于为视图添加中心线、技术要求、旁注等。

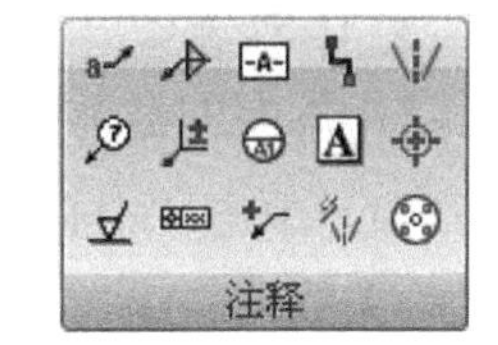


图 7-74　“注释”命令区

## 7.6.1　添加中心线

“注释”命令区中的“自动创建中心线”命令、“中心线”命令、“中心标记”命令和“螺钉圆孔”命令，可在指定的视图上生成不同类型的中心线，这些中心线与视图相关联，如果修改图纸视图，中心线将相应的更新其位置和大小。

**1. 自动创建中心线**

“自动创建中心线”命令用于在指定的视图中，自动创建中心线和中心标记。给图 7-76(a)所示视图自动添加中心线，操作步骤为：

(1) 单击“自动创建中心线”命令，出现图 7-75 所示“自动创建中心线”命令工具条。

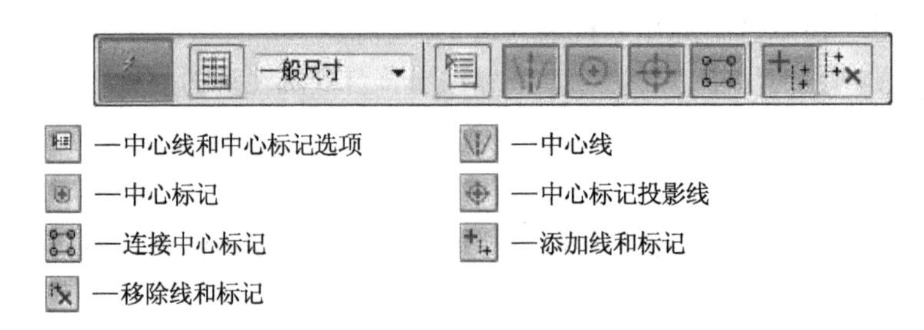


图 7-75　“自动创建中心线”命令工具条

（2）单击图 7-76(a)所示主视图和俯视图，系统自动标注的中心线如图 7-76(b)所示。

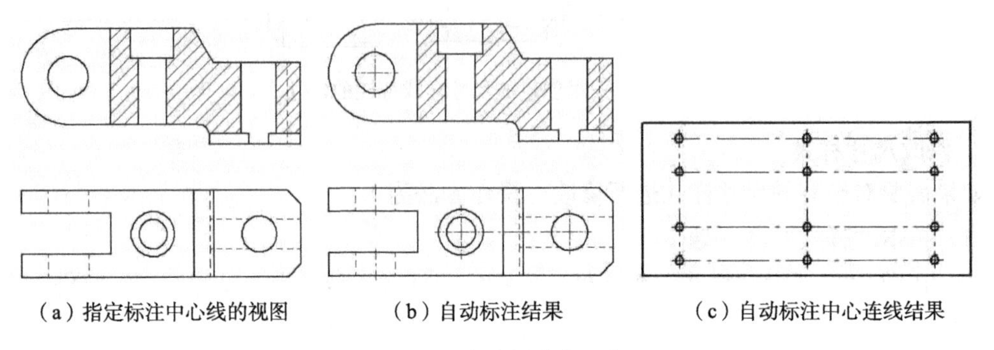

（a）指定标注中心线的视图　（b）自动标注结果　（c）自动标注中心连线结果

图 7-76　自动创建中心线

图 7-75 说明了工具条上主要按钮的功能。当选择“连接中心标记”按钮时，可对机件上的孔等结构处于 X 或 Y 方向对齐的孔自动添加中心线和中心连线，如图 7-76(c)所示。选取“移除线和标记”按钮时，单击已自动标注中心线的视图，可清除已添加的中心线，恢复为原来的视图，如图 7-76(a)所示。

**2. 中心线**

“中心线”命令用于在两直线或两点之间生成中心线，如图 7-78 所示，操作步骤为：

（1）单击“中心线”命令，工具条如图 7-77 所示。在“放置选项”下拉列表中选取“用 2 条线”。

图 7-77　“中心线”命令工具条

（2）选取孔转向线：选取图 7-78(a)所示孔的两条转向线，生成的中心线如图 7-78(b)所示。

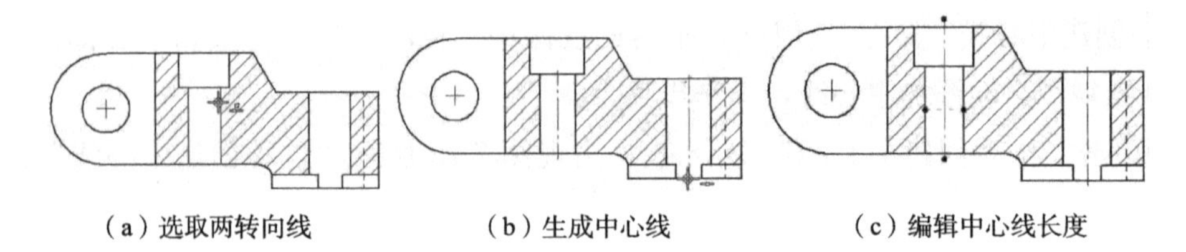

（a）选取两转向线　（b）生成中心线　（c）编辑中心线长度

图 7-78　“中心线”命令标注中心线

如果在图 7-77 所示工具条的下拉列表中选取“用 2 点”，捕捉图 7-78(b)所示孔口中点，生成的中心线如图 7-78(b)所示。

单击生成的中心线，拖动中心线的端点，可调整中心线的长度，如图 7-78(c)所示。

**3. 中心标记**

“中心标记”命令可对指定的圆、圆弧、椭圆、椭圆弧添加中心标记和中心线。

为图 7-80(a)所示 R21 圆弧添加中心标记或中心线的操作方法和步骤为：

(1) 单击“中心标记”命令，工具条如图 7-79 所示，默认方式为“水平/垂直”。

图 7-79　“中心标记”命令工具条

(2) 选取图 7-80(a)所示 R21 圆弧，默认的中心标记为图 7-80(b)所示的中心十字标记。在工具条中单击“投影线”按钮，可标注图 7-80(c)所示的中心线。

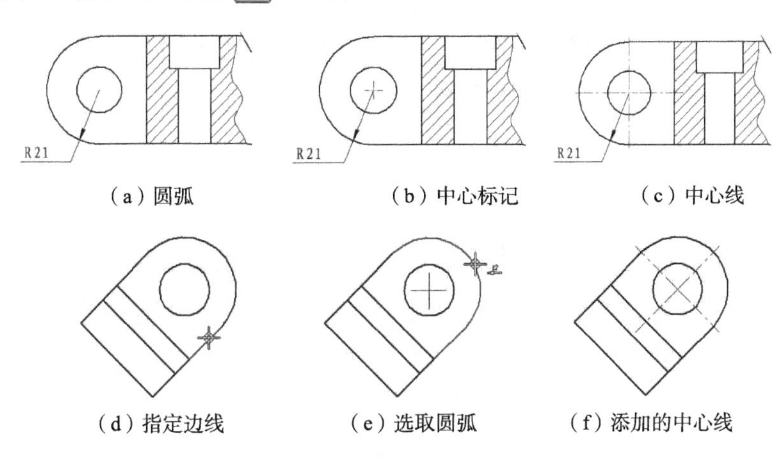


(a) 圆弧　(b) 中心标记　(c) 中心线

(d) 指定边线　(e) 选取圆弧　(f) 添加的中心线

图 7-80　“中心标记”命令标注中心线

默认标注的中心标记或中心线是水平和垂直的，如果要标注与指定直线平行或垂直的中心线，需执行以下操作：

①单击“中心标记”命令，在图 7-79 所示工具条中，选取“用尺寸轴”，单击“投影线”按钮。

②选取图 7-80(d)所示边线，再选取图 7-80(e)所示圆弧，添加的中心线如图 7-80(f)所示。中心线与指定的边线平行或垂直。

③按 Esc 键，结束命令。

**4. 螺钉圆孔**

“螺钉圆孔”命令可为在同一定位圆上的孔添加定位圆和孔中心标记。

由图 3-106 所示零件生成的视图如图 7-81(a)所示，“螺钉圆孔”命令可方便地添加定位圆和中心线。

(1) 单击“螺钉圆孔”命令。

（2）捕捉图 7-81(a)所示圆心及图 7-81(b)所示任意小孔的圆心。添加的定位圆和孔的中心标记如图 7-81(c)所示。

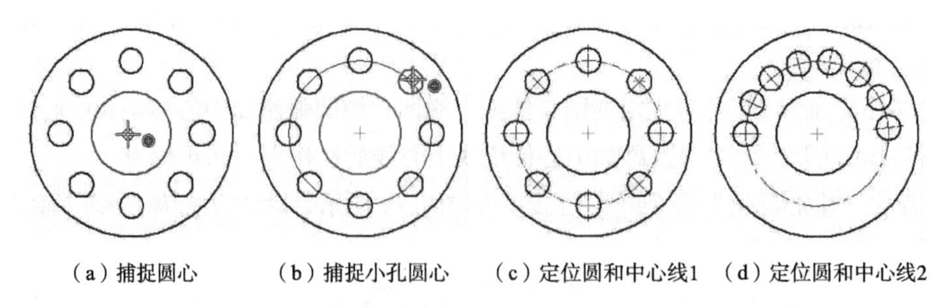

（a）捕捉圆心　（b）捕捉小孔圆心　（c）定位圆和中心线1　（d）定位圆和中心线2

图 7-81　标注定位圆和中心线

对于图 7-81(d)所示非均匀分布的孔，执行“螺钉圆孔”命令，同样可添加定位圆和孔的中心线，如图 7-81(d)所示。

**5. 修改和删除中心线**

右击已标注的中心线，在快捷菜单中选取“属性”，弹出“中心线和标记属性”对话框，从中可编辑修改中心线的尺寸样式、颜色、线型、线宽等属性；在快捷菜单中选取“删除”，可删除标注出的中心线、中心标记和定位圆。

## 7.6.2　指引线命令

“指引线”命令可在视图指定的位置上添加不带注释的指引线。

（1）单击“指引线”命令，工具条如图 7-82 所示，单击工具条上的“折线类型”下拉列表，选取所需的折线类型，默认为“无”。

（2）选取图 7-83 所示视图的圆弧，移动鼠标，预览指引线的位置，单击左键确定。“折线类型”分别为“无”、“水平”和“垂直”时标注出的指引线如图 7-83 所示。

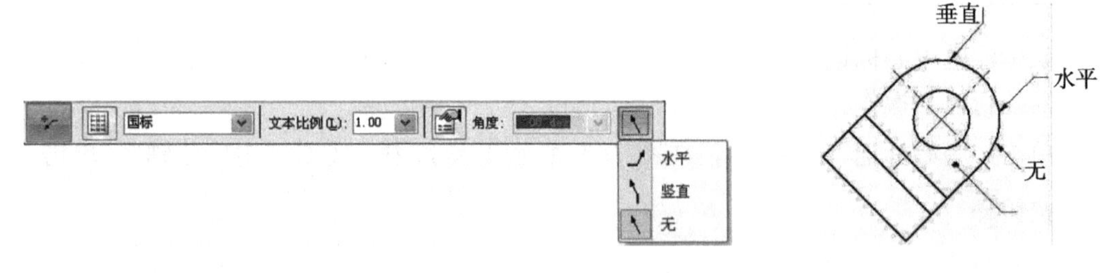


图 7-82　“指引线”命令工具条　　图 7-83　指引线标注

当选取视图的轮廓线时，标注的指引线为带箭头的指引线；单击视图内任意空白处，标注的指引线箭头为粗黑点，如图 7-83 所示。

## 7.6.3　标注

“标注”命令可标注带有注释的指引线，主要用于尺寸和技术要求的旁注注法。

(1) 单击“标注”命令。

(2) 出现图 7-84 所示“标注属性”对话框，在“标注文本”文本框中输入4x∅5，在“标注文本 2”文本框中输入⌴∅7↧5，在右侧的“预览”框中，可预览标注结果，单击“确定”按钮。

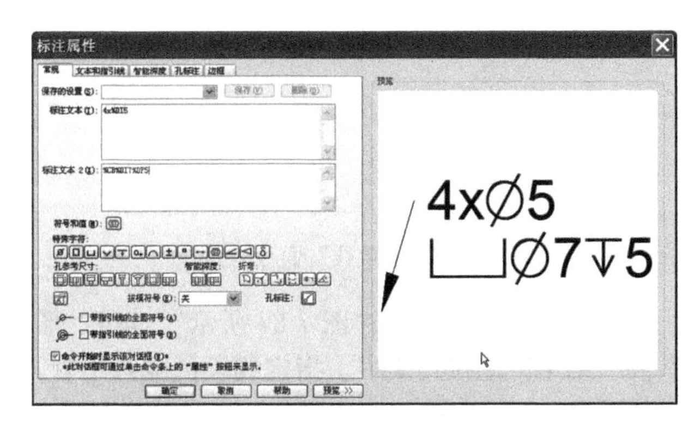


图 7-84　“标注属性”对话框

(3) 在图 7-85 所示“标注”命令工具条中，单击“折线”按钮，在“位置”下拉列表中，选取 上方，如图 7-85 所示。

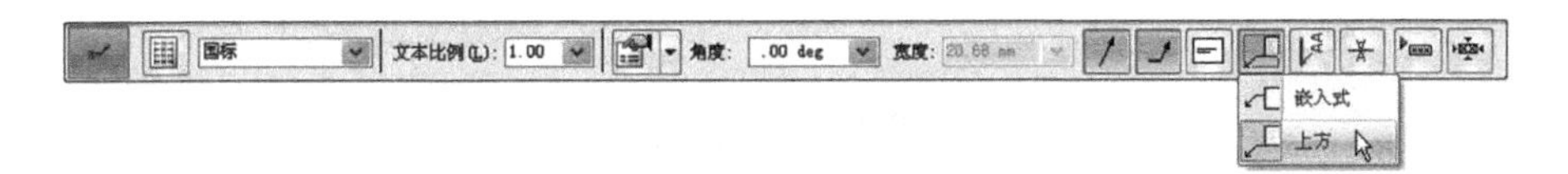


图 7-85　“标注”命令工具条

(4) 捕捉图 7-86(a)所示视图孔口线段中点，移动鼠标，放置标注如图 7-86(b)所示。

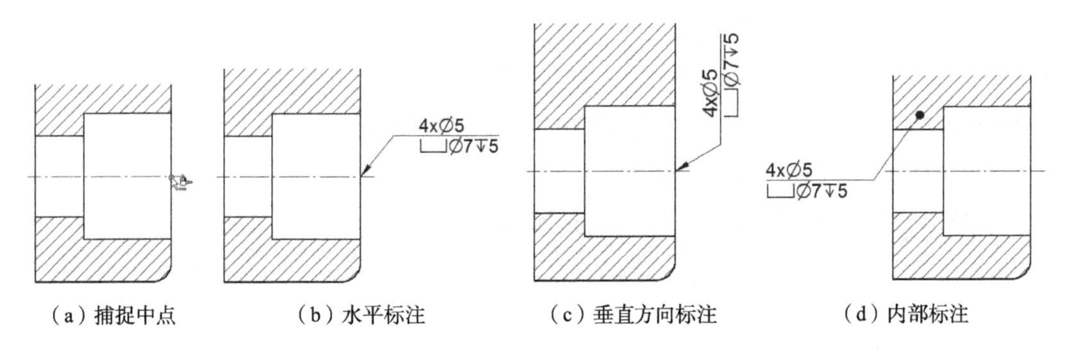


(a) 捕捉中点　(b) 水平标注　(c) 垂直方向标注　(d) 内部标注

图 7-86　标注带注释的指引线

默认的标注为图 7-86(b)所示的水平标注。在以上操作步骤（3）中，如果再选取“平行文本”按钮，生成的标注如图 7-86(c)所示，文本为垂直方向。如果选取的标注点在视图内部或其他空白处，标注的箭头为粗黑点，如图 7-86(d)所示。

选取图 7-85 所示工具条上的其他按钮，还可以生成其他形式的引出标注。

选取图 7-84 所示对话框中的“特殊字符”，可方便地标注斜度、锥度、孔深等尺寸和技术要求，这里不一一列举，请读者自己练习。

## 7.6.4　连接线

“连接线”命令用于绘制连接线，操作步骤为：

（1）单击“连接线”命令，工具条如图 7-87 所示。

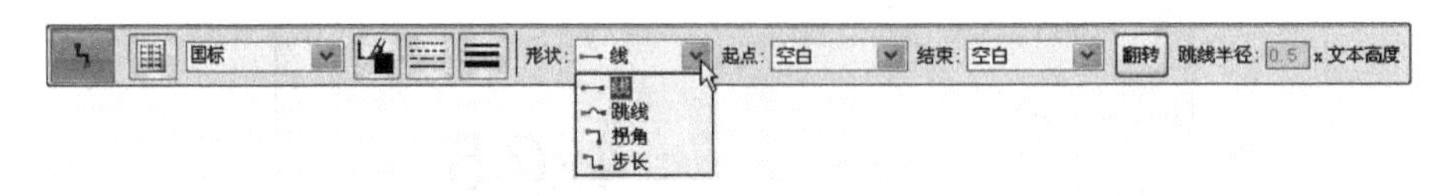


图 7-87　“连接线”命令工具条

（2）绘制连接线：单击左键指定起点，在图 7-87 所示工具条“形状”下拉列表中选取线段形状，在“起点”和“结束”下拉列表中，指定线段的端点形状，默认为“空白”，指定第二点，绘制出第一段线段。在工具条中，重新指定新的线段属性，单击第三点，可绘制出第二条线段。执行同样的操作，可绘制出图 7-88 所示的连接线。

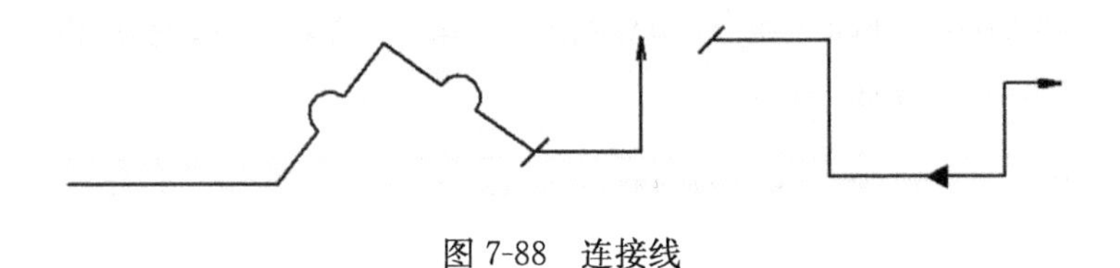

图 7-88　连接线

说明：在绘制连接线的过程中，设置的线段属性在没有被修改前，将默认为后续线段的属性。

## 7.6.5　符号标注

“符号标注”命令主要用于在装配视图中标注零件的序号。

标注符合国标要求的序号，操作方法和步骤为：

（1）单击“符号标注”命令。工具条如图 7-89 所示。

图 7-89　“符号标注”命令工具条

（2）在工具条“形状”下拉列表中选取 下划线，在“上限”文本框中输入 1，如图7-89

所示，在视图中指定序号引出位置，移动鼠标，放置序号，如图 7-90(a)所示。

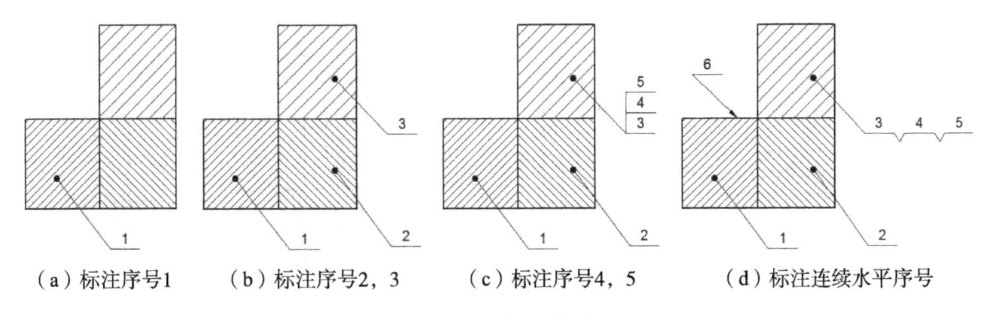


（a）标注序号1　（b）标注序号2，3　（c）标注序号4，5　（d）标注连续水平序号

图 7-90　标注序号

(3) 在“上限”文本框中输入 2，在视图中指定序号 2 引出位置，移动鼠标，放置序号，如图 7-90(b)所示序号 2。在“上限”文本框中输入 3，用同样的操作方法可标注序号 3，如图 7-90(b)所示。

(4) 标注连续序号：当指定序号的引出位置为已有的序号时，可标注连续的序号，如图 7-90(c)所示，在“上限”文本框中输入 4，单击序号 3 文本，向上移动鼠标，单击确定，可标注序号 4；在“上限”文本框中输入 5，单击序号 4 文本，向上移动鼠标，单击确定，可标注序号 5，如图 7-90(c)所示。

在以上操作中，如果向右移动鼠标，可标注图 7-90(d)所示的水平连续序号。当指定序号引出的位置为视图上的轮廓线时，序号的引出端为箭头，如图 7-90(d)中序号 6 所示。

选取图 7-89 所示工具条“形状”下拉列表中的其他选项，可标注其他形状的序号。

右击已经标注出的序号，在快捷菜单中选取“属性”，在弹出的“符号标注属性”对话框中，可修改序号的字体大小、颜色等属性。

## 7.6.6　表面纹理符号

“表面纹理符号”命令用于在视图上标注表面粗糙度。

**1. 标注常用的表面粗糙度符号**

(1) 单击“表面纹理符号”命令，出现图 7-91 所示“表面纹理符号属性”对话框，在“符号类”下拉列表中选取 机加工，单击“确定”按钮。

(2) 在图 7-92 所示工具条的下拉列表中，选取粗糙度数值，如 12.5。

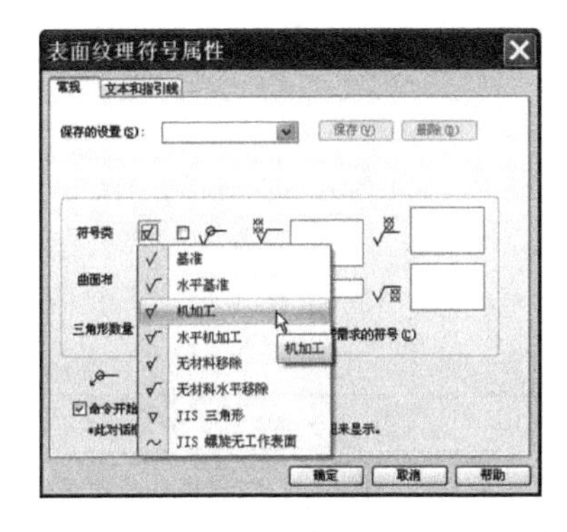


图 7-91　“表面纹理符号属性”对话框

图 7-92　“表面纹理符号”命令工具条

(3) 选取图 7-93(a)所示视图的轮廓线，移动鼠标放置粗糙度符号12.5∀，如图7-93(b)所示。

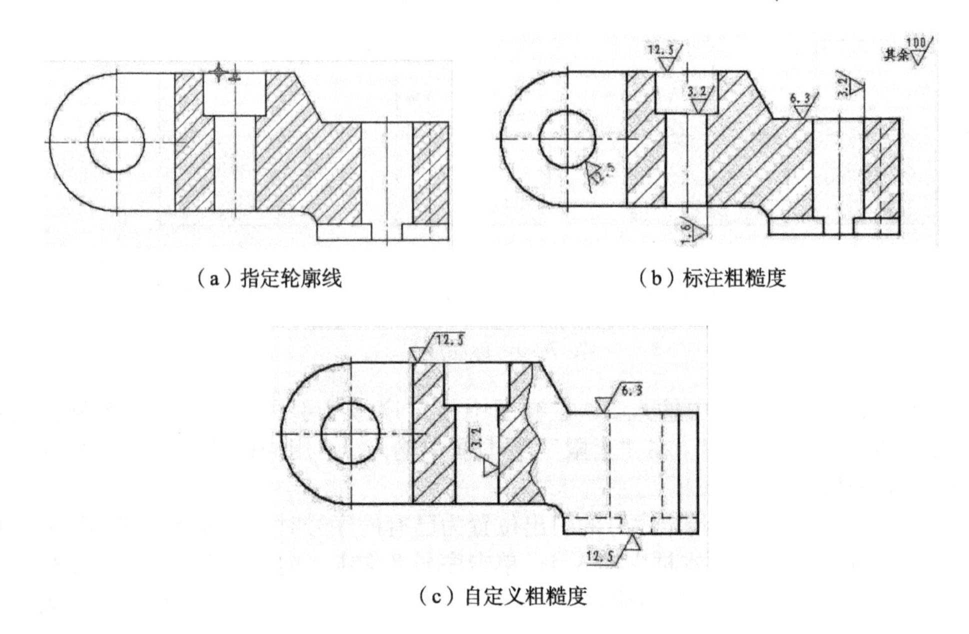


(a) 指定轮廓线　　　　(b) 标注粗糙度

(c) 自定义粗糙度

图 7-93　标注粗糙度

(4) 选取其他轮廓，可继续标注12.5∀的粗糙度。在图 7-92 所示工具条的下拉列表中选取其他粗糙度数值，指定粗糙度放置位置，可标注图 7-93(b)所示的其他粗糙度。在图 7-92 所示工具条的下拉列表中选取“其余”，单击视图右上方，可标注粗糙度其余100∀。

说明：图 7-92 所示下拉列表中的数值，默认对应的粗糙度符号为∀，如果选取其他类型的粗糙度符号，需进行设置。

**2. 标注其他形式的表面粗糙度**

(1) 单击“表面纹理符号”命令。

(2) 设置并保存粗糙度样式：在图 7-94 所示对话框中，在“符号类”下拉列表中选取√ 水平机加工；在√文本框中输入“12.5”；在“保存的设置”中输入“Ra12.5”，单击“保存”按钮；在√文本框中输入“6.3”，在“保存的设置”中输入“Ra6.3”，单击“保存”按钮；在√文本框中输入 3.2，在“保存的设置”中输入“Ra3.2”，单击“保存”按钮；单击“确定”按钮。用户自定义的粗糙度将显示在图 7-95 所示工具条的下拉列表中。

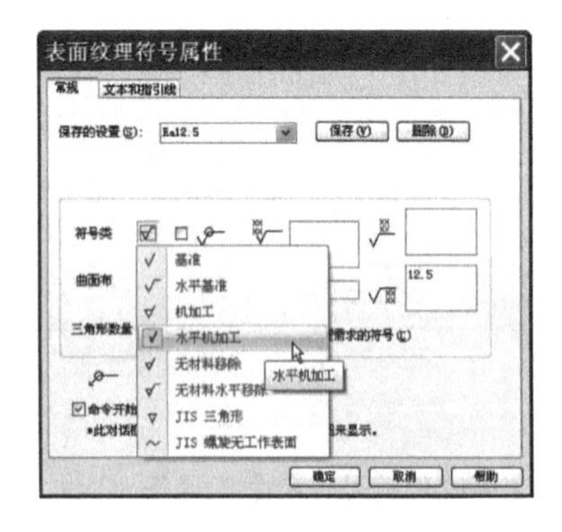

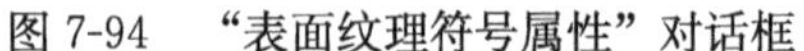

图 7-94　“表面纹理符号属性”对话框　　　　图 7-95　“表面纹理符号”命令工具条

(3) 标注粗糙度：在图 7-95 所示工具条中，选取用户自定义的粗糙度样式“Ra12.5”，选取图 7-93(c)所示轮廓线，可标注图 7-93(c)所示粗糙度。选取其他自定义粗糙度样式，可标注图 7-93(c)所示其他粗糙度。

如果需要修改已标注的粗糙度，选取该粗糙度，在工具条上单击“属性”按钮，在弹出的如图 7-94 所示对话框中，可修改粗糙度符号、字体大小、颜色等属性。

## 7.6.7 焊接符号

“焊接符号”命令专门用于标注焊接符号。标注焊接符号的方法和步骤为：

(1) 单击“焊接符号”命令，出现图 7-96 所示“焊接符号属性”对话框。

(2) 设置焊接属性：在弹出的图 7-96 所示对话框中设置焊接方法、焊接要求等属性，单击“确定”按钮。

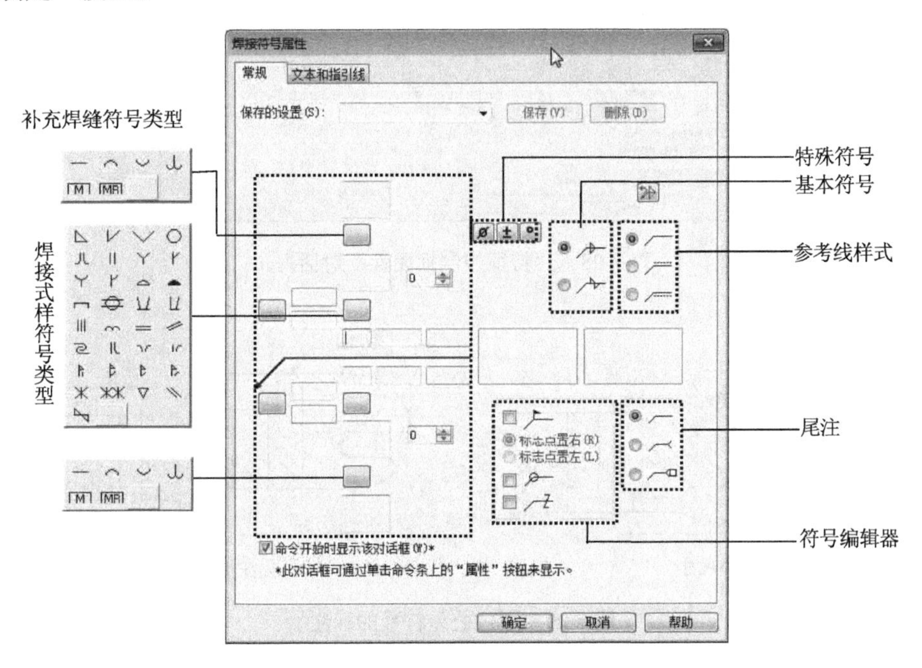


图 7-96　“焊接符号属性”对话框

(3) 标注焊接符号：在视图中指定焊接符号引出位置，如图 7-97(a)所示，移动鼠标，预览焊接符号位置如图 7-97(b)所示；单击左键确定，标注的焊接符号如图 7-97(c)所示。

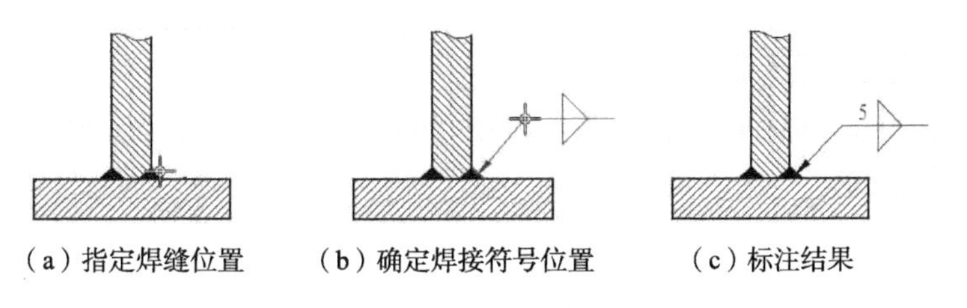


(a) 指定焊缝位置　(b) 确定焊接符号位置　(c) 标注结果

图 7-97　焊接符号的标注

说明：图 7-96 所示“焊接符号属性”对话框中的参数，请参考《机械设计手册》，根据设计需要确定。

### 7.6.8 特征控制框、基准框、基准目标

“特征控制框”命令、“基准框”命令和“基准目标”命令，专门用于标注形状公差、位置公差和基准等形位公差符号。

**1. 特征控制框**

“特征控制框”命令用于标注形位公差符号。操作方法和步骤为：

（1）单击“特征控制框”命令，出现图 7-98 所示“特征控制框属性”对话框。

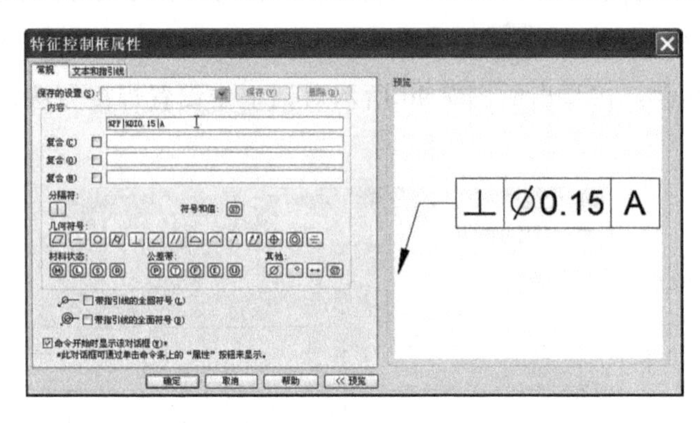


图 7-98 “特征控制框属性”对话框

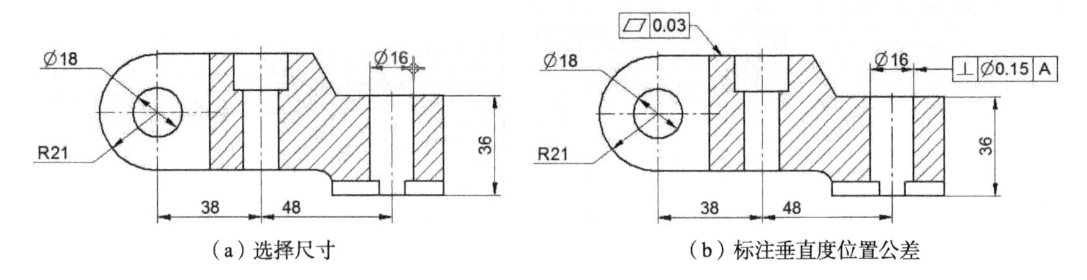


（a）选择尺寸　（b）标注垂直度位置公差

图 7-99 形位公差符号的标注

（2）设置形状位置公差内容：在图 7-98 所示对话框中，选取相应“几何符号”、“分隔符”，输入公差值和基准符号等，在右侧的“预览”框中，可预览公差符号，单击“确定”按钮。

（3）标注形位公差：选取图 7-99(a)所示尺寸$\phi$16，移动鼠标放置形位公差，可标注图 7-99(b)所示垂直度位置公差。

执行同样的操作，设置平面度公差，在图 7-99(b)所示视图中选取轮廓线，可标注图 7-99(b)所示平面度公差。

**2. 基准框**

“基准框”命令用于标注位置公差中的基准。操作方法为：

（1）单击“基准框”命令。

（2）在图 7-100 所示工具条的“文本”文本框中，输入基准符号，如输入 A，取消选择

“折线”按钮。

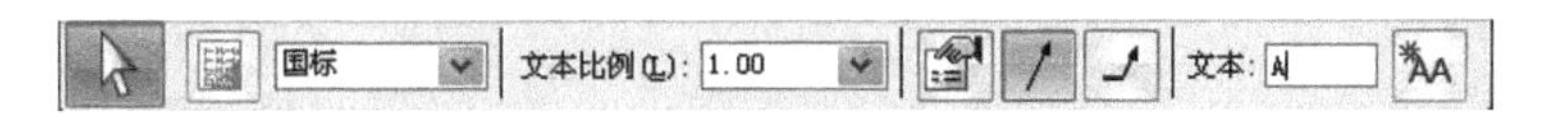


图 7-100　“基准框”命令工具条

(3) 标注基准：在图 7-101(a)所示视图中选取轮廓线，向下移动鼠标，放置基准，可标注图 7-101(b)所示基准 A。

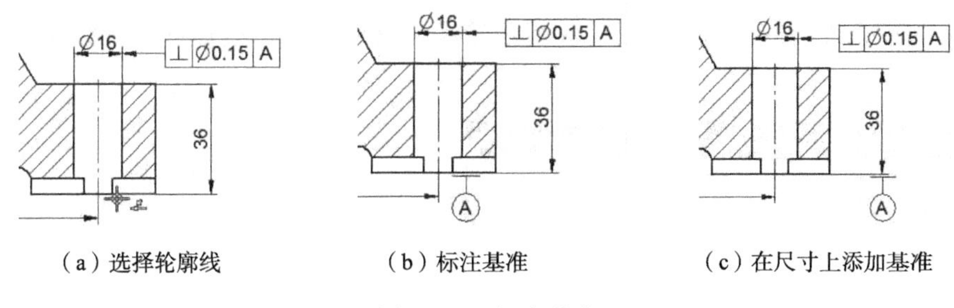


(a) 选择轮廓线　(b) 标注基准　(c) 在尺寸上添加基准

图 7-101　标注基准

在以上步骤 (3) 操作中，如果选取尺寸 36，则可在尺寸上添加基准符号，如图 7-101(c)所示。

**3. 基准目标**

“基准目标”命令用于标注基准目标。操作方法为：

(1) 单击“基准目标”命令。

(2) 在图 7-102 所示工具条的“参考”文本框中，输入基准符号，如 A。

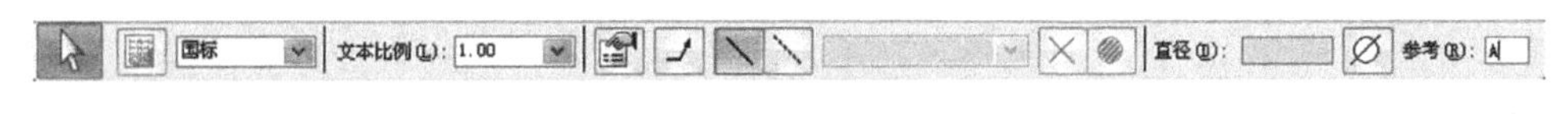


图 7-102　“基准目标”命令工具条

(3) 标注基准：在图 7-103(a)所示视图中选取轮廓线，向下移动鼠标，放置基准，可标注图 7-103(b)所示基准目标 A。

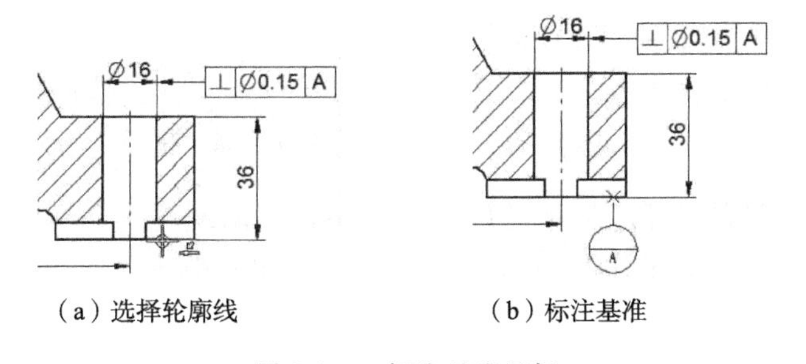


(a) 选择轮廓线　(b) 标注基准

图 7-103　标注基准目标

单击已标注的形位公差、基准和基准目标，拖动鼠标可改变符号的位置。单击工具条上的“属性”按钮，可修改属性。

## 7.6.9 边条件

“边条件”命令用于标注平面或曲面的加工误差。操作方法为：

(1) 单击“边条件”命令，出现图 7-104 所示“边条件属性”对话框。

(2) 设置误差：在图 7-104 所示对话框中，在“上公差”文本框中输入 0.5，在“下公差”文本框中输入 0.5，单击“确定”按钮。

(3) 标注边条件符号：选取图 7-105 所示轮廓，移动鼠标，放置符号，标注的边条件符号如图 7-105 所示。

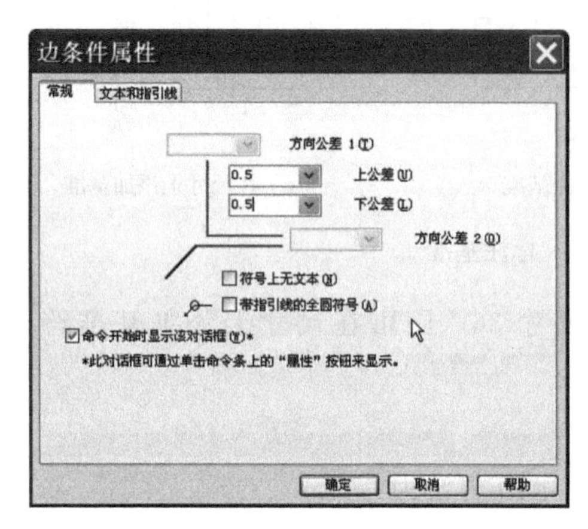


图 7-104 “边条件属性”对话框

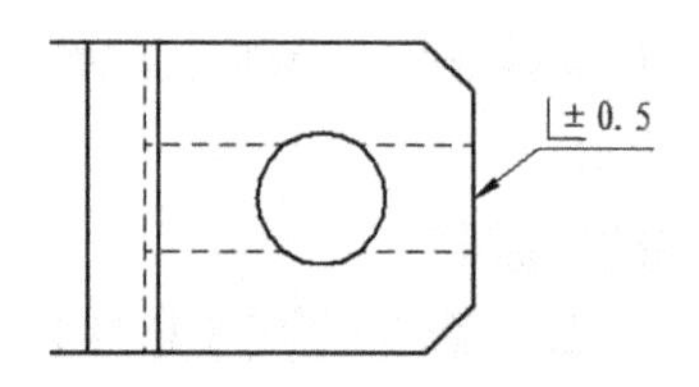


图 7-105 标注边条件

## 7.6.10 文本

### 1. 输入文本

“文本”命令用于注写文字，标注技术要求，填写标题栏、明细栏等。

(1) 单击“文本”命令。工具条如图 7-106 所示。

(2) 设置文本样式：在“字体”下拉列表中选取“仿宋_GB2312”；在“字体大小”下拉列表中输入或选取字号，如选取字号为 5，如图 7-106 所示。

图 7-106 “文本”命令工具条

(3) 标注文本：在需要标注文本的位置单击左键，出现输入光标，输入“技术要求”，按两次 Enter 键；输入“1. 未注圆角 R2。”，按 Enter 键；输入“2. 拔模斜度 1：20。”，如图 7-107(a)所示，光标移动至其他位置，单击确定。可继续在其他位置输入文本，如图 7-107(b)所示；单击右键结束命令，标注的文本如图 7-107(c)所示。

从以上操作可看出，输入文本时按 Enter 键，代表换行并且左对齐，换行对齐的多行文本为文本块；执行一次“文本”命令可标注多行对齐和非对齐的文本，直到单击右键结束命令为止。

### 2. 编辑文本

对于已经标注出的文本，可以进行以下修改和编辑操作：

(1) 移动文本位置：单击“选取”按钮，选取文本行，如图 7-107(d)所示，出现移动光标时，移动鼠标可移动选取的文本行。

(2) 修改文字样式：单击“选取”按钮，单击图 7-107(d)所示文本块，选取“技术要求”，使其为黄色高亮显示，在工具条中修改字号为 7 号，在“对齐”下拉列表中选取中上，修改后的文本如图 7-107(e)所示。

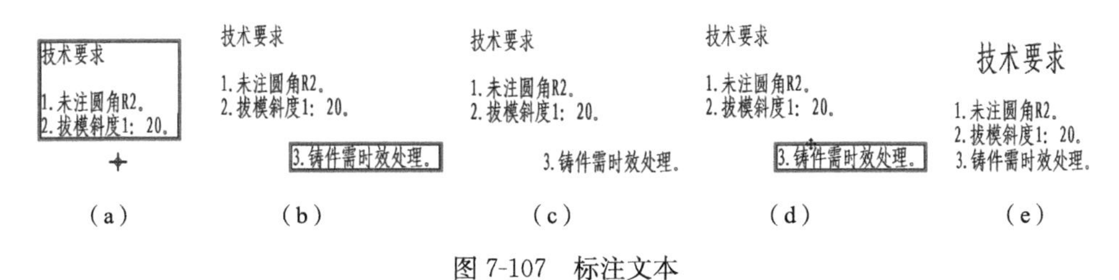


图 7-107　标注文本

在文本输入过程中，如果需要输入特殊字符，单击工具条上的“插入字符”按钮，出现图 7-108 所示“字符映射表”对话框，在字符列表中选取需插入的字符，单击“选择”按钮，再单击“复制”按钮，返回文本输入，按 Ctrl+V 键，所选取的字符被插入到输入光标的位置。

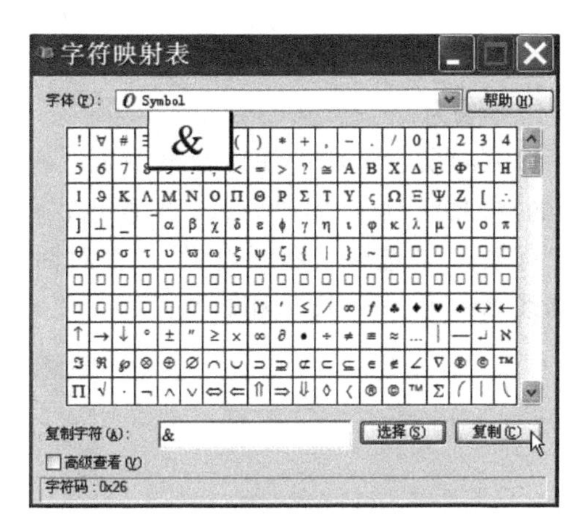


图 7-108　“字符映射表”对话框

# 7.7　创建绘图模板文件

Solid Edge ST4 默认的绘图标准和尺寸标注为 GB，能满足大部分绘图规定、尺寸标注规定和技术要求规定。一般在绘制工程图前，建议用户定制一个满足自己或部门设计、绘图要求的工程图模板文件，以提高绘图质量和绘图效率。定制工程图绘图模板的操作主要有以下几个方面。

**1. 新建 GB 工程图文档**

在任何 Solid Edge ST4 环境中，选取“应用程序→新建→GB 工程图”。

**2. 定制背景页和标题栏**

Solid Edge ST 默认的背景页和标题栏不一定符合用户单位和部门的格式。用户可以对系统提供的背景页和标题栏进行编辑和修改，也可以重新插入新的背景页，绘制全新的图框和标题栏，并用“文本”命令填写标题栏部分固定的内容。

（1）修改和编辑默认的标题栏

选取“视图→图纸视图→背景”，系统默认的 A1～A4 背景页显示在绘图工作区内，如图 7-109(a)所示，每一张背景页的标题栏如图 7-109(b)所示，标题栏中的线段和文本均为可修改和编辑的状态。

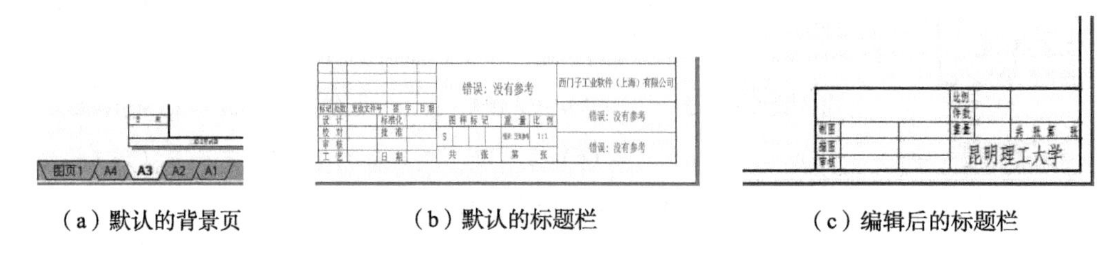


（a）默认的背景页　（b）默认的标题栏　（c）编辑后的标题栏

图 7-109　修改和编辑标题栏

选取 A3 图页，单击“直线”命令和“文本”命令，修改标题栏为图 7-109(c)所示学生学习用标题栏。将其他背景页的标题栏删除，将图 7-109(c)所示标题栏复制到其他背景页，并移动至标题栏的位置。读者可按所属行业的绘图规定和要求修改标题栏。

（2）新建背景图页和标题栏

用户自定义背景页的操作方法为：

①插入背景页：如图 7-110(a)所示，右击任意背景图页，在快捷菜单中选取“插入”，可插入一张名为“背景 1”的空白背景页，如图 7-110(b)所示，背景页默认大小为 A2。

②设置背景页：右击“背景 1”，选取“图纸设置”，在对话框中选取图纸大小为“A3 宽（420mm×297mm）”，修改名称为“A3 图框和标题栏”。

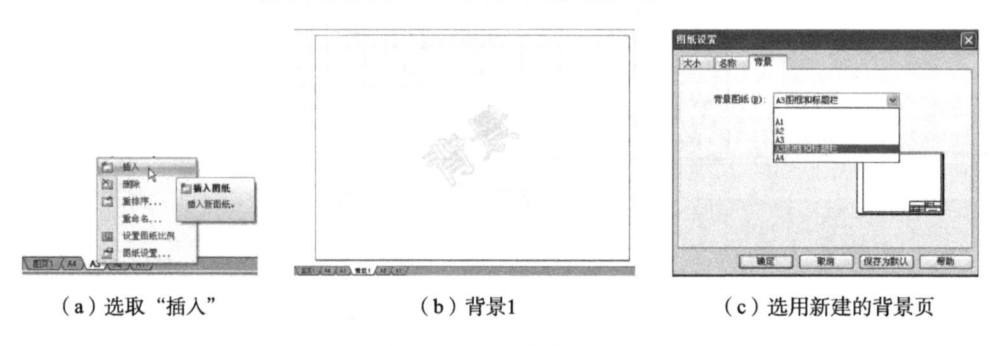


（a）选取“插入”　（b）背景1　（c）选用新建的背景页

图 7-110　新建背景页

③绘制图框和标题栏：选取“直线”命令和“文本”命令，按用户行业绘图要求绘制图框和标题栏等。

当新建了背景页后，在工作图页环境中，右击指定的图页，选取“图纸设置”，在对话框中选取“背景”选项卡，如图 7-110(c)所示，可选取用户新建的背景页为当前图页的背景页。

一般情况下，采用修改默认背景页的方法来定制符合用户需要的标题栏。

**3. 定制绘图标准和选项**

绘制工程图前，用户可定制符合自身绘图习惯的绘图标准和绘图选项，减少对视图属性的修改，以提高绘图效率。操作方法为：

单击“应用程序→Solid Edge 选项”，出现图 7-111 所示“Solid Edge 选项”对话框，在对话框左侧包含诸多选项卡，选取不同的选项卡，对应的选项出现在对话框中，用户可修改所需的选项，以适于方便快速的生成视图。

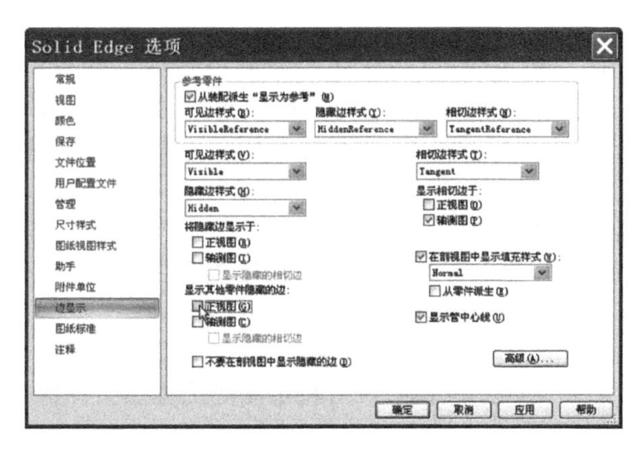


图 7-111　“Solid Edge 选项”对话框

选取图 7-111 所示“边显示”选项卡，在“显示其他零件隐藏的边”选项区域中，取消勾选“正视图”，单击“确定”按钮。

**4. 定制和修改视图标注**

Solid Edge ST4 工程图环境中生成的剖视图，默认标注为“剖面 A-A”等，可定制将标注中的“剖面”去除，生成符合要求的标注，减少对属性的修改，提高绘图效率。

在“尺寸”命令区中选取“样式”命令 ，出现图 7-112 所示“样式”对话框，在“样式类型”列表中，选取“图纸视图”，单击“修改”按钮。

在图 7-113 所示“修改图纸视图样式”对话框中，选取“标题”选项卡，在“类型”下拉列表中选取“剖视图”，在下方的文本框中，删除“剖面”二字；在“类型”下拉列表中选取“辅助视图”，在下方的文本框中，删除“视图”二字；在“类型”下拉列表中选取“局部放大图”，在下方的文本框中，删除“详图”二字。单击“确定”按钮后，单击“应用”按钮。

完成以上定制后，生成的剖视图、斜视图和局部放大图的标注将不再带有中文注释。

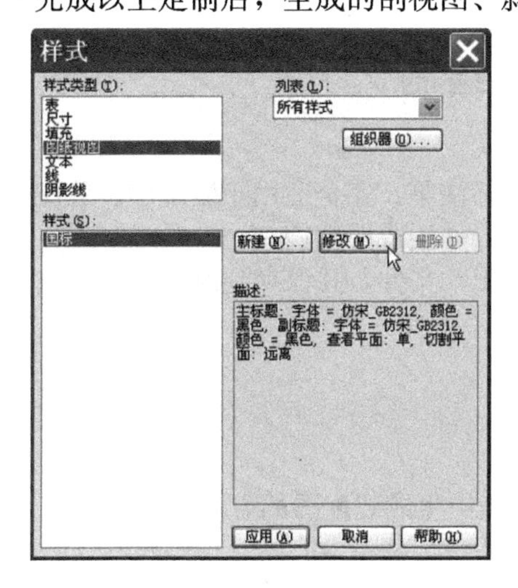


图 7-112　“样式”对话框

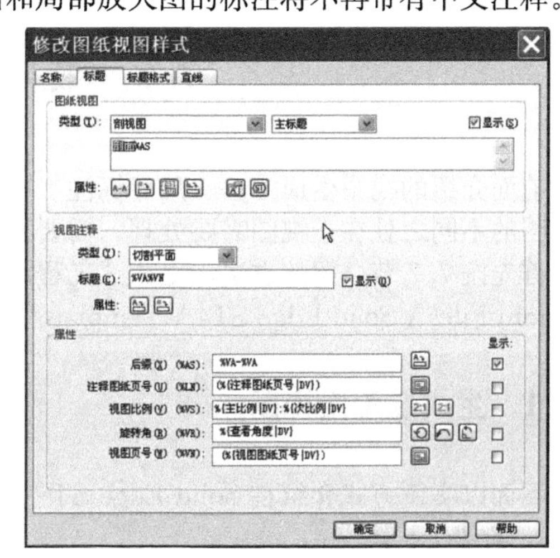


图 7-113　“修改图纸视图样式”对话框

**5. 定制尺寸样式**

Solid Edge ST4 默认的尺寸标注样式为“国标”，用户可以自定义尺寸样式，标注不同尺寸时，调用不同的尺寸样式，以提高尺寸标注效率。

在“尺寸”命令区中选取“样式”命令 ，出现图 7-112 所示“样式”对话框。在“类型”下拉列表中选取“尺寸”，在“样式”列表中选取“国标”，单击“新建”按钮。7.5.4 节中介绍了创建尺寸样式“直径/半径/角度/倒角”的方法和步骤。按同样的方法，用户还可创建专门用于标注粗糙度、序号等的专用尺寸样式。定制方法和步骤，请参见 7.5.4 节，这里不再赘述。

**6. 修改和定制其他视图要素**

在图 7-112 所示“样式”对话框中，还可根据用户需要，对“文本”、“线”等视图要素进行修改或定制，操作方法类似，这里不再一一介绍。

**7. 保存模板文件**

用户根据绘图需要，完成以上设置后，可将定制的工程图文件保存为模板文件，保存到 Solid Edge ST4 的 Template 文件夹中。

单击“应用程序→保存”，指定保存路径为“安装目录 \ Program Files \ Solid Edge ST4 \ Template”，文件名为“工程图模板 . dft”，如图 7-114 所示，单击“保存”按钮。

当新建一个 Solid Edge 文档时，单击“应用程序→新建”，出现图 7-115 所示“新建”对话框，在“常规”选项卡中，将出现新建的“工程图模板 . dft”。选取“工程图模板 . dft”，单击“确定”按钮。在后续生成视图、标注尺寸的过程中，将按模板定制的方式生成。

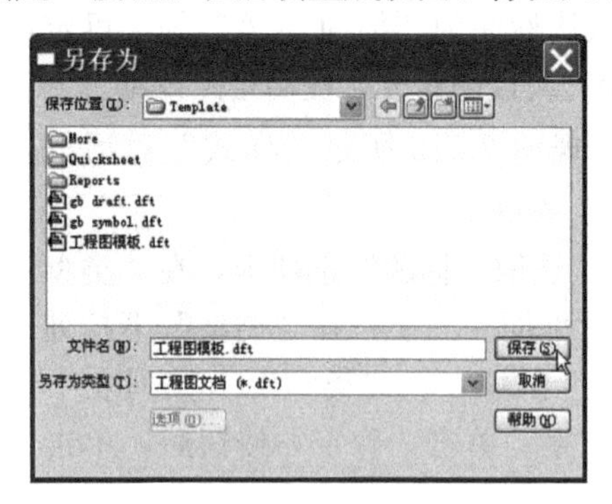


图 7-114　保存模板文件

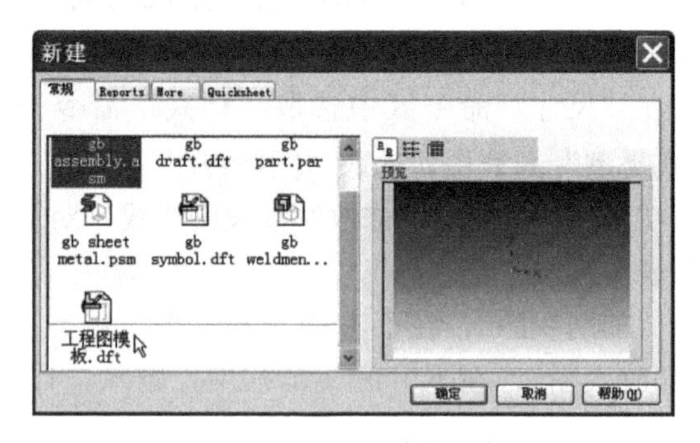


图 7-115　调用模板文件

# 7.8　装配图的绘制

前面介绍的视图生成方法、尺寸标注、技术要求标注等，完全适用于装配图。装配图与零件图的不同之处在于视图需要处理，需要标注序号，并生成明细表。

首先按 7.7 节介绍的方法，生成“工程图模板 . dft”文件，并保存到路径“安装目录 \ Program Files \ Solid Edge ST4 \ Template”中。

## 7.8.1　生成装配图视图

下面以实例方式介绍在 Solid Edge ST 工程图环境中生成装配图的方法和步骤。

**1. 新建工程图文档**

单击“应用程序→新建”，出现图 7-115 所示对话框，选取“工程图模板 . dft”，单击

“确定”按钮。

**2. 设置图纸大小**

右击“图页 1”，在快捷菜单中选取“图纸设置”，出现“图纸设置”对话框，设置图纸大小为 A3，名称为“装配图”，背景图纸为 A3，单击“确定”按钮，单击“适合”按钮。

**3. 生成视图**

单击“视图向导”命令，在“选择模型”对话框中，选取文件“安装目录\Solid Edge ST4\Training\staabva.asm”，单击“打开”按钮；单击“下一步”按钮，再单击“定制”按钮；默认的主视方向如图 7-116 所示，依次单击“关闭”按钮和“完成”按钮；在工具条上选取绘图比例 1∶1，放置视图，生成的视图如图 7-117 所示。

说明：这里生成的视图为左视图。

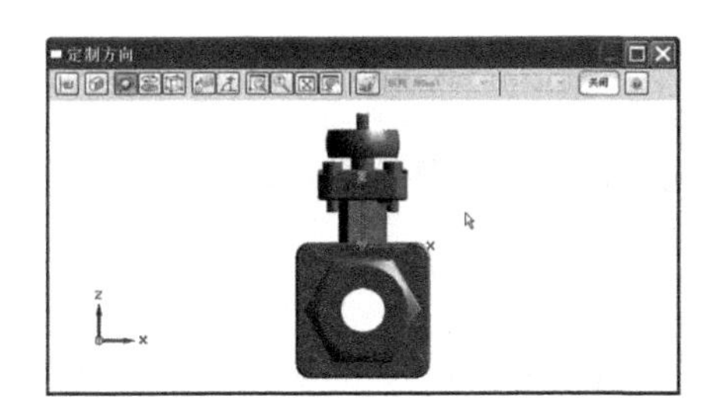


图 7-116　选取主视图方向

**4. 定义剖切平面**

单击 切割平面 命令，定义剖切平面如图 7-117 所示。

**5. 生成剖视图**

单击 剖视图 命令，生成图 7-118 所示剖视图作为装配图的主视图。由于采用了 7.7 节中定制的模板，标注“A-A”不再带有前缀，符合我国国标关于标注的规定。

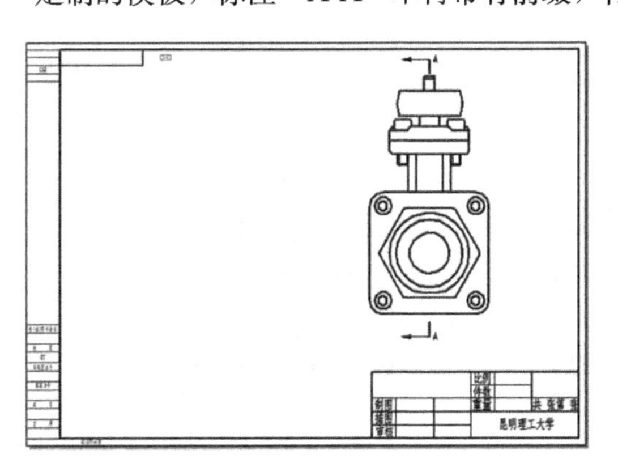


图 7-117　生成基本视图

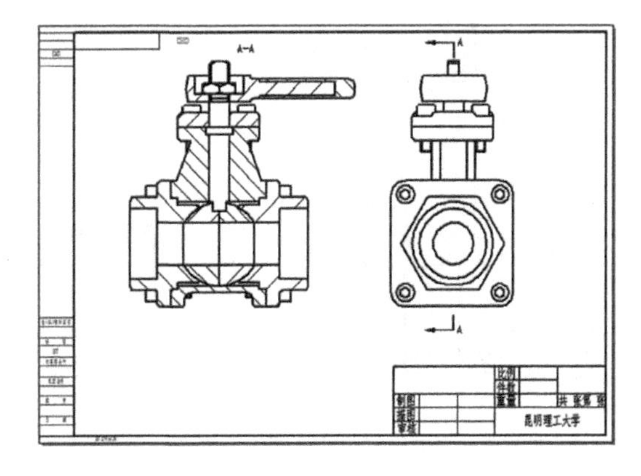


图 7-118　生成剖视图

**6. 对实心杆件和标准件进行处理**

按制图国标规定，当剖切平面通过实心杆件和标准件的轴线时，这类零件按不剖处理。对图 7-118 所示主视图中的阀杆和螺母，需进行处理。

(1) 处理不剖切零件：右击图 7-118 的剖视图，在快捷菜单中选取“属性”，出现图

7-119所示对话框，选取“显示”选项卡，在“零件明细表”列表中单击 seva02. par:1，在右侧取消勾选“剖面”单选框；在“零件明细表”列表中单击 seva09. par:1，在右侧取消勾选“剖面”单选框；单击“确定”按钮。

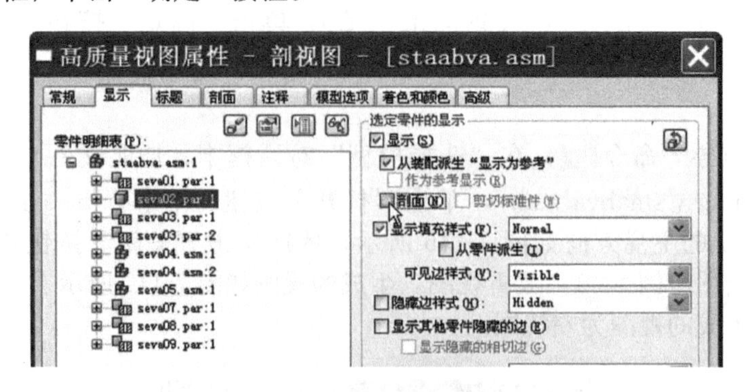


图 7-119 “高质量视图属性”对话框

(2) 更新视图：右击剖视图，在快捷菜单中选取“更新视图”。

处理后的剖视图如图 7-120 所示。

**7. 编辑视图**

在图 7-120 所示视图中，零件 seva01. par 的肋板为纵向剖切，应按不剖处理，需对视图进行编辑。

右击图 7-120 所示的剖视图，在快捷菜单中选取“在视图中绘制”，参照 7.4.1 节的图 7-40的操作方法，删除肋板区域中的剖面线，补绘轮廓，如图 7-121 所示；适当调整剖面线间距，如图 7-121 所示。在补绘的区域中，如图 7-122 所示，重新绘制剖面线，注意方向和间距与同一零件其他剖面区域的剖面线一致。

说明：在快捷菜单中选取“在视图中绘制”，进入二维绘图环境后，选取剖面线，通过在工具条上重新输入“角度”和“间距”，可修改各零件剖面线的方向和间距。

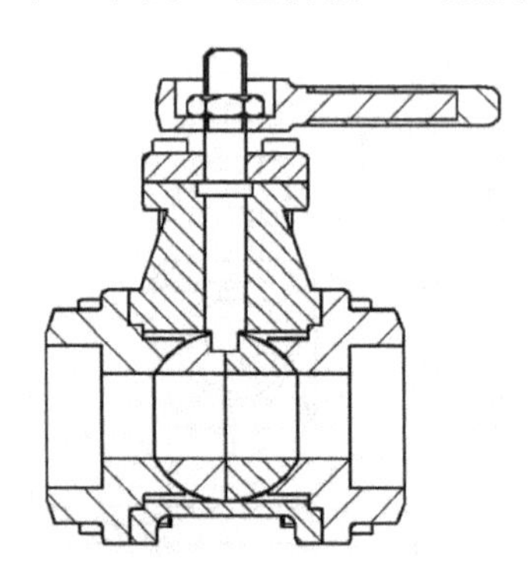

图 7-120 处理后的剖视图

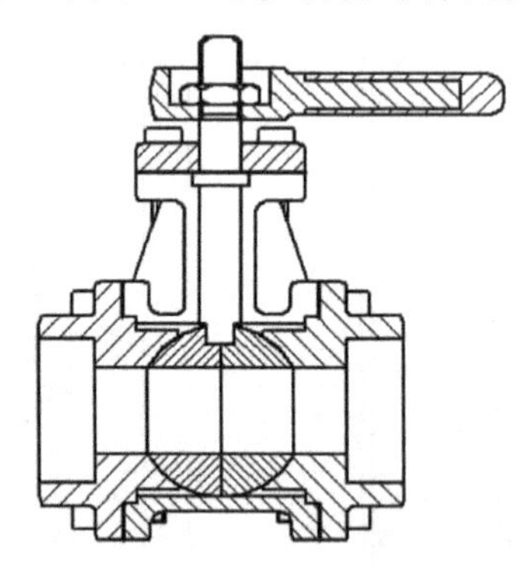

图 7-121 编辑阀体

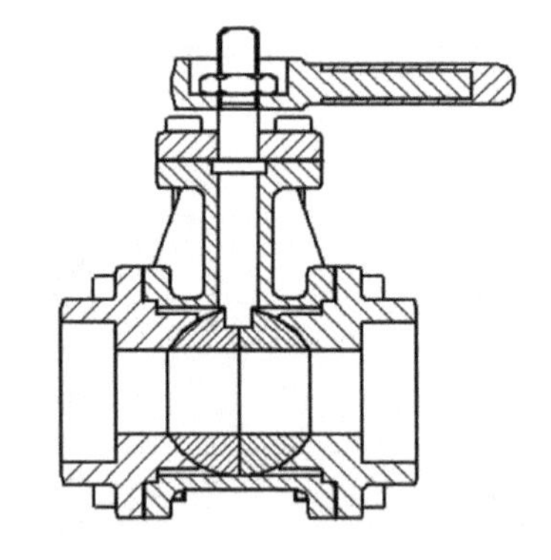

图 7-122 完成编辑的视图

**8. 生成左视图局部剖**

选取 局部剖 命令，生成图 7-123 所示左视图局部剖。对零件 seva06. par 进行不剖处理，更新左视图。

**9. 添加中心线**

选取“中心线”命令和“中心标记”命令，为视图添加轴线、中心线，如图

7-123所示。

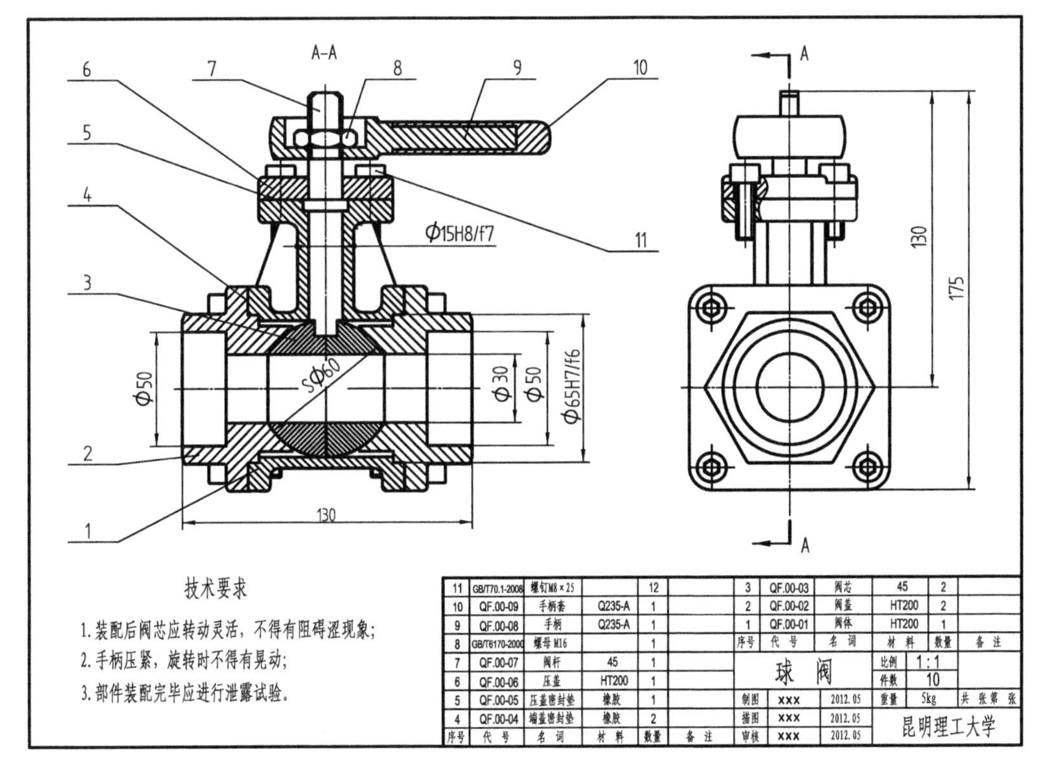


图 7-123　球阀装配图

**10. 标注尺寸和序号**

选取“智能尺寸”命令和“间距尺寸”命令，标注装配图所需尺寸，并在相关尺寸上添加前缀和公差，如图 7-123 所示。

选取“符号标注”命令，标注球阀装配件工程图序号，如图 7-123 所示。

**11. 添加技术要求**

选取“文本”命令，标注图 7-123 所示文字说明的“技术要求”。

**12. 填写标题栏和明细表**

选取“文本”命令，填写标题栏中的相关内容，如图 7-123 所示。

按照 7.8.2 节中介绍的方法，生成装配图的明细表，如图 7-123 所示。

**13. 保存文件**

单击“保存”命令，在弹出的对话框中，指定文件保存的路径和文件名“球阀 . dft”，单击“保存”按钮。

说明：工程图文件 * . dft 的保存路径应与相应的装配文件 * . asm 相同；装配文件需与组成它的零件文件在同一文件夹中。

## 7.8.2　生成装配图的序号和明细表

“零件明细表”命令可以自动生成装配图的序号和明细表。但生成的序号和明细表常常不符合行业序号和明细表的要求，通常需借助其他方法生成。本节分别介绍几种生成序号和明细表的方法。

**1. 自动生成序号和明细表**

（1）单击“零件明细表”命令，再单击图 7-124 所示剖视图。

（2）在图 7-125 所示工具条的下拉列表中，选取“国标”，在适当位置单击鼠标。自动生成的序号如图 7-124 所示，可以拖动选取的序号到任意位置，使序号排列整齐。自动生成的明细表如图 7-126 所示，可以拖动明细表到任意位置。

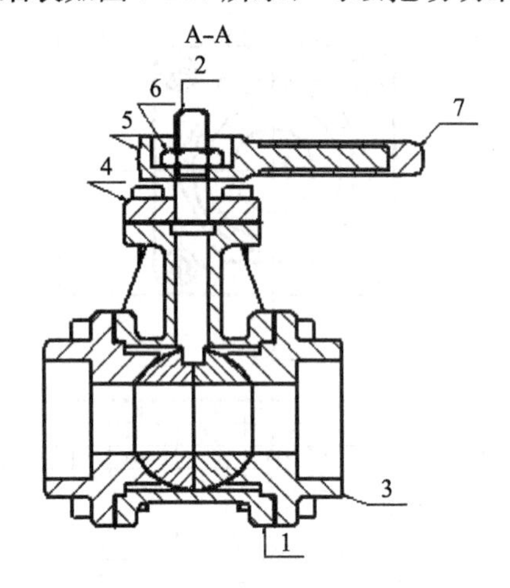


图 7-124　选取视图

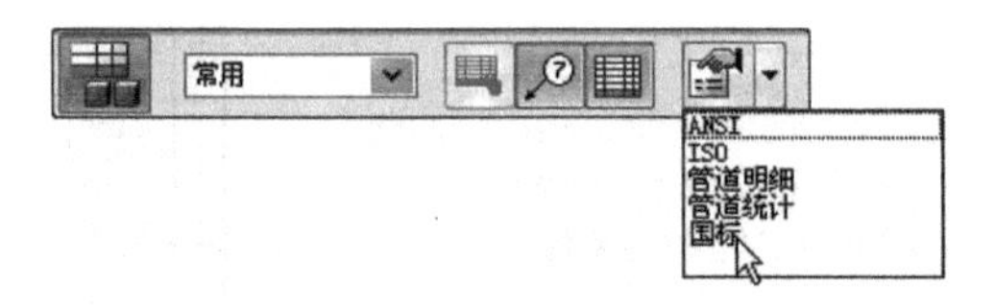


图 7-125　“零件明细表”工具条

说明：图 7-126 所示明细表自动列出的内容来自零件环境中定义的零件属性。

（3）修改明细表：选取已生成的图 7-126 所示明细表，单击工具条上的“属性”按钮，出现图 7-127 所示“零件明细表属性”对话框，选取“列”选项卡，如图 7-127 所示，在该选项卡中，可修改、增加、删除列，调整列的顺序，定义各列的列宽等，设置完成后，单击“确定”按钮。明细表将自动按设置进行修改。

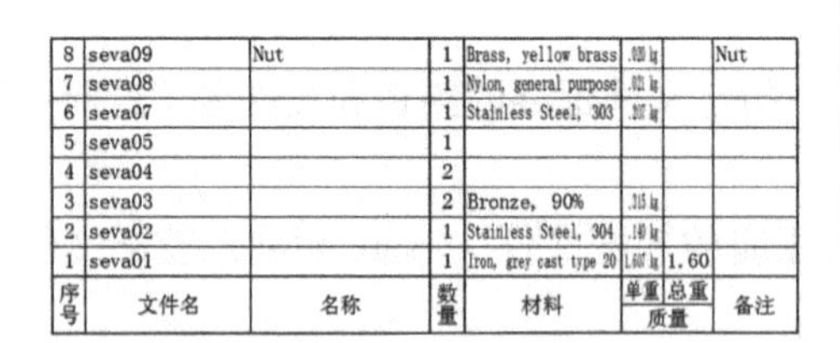

| 序号 | 文件名 | 名称 | 数量 | 材料 | 质量 单重 | 质量 总重 | 备注 |
|---|---|---|---|---|---|---|---|
| 8 | seva09 | Nut | 1 | Brass, yellow brass | .020 kg |  | Nut |
| 7 | seva08 |  | 1 | Nylon, general purpose | .021 kg |  |  |
| 6 | seva07 |  | 1 | Stainless Steel, 303 | .207 kg |  |  |
| 5 | seva05 |  | 1 |  |  |  |  |
| 4 | seva04 |  | 2 |  |  |  |  |
| 3 | seva03 |  | 2 | Bronze, 90% | .315 kg |  |  |
| 2 | seva02 |  | 1 | Stainless Steel, 304 | .140 kg |  |  |
| 1 | seva01 |  | 1 | Iron, grey cast type 20 | 1.607 kg | 1.60 |  |

图 7-126　自动生成的零件明细表

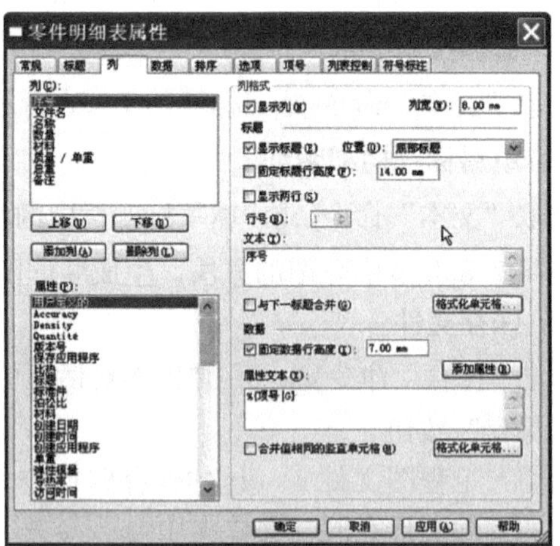


图 7-127　“零件明细表属性”对话框

对于“零件明细表”命令生成的序号，默认的序号引出位置为零件的轮廓线，引出点为箭头，如图 7-124 所示，需进行调整、重新排列才能符合要求。

**2. 链接方式生成序号和明细表**

（1）标注序号：选取“符号标注”命令，按 7.6.5 节介绍的操作方法，标注序号如图 7-123 所示。

（2）采用链接方式生成明细表：在 Excel 或者 Word 文档中，输入明细表表头和内容，增加边框，拖动选取生成的表，如图 7-128 所示，按 Ctrl+C 键复制。以“明细表”为文件名，保存 Excel 文档。在 Solid Edge ST4 装配图图页中，单击“粘贴”按钮，或者按 Ctrl+V 键。在 Excel 中复制的明细表，被粘贴到当前图页的左下角，如图 7-129 所示，可拖动到标题栏的上方。

| 9 | QE00-09 | 套杆 | 45 | 1 | |
|---|---|---|---|---|---|
| 8 | QE00-08 | 扳手 | 塑料 | 1 | |
| 7 | QE00-07 | 螺母 | 螺纹钢 | 1 | M6 |
| 6 | QE00-06 | 螺钉 | 螺纹钢 | 12 | M6 |
| 5 | QE00-05 | 右端盖 | 45 | 1 | |
| 4 | QE00-04 | 左端盖 | 45 | 1 | |
| 3 | QE00-03 | 阀芯 | 45 | 2 | |
| 2 | QE00-02 | 阀杆 | 45 | 1 | |
| 1 | QE00-01 | 阀体 | HT200 | 1 | |
| 序号 | 代号 | 名称 | 材料 | 数量 | 备注 |

图 7-128　在 Excel 中生成明细表

| 9 | QE00-09 | 套杆 | 45 | 1 | |
|---|---|---|---|---|---|
| 8 | QE00-08 | 扳手 | 塑料 | 1 | |
| 7 | QE00-07 | 螺母 | 螺纹钢 | 1 | M6 |
| 6 | QE00-06 | 螺钉 | 螺纹钢 | 12 | M6 |
| 5 | QE00-05 | 右端盖 | 45 | 1 | |
| 4 | QE00-04 | 左端盖 | 45 | 1 | |
| 3 | QE00-03 | 阀芯 | 45 | 2 | |
| 2 | QE00-02 | 阀杆 | 45 | 1 | |
| 1 | QE00-01 | 阀体 | HT200 | 1 | |
| 序号 | 代号 | 名称 | 材料 | 数量 | 备注 |

图 7-129　在装配图图页中粘贴明细表

（3）修改明细表：在 Solid Edge ST4 装配图图页中，双击粘贴的明细表，可打开并链接到 Excel 中的明细表，在 Excel 环境中完成修改后，选取菜单命令“文件→关闭&返回”，图页中的明细表被修改。

**3. 绘图和输入文本方式生成序号和明细表**

该方法是完全在装配图图页中绘制和填写明细表。

（1）标注序号：选取“符号标注”命令，按 7.6.5 节介绍的操作方法，标注序号如图 7-123 所示。

（2）绘制明细表：在“绘制草图”选项卡中，选取“直线”命令及“偏移”命令，在标题栏上方绘制明细表，如图 7-130(a)所示。这里仅绘制了两行以说明方法，用户可根据零件的种类，绘制完整的明细表。

（3）填写明细表：选取“文本”命令，在绘制好的明细表中填写内容，如图 7-130(b)所示。

说明：为了提高效率，可以先绘制和填写明细表的表头和第一行，如图 7-130(b)所示。在“绘制草图”选项卡中，单击“移动”命令 移动，选取明细表的第一行，如图 7-130(b)所示，复制生成第二行，修改文本。用同样的方法，生成明细表的其他行，如图 7-130(c)所示。

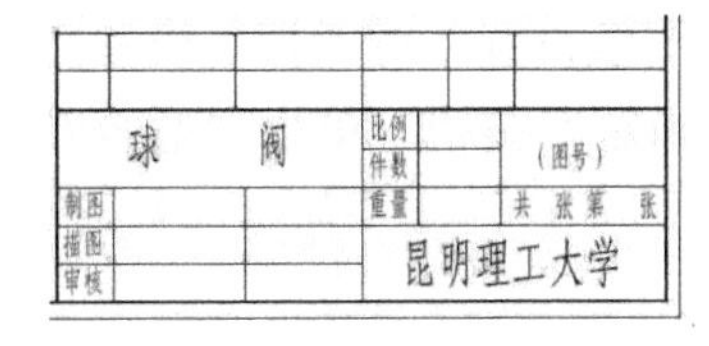


（a）绘制明细表

| 1 | QF.00-01 | 阀体 | 铸铁 | 1 | |
|---|---|---|---|---|---|
| 序号 | 代　号 | 名　称 | 材　料 | 数量 | 备　注 |

球　阀　比例　件数　(图号)　制图　描图　审核　重量　共　张第　张　昆明理工大学

（b）填写明细表

| 2 | QF.00-02 | 阀盖 | 铸铁 | 2 | |
|---|---|---|---|---|---|
| 1 | QF.00-01 | 阀体 | 铸铁 | 1 | |
| 序号 | 代　号 | 名　称 | 材　料 | 数量 | 备　注 |

球　阀　比例　件数　(图号)

（c）复制并修改文本

图 7-130　绘制、填写明细表

本书采用绘制和填写明细表的方式，生成装配图的明细表如图 7-123 所示。

选取“文本”命令A，在合适的位置标注技术要求如图 7-123 所示。

## 7.9 绘图实例——零件工程图绘制

按 3.11.4 节的方法和步骤，在零件环境中生成图 7-131 所示零件，并以文件名“底座.par”保存。

按 7.7 节的方法和步骤，定制“工程图模板.dft”。

下面介绍在工程图环境中，将三维零件“底座.par”生成图 7-131 所示的零件图的方法和步骤。

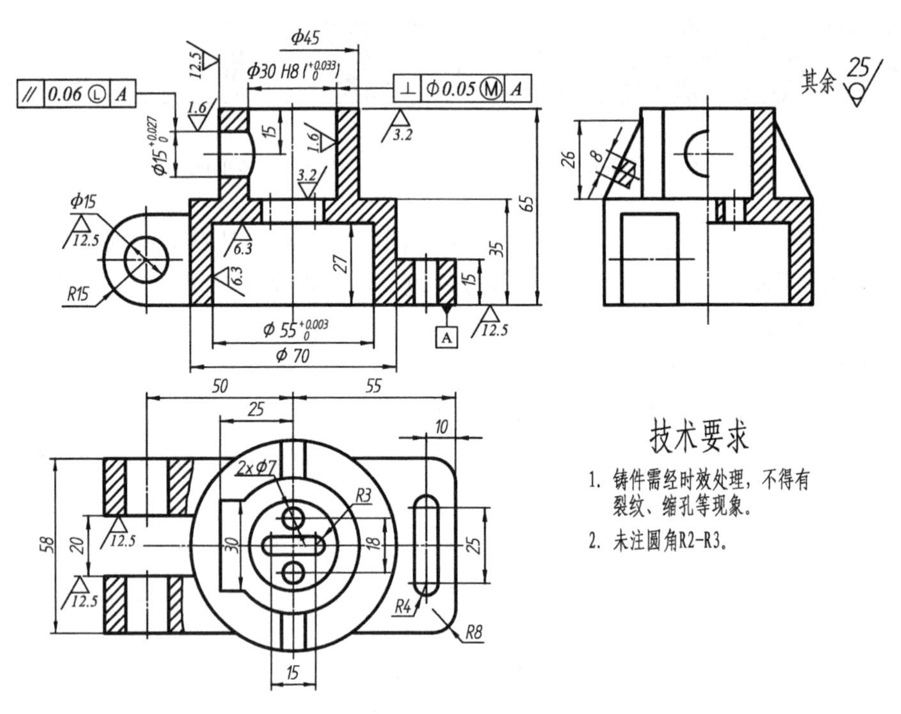


图 7-131　底座零件图

**1. 新建工程图文档**

单击“应用程序→新建”，弹出“新建”对话框，选取“工程图模板.dft”，单击“确定”按钮。

**2. 设置图纸大小**

右击“图页 1”，在快捷菜单中选取“图纸设置”，弹出“图纸设置”对话框，设置图纸大小为 A3，名称为“底座零件图”，背景图纸为 A3，单击“确定”按钮。单击“适合”按钮。

**3. 生成基本视图**

单击“视图向导”命令，在“选择模型”对话框中，选取文件“底座.par”，单击“打开”按钮；单击“下一步”按钮，再单击“定制”按钮；默认的主视方向如图 7-132 所示，单击“关闭”按钮；增选俯视图和左视图，单击“完成”按钮；在工具条上选取绘图比例 1∶1，放置视图，生成的视图如图 7-133 所示。

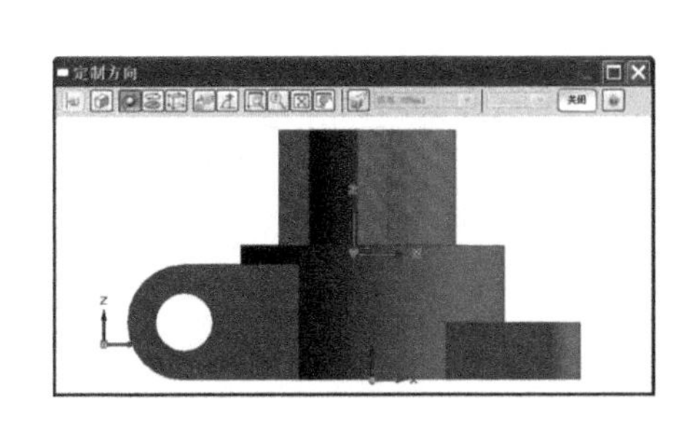

图 7-132　选取主视图方向

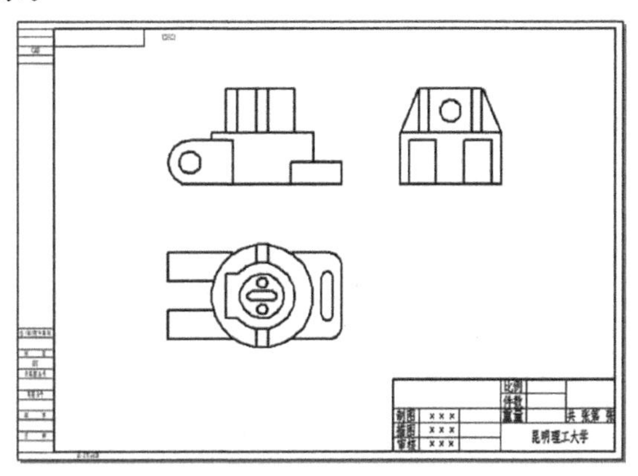

图 7-133　生成基本视图

**4. 生成全剖视图**

单击局部剖命令，选取主视图，绘制剖切范围如图 7-134(a)中主视图所示，单击“关闭”按钮；在图 7-134(a)所示俯视图上捕捉圆心；再次单击图 7-134(a)所示主视图；生成的全剖视图如图 7-134(b)所示。

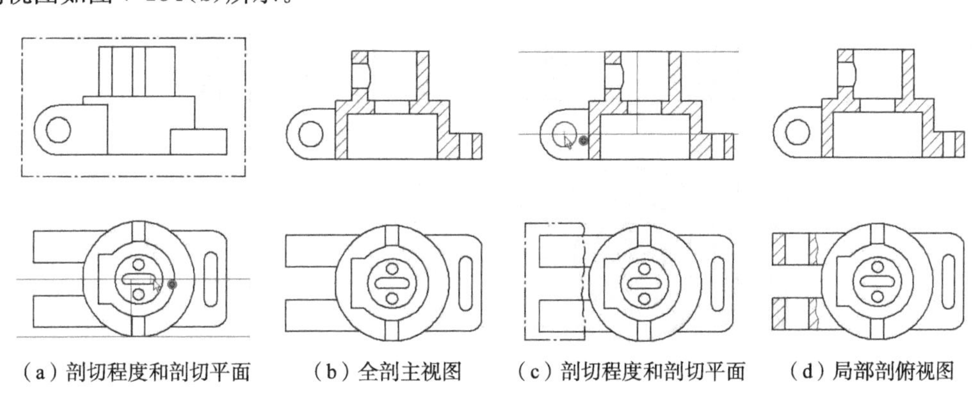

(a) 剖切程度和剖切平面　(b) 全剖主视图　(c) 剖切程度和剖切平面　(d) 局部剖俯视图

图 7-134　将主视图改为全剖/俯视图改为局部剖

**5. 生成局部剖视图**

单击局部剖命令，选取图 7-134(c)所示俯视图，绘制剖切范围如图 7-134(c)中俯视图所示，单击“关闭”按钮；在图 7-134(c)所示主视图上捕捉圆心；再次单击图 7-134(c)所示俯视图；生成的局部剖视图如图 7-134(d)所示。

**6. 生成半剖视图**

单击局部剖命令，选取 7-135(a)所示左视图，绘制剖切范围如图 7-135(a)中左视图所示，单击“关闭”按钮；在图 7-135(a)所示俯视图上捕捉圆心；再次单击图 7-135(a)所示左视图；生成的半剖左视图如图 7-135(b)所示。

修改左视图：右击图 7-135(b)所示左视图，在快捷菜单中选取“在视图中绘制”，选取相关绘图命令，绘制图 7-135(c)所示轮廓和剖面线，单击“关闭”按钮。单击“隐藏边”命令，隐藏图 7-135(b)所示视图中心轮廓。修改后的左视图如图 7-135(c)所示。

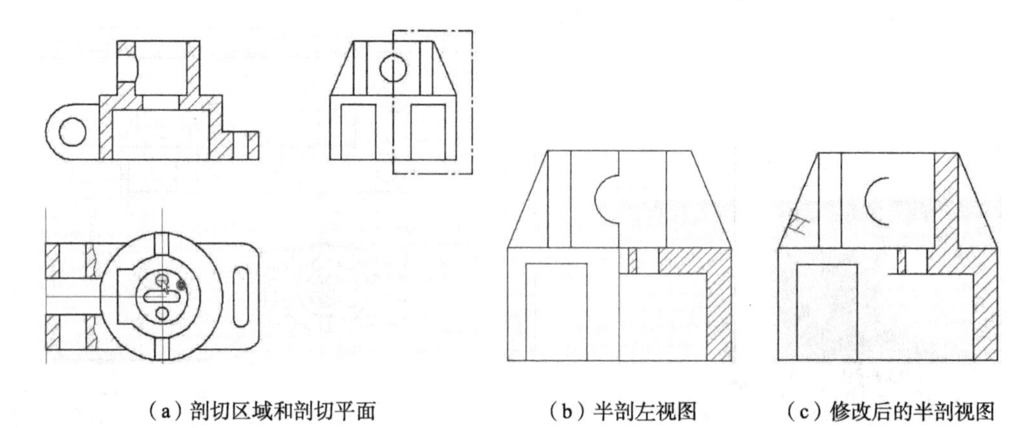

(a) 剖切区域和剖切平面　　(b) 半剖左视图　　(c) 修改后的半剖视图

图 7-135　将左视图生成为半剖视图

**7. 添加中心线**

单击“中心线”命令和“中心标记”命令，给视图添加轴线和中心线，如图 7-136所示。

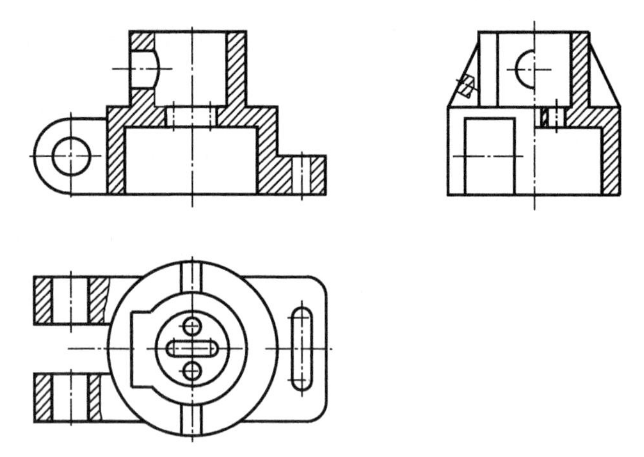

图 7-136　给视图添加中心线

**8. 标注尺寸**

选取“智能尺寸”命令和“间距尺寸”命令，标注尺寸如图 7-131 所示。

**9. 标注粗糙度**

选取“表面纹理符号”命令，标注粗糙度符号，如图 7-131 所示。

**10. 标注形位公差和基准**

选取“特征控制框”命令和“基准框”命令，标注形位公差和基准，如图7-131所示。

**11. 标注技术要求**

选取“文本”命令，标注文字说明的“技术要求”，如图 7-131 所示。

**12. 填写标题栏**

选取“文本”命令，填写标题栏中的相关内容。

**13. 保存文件**

单击“保存”命令，在弹出的对话框中，指定文件保存的路径和“底座 . dft”，单击

“保存”按钮。

说明：工程图文件 *.dft 保存的路径，应与相应的零件文件保存路径一致。

## 小结及作业

本章介绍了根据 Solid Edge ST 的 .par 文件和 .asm 文件生成工程图图样的方法和步骤。在 Solid Edge ST 工程图环境中，“主页”选项卡的“图纸视图”命令区中的视图生成命令，用于生成各类视图；视图编辑工具辅助修改和编辑视图。“尺寸”命令区和“注释”命令区中的命令，用于标注尺寸和各类技术要求。

零件和部件的视图表达、尺寸标注和技术要求标注，需符合工程制图国标的规定。所以，要绘制出符合工程要求的零件图和装配图，首先要学习制图基本知识和制图国标规定，计算机辅助设计软件仅是辅助设计和绘图的工具。

作业：

(1) 按 7.7 节中介绍的方法和步骤，根据自己的绘图需要，创建一个绘图模板文件，指定文件名为“工程图模板”，保存到 Template 文件夹中。

(2) 在完成第 3 章作业的基础上，将第 3 章作业完成的每一个零件文件，生成为零件工程图，零件工程图的文件名与三维零件文件名同名，且在同一文件夹中。

(3) 根据零件文件“安装目录/Program Files/Solid Edge ST4/Training/plate2. part”，绘制图 7-137 所示零件图。

(4) 在完成第 5 章作业的基础上，根据第 5 章作业完成的装配体，生成装配体的装配工程图。

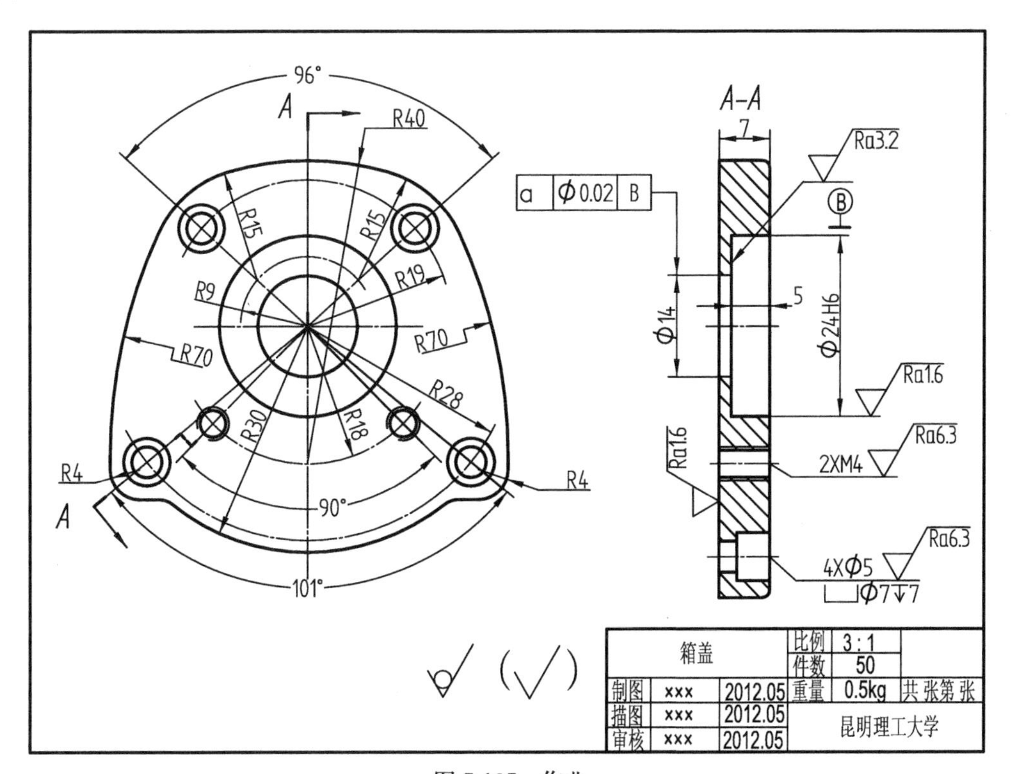


图 7-137　作业

# 参 考 文 献


何铭新 . 2002. 机械制图 . 北京：高等教育出版社 .

李华，李世芸 . 2007. Solid Edge V18 三维设计教程 . 北京：科学出版社 .

李世芸 . 2003. Solid Edge V12 三维设计教程 . 北京：机械工业出版社 .

塔里木 . 2001. Solid Edge 实例精华 . 重庆：重庆大学出版社 .

吴艳萍 . 2007. 机械制图 . 北京：中国铁道出版社 .

吴战国 . 2003. Solid Edge 计算机辅助造型及制图教程 . 北京：机械工业出版社 .

张剑澄，贾仲文，姚民军 . 2009. Solid Edge 同步建模技术快速入门 . 北京：清华大学出版社 .